# Ökonomisch-ökologische Bewertung von regionalen Trinkwasserschutzoptionen

Schriften des Instituts für Finanzen
Universität Leipzig

Herausgegeben von Prof. Dr. Udo Hielscher und Prof. Dr. Thomas Lenk

Band 11

PETER LANG
Frankfurt am Main · Berlin · Bern · Bruxelles · New York · Oxford · Wien

Stefan Geyler

# Ökonomisch-ökologische Bewertung von regionalen Trinkwasserschutzoptionen

PETER LANG
Internationaler Verlag der Wissenschaften

**Bibliografische Information der Deutschen Nationalbibliothek**
Die Deutsche Nationalbibliothek verzeichnet diese Publikation in der Deutschen Nationalbibliografie; detaillierte bibliografische Daten sind im Internet über <http://www.d-nb.de> abrufbar.

Zugl.: Leipzig, Univ., Diss., 2007

15
ISSN 1439-4936
ISBN 978-3-631-58426-2



www.peterlang.de

## Danksagung

Ich halte es für angebracht, von der üblichen Reihenfolge einer Danksagung abzuweichen und mich zuerst bei meiner Lebensgefährtin Sibylle Singer zu bedanken, welche die größte Last aller mich Begleitenden trug. Sie hat mich immer unterstützt und mir den Rücken freigehalten. Ich kann mich an kein Wort des Unmuts erinnern, obgleich die ungezählten Stunden am Computer häufig hierzu Anlass geboten haben. Ich weiß nicht, ob mir dies im umgekehrten Falle in ähnlicher Weise gelungen wäre.

Frau Prof. Dr. Helga Horsch und Herr Prof. Dr. Thomas Lenk haben mich über den gesamten Zeitraum meiner Entwicklung vom Biologen mit ökonomischen Grundkenntnissen zum Volkswirt mit biologischem Hintergrund als fachliche Ansprechpartner begleitet. Ich möchte mich bei Frau Prof. Dr. Helga Horsch, der Leiterin des Projektes „Nachhaltige Wasserwirtschaft und Landnutzung im Elbeeinzugsgebiet" am UFZ-Umweltforschungszentrum Leipzig-Halle GmbH für Ihr Vertrauen bei der Überlassung der Themenstellung bedanken, für ihre kritisch-anregende, sehr wohlwollende Betreuung und ihre intensive Anteilnahme am Fortgang der Arbeit. Meinem Doktorvater Prof. Dr. Thomas Lenk möchte ich für die geduldige und fördernde Betreuung und für sein Fingerspitzengefühl gegenüber den Bedürfnissen und Nöten eines externen und „fachfremden" Doktoranden herzlichen Dank sagen.

Herr Prof. Dr.-Ing. Robert Holländer und Prof. Dr. Bernd Hansjürgens haben sich bereit erklärt, die zeitintensive Aufgabe der Begutachtung zu übernehmen. Beide haben darüber hinaus im Rahmen der wissenschaftlichen Zusammenarbeit meinen Werdegang kontinuierlich gefördert und entscheidend mit geprägt. Sehr herzlichen Dank!

Die Dissertation geht auf eine interdisziplinäre Projektarbeit zurück, bei der ich u. a. mit Herrn Dr. Bernd Klauer, Herrn Dr. Frank Messner, Herrn Dr. Martin Volk, Frau Dr. Irene Ring, Herrn Dr. Thomas Schmidt und vielen anderen zusammenarbeitete. Ihnen danke ich für den angenehmen, lebhaften Gedankenaustausch und für die vielen Anregungen im frühen Stadium der Arbeit. Frau Britta Ammermüller übernahm diese Aufgabe als Austauschpartner für fachliche Fragen und als bereitwillige Kommentatorin im Zuge der Fertigstellung – danke!

Weiterhin möchte ich den Ansprechpartnern bei den verschiedenen Behörden für die vielfältigen Zuarbeiten danken und stellvertretend Herrn Klaus Häfner vom StUFA Leipzig und Frau Hildebrandt vom Landratsamt Torgau-Oschatz nennen.

Der Beitrag meiner Mutter am Gelingen der Arbeit geht weit über ihre unschätzbare Hilfe als Korrekturleserin hinaus. Im gleichen Maße motivierend war ihre generelle Wertschätzung gegenüber wissenschaftlicher Neugierde und gegenüber dem Streben nach Perfektion.

Luise, Sophie und Robert, ich danke Euch für alle Stunden, an denen es Euch gelang, mich vom Computer fernzuhalten. Es waren die schönsten während der Arbeit.

Leipzig, Juli 2008

## Inhaltsverzeichnis

**Tabellenverzeichnis**

**Tabellen im Anhang**

## Abbildungsverzeichnis

**Abbildungen im Anhang**

## Abkürzungsverzeichnis

| | |
|---|---|
| AGZ | Ausgleichszahlungen für Trinkwasserschutzrestriktionen |
| AOX | Adsorbierbare Organisch gebundene Halogene |
| *ÄV* | Äquivalente Variation |
| BWF | landwirtschaftliche Bewirtschaftungsform |
| $c$ | Wachstumsrate des Konsums |
| $C$ | Konsum |
| $E$ | Erwartungswert |
| $e$ | Nutzenelastizität des Einkommens |
| F | Fördermenge |
| FNP | Flächennutzungsplan |
| FWW | Fernwasserwerk |
| GL | Grünland |
| $GL_{ext.}$; GL (ext.)[i] | extensive Grünlandbewirtschaftung entsprechend dem Teilprogramm der Umweltgerechten Landwirtschaft KULAP1/Reduzierter Mitteleinsatz |
| $GL_{int.}$; GL (int.) | konventionelle Grünlandbewirtschaftung |
| GW | Grundwasser |
| GWE | Grundwasserentnahme |
| GWN | Grundwasserneubildung |
| ha | Hektar |
| $i$ | Diskontrate |
| $i_{Opp.}$ | Diskontrate entsprechend Opportunitätskostenansatz |
| $i_{Zeitpr.}$ | Diskontrate entsprechend Zeitrpräferenzansatz |
| iA | integrierter Ackerbau |
| $iA_{GF}$; iA (GF) | integrierter Ackerbau/Grundförderung (integrierte Maßnahmen) |
| $iA_{GF+Z1}$; iA (GF+Z1) | integrierter Ackerbau/Grundförderung + Zusatzförderung 1 (umweltentlastende Maßnahmen) |
| $iA_{GF+Z2}$; iA (GF+Z1) | integrierter Ackerbau/ Grundförderung + Zusatzförderung 1 (bodenschonende Maßnahmen) |
| $Im_{Nitrat}$; Im (Nitrat) | Nitrateintrag mit dem Sickerwasser |
| kA | konventioneller Ackerbau |
| $Ka$ | Kapitalbestand |
| $Ka_h$ | Humankapital (Wissen und Know-how) |
| $Ka_m$ | hergestelltes und reproduzierbares Kapital |
| $Ka_n$ | natürliches Kapital |
| $Ka_n^*$ | kritischer natürlicher Kapitalbestand |
| $K_{Aufb.}$ | Aufbereitungskosten für Rohwasser im Wasserwerk |
| $KV$ | Kompensierende Variation |
| $K_{Var.}$ | variable Kosten (inklusive der Lohnkosten) |

i Um die Abkürzungen auch in Tabellen in einer lesbaren Größe darzustellen, wurden sie dort zum Teil leicht abgewandelt.

| | |
|---|---|
| KULAP | Kulturlandschaftsprogramm – Teilprogramm |
| N | Stickstoff |
| $N_{ges.}$; N (ges.) | Gesamtstickstoff |
| $N_{min.}$; N (min.) | mineralischer Bodenstickstoff |
| *NN* | Nettonutzen |
| *NU* | Nettoumsatz |
| öA | ökologischer Ackerbau |
| oe | ostelbig |
| PSM | Pflanzenschutzmittel |
| *q* | Emissionsrate |
| *r* | Stoffgefährlichkeitsklasse in Anlehnung an Wassergefährdungsklassen |
| *RP* | Risikopotential von Landnutzungen für das Grundwasser |
| $RP_{AW}$; *RP (AW)* | Risikopotential durch Abwasser für das Grundwasser |
| $RP_{BT}$; *RP (BT)* | Risikopotential durch Betriebstankstellen für das Grundwasser |
| $RP_{HE}$; *RP (HE)* | Risikopotential durch Heizölanlagen für das Grundwasser |
| $RP_{NO3}$; *RP (NO3)* | Risikopotential durch Nitrateinträge für das Grundwasser |
| $RP_{Str.}$; *RP (Str.)* | Risikopotential durch Straßen für das Grundwasser |
| *s* | Transferpotential |
| $S_{Denitr.}$ | gespartes Denitrifikationspotential |
| *SP* | Schattenpreis |
| *t* | Zeit |
| TWSG | Trinkwasserschutzgebiet |
| $TWSG_{Aufl.}$; *TWSG (Aufl.)* | Auflösung des Trinkwasserschutzgebietes Mockritz |
| $TWSG_{Kompr.}$; *TWSG (Kompr.)* | Kompromissvariante zur Größe des Trinkwasserschutzgebietes Mockritz; entspricht den westelbigen Zonen 1-3b des Schutzgebietes vor dem Jahr 2000 |
| $TWSG_{Max.}$; *TWSG (Max.)* | maximale Größe des Trinkwasserschutzgebietes Mockritz; entspricht dem Schutzgebiet in seiner Größe vor dem Jahr 2000 |
| $TWSG_{Min.}$; *TWSG (Min.)* | minimale Größe des Trinkwasserschutzgebietes Mockritz; entspricht den westelbigen Zonen 1-3a des Schutzgebietes vor dem Jahr 2000 |
| TWSZ | Trinkwasserschutzzone |
| *U* | Nutzenniveau |
| *u* | Nutzenfunktion |
| UF | Uferfiltrat |
| UL | Sächsisches Agrarumweltprogramm „Umweltgerechte Landwirtschaft“ |
| VGB | Vorbehaltsgebiet |
| VRG | Vorranggebiet |
| *W* | soziales Wohlfahrtsniveau |
| *w* | soziale Wohlfahrtsfunktion |
| we | westelbig |
| WW | Wasserwerk |

| | |
|---|---|
| $x$ | Marktgut |
| $Y$ | Einkommen |
| $z$ | öffentliches Umweltgut |
| $ZU_{UL}$; ZU (UL) | Zuwendungen im Rahmen des UL-Programms |
| ZV | Zweckverband |
| $\mu$ | Gewichtungsfaktor |
| $\pi$ | Eintrittswahrscheinlichkeit |

# I. EINLEITUNG

## 1 Zur Themenstellung

### 1.1 Einführung

Im Mittelpunkt der Dissertation steht der Konflikt zwischen dem Schutz von Grundwasser als Trinkwasserressource und der wirtschaftlichen Entwicklung auf regionaler Ebene. Grundwasser ist eine wesentliche Quelle für die Trinkwassergewinnung und steht beispielhaft für erneuerbare Naturressourcen, die sowohl für den Naturhaushalt als auch für die Gesellschaft unverzichtbar sind. Ihr Schutz erfordert jedoch komplexe Maßnahmen und ist mit vielfältigen wirtschaftlichen und gesellschaftlichen Problemen verbunden.

Um politische Entscheidungen zum Schutz des Grundwassers als Trinkwasser vorzubereiten, müssen Bewertungsansätze gewählt werden, welche die Handlungsoptionen umfassend anhand der relevanten gesellschaftlichen Zielstellungen beurteilen können. Im Rahmen der Dissertation wird der Konflikt aus einer ökonomischen Perspektive betrachtet. Die angewandte Wohlfahrtsökonomie als Lehre vom effizienten Umgang mit knappen Gütern scheint prädestiniert, einen konstruktiven Beitrag bei der Lösung derartiger Konflikte zu leisten. Trotzdem wird im Rahmen der Dissertation ein kombinierter ökonomisch-ökologischer Bewertungsansatz gewählt. Die Argumente zu seiner Auswahl werden im Theorieteil vorgetragen. Danach wird er im empirischen Teil zur Bewertung mehrerer Trinkwasserschutzoptionen angewandt.

Die Dissertation steht im engen inhaltlichen Zusammenhang mit dem interdisziplinären Forschungsprojekt „Nachhaltige Wasserbewirtschaftung und Landnutzung“, das am UFZ-Umweltforschungszentrum Leipzig-Halle GmbH in der Zeit von 1997 bis 2000 bearbeitet wurde (vgl. Horsch et al. 2001a u. b). Als ein Hauptergebnis des Verbundprojektes wurde ein integriertes Bewertungsverfahren begründet, welches öffentliche Entscheidungen für ein regionales Wasserressourcenmanagement unterstützen soll. Mein Beitrag zum Forschungsprojekt bestand in der Integration der Nutzen-Kosten-Analyse mit ökologischen Bewertungsverfahren zur Evaluierung von Politikoptionen des Trinkwasserschutzes. Hiermit war die Erarbeitung von relevanten Trinkwasserschutzszenarien, die wohlfahrtsökonomische Bewertung dieser Szenarien sowie die Ableitung von ökologischen Bewertungskriterien und -indikatoren, welche die wohlfahrtsökonomische Bewertung ergänzen, verbunden (vgl. z. B. Geyler/Horsch 2001, Messner/Geyler 2001, Schmidt/Geyler 2001). Die Dissertation baut auf diesen Forschungsergebnissen auf. Sie vertieft gegenüber den Projektergebnissen die theoretische Begründung des ökonomisch-ökologischen Bewertungsansatzes und erweitert zudem den empirischen Bewertungsteil um empirische Aspekte, die im Rahmen des Forschungsprojektes nicht veröffentlicht wurden. Aus diesem Grund decken sich Bewertungsergebnisse der Dissertationsschrift und des Verbundprojektes nicht vollständig. Im empirischen Dissertationsteil erweist es sich als notwendig, teilweise auf Projektergebnisse zurückzugreifen, welche entweder durch andere Wissenschaftler des Verbundprojektes als Zuarbeit geleistet worden, oder, die in Zusammenarbeit mit anderen Wissenschaftlern erarbeitet wurden. In den relevanten Abschnitten werden entweder die entsprechenden Projektveröffentlichungen zitiert oder es wird gesondert darauf hingewiesen (vgl. Anhang-Tab. 10-1).

## 1.2 Ableitung der Untersuchungsfragen

### 1.2.1 Probleme beim Schutz von Grundwasser als Trinkwasserressource

Grundwasser spielt sowohl für die Ökosysteme[1] als auch für die Gesellschaft eine lebenswichtige Rolle. Es stellt ein zentrales Glied im globalen Wasserkreislauf dar, es ist Transportmedium von Nähr- und Schadstoffen innerhalb und zwischen Ökosystemen und gleichzeitig Lebensraum (SRU 1998a, S. 23-27; Grohmann 2001, S. 8-21; Kobus/Keim 2001, S. 277-278; Lecher/Kresser 2001, S. 49-52). Die Fließgewässerökosysteme und die mit dem Grundwasser kommunizierenden Landökosysteme hängen von dessen quantitativen und qualitativen Eigenschaften ab (SRU 1998a, S. 93-97). Darüber hinaus stellt Grundwasser die hauptsächliche Trinkwasserressource in Deutschland dar und geht in vielfältige wirtschaftliche Produktionsprozesse ein (UBA 1998, S. 40). Die Multifunktionalität von Grundwasser und seine essentielle Bedeutung für den Naturhaushalt und die Gesellschaft müssen bei der Diskussion von Schutzansätzen berücksichtigt werden. Die dabei sich herauskristallisierenden Bewertungsprobleme werden im Kontext seiner Multifunktionalität in den konkurrierenden Nutzungsansprüchen an das Grundwasser bestehen.

Grundwasser ist in Deutschland fast flächendeckend vorhanden. Der Aufbau der Grundwasserleiter, die quantitativen und qualitativen Eigenschaften und die natürliche Geschütztheit des Grundwassers variieren jedoch räumlich sehr stark (SRU 1998a, S. 144-148). Hierdurch erhalten die Grundwasserverfügbarkeit, die Grundwassernutzung und der Grundwasserschutz einen regionalen Charakter.

Obgleich die Grundwasserleiter durch die sie überdeckenden Bodenschichten vor Schadstoffeinträgen bis zu einem gewissen Grad geschützt werden, hängt die Belastungsintensität dennoch in großem Maße von der Art und Intensität der Landnutzungen ab. Landnutzungen vermögen sowohl quantitativ als auch qualitativ das Grundwasser zu beeinträchtigen, sie können es aber auch schützen. Grundwasserbelastungen können durch punktförmige (z. B. von Produktionsstätten, durch den Rohstoffabbau) und linienförmigen Quellen (von Infrastrukturen) verursacht werden. Darüber hinaus müssen auch flächenhafte Belastungen, beispielsweise qualitative Belastungen durch diffuse Einträge der Landwirtschaft und qualitative und quantitative Belastungen durch Siedlungsgebiete berücksichtigt werden (SRU 1998a, S. 35-62). Grünland- und ökologisch bewirtschaftete Ackerflächen sowie unter bestimmten Umständen auch Waldflächen haben demgegenüber gegenwärtig einen positiven Einfluss auf die Grundwasserqualität (Franko et al. 2001). Aufgrund der flächenhaften Ausdehnung von Wald-, Agrar- und Siedlungsflächen und der die Qualität sowie die Quantität des Grundwassers beeinflussenden Nutzungsintensitäten der Flächen wird Grundwasserschutz zu einer Aufgabe, die auch auf der Ebene der Landnutzungen zu lösen ist.

Weiterhin ist die langsame Fließgeschwindigkeit des Grundwassers ein charakteristisches Merkmal von Grundwasser. Wasser kann im Grundwasserleiter Jahrzehnte bis Jahrhunderte verweilen, ehe es in die Oberflächengewässer austritt (WBGU 1997, S. 58-59). Diese langen Verweilzeiten erklären zusammen mit chemischen Abbaureaktionen und Mischungseffekten die zeitlichen Verzögerungen zwischen Grundwasserbelastungen und dem Sichtbarwerden der dadurch induzierten negativen Wirkungen. Diese Zeitspannen können deutlich den normalen Zeithorizont von gesellschaftlichen Planungen und Entscheidungen übertreffen und machen für den Grund- und Trinkwasserschutz eine besonders langfristige Herangehensweise erforderlich. Sie impliziert a priori die Frage nach dem Umgang mit Unsicherheit bei der Bewertung von Grundwasserschutzoptionen.

---

1 „Wirkungsgefüge aus Lebewesen, unbelebten natürlichen und vom Menschen geschaffenen Bestandteilen, die untereinander und mit ihrer Umwelt in Wechselwirkung stehen" (Bastian/Schreiber 1999, S. 553).

Der Grundwasserschutz erfolgt gegenwärtig über zwei aufeinander aufbauende Strategien. Der grundlegende Schutz wird durch einen flächendeckenden Ansatz verwirklicht und soll die Funktionsfähigkeit von wassergebundenen Ökosystemen und Grundwasser als Ressource für gesellschaftliche Nutzungen erhalten (eine ganzheitliche Betrachtung des multifunktionellen Grundwassers). Wesentliche rechtliche Grundlagen stellen die EU-Wasserrahmenrichtlinie (EU-WRRL 2000) und das Wasserhaushaltsgesetz (WHG 2002) dar. Beispielsweise fordert die EU-Wasserrahmenrichtlinie einen guten quantitativen und chemischen Zustand des Grundwassers, der bis zum Jahr 2015 erreicht werden soll. Eine spezielle EU-Grundwasserrichtlinie ist zurzeit in Vorbereitung (EG-Tochterrichtlinie Grundwasser 2003). Das Wasserhaushaltsgesetz bietet die rechtliche Grundlage für die flächendeckende Berücksichtigung des Grundwasserschutzes bei der Erteilung von Nutzungserlaubnissen und -bewilligungen. Hierbei sollen u. a., ... „vermeidbare Beeinträchtigungen ihrer [der Gewässer] ökologischen Funktionen und der direkt von ihnen abhängenden Landökosysteme und Feuchtgebiete im Hinblick auf deren Wasserhaushalt unterbleiben" (§ 1 WHG 2002). Auf diesen flächendeckenden Schutz baut der räumlich differenzierte Schutzansatz für bestimmte Grundwassernutzungen, insbesondere für die Trinkwassernutzung auf. Für die Sicherung der Trinkwassernutzung werden Trinkwasserschutzgebiete ausgewiesen, in denen die Landnutzungen über das normale, flächendeckende Niveau eingeschränkt sind (§ 19a WHG 2002). Dieser verstärkte Schutz dient der Vorsorge vor möglicherweise auftretenden Gefährdungen und nicht allein der Minimierung bestehender Gefährdungen (Knopp 1996).

Kritik gegenüber diesen Schutzstrategien wird vor allem dahingehend geübt, dass der flächendeckende Grundwasserschutz derzeit keinen ausreichenden Ansatz bietet, eine standortangepasste, grundwasserschonende Landnutzung durchzusetzen (SRU 1998a, S. 124). Andererseits stehen die Schutzziele selbst zur Diskussion (SRU 1998a, S. 125)[2]. Bei dem räumlich differenzierten Schutzansatz für Trinkwasser ergibt sich zusätzlich das Problem zu bestimmen, wieviel und welche der Ressourcen geschützt werden sollen. So orientieren sich zurzeit die Menge und die regionale Verteilung der durch Schutzgebiete geschützten Trinkwasserressourcen an dem Trinkwasserbedarf und nicht an langfristigen Zielstellungen, die die Interessen künftiger Generationen einbeziehen (Meyer et al. 1995, S. 22-23).

Die sich auf regionaler[3] Ebene ergebenden Probleme des Grundwasserschutzes für die Trinkwasserversorgung werden an dem beispielhaft gewählten Untersuchungsraum, dem Torgauer Raum (Regierungsbezirk Leipzig), sichtbar gemacht. In dieser ländlichen Region liegen neben regionalen Wasserwerken zwei bedeutende Wasserwerke der Fernwasserversorgung Elbaue-Ostharz mit einer Kapazität von 160.000 $m^3\ d^{-1}$ (FEO 2005). Diese Wasserwerke, Mockritz und Torgau-Ost, dienen zusammen mit vier weiteren Standorten der überregionalen Wasserversorgung des mitteldeutschen Raumes. Die Standortwahl der Wasserwerke erfolgte aufgrund der im mitteldeutschen Raum nahezu einzigartig guten Eignung der Elbauen zur großmaßstäblichen Wassergewinnung. Für die Region ist diese Ressourcennutzung mit der Ausweisung von großflächigen Trinkwasserschutzzonen und entsprechend mit Landnutzungsrestriktionen verbunden. Hierdurch entstehen Verteilungskonflikte zwischen den Nutznießern des Trinkwasserschutzes und den regionalen Kostenträgern des Ressourcenschutzes. Zu den Nutznießern zählen die Fernwasserversorgung als Unternehmen, die überregionalen Konsumenten des Fernwassers und die Landnutzer in den Gebieten, die anderenfalls

2 Hierbei wird diskutiert, inwieweit ein flächendeckender Grundwasserschutz auf das Ziel einer „natürlichen Beschaffenheit" ausgerichtet werden kann oder ob ein anthropogen möglichst unbelastetes Grundwasser angestrebt werden sollte (SRU 1998a, S. 125).

3 Im weiteren Verlauf der Diskussion werden die Begriffe „lokal", „regional", „überregional" in folgender räumlichen Bedeutung gebraucht: „lokal" – auf Gemeindeebene; „regional" – auf Kreisebene bzw. auf der Ebene eines Wasserversorgers; überregional – über die Kreisebene hinausgehend bzw. die Grenzen eines Wasserversorgers überschreitend.

für die Trinkwassergewinnung genutzt werden müssten. Zu den potentiellen Kostenträgern zählen die landwirtschaftlichen Betriebe, welche die entsprechenden Flächen bewirtschaften (SMU 1994; SMUL 2002). Aufgrund der historischen Entwicklung liegen Gewerbestandorte der Kreisstadt Torgau im Trinkwassereinzugsgebiet, die von Auflagen betroffen sind, falls sie mit wassergefährdenden Stoffen umgehen. Weiterhin sind die Träger der Verkehrsinfrastrukturen als potentielle Kostenträger zu berücksichtigen sowie die Eigenheimbesitzer mit Ölheizungen und die Abwasserentsorgung (vgl. SächsVAwS 2000; FGSV 2002; DVGW 1995).

Der Torgauer Raum zählt zu den strukturschwachen Regionen. Die vielfältigen wirtschaftlichen Probleme führten Mitte der neunziger Jahre zu der Diskussion, inwieweit eine Verkleinerung der großräumigen Trinkwasserschutzgebiete einen Beitrag für die wirtschaftliche Entwicklung der Region leisten könnte. Die Diskussion führte im Ergebnis zu einer beträchtlichen Verkleinerung eines der beiden Trinkwasserschutzgebiete im Jahr 2000 (LA Torgau-Oschatz 2000b). Diese Entscheidung impliziert, dass von den Entscheidungsträgern der generelle Grundwasserschutz als ausreichend erachtet wurde, um die (gegenwärtigen) Aufgaben des Trinkwasserschutzes in den betroffenen Gebieten abzudecken. Weiterhin wurden die mit den vormaligen Trinkwasserschutzrestriktionen bewirkten positiven Effekte gegenüber den durch sie induzierten wirtschaftlichen Nachteilen für die Region als nachrangig eingestuft.

Berücksichtigt man, dass der flächendeckende Grundwasserschutz in Deutschland Defizite aufweist, dass Neuausweisungen von Trinkwasserschutzgebieten sehr konfliktreich sind und dass die betrachtete Trinkwasserressource eine wichtige überregionale Rolle spielt, so erscheint es lohnenswert, diesen Konflikt beispielhaft wissenschaftlich zu hinterfragen.

### 1.2.2 Fragestellung und Gliederung der Dissertation

Für die Analyse und Bewertung von Schutzoptionen des Grundwassers als Trinkwasserressource stellt sich zuerst die Frage nach einer geeigneten Bewertungsmethode, um die vielfältigen Probleme und Zielstellungen integrieren zu können. Um eine Bewertungsmethode für die Entscheidungsunterstützung vorschlagen zu können, muss offengelegt werden, welche normative Aussagekraft sich mit der Bewertung verbindet. Diesem Problem widmet sich der Theorieteil der vorliegenden Arbeit. Hierbei konzentriert sich der Theorieteil nicht allein auf den Schutz von Grundwasser als Trinkwasserressource, sondern untersucht Bewertungsansätze für den Schutz und die Nutzung von Grundwasser generell.

Der Theorieteil untersucht die Frage, inwieweit mit der Nutzen-Kosten-Analyse eine Grundwassernutzungsintensität ausgewählt werden kann, welche in einer konkreten politischen Entscheidungssituation aus wohlfahrtsökonomischer Sicht als am erstrebenswertesten zu bewerten ist. Die Bewertung von Grundwassernutzungs- bzw. Grundwasserschutzoptionen wird demnach aus einer wohlfahrtsökonomischen Perspektive vorgenommen. Mit der Perspektivwahl verbinden sich zwei Anliegen. Einerseits werden im Vergleich zu einer gesamtgesellschaftlichen Perspektive wesentliche Aspekte, beispielsweise soziale Aspekte, vernachlässigt. Andererseits soll hinterfragt werden, inwieweit der Anspruch der Ökonomik an sich selbst durch die in dieser Disziplin entwickelten Methoden erreicht werden kann, bzw. inwieweit interdisziplinäre Erweiterungen zur Erfüllung des disziplinären Anspruches notwendig sind.

Im Mittelpunkt der theoretischen Betrachtung steht das wohlfahrtsökonomische Bewertungsinstrument der Nutzen-Kosten-Analyse. Es werden Anforderungen an deren Bewertungsergebnisse abgeleitet, die sich aus dem Selbstverständnis der Wohlfahrtsökonomik ergeben bzw., welche notwendig sind, um eine normativ sinnvolle Bewertungsaussage zu treffen. Hierauf aufbauend stellt sich die Frage, welche Bewertungsansätze sich zur Erweiterung der Nutzen-Kosten-Analyse eignen und in welcher Richtung sich die Aussagekraft der Bewertung verändert. Hierbei konzentriert sich die Arbeit ausschließlich auf die Diskussion von ökologischen Bewertungsansätzen zur Ergänzung der Nutzen-Kosten-Analyse. Somit wird eine mögliche interdisziplinäre Erweiterung untersucht, die aufgrund des Bewertungsgegenstandes, dem Grundwasser, jedoch naheliegt. Im empirischen Bewertungsteil soll die ökonomisch-ökologische Bewertungsmethode auf die Eignung zur Bewertung von regionalen Trinkwasserschutzoptionen getestet werden. Es wird untersucht, inwieweit die Minimierung des Trinkwasserschutzgebietes Mockritz im Torgauer Raum aus ökonomischer Perspektive sinnvoll war.

Die Dissertation gliedert sich entsprechend der Fragestellung in einen Theorie- und einen Empirieteil mit insgesamt 16 Kapiteln. Im Vorfeld der theoretischen Überlegungen werden einführend die Bedeutung des Grundwassers im Naturhaushalt und für die Gesellschaft beschrieben (Kapitel 2). Der Theorieteil beginnt mit Kapitel 3, in dem die Ziele und der Anspruch der Nutzen-Kosten-Analyse als wohlfahrtsökonomisches Bewertungsinstrument untersucht werden. Diese bilden den Ausgangspunkt der weiteren Diskussion von Grundlagen und Teilaspekten der Nutzen-Kosten-Analyse: des ökonomischen Wertbegriffes (Kapitel 4), der Methoden zur Monetarisierung individueller Wertschätzungen (Kapitel 5), der methodischen Ansätze zur Berücksichtigung zukünftiger Effekte (Kapitel 6) sowie des methodischen Potentials zur Berücksichtigung zusätzlicher gesellschaftlicher Zielstellungen in der Nutzen-Kosten-Analyse (Kapitel 7). Nachdem in Kapitel 8 die Diskussionsergebnisse hinsichtlich der Möglichkeiten und Grenzen der ökonomischen Bewertung von Grundwasserleistungen zusammengefasst wurden, werden in Kapitel 9 ökologische Bewertungsansätze vorgestellt und dahingehend geprüft, inwieweit sie die ökonomische Bewertung sinnvoll zu ergänzen vermögen.

Das Kapitel 10 führt in den empirischen Teil der Arbeit ein. Danach wird in Kapitel 11 das Untersuchungsgebiet, der Torgauer Raum und das Trinkwasserschutzgebiet Mockritz, vorgestellt. Die Konflikte zwischen Landnutzung und Trinkwasserschutz werden beschrieben und die Bewertungsfragen für die ökonomisch-ökologische Bewertung abgeleitet. Kapitel 12 liefert einen Überblick über die Wirkung etwaiger Veränderungen der Trinkwasserschutzrestriktionen auf die einzelnen Landnutzungen. Danach wird der ökonomisch-ökologische Bewertungsansatz konkretisiert (Kapitel 13) und die zu bewertenden Veränderungen der Trinkwasserschutzrestriktionen als Szenarien dargestellt (Kapitel 14). Das Kapitel 15 beinhaltet die Nutzen-Kosten-Analyse sowie die ökologische Bewertung der Szenarien. Die Diskussion der Ergebnisse in Kapitel 16 schließt die Dissertation ab.

# 2 Bedeutung des Grundwassers im Naturhaushalt und im ökonomischen System

## 2.1 Grundwasser und seine Bedeutung für den Naturhaushalt

Grundwasser ist „das unterirdische Wasser, dass zusammenhängend die Hohlräume in der Erdrinde ausfüllt und dessen Bewegung ausschließlich oder nahezu ausschließlich von der Schwerkraft und den Reibungskräften bestimmt wird" (Bahadir et al. 2000, S. 536)[4]. Die unterschiedlichen Bodentypen lassen sich hinsichtlich ihrer Eignung, Wasser zu speichern und durchzuleiten, unterscheiden. Man unterscheidet hierbei Aquifere, die Grundwasserleiter, von den Aquicluden, Aquifugen und Aquitarden, den grundwasserundurchlässigen Schichten.

Aquifere (Grundwasserleiter) sind „durchlässige Locker- oder Festgesteinskörper, die Brunnen und Quellen speisen können. Diese Gesteine enthalten Grundwasser und sind geeignet, es weiterzuleiten und in wirtschaftlich bedeutsamen Mengen zu liefern" (Bahadir et al. 2000, S. 538). Bei den Grundwasserleitern werden Poren-, Kluft- und Karstgrundwasserleiter[5] unterschieden. Im Rahmen dieser Arbeit sind die Porengrundwasserleiter von hauptsächlichem Interesse, da sie im Untersuchungsraum vorkommen. In diesen „zirkuliert das Wasser in Poren, die ein mehr oder weniger engmaschiges Hohlraumsystem bilden" (Bahadir et al. 2000, S. 536). Diese werden in der Regel durch kiesige und sandige Ablagerungen in Flusstälern, Glazialgebieten, Küstenebenen und großen tektonischen Tälern gebildet.

Aquicluden „können größere Wassermengen speichern, aber nicht durchlassen" (Bahadir et al. 2000, S. 108). Aquifugen sind demgegenüber Gesteine, „die weder Wasser durchlassen, noch Wasser speichern" (Bahadir et al. 2000, 108). Aquitarde (Grundwasserhemmer) sind „Gesteine, die Wasser speichern und auch genügend Wasser durchlassen, um den regionalen Grundwasserhaushalt zu beeinflussen, nicht aber genug, um Brunnen zu speisen" (Bahadir et al. 2000, S. 108). Wechseln sich grundwasserleitende Schichten mit nichtleitenden Schichten ab, so kommt es zu einem stockwerkförmigen Aufbau von Grundwasservorkommen, die unter Umständen miteinander kommunizieren können.

Für die Grundwasserbilanz sind die Zu- und Abflüsse bedeutend. „Das Grundwasser wird aus einsickernden Niederschlägen und – bei landwärtigem Gefälle – durch Zusickerung aus Oberflächengewässer erneuert" (Bahadir et al. 2000, S. 536). Auf der anderen Seite trägt das Grundwasser „über Quellen oder direkt durch Übertritt in Wasserläufe oder Seen als unterirdischer Abfluss und als direkter Grundwasserabstrom ins Meer zum Gesamtabfluss bei" (Bahadir et al. 2000, S. 536). In Gebieten mit geringem Flurabstand der Grundwasseroberfläche trägt das Grundwasser zur Verdunstung bei, besonders wenn die Pflanzenwurzeln die Zone des offenen oder geschlossenen Kapillarwassers erreichen (Bahadir et al. 2000, S. 536).

Entsprechend der Fließrichtungen bilden sich – wie oberirdisch – auch unterirdische Einzugsgebiete heraus. Diese beschreiben das Gebiet, aus dem das Wasser einem bestimmten Ort, beispielsweise einem Fluss zufließt. Die Fließrichtung wird dabei durch das Gefälle bestimmt. Im Allgemeinen stimmen die oberirdischen und unterirdischen Einzugsgebiete näherungsweise überein (Bahadir et al. 2000, S. 359).

Grundwässer sind Teil des hydrologischen Wasserkreislaufs. Die Fähigkeit der Grundwasserleiter, Niederschlagswasser zu speichern und langsam abzugeben, ermöglicht erst die per-

---

4 Vgl. für die allgemeine Charakterisierung von Grundwassersystemen auch Hölting/Coldewey (2005), Müller (1999) u. a.

5 Porengrundwasserleiter sind Grundwasserleiter, deren durchflusswirksamer Hohlraumanteil durch Poren im Lockergestein (z. B. Kiese, Sande) gebildet wird. Bei Kluftgrundwasserleiter wird der durchflusswirksame Hohlraumanteil durch Fugen oder Spalten im Festgestein gebildet. Bei Karstgrundwasserleiter stellen kommunizierende Röhren im Carbonatgestein die Hohlraumsysteme bereit (Müller 1999).

manente Speisung von Oberflächengewässern auch außerhalb der Niederschlagszeiten. Somit hängen die Oberflächenökosysteme von dem Grundwasserzufluss ab. In den Gebieten, in denen der Grundwasserflurabstand so hoch liegt, dass das Grundwasser beziehungsweise das Kapillarwasser[6] von den Wurzeln erreicht werden kann, wird das Grundwasser zu einem abiotischen[7] Standortfaktor für die entsprechenden Ökosysteme. In Feuchtgebieten, wie Niedermooren, Auen und Feuchtwiesen, zählt der Grundwasserspiegel zu den prägenden Standortfaktoren dieser Ökosysteme (vgl. DVWK 1996).

Das Niederschlagswasser wird im Zuge der Versickerung und dem Aufenthalt im Grundwasserleiter chemisch verändert. Bei der Versickerung wird der Sauerstoffgehalt des Wassers für die Mineralisation von organischer Substanz genutzt. Hierbei löst sich Kohlendioxid im Wasser (und bildet Kohlensäure) und überschüssiges, nicht von den Pflanzen aufgenommenes Nitrat. Letzteres stammt beispielsweise aus dem Abbau von organischer Substanz und aus der Ammoniumnitrifikation[8]. Die Kohlensäure reagiert mit den gesteinsbildenden Mineralien, den Karbonaten und Silikaten. Derartige Verwitterungsreaktionen sind u. a. für die höheren Konzentrationen an Calcium, Magnesium, Hydrogencarbonat, Sulfat und Kieselsäure und für die höhere Wasserhärte des Grundwassers verantwortlich (Zobrist 2000; vgl. auch Hölting/Coldewey 2005, S. 155-164 u. 184-188).

Im Grundwasserkörper setzen weitere mikrobielle Abbaureaktionen von Kohlenstoff ein, die solange noch Sauerstoff vorhanden ist, aerob verlaufen, und danach im Anschluss weitere chemische Verbindungen als Oxidationsmittel nutzen. Hierzu zählt vor allem auch Nitrat, welches zu molekularem Stickstoff „veratmet" wird. Weiterhin zählen hierzu auch Manganoxid, Eisenoxid, Sulfat und letztendlich auch Kohlendioxid. Mithilfe dieser chemischen Reaktionen erhalten die Bakterien ihren Stoffwechsel und ermöglichen ihr Wachstum (Griebler/Mösslacher 2003, S. 138-144; Hölting/Coldewey 2003, S. 173-175). Da im Grundwasserleiter durch den Lichtmangel keine Photosynthese möglich ist, hängen die dort lebenden Organismen von den Stoffeinträgen, bzw. von den im Grundwasserleiter selbst gespeicherten Vorräten an Mineralien und Kohlenstoff ab (Gonser 2000; Griebler/Mösslacher 2003, S. 262-264).

Nach Griebler/Mösslacher (2003, S. 282-283) weisen Grundwassersysteme eine geringere Biodiversität als vergleichbare oberirdische oder benachbarte Systeme auf. Es fehlen Licht, Nährstoffe und ein ausreichendes Platzangebot. Die Artenvielfalt wird jedoch als höher als ursprünglich vermutet angegeben. Bakterien dominieren von ihrer Bedeutung her die Biozönosen[9], es werden aber auch Einzeller und Vielzeller aufgeführt (Griebler/Mösslacher 2003, S. 264-272). Die im Grundwasser lebenden höheren Lebewesen sind an den Lebensraum angepasst und ähneln höhlenbewohnenden Tieren. Ihr Körperbau ist jedoch relativ klein und lang gestreckt, Pigmentierungen und Augen fehlen und der Stoffwechsel ist häufig verlangsamt, um im sauerstoffarmen Medium existieren zu können. Sie sind gewöhnlich nicht auf bestimmte Nahrungen spezialisiert (Generalisten) und entsprechend kurz gestalten sich die Nahrungsketten (Gonser 2000; Griebler/Mösslacher 2003, S. 161-208 u. 265-272).

---

6 Kapillarwasser ist das Wasser, welches entgegen der Schwerkraft infolge der Adhäsionskraft aufgestiegen gehalten wird (Müller 1999).

7 Als abiotisch wird ein ökologischer Parameter bezeichnet, der sich auf die unbelebte Natur bezieht (Müller 1999). Er grenzt sich von biotischen Faktoren ab.

8 Mikrobielle Oxidation von Ammonium ($NH_3$) zu Nitrat (Müller 1999).

9 Lebensgemeinschaft verschiedenartiger Lebewesen, die sich wechselseitig beeinflussen und vergleichbare Umweltbedingungen als Existenzgrundlage benötigen (Müller 1999).

## 2.2 Die gesellschaftliche Bedeutung von Grundwasser - das Konzept der Grundwasserleistungen und Grundwasserdienste

Die Wechselwirkungen des Grundwassers und der Gesellschaft lassen sich gut mithilfe des Begriffes der Umweltfunktionen bzw. der Umweltleistungen beschreiben. Der Funktionsbegriff wurde sowohl in den Naturwissenschaften, insbesondere der Landschaftsökologie, als auch in den Wirtschaftswissenschaften eingeführt, um die Wechselwirkungen zwischen Umweltsystemen und der Gesellschaft zu beschreiben. Im deutschsprachigen Raum entwickelten sich seit den siebziger Jahren zwei sehr ähnliche Begriffe, der Begriff der Landschaftsfunktionen und der des Naturraumpotentials (Bastian/Schreiber 1999, S. 36-40). Im Folgenden soll jedoch nur der Begriff der Landschaftsfunktionen genutzt werden. Bastian (1999) beschreibt den Begriff der Landschaftsfunktionen als die von der Landschaft realisierten Leistungen im weitesten Sinne – die direkt oder indirekt von der Gesellschaft nutzbar sind[10]. In der englischsprachigen Literatur wird im Zusammenhang mit dem Begriff der „ecosystem functions" de Groot (1992) zitiert. Hier steht der Begriff „ecosystem functions" für „the capacity of natural processes and components to provide goods and services, that satisfy human needs, directly and indirectly (nach de Groot et al. 2002). Hueting (1970 – nach Hueting et al. 1998) begann, den Begriff der Umweltfunktionen für die Ökonomik zu nutzen. Er definierte den Begriff letztendlich als „possible uses of the natural, biophysical surroundings that are useful for humans. Uses can be either passive or direct and practical" (Hueting et al. 1998, S. 31). Jax (2003) verweist in der Diskussion zur Bedeutung von Biodiversität auf mehrere verschiedene Bedeutungen des Funktions-Begriffes. Hierbei unterscheidet er die Funktionen einzelner Kompartimente eines natürlichen Systems für das Gesamtsystem von den Funktionen, welche ein Gesamtsystem für die Gesellschaft leisten kann. Letztere wird als Leistung umschrieben. Im Folgenden wird diese Differenzierung übernommen und von Grundwasserleistungen gesprochen, obgleich dieser Begriff eine synonyme Bedeutung zum Begriff der Landschaftsfunktion hat.

In der Literatur werden die verschiedenen Leistungen zu grundsätzlichen Leistungsgruppen zusammengefasst. Unterschieden werden die Regulationsleistung, die Lebensraumleistung, die Produktionsleistung und die Informationsleistung (Bastian/Schreiber 1999, S. 39-40; de Groot et al. 2002; Ekins et al. 2003)[11]. Die „Regulierungsleistung" stellt das Vermögen der Ökosysteme dar, die wesentlichen ökologischen Prozesse und Lebensgrundlagen aufrecht zu halten und zu regulieren. Hier hinein wäre die Bedeutung des Bodens und der Grundwasserleiter zu zählen, Niederschlagswasser zu speichern, somit den Abfluss von Wasser in die Oberflächengewässer zu regulieren sowie die Wasserqualität zu beeinflussen. Auf diese Aspekte wurde schon im vorhergegangenen Kapitel eingegangen. Die „Lebensraumleistung" beschreibt die Bereitstellung von abiotischen und biotischen Faktoren, die es erst den einzelnen Lebewesen ermöglichen zu überleben und sich fortzupflanzen. Die Bedeutung von Grundwasser für den Erhalt grundwasserabhängiger Landökosysteme und Oberflächengewässer ist hierzu zu zählen. Die „Produktionsleistung" umfasst die Fähigkeit der Ökosysteme zur pflanzlichen und tierischen Biomasseproduktion, welche als Lebensmittel und als Energiequellen zur Verfügung stehen. Bastian/Schreiber (1999, S. 39) zählen hierzu auch die Speicherung von Wasser im Untergrund, welches als Ressource genutzt werden kann. Die „Informationsleistung" bezieht sich darauf, dass die Ökosysteme in vielerlei Hinsicht ein Referenzsystem auch für Menschen darstellen, die einen großen Teil ihrer Evolution in diesen natürlichen Systemen verbracht haben (de Groot et al. 2002). Diese eben beschriebenen Leistungen

10 Bastian/Schreiber (1999, S. 36-40) und Marks et al. (1992, S. 33) gehen auf die Entwicklung des Landschaftsfunktionsbegriffes ein und vergleichen ihn mit dem sehr ähnlichen Begriff des Naturraumpotentials.

11 Es existieren auch teilweise unterschiedliche Systematiken – vgl. z. B. Marks et al. (1992, S. 33-36).

resultieren aus natürlichen Prozessen und Ökosystemstrukturen, wobei hierbei abiotische und biotische Komponenten zusammenspielen. Somit können die Funktionen nicht losgelöst von diesen Prozessen und Strukturen betrachtet werden (vgl. de Groot et al. 2002).

Die Gesellschaft nutzt diese Leistungen letztendlich in Form von Gütern und Dienstleistungen. Im weiteren Verlauf sollen für die Beschreibung dieser Güter und Dienstleistungen generell die Begriffe der „Umweltleistungen" und „Umweltdienste", bzw. im Hinblick auf Grundwasser die Begriffe „Grundwasserleistung" und „Grundwasserdienste" genutzt werden. Leistungen verweisen auf die potentielle gesellschaftliche Nutzbarkeit von stofflichen und energetischen Strömen des natürlichen Systems. Dienste beschränken sich dann auf die wirklich in Anspruch genommenen Leistungen und betonen die reale Nutzung.

In Tab. 2-1 sind die Leistungen aufgeführt, die von Grundwasser bereitgestellt werden. Die Anhang-Tab. 2.2-1 führt dagegen die Leistungen von Oberflächengewässern auf, an denen Grundwasser indirekt beteiligt ist. Wie die Tabellen aufzeigen, können die gesellschaftlichen Nutzungsmöglichkeiten von Grundwasser sehr vielgestaltig ausfallen. Die wohlfahrtsrelevanten Wirkungen dieser Leistungen sind in der zweiten Spalte aufgeführt und beschreiben den Wohlfahrtseffekt, der bei einer Veränderung der jeweiligen Grundwasserleistungen auftreten kann.

Diese in den Tab. 2-1 und Anhang-Tab. 2.2-1 aufgelisteten Leistungen hängen zwar mit dem Grundwasser zusammen, sie gehen aber auf Leistungen zurück, die nicht einem einzigen Ökosystem zugeordnet werden können. Dies verdeutlicht gut die Beschreibung der Leistungen und Dienste auf Ebene der Landschaften, welche somit auf eine Metaebene oberhalb von Ökosystemen abzielt[12]. So hängt die Verfügbarkeit von Grundwasser als Trinkwasserressource nicht nur von der Speicherfähigkeit und den Durchlasseigenschaften der grundwasserführenden Schichten ab, sondern auch von der Grundwasserneubildung. Diese wird durch das Klima, durch die Bodenökosysteme, aber auch durch die anthropogene Landnutzung beeinflusst. Waldökosysteme verringern im Gegensatz zu Freiland die Grundwasserneubildung, da ein höherer Teil des Niederschlages verdunstet.

Die Landschaften sind multifunktional, d. h. deren Leistungen überlagern sich. Verschiedene Regionen können sich in der Ausprägung ihrer Leistungen unterscheiden. Beispielsweise ermöglicht erst die Verbindung von mächtigen Grundwasserleitern und einer ausreichenden Grundwasserneubildung eine hohe Bereitstellung von Wasser beispielsweise für die Nutzung als Trinkwasserressource. Entsprechend ergeben sich regional unterschiedliche Möglichkeiten zur gesellschaftlichen Nutzung von Leistungen. Ob und in welchem Maße diese Leistungen von der Gesellschaft in Anspruch genommen werden, wird durch die Eignung von Landschaften für bestimmte Leistungen nicht ausgedrückt, da nur die potentielle Nutzungsmöglichkeit beschrieben wird.

Die Landschaftsfunktionen und entsprechend die Leistungen sind in ihrem Umfang begrenzt und beeinflussen sich gegenseitig. Die gesellschaftliche Inanspruchnahme einer Leistung kann die Inanspruchnahme anderer Leistungen beschränken. Diese negativen Wechselwirkungen ergeben sich dann, wenn die Nutzung von Leistungen zu Rückwirkungen auf die Ökosysteme und deren Beziehungen untereinander führt. Diese Nutzungskonkurrenzen können zu einer typischen Knappheitssituation im ökonomischen Sinne führen. Dies lässt sich beispielhaft für einige Grundwasserleistungen beschreiben. Die verstärkte Inanspruchnahme von Grundwasser als Trinkwasserressource kann zur Grundwasserabsenkung führen. Diese Veränderung kann zu Veränderungen der Verdunstung und des Kleinklimas führen, aber auch zu einer Verschlechterung der Bodenstabilität. Entsprechend wären die nutzungsunabhängige

12 Landschaft wird als der „durch einheitliche Struktur (Naturausstattung und Landnutzung) und gleiches Muster von Wirkungsgefügen (Funktionsweise) geprägte Teil der Erdhülle" definiert (Bastian/Schreiber 1999, S. 551) und kann mehrere Ökosysteme umfassen.

Leistung zur Sicherung des Kleinklimas sowie die Leistung als Baugrundstabilisator negativ betroffen. Gleichzeitig kann sich der Abfluss in Oberflächengewässer soweit verringern, dass die von dem Oberflächengewässer bereitgestellten Leistungen nicht mehr im vollen Umfang ermöglicht werden können. Wird die Grundwasserleistung zur Aufnahme von Abfallprodukten – beispielsweise aus der landwirtschaftlichen Produktion – soweit in Anspruch genommen, dass die natürlichen Abbauprozesse keine vollständige Reinigung des Grundwassers mehr ermöglichen, so verschlechtern sich die Eigenschaften des Grundwassers im Hinblick auf die Nutzung als Trinkwasserressource. Es stehen allerdings nicht nur die Grundwasserleistungen miteinander in Wechselwirkung, sondern alle Landschaftsfunktionen, deren Inanspruchnahme zu Veränderungen des Grundwassers führt.

*Tab. 2-1: Beispiele für Leistungen des unterirdischen Grundwasserkörpers*

| **Grundwasserleistungen** | **Wirkungen von Veränderungen der Grundwasserqualität und -quantität** |
|---|---|
| Bereitstellen von Trinkwasser | Gesundheitliche Auswirkungen bei Trinkwasserqualitätsänderungen<br>Veränderung der Produktionskosten bei Trinkwassergewinnung und -aufbereitung |
| Bereitstellen von Wasser für landwirtschaftliche Bewässerung und Viehhaltung | Veränderung des Ertrages, der Produktqualität bzw. der Produktionskosten<br>Gesundheitliche Folgewirkungen für Konsumenten |
| Bereitstellen von Wasser für Lebensmittelproduktion | Veränderung des Produktionsergebnisses bzw. der Produktionskosten<br>Gesundheitliche Folgewirkungen für Konsumenten |
| Bereitstellen von Wasser für andere Produktionsprozesse | Veränderung des Produktionsergebnisses bzw. der Produktionskosten |
| Bereitstellen von heißem Wasser für Thermalkraftwerke | Veränderung der Produktionskosten bei Energiebereitstellung |
| Bereitstellen von Kühlwasser für Kraftwerke | Veränderung der Produktionskosten bei Energiebereitstellung |
| Stabilisieren des Bodens als Baugrund/Verhinderung von Bodensetzungen | Veränderung der Kosten zum Erhalt von öffentlichem und privatem Besitz |
| Erosions- und Flutkontrolle durch Aufnahme von Niederschlagswasser | Veränderung der Kosten zum Erhalt von öffentlichem und privatem Besitz<br>Gesundheitliche Folgewirkungen |
| Aufnahmemedium von Abfall und anderen Abprodukten menschlicher Aktivitäten | Ökotoxikologische Effekte<br>Gesundheitliche und andere Folgwirkungen |
| Bereitstellen von sauberem Wasser für andere Ökosysteme | Ökotoxikologische Effekte<br>Gesundheitliche und andere Folgewirkungen |
| Bereitstellen von nutzungsunabhängigen Diensten | Veränderung in der individuellen Nutzenstiftung |

*Quelle: EPA (1995, S. 10-12), verändert.*

Die Wechselwirkungen zwischen den Grundwasserleistungen sind durch ihre Langfristigkeit, durch Irreversibilitäten und durch ihre Gerichtetheit gekennzeichnet. Die *Langfristigkeit* von Wechselwirkungen ergibt sich bei Grundwasser allein durch die teilweise beträchtlichen Aufenthaltszeiten des Wassers im Boden. Zeiten von mehreren Jahren bis Jahrhunderten können auftreten (vgl. z. B. Trettin et al. 2001). Entsprechend lange können im Wasser gelöste Schadstoffe gespeichert und mit dem Abfluss wieder freigesetzt werden.

Welche Fälle sind für Grundwasser zu finden, bei denen ein zeitlich begrenzter Eingriff zu *irreversiblen* Wirkungen führt? Ein Beispiel wäre die Veränderung von Ökosystemen infolge von Artenschwund. Falls diese Arten nach Wegfall des negativen Einflusses sich nicht mehr etablieren können, sind die mit diesen Arten verbundenen Leistungen irreversibel verloren. Bei Grundwasserökosystemen wäre hierbei an Mikroorganismen zu denken, die an der Reinigung von Grundwasser beteiligt sind. Irreversible Veränderungen werden auch durch Strukturveränderungen hervorgerufen, wie sie beispielsweise durch Kiesabbau oder durch Setzungserscheinungen im Grundwasserleiter infolge einmaliger Grundwasserabsenkung erfolgen können (Hölting/Coldewey 2005, S. 286). Aber auch Strukturveränderungen infolge der Bebauung von Gebieten, der Melioration von Ackerland oder der Bodenverdichtung können zu langfristigen Effekten führen. Besitzen Grundwasserökosysteme endliche Assimilationskapazitäten gegenüber Stoffeinträgen, so können sich Entscheidungsprobleme im Hinblick auf die Inanspruchnahme von nicht erneuerbaren Ressourcen ergeben.

Die Wechselwirkungen basieren auf kausalen Zusammenhängen und sind daher räumlich-zeitlich gerichtet. So können Wirkungen und Folgewirkungen unterschieden werden, wie die Veränderung der Fließgewässerqualität infolge einer zu großen Nitratemission in das Grundwasser. Die Fließgewässerqualität verändert sich mit zeitlicher Verzögerung zu dem Eintrag. Die Verzögerung erklärt sich mit den langen Fließzeiten des Grundwassers von der Eintragstelle zum Oberflächenwasser, aber auch mit dem Pufferungsvermögen des Grundwassers gegenüber Einträgen allein durch die Mischungseffekte. Darüber hinaus sind auch Abbauprozesse von Bedeutung. Weitere Folgewirkungen des verschmutzten Oberflächengewässers treten noch einmal mit zeitlicher Verzögerung auf. Die negativen Folgen der Grundwasserverschmutzung sind auch räumlich auf den Abstrom des Emissionsbereiches begrenzt.

Zusätzlich unterscheiden sich die Umweltleistungen dahingehend von produzierten Gütern und Dienstleistungen, dass sie von der Natur bereitgestellt werden und somit keines menschlichen Produktionsaufwandes bedürfen (Gans/Marggraf 1997, S. 12). Der Umfang der Leistungen richtet sich nicht unbedingt nach der Nachfrage, sondern kann diese über- und untersteigen. Diese Divergenz wird durch die beiden Begriffe Grundwasserleistung und Grundwasserdienst verdeutlicht (vgl. Kapitel 2.2). Ungeachtet der Bereitstellung durch die Natur können Grundwasserleistungen einen Knappheitspreis aufweisen. Dies ist der Fall, wenn die Nachfrage nach der Leistung das Angebot übersteigt. Knappheitspreise ergeben sich auch, wenn für den Schutz des Grundwassersystems und die Sicherung bestimmter Dienste auf die Inanspruchnahme konkurrierender Umweltleistungen verzichtet werden muss oder wenn zusätzliche Produktionsfaktoren und Ressourcen für den Schutz gebunden werden. Grundwasserschutz kann beispielsweise beinhalten, die Intensität der Landwirtschaft zu reduzieren oder bei der Nutzung als Siedlungsfläche kostenträchtige Schutzmaßnahmen zu ergreifen.

Die Bereitstellung von Umwelt- bzw. Grundwasserleistungen durch die Natur hat noch weitere bewertungsrelevante Konsequenzen. Im Gegensatz zu produzierten Gütern gibt es bei den Umweltleistungen in der Regel keinen Produzenten, welcher den „Produktionsprozess" der Güter steuert und entsprechende Nachfragesignale nach den „Inputs" aussendet. Somit ergibt sich ein gewisses Informationsdefizit. Solange keine schwerwiegenden Probleme auftreten, bringen die Informationen über die „Produktionsstrukturen und -prozesse" keinen Nutzen für die Konsumenten der Umweltleistungen. Erst mit dem Auftreten von Nutzungskonkurrenzen und Knappheitsproblemen ergibt sich dann die Notwendigkeit, Informationen zu gewinnen. Solange jedoch die Informationen nicht im ausreichenden Maße vorhanden sind, müssen etwaige Ansätze zur Lösung der Knappheitsprobleme mit einem Informationsdefizit hinsichtlich der Umweltsysteme, welche die relevanten Dienste bereitstellen, umgehen.

# II. THEORIETEIL

## 3 Zielstellung und Anspruch der wohlfahrtsökonomischen Bewertung

### 3.1 Zielstellung der wohlfahrtsökonomischen Bewertung

Der Begriff „ökonomische Bewertung" bezieht sich in dieser Arbeit auf den Ansatz der Wohlfahrtsökonomik. Unter Wohlfahrtsökonomik[13] „im weitesten Sinne wird derjenige Teil des wirtschaftswissenschaftlichen Lehrgebäudes zusammengefasst, welches die theoretischen Probleme der Wohlstandsteigerung innerhalb der sozialökonomischen Wirklichkeit erörtert, ...und der Wirtschaftspolitik als Grundlegung und Rüstzeug anbietet... Die Wohlfahrtsökonomik will untersuchen, wie das Wirtschaftsleben zu organisieren sei, um den wirtschaftlichen Wohlstand für das Individuum, eine Gruppe, die Gesellschaft bzw. die Menschheit insgesamt größtmöglich werden zu lassen" (HDSW 1965, Bd. 12, S. 346-359). In ihrer Anwendung schließt die Wohlfahrtsökonomik den Anspruch mit ein, eine Richtung für das soziale Handeln zu weisen. Die Aussage, dass ein Zustand mit dem höchsten erreichbaren Wohlfahrtsniveau verbunden ist, wird im Rahmen der wohlfahrtsökonomischen Bewertung gleichgesetzt mit der Aussage, dass dieser Zustand erreicht werden sollte (HDSW 1965, Bd. 12, S. 347; Fritsch 1982, S. 29).

Als das klassische Bewertungsinstrument der angewandten Wohlfahrtsökonomik zur Bewertung von Politikoptionen zählt die Nutzen-Kosten-Analyse (Mühlenkamp 1994, Vorwort u. S. 4). Dieses Bewertungsinstrument soll politische Handlungsalternativen, die zu einer veränderten Güterausstattung führen, aus einer volkswirtschaftlichen Perspektive vergleichen und die Alternativen im Hinblick auf ihre Wohlfahrtswirkung bewerten. Die Wohlfahrtswirkung ergibt sich aus den individuellen Nutzenwirkungen, welche die Personen aus den ihnen zur Verfügung stehenden Gütern ziehen können (vgl. Hanusch 1994, S. 2)[14].

Mit der wohlfahrtsökonomischen Bewertung sollen die Handlungsoptionen ausgewählt werden, die zu einer Effizienzverbesserung führen. Dem Ideal der ökonomischen Effizienz entspricht die Güterverteilung, welche die Wohlfahrt aller Personen maximiert. Dieses Ideal bildet das wesentliche Fundament der Wohlfahrtsökonomik. Es wird auch zur Begründung des gegenwärtigen marktwirtschaftlichen Wirtschaftssystems herangezogen. Denn Marktmechanismen können unter bestimmten Rahmenbedingungen eine effiziente Allokation von Produktionsfaktoren und Gütern/Dienstleistungen gewährleisten. Der Einsatz von Nutzen-Kosten-Analysen wird dann notwendig, wenn die dezentralen Marktmechanismen keine effiziente Allokation bewirken. So kann der Markt keine effiziente Bereitstellung von öffentlichen Gütern und von privaten Gütern, welche externe Effekte verursachen, gewährleisten. Entsprechend versagt er bei der Allokation von Grundwasserleistungen, wenn diese die eben genannten Eigenschaften aufweisen.

Öffentliche Güter grenzen sich gegenüber den Marktgütern dadurch ab, dass einerseits keine Konkurrenz bei deren Konsum entsteht (Nichtrivalität), aber gleichzeitig kein Mensch zu akzeptablen Kosten von deren Konsum ausgeschlossen werden kann (Nichtausschließbarkeit) (Cornes/Sandler 1986, S. 6-7). Diese Eigenschaften verhindern die dezentrale Bereitstellung über Marktmechanismen. So können bei derartigen Gütern Zahlungsunwillige oder -unfähige

---

13 Im HDSW (1965, Bd. 12, S. 346) wird synonym der Begriff Wohlstandsökonomik verwendet.

14 Die Entwicklung der Nutzen-Kosten-Analyse in Deutschland markieren folgende Arbeiten (nach Hofmann 1981, S. 9; verändert und ergänzt): Elsholz (1967), Stolber (1967), Georgi (1970), Recktenwald (1971), Schussmann (1973), Andel (1977), Hanusch (1994), Mühlenkamp (1994), Gans/Marggraf (1997), Marggraf/Streb (1997), Endres/Holm-Müller (1998).

nicht vom Konsum ausgeschlossen werden und somit die Produktions- und Bereitstellungskosten nicht von den Konsumenten eingefordert werden. Denn jeder kann das Argument vorbringen, dass er das Gut eigentlich gar nicht konsumieren möchte. Darüber bedeutet Nichtrivalität im Konsum, dass die zusätzliche Nachfrage durch einen weiteren Bürger keine Grenzkosten verursacht. Dies hat entsprechend der Effizienzbedingungen im Marktgleichgewicht zur Konsequenz, dass eine effiziente Bereitstellung des öffentlichen Gutes zum Preis von Null zu erfolgen hätte. Hierbei würde jedoch die Refinanzierung zum Problem werden und entsprechend muss die Finanzierung über Zwangsabgaben (Steuern) gesichert werden. Die Bereitstellung des Gutes muss dann durch die öffentliche Hand erfolgen, welche derartige Abgaben erheben kann (vgl. Petersen 1993, S. 140-143).

Bei der Bereitstellung von öffentlichen Gütern muss die öffentliche Hand die zahlungsbereite Nachfrage nach diesem Gut ermitteln. Infolge der spezifischen Eigenschaften der öffentlichen Güter hängt die Menge des Gutes, welche ein Bewohner konsumieren kann, neben seiner eigenen Nachfrage auch von der Nachfrage der anderen Bürger nach dem Gut ab. Entsprechend bestimmt sich die Gesamtnachfrage durch die Summe der zahlungsbereiten Nachfragen aller Betroffenen. Gerade hierdurch ergibt sich für jeden Betroffenen ein Anreiz, als Trittbrettfahrer seine eigenen Präferenzen zu untertreiben und so von der zahlungsbereiten Nachfrage anderer Individuen zu profitieren (Samuelson 1954; Cornes/Sandler 1986, S. 22).

Viele Umweltleistungen und auch die Grundwasserleistungen haben Eigenschaften von öffentlichen Gütern. Beispielsweise zeichnet sich die Grundwasserqualität durch öffentliche Gutseigenschaften aus. So herrscht bei allen Grundwassernutzern (innerhalb des Einzugsgebietes) keine Rivalität, da alle dieselbe Qualität erfahren. Gleichzeitig kann aber keiner von der Inanspruchnahme dieser Qualität ausgeschlossen werden. Bei den quantitativen Aspekten der Grundwassernutzung zeigen sich die öffentlichen Gutseigenschaften nur eingeschränkt. So stört auch hier bis zu einer gewissen Grenze die quantitative Inanspruchnahme von Grundwasser durch einen Akteur nicht diejenige durch andere Akteure. Jedoch gilt dies nur, solange die Inanspruchnahme durch die Grundwasserneubildung in ausreichendem Maße gedeckt wird. Es können somit Kapazitätsprobleme auftreten mit Konsequenz von Opportunitätskosten und entsprechend positiven Grenzkosten.

Von externen Effekten wird dann gesprochen, wenn die Handlung eines wirtschaftlichen Akteurs einen direkten Einfluss auf die Umwelt anderer Wirtschaftssubjekte hat. Zu unterscheiden sind externe Effekte im Konsum und externe Effekte in der Produktion. Im ersten Fall ist der Nutzen eines Konsumenten durch das Verhalten eines anderen direkt positiv oder negativ betroffen. Im zweiten Fall wird die Produktionsmenge einer Unternehmung durch die Handlung eines anderen Wirtschaftssubjektes direkt beeinflusst (Fritsch et al. 2001, S. 98-99). Auch bei externen Effekten sind die Marktgleichgewichte in der Regel ineffizient. Die Entscheider ziehen zwar im Falle eines externen Effektes in der Produktion die privaten Produktionskosten in die Preisbildung ein, jedoch nicht die den Betroffenen aufgebürdeten externen Kosten oder Nutzen. Entsprechend bilden sich keine effizienten Marktgleichgewichte heraus (vgl. Fritsch et al. 2001, S. 100-104). Im Falle von externen Effekten im Konsum spiegelt aus denselben Gründen die Zahlungsbereitschaft eines Konsumenten für das Gut nur seine persönliche Nutzenstiftung und nicht die Effekte auf die anderen Konsumenten wieder, und entsprechend kann auch keine effiziente Güterallokation erfolgen. Bezogen auf Grundwasser vermag das Konzept der externen Effekte beispielsweise die schon dargelegten Wechselwirkungen zwischen Landwirtschaft und Trinkwasserförderung gut zu beschreiben. Auch hier gehen die der Trinkwasserversorgung durch die Landwirtschaft aufgebürdeten Kosten nicht in die Produktionsentscheidung der Landwirte ein. Mithilfe der Nutzen-Kosten-Analyse sollen dann die privaten Kosten der landwirtschaftlichen Produktion um die externen Kosten für die Trinkwasserförderung erweitert werden und im Endeffekt die volkswirtschaftlichen Kosten der landwirtschaftlichen Produktion ermittelt werden. Aufgrund der eben beschriebenen Eigenschaften ermöglichen die Marktmechanismen nicht effiziente Allokation der Grundwasserleistungen und müssen entsprechend mittels Nutzen-Kosten-Analyse bewertet werden.

Potentielle Handlungsoptionen, die Umwelt- bzw. Grundwasserleistungen betreffen, können durch die Nutzen-Kosten-Analyse marktkonform bewertet werden. Hierbei wird diejenige Handlungsoption ermittelt, die sich über Marktprozesse durchsetzen würde, wenn die Allokation der betroffenen Grundwasserleistungen trotz öffentlicher Gutseigenschaften und externer Effekte über den Markt effizient geregelt werden könnte. Die Nutzen-Kosten-Analyse beantwortet hierfür zwei Fragen (vgl. z. B. Hanusch 1994, S. 1; Pearce et al. 2006, S. 35): Soll eine politische Handlung, die zu Grundwasserveränderungen führt, überhaupt durchgeführt werden? Welche der möglichen Handlungsalternativen stellt die beste dar? Die Bewertung sowohl der Vorteile (Nutzen) als auch der Nachteile (Kosten) in derselben monetären Dimension erlaubt einerseits den direkten Vergleich der Vor- und Nachteile etwaiger Handlungen. Andererseits lassen sich die Ergebnisse von Nutzen-Kosten-Analysen direkt mit Marktentscheidungen vergleichen.

## 3.2 Der Anspruch der wohlfahrtsökonomischen Bewertung

Der Anspruch der wohlfahrtsökonomischen Bewertung ergibt sich sowohl aus seinem Bewertungsziel als auch aus der explizit geforderten Wertebasis. Wie im vorhergegangenen Kapitel beschrieben, sollen mit der Nutzen-Kosten-Analyse die Handlungsoptionen hinsichtlich der von ihnen bewirkten Effizienzverbesserung untersucht werden. Hierfür müssen Veränderungen von Marktgütern als auch von öffentlichen Gütern, welche nicht durch Marktprozesse effizient zugeteilt werden können, hinsichtlich ihrer Wohlfahrtswirkung bewertet werden. Mit dieser Zielstellung ist automatisch die Annahme verknüpft, dass die Nutzen-Kosten-Analyse dieses Ziel auch zu erreichen vermag.

Die Nutzen-Kosten-Analyse baut auf einer individualistischen Wertebasis auf, wobei die folgenden Prinzipien hervorgehoben werden (vgl. Fritsch 1982, S. 18-33; Hampicke 1992, 30-38; Marggraf/Streb 1997, S. 243-248):

- Das Prinzip des *methodologischen Individualismus*, nach dem die Aussagen zur gesellschaftlichen Wohlfahrt sich auf Aussagen zur Wohlfahrt der einzelnen Individuen beziehen sollen. Entsprechend werden bei der Nutzen-Kosten-Analyse die Werturteile der Betroffenen hinsichtlich der Handlungsoptionen für die Entscheidungsfindung herangezogen[15].
- Die Position des *Utilitarismus*, nach der nicht die Handlungen einen Wert besitzen, sondern der dadurch gestiftete Nutzen.
- Das Prinzip der *Konsumentensouveränität*, entsprechend dem der Wert einer Aktivität für ein Individuum nur durch das Individuum selbst bestimmt werden kann. Aus diesem Grunde findet das Wohlergehen von Institutionen (dem Staat) oder von Natur per se keine Berücksichtigung.
- Der *ethische Anspruch an die Marktteilnehmer*, nur Tauschprozesse durchzuführen und somit keinen Diebstahl, aber auch keine Schenkungen zuzulassen. Mit dieser Annahme ist die konsequente Durchführung des Opportunitätskostenansatzes verbunden, entsprechend dem die Individuen im Gegenzug für Güterverringerung in Höhe der dadurch entgangenen Nutzenstiftung zu entschädigen sind, so dass von einer Freiwilligkeit des Tausches ausgegangen werden kann.

15 Hierbei wird jedoch lt. Hampicke (1992, S. 30) kontrovers diskutiert, inwieweit dieser Ansatz methodischer oder normativer Natur ist.

Aufgrund der vier genannten Prinzipien erscheint das Wertekonzept auch als geeignet, um gewissermaßen einen demokratischen Anspruch an das Bewertungsergebnis zu rechtfertigen. Denn das Bewertungsergebnis kann mit einem Abstimmungsergebnis für und gegen Entwicklungsoptionen verglichen werden. Im Gegensatz zur Wahl kann hierbei auch die Intensität der Zustimmung oder Ablehnung ermittelt werden (Marggraf/Streb 1997, S. 254).

Aus den Ausführungen zur Wertebasis lässt sich somit als erster Anspruch ableiten, dass sich die Bewertungsaussagen der Nutzen-Kosten-Analyse auf individuelle Bewertungsurteile zurückführen lassen. Zweitens kann mithilfe der Nutzen-Kosten-Analyse nur dann eine Aussage zu gesellschaftlich wünschenswerten Alternativen getroffen werden, wenn sie die relevanten Effekte der Handlungsoptionen vollständig bzw. zumindest ausreichend zu erfassen vermag. Denn nur unter der Bedingung der Vollständigkeit erhält die Bewertungsaussage „diese Handlungsoption führt zu einer Wohlfahrtsverbesserung" eine normative Bedeutung. Drittens muss das Ziel der Nutzen-Kosten-Analyse, die Handlungsoptionen im Hinblick auf Effizienzverbesserung zu bewerten, hinreichend für die Entscheidungsfindung sein. Dieser Anspruch scheint nur dann erfüllbar, wenn einerseits die aggregierten individuellen Bewertungsurteile zu einer sinnvollen Bewertungsaussage führen, ohne dass zusätzliche, externe Bewertungen hinzugezogen werden müssen. Andererseits muss das Bewertungsziel der Nutzen-Kosten-Analyse – die Effizienzverbesserung – als alleiniges Bewertungsziel ausreichen. Um als alleiniges Bewertungsinstrument auszureichen, muss die Nutzen-Kosten-Analyse demnach drei Ansprüchen genügen:

- Sie muss auf individuellen Bewertungsurteilen basieren.
- Sie muss die auftretenden Effekte vollständig erfassen können.
- Sie muss als Instrument der Effizienzbewertung die Problemstellung hinreichend bewerten können.

Werden die drei Ansprüche eingehalten, dann reicht eine Effizienzanalyse aus, um gesellschaftlich wünschenswerte Grundwassernutzungen auszuwählen. Die Nutzen-Kosten-Analyse reicht wiederum aus, um die Effizienzbewertung durchzuführen (vgl. Abb. 3-1).

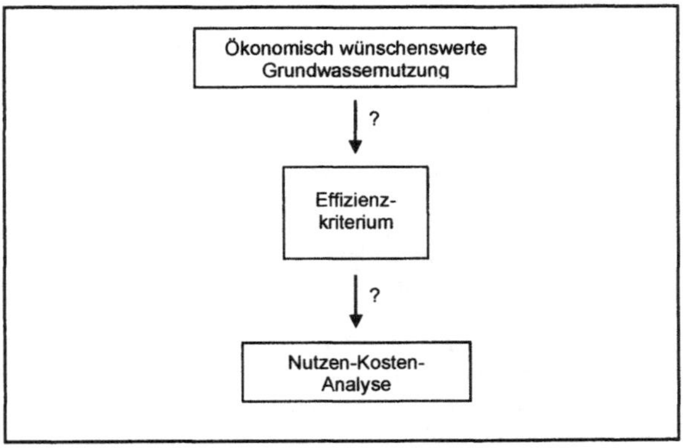


*Abb. 3-1: Grafische Darstellung des zu untersuchenden Problems*

Die folgende theoretische Diskussion beschäftigt sich daher mit der Frage, inwieweit die Nutzen-Kosten-Analyse als wohlfahrtsökonomisches Standardbewertungsinstrument geeignet ist, diese drei hier aufgeführten Ansprüche in Bezug auf die Bewertung von Grundwasserleistungen umzusetzen. Hierzu werden zuerst einzelne Aspekte der wohlfahrtsökonomischen Bewertung isoliert betrachtet. Diese beinhalten:

- den ökonomischen Wertbegriff und den ökonomischen Gesamtwert,
- die Monetarisierungsmethoden und die erfassbaren Komponenten des ökonomischen Gesamtwertes,
- methodische Ansätze zur Aggregation und zum Vergleich der individuellen Werturteile,
- theoretische und methodische Ansätze zur Berücksichtigung zukünftiger Effekte,
- Möglichkeiten zur Einbeziehung von weiteren gesellschaftlichen Zielstellungen in die Bewertung.

Mit der Nutzen-Kosten-Analyse wird das rigoroseste, allerdings nicht das einzige ökonomische Bewertungsinstrument zur Auswahl von Politikoptionen entsprechend ihrer Wirtschaftlichkeit betrachtet (Hanusch 1994, S. 159 u. 172). Zur Begründung dieser Wahl muss kurz auf weitere Bewertungsverfahren, wie die Kosten-Wirksamkeits-Analyse, die Nutzwertanalyse und die Multikriterienanalyse eingegangen werden[16]. Bei der Kosten-Wirksamkeits-Analyse stützt sich die Kostenanalyse auf das Opportunitätskostenkonzept, die Kosten werden monetär ermittelt. Die Nutzenseite wird anhand von Zielerfüllungsgraden gegenüber einem oder mehreren Zielen gemessen, wobei die Zielkriterien projektspezifisch abgeleitet werden können. Die Indikatoren zur Messung der Zielerfüllung arbeiten mit physischen Größen (vgl. Hanusch 1994, S. 159). Die Nutzwertanalyse untersucht die Alternativen ebenfalls anhand eines multidimensionalen Zielsystems. Im Unterschied zur Kosten-Wirksamkeits-Analyse hat sie den Anspruch, die Bewertungen anhand der Teilziele zu einer Gesamtaussage zusammenzufügen. Sie rechnet hierzu die Zielerfüllungsgrade der Teilziele in den Nutzwert um. Die Kosten werden nicht explizit monetär ausgewiesen, können allerdings als ein Teilkriterium mit in die Nutzwertanalyse integriert werden[17] (Hanusch 1994, S. 173; Scholles 2004e). Die Multikriterienanalyse wird als Entscheidungshilfe bezeichnet, welche die Wirkung von Handlungsoptionen mithilfe von multidimensionalen Zielkriterien misst. Die Szenarien werden anhand der Teilwirkungen verglichen, ohne dass im Gegensatz zur Nutzwertanalyse eine einheitliche Verrechnungsdimension gewählt wird (Faucheux/Noël 2001, S. 353; DVWK 1999, S. 33).

Die aufgeführten Bewertungsinstrumente können als Versuch aufgefasst werden, mit Problemen der Nutzen-Kosten-Analyse umzugehen (vgl. Scholles 2004e; Pearce et al. 2006, S. 270). Auch im Rahmen der in den folgenden Kapiteln geführten Diskussion werden Erweiterungsschritte vorgeschlagen, welche die Nutzen-Kosten-Analyse zu einem multikriteriellen Verfahren ausdehnen (vgl. Kapitel 9.2). Trotzdem wird die Nutzen-Kosten-Analyse als alleinige Ausgangsbasis der Betrachtung gewählt. Alle eben aufgeführten Bewertungsansätze haben gemeinsam, dass, um die Szenarien miteinander vergleichen zu können, Zielkriterien aufgestellt und Verrechnungsalgorithmen und Gewichte zum Vergleich der Handlungsoptionen anhand der Teilziele festgelegt werden müssen. Für eine normativ sinnvolle Aussage müssen sich diese Inputs entsprechend als „gesellschaftliche Ziele" begründen lassen. Es ist mithilfe dieser Bewertungsinstrumente prinzipiell möglich, Szenarien im Hinblick auf das Oberziel Wohlfahrtssteigerung zu vergleichen[18]. Hierzu müsste „nur" nachgewiesen werden, dass die Auswahl der Teilziele und Kriterien, die Bewertung der Zielerfüllungen sowie die für eine Aggregation der Teilziele notwendigen Gewichte und Trade-off-Beziehungen auf den Prinzipien des methodologischen Individualismus, des Utilitarismus, der Konsumentensouve-

16 Ausführliche Darstellungen der Bewertungsmethoden bieten Bechmann (1978), Pflügner (1989), Bechmann (1991), Hanusch (1994, S. 158-182), Zangemeister/Nolting (1997), DVWK (1999), Faucheux/Noël (2001, S. 350-355 u. 483-501).

17 Z. B. unter dem Teilziel der Kostenminimierung.

18 Gleichwohl lassen sich die Bewertungsinstrumente nicht auf dieses Ziel alleine festlegen (Faucheux/Noël 2001, S. 483).

ränität und des Opportunitätskostengedankens aufbauen. Es wird in der Regel davon ausgegangen, dass dies nicht der Fall ist und dass wesentliche Inputs durch die Entscheidungsträger oder durch Experten geleistet werden. Daher wird festgestellt, dass die Bewertungsinstrumente zwar relative Aussagen zur Rangfolge treffen können, aber nicht in der Lage sind, die gesellschaftliche Vorteilhaftigkeit von einzelnen Szenarien nachzuweisen. Die Vor- und Nachteile lassen sich nicht direkt anhand von in derselben Dimension dargestellten Wohlfahrtsindikatoren vergleichen (vgl. auch Kapitel 3.1) (z. B. Hanusch 1994, S. 181; Pearce et al. 2006, S. 275-276). Falls trotzdem versucht wird, die wohlfahrtsökonomischen Wertvorstellungen konsequent zu übernehmen, dann treten viele Probleme auf, die den im Folgenden für die Nutzen-Kosten-Analyse aufgezeigten Problemen sehr ähneln (vgl. z. B. Kapitel 4 bis 6). Obgleich ein detaillierter Vergleich der Methoden bei der weiteren Diskussion wünschenswert wäre, so erscheint doch der Nachteil als nicht zu groß, wenn dies unterlassen wird, um den Rahmen der Arbeit nicht zu sprengen.

Bevor in den Kapiteln 4 bis 8 ausführlich die Möglichkeiten und Grenzen der wohlfahrtsökonomischen Bewertung von Grundwasser diskutiert werden, folgt zunächst eine Übersicht über empirische Bewertungsstudien. Hierbei wurde das Hauptaugenmerk auf die Literaturquellen gerichtet, welche explizit Grundwasser betrachten.

## 3.3 Übersicht über empirische Bewertungsstudien zur Bewertung von Grundwasserleistungen

Als Anwendungsgebiet der ökonomischen Umweltbewertung werden prinzipiell alle staatlichen Maßnahmen, die mit Umweltwirkungen verknüpft sind und welche die Bürger interessieren, gesehen. Hierunter fallen einzelne Investitionen, aber auch staatliche Programme und Regulierungsmaßnahmen. Als weiterer Anwendungsbereich wird die Bewertung von Umweltschäden im Rahmen haftungsrechtlicher Regelungen aufgeführt (Hampicke 1992, S. 122-125; Marggraf/Streb 1997, S. 9). In der Tab. 3-1 sind repräsentative Bewertungsstudien aufgelistet, welche Grundwasserprobleme betrachteten[19]. Die Tabelle stellt jeweils bewertete Problemstellung vor, die räumliche Ausdehnung des Untersuchungsgebietes und die zur Anwendung gekommenen Bewertungsmethoden. Da auf diese Übersicht im weiteren Verlauf der methodischen Diskussion immer wieder zurückgegriffen wird, sollen an dieser Stelle nur einige erste Vergleiche gezogen werden.

Der am häufigsten in den Studien untersuchte Konflikt ist der Konflikt zwischen der landwirtschaftlichen oder durch Altlasten verursachten Grundwasserverschmutzung und den damit verbundenen Konsequenzen für die Trinkwassernutzung des Aquifers. Es wurden vor allem qualitative Aspekte bewertet. Nur wenige Arbeiten widmeten sich Aspekten der quantitativen Grundwassernutzung. Keine der Arbeiten untersuchte den Konflikt zwischen Grundwasserverschmutzung und ökologischen Effekten. Die räumliche Ausdehnung der Untersuchung reicht von einzelnen Grundwassereinzugsgebieten bis zur nationalen Ebene.

Die überwiegende Mehrheit der Bewertungsstudien erhebt nicht den Anspruch einer vollständigen Nutzen-Kosten-Analyse, sondern betrachtet entweder nur die Nutzen- oder die Kostenseite. Dies lässt sich dadurch erklären, dass bei diesen Arbeiten nicht die Entscheidungsfindung zu Projekten o. ä. als Ziel stand, sondern die Beantwortung methodischer Fragestellungen der Nutzen-Kosten-Analyse. Hierauf wird weiter unten noch eingegangen werden. Die Konzentration auf methodische Fragestellungen erklärt auch, dass das hauptsächliche Anliegen der Studien in der Bereitstellung von Informationen für die politischen Entscheidungsträger gesehen wurde und nicht in der Entscheidungsfindung selbst.

19 Für eine Übersicht weiterer Arbeiten – s. Shaw (2005, S. 231-237).

*Tab. 3-1: Übersicht über empirische Bewertungsstudien von Grundwasserleistungen*

| **Quelle** | **Problemstellung** | **Bewertungs-methode** | **räumlicher Bezug** | **Anmerkungen** |
|---|---|---|---|---|
| Edwards (1988) | Zahlungsbereitschaft für ein fiktives Schutzprogramm, welches die zukünftige weitere Verschmutzung des Grund- und Trinkwassers im einzigen Aquifer verhindert | ex ante<br>Kontingente Bewertungsmethode | 1 Region | Ermittlung von Optionspreisen unter Angebotsunsicherheit (Verschmutzung ist in Zukunft mit bestimmter Wahrscheinlichkeit zu erwarten) und Nachfrageunsicherheit (Wahrscheinlichkeit, dass die Befragten in Zukunft noch in der Region wohnen) |
| Shultz et al. (1990) | Zahlungsbereitschaft für fiktive Politikmaßnahmen zur Verminderung der Verschmutzungswahrscheinlichkeit von Grund- u. Trinkwasser | ex ante<br>Kontingente Bewertungsmethode | 1 Kommune oder Landkreis (nicht spezifiziert) | Befragt wurden nur Grundstücksbesitzer<br>gegenwärtig keine Grundwasserverschmutzung |
| McClelland et al. (1992) u. (1993) | Zahlungsbereitschaft für Trink- bzw. Grundwassersanierung von Altlasten<br>Vergleich eines fiktiven Programms zur vollständigen Reinigung mit Alternativen zur Sicherung allein des Trinkwassers | ex ante<br>Kontingente Bewertungsmethode | Nationale Umfrage USA | Studie versuchte, den Befragten nachweislich vollständige Information bereitzustellen sowie „non-use-„ und „use-values" zu separieren. |
| Sun et al. (1992) | Zahlungsbereitschaft für fiktives Politikprogramm, welches Grundwasserqualität unterhalb der Grenzwerte (EPA[20]) hinsichtlich Pestizide und Düngemittel erhält | ex ante<br>Kontingente Bewertungsmethode | 1 Landkreis (öffentliche Wasserversorgung und Privatbrunnen) | Ermittlung von Optionspreisen bei Angebotsunsicherheit (individuell empfundenes Risiko der GW-Verschmutzung) und Nachfragerisiko der Bürger nach Trinkwasser |
| Bergstrom/ Dorfman (1994) | Zahlungsbereitschaft für ein fiktives Politikprogramm, welches Grundwasserqualität unterhalb der Grenzwerte (EPA) hinsichtlich Pestizide und Düngemittel erhält | ex ante<br>Kontingente Bewertungsmethode | 1 Landkreis (öffentliche Wasserversorgung und Privatbrunnen) | Erforschung des Einflusses des Informationsniveaus auf Zahlungsbereitschaft |
| Powell et al. (1994) | Zahlungsbereitschaft für kommunale Grundwasserschutzprogramme für Trinkwasserschutz | ex ante<br>Kontingente Bewertungsmethode | 12 Kommunen | Untersuchung des Einflusses der Zahlungsbereitschaft der Bürger auf Entscheidung von Entscheidungsträgern |
| Poe/Bishop (1999) u. (2001)<br>Poe (1998) | Zahlungsbereitschaft für ein fiktives Schutzprogramm, welches die gegenwärtige Nitratkonzentration im Grundwasser um 25% senkt | ex ante<br>Kontingente Bewertungsmethode | 1 Landkreis (nur Privatbrunnen) | untersuchte Zahlungsbereitschaft in Abhängigkeit von erfahrener Ausgangskonzentration des Nitrats im Brunnen der Haushalte |
| Crutchfield et al. (1995) | Zahlungsbereitschaft für fiktive Politikmaßnahmen zum Schutz des Grund- u. Trinkwassers vor Nitrat und Pflanzenschutzmitteln aus Landwirtschaft | Metastudie | 126 Landkreise | Keine Spezifizierung des Politikprogramms<br>Metastudie |
| Abdalla (1990)<br>Abdalla et al. (1992)<br>Abdalla (1994) | Nutzenverluste der Einwohner durch eine real stattgefundene Trinkwasserverschmutzung | ex post<br>individueller Anpassungs- und Vermeidungskostenansatz<br>Wiederherstellungs- und Ersatzkostenansatz | 1 Kommune | Fragebogenerhebung, um individuelle Reaktionen zu untersuchen<br>Untersuchung von Einflussfaktoren auf individuelle Reaktionen |

20 Environmental Protection Agency – Umweltbundesbehörde in den USA.

| Quelle | Problemstellung | Bewertungs-methode | räumlicher Bezug | Anmerkungen |
|---|---|---|---|---|
| Raucher (1986) | Bewertung von drei Strategien zum Umgang mit potentiellen Altablagerungen aus Sicht der Trinkwassergefährdung: vorsorgende Sicherung während Deponienutzung nachsorgende Sanierung bzw. Verlagerung der Trinkwasserversorgung nichts tun und Gesundheitsgefährdung akzeptieren | ex post betriebliche Anpassungs- und Vermeidungsreaktionen Wiederherstellungs- und Ersatzkostenansatz Dosis-Wirkungs-Ansatz | jeweiliges GW-Einzugsgebiet | Die Strategien wurden auf drei reale Altlastenstandorte bezogen |
| Winje et al. (1991) | Analyse der Zusatzkosten für die öffentliche Wasserversorgung infolge Grundwasserverschmutzung; Berücksichtigt wurden Kosten infolge von Überwachung, Aufbereitung und Ausweichreaktionen der Wasserwerke | ex post/ex ante betriebliche Anpassungs- und Vermeidungskosten | Alte Bundesländer | |
| Olschewski (1997) | Vergleich von realen Trinkwasserschutzmaßnahmen – der Aufforstung im TWSG bzw. einer erweiterten Aufbereitung des Rohwassers | ex ante betriebliche Anpassungs- und Vermeidungskosten | Ein Wasserwerk mit Grundwasser-Einzugsgebiet | Berücksichtigung von Nachfrageeffekten infolge einer Marktpreisänderung des Trinkwassers |
| Leist et al. (1993) | Bewertung externer Effekte der intensiven Landwirtschaft für Trinkwasserversorgung Bewertung von Kosten bei Wassergewinnung, -aufbereitung, -transport sowie infolge von Vermeidungsreaktionen | ex post betriebliche Anpassungs- und Vermeidungskosten individuelle Anpassungs- und Vermeidungskosten | Ein Wasserwerk mit Einzugsgebiet des genutzten Aquifers | |
| DWI (1985a u. b) | Kostenvergleich von Trinkwasserschutzmaßnahmen Vergleich der landwirtschaftlichen Extensivierung mit einer zusätzlichen Trinkwasseraufbereitung | ex post/ex ante betriebliche Anpassungs- und Vermeidungskosten Kostenvergleichsrechnung | 2 unterirdische Einzugsgebiete mit mehreren Brunnen | |
| Torell et al. (1990) | Analyse des Wertes des Grundwassers für landwirtschaftliche Bewässerung | ex post Hedonischer Preisansatz | 1 großer Aquifer (174000 square-miles) | Ableitung des Wasserwertes aus Farmlandpreisen |
| Connor et al. (1995) | Auswahl kosteneffizienter Strategien zur Verminderung zweier Produktionsexternalitäten, die sich gegenseitig negativ beeinflussen: Bodenerosion vs. Nitratemission | ex post betriebliche Anpassungs- und Vermeidungsreaktionen | 1 Farm (Modelfarm) | |
| Feinerman/ Knapp (1983) | Nutzen eines Programms zur Regulierung der Wasserentnahme für landwirtschaftliche Bewässerung im Vergleich zur „open-access“-Situation | | 1 Landkreis | kein Vergleich der Nutzen mit den Kosten des Planes |
| Tsur (1990) Tsur/ Graham-Tomasi (1991) | Nutzen des Grundwassers als alternative Ressource für die landwirtschaftliche Bewässerung bei unregelmäßigen Niederschlägen (Puffer-Wert) | ex ante/ex post Wert als Faktorinput für landwirtschaftliche Produktion | 1 Region | Methodische Überlegungen stehen im Vordergrund der Betrachtung |
| Rudolph et al. (1994) | Bewertung von Vermeidungskosten, Anpassungskosten eines urbanen Trinkwassereinzugsgebietes Betrachtung der Auswirkungen auf Landnutzungen, auf das Wasserwerk sowie auf die Trinkwasserkonsumenten | ex ante Anpassungs- und Vermeidungskosten Nutzenverlust infolge Trinkwasserverknappung | 1 Trinkwassereinzugsgebiet im urbanen Gebiet | |
| Randall et al. (2001) | Zahlungsbereitschaft für drei Politikprogramme zum Schutz von Grundwasser, Oberflächengewässer und Feuchtgebieten | ex ante Kontingente Bewertungsmethode | 1 Flusseinzugsgebiet, 1 See (Eriesee), | Befragte wohnten sowohl innerhalb als auch außerhalb des betroffenen Gebietes |

*Quelle: eigene Darstellung.*

# 4 Der ökonomische Wert als Grundlage für die wohlfahrtsökonomische Bewertung

## 4.1 Der ökonomische Wertbegriff

Wie in Kapitel 3.2 beschrieben wurde, bilden individuelle Werturteile der betroffenen Personen die Grundlage für die ökonomische Bewertung. Dies bedeutet, dass die betroffenen Personen die für sie relevanten Wirkungen der Handlungsoptionen einschätzen und hierauf aufbauend die Handlungsoptionen in eine Rangfolge sortieren müssen. Hierzu ist ein Bewertungsmaßstab notwendig. In der Wohlfahrtsökonomik wird der individuelle Bewertungsmaßstab durch eine postulierte individuelle Nutzenfunktion veranschaulicht. Mit dieser Nutzenfunktion werden für die betroffene Person alle möglicherweise auftretenden Güterkombinationen anhand ihres Beitrages zur persönlichen Bedürfnisbefriedigung, der Nutzenstiftung, verglichen. Bei Entscheidungssituationen wird unterstellt, dass die Betroffenen versuchen, ihren persönlichen Nutzen zu maximieren (z. B. Marggraf/Streb 1997, S. 47-48).

Für die Bewertung ist es notwendig, das individuelle Maß der Befürwortung bzw. Ablehnung der einzelnen Handlungsalternativen quantitativ sichtbar zu machen. Das gedankliche Gerüst hierzu bietet das Konzept des marginalen individuellen Tauschwertes, welches auf der individuellen Nutzenfunktion entsprechend Gleichung 4-1 aufbaut. Die Nutzenstiftung U hängt von der zur Verfügung stehenden Menge $x_1$ des Marktgutes $x$ sowie der Menge $z_1$ des öffentlichen Umweltgutes $z$ ab. Der ökonomische Tauschwert beschreibt das Tauschverhältnis, zu dem eine Person freiwillig ein Gut $x$ gegen ein anderes Gut $z$ tauscht. Die Freiwilligkeit der Tauschaktionen zwischen den Gütern $x$ und $z$ impliziert, dass der Nutzenverlust, der mit Abgabe von $-\Delta x$ für die betroffene Person verbunden ist, durch die Nutzenzunahme infolge $+\Delta z$ zumindest kompensiert wurde.

$$U = u(x_1, z_1) \qquad \textit{Gleichung 4-1}$$

Die Abb. 4-1 verdeutlicht diesen Sachverhalt für einen infinitesimal kleinen Gütertausch $dx$ gegen $dz$. Die Güterkombination $x_1$ und $z_1$ stellt dabei die Ausgangsausstattung dar. Die dargestellte Kurve beschreibt dabei alle Güterkombinationen $x$, $z$, bei denen das Individuum indifferent im Vergleich zur Ausgangsausstattung ist (U = konstant), d. h., wenn eine von diesen Güterkombinationen erreicht werden würde, würde die Person freiwillig dem Tausch zustimmen. Somit beschreibt die Kurve *U=konst.* als Indifferenzkurve alle Güterkombinationen, bei denen das Individuum die gleiche Nutzenstiftung wie bei der Ausgangsausstattung erfährt[21]. Der marginale ökonomische Wert entspricht unter diesen Annahmen dem Anstieg der Indifferenzkurve am Punkt $x_1$, $z_1$.

21 Der Abbildung von Indifferenzkurven von Güterkombinationen liegt eine direkte Nutzenfunktion zugrunde. Die notwendigen Annahmen für die Darstellung solcher Nutzenfunktionen und Indifferenzkurven wie in Abb. 4-1 sind beispielsweise in Marggraf/Streb (1997, S. 45-48) erklärt.

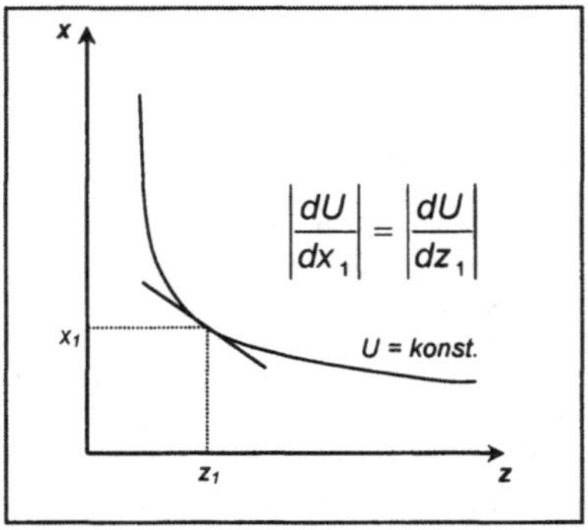


$x$ – Marktgut; $z$ – öffentliches Umweltgut; $U$ – Nutzenniveau.

*Quelle: Marggraf/Streb (1997, S. 54), verändert.*

*Abb. 4-1: Der ökonomische Wertbegriff in seiner Definition als Tauschwert*

Folgende Eigenschaften des ökonomischen Tauschwertes lassen sich hierbei für die wohlfahrtsökonomische Bewertung ableiten:

1. Aufgrund seiner Definition als Tauschwert sind mit dem ökonomischen Wert nur Veränderungen des Güterbündels erfassbar. Güterausstattungen ($x_1$, $z_1$) können dagegen nicht bewertet werden.
2. Der ökonomische Tauschwert ergibt sich allein aus der individuellen Wertschätzung der zu tauschenden Güter, die durch die Nutzenfunktion beschrieben wird.
3. Der ökonomische Wert der Veränderung eines Gutes kann nur mithilfe der Veränderung eines anderen Gutes ausgedrückt werden. Dies setzt voraus, dass aus Sicht des Individuums die Nutzenstiftung des einen Gutes durch die Nutzenstiftung des anderen Gutes substituiert werden kann. Stehen die Güter aus Sicht des Individuums nicht in einem Substitutionsverhältnis, dann müssten sich Tauschverhältnisse von Null oder Unendlich ergeben.
4. Der ökonomische Wert ist abhängig von Ausstattung mit den Gütern $x_1$ und $z_1$. Die in Abb. 4-1 dargestellte Form der Indifferenzkurve $\bar{U}$ impliziert beispielsweise eine abnehmende Grenzrate der Substitution, bei der sich mit zunehmender Ausstattung eines Gutes $x$ der Wert eines weiteren, zusätzlichen Teiles $dx$ stetig vermindert.

Die Idee des ökonomischen Tauschwertes wird nun genutzt, um die Veränderungen eines nicht auf dem Markt gehandelten Gutes in monetären Einheiten auszudrücken. Denn, falls zumindest ein Gut (z.B. das Gut $x$) auf dem Markt gehandelt wird, können die Tauschverhältnisse auch in monetären Einheiten dargestellt werden. Dann ist es möglich, den marginalen Tauschwert für das nicht auf dem Markt gehandelte Gut $z$ als Schattenpreis $SP_z$ anzugeben. Der Schattenpreis $SP_z$ beschreibt entsprechend dem Marktpreis bei Marktgütern den Grenznutzen für die zuletzt konsumierte Einheit von Gut $z$. Er lässt sich beispielsweise ermitteln, indem das marginale Tauschverhältnis zwischen den Gütern $dx/dz$ mit dem Preis $p_x$ des Gutes $x$ multipliziert wird (Gleichung 4-2) (vgl. Marggraf/Streb 1997, S. 64, 66, 84). Hierbei wird davon ausgegangen, dass die Ausgangsausstattung $x_1$ in Abhängigkeit vom Preis $p_x$ und dem Einkommen $Y$ des Individuums nutzenmaximierend gewählt wurde.

$$SP_z = -p_x \frac{dx}{dz}, \; bei\ U = konstant \qquad \textit{Gleichung 4-2}$$

Aufgrund der engen Verbindung zwischen dem Einkommen *Y*, dem Preis $p_x$ und der gewählten Gütermenge $x_1$ entsprechend $Y = p_1x_1 + p_2x_2 + ... + p_nx_n$ kann der Tauschwert des Gutes *z* auch in Form der hierfür akzeptierten/geforderten marginalen Einkommensänderung beschrieben werden (Gleichung 4-3).

$$SP_z = -\frac{dY}{dz}, \; bei\ U = konstant \qquad \textit{Gleichung 4-3}$$

Die Eignung des eben beschriebenen Konzeptes als Bewertungsgrundlage hängt von einigen Annahmen ab. Mit Indifferenzkurven der Form, wie sie beispielhaft in der Abb. 4-1 dargestellt wurden, wird eine prinzipielle Substituierbarkeit der Güter untereinander im Hinblick auf die individuelle Nutzenstiftung angenommen. Weiterhin müssen die Präferenzen der Betroffenen gegenüber den Güterkombinationen – und demnach auch die Nutzenfunktion – stabil sein, um sinnvolle Bewertungsaussagen zu ermöglichen. Beide Annahmen werden in der Literatur sehr kritisch diskutiert.

Mit Blick auf die Bewertung von Umweltleistungen wird beispielsweise in der Literatur angezweifelt, ob die Betroffenen wirklich die Umweltleistungen als ökonomische Güter ansehen, die mit Marktgütern substituiert werden können, oder ob die Präferenzen nicht besser durch lexikographische Präferenzordnungen[22] oder durch L-förmige Indifferenzkurven beschrieben werden sollten (vgl. Spash/Hanley 1995; Common et al. 1997; Rekola et al. 2000). Bei lexikographischen Präferenzordnungen gibt es keine Substitutionsbeziehungen zwischen dem Marktgut und dem Umweltgut im Hinblick auf die individuelle Nutzenstiftung. Entsprechend kann ein Verlust eines Umweltgutes nicht durch ein erweitertes Angebot an Marktgütern ausgeglichen werden. Bei L-förmigen Indifferenzkurven ist eine Substitution zwischen dem Marktgut und dem Umweltgut nur innerhalb von gewissen Grenzen, allerdings dann mit einer Substitutionselastizität von Null, möglich (vgl. Marggraf/Streb 1997, S. 225-226). Der Anteil an Befragten mit lexikographischen Präferenzen wurde in einigen Studien als bedeutsam eingeschätzt und lag zwischen 25% und 50% (Spash/Hanley 1995; Common et al. 1997; Rekola et al. 2000).

Common et al. (1997) konnte zwei in der Literatur vorgebrachte Argumente zur Begründung von lexikographischen Präferenzen empirisch stützen. Dies betraf die Annahme, dass altruistische Bürger aus einem uneigennützigen Interesse an dem Wohlbefinden der anderen heraus handeln (Common et al. 1997 beziehen sich auf Edwards 1986; vgl. auch Edwards 1992). Variationen im Umweltgut werden dann unabhängig von dem persönlich verbundenen Nutzengewinn/Nutzenverlust bewertet und drücken sich in lexikographischen Präferenzordnungen aus. Weiterhin wurde argumentiert, dass die Betroffenen gegenüber Entscheidungen einerseits als Bürger, aber auch als Konsumenten reagieren können. Während sie in der Rolle als Konsumenten sich entsprechend ihrer Präferenzen nutzenmaximierend verhalten, fällen sie ihre Entscheidungen als Bürger nicht nur aufgrund ihrer Präferenzen, sondern auch unter Einbeziehung von ethischen Standpunkten und unter Berücksichtigung öffentlicher Interessen (Common et al. 1997 beziehen sich hierbei auf Sagoff 1988). Entscheidungen zu Umweltleistungen werden dem Autor zufolge eher aus der Perspektive als Bürger als aus der Per-

22 Bei lexikographischen Präferenzen wird das Nutzenniveau durch ein Gut bestimmt (bspw. *z*) und das zweite Gut *x* beeinflusst das Nutzenniveau nur für die Fälle *z* = konstant. Ein Gütebündel $x_1$, $z_1$ wird gegenüber dem Güterbündel $x_2$, $z_2$ bevorzugt, sobald $z_1 > z_2$ oder $x_1 > x_2$, falls $z_1 = z_2$ (vgl. Marggraf/Streb 1997, S. 225; Schumann et al. 1999, S. 74).

spektive als Konsumenten betrachtet. Wird aus ethischen Gründen eine Umweltverschlechterung abgelehnt, drückt sich dies in lexikographischen Präferenzen aus. Rekola et al. (2000) zeigen anhand eines empirischen Beispiels, dass Personen sowohl gegenüber Umweltleistungen als auch gegenüber dem öffentlichen Gut „Eigentumsrecht“ lexikographische Präferenzen aufweisen können. Edward (1986) argumentiert, dass derartige Präferenzen gegenüber Umweltleistungen teilweise erst ab bestimmten persönlichen Einkommenslevel auftreten können.

Im Hinblick auf die Konsequenzen derartiger Präferenzstrukturen vertreten Marggraf/Streb (1997, S. 227) die Auffassung, dass eine Nutzen-Kosten-Analyse auch bei derartigen Präferenzen möglich und ein entsprechendes Ergebnis wertvoll sei. Denn der individuelle Tauschwert müsste unter der Annahme derartiger Präferenzstrukturen entweder sehr hohe oder nur äußert niedrige Werte annehmen. Rekola et al. (2000) schlussfolgern ähnlich, dass Nutzen-Kosten-Analysen bei signifikantem Auftreten derartiger Präferenzen zwar nicht deren ökonomische Wertschätzung[23], allerdings korrekt die Richtung der Präferenzen wiederzuspiegeln vermögen (vgl. auch Common et al. 1997).

Im Hinblick auf die Annahme der Stabilität von Präferenzordnungen zeigen experimentelle Überprüfungen individueller Präferenzen und des Wahlverhaltens von Personen deutliche Unterschiede zu den gerade skizzierten theoretischen Vorstellungen des individuellen Tauschwertes. Rabin (1998) gibt in seinem Beitrag eine Übersicht über die vielfältigen Einflüsse auf individuelle Entscheidungen, die nicht mit dem einfachen Modell erklärt werden. Beispielsweise werden Nutzenverluste dramatischer gewertet als Nutzengewinne[24]. Auch unterscheidet sich die erwartete Nutzenstiftung einer Veränderung wesentlich von der nach der realisierten Veränderung letztendlich erfahrenen Nutzenstiftung. Schließlich scheinen die individuellen Präferenzen nicht festzustehen, sondern lassen sich im Gegenteil schon von den konkreten, zur Wahl stehenden Alternativen, und von der Art, wie sie manifestiert werden, beeinflussen.

Während diese eben aufgeführten Kritikpunkte die dem Konstrukt des individuellen Tauschwertes zugrundeliegenden Annahmen kritisieren, weist das Konzept, auch bei Gültigkeit aller Annahmen, Grenzen auf. Wie beschrieben, hängt die Höhe des Tauschwertes von vielfältigen Rahmenbedingungen ab, so vom Einkommen bzw. der Güteraustattung (s. o.), aber auch von den Alternativgütern, welche den Betroffenen zur Verfügung stehen, sowie deren Eigenschaften[25]. Da sich sowohl das Einkommen als auch die Güterausstattung und die alternativ zur Verfügung stehenden Güter über die Zeit deutlich verändern, stellt der zum Ausdruck gekommene Tauschwert nur eine Momentaussage dar, die unter anderen Umständen und zu anderen Zeitpunkten möglicherweise anders ausgefallen wäre. Somit kann mithilfe dieses Ansatzes zumindest für viele Handlungsoptionen keine langfristig gültige Rangfolge ermittelt werden. Die aufgeführten Kritikpunkte lassen sich dahingehend verallgemeinern, dass Aussagen, die auf dem individuellen Tauschwert basieren, nicht unbedingt langfristig stabil sein müssen und darüber hinaus ohne zusätzliche Informationen nicht anhand des vorgestellten Konzeptes interpretiert werden können.

---

23 Im Sinne einer quantitativen Aussage zur Zahlungsbereitschaft bzw. der Kompensationsforderung – vgl. Kapitel 5.1.

24 Dieses Problem wird auch als Erklärung für die Differenzen zwischen der maximalen Zahlungsbereitschaft und der minimalen Kompensationsforderung bei direkten Bewertungsmethoden angeführt (vgl. Venkatachalam 2004).

25 Der Preis von Substitutionsgütern beeinflusst die maximale Zahlungsbereitschaft gegenüber einer Umweltleistung (vgl. Abdalla 1990, Poe/Bishop 2001).

## 4.2 Der ökonomische Gesamtwert als Systematisierungsansatz der Nutzenstiftungen von Grundwasserleistungen

Prinzipiell können mit diesem individuellen Bewertungsansatz alle materiellen und nichtmateriellen Objekte bewertet werden, solange sie von mindestens einer Person für so wertvoll gehalten werden, dass sie bereit ist, dafür auf einen Teil von anderen, alternativ zur Verfügung stehenden Gütern zu verzichten. Bei der Beschreibung des individuellen Tauschwertes im vorigen Kapitel wurde jedoch nicht die Frage problematisiert, weshalb von den betroffenen Personen einzelne Güter wertgeschätzt werden und durch positive Tauschwerte manifestiert werden. Die Gründe für die individuelle Wertschätzung von Gütern können sehr unterschiedlich ausfallen. In der ökonomischen Literatur wurde versucht, diese Gründe zu systematisieren. Mithilfe eines derartigen Systems können die empirischen Bewertungen dann dahingehend beurteilt werden, inwieweit sie die Wertschätzungen vollständig erfasst haben. Ein wichtiges Konzept zur Systematisierung wird als „ökonomischer Gesamtwert" („total economic value") bezeichnet (vgl. Weisbrod 1964; Krutilla 1967; Barbier 1994; Cummings/Harrison 1995; Turner 2001; Pearce et al. 2006, S. 86-89). Hierbei wird davon ausgegangen, dass sich die gesamte Wertschätzung gegenüber einem Umweltgut aus mehreren Kategorien zusammensetzt, wobei im Wesentlichen zwei Kategorien zu nennen sind (Gleichung 4-4):

*Ökonomischer Gesamtwert = nutzungsabhängige Werte + nutzungsunabhängige Werte*

*Gleichung 4-4*

Bei den *nutzungsabhängigen Werten* sieht die bewertende Person eine zumindest potentielle Nutzungsmöglichkeit für sich, welche mit dem direkten oder indirekten Gebrauch des Gutes verbunden ist. In die Kategorie des *direkten* Gebrauches fallen alle Nutzenstiftungen, die mit dem Konsum des Umweltgutes erzeugt werden oder infolge der Nutzung des Umweltgutes als Produktionsinput erwachsen. So stellt die Wertschätzung des sauberen Grundwassers als Ressource zur Gewinnung von sauberem Trinkwasser einen direkten nutzungsabhängigen Wert dar. Ein weiteres Beispiel ist die Nutzung von Grundwasser zur Bewässerung von landwirtschaftlichen Flächen. Die direkten nutzungsabhängigen Werte können Eigenschaften privater Güter als auch Eigenschaften öffentlicher Güter aufweisen.

Auf die öffentlichen Gutseigenschaften von Grundwasserqualität wurde schon in Kapitel 3.1 eingegangen. Entsprechend wird diese Wertschätzung nicht durch Marktprozesse offengelegt und befriedigt werden können. Grundwasserquantität wurde im selben Kapitel als Clubgut bezeichnet. Im Falle kostengünstig durchsetzbarer Eigentumsrechte sowie einer Nutzungsintensität, welche den Bereich der Nicht-Rivalität überschreitet, weist Grundwasserquantität dann Eigenschaften privater Güter auf. Dann könnten Marktprozesse die Allokation steuern.

Von diesen direkten Nutzenstiftungen werden die *indirekten* Nutzenstiftungen abgegrenzt (z. B. Barbier 1994; Turner et al. 2003). Diese korrespondieren mit den Leistungen, welche das Umweltgut erbringt und welche anderenfalls technisch bereitgestellt werden müssten. Im Unterschied zu den direkten Nutzenstiftungen fallen die indirekten Nutzenstiftungen nicht so offensichtlich an und werden von den meisten Personen nicht als Leistungen wahrgenommen, bzw. erst dann, wenn sie nicht mehr erbracht werden. Hierunter fallen beispielsweise die Reinigung von infiltriertem Wasser durch das Grundwasserökosystem, die Speisung von Oberflächengewässern durch die Grundwasser außerhalb von Regenereignissen, die Stabilisierung des Bodens gegenüber Setzungserscheinungen (die bei Übernutzung von GW-Ressourcen auftreten können) u. ä. Die indirekten nutzungsabhängigen Wertstiftungen weisen in der Regel Merkmale von öffentlichen Gütern auf. Beispielsweise kommt die Reinigungsleistung des Bodens und des Grundwassers allen Nutzern zugute, ohne dass ein Nutzer von der infolge der Reinigung erhöhten Qualität des Grundwassers und seiner Leistungen ausgenommen werden kann[26].

Die *nutzungsunabhängigen Werte* beschreiben demgegenüber eine Nutzenstiftung durch die Umweltleistungen, ohne dass eine Nutzungsintention durch die betreffenden Personen besteht. Es kann dann von einer nutzungsunabhängigen Wertschätzung gesprochen werden, wenn die Individuen auch dann Interesse an einer Grundwasserveränderung haben, wenn deren kompensierte Nachfrage nach allen zu den Grundwasserleistungen komplementären Gütern Null beträgt (Choke-Preise) (McConnell 1983 – nach Cummings/Harrison 1995; Marggraf/Streb 1997, S. 191-197). Wird beispielsweise ein Grundwasserleiter aufgrund seiner Qualität als Trinkwasserquelle genutzt und man möchte ermitteln, inwieweit die Trinkwasserkonsumenten auch eine nutzungsunabhängige Wertschätzung gegenüber dem Grundwasserleiter aufweisen, dann wäre folgendes (Gedanken-)Experiment durchzuführen. Die Kosten der Bereitstellung des Trinkwassers würden solange erhöht (bei gleichzeitiger Einkommenskompensation), bis kein Konsument mehr Trinkwasser aus diesem Grundwasserleiter nachfragt. Würde in dieser Situation dann noch eine Person einen positiven Tauschwert zwischen der Grundwasserqualität und seinem Einkommen aufweisen, dann kann dieser positive Tauschwert nicht mehr aufgrund der Inanspruchnahme des Aquifers als Trinkwasserressource herrühren. Er muss in diesem Fall durch eine nutzungsunabhängige Wertschätzung begründet sein.

Die Motive hinter den nutzungsunabhängigen Wertschätzungen wurden vielfach diskutiert. Eine Grundlage der Diskussion bildete die Arbeit von Krutilla (1967), der hierin die Wertschätzung der puren Existenz eines Umweltgutes ohne eigene Nutzungsintention, den Existenzwert, sowie die Wertschätzung der Bewahrung dieses Gutes für nachfolgende Generationen, den Vermächtniswert, als mögliche Motive beschrieb (vgl. Pearce/Turner 1990, S. 135-137). Die nutzungsunabhängigen Wertkomponenten stellen perfekte öffentliche Güter dar. Wie schon in den vorherigen Kapiteln beschrieben wurde, werden diese Wertschätzungen nicht als zahlungsbereite Nachfrage innerhalb von Marktstrukturen wahrgenommen. Somit beeinflussen vorhandene nutzungsunabhängige Zahlungsbereitschaften nicht die Marktallokationen, so dass im Falle von nutzungsunabhängigen Wertstiftungen der Markt als alleiniges Allokationsinstrument nicht geeignet ist.

Als eine weitere Wertkomponente wird der Optionswert beschrieben (vgl. Pearce/Turner 1990, S. 130). Er resultiert aus der Absicht, sich für einen späteren Zeitpunkt die Möglichkeit zur Nutzung eines Umweltgutes zu erhalten, wenn Unsicherheit hinsichtlich der Nachfrage, aber auch hinsichtlich des Angebotes besteht. Diese Wertkomponente wurde zuerst von Weisbrod (1964) diskutiert. Nach Auffassung von Marggraf/Streb (1997, S. 185, vgl. auch Freeman 1993, S. 263-264) stellt der Optionswert keine eigene Wertkategorie dar, sondern eine Möglichkeit, den Gesamtwert eines Umweltgutes unter Unsicherheit zu quantifizieren. In Übereinstimmung mit dieser Ansicht wird der Optionswert an dieser Stelle nicht weiter behandelt, sondern in dem noch folgenden Kapitel 6.2 zur Unsicherheit erörtert.

Dass Konzept des ökonomischen Gesamtwertes bildet eine wichtige Grundlage für viele der in Kapitel 3.3 aufgeführten empirischen Bewertungsstudien (vgl. Tab. 3-1). Mit der Tab. 4-1 wird dieser Zusammenhang verdeutlicht, indem hier die Wertkomponenten des Grundwassers aufgelistet werden, welche in empirischen Studien berücksichtigt wurden. Die Be-

26 Die indirekten Nutzenstiftungen werden nicht immer als eigene Kategorie abgegrenzt (vgl. z. B. Pearce et al. 2006, S. 87-89). Da dieser Wert allerdings betont, dass es durchaus nutzungsabhängige Nutzenstiftungen gibt, denen sich jedoch die Nutznießer in der Regel erst dann bewusst werden, wenn sie verloren gegangen sind, wird er hier mit aufgeführt (vgl. Turner et al. 2003; Fromm 2000).

wertung des Grundwassers als Trinkwasserressource stand dabei im Mittelpunkt des Interesses der meisten Arbeiten. Dies ist sicherlich durch die herausragende Bedeutung dieser Funktion zu erklären. Bei einigen Studien wurde versucht, zusätzlich zu der Wertschätzung gegenüber Grundwasser als Trinkwasserressource auch nutzungsunabhängige Wertkomponenten zu erfassen. Edwards (1988) sowie Poe/Bishop (1999) schrieben diesen nutzungsunabhängigen Komponenten einen wichtigen Anteil an dem ermittelten Gesamtnutzen zu. McClelland et al. (1992) versuchten bei der Bewertung von Altlasten, die nutzungsunabhängige Wertschätzung von dem Gesamtwert zu separieren. Sie berichten von relevanten Größenordnungen des Vermächtnis- und Existenzwertes[27].

Weiterhin beschäftigten sich mehrere Bewertungsstudien mit dem Beitrag von Grundwasser bei der landwirtschaftlichen Produktion. Hier wurde einerseits der Wert des Grundwassers als Produktionsinput bewertet. Andererseits wurden auch indirekte Werte, wie Nutzenstiftung infolge der landwirtschaftlichen Wasserversorgung mit Grundwasser in Trockenzeiten sowie auch die Nutzenstiftung des Grundwasserkörpers als Verteilungssystem von Süßwasser berücksichtigt.

*Tab. 4-1: Übersicht über die in ökonomische Bewertungsstudien einbezogenen Grundwasserleistungen*

| bewertete Grundwasserleistung | | Studie |
|---|---|---|
| **Direkte nutzungsabhängige Werte** | | |
| Trinkwassernutzung | Wertschätzung sauberen Trinkwassers ohne Gesundheitsrisiko | Raucher (1986), Edwards (1988), Shultz et al. (1990), Abdalla et al. (1992), Lühr et al. (1992), McClelland et al. (1992), Sun et al. (1992), Leist et al. (1993), Bergstrom/Dorfman (1994), Crutchfield et al. (1995), Olschewski (1997), Poe (1998), Poe/Bishop (1999 ) |
| Landwirtschaft | Grundwasser als Produktionsinput (bei nicht erneuerbaren Aquifern) | Feinerman/Knapp (1983), Torell et al. (1990) |
| **Indirekte nutzungsabhängige Werte** | | |
| Landwirtschaft | Wertschätzung der Pufferwirkung des Grundwasserkörpers bei Trockenperioden | Tsur (1990), Tsur/Graham-Tomas (1991) |
| **Nutzungsunabhängige Werte** | | |
| Trinkwassernutzung | Wertschätzung des Trinkwasserschutzes auch für zukünftige Generationen<br>Wertschätzung sauberen Grundwassers an sich | Edwards (1988), Shultz et al. (1990), McClelland et al. (1992), Sun et al. (1992), Bergstrom/Dorfman (1994), Crutchfield et al. (1995), Poe (1998), Poe/Bishop (1999) |

*Quelle: eigene Darstellung.*

Die Tab. 4-1 zeigt, dass sowohl direkte und indirekte nutzungsabhängige Wertkomponenten als auch nutzungsunabhängige Werte der ökonomischen Bewertung zugänglich sind und schon empirisch untersucht wurden. Werden jedoch diese in der Tab. 4-1 aufgeführten Wertkomponenten mit den theoretisch vorstellbaren Leistungen des Grundwassers, wie sie in der Tab. 2-1 des Kapitels 2.2 aufgelistet sind, verglichen, so fallen die Lücken auf, die bisher empirisch nicht bearbeitet wurden. Insbesondere die ökologischen Leistungen sind bei Bewer-

27 Vgl. aber die Kritik eines derartigen Ansatzes weiter unten.

tungsstudien unterrepräsentiert. So konnten keine Arbeiten zu folgenden in der Tab. 2-1 des Kapitels 2.2 beschriebenen Leistungen des Grundwasserkörpers gefunden werden:

- Stabilisierung des Bodens als Baugrund/Verhinderung von Bodensetzungen,
- Erosions- und Flutkontrolle durch Aufnahme von Niederschlagswasser,
- Wert der im Boden und Grundwassersystem stattfindenden Reinigungsprozesse.

Ebenso wurden keine empirischen Arbeiten gefunden, welche den Beitrag eines Grundwassersystems zu den Leistungen von Oberflächengewässern (Anhang-Tab. 2.2-1) explizit in die Bewertungen einbezogen. Auf dieses Problem wird in Kapitel 5.4 im Zuge der Diskussion der Monetarisierungsmethoden näher eingegangen.

Obgleich das Konzept des ökonomischen Gesamtwertes die konzeptionelle Basis für viele empirische Arbeiten bildet, argumentieren Cummings/Harrison (1995) jedoch dahingehend, dass bei der empirischen Anwendung die einzelnen Kategorien nicht getrennt monetarisiert und dann durch Addition der Teilkategorien zu dem Gesamtwert aggregiert werden können. Als Begründung wird angeführt, dass die Komponenten des Gesamtwertes nicht empirisch separiert werden können. Während prinzipiell Situationen denkbar sind, in denen Personen nur nutzungsunabhängige Wertschätzungen aufweisen, ist es kaum möglich, nutzungsabhängige und nutzungsunabhängige Wertschätzungen, wenn sie gemeinsam auftreten, voneinander zu trennen. Dieses Problem wird im Kapitel zu den Monetarisierungsmethoden wieder aufgegriffen werden.

Die Hauptkritik an dem individuellen Bewertungskonzept setzt jedoch an der Frage an, inwieweit der auf individuelle Nutzenkalküle aufbauende ökonomische Gesamtwert geeignet ist, *vollständig* die wertstiftenden Eigenschaften von Umweltsystemen zu erfassen. Um diesen Kritikpunkt näher zu beleuchten, wird im Folgenden auf das Konzept des primären und sekundären Wertes von Ökosystemen eingegangen (Bateman/Turner 1992; Gren et al. 1994). Gren et al. (1994) unterscheiden die primären und die sekundären Werte von Ökosystemen und gehen hierbei von drei Funktions- bzw. Leistungsströmen aus, welche durch Ökosysteme bereitgestellt werden:

1. Funktionen für die Entwicklung und den Erhalt des eigenen Ökosystems,
2. Funktionen, die anderen Ökosystemen zugute kommen,
3. Leistungen, die der Gesellschaft nützlich sind und von der Gesellschaft in Anspruch genommen werden können.

Die Bestandteile des Ökosystems, die in der ersten Kategorie aufgeführt sind und den Erhalt und die Entwicklung des Ökosystems beeinflussen, werden unter dem Begriff des „primären Wertes" zusammengefasst. Erst die primären Werte ermöglichen dann den Export ökologischer Funktionen an andere Ökosysteme und an die Gesellschaft, den „sekundären Werten" des Ökosystems. Somit verhalten sich beide wertstiftenden Leistungsströme zueinander komplementär.

Ausgehend von dieser Differenzierung vertreten Gren et al. (1994) die Auffassung, dass der ökonomische Gesamtwert nicht den primären und sekundären Wert in seiner Gesamtheit wiedergibt. Demnach können die nutzungsabhängigen Werte die Leistungen an die Gesellschaft und auch Leistungen an andere Ökosysteme reflektieren, solange letztere dann zu Leistungen an die Gesellschaft führen. Die nutzungsabhängigen Werte können jedoch nicht die primären Werte erfassen. Weiterhin wird argumentiert, dass darüber hinaus die nutzungsunabhängigen Werte neben den sekundären Werten zwar auch Teile des primären Wertes einbeziehen, diese aber nicht vollständig erfassen können. Der Hauptgrund liegt in den unterschiedlichen Bewertungsperspektiven:

„... the focus on [...] ecosystem functioning versus the focus on human preferences. According to our definition, primary value refers to the build up and self-organizing capacity of the wetland. Non-use values have in general no explicit reference to the structure and functioning of an ecosystem" (Gren et al. 1994, S. 59).

Als Hauptursache dieser Divergenzen wird der unvollständige Informationsstand der bewertenden Personen gegenüber den Ökosystemprozessen aufgeführt. In einer Situation perfekter Informationen müssten die Betroffenen über Zusammenhänge und systemerhaltende Prozesse der zu bewertenden Ökosysteme aufgeklärt sein. Weiterhin würde dieses Wissen unter der Annahme perfekter Information auf die konkrete Bewertungssituation angewendet werden und den individuellen Tauschwert beeinflussen. Derartig hohe Erwartungen an die individuelle Wertäußerung sind sicherlich irreal. Daher kann nicht davon ausgegangen werden, dass die individuellen Wertäußerungen alle wertrelevanten Veränderungen des Grundwassersystems widerspiegeln (vgl. Gren et al. 1994).

Welche Effekte des Grundwassers könnten unter die Kategorie des primären Wertes fallen und demnach nicht durch individuelle Wertaussagen erfasst werden? Wenn die Wertschätzung gegenüber einer Qualitätsverschlechterung von Grundwasser ermittelt werden soll, wäre es vorstellbar, dass die betroffenen Personen sich sowohl zu dem Wertverlust aus Sicht ihrer Trinkwasseransprüche äußern als auch die generelle Sauberkeit des Grundwassers als wertvoll (Existenzwert) erachten und in ihrem individuellen Tauschwert berücksichtigen. Jedoch ist fraglich, ob der durch den Existenzwert beschriebene Teil des individuellen Tauschwertes durch etwaige und verschmutzungsbedingte Veränderungen an der Mikrofauna beeinflusst wird, die aber die langfristige Reinigungsleistung von Grundwasserleitern verändern können. Nur wenn die Höhe des individuellen Tauschwertes durch solche Zusammenhänge begründbar ist, wird der primäre Wert durch den individuellen Tauschwert repräsentiert.

Die Interpretationen des primären Wert-Begriffes in der Literatur fallen unterschiedlich aus. Turner et al. (2003) meinen, dass der aggregierte ökonomische Gesamtwert der Leistungen eines Ökosystems nicht dem gesamten Systemwert inklusive des primären Wertes entsprechen muss. Dies könnte dahingehend ausgelegt werden, dass der ökonomische Wert um einen unbekannten Teil erhöht werden muss. Hampicke (1999) interpretiert den primären Wert dagegen als nicht ökonomischen, nicht handelbaren Wert unabhängig von subjektiven individuellen Präferenzen. Dies würde bedeuten, dass der primäre Wert nicht durch den ökonomischen Wert in seiner Eigenschaft als Tauschwert ausgedrückt werden darf. Fromm (2000) betont in diesem Zusammenhang die Komplementarität von Ökosystemkompartimenten für die Struktur von Ökosystemen als Voraussetzung, dass Umweltleistungen an die Gesellschaft erwachsen können. Er fordert die Einbeziehung dieses Wissens in die Bewertung. Trotzdem leitet sich deren Wert letztendlich von der ökonomischen Wertschätzung der Ökosystemleistungen ab.

*Tab. 4-2: Widerspruch zwischen dem ökonomischen Gesamtwert als Bezugsbasis und dem Anspruch der Nutzen-Kosten-Analyse*

| **untersuchter Aspekt** | **Widerspruch zum Anspruch der** | | |
|---|---|---|---|
| | **individuellen Wertebasis** | **vollständigen Erfassung der Effekte** | **hinreichenden Effizienzbewertung** |
| Wertebasis (ökonomischer Gesamtwert) | | × | |

*Quelle: eigene Darstellung.*

Insgesamt ist somit zu konstatieren, dass eine Bewertung von Grundwasserfunktionen, welche auf dem individuellen ökonomischen Tauschwert aufbaut, in der Regel nicht vollständig ist.

Allein nach diesen theoretischen Überlegungen widerspricht die Bewertungsaussage einer auf individuellen Tauschwerten aufbauenden Nutzen-Kosten-Analyse dem Anspruch der Vollständigkeit (vgl. Tab. 4-2).

# 5 Methoden zur Monetarisierung von Grundwasserleistungen

## 5.1 Wohlfahrtsmaße zur Monetarisierung nichtmarginaler Grundwasserveränderungen

Wohlfahrtsmaße sollen die individuellen Tauschwerte bei nichtmarginalen Güter- oder Preisveränderungen monetär darstellen, auch wenn die Güter nicht auf dem Markt gehandelt werden. Gleichzeitig sollen sie die Aggregation der individuellen Tauschwerte zu einem sozialen Tauschwert ermöglichen.

Die Wohlfahrtsmaße bauen auf dem individuellen ökonomischen Tauschwert auf und erweitern ihn, um nichtmarginale Güterveränderungen zu bewerten. Wie in Kapitel 4.1 beschrieben, kann der marginale Tauschwert $SP_z$ für die Veränderung eines nicht auf dem Markt gehandelten Umweltgutes $dz$ monetär mithilfe der Gleichung 5-1 ausgedrückt werden, wobei hier die marginale Einkommensveränderung $dY$ als monetäre Vergleichsgröße herangezogen wird.

$$SP_z = \frac{dY}{dz}, \text{ bei } U = konstant \qquad \textit{Gleichung 5-1}$$

Dieser Zusammenhang zwischen dem Einkommen $Y$ und dem Umweltgut $z$ wird für die Ableitung von Wohlfahrtsmaßen im Hinblick auf nichtmarginale Güterveränderungen genutzt. Im Folgenden soll das Prinzip der Wohlfahrtsmaße der „kompensierenden Variation" $KV$ und der „äquivalenten Variation" $ÄV$ am Beispiel einer Veränderung der Güterausstattung eines öffentlichen Gutes, also einer Mengenänderung des Gutes, dargestellt werden.

Die kompensierende Variation entspricht dem Betrag, um den das Einkommen der betroffenen Person nach Durchführung der Mengenänderung erhöht bzw. vermindert werden müsste, damit sie bei Preisen und bei der Ausstattung mit dem öffentlichen Gut in der Endsituation wieder das Nutzenniveau vor Durchführung der Mengenänderung erreicht (Marggraf/Streb 1997, S. 89). Hierbei wird davon ausgegangen, dass sich im Zuge der Mengenveränderung des öffentlichen Gutes auch das generelle Preisgefüge verändern kann. Die kompensierende Variation lässt sich auf zweierlei Weise inhaltlich interpretieren. Einerseits stellt sie die maximale Zahlungsbereitschaft (in Form von Einkommensverringerung) eines Befürworters der Veränderung dar. Erfährt eine Person durch die Zunahme des öffentlichen Gutes eine Nutzenzunahme, dann müsste sie im Gegenzug bereit sein, auf einen Teil ihres Einkommens zu verzichten, und zwar maximal auf so viel, dass sie sich nach der Veränderung wieder auf dem Ausgangsniveau $U_1$ ihrer Nutzenfunktion befindet. Dieser Fall ist in Abb. 5-1a dargestellt. Andererseits ist aber auch vorstellbar, eine Verringerung des öffentlichen Gutes $z$ zu bewerten. In diesem Fall würde die kompensierende Variation den Einkommensbetrag beschreiben, der notwendig ist, um die Person nach Verringerung des öffentlichen Gutes für die Nutzeneinbuße zu entschädigen. Diese Interpretation ist in Abb. 5-1b aufgezeichnet.

Die äquivalente Variation entspricht dagegen dem Betrag, um den das Einkommen, das der betroffenen Peson in der Ausgangssituation zur Verfügung steht, erhöht bzw. vermindert werden muss, damit die Person ceteris paribus, also bei den Preisen und der Ausstattung mit dem öffentlichen Gut der Ausgangssituation, jenes Nutzenniveau erreicht, welches sie auch im Zuge einer Mengenänderung des öffentlichen Gutes erreicht hätte (Marggraf/Streb 1997, S. 89). Inhaltlich drückt die äquivalente Variation somit die minimale Kompensationsforderung eines Befürworters der Veränderung für den Verzicht auf die Durchführung aus (vgl. Abb. 5-1a). Entsprechend muss die Person mit der Einkommenszunahme auf das gleiche Nutzenniveau gehoben werden, wie es die zusätzliche Ausstattung mit dem Gut $z$ ermöglicht hätte. Bei einer drohenden Verringerung des öffentlichen Gutes *z* drückt die äquivalente Variation die maximale Zahlungsbereitschaft der Person zur Verhinderung der Veränderung aus (vgl. Abb. 5-1b). Die Person nimmt hierbei maximal den Einkommensverlust in Kauf, der sie auf das gleiche Nutzenniveau herabsetzen würde wie die drohende Verringerung des öffentlichen Gutes *z*.

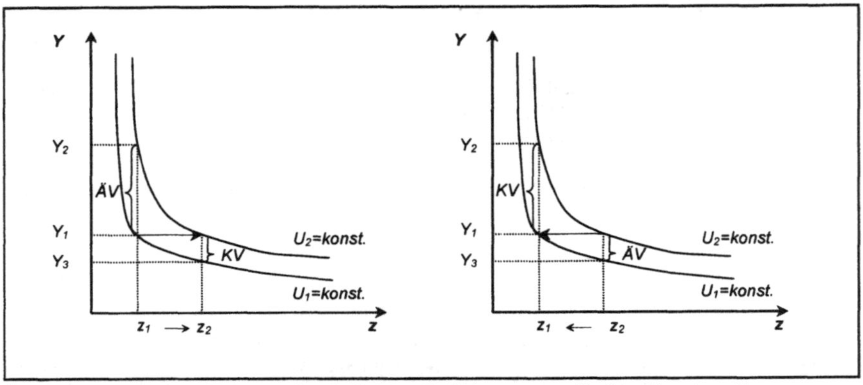


*ÄV* – äquivalente Variation; *KV* – kompensierende Variation; *Y* – Einkommen; z – öffentliches Umweltgut; *U* - Nutzenniveau.

*Quelle: Marggraf/Streb (1997, S. 88-89), verändert.*

*Abb. 5-1a u. b: Äquivalente und Kompensierende Variation*

Beide Maße unterscheiden sich dahingehend voneinander, inwieweit die Preise und Güterausstattungen vor oder nach der Handlung für die Ermittlung der notwendigen Einkommensveränderungen herangezogen werden. Falls es also im Zuge der Handlung zu Preisverschiebungen kommt, können die Aussagen der beiden Wohlfahrtsmaße stark variieren. Die Ergebnisse stimmen nur dann überein, wenn die (fiktive) Marktnachfrage nach dem betrachteten Umweltgut einkommensunabhängig ist bzw. wenn das Umweltgut ein vollkommenes Substitut in einem oder mehreren Marktgütern findet. Wird dagegen das Umweltgut von den bewertenden Personen als nicht substituierbar angesehen, strebt der Unterschied gegen unendlich (Marggraf/Streb 1997, S. 223-224). Inhaltlich stehen die beiden Variationsmaße für die verschiedenen Rechtsansprüche der Betroffenen hinsichtlich der Veränderung. Die kompensierende Variation beschreibt den Rechtsanspruch auf den Status quo. Die äquivalente Variation gilt, wenn ein Rechtsanspruch auf die Veränderung besteht (Marggraf/Streb 1997, S. 98).

Neben den Wohlfahrtsmaßen, die auf dem ökonomischen Tauschwert unter der Bedingung der Nutzenkonstanz aufbauen und die beispielhaft an den Maßen der kompensierenden und äquivalenten Variation erklärt wurden, soll noch auf das Maß der *Konsumentenrente* eingegangen werden. Diese wird durch das Integral der Marshall'schen Nachfragekurve in den Grenzen der Preis- oder der Mengenänderung des Gutes beschrieben. Die Marshall'sche Nachfragekurve beschreibt die Zahlungsbereitschaft für die Veränderung, allerdings unter der Nebenbedingung des konstanten Einkommens der betreffenden Personen und nicht, wie bei den Variationsmaßen, unter der Annahme der Nutzenkonstanz. Jeder Punkt der Marshall'schen Nachfragekurve ist entsprechend durch ein anderes Nutzenniveau gekennzeichnet. Aufgrund dieses Merkmales der Konsumentenrente werden gegen ihren Einsatz als Wohlfahrtsmaß mehrere Vorbehalte geltend gemacht. Da Nutzenveränderungen gemessen werden, erfordert dieses Maß die Annahme einer kardinalen Nutzenmessbarkeit. Diese Annahme ist weit restriktiver als die Annahme der ordinalen Nutzenvergleichbarkeit bei den Variationsmaßen. Auch baut die Konsumentenrente nicht auf dem Prinzip des ökonomischen Tauschwertes auf, da der Ausgangs- und der Endpunkt bei den personellen Güterausstattungen nicht mit dem gleichen persönlichen Nutzenniveau verbunden sind. Dies trifft insbesondere bei großen Veränderungen zu. Weiter liefert die Konsumentenrente unter Umständen keine eindeutigen Ergebnisse, nämlich dann, wenn mit einer Preisveränderung des Marktgutes auch signifikante Einkommensveränderungen einhergehen (vgl. Marggraf/Streb 1997, S. 170-171). Neben den theoretischen Überlegungen erwachsen auch methodische Probleme bei der Frage, inwieweit Variationsmaße oder Konsumentenrentenmaße zu Einsatz kommen sollen. Die einkommenskompensierten Nachfragekurven können bei realen Marktprozessen nicht direkt beobachtet und gemessen werden, im Gegensatz zu normalen Nachfragekurven. Nach Marggraf/Streb (1997, S. 179-181) können sie jedoch, solange sich die Gesamtnachfrage mithilfe entsprechend der zugrunde liegenden Einkommensniveaus differenzieren lässt, abgeleitet werden (Differentialgleichungsmethode nach Vartia 1983). Nach Willig (1976) kann zumindest der Fehler der Konsumentenrentenmaße abgeschätzt werden, wenn zusätzlich zur normalen Nachfragekurve auch Informationen zur Einkommenselastizität der Nachfrage sowie zum Einkommensniveau der Ausgangssituation bekannt sind[28].

*Tab. 5-1: Übersicht über die wichtigsten Monetarisierungsmethoden von Grundwasserleistungen*

| **Monetarisierungsmethoden** | | **erfasste Kategorien des ökonomischen Gesamtwertes** | **Beispiele für erfassbare Grundwasserfunktionen** |
|---|---|---|---|
| **Grundwasser als Produktionsfaktor – indirekte Methoden** | | | |
| auf betrieblichen Kostenfunktionen basierend | betriebswirtschaftliche Indikatoren und Marktinformationen | nutzungsabhängige Werte | Trinkwasserressource, Aufnahmemedium von Kuppelprodukten |
| **Grundwasser als Konsumgut – indirekte Methoden** | | | |
| auf individuellen Nutzenfunktionen basierend | Marktpreismethoden (z. B. hedonische Bewertung) | nutzungsabhängige Werte | Bodenstabilisierung<br>Gesundheitseffekte von Trinkwasser |
| | für komplementäre Güter Aufwandsmethoden (z. B. Transportkostenansatz) | nutzungsabhängige u. tlw. nutzungsunabhängige Werte | Erholungsnutzen grundwassergespeister Gewässer |
| | für Substitutionsgüter (z. B. Anpassungs- und Vermeidungskosten) | | Bewertung Trinkwasserqualität |
| nicht auf individuellen Nutzenfunktionen basierend | für Substitutionsgüter (fiktive Wiederherstellungskosten) | nutzungsabhängige u. tlw. nutzungsunabhängige Werte | Reinigungspotential von Grundwasserleitern |
| | Humankapitalmethode | nutzungsabhängige Werte | Gesundheitseffekte von Trinkwasser und Badegewässern |
| **Grundwasser als Konsumgut – direkte Methoden** | | | |
| | kontingente Bewertung | ökonomischer Gesamtwert | Trinkwasserqualität<br>Existenz- und Vermächtniswert |

*Quelle: eigene Darstellung.*

28 Vgl. jedoch kritisch hierzu Marggraf/Streb (1997, S. 173-178).

Aufbauend auf den eben beschriebenen Wohlfahrtsmaßen wurden im Rahmen von Nutzen-Kosten-Analysen verschiedene Monetarisierungsmethoden genutzt, um die individuelle Wertschätzung gegenüber Veränderungen von den Gütern zu ermitteln, die nicht mithilfe von Marktprozessen offengelegt werden. In der Tab. 5-1 sind die unterschiedlichen Methoden zusammengefasst. Hierbei werden indirekte Methoden von den direkten Bewertungsmethoden unterschieden. Diese Kategorisierung unterscheidet sich dahingehend, inwieweit beobachtetes Verhalten der betroffenen Personen zusammen mit Marktinformationen für die Ableitung von Wertaussagen hinsichtlich der zu bewertenden Güter herangezogen werden (indirekte Methoden) oder die betroffenen Personen direkt zu ihren Wertschätzungen gegenüber den zu bewertenden Gütern befragt werden (direkte Monetarisierungsmethoden). Fasst alle Monetarisierungsmethoden lassen sich auf individuelle Nutzenfunktionen und entsprechend auf das Konzept des individuellen ökonomischen Tauschwertes zurückführen. Bei der Bewertung von Grundwasserfunktionen als Produktionsinput werden die betrieblichen Wirkungen demgegenüber auf betriebliche Kostenfunktionen zurückgeführt. Jedoch existieren auch Monetarisierungsansätze, welche sich nicht auf individuelle Nutzenkalküle bzw. betriebliche Kostenfunktionen zurückführen lassen. In den folgenden Kapiteln werden die Monetarisierungsmethoden kurz vorgestellt.

## 5.2 Indirekte Monetarisierungsmethoden

Die indirekten Methoden verknüpfen zur Werterhebung Marktinformationen mit beobachtbaren Verhaltensänderungen der Betroffenen, die sich in Reaktion auf die zu bewertenden Handlungen ergeben. Auf diese indirekten Methoden kann immer dann zurückgegriffen werden, wenn die zu bewertenden Güter als Produktionsinput dienen oder aber zu bestimmten Marktgütern in einem komplementären bzw. substitutiven Verhältnis stehen. Allen im Folgenden vorgestellten Methoden ist gemeinsam, dass sie nur nutzungsabhängige Wertschätzungen erfassen[29]. Darüber hinaus können die nutzungsunabhängigen Nutzenstiftungen, deren Veränderung bei den Betroffenen weder zu einer Nachfragereaktion nach Marktgütern noch zu einer Verhaltensänderung führen, nicht mit den indirekten Methoden erfasst werden. So können Betroffene durchaus eine Zahlungsbereitschaft für sauberes Grundwasser in Form eines Existenzwertes haben, ohne dass sie sich über Grundwassergefährdungen selbstständig informieren.

### 5.2.1 Grundwasserleistungen als Produktionsfaktoren – betriebliche Anpassungs- und Vermeidungsaufwendungen

Grundwasserleistungen können Bestandteil von betrieblichen Produktionsfunktionen sein. Ein einfaches Beispiel wäre die Nutzung von Grundwasser als Trinkwasserressource. Aber auch die Leistung des Grundwassers als Aufnahmemedium von Nitrat geht implizit in das Produktionskalkül von Landwirten ein. Dies wird dann deutlich, wenn die Landwirte entsprechende Restriktionen hinsichtlich der Nitratauswaschung aus dem Boden ins Grundwasser einhalten müssen und daher diese Grundwasserleistung nicht mehr uneingeschränkt nutzen dürfen. Sowohl eine Veränderungen der Grundwasserqualität im erstgenannten Beispiel als auch Veränderungen der gesetzlichen Restriktionen hinsichtlich der Nitratauswaschungsrate im zweiten

29 Hierbei stellt sich die Frage, inwieweit beispielsweise der Zeitaufwand als Indikator herangezogen werden kann, den Bürger betreiben, um sich über die Grundwasserverschmutzungen zu informieren, auch wenn sie nicht selbst davon betroffen sind und somit auch keine nutzungsabhängigen Wertverluste erleiden. Jedoch wurde keine Arbeit gefunden, die diesen Ansatz verfolgt hat.

Fall führen zu Anpassungs- und Vermeidungsreaktionen der wirtschaftlichen Akteure. Diese bestehen in einer veränderten Inanspruchnahme der eingesetzten Produktionsfaktoren und letztendlich in einer Veränderung des Produktionsergebnisses und/oder der Produktionskosten. Die Angebotskurve des betroffenen Unternehmens verschiebt sich und induziert eine Reaktion auf dem Markt, so dass sich ein neues Marktgleichgewicht einstellt. Der ökonomische Wert der Veränderung der Grundwasserleistung kann dann anhand der folgenden Effekte bestimmt werden:

- der Einkommenseffekte der Produzenten (z. B. der Landwirte) und
- der Einkommenseffekte der Konsumenten infolge der Preis- und Mengenveränderung auf dem Markt.

Ein gängiges Maß für die produktionsseitig auftretenden Einkommenseffekte stellt die Veränderung bei der Produzentenrente dar. Die Produzentenrente wird berechnet aus dem Umsatz abzüglich der variablen Kosten. Sie stellt den Knappheitspreis für die kurzfristig fixen Produktionsfaktoren dar und beschreibt gleichzeitig das Einkommen, dass dem Produzenten nach Bezahlung aller variablen Produktionsfaktoren verbleibt. Die Nutzung der Produzentenrente als Wohlfahrtsmaß ist an folgende Bedingungen und Annahmen geknüpft (Hanley/Spash 1993, S. 41-44):

- kurzfristige Analyse und somit die Fixierung mindestens eines Produktionsfaktors,
- perfekte Preiselastizität bei den anderen Produktionsfaktoren,
- möglichst kleine Einkommenseffekte der Preisveränderungen,
- keine zusätzlich auftretenden nichtpekuniären Effekte.

Die Nutzenwirkungen, welche für die Konsumenten mit den Preis- und Mengenveränderungen auf dem Markt einhergehen, können mit Hilfe von Marktdaten abgeschätzt werden. Auf die empirische Abschätzung von Variationsmaßen bzw. Konsumentenrente sowie deren Wohlfahrtsaussage wurde in Kapitel 5.1 eingegangen.

In Deutschland bewerteten Lühr et al. (1992), Leist et al. (1993), Olschewski (1997) und Rudolph et al. (1994) Wohlfahrtseffekte von qualitativen Grundwasserveränderungen im Hinblick auf die Trinkwasserversorgung mit Hilfe von betrieblichen Anpassungs- und Vermeidungsaufwendungen. Das DWI (1985a u. b) untersuchte die Trinkwasserversorgung in Großbritannien und die Folgen einer Erhöhung des Nitratgehaltes im Grundwasser. Während die produzentenseitigen Auswirkungen von allen Studien berücksichtigt wurden, fanden die Folgeeffekte für die Konsumenten nur teilweise Berücksichtigung. Olschewski (1997) bezog den Nachfragerückgang nach Trinkwasser infolge steigender Aufbereitungskosten mit Auswirkungen auf die Trinkwasserpreise ein. Leist et al. (1993) berücksichtigten demgegenüber konsumentenbezogene Nachteile infolge der Trinkwasserqualitätsverschlechterung in Form von Anpassungskosten (s. nächstes Kapitel). Rudolph et al. (1994) bezogen Konsumenteneffekte infolge einer Verknappung des verfügbaren Trinkwassers mit in die Bewertung ein.

Weiter wurden mithilfe von betriebswirtschaftlichen Daten die Wohlfahrtswirkungen von Grundwasserveränderungen für die Landwirtschaft ermittelt (Feinerman/Knapp 1983; DWI 1985a u. b; Tsur/Graham-Tomas 1991; Connor et al. 1995). Feinerman/Knapp (1983) und Tsur/Graham-Tomasi (1991) bewerteten hierbei die Wohlfahrtswirkung von Grundwasser für landwirtschaftliche Bewässerungszwecke. Connor et al. (1995) bewerteten die Wohlfahrtswirkung für landwirtschaftliche Betriebe infolge der Aufnahme von landwirtschaftlichen Kuppelprodukten durch Boden/Grundwasser.

Somit sind dieser Methode sicherlich wichtige Grundwasserleistungen mit ihren direkten und indirekten Nutzenstiftungen zugänglich. Es wären auch weitere Anwendungen denkbar, für die keine empirischen Bewertungsbeispiele gefunden wurden. Hierzu zählen beispielsweise indirekte Nutzenstiftungen des Grundwassers wie Standorteigenschaften oder klimatische Einflüsse, aber auch der Beitrag von sauberem Grundwasser bei der Fischzucht in Oberflächengewässern. Die Methode kann nicht eingesetzt werden, sobald die Grundwasserleistungen nicht nur als Produktionsfaktoren dienen, sondern darüber hinaus direkt die Betroffenen in ihrem Nutzenniveau beeinflussen. Auf diese Situation lassen sich die nachfolgend beschriebenen Monetarisierungsmethoden anwenden.

### 5.2.2 Grundwasserleistungen als Konsumgüter

Wenn Grundwasserleistungen direkt in die persönliche Nutzenfunktion oder in die Haushaltsproduktionsfunktion eingehen und ist die individuelle Nutzenfunktion zwischen den zu bewertenden Umweltleistungen und den Marktgütern nicht separabel[30], dann verändert sich mit der Grundwasserleistung auch das individuelle Nachfrageverhalten nach Marktgütern. In den Fällen können die *Marktpreismethoden* oder die *Aufwandsmethoden* herangezogen werden, um die nutzungsabhängige Wertschätzung gegenüber den Grundwasserleistungen monetär zu quantifizieren. Die Marktpreismethoden analysieren den Einfluss von Grundwasserleistungen auf den Marktpreis von Konsumgütern und leiten hieraus die monetäre Wertschätzung ab. Die Aufwandsmethoden ermitteln die Wertschätzung anhand beobachteter Nachfrageänderungen nach Marktgütern, die in Reaktion auf eine Veränderung von Grundwasserleistungen erfolgen.

Allen im Folgenden beschriebenen Methoden ist gemeinsam, dass sie sich auf das Wohlfahrtmaß der Konsumentenrente zurückführen lassen, also auf die nutzenmaximierende Anpassung der Konsumgüternachfrage auf eine Veränderung von Grundwasserleistungen unter der Restriktion eines konstanten Einkommens und nicht unter Annahme der Nutzenkonstanz. Die bewerteten Konsumgüter stellen entweder Substitute oder Komplementärgüter zu den zu bewertenden Grundwasserleistungen dar. Aus Platzgründen wird aber darauf verzichtet, den Vergleich der Monetarisierungsmethoden mit den Ansprüchen der exakten Kompensationsmaße nachzuvollziehen. Für das Anliegen, die wohlfahrtsökonomische Bewertung in ihrer Eignung zur Bewertung von Grundwasserveränderungen zu untersuchen, erscheint dieser Aspekt als nicht wesentlich. Hierfür sei beispielsweise auf die entsprechenden Kapitel von Marggraf/Streb (1997, S. 202-208) zu den Aufwandsmethoden verwiesen[31].

#### 5.2.2.1 Marktpreismethoden

*Hedonischer Preisansatz*

Der „hedonische Preisansatz" bedient sich des Zusammenhangs von wertstiftenden Eigenschaften eines Marktgutes und dessen Preis, beispielsweise $p = p(x, z)$. Bestimmte Marktgüter hängen hierbei in ihrem Preis $p$ nicht nur von den inhärenten Eigenschaften $x$ ab, sondern auch von den öffentlichen Gütern $z$, die gleichzeitig zur Verfügung stehen und komplementär konsumiert werden. Das klassische Anwendungsgebiet dieser Methode stellt die Bewertung von Ruhe und Landschaftsschönheit mithilfe der Analyse von Immobilienpreisen dar (vgl. Freeman 1993, S. 368-420). Hierbei werden Marktpreise von Immobilien zwischen verschiedenen Wohngegenden mit jeweils unterschiedlichen Qualitäten der öffentlichen Güter „Ruhe" und „Landschaftsschönheit" verglichen, um die Zahlungsbereitschaft für eine positive bzw.

30 Vgl. Marggraf/Streb (1997, S. 200-201).

31 Marggraf/Streb (1997, S. 202-208) zeigen, dass die einkommenskompensierte Nachfragereaktion nach Gütern, die sich neutral zu der bewerteten Grundwasserleistung verhalten, aus theoretischer Sicht geeigneter ist, um die Wertschätzung der Grundwasserleistung exakt abzubilden als die Betrachtung der Nachfragereaktionen nach Komplementär- und Substitutionsgütern.

die Kompensationsforderungen bei einer negativen Veränderung dieser öffentlichen Güter zu ermitteln.

Nur eine Studie ist bekannt, die diese Methode auf die Bewertung von Grundwasser anwandte (Torell et al. 1990). In diesem Fall wurde in einem ariden Gebiet der Wert des (nicht regenerierbaren) Grundwasserkörpers für die landwirtschaftliche Produktion aus dem Marktpreis von Farmland abgeleitet[32]. In einem ersten Schritt musste der Einfluss des Grundwasserstandes auf den Immobilienpreis statistisch ermittelt werden. Dann konnte anhand dieser Informationen eine Nachfragekurve nach dieser Grundwassereigenschaft konstruiert werden und letztendlich auch die Zahlungsbereitschaft bzw. Kompensationsforderung gegenüber einer künstlichen Veränderung des Grundwasserstandes abgeleitet werden.

Die Qualität dieses Ansatzes hängt davon ab, inwieweit die Datengrundlage es zulässt, die Preiselastizitäten in Abhängigkeit von der Grundwasserleistung zu extrahieren. Um unterschiedliche Qualitäten des Umweltgutes zu erfassen, müssen derartige Untersuchungen als Querschnittsvergleiche über verschiedene Regionen angelegt werden. Auch wird eine Gleichgewichtssituation auf dem Immobilienmarkt vorausgesetzt. Entsprechend stark wirken sich Marktregulierungen sowie Mobilitätshindernisse auf das Ergebnis aus. Darüber hinaus muss die zu bewertende Grundwasserleistung für die Individuen erfahrbar sein. Diese Voraussetzungen schränken die Anwendbarkeit der Methode auf Grundwasserprobleme ein. Denn während diese Bedingung von öffentlichen Gütern wie Ruhe und Landschaftsschönheit erfüllt wird, ist sie dagegen nur bei einigen Grundwasserleistungen erfüllt.

*Bewertung von Gesundheitseffekten*

Ein zweites Einsatzgebiet findet der Marktpreisansatz als Methode zur Ermittlung der Zahlungsbereitschaften bzw. Kompensationsforderungen von Personen gegenüber Gesundheitsgefahren, bzw. einer Veränderung der Gefahrensituation. Die Grundlage hierfür wird durch den statistischen Zusammenhang zwischen der Gesundheitsgefährdung und dem Lohnniveau bei einem Vergleich unterschiedlicher Berufe gebildet. Es wird angenommen, dass höhere Löhne bei gefährlicheren Berufen die Kompensationsforderungen der entsprechenden Personen gegenüber der höheren Gesundheitsgefährdung abdecken. Anhand dieser Informationen wird die Zahlungsbereitschaft/Kompensationsforderung gegenüber Gesundheitsgefährdungen abgeleitet. Sharefkin et al. (1984), Raucher (1986), DWI (1995) nutzten beispielsweise derartige Methoden für die ökonomische Bewertung von Verunreinigungen im Trinkwasser.

Die Aussagekraft dieser Methode wird jedoch stark angezweifelt. Als problematisch wird bei dieser Methode beispielsweise der Unterschied zwischen der subjektiven Risikobeurteilung und dem objektiven Risiko angesehen. Es wird argumentiert, dass der Vergleich von Lohnzahlungen und Gesundheitsrisiko dann zu verzerrten Aussagen führt, wenn in risikobehafteten Berufen tendenziell auch risikofreudigere Arbeitnehmer anzutreffen sind, welche vergleichsweise niedrigere Kompensationsforderungen stellen. In diesem Fall könnten die Zahlungsbereitschaften für ein verändertes Risiko nicht verallgemeinert werden. Wenn darüber hinaus die Personen noch zwischen Risiken, die sie freiwillig eingehen und solchen, zu denen sie gezwungen werden (wie das bei einer Trinkwasserverschmutzung der Fall wäre) differenzieren, dann wären die mit dieser Methode erzielten Ergebnisse sehr vorsichtig zu interpretieren (vgl. Sharefkin et al. 1984 und Mühlenkamp 1994, S. 206-207 für eine Zusammenfassung der Kritikpunkte). In ihrer Anwendbarkeit beschränkt sich diese Bewertungsmethode generell auf Gesundheitswirkungen einzelner Grundwasserleistungen.

32 Wie dieses Beispiel zeigt, ist die Methode nicht nur zur Bewertung von Konsumgütern geeignet, sondern auch zur Bewertung von Produktionsinputs.

### 5.2.2.2 Aufwandsmethode für Substitutionsgüter von Grundwasserleistungen

Die Aufwandsmethoden untersuchen die Veränderungen des Konsumverhaltens von Betroffenen, wenn diese mit einer Veränderung von nicht marktkommunizierten Grundwasserleistungen konfrontiert werden. Anhand ihrer Verhaltensreaktionen wird die Wertschätzung gegenüber den Grundwasserleistungen abgeschätzt. In der folgenden Beschreibung der Aufwandsmethoden wird unterschieden, inwieweit die Bewertung anhand der Nachfragereaktion nach Substitutionsgütern bzw. anhand der Nachfragereaktion nach Komplementärgütern erfolgt.

*Methode des individuellen Anpassungs- und Vermeidungskostenansatzes*

Dieser Ansatz beruht auf der Annahme, dass Betroffene und Institutionen negative Veränderungen von Grundwasserleistungen nicht einfach hinnehmen, sondern sich in ihrem Verhalten anpassen, um ihre Nutzenverluste zu minimieren oder auszugleichen. So können bei einer veränderten Grundwasserqualität die Wasserwerke oder die Hausbrunnenbesitzer Aufbereitungsmaßnahmen durchführen oder aber auch auf andere Wasserquellen ausweichen, wie durch Kauf von Flaschenwasser.

Unterstellt man diesen Reaktionen ein ökonomisches Rationalitätskalkül, dann müssen diese Veränderungen bei den Vermeidungs-/Anpassungsreaktionen in einem bestimmten Verhältnis zu den mit der Grundwasserveränderung eintretenden Wohlfahrtsverlusten stehen. Zur Illustration wird auf die empirische Studie von Abdalla (1990) verwiesen. Mit dieser Studie wurde die Wohlfahrtswirkung einer zeitweiligen Verschmutzung der öffentlichen Wasserversorgung anhand der Vermeidungsreaktionen der betroffenen Haushalte bewertet. Sie basiert auf dem Ansatz der Haushaltproduktionsfunktion. Öffentlich bereitgestelltes Trinkwasser stellt demnach einen Input für die „Produktion von Gesundheit" dar. Bei Qualitätsverschlechterung kann das öffentliche Trinkwasser durch andere Inputs, wie gekauftes Flaschenwasser, Wasser aus anderen Brunnen sowie durch Abkochen oder Einbau von Filtern substituiert werden. Als Näherungswert für die individuelle Zahlungsbereitschaft zur Verhinderung der Verschmutzung nutzte Abdalla dann die individuell getätigten Zusatzaufwendungen. Dieser Näherungswert unterschätzt laut Abdalla (1990) die kompensierende Variation, da die betroffenen Personen gleichzeitig ihren Output der Haushaltsproduktionsfunktion, die Gesundheitsqualität, in Reaktion auf die auftretenden Zusatzkosten verringern können. Die verbleibende zusätzliche Gesundheitsgefährdung wird jedoch nicht monetär erfasst. Als Obergrenze der Zahlungsbereitschaft wurden bei Abdalla (1990) die Kosten für die günstigste Technologie angesetzt, welche das mit der Verschmutzung verbundene Gesundheitsrisiko vollständig auf den Ausgangszustand zu reduzieren vermag. In dem betrachteten Fall wurden die Kosten für den Einbau einer Aufbereitungsanlage in das Wasserwerk angesetzt.

Der Bewertungsansatz ist mit mehreren Problemen behaftet, welche bei der empirischen Arbeit berücksichtigt werden müssen (vgl. Mühlenkamp 1994, S. 209-211; Endres/Holm-Müller 1998, S. 46-51)[33]:

- Die Substitutionsgüter müssen perfekte Substitute für die zu bewertende Grundwasserleistung darstellen. In der Regel sind die Anpassungsreaktionen jedoch nicht geeignet, alle Schäden abzuwehren und es bleiben nicht erfasste Restschäden. Vielleicht ersetzen betroffene Personen das zum Trinken und Kochen zu verwendende Wasser durch Flaschenwasser, die Aufnahme von Schadstoffen über die Haut beispielsweise beim Baden wird jedoch damit nicht verhindert.

33 Vgl. darüber hinaus auch Fußnote 31.

- Vermeidungsaufwendungen werden nur getätigt, wenn deren Kosten die Schadenskosten unterschreiten. Daher kann aus dem Nichtvorhandensein von Vermeidungsaufwendungen nicht auf eine Schadensfreiheit geschlossen werden.
- Nutzenverluste werden über Kostenindikatoren (den Preisen der zur Vermeidung benötigten Güter) gemessen. Die Zahlungsbereitschaft bei nichtmarginalen Einheiten liegt eher noch darüber.
- Die Anpassungs- und Vermeidungsaufwendungen dürfen nur dann unverändert herangezogen werden, wenn sie keinen anderen Zwecken als der Vermeidung der Schäden dienen und wenn die Lebensdauer von berücksichtigten Geräten die Schadensperiode nicht übersteigt. Anderenfalls müssten entsprechende Abschläge von den Aufwendungen berücksichtigt werden.

Der individuelle Anpassungs- und Vermeidungskostenansatz eignet sich prinzipiell für viele Grundwasserleistungen, die als Konsumgüter genutzt werden. Jedoch ist die Anzahl der empirischen Beispiele begrenzt und beschränkt sich auf die Bewertung einer verschlechterten Trinkwasserqualität von zentral bereitgestelltem Wasser aus Sicht der Trinkwasserkonsumenten (Abdalla 1990; Leist et al. 1993). Während jedoch Abdalla (1990) die Verhaltensänderungen mittels einer Fragebogenaktion ermittelte und somit beobachtetes Verhalten der Bewertung zugrundelegte, wurden bei Leist et al. (1993) die Verhaltensänderungen durch die Bewerter selbst antizipiert. Allerdings lag der inhaltliche Schwerpunkt dieser Bewertungsstudie eher auf einer Skizzierung möglicher Wohlfahrtseffekte. Außerdem wurden sehr langfristige Veränderungen der Trinkwasserqualität bewertet, so dass eine Beobachtung der Verhaltensreaktion nahezu unmöglich war.

Die geringe Anzahl an Anwendungsbeispielen liegt vermutlich in den konkreten Anforderungen an die Bewertungssituation begründet. Sollen Reaktionen im Zeitverlauf bewertet werden, so muss die Veränderung bei der Grundwasserleistung schnell und so für die Betroffenen deutlich erkennbar erfolgen, um bewertbare Anpassungsreaktionen auszulösen. Außer bei Unfällen ist jedoch bei Grundwasserleistungen eine ausreichend schnelle Veränderung selten gegeben. Wird demgegenüber beabsichtigt, in einem überregionalen Querschnittsvergleich Unterschiede in den Grundwasserleistungen zu bewerten, müssen die zu untersuchenden Unterschiede der Grundwasserleistungen und die Reaktion der Betroffenen von den vielfältigen Störeinflüssen separiert werden können. Weiterhin muss hierfür das Verhalten unterschiedlicher Personen direkt miteinander verglichen werden.

Zwar werden mit der Aufwandsmethode hauptsächlich nutzungsabhängige Nutzen bewertet, sie ist aber auch geeignet, unter bestimmten Umständen nutzungsunabhängige Wertschätzungen zu monetarisieren (vgl. Marggraf/Streb 1997, S. 200-201). Hierzu müssen die nutzungsunabhängigen Wertschätzungen zu Verhaltensänderungen und zu messbaren Reaktionen beim Konsumverhalten führen. Beispielsweise wäre der Aufwand an Freizeit, um sich über die Folgen von Grundwasserveränderungen zu informieren, eine ökonomische Aktivität, die auch eine etwaige Wertschätzung der Existenz von sauberem Grundwasser mit berücksichtigt. Bewertungsstudien, die einen derartigen Ansatz vertiefen, sind jedoch nicht bekannt.

*Wiederherstellungskosten- bzw. Ersatzkostenansatz*

Der Wiederherstellungskosten- bzw. Ersatzkostenansatz geht im Unterschied zu den individuellen Anpassungskosten nicht von individuellen Reaktionen aus, sondern fordert den vollständigen Ausgleich der mit der Grundwasserveränderung einhergehenden Wirkungen. Hierfür werden fiktive Maßnahmen, sogenannte Schattenprojekte, angesetzt, deren Kosten dann den Wohlfahrtseffekt ausdrücken sollen.

So würde bei diesem Ansatz eine qualitative Verschlechterung der Oberflächengewässer durch verunreinigtes Grundwasser monetär erfasst werden, indem die Kosten für eine Wasseraufbereitungsanlage ermittelt werden, welche die Funktion des Grundwasserökosystems übernimmt und den Ausgangszustand wieder herstellt. Um mithilfe dieser Methode eine relevante Wohlfahrtsaussage ableiten zu können, müssen mehrere Annahmen gelten (Dixon et al. 1996, S. 58-60):

- Die mit den Schattenprojekten erreichten quantitativen und qualitativen Effekte entsprechen dem Umfang der zerstörten Grundwasserleistungen.
- Wiederherstellungs- bzw. Ersatzkosten sind messbar und überschreiten nicht den entgangenen Nutzen infolge der zerstörten Grundwasserleistung.
- Mit dem Projekt sind keine weiteren Nutzen zusätzlich zu den zu bewertenden Grundwasserleistungen verbunden.

Diese Annahmen sind sehr anspruchsvoll und ihre Einhaltung muss in den entsprechenden Fällen gut begründet werden. Gren et al. (1994) betonen die Eignung dieses Ansatzes, um insbesondere indirekte Nutzenstiftungen von Naturleistungen monetär sichtbar zu machen. Gleichzeitig geben sie zu bedenken, dass die Ersatzprojekte nur eine endliche Lebensdauer haben und von produzierter Energiezufuhr abhängen, während die Natursysteme sich sogar selbstständig weiterentwickeln können, die erneuerbare Ressource Sonnenenergie nutzen und die Nutzenstiftungen kostenlos abgeben.

Abdalla (1990) nutzte den Wiederherstellungs- und Ersatzkostenansatz in der im vorhergehenden Abschnitt geschilderten Bewertungsstudie, um eine obere Grenze für die äquivalente Variation abzuschätzen. Die Intuition hinter diesem Ansatz war, dass bei einer vollständigen Wiederherstellung der Wasserqualität (der öffentlichen Wasserversorgung) kein Betroffener mehr zu Anpassungs- und Vermeidungskosten gezwungen wäre und somit die Zahlungsbereitschaft für eine Verhinderung der Verschlechterung aus dem Rationalkalkül nicht größer als die Kosten dieser technischen Lösung sein dürften. Jedoch kann bei diesem Vorgehen nicht die Abweichung des Ergebnisses von der äquivalenten Variation ermittelt werden.

#### 5.2.2.3 Aufwandsmethode für komplementäre Güter

Auch anhand etwaiger Nachfrageveränderungen bei Konsumgütern, die in einem komplementären Verhältnis zu den Grundwasserleistungen stehen, können die individuellen Wertschätzungen gegenüber diesen Grundwasserleistungen monetarisiert werden. Der gängigste Ansatz ist der Transportkostenansatz. Theoretisch wäre er geeignet, den Beitrag des Grundwassers für saubere Oberflächengewässer zu bewerten, indem die veränderte Erholungsnutzung der Oberflächengewässer für eine Bewertung herangezogen werden würde. Die Analyse der mit der Erholungsnutzung verbundenen Aufwendungen (Reisekosten, Zeitaufwand, Eintrittsgelder, Gelder für Ausrüstungsgegenstände) erlaubt es, eine normale Nachfragekurve nach diesem Gut abzuleiten. Wird die Nachfrage zwischen Regionen mit unterschiedlicher Wasserqualität verglichen, so kann die Zahlungsbereitschaft für die Wasserqualität statistisch ermittelt werden und hierauf aufbauend der Beitrag der Grundwasserleistung abgeschätzt werden. Auch bei dieser Analyse hängt die Qualität der Aussage von der Datengrundlage ab. Weiter müssen viele Annahmen gelten, beispielsweise, dass die Zahlungsbereitschaft der Individuen in den einzelnen Regionen gegenüber dem Gut „Erholungsnutzung von Oberflächengewässern“ identisch ausfällt und dass die Aufwendungen ein ungefähres Maß für die Nutzenstiftung darstellen. Eine empirische Anwendung dieses Ansatzes auf Grundwasserleistungen ist nicht bekannt.

## 5.3 Direkte Monetarisierungsmethoden

Mithilfe der direkten Bewertungsmethoden werden die Wertschätzungen von den Betroffenen abgefragt und nicht, wie bei den indirekten Methoden, anhand von Marktinformationen und beobachtetem Verhalten abgeschätzt (vgl. Bateman/Turner 1992; Freeman 1993, S. 165-167; Pearce et al. 2006, S. 106). Hauptsächlich kommen die direkten Methoden bei der kontingenten Bewertung zur Anwendung[34, 35]. Unter Vorgabe einer fiktiven Entscheidungssituation werden von den Betroffenen die Zahlungsbereitschaften bzw. Kompensationsforderungen im Zuge der fiktiven Veränderung einer Grundwasserleistung abgefragt. Hierzu bedient man sich persönlicher oder telefonischer Interviews oder Fragebogenaktionen. Die direkten Methoden stützen sich auf die Variationsmaße, wobei alle vier inhaltlichen Interpretationen der Variationsmaße zur Anwendung kommen können (vgl. Kapitel 5.1):

1. Kompensierende Variation:
   - maximale Zahlungsbereitschaft für eine Verbesserung der Grundwasserleistung, bzw.
   - minimale Kompensationsforderung bei einer Verschlechterung der Grundwasserleistung.
2. Äquivalente Variation:
   - maximale Zahlungsbereitschaft zur Verhinderung einer verschlechterten Grundwasserleistung, bzw.
   - minimale Kompensationsforderung bei einer unterlassenen Verbesserung der Grundwasserleistung.

Diese Bewertungsmethode wurde in einer Reihe von wissenschaftlichen Studien für die Bewertung von Grundwasser erprobt. Eine Übersicht bietet die Tab. 3-1 in Kapitel 3.3. Direkte Bewertungsmethoden haben wesentliche Vorteile gegenüber den indirekten Methoden. Gleichzeitig werden auch viele Probleme dieses Ansatzes diskutiert. An dieser Stelle werden nur einige Vor- und Nachteile aufgeführt; für eine umfassendere Diskussion sei beispielsweise auf die Literatur der Fußnote 34 verwiesen.

Als ein wesentlicher Vorteil der direkten Bewertungsmethoden muss deren exakte Fundierung in der Wohlfahrtstheorie angesehen werden, da im Zuge der Bewertung direkt die kompensierende bzw. äquivalente Variation abgefragt werden (Bateman/Turner 1992, S. 32-33). Weiterhin vermögen die direkten Bewertungsmethoden alle Wertkomponenten des ökonomischen Gesamtwertes zu erfassen (z. B. Bateman/Turner 1992, S. 74; Cummings/Harrison 1995; Pearce et al. 2006, S. 123). Diese Eigenschaften heben die Methode gegenüber den anderen, indirekten Methoden hervor, welche nahezu ausschließlich nutzungsabhängige Wertschätzungen ermitteln und darüber hinaus nur mithilfe von Annahmen den Bezug zu den theoretischen Wohlfahrtsmaßen herstellen können.

Bei der praktischen Anwendung der direkten Bewertungsmethode ergeben sich jedoch hohe Anforderungen an das Design der Befragungen, um eine ausreichende Validität (validity) und Verlässlichkeit, Reproduzierbarkeit (reliability) zu gewährleisten (vgl. Bateman/Turner 1992; Freeman 1993, S. 165-194; NOAA 1993; Carson et al. 2001; Venkatachalam 2004; Pearce et al. 2006, S. 105-124)[36]. In der Literatur werden u. a. folgende Fragen aufgeworfen

---

34 Die Methode wurde zuerst von Ciriacy-Wantrup (1947) vorgeschlagen und das erste Mal von Davis (1963) empirisch angewandt. Einen guten Überblick über die bisherige Entwicklung und Leistungsfähigkeit des Bewertungsansatzes geben z. B. Bateman/Turner (1992), Hanemann (1994), Portney (1994), Carson et al. (2001), Venkatachalam (2004), Pearce et al. (2006).

35 Als neue, viel versprechende Methode wird „Choice Modelling" zur Erhebung der individuellen Präferenzen gegenüber Umweltveränderungen eingesetzt. Teilweise können aus diesen Ergebnissen auch Wohlfahrtsaussagen abgeleitet werden. Einen Überblick geben beispielsweise Pearce et al. (2006, S. 125-144).

36 Validität bezieht sich auf die Frage, inwieweit die gemessenen Werte wirklich mit dem theoretischen Konstrukt des individuellen ökonomischen Wertes übereinstimmen (Mitchell/Carson 1989, S. 190; Freeman

und intensiv diskutiert (vgl. Venkatachalam 2004)[37]. Aus welchen Gründen fallen die Zahlungsbereitschaften und Kompensationsforderungen sehr deutlich auseinander? Inwieweit unterscheiden sich die Ergebnisse, wenn das Gut alleine oder als Teil eines Güterbündels bewertet wird (embedding effect), und welchen Einfluss spielt die Reihenfolge der Abfrage (sequencing effect)? Wie beeinflusst die Informationssituation die Ergebnisse? Welche Wirkung ist dem konkreten Abfragedesign der Zahlungsbereitschaft zuzumessen (elicitation effects)? Inwieweit kann aufgrund der hypothetischen Situation den Wertäußerungen Vertrauen geschenkt werden (hypothetical bias)? Verhalten sich die Befragten strategisch im Sinne des Trittbrettfahrerphänomens, um das Bewertungsergebnis in ihrem Sinne zu beeinflussen?

Die Diskussion zu diesen Themen ist umfangreich und noch nicht abgeschlossen. Nachfolgend soll etwas ausführlicher auf den Einfluss der Informationen eingegangen werden und abschließend einige Aussagen zu den anderen Problemen zusammengefasst werden. Die den Befragten zur Verfügung stehenden Informationen zu dem Bewertungsproblem spielen eine entscheidende Rolle (Venkatachalam 2004). Als wertbeeinflussend werden Informationen zu dem relevanten Umweltgut, zu Budgetrestriktionen, zur Wertschätzung durch andere Personen sowie zu Umweltleistungen, welche substitutiv oder komplementär mit den bewerteten Umweltleistungen verknüpft sind, aufgeführt (Venkatachalam 2004). Nach Bergstrom/Dorfman (1994) lässt sich der Einfluss von zusätzlichen Informationen auf die Zahlungsbereitschaft nicht anhand der theoretischen Modellgrundlagen vorhersagen, da zusätzliche Informationen sowohl den individuellen Grenznutzen von Grundwasser als auch die individuellen Grenzkosten des mit der Zahlung verbundenen Einkommensrückgangs verändern können.

Die empirischen Ergebnisse zum Einfluss von Informationen auf die Zahlungsbereitschaften fallen uneinheitlich aus. Venkatachalam (2004) verweist auf Arbeiten, bei denen ein signifikanter Zusammenhang gefunden wurde (z. B. Whitehead/Blomquist 1991; Ajzen et al. 1996; außerdem McClelland et al. 1992), als auch auf Arbeiten mit gegenläufiger Aussage (Loomis et al. 1994). Nach Venkatachalam (2004) hängt der Einfluss zusätzlicher Informationen von dem individuellen Informationsstand ab. Poe/Bishop (2001) verwiesen auf die Tatsache, dass bei inhomogenen Gütern die bereitgestellte Informationsbasis entsprechend spezifisch ausfallen muss. So differiert die Wasserqualität von Hausbrunnen zwischen einzelnen Grundstücken eines Aquifers. Während in dieser Situation brunnenspezifische Informationen die Bewertungsaussage verbesserten[38], ließen generelle aber unspezifische Informationen das Ergebnis deutlich ungenauer ausfallen.

Es erscheint als konsequent, dass sich die meisten empirischen Bewertungsstudien auf die Leistung von Grundwasser als Trinkwasserressource beziehen und sich somit auf die Grundwasserleistung konzentrieren, welche für breite Bevölkerungsschichten am ehesten zugänglich ist. Zwar wurde in verschiedenen Studien auch die Wertschätzung gegenüber sauberen Grundwassers an sich bzw. im Hinblick auf dessen Schutz für zukünftige Generationen abgefragt (bspw. Edwards 1988; Sun et al. 1992; Bergstrom/Dorfman 1994; Poe/Bishop 1999 u. a. – vgl. Tab. 3-1). Jedoch wurden in diesen Arbeiten die Gründe, weshalb sauberes Grundwasser von den Betroffenen wertgeschätzt wurde, in der Regel nicht näher aufgeschlüsselt. Gerade Wissenslücken der meisten Personen gegenüber ökologischen Zusammenhängen verhindern nach Meinung von Gren et al. (1994) die vollständige Erfassung des primären Wertes

---

1993, 168-169 u. S. 176). Zuverlässigkeit, Reproduzierbarkeit bezieht sich auf die Frage, inwieweit die Ergebnisse reproduziert werden können und inwieweit der Fehler durch Vergrößerung der Stichprobe bzw. durch Verbesserung des Befragungsdesign reduziert werden kann (Mitchell/Carson 1989, S. 122; Freeman 1993, S. 169).

37 Venkatachalam (2004) und Carson et al. (2001) bieten eine umfassende Literaturauswertung zu den Problemen. Daher wird im Weiteren schwerpunktmäßig auf diese beiden Werke zurückgegriffen.

38 Verringerung der Streuung der Zahlungsbereitschaftswerte.

von Ökosystemen und damit eine vollständige Würdigung der wertstiftenden Leistungen von Ökosystemen (vgl. Kapitel 4.2).

Der Diskussionsstand zu den weiteren oben aufgeführten Problemen wird folgendermaßen zusammengefasst (Venkatachalam 2004; Carson et al. 2001): Kompensationsforderungen übersteigen in der Regel die Zahlungsbereitschaften und sollten eher nicht als Wohlfahrtsindikatoren genutzt werden. Die „Embedding"- und „Sequencing"-Effekte sowie das „strategische Verhalten" stellen zwar relevante Probleme dar, können aber mithilfe eines gründlich konzipierten Studiendesigns minimiert werden. Der Einfluss der konkreten Form der Zahlungsbereitschaftsabfrage auf das Ergebnis scheint systematisch bedingt zu sein, die Wahl der geeigneten Abfrageform hängt von vielfältigen Faktoren der Befragungsstudie ab. Die Vertrautheit der Befragten mit dem Untersuchungsgegenstand und der Zahlungsform erhöht die Vertrauenswürdigkeit der Ergebnisse deutlich (hypothetical bias). Hierdurch wird die schwerpunktmäßige Beschäftigung von Zahlungsbereitschaftsanalysen mit Trinkwasserproblemen verständlich (vgl. Tab. 3-1). Hinsichtlich der Validität zeigt eine Metastudie zu Grundwasserstudien (Poe et al. 2001), dass die Ergebnisse von Grundwasserstudien sich bei wesentlichen Bewertungsaussagen in theoretisch vorhersagbarer Weise verhalten, beispielsweise bei Einkommensschwankungen, bei einem Vergleich des ökonomischen Gesamtwertes mit nutzungsabhängigen Wertschätzungen sowie bei der Überschreitung von rechtlichen Standards.

Ein Problem scheint für die Diskussion von ökonomischen und ökologischen Bewertungsansätzen von herausgehobener Bedeutung zu sein. Die direkte Monetarisierungsmethode vermag nur den Gesamtwert zu ermitteln und nicht nutzungsunabhängige und nutzungsabhängige Werte zu separieren. Entsprechend vermag man bei den oben zitierten empirischen Bewertungsstudien nicht exakt zu beurteilen, inwieweit wirklich nur jeweils die Grundwasserleistung „Bereitstellung von Trinkwasser" bewertet wurde oder noch weitere zusätzliche Grundwasserleistungen einbezogen wurden. McConnell (1983 – nach Cummings/Harrison 1995) diskutierte einen methodischen Ansatz, um die nutzungsabhängigen Wertschätzungen von den nutzungsunabhängigen in den Fällen zu separieren, wo beide gleichzeitig auftreten können. Ausgehend von dieser methodischen Diskussion untersuchten Cummings/Harrison (1995) mehrere kontingente Bewertungsstudien und kamen zu dem Schluss, dass keine der untersuchten Studien, welche einzelne Wertekategorien separat auswiesen, den theoretischen und methodischen Anforderungen für eine saubere Trennung entsprach.

Sowohl Carson et al. (2001) als auch Venkatachalam (2004) kommen zu dem Ergebnis, dass verlässliche direkte Bewertungsstudien weder einfach noch unaufwendig durchzuführen sind. Hauptproblem bildet die Interpretationsfähigkeit der Wertäußerungen sowie ihre systematische Verknüpfung mit den Grundwassereigenschaften. Die Gefahr von fehlinterpretierten Bewertungsaussagen scheint nur durch ein sorgfältig erarbeitetes Befragungsdesign verringert werden zu können. Hanemann (1994) weist auf die Möglichkeit hin, dass aufgrund der hohen methodischen Anforderungen zu bestimmten Fragen kein geeignetes Studiendesign gefunden werden kann. Weiter werden zwei, nicht lösbare Beschränkungen der direkten Methoden aufgeführt (Carson et al. 2001): Die Zahlungsbereitschaften hängen direkt vom Einkommen der Betroffenen ab, und sie drücken nur die Präferenzen der gegenwärtigen Generation aus. Auf beide Aspekte wird noch einmal in den Kapiteln 5.5 und 6.4.1 eingegangen. Trotzdem wird der Methode eine wesentliche Bedeutung zugemessen (Carson et al. 2001; Venkatachalam 2004).

## 5.4 Eignung der Monetarisierungsmethoden zur Erfassung des ökonomischen Gesamtwertes von Grundwasserleistungen

Die mittels der vorangegangen Abschnitte geleistete Übersicht über die Monetarisierungsverfahren verdeutlicht die Vielfältigkeit des Methodenspektrums zur monetären Erfassung des Gesamtwertes von Grundwasserleistungen. Alle beschriebenen Bewertungsmethoden, außer dem Transportkostenansatz, kamen für die Bewertung von Grundwasserleistungen zur Anwendung. Dennoch ist zu konstatieren, dass keine der empirischen Bewertungsstudien den ökonomischen Gesamtwert von Grundwasser vollständig erfasst hat, sondern es wurden jeweils nur einzelne Leistungen bewertet. Darüber hinaus konnten für bestimmte Grundwasserleistungen keine Bewertungsstudien gefunden werden. In Kapitel 4.2 wurden in diesem Zusammenhang die natürlichen Reinigungsleistungen von Grundwasserökosystemen, die bodenstabilisierenden Eigenschaften sowie der Wert der Aufnahme von Niederschlagswasser genannt. Darüber hinaus konnte auch keine Bewertungsstudie gefunden werden, die explizit den Beitrag von konkreten Grundwasserökosystemen zu Leistungen der Oberflächengewässer quantifiziert. Somit fehlt der Nachweis, dass die für eine ökonomische Bewertung zugänglichen Grundwasserleistungen mit dem vorhandenen Methodenspektrum vollständig monetarisiert werden können. Folgende Gründe müssen in diesem Zusammenhang genannt werden:

- Die einzelnen Grundwasserleistungen sind für eine ökonomische Bewertung in unterschiedlichem Maße zugänglich.
- Die vollständige Erfassung aller Grundwasserleistungen ist mit vielfältigen methodischen Schwierigkeiten verbunden.
- Der Aufwand zur Berücksichtigung aller Grundwasserleistungen ist sehr hoch.

Die Zugänglichkeit der Grundwasserleistungen für die Monetarisierung richtet sich danach, inwieweit die Betroffenen die Grundwasserleistung mit ihren Nutzenstiftungen in Verbindung bringen können, inwieweit sie sich mit diesen Leistungen schon gedanklich auseinandergesetzt haben und inwieweit Veränderungen von Grundwasserleistungen für die Betroffenen wahrnehmbar sind. Die Zugänglichkeit einzelner Grundwasserleistungen hängt auch vom Aufwand für die Datenerhebung ab. Die Konzentration auf die Bewertung von Grundwasser als Trinkwasserressource und als Input in die Landwirtschaft ist aufgrund deren Bedeutung und dem Interesse durch die Betroffenen naheliegend. Bei den oben aufgeführten Grundwasserleistungen, die ungenügend in Bewertungsstudien repräsentiert sind, handelt es sich um Leistungen mit indirekter nutzungsabhängiger Wertstiftung bzw. um Funktionen gegenüber anderen Ökosystemen. Bei derartigen Leistungen müssen in einem stärkeren Maße Verständnisprobleme, Zuordnungsprobleme und Abgrenzungsprobleme erwartet werden.

Abgesehen davon, dass noch nicht alle Grundwasserleistungen in Bewertungsstudien untersucht wurden, ist es auch aus theoretischen Überlegungen heraus eher unwahrscheinlich, dass der ökonomische Gesamtwert vollständig erfasst werden kann, sobald mehrere Grundwasserleistungen gleichzeitig auftreten und/oder auch mit nutzungsunabhängigen Werten zu rechnen ist. Keine der aufgeführten Methoden ist geeignet, alle Wertkategorien nachvollziehbar zu integrieren. Dies gilt für die indirekten Monetarisierungsmethoden, bei denen hauptsächlich nur nutzungsabhängige Werte erfasst werden, als auch für die direkten Monetarisierungsmethoden. Bei den letztgenannten, die prinzipiell alle Wertekategorien einbeziehen können, wird als Hauptproblem die Schwierigkeit der Interpretation der Bewertungsaussagen aufgeführt.

Ebenfalls lassen sich die Methoden nicht kombinieren, ohne Doppelzählungen zu erhalten oder Lücken zu lassen. Denn bei den direkten Monetarisierungsmethoden kann in der Regel nicht zwischen den Beiträgen der nutzungsabhängigen und der nutzungsunabhängigen Wertschätzungen an der gesamten Bewertungsaussage unterschieden werden (vgl. Cummings/Harrison 1995 – s. auch Kapitel 5.3). Daher lassen sich die Ergebnisse der direkten Monetarisierungsmethoden nicht mit den Ergebnissen der indirekten Methoden additiv verknüpfen.

Um das Problem der Überschneidung der Aussagen der verschiedenen Bewertungsmethoden zu illustrieren, soll das Beispiel der veränderten Grundwasserqualität und seine Nutzung als Trinkwasserressource angeführt werden. Es wird angenommen, dass die Trinkwasserproduktion mit Zusatzkosten belastet wird und dass sich die Trinkwasserqualität aber gleichzeitig verschlechtert, ohne die rechtlichen Trinkwassergrenzwerte zu überschreiten. Nun könnten die Konsumenteneffekte einer veränderten Trinkwasserqualität über die Bewertung der Marktdaten (Nachfragerückgang), über Vermeidungsreaktionen der Konsumenten oder über direkte Abfrage von Zahlungsbereitschaften für das Rückgängigmachen der Qualitätsverschlechterung ermittelt werden. Die Bewertungsaussagen werden sich überschneiden, jedoch nicht vollständig deckungsgleich ausfallen. So wird die Analyse der Marktdaten einen Nachfragerückgang infolge Preiserhöhung und Qualitätsverschlechterung erfassen können. Es werden jedoch nicht die Anpassungs- und Vermeidungsreaktionen widergespiegelt, die ohne Rückgang der Trinkwassernachfrage auftreten. Dies wäre beispielsweise ein höherer Waschmittelverbrauch, falls die Verunreinigungen die Wasserhärte beeinflussen. Die Analyse der Anpassungs- und Vermeidungsreaktionen erfasst demgegenüber zwar den letztgenannten Effekt und sie berücksichtigt Ausweichreaktionen, beispielsweise den verstärkten Konsum von Mineralwasser. Der Anpassungs- und Vermeidungskostenaufwand kann aber nicht die Nutzenverluste widerspiegeln, die aus dem Nachfragerückgang ohne gleichzeitige Substitutionsreaktionen entstehen. Mit einer kontingenten Bewertungsstudie könnten sämtliche eben beschriebenen Nutzenverluste monetarisiert werden. Jedoch müssten durch zusätzliche Befragungen die Informationen erhoben werden, welche Wirkungen der Trinkwasserveränderung die Personen bei ihren Wertäußerungen einbezogen haben. Und es muss berücksichtigt werden, dass die Betroffenen auch ihre nicht nutzungsbezogenen Wertschätzungen ausgedrückt haben. Jedoch lässt sich nicht einschätzen, welchen Anteil diese Wertkategorie an der geäußerten Zahlungsbereitschaft einnimmt.

Insgesamt ist zu konstatieren, dass die Wahrscheinlichkeit, mittels des vorhandenen Instrumentariums den ökonomischen Gesamtwert vollständig zu erfassen, sehr gering ist. Aus diesem Grund wird die Effizienzaussage nicht auf einer vollständigen Analyse der Nutzen- und Kosteneffekte aufbauen können (vgl. Tab. 5-2).

## 5.5 Ansätze zur Aggregation und zum Vergleich individueller Werturteile

Für eine Beurteilung von Handlungsalternativen müssen die monetarisierten individuellen Bewertungsaussagen aggregiert werden. Den Ansätzen zur Aggregation der individuellen Nutzenstiftungen liegen Annahmen zur interpersonellen Vergleichbarkeit von individuellen Nutzenänderungen zugrunde. Einerseits kann davon ausgegangen werden, dass die individuellen Nutzenstiftungen nicht interpersonell verglichen werden können. Diese interpersonelle Unvergleichbarkeit bedeutet, dass kein sinnvoller Zusammenhang zwischen den Beschreibungen der Interessen der einzelnen Individuen hergestellt werden kann (Marggraf/Streb 1997, S. 52). Beispielsweise kann nicht gesagt werden, inwieweit eine von Person A geäußerte Nutzenänderung von 1 EUR der Nutzenänderung von 1 EUR einer anderen Person B entspricht.

Werden die Variationsmaße (kompensierende und äquivalente Variation) zur Monetarisierung der Nutzenstiftungen genutzt, dann können die individuellen Wohlfahrtseffekte trotzdem über eine einfache Addition zusammengefasst werden. Die Annahme der interpersonellen Unvergleichbarkeit von Nutzenänderungen wird eingehalten, da hierbei nur die geäußerten

Zahlungsbereitschaften und Kompensationsforderungen saldiert werden, und keine Nutzenveränderungen. Im Ergebnis der Aggregation entsteht die gesellschaftliche Zahlungsbereitschaft oder Kompensationsforderung. Das Maß der Konsumentenrente erfordert dagegen für die Aggregation der individuellen Nutzenveränderungen restriktivere Annahmen. So muss von einer interpersonellen Vergleichbarkeit der Nutzenänderungen und einer kardinalen Messbarkeit des Nutzens ausgegangen werden (Mühlenkamp 1994, S. 79-91).

Um letztendlich zu einer Bewertungsaussage zu gelangen, müssen die Handlungsoptionen miteinander anhand der von ihnen induzierten positiven und negativen Nutzeneffekte verglichen werden. Hierbei soll diejenige Handlungsoption ausgewählt werden, welche die größte soziale Wohlfahrtswirkung verspricht. Geht man von einer ordinalen Nutzenmessung und der interpersonellen Unvergleichbarkeit von individuellen Nutzenstiftungen aus, dann lehnt sich dieser Vergleich der aggregierten Wohlfahrtseffekte an dem Ideal des Paretooptimums an. Entsprechend diesem Kriterium wird eine Handlung dann als wünschenswert erachtet, wenn mindestens eine Person durch sie besser gestellt wird, ohne dass gleichzeitig eine andere Person schlechter gestellt wird. In dieser Form würde das Bewertungskriterium jedoch zur Ablehnung nahezu aller bewerteten Projekte führen, da meistens sowohl positive als auch negative Effekte auftreten, die zudem unterschiedliche Personen betreffen. Daher wird im Rahmen der Nutzen-Kosten-Analyse das Kriterium der potentiellen Paretoverbesserung zugrunde gelegt. Dieses Kriterium signalisiert dann einen gesellschaftlichen Wohlfahrtsgewinn, wenn die Nutznießer der Handlung die Kostenträger der Handlung kompensieren könnten und trotzdem noch einen Vorteil von der Handlung haben.

Bei der Nutzung von Variationsmaßen wird die potentielle Paretoverbesserung durch den Kaldor-Hicks-Kompensationstest ermittelt. Eine Handlungsoption erscheint dann als wünschenswert, wenn die Zahlungsbereitschaft der Befürworter nicht vollständig ausgeschöpft werden muss, um nach Durchführung der Handlung die Kompensationsforderungen der Gegner zu erfüllen (Gans/Marggraf 1997, S. 46-47). Dieser Test genügt den Annahmen der interpersonellen Unvergleichbarkeit der Nutzenstiftung, wenn die zu bewertenden Effekte mittels der Variationsmaße gemessen werden. Denn dann haben sowohl die Befürworter als auch die Gegner einer Maßnahme ihre Zahlungsbereitschaften als auch ihre Kompensationsforderungen selbst bestimmt. Weiterhin wird dem Anspruch der ordinalen Nutzensmessung entsprochen, indem nur über eine Verbesserung /Nichtverbesserung geurteilt wird und nicht über die Höhe der Veränderung[39].

Der Kaldor-Hicks-Kompensationstest kann jedoch zu symmetrischen und intransitiven Bewertungen führen und ist somit nicht eindeutig (Gans/Marggraf 1997, S. 57-71). Eine symmetrische Bewertung liegt vor, wenn die Durchführung der Handlung eine potentielle Paretoverbesserung bedeutet, gleichzeitig aber auch das Rückgängigmachen der Handlung zu einer potentiellen Paretoverbesserung führt. In diesem Fall spricht man vom Scitovsky-Paradox. Aus diesem Grunde beinhaltet der Kaldor-Hicks-Kompensationstest eigentlich zwei Vergleichsschritte. Eine Handlung führt nur dann zu einer potentiellen Paretoverbesserung, wenn die Durchführung der Maßnahme zu einer potentiellen Paretoverbesserung führt, die Rückgängigmachung der Handlung allerdings nicht. Die Möglichkeit symmetrischer Aussagen lässt sich nur in Ausnahmefällen von vornherein ausschließen[40]. Daneben kann die Szenarienbewertung anhand der potentiellen Paretoverbesserung auch zu intransitiven Aussagen führen. Das bedeutet, dass aus einem paarweisen Vergleich (auch im doppelten Sinne) der

39 Der Kaldor-Hicks-Kompensationstest bleibt auch unter der Annahme der kardinalen Nutzenmessung und der interpersonellen Vergleichbarkeit der Nutzen gültig (Gans/Marggraf 1997, S. 47-48).

40 Eine ausführliche Diskussion der Ausnahmefälle bieten beispielsweise Gans/Marggraf (1997, S. 57-68).

Szenarien 1, 2, 3 mit dem Ergebnis „Szenario 1 > Szenario 2“ und „Szenario 3 > Szenario 1“ nicht automatisch das Ergebnis „Szenario 3 > Szenario 2“ folgt[41].

Wird die Kosten-Nutzen-Analyse unter den Prämissen der interpersonellen Nutzenvergleichbarkeit und kardinalen Nutzenmessung durchgeführt und auf das Wohlfahrtsmaß der Konsumentenrente zurückgegriffen, dann wird beim Szenarienvergleich diejenige Handlungsoption ausgewählt, welche die größte Steigerung des sozialen Nettonutzens verspricht. Als notwendige Voraussetzung wird hierbei gefordert, dass der Nettonutzen der Szenarien positiv ausfällt und dementsprechend die Opportunitätskosten von der Nutzenstiftung überkompensiert werden.

Zur Ermittlung des sozialen Nettonutzens müssen die individuellen Nettonutzen (individuelle Nutzen abzüglich der Opportunitätskosten) mithilfe einer sozialen Wohlfahrtsfunktion $W$ aggregiert werden. Diese sozialen Wohlfahrtsfunktionen beschreiben den Zusammenhang zwischen individueller und gesellschaftlicher Nutzenstiftung. Im Regelfall kommt bei der Nutzen-Kosten-Analyse eine additive, ungewichtete Verknüpfung der individuellen Nettonutzen $NN_i$ (mit $i$ = 1 bis m) zur sozialen Wohlfahrt $W$, wie sie in der Gleichung 5-2 dargestellt ist, zur Anwendung (vgl. Hanusch 1994, S. 34).

$$W = \sum_{i=1}^{m} NN_i \qquad \textit{Gleichung 5-2}$$

Diese in Gleichung 5-2 dargestellte soziale Wohlfahrtsfunktion impliziert die Gleichgewichtung der individuellen Nettonutzen in ihrer Wirkung auf die soziale Wohlfahrtsfunktion. Sie erlaubt auch die Kompensation von positiven und negativen Nettonutzen einzelner Individuen. Demzufolge ist es für die Bewertungsaussage unerheblich, ob die Kostenträger der Handlungsoption von den Nutznießern kompensiert werden und es wird – wie beim Kaldor-Hicks-Kriterium – nur die Kompensierbarkeit der Kostenträger durch die Nutznießer überprüft und nicht die reale Kompensation. Somit werden auch mit diesem Ansatz die Handlungsoptionen nur hinsichtlich der potentiellen Paretoverbesserung getestet.

Mit der Nutzung des Bewertungskriteriums der potentiellen Paretoverbesserung werden Verteilungseffekte überhaupt nicht oder nur unzureichend in die Bewertung integriert. Eine potentielle Paretoverbesserung kann erst dann zu einer tatsächlichen Paretoverbesserung führen, wenn die Verlierer der Maßnahme auch in der Realität kompensiert werden (vgl. Marggraf/Streb 1997, S. 55). Wird demgegenüber eine Maßnahme durchgeführt, ohne dass eine Kompensation der Verlierer durch die Gewinner erfolgt, dann führt dies immer dann zu einer Umverteilungen in der Güterausstattung, wenn die Nutznießer und Kostenträger nicht identisch sind[42].

Hofmann (1981, S. 79) betont, dass die Nutzen-Kosten-Analyse weder Zuwächse noch Verluste an distributiver Fairness zu reflektieren vermag. Bestehen derartige gesellschaftliche Ziele, dann sind diese vollständig unabhängig von dem Ziel der effizienten Allokation und müssen zusätzlich bewertet werden. Im Umgang mit derartigen Verteilungsproblemen können zwei Strategien unterschieden werden. Die eine Strategie verfolgt das Ziel, die Verteilungswirkung in die Nutzen-Kosten-Analyse zu integrieren und mit der Allokationsaussage zu einer Bewertungsaussage zu vereinen. Bei der anderen Strategie werden Verteilungsaspekte nicht in die Bewertung integriert, sondern eigenständig bewertet (z. B. Page 1997).

---

41 Eine Begründung bieten beispielsweise Gans/Marggraf (1997, S. 68-71).

42 Eine ausführliche Diskussion der Notwendigkeit und Möglichkeit zur Erweiterung der Nutzen-Kosten-Analyse um Verteilungsziele stellt Hofmann (1981) an. Zusammenfassende Ausführungen bieten Hanusch (1994, S.151-157), Mühlenkamp (1994, S. 81-91), Pearce et al. (2006, S. 221-236).

Bei der ersten Strategie könnten in die soziale Wohlfahrtsfunktion (vgl. Gleichung 5-2) Gewichtungsfaktoren $\mu_i$ eingeführt werden, welche den relativen individuellen Einfluss des einzelnen Individuums $i$ an der sozialen Wohlfahrt beschreiben (vgl. Gleichung 5-3)[43]. Begründet werden die Gewichte beispielsweise mit dem unterschiedlichen Grenznutzen des Einkommens in Abhängigkeit von der Einkommenshöhe (vgl. Hofmann 1981, S. 167)[44]:

$$W = \sum_{i=1}^{m} \mu_i NN_i \qquad \textit{Gleichung 5-3}$$

Werden derartige Verteilungsgewichte in die soziale Wohlfahrtsfunktion integriert, dann vermischen sich zwangsläufig Effizienz- und Verteilungswirkungen in ihrem Einfluss auf das Bewertungsergebnis. So können Maßnahmen positiv bewertet werden, bei denen die Nutzen vor allem Bevölkerungsgruppen mit niedrigem Einkommen zufallen und die ohne Berücksichtigung der Verteilungsgewichte keine positive soziale Wohlfahrtswirkung aufgewiesen hätten. Allerdings können auch Maßnahmen den Kompensationstest bestehen, deren Effizienzgewinn groß genug ausfällt, um die Verteilungsgewichte überzukompensieren. Es ist also nicht ausgeschlossen, dass trotzdem Verteilungsungerechtigkeiten positiv bewertet werden (vgl. Hofmann 1981, S. 168-171). Denn auch die soziale Wohlfahrtsfunktion entsprechend Gleichung 5-3 fordert keine reale Kompensation der Kostenträger.

Bei der praktischen Anwendung dieses Ansatzes müssen Verteilungsgewichte festgelegt werden, welche in ihrer Legitimation nicht der individualistischen Wertebasis der Nutzen-Kosten-Analyse entgegenstehen. Somit kommt die Nutzen-Kosten-Analyse nicht ohne eine zusätzliche Bewertungsstufe aus, die ihrerseits den Ausgang der Bewertung maßgeblich beeinflusst. Für die Ableitung von Verteilungsgewichten werden weiterhin verschiedene Wege diskutiert, welche auf der Basis individueller Präferenzen gegenüber einer fairen Verteilung oder auf der Basis von Verteilungsurteilen politisch legitimierter Entscheidungsträger abgeleitet werden (vgl. z. B. Hanusch 1994, S. 154-157; Hofmann 1981, S. 171)[45]. Jedoch werden alle Ansätze sehr kritisch diskutiert und nicht als wirkliche Lösung des Problems angesehen (vgl. Hanusch 1994, S. 157). Gegenüber individuellen Präferenzen wird das Argument aufgeführt, dass deren Urteil nicht losgelöst von der eigenen Einkommenssituation und gewünschten Einkommensentwicklung ausfällt. Gegen die Ableitung durch politische Entscheidungsträger stehen die vielfältigen Annahmen, die für ein derartiges Vorgehen notwendig sind sowie etwaige Interessenkonflikte zwischen Repräsentanten und Repräsentierten im Mittelpunkt der Kritik (vgl. Hofmann 1981, S. 172-177).

Die zweite Strategie zum Umgang mit Verteilungswirkungen besteht darin, den Anspruch der Nutzen-Kosten-Analyse zu verringern. Es wird nicht versucht, die Verteilungswirkung in die Effizienzbewertung zu integrieren, sondern separat zu bewerten (z. B. Page 1997). Dies hat zur Folge, dass die Nutzen-Kosten-Analyse nur noch als „Entscheidungshilfe“ einzustufen ist, die parallel zu dem Effizienzurteil eine Verteilungsbewertung benötigt. Dem Nachteil steht die Transparenz der Bewertungsaussagen als Vorteil gegenüber.

---

43 Weitere Ansätze stellen die lexikographische Bewertung von Alternativen nach Verteilungs- und Allokationsgesichtspunkten sowie die Optimierung des einen Zieles unter der Nebenbedingung der Einhaltung des anderen Zieles dar (vgl. Hofmann 1981, S. 159-164).

44 Nach Hofmann (1981, S. 145) wird das Einkommensniveau als operabler Indikator für die kaum messbare Wohlfahrtssituation verwendet.

45 Aufgeführt werden Befragungen von Betroffenen als individueller Ansatz sowie beim politischen Ansatz die Ableitung von Verteilungsgewichten aus vorangegangenen öffentlichen Investitionsentscheidungen, aus dem Einkommenssteuersystem sowie aus Befragungen von politischen Entscheidungsträgern (vgl. Hofmann 1981, S. 172-190).

Schließlich verweist Hofmann (1981, S. 77-79) auf Verteilungsaspekte, die auch beim alleinigen Verfolgen des Effizienzzieles berücksichtigt werden müssen. Hierzu zählt er beispielsweise den Einfluss der Zahlungsfähigkeit, d. h. des Einkommens auf die Zahlungsbereitschaft, etwaige Auswirkungen der Alternativen auf private Investitionstätigkeit und somit auf den zukünftigen gesellschaftlichen Konsum sowie die zeitliche Verteilung der Nutzen und Kosten. Mit der Beurteilung und etwaigen Korrektur der Zahlungsbereitschaften vermag der Bewerter, der die Nutzen-Kosten-Analyse durchführt, das Ergebnis stark zu beeinflussen. Zur Legitimation benötigt er gesellschaftliche Bewertungsmaßstäbe, deren Ableitung jedoch, wie eben beschrieben wurde, sehr problembehaftet ist. Auf die Probleme im Zusammenhang mit zeitlichen Divergenzen von Nutzen und Kosten wird in Kapitel 6.3 eingegangen.

*Tab. 5-2: Zusammenfassung der Widersprüche zwischen Monetarisierungsmethoden bzw. Bewertungskriterium und dem Anspruch der Nutzen-Kosten-Analyse*

| **untersuchter Aspekt** | **Widerspruch zum Anspruch der** | | |
|---|---|---|---|
| | **individuellen Wertebasis** | **vollständigen Erfassung der Effekte** | **hinreichenden Effizienzbewertung** |
| Monetäre Erfassung der bewertbaren Teile des ökonomischen Gesamtwertes | | × | |
| Bewertungskriterium der potentiellen Paretoverbesserung | | | × |

*Quelle: eigene Darstellung.*

Zusammenfassend ist zu konstatieren, dass bei beiden Strategien die Verteilungswirkungen nur über zusätzliche, externe Bewertungsschritte integriert werden können (vgl. Tab. 5-2). Gleichzeitig stellt die Bewertung von Verteilungswirkungen sowohl einen notwendigen Input bei der Bewertung der Allokationswirkung als dem eigentlichen Ziel der Nutzen-Kosten-Analyse, als auch ein eigenständiges und nicht durch eine Effizienzaussage abzudeckendes Ziel dar, welches eine Gesellschaft möglicherweise verfolgt. Die Nutzen-Kosten-Analyse – ohne eine zusätzliche Bewertung von Ausgangsverteilung und Verteilungswirkung – erbringt somit keine hinreichende Bewertungsaussage (vgl. Tab. 5-2).

# 6 Theoretische und methodische Ansätze zur Berücksichtigung zukünftiger Effekte

## 6.1 Grundlagen

Betrachtet man das Bewertungsproblem in seiner zeitlichen Dimension, so ergeben sich drei mögliche zeitliche Verknüpfungen zwischen dem Zeitpunkt der Entscheidung, der Zeitspanne, in der die Wirkungen der Entscheidung auftreten, und dem Zeitpunkt der Bewertung. Entweder wird mit einer Ex-post-Analyse eine in der Vergangenheit erfolgte Entscheidung bewertet, deren Wirkungen bereits aufgetreten sind, oder zukünftige Entscheidungen sollen ex ante, d. h. vor ihrer Realisierung bewertet werden. Natürlich treten dann die Wirkungen auch erst in der Zukunft auf. Die dritte Möglichkeit verbindet die beiden erstgenannten Möglichkeiten, indem eine Entscheidung bewertet wird, die zwar in der Vergangenheit getroffen wurde, in ihrer Wirkung jedoch bis in die Zukunft hinein reicht.

Bei der Bewertung von Grundwasserleistungen scheinen nur die beiden letztgenannten Möglichkeiten realistisch zu sein, da entsprechende Veränderungen in der Regel langfristiger Natur sind. So lassen sich ausschließliche Ex-post-Analysen kaum in der Literatur finden. Eine Ausnahme bildet Abdalla (1990). In dieser Studie wurde eine zeitlich begrenzte Trinkwasserverschmutzung bewertet, deren Beginn und deren Ende genau eingegrenzt werden konnte.

Die Bewertung zukünftiger Effekte stellt demnach den Hauptteil bei der Bewertung von Handlungsoptionen dar. In den folgenden Kapiteln soll nun geklärt werden, inwieweit die Nutzen-Kosten-Analyse die zukünftigen Effekte ausreichend in die Effizienzanalyse einzubeziehen vermag. Vorbereitend wird die Notwendigkeit einer umfassenden Bewertung zukünftiger Effekte diskutiert, und es wird der Informationsbedarf abgeleitet, der bei der Bewertung zukünftiger Effekte gedeckt werden muss. Es werden zwei grundlegende Ansätze unterschieden, wie diese Informationen gewonnen werden können. Diese sind der „individuelle" Bewertungsansatz und der Bewertungsansatz „im Namen der Individuen". Die weitere Diskussion konzentriert sich auf drei wesentliche Problembereiche bei der Bewertung von zukünftigen Effekten. Wie kann Unsicherheit berücksichtigt werden? Wie kann die Zeitdimension berücksichtigt werden? Wie können intergenerationelle Effekte berücksichtigt werden?

### 6.1.1 Problemaufriss zur ökonomischen Bewertung zukünftiger Effekte

In diesem Kapitel soll diskutiert werden, weshalb die Fähigkeit der Nutzen-Kosten-Analyse, die zukünftigen Effekte in die Bewertung einzubeziehen, entscheidend für die Einsatzmöglichkeit dieses Instrumentes zur Lösung von Grundwasserkonflikten ist. Die Diskussion konzentriert sich auf die Wechselwirkungen zwischen den Grundwasserfunktionen, die im Wesentlichen bereits in Kapitel 2.2 charakterisiert wurden. Dort wurde insbesondere auf die langen Zeiträume verwiesen, die vergehen können, bevor Grundwasserleistungen sich in Reaktion auf bestimmte Einflüsse verändern, aber auch auf mögliche Irreversibilitäten derartiger Reaktionen.

Die Langfristigkeit der Wechselwirkungen führt zur zeitlichen Divergenz zwischen einer Nutzenstiftung – beispielsweise durch eine verstärkte Inanspruchnahme einer bestimmten Grundwasserfunktion – und den Kosten, die sich infolge des verschlechterten Angebotes anderer Grundwasserleistungen ergeben, bzw. vice versa. Soll eine derartige Veränderung bewertet werden und werden dabei die in der ferneren Zukunft liegenden Effekte nicht ausreichend berücksichtigt, dann führt dies zu einer verfälschten Bewertungsaussage. Hierdurch induzierte Fehlentscheidungen könnten jedoch korrigiert werden, sobald die nicht berücksichtigten Effekte sichtbar werden. Dies setzt jedoch voraus, dass die Veränderungen bei den Grundwasserleistungen reversibel sind. Wie aber bereits in Kapitel 2.2 beschrieben, wird dies durch die Irreversibilität der Wechselwirkungen zwischen den Grundwasserfunktionen verhindert.

Irreversibilität beschreibt das Phänomen der Unumkehrbarkeit von Entwicklungen. Auf die naturwissenschaftlichen Gründe von irreversiblen Wechselwirkungen zwischen Grundwasserfunktionen wurde schon eingegangen (vgl. Kapitel 2.2). Seidl/Tisdell (2001) betonen, dass neben naturwissenschaftlichen Irreversibilitäten auch ökonomische Irreversibilitäten existieren, so dass es schlichtweg unökonomisch sein kann, eine fehlerhafte Entwicklung zu revidieren. Mit dem Begriff der „ökonomischen Irreversibilität" werden keine unendlich hohen Kosten verstanden. Ökonomische Irreversibilität bedeutet nur, dass die Kosten der Änderung einer Entscheidung die damit einhergehenden Nutzen überschreiten und aus diesem Grund die Entscheidung nicht mehr geändert wird. Wurde beispielsweise ein TWSG aufgehoben und wurden die dort befindlichen Landnutzungen infolgedessen schon intensiviert, dann können die Kosten ihrer Extensivierung eine Rücknahme des Aufhebungsbeschlusses verhindern. Einerseits wäre allein die Koordinierung und Durchsetzung einer Rücknahme der Maßnahmen mit hohen Transaktionskosten verbunden. Andererseits wurden möglicherweise Investitionen in langlebige, räumlich fixierte Kapitalgegenstände getätigt, beispielsweise infolge der Erschließung des ehemaligen Trinkwasserschutzgebietes als Siedlungsgebiet. Das so langfristig gebundene Kapital würde bei einer Revidierung der Entscheidung als „sunk costs" verbleiben[46].

Ein ähnlicher Effekt ergibt sich im Zusammenhang mit akkumulativen Schadstoffprozessen. Wenn beispielsweise die schädigenden Wirkungen der Immissionen von der kumulierten Schadstoffmenge (oder Konzentration) abhängt und diese Konzentration nur über längere Akkumulationsprozesse erreicht werden, dann müssen für die Umkehr der Entwicklung bei den Grundwasserleistungen zwei kostenträchtige Schritte vollzogen werden; zum einen die Verringerung des laufenden Schadstoffeintrages und zum anderen der Abbau des schon akkumulierten Schadstoffpools. Nutzenwirkungen treten erst nach einer Verringerung der Restverunreinigung auf. Übersteigen die Kosten beider Schritte die Nutzen, dann wären auch akkumulative Entwicklungen aus ökonomischer Sicht irreversibel.

In der Konsequenz steht die Bewertung von Grundwasserveränderungen vor der Aufgabe, die in der Zukunft zu erwartenden Effekte gleichrangig mit den gegenwärtigen in die Bewertung einzubeziehen. Kann sie dies nicht, so werden diejenigen Handlungsalternativen bevorzugt, bei denen die Nutzen eher als die Kosten anfallen.

Die Bewertung steht jedoch vor dem Problem, dass Prognosen über zukünftige Effekte mit Unsicherheiten verbunden sind. Diese nehmen zu, je ferner die zu berücksichtigenden Effekte in der Zukunft liegen. Unsicherheit stellt generell das Gegenteil von Sicherheit dar, bei der bekannt ist, welcher Zustand der Welt eintreten wird. Der Begriff der Unsicherheit lässt sich in mehrere Untergruppen aufteilen, wobei im Folgenden auf die Taxonomie von Faber/Proops (1993, 111-114.) zurückgegriffen wird. Der Extremfall der Unsicherheit wird als *Unwissen* (ignorance) bezeichnet. Hierbei sind die zukünftigen möglicherweise eintretenden Zustände der Welt nicht vollständig bekannt. Weiß man dagegen über die Ausprägung der möglichen Zustände der Welt Bescheid, ohne dass man deren Eintrittswahrscheinlichkeiten kennt und zu quantifizieren vermag, so befindet man sich im Stadium der *Ungewissheit* (uncertainty). Sind darüber hinaus sogar die Eintrittswahrscheinlichkeiten bekannt, dann herrscht *Risiko* (risk) vor. *Sicherheit* bedeutet letztendlich, dass die Eintrittswahrscheinlichkeit eines prognostizierten "Zustandes der Welt" 100% beträgt.

46 Auf die Schwierigkeit, ausreichend große Trinkwasserschutzgebiete bei bestehenden Wasserwerken auszuweisen, verweisen in Bezug auf die alten Bundesländer Meyer et al. (1995, S. 22-23).

Die Ursachen für Unsicherheit sind vielfältig. Lücken im Verständnis der naturwissenschaftlichen Zusammenhänge sind hierzu ebenso zu zählen wie Prognosefehler zu zukünftigen Grundwasserentwicklungen. Darüber hinaus treten Unsicherheiten auch bei der Prognose der ökonomischen Wirkungen auf. Die gegenwärtigen Vorstellungen hinsichtlich der Zukunft lassen sich aufgrund der vielfältigen Ursachen für Unsicherheit am plausibelsten mit den Begriffen der Ungewissheit und des Unwissens erfassen. Der Begriff des Risikos ist demgegenüber zu eng, um das Wissen über zukünftige Effekte zu beschreiben.

Es existieren auch Ansätze, um dem Problem der Unsicherheit zu begegnen. Beispielsweise kann das Unwissen über die Zukunft entweder durch individuelles Lernen bzw. durch gesellschaftliches Forschen reduziert werden. Durch derartige Anstrengungen kann Unwissen in Ungewissheit, Risiko oder in Sicherheit verwandelt werden. Es gibt jedoch auch Bereiche des Unwissens, welche nicht reduziert werden können, beispielsweise aufgrund chaotischer Prozesse (Faber/Proops 1993, S. 114-123).

Um zukünftige Effekte ausreichend in die Bewertung einzubeziehen, muss die Bewertung sich explizit mit der Unsicherheit der genutzten Prognoseaussagen auseinandersetzen. Bevor auf diese Instrumente zur Berücksichtigung von Unsicherheit eingegangen wird, sollen im folgenden Kapitel die für eine ökonomische Bewertung zukünftiger Effekte benötigten Informationen zusammengefasst und zwei Ansätze vorgestellt werden, wie die benötigten Informationen gewonnen werden können.

### 6.1.2 Informationsbedarf bei der Bewertung zukünftiger Effekte

Die ökonomische Bewertung zukünftiger Effekte hängt in ihrer Qualität von einer Vielzahl an Informationen ab:

1. Die mit den zu bewertenden Handlungsalternativen verbundenen Veränderungen der Grundwasserleistungen müssen prognostiziert werden.
2. Der ökonomische Wert, den die Grundwasserleistungen in Zukunft haben, muss bestimmt werden.
3. Die sich auf unterschiedliche Zeitpunkte beziehenden Wertschätzungen müssen miteinander verglichen werden.
4. Es muss die Frage diskutiert werden, wie zukünftige Generationen bei der Bewertung berücksichtigt werden.

Zu 1.: Die Prognosen der zukünftigen Grundwasserleistungen stellen die Voraussetzung für die ökonomische Bewertung dar und müssen zwei Aufgaben erfüllen. Die Veränderungen der Grundwassersysteme müssen beschrieben werden und die damit verbundenen Veränderungen der Funktionen bzw. Leistungen gegenüber den Ökosystemen bzw. den Menschen müssen abgeleitet werden. Beispielsweise besteht die Prognose der Eignung eines Aquifers für Trinkwasserzwecke einerseits aus der Prognose der Schadstoffkonzentrationen (beispielsweise Nitrat) sowie in der Interpretation der Wirkungen im Hinblick auf die Eignung des Grundwassers als Trinkwasserressource.

Zu 2.: Für die ökonomische Bewertung müssen zusätzlich Annahmen zu der Entwicklung ökonomischer Rahmenbedingungen getroffen werden und darauf aufbauend das zukünftige Nachfrageverhalten der Betroffenen abgeleitet werden. Die ökonomischen Rahmenbedingungen verändern sich infolge wirtschaftlichen Wachstums sowie technologischen Fortschritts und resultieren in einem veränderten Einkommen, in einer Veränderung der angebotenen Güter, sowie in der Veränderung der Preisstruktur der Marktgüter und der natürlichen Ressourcen. Diese Informationen beeinflussen die indirekten Nutzenfunktionen der Personen und somit auch deren Nachfrage und Wertschätzung von den Grundwasserleistungen.

Zu 3.: Es besteht die Frage, wie zu unterschiedlichen Zeitpunkten anfallende Nutzen und Kosten miteinander verglichen werden sollen. So ist zunächst zu diskutieren, aus welchen Gründen der Zeitpunkt der anfallenden Nutzen und Kosten eine Rolle spielt, und dann, in welcher Form diese Gründe in die Bewertung integriert werden können.

Zu 4.: Die Nutzen-Kosten-Analyse baut auf individuellen Wertschätzungen gegenüber Veränderungen auf. Die Frage ist, wie die Wertschätzungen zukünftiger Generationen gegenüber den Veränderungen berücksichtigt werden sollen. Deren Nutzenfunktionen sind unbekannt, und es ist zu klären, ob zukünftige Generationen von den zu bewertenden Handlungsalternativen betroffen werden und wie diese in die Bewertung integriert werden können, obgleich deren Nutzenfunktionen unbekannt sind.

### 6.1.3 Der „individuelle" Bewertungsansatz und der Bewertungsansatz „im Namen der Individuen" zur Monetarisierung zukünftiger Effekte

Die Nutzen-Kosten-Analyse verfährt bei Integration der im vorangegangenen Abschnitt beschriebenen Informationen zu zukünftigen Effekten nicht einheitlich. Daher werden im Folgenden zwei Bewertungsansätze betrachtet, die sich in ihrer Art, wie die zukünftigen Effekte monetarisiert werden, unterscheiden. Die Ansätze weisen den Betroffenen und dem Bewerter, demjenigen, der die Kosten-Nutzen-Analyse durchführt, unterschiedliche Aufgaben und unterschiedlichen Einfluss auf das Bewertungsergebnis zu:

Im ersten Fall wird bei intertemporalen Bewertungsfragen konsequent auf den individuellen Präferenzen als Wertmaßstab aufgebaut. Die zukünftigen Effekte werden anhand der individuellen intertemporalen Nutzenfunktionen der gegenwärtig lebenden Personen ex ante bewertet. Hierzu müssen die Betroffenen zu ihrer Wertschätzung gegenüber zukünftigen Effekten befragt werden. Dies bedeutet, dass hauptsächlich die direkten Bewertungsmethoden zur Monetarisierung der Wertschätzungen zur Anwendung kommen. In der weiteren Diskussion wird dieser Ansatz daher als „individueller" Bewertungsansatz bezeichnet.

Indem die Betroffenen ihre Wertschätzung gegenüber zukünftigen Effekten äußern, müssen sie selbständig die physischen Veränderungen hinsichtlich ihrer Wirkung einschätzen, diese mithilfe ihrer privaten intertemporalen Nutzenfunktion in Einkommensäquivalente übertragen und gleichzeitig die Wirkung der Zeit berücksichtigen. Für den Bewerter, demjenigen, der die Nutzen-Kosten-Analyse erstellt, verbleibt die Aufgabe, die notwendigen Informationen für die Betroffenen bereitzustellen sowie die individuellen Wertschätzungen „zu sammeln" und zu aggregieren. Der Umfang der Informationen, die der Bewerter weiterreicht, kann unterschiedlich ausfallen. Beispielsweise können Prognosen zur Entwicklung der Grundwasserfunktionen für die relevanten Handlungsoptionen vorgegeben werden. Ebenso können Informationen zur Wirtschaftsentwicklung bereitgestellt werden. Es kann aber auch den Betroffenen überlassen werden, die Entwicklung der Grundwasserfunktionen zu antizipieren. Außer über die Entscheidung, welche Informationen zur Verfügung gestellt werden und welcher Personenkreis befragt werden soll, kann der Bewerter keinen Einfluss auf das Bewertungsergebnis ausüben, denn letztendlich müssen die Befragten selbst die Informationen interpretieren und ihre Wertschätzung gegenüber den zukünftigen Effekten ausdrücken.

Beim zweiten, pragmatischen Bewertungsansatz werden nicht die Personen nach ihren Zahlungsbereitschaften/Kompensationsforderungen gegenüber zukünftigen Effekten befragt, sondern der Bewerter schätzt eine plausible gesellschaftliche intertemporale Nutzenfunktion, anhand der die zukünftigen Effekte bewertet werden. Somit „sammelt" der Bewerter keine individuellen Werturteile gegenüber zukünftigen Effekten, sondern bewertet „im Namen der Individuen" die zukünftigen Effekte selbst. Der Bewerter muss dann die individuellen intertemporalen Nutzenfunktionen der Personen soweit abschätzten, dass seine Entscheidung nahe am Ideal der Nutzen-Kosten-Analyse liegt. Dieser Ansatz erfolgt immer dann, wenn schon einmal ermittelte Werturteile aufgegriffen werden, um zukünftige Effekte zu monetarisieren. Ein einfaches Beispiel hierzu stellt die Arbeit von Raucher (1986) dar. Hier wurden Literaturwerte von Zahlungsbereitschaften für ein statistisches Leben genutzt, um zukünftig auftretende Verschmutzungseffekte von Grundwasser zu monetarisieren. Olschewski (1997) schätzte eine Nachfragefunktion nach Trinkwasser anhand von statistischen Daten und übertrug die damit ausgedrückten Werturteile auf sein Bewertungsproblem, die zukünftige Trinkwasserpreisveränderung.

Die Betroffenen haben bei diesem Ansatz keinen direkten Einfluss auf das Bewertungsergebnis hinsichtlich der zukünftigen Effekte. Dagegen kommt dem Bewerter bei diesem Ansatz eine entscheidende Bedeutung zu sowohl hinsichtlich der Einschätzung der Wirkung der physischen Veränderungen auf die Nutzenstiftung als auch auf die Monetarisierung der Effekte und Berücksichtigung der zeitlichen Dimension ihres Auftretens. Um den normativen Charakter der Bewertungsaussage zu erhalten, muss der Bewerter nachweisen, dass die von ihm abgeschätzten Werturteile die individuellen Werturteile ausreichend genau abbilden. Hierfür benötigt er einen theoretischen Rahmen, anhand dessen er die Wirkung der einzelnen Informationen auf die Zahlungsbereitschaft ableiten und nachweisen kann. In der weiteren Diskussion wird dieser Ansatz als Bewertung „im Namen der Individuen" bezeichnet.

Der „individuelle" Bewertungsansatz und die Bewertung „im Namen der Individuen" müssen imstande sein, die für zukünftige Effekte spezifischen Bewertungsprobleme zu integrieren, d. h. die Unsicherheit und Irreversibilität zukünftiger Entwicklungen zu berücksichtigen, die zeitliche Dimension ihres Auftretens einzukalkulieren und mit intergenerationellen Effekten umzugehen. Inwieweit die Bewertungsansätze die aufgezählten Probleme lösen können, wird in den nächsten Kapiteln untersucht. Von entscheidender Bedeutung ist hierbei die Frage, inwieweit es möglich ist, diese Effekte widerspruchsfrei in die Bewertung zu integrieren.

## 6.2 Ansätze zur Berücksichtigung der Unsicherheit zukünftiger Effekte

Im folgenden Kapitel werden als erstes Konzepte vorgestellt, welche die Unsicherheit bei der Monetarisierung der individuellen Nutzenstiftung berücksichtigen. Diese sind die Konzepte des Erwartungswertes, des Optionswertes und des Quasi-Optionswertes. Danach werden Entscheidungsregeln unter Berücksichtigung von Unsicherheit untersucht.

### 6.2.1 Der Erwartungswert

Der Erwartungswert *E(u)* von mehreren, mit einer gewissen Wahrscheinlichkeit $\pi$ eintreffenden Ereignissen ergibt sich aus der (Gleichung 6-1) (Marggraf/Streb 1997, S. 129-130).

$$E(u(Y) = \sum_{m=1}^{M} \pi^m u(y^m) \qquad \textit{Gleichung 6-1}$$

In Gleichung 6-1 beschreibt $u$ die Nutzenfunktion in Abhängigkeit vom Einkommen $Y$. Die $M$ möglichen Einkommensentwicklungen $y^m$ werden in ihrer Nutzenstiftung mithilfe Eintrittswahrscheinlichkeiten $\pi^m$ gewichtet und dann addiert. Das Konzept geht auf Neumann/Morgenstern (1944) zurück. Entsprechend diesem Konzept reicht es unter den zugrunde liegenden Annahmen aus, einen Vergleich zweier risikobehafteter Handlungsalternativen anhand ihrer Erwartungswerte durchzuführen. Auch wenn eine der Alternativen zu einem sicheren Ergebnis führt, kann deren Nutzenstiftung ebenfalls mit dem Erwartungsnutzen der risikobehafteten anderen Alternative verglichen werden.

Um dieses und die folgenden Konzepte mit einem Beispiel zu illustrieren, wird folgende fiktive Entscheidungssituation angenommen[47]. Es steht zur Debatte, inwieweit das zu einem Wasserwerk gehörende Trinkwasserschutzgebiet verkleinert werden kann, um die Landnutzungsrestriktionen zu verringern. Hierbei werden nur zwei Zeitschritte betrachtet, z. B. die zwei der Entscheidung folgenden Jahre. Die Verkleinerung des Trinkwasserschutzgebietes könnte bewirken, dass den in dem Trinkwasserschutzgebiet tätigen Landwirten ein Einkommensgewinn von insgesamt 100 EUR in jeder der zwei betrachteten Perioden erwächst. Die Landwirte hätten demnach einen Gesamtnutzen von 2 * 100 EUR = 200 EUR. Gleichzeitig ist man sich jedoch nicht sicher, inwieweit sich die Trinkwasserqualität durch die Maßnahme verschlechtert. Alle Betroffenen, die Akteure des Wasserwerkes als auch die Trinkwassernutzer gehen davon aus, dass mit einer Wahrscheinlichkeit von $\pi^1=0{,}8$ keine negativen Effekte auftreten werden und nur mit einer Wahrscheinlichkeit von $\pi^2=0{,}2$ negative Folgen für das Trinkwasser zu befürchten sind. Die Trinkwassernutzer haben daher eine positive Zahlungsbereitschaft zur Verhinderung dieser Maßnahme. Auch falls mit der Verkleinerung des Schutzgebietes keine Folgeeffekte verbunden sind, wären sie dennoch bereit, für diesen Fall insgesamt $u^1$= 30 EUR pro Periode zu zahlen, da ihnen auch der Erhalt des Großen Schutzgebietes als wertvoll erscheint (Existenzwert). Falls sie jedoch davon ausgehen müssen, dass Schäden auftreten, so würden sie $u^2$=150 EUR zahlen, um die mit der Trinkwasserverschlechterung einhergehenden Nutzeneinbußen zu verhindern. Der Erwartungswert für die Zahlungsbereitschaft beträgt entsprechend $E(u)$ = 30 EUR * 0,8 + 150 EUR * 0,2 = 54 EUR pro Periode. Verglichen mit dem sicheren Einkommensgewinn von 100 EUR pro Periode ergäbe sich pro Periode ein positiver Nettonutzen von 46 EUR durch die Verkleinerung des Trinkwasserschutzgebietes. Der Gesamtnettonutzen über die zwei Perioden beträgt entsprechend 2*46 EUR = 92 EUR[48]. Wird dieses Bewertungsergebnis für die Entscheidung zugrunde gelegt, dann lohnte es sich, das TWSG zu verkleinern, denn die Zahlungsbereitschaft der Gegner des Projektes reicht nicht aus, um die Landnutzer für ihren entgangenen Nutzen zu kompensieren.

Das Konzept des Erwartungsnutzens kann in die beiden Bewertungsansätze, die im Abschnitt 6.1.3 unterschieden wurden, integriert werden. Wenn, wie bei diesem Ansatz angenommen wird, sowohl die Zustände der Welt als auch deren Eintrittswahrscheinlichkeiten bekannt sind, müssten diese sowohl von den betroffenen Individuen als auch von dem zentralen Bewerter gleichermaßen berücksichtigt werden. Jedoch widersprechen diese Annahmen den in Kapitel 6.1.1 erörterten Problemen hinsichtlich der Bewertung zukünftiger Effekte. Es kann nicht davon ausgegangen werden, dass die zukünftigen Zustände der Welt und ihre Eintrittswahrscheinlichkeiten bekannt sind. Wird daher der Ansatz des Erwartungswertes genutzt, um zukünftige Effekte zu monetarisieren, können sich die beiden Bewertungsansätze schon allein aufgrund der den Werten unterliegenden Wahrscheinlichkeitsverteilungen bezüglich der Welt unterscheiden. Beim Bewertungsansatz „im Namen der Individuen" muss der Bewerter diese Annahmen ableiten und begründen. Beim „individuellen" Bewertungsansatz werden diese Annahmen von den Befragten getroffen. Sie können aber auch von dem Bewerter vorgegeben werden. Jedoch kann der Bewerter nicht direkt feststellen, inwieweit die Befragten

47 Das Beispiel beschreibt äquivalente Variationen der Trinkwassernutzer, also maximale Zahlungsbereitschaften, um eine Verschlechterung der Trinkwasserqualität zu verhindern. Man hätte ebenso gut von Kompensationsforderungen ausgehen können, welche die Trinkwassernutzer in den einzelnen Zuständen der Welt fordern würden. Die erste Variante wurde gewählt, um nahe an den in der relevanten Literatur beschriebenen Beispielen zu bleiben (vgl. z. B. Bishop 1982) und sowohl das Konzept des Optionswertes als das des Quasi-Optionswertes anhand des Beispieles beschreiben zu können.

48 Es wird von einem Einfluss des Zeitfaktors auf die Periodenergebnisse abstrahiert.

diese vorgegebenen Annahmen aufgegriffen haben oder ob sie doch andere persönliche Annahmen getroffen haben.

Das Erwartungsnutzenkonzept ist noch mit weiteren Einschränkungen behaftet, da es Aspekte, wie beispielsweise die Risikoeinstellung der Betroffenen, nicht berücksichtigt. Ist deren Verhalten risikoavers, so würden sie ein sicheres monetäres Einkommen jedem risikobehafteten Einkommen mit demselben Erwartungswert vorziehen. Entsprechend ist es fraglich, inwieweit der im Beispiel getätigte Vergleich von sicheren Kosten und unsicheren Nutzen anhand des Erwartungsnutzens vorgenommen werden könnte. Diese Frage ist vor allem dann relevant, wenn angenommen wird, dass die intensivere Landnutzung, wenn sie einmal im ehemaligen Trinkwasserschutzgebiet erlaubt ist, nicht mehr rückgängig gemacht werden kann. Es ergibt sich daher die Frage, inwieweit die befragten Personen vielleicht ex ante, also vor Beginn der 1. Periode, eine noch höhere Zahlungsbereitschaft zeigen, um die Option für sauberes Trinkwasser zu erhalten. Diese Diskussion um die Nutzen- und Kostenbewertung unter Unsicherheit und Irreversibilität wurde 1964 mit dem Artikel von Weisbrod (1964) eingeleitet. Aus der Diskussion entwickelten sich die im Folgenden vorzustellenden Konzepte des Optionswertes und des Quasi-Optionswertes.

### 6.2.2 Der Optionswert

Der Optionswert leitet sich aus dem Vergleich von dem Erwartungsnutzen und dem Optionspreis ab. Der Erwartungsnutzen ist, wie bereits beschrieben, die mit den Eintrittswahrscheinlichkeiten gewichtete Zahlungsbereitschaft für das Gut, so wie es in den einzelnen künftigen Zuständen der Welt ausgeprägt ist. Der Optionspreis drückt dagegen die ex ante Zahlungsbereitschaft (Kompensationsforderung) eines Individuums für den Erwerb (den Verzicht) des zukünftigen Gutes aus, bevor die bewertende Person erfährt, welcher Zustand der Welt eintreten wird. Die Höhe des Optionspreises hängt demnach nicht davon ab, welcher der möglichen Zustände eintreten wird.

Der Erwartungsnutzen und der Optionspreis stimmen in der Regel nicht überein. Sie unterscheiden sich durch den Optionswert. Diese Differenz kommt dadurch zustande, dass das Risikoverhalten der Person in den Optionspreis mit einfließt, währenddessen das Erwartungsnutzenkonzept risikoneutral ist. Der Optionswert als Differenz zwischen Optionspreis und Erwartungsnutzen beschreibt dann die über den Erwartungsnutzen hinausgehende Zahlungsbereitschaft für den Erhalt der Möglichkeit, das Gut zu nutzen. In dem oben beschriebenen Beispiel entsprach der (negative) Erwartungsnutzen der Trinkwasserkonsumenten, in unserem Falle die Zahlungsbereitschaft zur Verhinderung der TWSG-Reduktion, einem Wert von 54 EUR. Der Erwartungsnutzen setzte sich in dem Beispiel aus der Zahlungsbereitschaft im Zustand 1 (Verringerung des TWSG, aber keine negativen Effekte) von 30 EUR und der Zahlungsbereitschaft im Zustand 2 (Verringerung des TWSG und negative Folgewirkungen auf Trinkwasserqualität) von 150 EUR zusammen.

Der Optionspreis wäre die Zahlungsbereitschaft, die sowohl im Zustand 1 als auch im Zustand 2 gleichhoch ausfällt, beispielsweise 60 EUR. Um ihn zu ermitteln, müsste man die betroffenen Personen fragen, welche Zahlungsbereitschaft sie zur Verhinderung des Projektes haben, bevor sie wissen, welcher Zustand eintreffen wird. Bei einem angenommenen Optionspreis von 60 EUR würde der Optionswert als geäußerte Risikomarge 6 EUR betragen. Dies ist die Differenz des Optionspreises zu dem Erwartungsnutzen von 54 EUR.

Seit der zuerst von Weisbrod (1964) geäußerten Idee des Optionspreises als Risikomarge entwickelte sich eine breite Diskussion, insbesondere um die Fragen, welches Vorzeichen der Optionswert besitzt und welche Größenordnung er aufweist. Betrachtet wurde hierbei angebotsseitige Unsicherheit, wie sie im oben genannten Beispiel auch berücksichtigt ist, als auch die nachfrageseitige Unsicherheit. Hierbei sind sich die Personen nicht sicher, inwieweit sie das Gut in Zukunft überhaupt nachfragen werden, sei es, ihre Präferenzen sind zustandsabhängig, ihr Einkommen verändert sich oder die Preise für komplementäre oder substitutive Güter variieren in den einzelnen Zuständen der Welt. Eine Zusammenfassung der vielfältigen Diskussionen mit jeweils unterschiedlichen Schwerpunkten bringen beispielsweise Bishop (1982), Smith (1983), Pflügner (1988, S. 290-321), Freeman (1993, S. 261-264). Generelles Ergebnis der Diskussionen ist, dass das Vorzeichen des Optionswertes positiv oder negativ ausfallen kann. Dies hat einen Optionspreis zur Konsequenz, welcher den Erwartungsnutzen sowohl übersteigen als auch unterschreiten kann. Das Vorzeichen wird durch die Rahmenbedingungen bestimmt und kann nur für Spezialfälle vorab abgeschätzt werden. Zu den einflussnehmenden Rahmenbedingungen zählen das Risikoverhalten der Personen, die Substituierbarkeit des betrachteten Gutes, der Grenznutzen des Einkommens in den einzelnen Zuständen der Welt sowie die Wahrscheinlichkeit, mit der durch die Zahlung des Optionswertes das Gut gesichert werden kann[49].

Auf Grundwasserprobleme wurde das Konzept des Optionspreises beispielsweise angewandt, um die Zahlungsbereitschaft von Bürgern für ein Schutzprogramm zur Erhaltung der Trinkwasserqualität abzufragen (Edwards 1988). Bei Edwards (1988) wurde versucht, den Optionswert vom Optionspreis zu separieren. Der Optionswert fiel mit einem Anteil von ein bis zwei Prozent am ermittelten Optionspreis sehr niedrig aus. In der Literatur finden sich auch theoretische Analysen, welche sich mit der Höhe des Optionspreises im Vergleich zum Erwartungsnutzen des betrachteten Gutes beschäftigen. Pflügner 1988 (S. 313-320) fasst mehrere Literaturquellen zusammen und nutzt die theoretischen Ansätze zu eigenen Abschätzungen von beispielhaften Werten. Liegt nachfrageseitige Unsicherheit infolge zustandsabhängiger Präferenzen vor, so fallen die Optionswerte relativ groß im Verhältnis zum Erwartungsnutzen aus, wenn eine starke Risikoaversion, sehr hohe Nutzenerwartungen und eine sehr geringe Wahrscheinlichkeit der Nachfragebefriedigung vorliegen. Stellt eine unsichere Einkommensentwicklung die Ursache für die Nachfrageunsicherheit dar, dann unterschreitet bei steigendem Einkommen der Optionswert den Erwartungsnutzen. Ein anderer Ansatz (Pflügner 1988, S. 316-320, aufbauend auf Smith 1984) untersucht den Einfluss der Einmaligkeit bzw. Ersetzbarkeit des betrachteten Gutes auf den Optionswert. Pflügner zeigt, dass außer unter sehr extremen Rahmenbedingungen hinsichtlich der Nachfragewahrscheinlichkeit und der Einmaligkeit der Optionswert in seiner Größenordnung 50% des Erwartungsnutzens nicht übersteigt.

Der Ansatz des Optionswertes ist somit prinzipiell geeignet, den individuellen Risikoaspekt mit in die Bewertung einzubeziehen, der durch das Erwartungsnutzenkonzept nicht widergespiegelt wird. Gleichzeitig kann durch dieses Konzept begründet werden, dass die Anzahl der von einer Entscheidung betroffenen Personen die Anzahl der direkt Betroffenen überschreitet. Denn nicht allein die gegenwärtig das Grundwasser nutzenden Personen, sondern auch diejenigen, welche das Grundwasser in Zukunft nutzen wollen, müssen entsprechend dem Optionswertkonzept in die Bewertung einbezogen werden (vgl. Weisbrod 1964). Allerdings wird der Optionswert nicht automatisch über marktliche Mechanismen sichtbar und in solche einbezogen, da in der Regel keine Optionsmärkte existieren. Daher muss der Wert über die Analyse/Befragung von individuellen Präferenzen ermittelt werden.

Mithilfe des Optionswertes erfolgt eine konzeptionelle Klarstellung der Wirkung von irreversiblen Veränderungen auf die Nutzenstiftung von Betroffenen. Denn der unter Umständen drohende Wegfall des Angebotes der Grundwasserleistung bzw. möglicher Nachfrageverän-

49 Für eine zusammenfassende Darstellung im Falle von Nachfrageunsicherheit – s. Smith (1983) und Marggraf/Streb (1997, S. 134-139), für die Fälle der Angebotsunsicherheit – s. Graham (1981), Bishop (1982) und Freeman (1985).

derungen wird nur in seiner Wirkung auf die individuelle Nutzenstiftung bewertet. Und hierbei ergeben sich Kompensationsmöglichkeiten, z. B. durch die verstärkte Nutzung von Substitutionsgütern durch Einkommenssteigerungen. Daher führen nicht alle möglicherweise irreversiblen Veränderungen zu einem positiven und hohen Optionswert.

Inwieweit ist dieses Konzept als Grundlage für die Bewertung zukünftiger Effekte geeignet? Wird der individuelle Bewertungsansatz angewandt, so verdeutlicht dieses Konzept, dass die Befragten nicht den Erwartungsnutzen äußern, sondern einen um die Risikomarge veränderten Erwartungsnutzen. Falls die Zahlungsbereitschaft unabhängig von den „zukünftigen Zuständen der Welt“ abgefragt wird, drückt die Zahlungsbereitschaft den individuellen Optionspreis aus. Dieser kann den Erwartungswert über- oder untersteigen.

Bei der Abwägung ihrer Zahlungsbereitschaft gehen die Befragten von einer Vielzahl von Annahmen aus. Wie oben erläutert wurde, müssen sie Annahmen zu möglicherweise verfügbaren Substitutionsgütern und deren Preisentwicklung treffen. Entweder können derartige Informationen vom Bewerter bereitgestellt werden, oder die Befragten müssen eigenständig Prognosen treffen. Im letzteren Fall drückt die Zahlungsbereitschaft nur die individuelle Erwartungshaltung aus, die nicht gerechtfertigt sein muss. Gleichzeitig stellt sich wiederum das Problem der Interpretierbarkeit der von den Betroffenen geäußerten Zahlungsbereitschaften, da der Bewerter nur durch Abfrage zusätzlicher Informationen die geäußerten Zahlungsbereitschaften hinsichtlich der Höhe des Optionswertes interpretieren kann.

Erfolgt die Bewertung „im Namen der Individuen“, so muss der zentrale Bewerter eine dem Optionswert entsprechende Risikomarge zum Erwartungsnutzen hinzufügen. Diese Vorgehensweise ist mit erheblichen Schwierigkeiten verbunden, da eine pauschale Aussage zum Vorzeichen des Optionswertes nur schwer getroffen werden kann. Um die Risikomarge mit in die Bewertung einzubeziehen, muss der Bewerter zusätzliche Informationen erheben oder entsprechend neue Annahmen treffen. So steht er vor einem Dilemma. Denn er muss, um die Bewertung zu verbessern, neue Informationen einfügen und entsprechende Annahmen treffen. Hiermit fügt der Bewerter allerdings gleichzeitig neue Unsicherheitsquellen in die Bewertung ein.

### 6.2.3 Der Quasi-Optionswert

Das Konzept des „Quasi-Optionswertes“ entstand im Rahmen der wissenschaftlichen Diskussion um den Optionswert und wurde von Arrow/Fischer (1974) eingebracht. Es bezieht sich auf ein Entscheidungsproblem, welches sich über mehrere Zeitabschnitte hinweg erstreckt und eine Sequenz von Entscheidungen erfordert bzw. erlaubt. Falls die Handlungsalternativen unterschiedliche Grade von Irreversibilität aufweisen und zudem vor der Entscheidung ein Lernprozess stattfinden kann, weisen rationale Akteure dann dem Erhalt der Reversibilität von Entscheidung einen Wert zu, den Quasi-Optionswert. Sie sind also bereit, gewisse Kosten in Kauf zu nehmen, um die irreversible Entscheidung zeitlich nach hinten zu verlagern, unter der Annahme, dass es hierdurch möglich wird, über Lernprozesse neue Informationen hinsichtlich der Nutzen und Kosten der Handlungsalternativen zu erhalten. Durch eine Verzögerung der Entscheidung erhalten sie sich die Möglichkeit, beide Handlungsoptionen wählen zu können, während mit einer frühen Entscheidung für die irreversible Entwicklung die anderen Alternativen nicht mehr genutzt werden können (vgl. Faucheux/Noël 2001, S. 319).

Um die Idee dieses Wertes an dem gewählten Beispiel zu beschreiben, braucht man das für die Illustration des Erwartungsnutzens gewählte Beispiel nur um drei Annahmen zu erweitern (vgl. Kapitel 6.2.1):

- Das Trinkwasserschutzgebiet kann nicht mehr erweitert werden, wenn es einmal aufgehoben wurde. Diese Annahme wäre dann real, wenn die intensivere Landnutzung des ehemaligen Trinkwasserschutzgebietes durch eine Urbanisierung erfolgen würde.
- Die Entscheider erhalten zu Beginn der zweiten Periode gesicherte Erkenntnisse über die Wirkung der verkleinerten Trinkwasserschutzzone auf die Trinkwasserqualität.
- Es ist die Möglichkeit gegeben, zu Beginn der zweiten Periode noch das Trinkwasserschutzgebiet zu verkleinern. Wird allerdings in der ersten Periode schon das TWSG verkleinert, so kann diese Entscheidung zu Beginn der zweiten Periode nicht wieder rückgängig gemacht werden.

In jeder Periode induziert die Verkleinerung des Trinkwasserschutzgebietes einen Nutzenzuwachs von 100 EUR bei den Landnutzern auf dem Gebiet des Trinkwasserschutzgebietes. Dem stehen Zahlungsbereitschaften zur Verhinderung der Verkleinerung von 54 EUR pro Periode gegenüber. Diese wurden mit dem Erwartungsnutzenkonzept ermittelt, da zum Zeitpunkt der Entscheidung nicht ersichtlich war, ob die Verkleinerung der Trinkwasserschutzzone zu negativen Auswirkungen beim Trinkwasser führt. Die Trinkwasserkonsumenten hatten eine Zahlungsbereitschaft von 150 EUR zur Verhinderung des Falles, dass es zu negativen Auswirkungen kommt. Hierbei wurde die Wahrscheinlichkeit, dass dieser Fall eintritt, mit 0,2 als relativ unwahrscheinlich eingestuft. Im Fall, dass keine negativen Auswirkungen eintreten, würden die Konsumenten immer noch 30 EUR zahlen, um die Verkleinerung zu verhindern. Die Eintrittswahrscheinlichkeit für diesen Fall wurde mit 0,8 angegeben.

Aus Sicht der politischen Entscheider gestaltet sich der Erwartungsnutzen nun szenarienabhängig. Wird das TWSG in der ersten Periode verkleinert, so ergibt sich ein Erwartungsnutzen von 2*46 EUR = 92 EUR. Der Umkehrschluss, dass bei einem Verbleib des Trinkwasserschutzgebietes in seiner ursprünglichen Größe der Gesellschaft entsprechend ein Nettonutzenverlust von -92 EUR erwachsen würde, trifft unter Berücksichtigung der drei neuen Annahmen nicht zu. Denn man kann zu Beginn der zweiten Periode immer noch entscheiden, ob das Schutzgebiet verkleinert werden soll. Und annahmegemäß weiß man dann mit Sicherheit, ob sich die Verkleinerung auf die Trinkwasserqualität auswirkt. In der ersten Periode würde die Entscheidung zur Beibehaltung des Schutzgebietes einen Nettonutzenverlust von (-100 EUR) + 54 EUR = -46 EUR entsprechend dem negativen Erwartungswert ergeben. Zu Beginn der zweiten Periode dagegen könnte der Entscheider seine Handlung unter Sicherheit planen. D. h., falls die Verringerung des TWSG keine Auswirkungen auf die Trinkwasserqualität hat, könnte das Schutzgebiet aufgehoben werden und es entsteht ein Nettonutzen in der zweiten Periode von 100 EUR - 30 EUR = 70 EUR aus der Differenz der Nutzen der intensiveren Landnutzung und den Kosten für die Trinkwassernutzer. Würde dagegen die Verkleinerung des TWSG eine Verschlechterung der Trinkwasserqualität bewirken, so bliebe das TWSG in seiner Größe bestehen und es würden dem Nutzen für die Trinkwasserkonsumenten von 150 EUR die Opportunitätskosten für die extensive Landnutzung von 100 EUR gegenüberstehen. Die Differenz beträgt 50 EUR. In jedem Fall fiele der Nettonutzen in der zweiten Periode positiv aus. Da zu Beginn der ersten Periode jedoch nur die Wahrscheinlichkeit bekannt ist, mit der die beiden Fälle eintreten, würde der Erwartungsnutzen der zweiten Periode in die Bewertung eingehen. Dieser betrüge dann 0.8 * 70 + 0,2 * 50 = 66 EUR. Somit ergibt sich bei einer Verzögerung der Entscheidung ein immerhin positiver Nettonutzen von -46 EUR + 66 EUR = 20 EUR. Es ist gut vorstellbar, dass bei anderen Werten oder einem längeren Betrachtungszeitraum die Handlungsalternative „Verzögerung der Entscheidung um eine

Periode“ sogar die absolut bessere Variante wäre. Der Quasi-Optionswert entspricht in dem Beispiel dem Betrag von 20 EUR - (-92 EUR) = 110 EUR.

Als wesentliche Eigenschaften des Quasi-Optionswertes werden sein positives Vorzeichen genannt sowie die Eigenschaft, bei Zunahme der Ungewissheit in seinem Betrag zu steigen (Faucheux/ Noël 2001, S. 319-321). Zudem hängt der Quasi-Optionswert nicht von dem individuellen Risikoverhalten ab. Nach Freeman (1993, S. 264-265) kann der Quasi-Optionswert jedoch auch negativ werden, und zwar dann, wenn der Wissenszuwachs nur durch eine zumindest teilweise Entwicklung ermöglicht werden kann.

Von seiner Bedeutung her wird der Quasi-Optionswert auch als Wertschätzung gegenüber weiteren Informationen zur Verringerung der Unsicherheit bezeichnet (Conrad 1980; Fisher 2000). Diese Betonung des Wertes von Informationen zusammen mit der zeitlichen Dynamik von Entscheidungen stellen die Inputs dar, die durch diesen Ansatz zusätzlich in die ökonomische Bewertung integriert werden können. Gleichzeitig lässt sich mit einem positiven Quasi-Optionswert ein vorsichtiger Umgang mit der Natur begründen, um im Falle eines Irrtums „auf der sicheren Seite zu sein“.

Um den Ansatz über diese allgemeinen Erkenntnisse hinaus auch für die praktische Bewertung zu nutzen, sind jedoch zusätzliche Informationen erforderlich, die in die Bewertung integriert werden müssen. Und zwar müssen Annahmen hinsichtlich der zeitlichen Verfügbarkeit von Informationen getroffen werden. Beim „individuellen“ Bewertungsansatz bleibt diese Aufgabe den Befragten überlassen oder wird im Rahmen der Befragung vorgegeben. Wiederum ergibt sich hierbei die Frage der Interpretierbarkeit, Überprüfbarkeit und Validität der von den Betroffenen getätigten Annahmen. Beim Bewertungsansatz „im Namen der Individuen“ muss der Bewerter selbst Aussagen zur zeitlichen Verfügbarkeit der Informationen ableiten und einarbeiten. Wenn diese nur als Annahmen festgelegt werden können, dann ergibt sich die Frage, inwieweit der Erkenntnisgewinn durch die zusätzlichen Informationen (Dynamik des Wissenszuwachses) die damit verstärkte Unsicherheit in der Bewertung überwiegt.

### 6.2.4 Entscheidungsregeln zum Vergleich von Nutzen und Kosten bei Ungewissheit und Unwissen

Eine Bewertungssituation, welche durch Ungewissheit oder sogar Unwissen charakterisiert wird, kann mit den gerade diskutierten Instrumenten nicht vollständig erfasst werden, da sich in einer Situation der Ungewissheit kein Erwartungsnutzen bestimmen lässt. Denn definitionsgemäß können bei Ungewissheit keine Eintrittswahrscheinlichkeiten für die möglichen Zustände der Welt festgelegt werden. Bei Unwissen sind sogar die möglicherweise eintretenden Zustände der Welt nicht komplett bekannt.

Unter der Annahme, dass es leichter fällt, Ober- und Untergrenzen der Nutzen zu ermitteln, als die möglichen Zustände anhand von Eintrittswahrscheinlichkeiten zu einem Erwartungsnutzen zu aggregieren, diskutiert Cansier (1996, S. 47-49) verschiedene Entscheidungsregeln zum Vergleich von Nutzen und Kosten unter Ungewissheit. Die Entscheidungsregeln legen fest, welche Nutzengrößen bei dem Vergleich zwischen Nutzen und Kosten anzusetzen sind. Sie sind auch im Stadium des Unwissens einsetzbar, wobei in diesem Fall jedoch definitionsgemäß nicht davon ausgegangen werden kann, dass die ermittelten Ober- und Untergrenzen der Nutzen stimmen.

Bei der *Maximin-Regel* wird mit dem Eintritt des jeweils ungünstigsten Ergebnisses gerechnet. Dann wird die Handlungsoption ausgesucht, welche das am wenigsten schlechte Ergebnis aufweist. Dieser Ansatz beschreibt eine pessimistische Haltung gegenüber der zukünftigen Entwicklung. Das Gegenteil stellt die *Minimin*-Regel (auch *Maximax-Regel*) dar. Hierbei werden die Minimalverluste der Szenarien herangezogen und minimiert, d. h. es werden die maximalen Nutzen maximiert. Die Szenarien werden anhand deren jeweils maximaler Nutzenstiftungen verglichen und das Szenario ausgewählt, welches die Nutzenstiftung maximiert.

Während diese beiden Regeln die Entscheidung an einem Extrempunkt der möglichen Konsequenzen verankern, versuchen die folgenden Regeln, zur Einschätzung der Szenarienwirkung sowohl die Ober- als auch die Untergrenze der möglichen Effekte einzubeziehen. Die *Hurwicz*-Regel ermittelt eine gewichtete Kombination aus höchstem und niedrigstem Ergebnis einer Handlungsoption. Die Gewichtungen sind linear und stellen einen subjektiven Optimismusparameter- bzw. Pessimismusparameter dar. Er ist von dem Entscheidenden zu bestimmen. Letztendlich wird die Aktion gewählt, welche den größten gewichteten Durchschnitt aus bestem und schlechtestem Ergebnis aufweist. Die *Laplace*-Regel geht davon aus, dass keine Eintrittswahrscheinlichkeiten festgelegt werden können und entsprechend alle Zustände der Welt gleich wahrscheinlich sind. Entsprechend geht der Mittelwert aus dem maximalen und minimalen Schaden in die Entscheidung ein. Die *Minimax-Regret*-Regel versucht die Kosten zu minimieren, die entstehen können, wenn anstelle des erhofften Zustandes der Maximal- oder Minimalfall eintritt. Dies ist dann erreicht, wenn die maximalen Kosten einer Abweichung nach oben oder unten von dem in die Bewertung eingehenden Wert gleich groß ausfallen.

Die Entscheidungsregeln haben den Vorteil, dass die Bewertung nicht mehr auf die Eintrittswahrscheinlichkeiten der möglichen Zustände der Welt angewiesen ist. Diesem Vorteil stehen zwei Nachteile gegenüber. Zum einen hängt das Bewertungsergebnis nunmehr von der gewählten Entscheidungsregel ab. Somit kann eine Nutzen-Kosten-Analyse nicht mehr allein, sondern nur noch in Verbindung mit einer weiterführenden Bewertung ein Effizienzurteil ermitteln. Zum anderen fordern die Entscheidungsregeln, dass Ober- und Untergrenzen für Nutzen monetär festgelegt werden. Unter der Bedingung von irreversiblen Effekten ist dies jedoch nicht möglich. Denn im schlimmsten Fall gehen die Kosten infolge einer irreversiblen Entscheidung gegen unendlich.

Ein weiteres Konzept zum Umgang mit Ungewissheit und Unwissen stellt der *Safe-Minimum-Standard* dar. Dieser geht im Gegensatz zu den zuvor genannten Ansätzen speziell auf den Szenarienvergleich bei Unsicherheit in Verbindung mit Irreversibilität ein. Das Konzept geht auf Ciriacy-Wantrup zurück (vgl. Ciriacy-Wantrup 1975). Ausführliche Diskussion dieses Ansatzes bieten Bishop (1978), Farmer/Randall (1998), Seidl/Tisdell (2001) sowie zum Teil Hampicke (1992, S. 310-314). Der Ansatz bezieht sich auf Bewertungsprobleme mit erneuerbaren Ressourcen, bei denen eine zunehmende Ressourceninanspruchnahme mit sprunghaften, irreversiblen Veränderungen des Gesamtsystems verbunden ist. Unter Irreversibilität wird dabei auch die ökonomische Irreversibilität verstanden, welche bereits auf einem niedrigeren Nutzungsniveau als die physische Irreversibilität auftreten kann. Dieser Ansatz fordert, eine Grenze bei der Ressourcennutzung einzuhalten, welche verhindert, dass der Grenzbereich zu dem Systemwechsel erreicht oder gar überschritten wird. Diese Grenze wird in physischen Einheiten beschrieben und muss nicht monetär ausgedrückt werden. Sie soll so gewählt sein, dass sie noch eine Sicherheitsspanne zu dem Nutzungsniveau aufweist, ab dem die gesellschaftlich nicht gewünschten irreversiblen Wirkungen auftreten können. Weiterhin geht der Ansatz davon aus, dass diese Grenze nicht wohlfahrtsökonomisch bestimmt werden kann und soll, da unter Ungewissheit das ökonomische Optimalitätskalkül versagt. Jedoch sollen die Mittel zur Implementation der Grenzen nach Gesichtspunkten der Kosteneffizienz ausgewählt werden (Seidl/Tisdell 2001).

Die Begründung für die Anwendung des Safe-Minimum-Standards erfolgt mithilfe ökonomischer Argumente. Handlungsoptionen, welche in ihren Wirkungen die Grenzen überschreiten können, werden abgelehnt, um auch in Zukunft Flexibilität und Entscheidungsspielraum zu haben. Mit diesem Ansatz verbundene eventuelle Kosten infolge dieser Begrenzung werden tendenziell als niedriger angesehen als die Kosten einer eventuellen irreversiblen Systemveränderung. Bishop interpretierte den Safe-Minimum-Standard auch über die damit verbundenen Kosten: „ a standard of conservation is adopted to avoid irreversible depletion unless the social costs of doing so are unacceptably high"(Bishop 1978).

Der Vorteil dieses Bewertungsansatzes besteht offensichtlich in der expliziten Würdigung der problematischen Kombination von Irreversibilität und Unsicherheit. Bei der Bewertung wird nicht auf einer Datengenauigkeit aufgebaut, die nicht realisiert werden kann. Die Berücksichtigung des physischen Grenzwertes bildet zudem einen Rahmen, innerhalb dessen wohlfahrtsökonomische Bewertungsansätze trotz Unsicherheit möglich sind, da bei Fehlbewertungen die Entwicklung wieder revidiert werden kann.

Diesem Vorteil stehen auch Probleme gegenüber. Wie auch bei den zuvor beschriebenen Ansätzen kann die Nutzen-Kosten-Analyse nicht mehr als alleiniges Bewertungsinstrument stehen. Denn die Bewertung, inwieweit die Handlungsoptionen derartige Grenzen überschreiten, muss außerhalb der Nutzen-Kosten-Analyse erfolgen. Darüber hinaus verbleibt das Problem, die physischen Grenzen für die Ressourceninanspruchnahme festzulegen. Eine Festlegung derartiger Grenzen kann nicht auf eine Weise erfolgen, die der Erfassung individueller Präferenzen ähnelt. In diesem Zusammenhang wird bei Seidl/Tisdell (2001) das Arrows-Paradox aufgeführt, welches auch die Bestimmung derartiger Grenzen mithilfe individuell festgelegter Rangordnungen erschwert. Darüber hinaus beeinträchtigen unterschiedliche Risikoeinstellungen, unterschiedliche Informationsgrade und strategische Interessen der Personen eine Ableitung von Grenzwerten anhand individueller Präferenzen.

Seidel/Tisdell (2001) betonen den institutionellen Charakter des Safe-Minimum-Standards und sehen in ihm weniger eine Bewertungshilfe für konkrete Projekte. Sie argumentieren, dass eine Interpretation als technische Entscheidungshilfe der Idee des Ansatzes nicht im vollen Umfang gerecht wird. So kommt den institutionellen Rahmenbedingungen eine entscheidende Rolle zu, sowohl bei der Frage, welche Entwicklungen aus ökonomischer Sicht irreversibel sind als auch bei der Frage, welche Kosten mit einer Einhaltung der Sicherheitsgrenzen verbunden sind. Es wird davon ausgegangen, dass die Anpassung der institutionellen Rahmenbedingungen hin zu einer generellen Berücksichtigung des Safe-Minimum-Standards auch zu einer Verringerung der damit verbundenen Kosten führen wird.

### 6.2.5 Diskussion der Ansätze zur Berücksichtigung von Unsicherheit

Zusammenfassend lässt sich hinsichtlich der Berücksichtigung von Unsicherheit folgendes feststellen. Unsicherheit wurde in die Kategorien Unwissen, Ungewissheit und Risiko untergliedert. Sie stellt bei der Bewertung von Grundwasser den Normalfall dar. Die Unsicherheit betrifft sowohl die Vorhersage von ökologischen Effekten als auch die darauf aufbauende Analyse der ökonomischen Wirkungen. Sie wird größer, je weiter die zu bewertenden Wirkungen in die Zukunft reichen.

Bewertungsprobleme ergeben sich im besonderen Maße bei Unsicherheit über Auswirkungen irreversibler Veränderungen. Bei Auftreten von Irreversibilitäten führt nur die vollständige Berücksichtigung aller Effekte zu einer normativ sinnvollen Bewertungsaussage. Die Vollständigkeit der Bewertungsaussage wird jedoch durch Unsicherheit verhindert. Die Konzepte des Erwartungswertes, des Optionswertes und des Quasi-Optionswertes erlauben die Berücksichtigung von unterschiedlichen Aspekten des Risikos bei der Bewertung. Das Konzept des Erwartungswertes berücksichtigt das Auftreten unterschiedlicher Zustände der Welt bei Vernachlässigung individuellen Risikoverhaltens. Das Konzept des Optionswertes reflektiert die individuelle Zahlungsbereitschaft und somit das Risikoverhalten von Betroffenen bei

Auftreten von nachfrage- oder angebotsseitiger Unsicherheit im Zusammenhang mit Irreversibilität. Der Ansatz des Quasi-Optionswertes hebt den ökonomischen Wert des Aufschubs von irreversiblen Entscheidungen, gleichbedeutend mit dem ökonomischen Wert zukünftiger Informationen, hervor.

Die drei Konzepte erlauben die modellhafte Diskussion der Wirkung von Risiko in Kombination mit Irreversibilität auf die individuelle Nutzenstiftung. Das Konzept des Erwartungswertes macht es möglich, die Nutzenstiftungen unterschiedlicher Zustände der Welt als Erwartungsnutzen zusammenzufassen und vereinfacht somit die Bewertung. Das Konzept des Optionswertes erklärt den Einfluss des individuellen Risikoverhaltens auf die Zahlungsbereitschaft. Insbesondere verdeutlicht es den Einfluss von zusätzlichen Faktoren auf Vorzeichen und Betrag einer Risikomarge innerhalb der Zahlungsbereitschaft. Wesentliche Faktoren sind die Einkommensentwicklung, die Existenz von Substitutionsgütern und deren Preise. Das Konzept des Quasi-Optionswertes weist dem Aufschub von irreversiblen Entscheidungen einen Wert zu und kann demzufolge als Begründung für eine vorsichtige Herangehensweise bei derartigen Entscheidungssituationen hinzugezogen werden.

Die drei Konzepte bilden auch die methodischen Grundlagen für die Bewertung von Grundwassereffekten, sowohl beim „individuellen“ Bewertungsansatz als auch beim Bewertungsansatz „im Namen der Individuen“. Beim „individuellen“ Bewertungsansatz erlauben die Konzepte die explizite Berücksichtigung der durch sie erfassbaren Einflüsse von Risiko und Irreversibilität bei der Abfrage der Zahlungsbereitschaften sowie die Interpretation der Befragungsergebnisse. Beim Bewertungsansatz „im Namen der Individuen“ dienen die Konzepte als methodischer Leitfaden für die Modellierung der Auswirkungen von Risiko und Irreversibilität durch den Bewerter. Die Bewertungsansätze unterscheiden sich voneinander in der Frage, wer die notwendigen Annahmen treffen muss. Beim „individuellen“ Bewertungsansatz müssen die Befragten die Annahmen selbst treffen. Beim Bewertungsansatz im Namen der Individuen übernimmt der Bewerter diese Aufgabe. Entsprechend differieren die Bewertungsaussagen in Abhängigkeit vom Bewertungsansatz. Diese Probleme ergeben sich, weil die Konzepte auf der Unsicherheitskategorie des Risikos aufbauen, die damit einhergehenden Ansprüche an die Datenverfügbarkeit jedoch in der Realität nicht erfüllt werden können.

Auch führen beide Bewertungsansätze zu unterschiedlichen Konsequenzen für den Fall, dass diese Konzepte das individuelle Handeln nicht richtig beschreiben. Beim „individuellen“ Bewertungsansatz bleibt die Bewertungsaussage trotzdem „richtig“ in dem Sinne, dass sie auf individueller Ebene ermittelt wurde und entsprechend die individuellen Wertschätzungen widerspiegelt. Jedoch kann diese Bewertungsaussage nicht mithilfe der oben beschriebenen Konzepte interpretiert werden[50]. Beim Bewertungsansatz „im Namen der Individuen“ wird die Bewertungsaussage dagegen entwertet und reflektiert unter diesen Umständen keine individuellen Werturteile (vgl. Tab. 6-1).

Mit den beschriebenen Konzepten können unabhängig von dem gewählten Bewertungsansatz die Kategorien der Ungewissheit und des Unwissens nicht berücksichtigt werden. Diese beiden Formen der Unsicherheit sind jedoch bei Grundwasserfunktionen immanent. Werden sie über Risiko beschrieben und in die Bewertung integriert, so verbleibt eine Restunsicherheit, die bei der Bewertung nicht berücksichtigt wird.

Eine Berücksichtigung von Ungewissheit ist durch die Einführung von Entscheidungsregeln möglich, da diese von den Eintrittswahrscheinlichkeiten der möglichen Zustände der

50 Beispielsweise äußern sich Boyle et al. (2001, S. 164) nach Auswertung verschiedener kontingenter Bewertungsstudien folgendermaßen zur Berücksichtigung von Eintrittswahrscheinlichkeiten einer Grundwasserverschmutzung (als Trinkwasserressource): „..., even with objective data on the probability of contamination, most respondents are likely to answer valuation questions based on their subjective perceptions of the reduction in the probability of contamination."

Welt abstrahieren. Für die Nutzung von Entscheidungsregeln ist es lediglich erforderlich, die minimalen und maximalen Effekte monetär darzustellen. Mithilfe der Regeln werden diese beiden Effekte zu einer Bewertungsaussage verknüpft. Die Entscheidungsregeln sind nicht an das Auftreten von Irreversibilitäten gekoppelt.

Die Nutzung von Entscheidungsregeln erfordert jedoch einen zusätzlichen Bewertungsschritt zur Auswahl der Regel, da jede Regel zu einem anderen Bewertungsergebnis führt. Dieser Bewertungsschritt muss zusätzlich zur Nutzen-Kosten-Analyse erfolgen. Gleichzeitig werden die monetär beschriebenen minimalen und maximalen Effekte als sichere Werte angesehen, weshalb eine Restunsicherheit verbleibt, die nicht durch diesen Ansatz berücksichtigt werden kann.

*Tab. 6-1: Zusammenfassung der Widersprüche zwischen den Ansätzen zur Berücksichtigung von Unsicherheit und dem Anspruch der Nutzen-Kosten-Analyse*

| **Ansatz/untersuchte Aspekte** | **Widerspruch zum Anspruch der** | | |
|---|---|---|---|
| | **individuellen Wertebasis** | **vollständigen Erfassung der Effekte** | **hinreichenden Effizienzbewertung** |
| **individueller Bewertungsansatz** | | | |
| *Bewertung unter Risiko* | | (nicht interpretierbar) | |
| Optionswert | | (nicht interpretierbar) | |
| Quasi-Optionswert | | (nicht interpretierbar) | |
| *Bewertung unter Ungewissheit* | | | × |
| Entscheidungsregeln | | | × |
| SMS-Ansatz | | | × |
| **Bewertungsansatz im Namen der Individuen** | | | |
| *Bewertung unter Risiko* | × | × | |
| Optionswert | × | × | |
| Quasi-Optionswert | × | × | |
| *Bewertung unter Ungewissheit* | | | × |
| Entscheidungsregeln | | | × |
| SMS-Ansatz | | | × |

SMS – Safe Minimum Standard.

*Quelle: eigene Darstellung.*

Als letztes Konzept wurde der Safe-Minimum-Standard vorgestellt. Dieses Konzept bezieht sich explizit auf die Aspekte von Unsicherheit und Irreversibilität. Es fordert, Grenzen der Ressourcennutzung festzulegen, die nicht überschritten werden dürfen, um irreversible und gesellschaftlich nicht erwünschte Entwicklungen zu vermeiden. Somit versucht dieser Ansatz, den Entscheidungsspielraum für ökonomische Bewertungen soweit zu begrenzen, dass keine schwerwiegenden irreversiblen Effekte auftreten. Der Ansatz grenzt sich damit insbesondere von den Konzepten des Optionswertes und Quasi-Optionswertes ab, welche prinzipiell alle irreversiblen Entwicklungen akzeptieren und nur versuchen, diese besser in der Bewertung zu berücksichtigen. Beim Safe-Minimum-Standard werden die gesellschaftlichen Grenzen der Ressourcennutzung zudem nicht monetär dargestellt, sondern in physischen Einheiten. Hierdurch wird die Festlegung dieser Grenzen im Vergleich zu monetär ausgedrückten Grenzwerten einfacher. Gleichzeitig muss dieser Bewertungsschritt der Festlegung von Grenzwerten in einem separaten Bewertungsschritt erfolgen.

Gegenüber den anderen beschriebenen Konzepten stellt der Safe-Minimum-Standard eher einen allgemeinen normativen Ansatz für den Umgang mit Unsicherheit und Irreversibilität dar und nicht per se eine Entscheidungsregel für die konkrete Projektbewertung. Dieser Unterschied wird dann deutlich, wenn im Rahmen der Projektbewertung die Frage beantwortet werden muss, wie ein gesellschaftlich akzeptierter Grenzwert auf ein konkretes Bewertungsprojekt anzuwenden ist: Soll dieser Grenzwert immer gelten, unabhängig von den Kosten, mit denen er im konkreten Fall verbunden ist, oder lassen sich Kompensationsmaßnahmen durch andere Projekte anrechnen? Die konkrete Anwendung des Safe-Minimum-Standards erfordert somit institutionelle Regelungen im Vorfeld.

Das Resümee der vorangegangenen Überlegungen ist, es gibt keinen methodischen Ansatz, um Unsicherheit in seinem real auftretenden Ausmaß als Ungewissheit und Unwissen in die Kosten-Nutzen-Analyse zu integrieren, ohne zusätzliche Bewertungsschritte zu benötigen. Werden Risiko und Unsicherheit in die Nutzen-Kosten-Analyse integriert, dann ist das Bewertungsergebnis abhängig vom gewählten Bewertungsansatz.

## 6.3 Die Diskontierung – ein Ansatz zur Berücksichtigung des Zeitfaktors bei zukünftigen Effekten

Die Zeitdimension spielt bei ökonomischen Prozessen eine wichtige Rolle[51]. Um etwaige, zu unterschiedlichen Zeitpunkten auftretende ökonomische Effekte zu vergleichen, wird ein Umrechnungsalgorithmus benötigt. Dieser wird mit verschiedenen Argumentationslinien begründet. Im Folgenden werden der Opportunitätskostenansatz und die Zeitpräferenzrate sowie die Diskontierung als Instrument zur Berücksichtigung von Unsicherheit betrachtet.

Der durch diese Ansätze begründete intertemporale Vergleichsmaßstab wird durch das Instrument der Diskontierung formalisiert. Hierbei werden die zukünftigen Effekte mit einem zeitabhängigen Faktor $(1+i)^t$ dividiert. Für diskrete Zeitschritte gilt die Gleichung 6-2:

$$Y_0 = Y_t(1+i)^{-t} \qquad \textit{Gleichung 6-2}$$

Diese Gleichung verändert zukünftige Effekte (dargestellt am Beispiel von Einkommenswirkungen *Yt*) umso stärker, je größer die zeitunabhängige Diskontrate *i* gewählt wird und umso weiter der Effekt in der Zukunft *t* liegt. In der Regel ist *i* positiv und größer als Null. Der zum Zeitpunkt Null (Gegenwart) anzurechnende Barwert *Y0* fällt dadurch niedriger als der undiskontierte und in der Zukunft anfallende Wert *Yt* aus. Im Folgenden werden die drei Begründungsansätze der Diskontierung und deren inhaltliche Fundierung diskutiert und untersucht, inwieweit die Gleichung 6-2 diese Inhalte richtig formalisiert. Anschließend wird dann für die Ansätze diskutiert, wie diese mit dem „individuellen" Bewertungsansatz und dem Ansatz „im Namen der Individuen" berücksichtigt werden können und welche zusätzlichen Erkenntnisgewinne sich letztendlich für die Effizienzaussage ergeben.

---

51 Diese Bedeutung spiegelt sich in einer umfangreichen wissenschaftlichen Diskussion zu diesem Thema wider. Die Entwicklung der Diskussion, mit Bezug auf die Umweltproblematik, markieren beispielsweise die Arbeiten von Ramsey (1928), Fisher (1930), Samuelson (1937), Marglin (1963a u. b), Feldstein (1964a u. b), Stolber (1967), Baumol (1968), Ramsey (1969), Page (1977), Lind et al. (1982), Pearce (1986), Pearce/Turner (1990), Price (1993), Hanusch (1994), Mishan (1994), Lind (1995), Brent (1996), Bayer (2000). Die weitere Diskussion bezieht sich vor allem auf zusammenfassende Werke.

### 6.3.1 Der Opportunitätskostenansatz

Wenn der Opportunitätskostenansatz als Begründung für die Diskontierung herangezogen wird, dann wird ausgedrückt, dass das zu bewertende Projekt andere Nutzenstiftungen verdrängt. In der Regel wird der Opportunitätskostenansatz auf Investitionsprojekte bezogen (Bayer 2000, S. 162), wobei davon ausgegangen wird, dass dieses mit anderen Investitionsprojekten um knappe Investitionsmittel konkurriert[52]. Somit steht zusammen mit der Frage, inwieweit das Projekt sinnvoll ist, auch die Frage, inwieweit Investitionsmittel als knappe ökonomische Güter für dieses Projekt oder nicht besser für ein anderes Projekt eingesetzt werden sollen. Aufgrund der Forderung nach einem effizienten Umgang mit Investitionsmitteln sollten zuerst die Projekte mit einer höheren Rendite realisiert werden.

Vergleichskriterium bildet in der Regel die Ertragsrate, die bei einer Investition auf dem Kapitalmarkt erzielt werden könnte (Pearce/Turner 1990, S. 214-216; Bayer 2000, S. 162). Mithilfe der Diskontierung wird dieser Renditevergleich direkt in die Projektbewertung einbezogen, indem die alternativ auf dem Kapitalmarkt zu erzielenden Einkommensgewinne als Opportunitätskosten von den Kosten- und Nutzenströmen abgezogen werden. Wird demnach bei dem zu bewertenden Projekt gegenwärtiges Einkommen investiert (als Investitionskosten), dann wird nach diesem Ansatz erwartet, dass die zukünftigen Einkommensgewinne nicht nur die Kosten übersteigen, sondern zusätzlich auch die Rendite erwirtschaften, welche erwirtschaftet worden wären, wenn dieselbe Investition auf dem Kapitalmarkt getätigt worden wäre. Diese mindestens zu erwirtschaftende Rendite $i_{Opp.}$ geht als Diskontrate $i$ in die Gleichung 6-2 ein[53]. Hierdurch wird eine Einkommenseinheit in der Gegenwart mit der Einkommenseinheit plus Rendite in der Zukunft gleichgesetzt, oder umgekehrt ausgedrückt, eine Einkommenseinheit in der Zukunft entspricht einem um die Rendite verringerten Gegenwert zum Zeitpunkt Null. Zukünftige Effekte werden somit abgewertet.

Ergeben sich bei dem zu bewertenden Projekt zum gegenwärtigen Zeitpunkt Nutzeneffekte, während die damit verbundenen die Kosten erst in der Zukunft anfallen, dann müssen auch diese Kosten abgewertet werden. Denn die gegenwärtigen Einkommensgewinne können auf dem Kapitalmarkt investiert werden und stehen in der Zukunft zusammen mit den Zinsen zur Verfügung, um die zukünftigen Kosten zu kompensieren. Dies bedeutet, dass entsprechend diesem Erklärungsansatz sowohl zukünftige Kosten als auch Nutzen diskontiert werden müssen. Nach Price (1993, S. 41-49) können allerdings späte Kosten den Einsatz des Opportunitätskostenansatzes in Frage stellen, insbesondere dann, wenn Folgeprojekte wiederum späte Kosten verursachen. Solche Probleme sieht er beispielsweise bei „Entwicklungsprojekten“ von natürlichen Ökosystemen.

Wird der Opportunitätskostenansatz auf Grundwasser bezogen, dann vergleicht man Veränderungen bei den Grundwasserleistungen mit einer Investition in Sachkapital (Kapitalmarkt). Bei privaten Kapitalinvestitionen werden Renditen in Form von Einkommenszuwächsen erwartet. Bei „Investitionen“ in Grundwasser können einerseits ebenfalls Einkommensströme generiert werden, wenn beispielsweise eine Altlastensanierung in der Gegenwart zu einer preiswerteren Trinkwasserversorgung in der Zukunft führt. Die hierdurch erzielten Einkommenseffekte in der Zukunft können mit den auf dem Kapitalmarkt erzielbaren Renditen verglichen werden. Andererseits werden aber bei einer Grundwasserveränderung auch Zuwächse an öffentlichen, nicht marktgebundenen Gütern bewirkt, welche direkt in die Nutzenfunktion eingehen (vgl. Gleichung 4-1). Ein Beispiel wäre eine Altlastensanierung, welche hauptsächlich auf die Reinhaltung von sauberem Grundwasser und Oberflächenwasser ab-

---

52 Bayer (2000, S. 167) führt aus, dass die Opportunitätskostenrate von Projekten, welche ausschließlich für den Konsum bestimmte Finanzmittel binden, der Zeitpräferenzrate gleicht.

53 $(1+i) = (1+i_{Opp.})$

zielt. Die hierbei induzierte zukünftige Nutzenstiftung müsste in kompensierende Einkommensäquivalente umgerechnet werden, bevor sie mithilfe des Opportunitätskostenansatzes mit den gegenwärtigen Kosten verglichen werden könnte Auch hierbei wäre es effizienter, diese kompensierenden Einkommensäquivalente über privatwirtschaftliche Kapitalmärkte zu erwirtschaften, wenn dort die Renditen vergleichsweise höher ausfallen.

Generell setzt der Opportunitätskostenansatz voraus, dass die betrachteten Mittel alternativ für Investitionen zur Verfügung gestanden hätten und nicht für den Konsum genutzt worden wären. Bei öffentlichen Investitionsentscheidungen mit Mitteln, die dem Kapitalmarkt entstammen, ist diese Voraussetzung erfüllt. Fallen dagegen Kosten an, die alternativ ausschließlich für den Konsum zur Verfügung gestanden hätten, dann entspricht der Opportunitätskostenansatz der Zeitpräferenzrate (vgl. Bayer 2000, S. 167). Werden sowohl Konsum- als auch Investitionsmittel verdrängt, dann ergibt sich eine Mischform aus Zeitpräferenz und Opportunitätskosten. Hierfür wird der Schattenpreis des Kapitals in Form von Konsumäquivalenten gebildet, um die Opportunitätskosten des Kapitals in Konsumäquivalente umzurechnen, die dann über die Zeitpräferenz diskontiert werden (vgl. Freeman 1993, S. 213-216; Price 1996; Bayer 2000, S. 172-187).

Zusätzlich zu dieser Einschränkung ergeben sich noch weitere Fragen zu diesem Ansatz. So wird der durch die Gleichung 6-2 beschriebene exponentielle Zusammenhang zwischen Zeit und Höhe der Abwertung kritisiert. Er impliziert exponentiell über die Zeit ansteigende Renditen auf das zum Zeitpunkt Null eingesetzte Kapital. Diese können in der Praxis nur unter der nicht sehr realitätsnahen Annahme realisiert werden, dass jährliche Ausschüttungen jeweils vollständig wieder reinvestiert werden (Pearce/Turner 1990, S. 220). Gleichzeitig setzt diese Annahme auch ein prinzipiell unbegrenztes Wachstum voraus, da bei einem begrenzten Wachstum die Grenzerträge des Kapitals abnehmen müssten. Bei relativ kurzfristigen Betrachtungen sind derartige Grenzen zu vernachlässigen. Bei langfristigen Betrachtungen stellen die Grenzen des Wachstums ein Problem dar. Extrem langfristige Betrachtungen müssen auch etwaige Probleme der Ressourcenverknappung berücksichtigen. Droht Ressourcenverknappung, dann müssten Renditen in Backstop-Technologien investiert werden und stehen nicht frei zur Verfügung. Nach beiden Überlegungen müssten langfristige Opportunitätskosten niedriger als kurzfristige und niedriger als die auf dem Markt sichtbaren Kapitalrenditen ausfallen. Nach Endres/Holm-Müller (1998, S. 137) ist im Umweltbereich aus dem Opportunitätskostenansatz heraus positive Diskontrate nicht gerechtfertigt, wenn die bewertete Umweltleistung nicht durch Einkommen kompensiert werden kann (vgl. auch Bayer 2000, S. 188-191).

Die empirische Ableitung der Opportunitätskostenraten ist problembehaftet (Hanusch 1994, S. 108). So sind in der Regel das verdrängte Investitionsprojekt und deren Verzinsungsrate nicht bekannt. Als Näherungswert wird die durchschnittliche Produktivitätsrate der privaten Industrie vorgeschlagen (Musgrave et al. 1987, S. 230). Mühlenkamp (1994, S. 181) unterscheidet weiterhin private Opportunitätskostenkalküle von sozialen Opportunitätskosten. Während sich die privaten Opportunitätskosten an den Kapitalmarktrenditen orientieren können, müssen bei der sozialen Rate die externen Kosten der zum Vergleich herangezogenen Investitionen mit berücksichtigt werden. Somit liegt die soziale Opportunitätskostenrate unterhalb der Rate von privaten Kapitalrenditen (Mühlenkamp 1994, S. 181). Price (1993, S. 60-61) führt jedoch mehrere Aspekte auf, welche gegen eine eindeutige Rangfolge von privaten und sozialen Opportunitätskosten sprechen[54].

54 Price (1993, S. 60-61) führt u. a. folgende Ursachen für unterschiedliche private und soziale Opportunitätskosten auf: Steuern stellen private Kosten, aber gesellschaftliche Transferleistungen dar; mit privaten In-

### 6.3.2 Der Zeitpräferenzansatz

Ihre zweite Fundierung findet die Diskontierung durch die Annahme einer positiven Zeitpräferenz der Personen. Mit diesem Ansatz können intertemporale Entscheidungen zur Konsumgüterausstattung verglichen werden. Aufgrund der Zeitpräferenz müssen dabei die zukünftigen Nutzen die gegenwärtigen übersteigen, um aus heutiger Perspektive als gleichgroß angesehen zu werden. Zur Begründung einer positiven Zeitpräferenz beim Menschen werden

- die psychologische Eigenschaft der Ungeduld („Myopie"),
- die endliche und unsichere Lebenserwartung sowie
- die individuelle Erwartung eines steigenden Einkommens mit der Folge eines abnehmenden Grenznutzens des Konsums

aufgeführt (vgl. z. B. Hampicke 1992, S. 137-138 u. S. 176-177; Mühlenkamp 1994, S. 167). Das Argument der Myopie betont die menschliche Abneigung gegenüber einem Nutzenaufschub und auch das Unvermögen, zukünftige Nutzeneffekte unverzerrt wahrzunehmen. Das Argument der Lebenserwartung führt zu einer Bewertung zukünftiger Effekte unter Nachfrageunsicherheit. Liegt Risikoaversität vor, werden Einkommen unter Unsicherheit geringer erachtet als gleichgroße Einkommen unter Sicherheit (vgl. Marggraf/Streb 1997, S. 132). Das dritte Argument, die Zeitpräferenz aufgrund der steigenden Einkommenserwartung, orientiert sich an den Erfahrungen der letzten Jahrzehnte in Mitteleuropa, in denen die Einkommen stetig zugenommen haben. Geht diese Entwicklung in der Zukunft weiter, dann nimmt der Grenznutzen des zukünftigen Einkommens ab, wodurch zukünftige Nutzeneffekte im Vergleich zu gegenwärtigen abgewertet werden.

Diese positive Zeitpräferenz wird als Preis ausgedrückt, der gezahlt werden müsste, um jemanden zur teilweisen Verlagerung seines Gegenwartskonsums in die Zukunft zu bewegen. Formal wird dieser Preis in der Gleichung 6-2 durch die Diskontrate $i_{Zeitpr.}$ dargestellt[55]. Dabei lässt sich $i_{Zeitpr.}$ weiterhin in zwei Summanden (s. Gleichung 6-3) zerlegen, der reinen Zeitpräferenz $i_t$ aufgrund Myopie und unsicherer Lebenserwartung und dem abnehmenden Grenznutzen des Einkommens. Dieser wird durch die Nutzenelastizität des Einkommens $e$ (mit $e = \partial U/\partial C{*}C/U$) und der Wachstumsrate des Konsums $c$ angegeben (vgl. z. B. Mühlenkamp 1994, S. 168):

$$i_{Zeitpr.} = i_t + e \cdot c \qquad \textit{Gleichung 6-3}$$

Auch die Zeitpräferenzrate wird über Marktdaten abgeleitet. Beispielsweise wird der Zinssatz von risikolosen, langfristigen Staatsanleihen vorgeschlagen (vgl. Hanusch 1994, S. 107; Endres/Holm-Müller 1998, S. 138). Es wird jedoch auf vielfältige Verzerrungen der Marktinformationen hingewiesen. Freeman (1993, S. 212) verweist darauf, dass die Zeitpräferenzraten der einzelnen Personen unterschiedlich ausfallen und daher näherungsweise mit einem gewichteten Mittelwert gerechnet werden müsste. Empirische Feldstudien und Experimente ergaben teilweise wesentlich über den Marktzinsen liegende Zeitpräferenzraten (Frederick et al. 2002, S. 45-51).

Die Begründung der Diskontierung mithilfe der Zeitpräferenz wird im Kontext von Umwelt- und Grundwasserleistungen wesentlich kritischer diskutiert als die Begründung mithilfe des Opportunitätskostenansatzes. So kann die Myopie, die menschliche Ungeduld bzw. das

---

vestitionen können zusätzliche gesellschaftliche Wachstumsimpulse verbunden sein; Investitionen benötigen allerdings häufig auch öffentliche Infrastrukturinvestitionen oder können gewachsene lokale Kulturen zerstören. Die ersten beiden Beispiele implizieren eine soziale Opportunitätskostenrate, welche die private übersteigt. Die beiden letzten Beispiele implizieren eine umgekehrte Reihenfolge.

55 $(1+i) = (1+i_{Zeitpr.})$

Unvermögen, zukünftige Entwicklungen richtig einzuschätzen, als Begründung nur dann akzeptiert werden, wenn man die Bewertung auf individuellen Präferenzen aufbaut, ohne diese auch im Falle von Irrationalität als Bewertungsgrundlage in Frage zu stellen. Hampicke (1992, S. 145-158) zeigt, dass Nutzendiskontierung aufgrund von Myopie nicht pauschal mit dem Rationalitätsansatz der Maximierung des Gesamtnutzens über den (bekannten) Lebenshorizont hinweg vereinbar ist.

Das Argument der Lebensunsicherheit, der Unsicherheit über das Erleben des zukünftigen Nutzens, kann zwar auch bei rationalen Subjekten zum Wunsch führen, den Konsum vorzuverlegen, um den Gesamtnutzen zu maximieren (Hampicke 1992, S. 176-196). Der Autor führt hier aber einschränkend auf, dass diesbezüglich ein Diskontierungspfad entsprechend der Gleichung 6-2 wahrscheinlich suboptimal gegenüber anderen Verrechnungsformeln wäre. Weiterhin wird die Lebensunsicherheit als Begründung für eine Diskontierung durch mehrere Argumente stark abgeschwächt, wenn nicht sogar aufgehoben (Hampicke 1992, S. 193-194)[56].

Die dritte Begründung für Zeitpräferenz, die Annahme eines steigenden Einkommens und damit eines abnehmenden Grenznutzens für die Individuen, kann sich zwar empirisch auf die Wirtschaftsentwicklung der vergangenen Jahrzehnte in den westlichen Industrieländern stützen, ist jedoch mehreren Kritikpunkten ausgesetzt. So kann der Trend der vergangenen Jahrzehnte nicht automatisch auf die Zukunft übertragen werden. Muss beispielsweise in der Zukunft Einkommen verstärkt für die Kompensation von Ressourcenknappheiten (Investition in Backstop-Technologien) aufgewendet werden, dann können sich hierdurch die Einkommensentwicklungen ebenso verringern. Weitere Unsicherheitsfaktoren hinsichtlich der Einkommensentwicklung ergeben sich infolge der demographischen Schrumpfung. So würde beispielsweise die Zunahme der spezifischen Kosten für die sozialen Sicherungssysteme den Anteil des für den freien Konsum zur Verfügung stehenden Pro-Kopf-Einkommens verringern (Birg 2004, Sinn 2005).

Sehr skeptisch wird auch der funktionale Zusammenhang entsprechend Gleichung 6-2 und die Abwertung mithilfe eines konstanten Exponenten betrachtet. Empirische Verhaltensexperimente (vgl. z. B. Rabin 1998; Bayer 2000; Frederic et al. 2002) legen andere funktionale Zusammenhänge nahe. Frederick et al. (2002) diskutieren auch weitere Einflussfaktoren auf die Zeitpräferenz als die oben genannten.

Daneben wird bei Umweltleistungen der Zusammenhang zwischen Einkommensentwicklung und abnehmenden Grenznutzen des Konsums von Umweltleistungen angezweifelt. Denn neben der Diskontrate hängen auch die Entwicklung der Zahlungsbereitschaft bzw. die Kompensationsforderungen von der Einkommensentwicklung ab. Aus diesem Zusammenhang wären niedrige und sogar negative Diskontraten für diese Umweltleistungen zu berücksichtigen (Birnbacher 1989; Rabl 1996; Price 2000; Hellweg et al. 2003). Der gleiche Effekt kann eintreten, wenn in Zukunft die Umweltressourcen immer knapper werden und die Grenzrate der Substitution zwischen Umwelt- und Konsumgütern abnimmt (Mühlenkamp 1994, S. 186).

Bei der Zeitpräferenz wird zwischen privaten und sozialen Zeitpräferenzraten unterschieden. Hanley/Spash (1993, S. 129-130) fassen die Argumente zusammen, entsprechend derer die soziale Zeitpräferenzrate unterhalb der privaten Zeitpräferenzrate liegen muss:

---

56 Beispielsweise ist es rational, dass sich Personen eine finanzielle Sicherheitsreserve halten, um im Falle eines unerwartet langen Lebens noch über genügend Einkommen zu verfügen. Eine derartige Sicherheitsreserve begrenzt die zeitliche Vorverlegung von Konsum. Betrachtet eine Person darüber hinaus auch die Möglichkeit als wünschenswert, nicht konsumiertes Einkommen an seine Nachfahren zu vererben, so wird hierdurch ein etwaiger Nutzenverlust infolge eines unerwartet frühen Todes zumindest abgeschwächt. Denn die mit dem aufgesparten Einkommen verbundenen Nutzenmöglichkeiten gingen dann auch im Falle eines plötzlichen Todes nicht verloren (Hampicke 1992, S. 193-194).

Erstens bedeutet eine hohe private Zeitpräferenzrate gleichzeitig eine niedrige Sparquote der Personen, denn eine hohe Zeitpräferenzrate bedeutet gleichzeitig eine hohe Mindestrendite, die vom Sparer gefordert wird. Individuelles Sparen aus Zukunftsvorsorge ist mit einem Trittbrettfahrerproblem verknüpft. Denn während der Konsumverzicht die einzelnen Personen trifft, erwächst der Nutzen der besseren Konsummöglichkeit in der Zukunft allen Personen. Aus diesem Grunde ist die private Sparneigung tendenziell zu gering als sie aus Sicht der Gesellschaft sein sollte. Dieser Zusammenhang entspricht einer erhöhten privaten Zeitpräferenz gegenüber der sozialen.

Zweitens wird argumentiert, dass insbesondere hinsichtlich von Umweltfragen die betroffenen Personen durchaus zwischen ihrer Rolle als Konsumenten und ihrer Rolle als Bürger unterscheiden. Der Staat als Vertreter der Bürger muss diese Unterschiede berücksichtigen und entsprechend eine geringere als die individuelle Zeitpräferenz wählen.

Und drittens berücksichtigen die Individuen ihre persönliche Lebenserwartung bei ihrer Zeitpräferenz. Demgegenüber ist die Gesellschaft als solches nur einem sehr geringen Aussterberisiko ausgesetzt. Es verbietet sich die Diskontierung aufgrund der Lebensunsicherheit, aber nicht prinzipiell aufgrund des abnehmenden Grenznutzens des Konsums. Somit fällt die soziale Zeitpräferenz niedriger als die private aus. Gleichzeitig erlaubt nur eine soziale Zeitpräferenz einen Vergleich von intergenerationellen Wirkungen. Denn derartige Vergleiche können mit der privaten Zeitpräferenz kaum abgebildet werden, da hierbei von dem individuellen Bezug auf den gesellschaftlichen Bezug abgehoben werden muss (vgl. Bayer 2000).

Aus theoretischen Überlegungen stimmen die Zeitpräferenzrate und die Opportunitätskostenrate in ihrer Größe überein (vgl. Pearce/Turner 1990, S. 214-217). Denn der marktliche Zinssatz beschreibt den Zinssatz, bei dem die marginale Zeitpräferenz und die marginale Kapitalproduktivität (Opportunitätskosten) übereinstimmen. Für die Praxisanwendung der Diskontierung wird davon ausgegangen, dass die Zeitpräferenzrate niedriger als die Opportunitätskosten ausfällt. Hierbei wird auf die Steuern verwiesen, welche auf Kapitalerträge gezahlt werden müssen (Hanley/Spash 1993, S. 130; Hanusch 1994, S. 105).

### 6.3.3 Diskontierung als Ansatz zur Berücksichtigung von Unsicherheit

Aus beiden eben betrachteten Ansätzen lassen sich Argumente ableiten, nach denen die Diskontierung auch zur Berücksichtigung von Risiken der zukünftigen Effekte herangezogen werden kann[57]. Beispielsweise könnte in der Investitionsrechnung Risiko durch die Erhöhung des Zinses um eine Risikomarge berücksichtigt werden (Olfert 1992, S. 231-232). Hinsichtlich der Quellen der Unsicherheit werden von Pearce/Turner (1990, S. 218) neben der Lebensunsicherheit die Unsicherheit über die zukünftigen Präferenzen sowie die Unsicherheit über die zukünftige Verfügbarkeit von den relevanten Nutzen aufgeführt. Der erste Grund wurde im Rahmen der Zeitpräferenz diskutiert, der zweite Grund wurde als Form der nachfrageseitigen Unsicherheit (Risiko) durch den Optionspreis abgedeckt.

Auch der dritte Grund wird mit durch den Optionspreis abgedeckt (angebotsseitige Unsicherheit). Diesbezüglich führen beispielsweise Bazelon/Smetters (1999) aus, dass, falls bei einer risikobehafteten öffentlichen Investitionsentscheidung mit einer Opportunitätskostenrate diskontiert wird, die unterhalb des Zinssatzes für ähnlich risikoreiche Kapitalwerte liegt, das öffentliche Projekt vergleichsweise günstiger bewertet wird und die knappen Investitionsmittel ineffizient verwertet werden. Soll entsprechend eine öffentliche Entscheidung zu Konsumgütern mithilfe der privaten Zeitpräferenzrate diskontiert werden, dann könnte die von den

57 Insofern hätte dieses Kapitel ebenso in dem vorhergegangenen Kapitel zur Unsicherheit eingebunden werden können.

Individuen geforderte Risikomarge auf zukünftige, unsichere Nutzen ebenso über eine erhöhte Diskontrate dargestellt werden. Bazelon/Smetters (1999) zeigen, dass eine Diskontierung von Entscheidungen der öffentlichen Hand ohne Berücksichtigung von Risiko zu Fehlentscheidungen führt.

Jedoch wird die Berücksichtigung von Risiko mithilfe einer erhöhten Diskontrate kritisch gesehen. Bazelon/Smetters (1999) fassen hierzu mehrere Kritikpunkte zusammen. Die höhere Diskontrate kann Risiko nur dann akkurat abbilden, wenn dieses ausschließlich von der Zeit abhängt (vgl. auch Pearce/Turner 1990, S. 219). Ist die zu bewertende Handlung komplex, so kann eine Diskontrate nicht die verschiedenen, unterschiedlich großen Risiken abbilden. Außerdem kann Risiko mit einer erhöhten Diskontrate nur abgebildet werden, wenn die zukünftigen Nettonutzen positiv sind (Nutzen liegen in der Zukunft). Liegen demgegenüber die Kosten in der Zukunft, dann müsste die Diskontrate verringert werden, um die Risiken abzubilden.

Der bessere Ansatz zur Berücksichtigung von Risiko wird in der Nutzung von Optionspreisen gesehen, um das Risiko schon bei der Abschätzung zukünftiger Nettonutzen zu integrieren und diese so ermittelten Effekte mit einer das Risiko nicht berücksichtigenden Diskontrate auf die Gegenwart zu übertragen (Pearce/Turner 1990, S. 218-219; Olfert 1992, S. 232; Bazelon/Smetters 1999).

### 6.3.4 Diskussion der Diskontierung als Ansatz zur Berücksichtigung des Zeitfaktors

Mit dem Instrument der Diskontierung können wichtige zusätzliche Informationen in die Bewertung zukünftiger Effekte aufgenommen werden. Diese Informationen lassen sich zu drei Punkten zusammenfassen:

Erstens wird mit der Diskontierung der Gedanke eingebracht, dass knappe Investitionsmittel auch anderweitig genutzt werden können. Durch diese Berücksichtigung der Opportunitätskosten wird der Effizienzforderung im Umgang mit den knappen finanziellen Ressourcen Rechnung getragen. Gleichzeitig kann das einzelne Projekt mit anderen, gegenwärtig verfügbaren, Investitionsprojekten verglichen werden. Zweitens werden die Erwartungen zur individuellen Einkommensentwicklung in die Bewertung einbezogen. Hiermit wird die wirtschaftliche Dynamik in die Bewertung integriert. Drittens werden individuelle Verhaltensweisen abgebildet, insbesondere die Unsicherheit gegenüber der eigenen Lebenserwartung, aber auch die Ungeduld gegenüber zukünftig auftretenden Effekten. Mit den Punkten zwei und drei wird die individuelle Zeitpräferenz in die Bewertung aufgenommen. Dies entspricht dem Anspruch des methodologischen Individualismus und der Konsumentensouveränität, dem die Nutzen-Kosten-Analyse verpflichtet ist.

Obgleich diese Informationen durch die Diskontierung für die Nutzen-Kosten-Analyse zugänglich werden, treten bei der Anwendung der Diskontierung in ihrer üblichen Form inhaltliche und methodische Probleme auf. Inhaltliche Probleme betreffen insbesondere die Nutzung der Zeitpräferenz als Begründung für die Abwertung zukünftiger Effekte. Eine Diskontierung aufgrund menschlicher Ungeduld beispielsweise kann dem postulierten Rationalitätskalkül der Nutzenmaximierung widersprechen. Eine Diskontierung aufgrund der unsicheren Lebenserwartung kann ebenfalls dem Wunsch einer adäquaten Güterausstattung auch bei einem unerwartet langen Leben entgegenstehen. Die Diskontierung aufgrund eines zu erwartenden steigenden Einkommens stützt sich ebenfalls nur auf Erfahrungen der Vergangenheit und stellt beispielsweise bei einer zu erwartenden zukünftigen Ressourcenverknappung eine fragwürdige inhaltliche Begründung dar.

Die methodischen Probleme der Diskontierung betreffen die funktionale Form des Diskontfaktors und die konkrete Höhe der Diskontrate. So vermag der gegenwärtig genutzte funktionale Zusammenhang entsprechend der Gleichung 6-2 weder die langfristigen Opportunitätskosten noch die Zeitpräferenzen der Betroffenen exakt wiederzugeben. Dies führt dazu, dass der Informationsgewinn bei der Bewertung mit einer gleichzeitig zunehmenden Unsicherheit hinsichtlich der Bewertungsergebnisse verbunden ist. Bei der genauen Festlegung der Höhe der Diskontrate muss zwischen der sozialen und der privaten Perspektive differenziert werden. Beide Perspektiven unterscheiden sich in der Höhe der Diskontraten. Die private Perspektive stimmt zwar mit dem individualistischen Anspruch der Nutzen-Kosten-Analyse überein, sie ist jedoch verzerrt und tendenziell zu hoch. Als Gründe hierfür wurden die Nichtberücksichtigung von externen Kosten bei der privaten Gewinnerwartung auf dem Kapitalmarkt sowie die in Richtung Gegenwart verzerrte Zeitpräferenz aufgrund der Möglichkeit zum Trittbrettfahrerverhalten beim individuellen Sparverhalten genannt. Darüber haben Personen eine endliche Lebenserwartung. Diese Probleme können durch die Nutzung der sozialen Diskontrate gemildert werden. Aufgrund der „Unsterblichkeit" von Gesellschaften, der Notwendigkeit zur Integration von externen Effekten sowie der Fürsorgepflicht gegenüber zukünftigen Generationen liegen die sozialen Diskontraten unterhalb der privaten. Allerdings können diese nur zentral durch einen Bewerter abgeleitet werden.

Die vielfältigen Probleme im Zuge der Diskontierung führen dazu, dass die beiden Bewertungsansätze der Nutzen-Kosten-Analyse zur Integration zukünftiger Effekte zwangsläufig zu unterschiedlichen Diskontraten und auch funktionalen Formen der Diskontierung führen. Bei der „individuellen" Bewertung gewichten die Befragten die zeitlichen Aspekte anhand ihrer persönlichen intertemporalen Nutzenfunktion selbst[58]. Somit muss davon ausgegangen werden, dass die geäußerten Zahlungsbereitschaften/Kompensationsforderungen schon Barwerte darstellen, welche mithilfe der privaten und nicht der sozialen Zeitpräferenz gebildet wurden. Dementsprechend bleiben diesem Ansatz alle Probleme immanent, die mit der Nutzung der privaten Zeitpräferenzrate verbunden sind. Weiterhin wird die Funktion der Zeitpräferenz wahrscheinlich nicht der Gleichung 6-2 entsprechen. Die oben diskutierte inhaltliche Begründung der Diskontierung bietet somit zwar eine wichtige Grundlage für das Verständnis der individuellen intertemporalen Nutzenfunktionen. Ist es jedoch für die Interpretation der Bewertungsergebnisse notwendig, die funktionale Form der Zeitpräferenz zu wissen, dann muss diese zusätzlich ermittelt werden[59]. Darüber hinaus ergibt sich bei diesem Ansatz das schon mehrfach beschriebene Problem, dass die Individuen durchaus Fehlprognosen treffen können oder aufgrund von Wissensdefiziten (beispielsweise hinsichtlich ihrer Einkommensentwicklung) Fehler bei der Abschätzung ihrer intertemporalen Nutzenfunktion machen, ohne dass diese korrigiert werden können (vgl. Tab. 6-2).

Bei der Bewertung „im Namen der Individuen" obliegt dem zentralen Bewerter die Aufgabe, die zukünftigen Effekte als Barwerte auszudrücken. In der Regel wird hierbei auf den Diskontfaktor der Gleichung 6-2 zurückgegriffen, trotz der damit verbundenen Informationsverzerrungen. Hinsichtlich der Höhe der Diskontrate kann der Bewerter zwischen vier prinzipiellen Ansätzen wählen, den sozialen und privaten Zeitpräferenzraten und den sozialen und privaten Opportunitätskostenraten. Trotzdem bleibt das Problem, die „richtige" Diskontrate zu wählen. In der Regel wird keine der vier Möglichkeiten allen in die Bewertung ein-

---

58 Diese intertemporale Nutzenfunktion unterscheidet sich entsprechend wohlfahrtstheoretischer Überlegungen von der Gleichung 6-2 (vgl. z. B. Freeman 1993, S. 203-205; Marggraf/Streb 1997, S. 123-125).

59 Frederick et al. (2002, S. 377) werteten Studien aus drei Jahrzehnten aus, welche versucht hatten, die Zeitpräferenz zu ermitteln. Sie kamen zu folgendem Resümee: „First, there is tremendous variability in the estimates (the corresponding implicit annual discount rate range from –6 percent to infinity). Second, in contrast to estimates of physical phenomena such as the speed of light, there is no evidence of methodological progress; the range of estimates is not shrinking over time. Third, high discounting predominates ..."

fließenden Effekten gerecht. Hat sich der Bewerter zudem für eine Diskontrate entschieden, dann muss er diese weiterhin aus Marktinformationen ableiten. Auch dieser Schritt ist mit Problemen und Unsicherheiten verbunden. Die vielen, durch die Diskontierung zu berücksichtigenden Probleme vermischen sich miteinander, und es ergeben sich Verzerrungen. Schwer wiegt auch das Problem, dass die funktionale Form des Diskontfaktors nicht mit den realen Entwicklungen aller berücksichtigten Effekte übereinstimmt. Somit wirkt die Diskontierung verzerrend auf das Ergebnis der Nutzen-Kosten-Analyse, ohne dass Möglichkeiten zur Korrektur existieren. Insgesamt erscheint es daher fraglich, inwieweit der Informationsgewinn durch die Diskontierung die damit verbundene Zunahme der Unsicherheit bei der Bewertungsaussage rechtfertigt.

*Tab. 6-2: Zusammenfassung der Widersprüche zwischen den Ansätzen zur Berücksichtigung des Zeitfaktors und dem Anspruch der Nutzen-Kosten-Analyse*

| **Ansatz** | **Widerspruch zum Anspruch der** | | |
|---|---|---|---|
| | **individuellen Wertebasis** | **vollständigen Erfassung der Effekte** | **hinreichenden Effizienzbewertung** |
| individueller Bewertungsansatz | | (nicht interpretierbar) | × |
| Bewertungsansatz im Namen der Individuen | × | | |

*Quelle: eigene Darstellung.*

Es muss konstatiert werden, dass bei beiden Bewertungsansätzen die zeitliche Dimension zukünftiger Effekte nicht auf individualistischer Basis und gleichzeitig überprüfbar und interpretierbar in die Nutzen-Kosten-Analyse einbezogen werden kann. Die Wertung der zeitlichen Dimension hängt vom gewählten Bewertungsansatz ab. Eine aus individualistischer Perspektive begründbare Diskontrate widerspricht der aus gesellschaftlicher Perspektive notwendigen Diskontrate. Hierdurch ergeben sich methodenabhängige Ergebnisse der Nutzen-Kosten-Analyse. Dieser Widerspruch kann im Rahmen der Nutzen-Kosten-Analyse nicht aufgelöst werden. Somit führt die Diskontierung als Ansatz zur Berücksichtigung der zeitlichen Dimension zwar zu einem besseren Problemverständnis, in seiner praktischen Anwendung aber nur schwerlich zu einer Verbesserung der Bewertungsergebnisse (vgl. Tab. 6-2). Dieses Problem ist von Bedeutung, da die Wahl des Diskontfaktors und der Diskontrate bei Langzeitbewertungen das Bewertungsergebnis entscheidend beeinflussen[60].

## 6.4 Ansätze zur Berücksichtigung intergenerationeller Effekte

### 6.4.1 Möglichkeiten zur Integration intergenerationeller Effekte in die Nutzen-Kosten-Analyse

Grundwasserprojekte können sich aufgrund ihrer langfristigen und irreversiblen Konsequenzen in ihrer Wirkung auch auf zukünftige Generationen erstrecken. Bei der wohlfahrtsökonomischen Bewertung dieser Wirkungen verstärken sich jedoch die Probleme, die schon in den vorangegangenen Kapiteln für die intragenerationelle Bewertung beschrieben wurden. Zusätzlich erwachsen neue Probleme. Die Unsicherheit über die technologischen Möglichkeiten und Einkommensverhältnisse als Restriktionsrahmen für den ökonomischen Wert nimmt zu. Gleichzeitig sind die Präferenzen der zukünftig Lebenden unbekannt. Dies führt dazu, dass

60 „Commonly, for long-run decisions the choice of the discount rate has a bigger effect on the outcome of a benefit-cost analysis than any other judgemental input to the analysis“ (Page 1997, S. 583).

keine Zahlungsbereitschaften der zukünftigen Generationen bekannt sind und somit auf diesem Wege nicht die Interessen der zukünftigen Generation bei der Ressourcenallokation berücksichtigt werden können. Diese intergenerationelle Entscheidungssituation weist nicht zuletzt durch die beiden aufgeführten Gründe eine Asymmetrie der Entscheidungsgewalt zugunsten der gegenwärtigen Generation auf (vgl. Page 1997). Denn der zukünftigen Generation fehlt die direkte Einflussmöglichkeit auf die Entscheidungssituation, auch wenn die Generationen um Grundwasserleistungen konkurrieren.

Zuerst steht die Frage, wie die Interessen der zukünftigen Generationen bei Nutzen-Kosten-Analysen im „Normalfall" berücksichtigt werden. Bei den beiden diskutierten Bewertungsansätzen der Nutzen-Kosten-Analyse, dem „individuellen" Bewertungsansatz und dem Bewertungsansatz „im Namen der Individuen", erfolgt dies auf sehr unterschiedliche Weise und in unterschiedlichem Umfang. In beiden Fällen müssen naturgemäß die gegenwärtig lebenden Personen die Aufgabe übernehmen, die Belange der zukünftig Lebenden mit in die Bewertung zu integrieren, entweder die befragten Personen oder der Bewerter der Nutzen-Kosten-Analyse. Entsprechend dem ökonomischen Gesamtwert stellen der Vermächtnis- und Existenzwert die Wertschätzung gegenüber intergenerationellen Wirkungen dar.

Bei dem „individuellen" Bewertungsansatz werden intergenerationelle Aspekte als Vermächtnis- und Existenzwert in die Bewertung integriert. Da der „individuelle" Bewertungsansatz die Zahlungsbereitschaften der Betroffenen erfragt, sind in diesen Aussagen gleich die Vermächtnis- und Existenzwerte mit enthalten. Die von den gegenwärtig Befragten geäußerten Vermächtnis- und Existenzwerte[61] haben allerdings keinen Bezug zu den Zahlungsbereitschaften, welche die zukünftigen Generationen äußern würden. Sie entsprechen eher den von den Befragten für notwendig erachteten Zahlungsströmen, um bestimmte Güter zu erhalten. Zwar hängt die Höhe des Existenz- und Vermächtniswertes von der vermuteten langfristigen Gefährdung der Grundwasserleistungen sowie deren Bedeutung für spätere Lebende ab und damit von Aspekten, die vermutlich auch die Zahlungsbereitschaft der zukünftig Lebenden beeinflussen würden. Allerdings hängen der Vermächtnis- und Existenzwert darüber hinaus von weiteren Einflussfaktoren, wie dem gegenwärtigen Preissystem und dem Einkommen der Befragten ab, die nur kurzfristig Gültigkeit haben und demnach nicht die Zahlungsbereitschaft der zukünftigen Generation beeinflussen.

Bei dem Ansatz „im Namen der Individuen" werden die Wohlfahrtswirkungen gegenüber den zukünftigen Generationen mit einer vollständig anderen Methode als im zuvor genannten Ansatz einbezogen. In diesem Ansatz wird den zukünftigen Generationen eine bestimmte Zahlungsbereitschaft unterstellt, mit deren Hilfe dann intergenerationelle Effekte in die Nutzen-Kosten-Analyse integriert werden. Diese Vorgehensweise wird immer dann implizit angewendet, wenn bei der Bewertung mit einem längeren Zeitraum nicht zwischen den einzelnen Generationen unterschieden wird (vgl. Hampicke 1992, S. 130). In der Regel wird nicht zwischen denjenigen Personen unterschieden, die gegenwärtig schon leben und denjenigen, die gegenwärtig noch nicht leben, obgleich bei Bewertungszeiträumen beispielsweise von 50 Jahren ein fast vollständiger Generationswechsel bei den Berufstätigen erfolgt[62]. Die Problematik dieses Ansatzes aus Sicht des Anspruches der Konsumentensouveränität liegt, wie

---

61 Während der Vermächtniswert direkt auf die Interessen zukünftiger Generationen abzielt, berücksichtigt der Existenzwert nur indirekt die Belange zukünftig Lebender. Indem er jedoch zu dem Schutz von Umweltgütern beiträgt, erhält er diese gleichzeitig für zukünftige Generationen. Aus diesem Grunde werden beide Wertkategorien zusammen genannt.

62 Hampicke (1992, S. 130-131) drückt in diesem Zusammenhang sein Unverständnis gegenüber dem methodologisch-individualistischen Selbstverständnis aus, welches erlaubt, die Nutzen verschiedener Generationen miteinander zu verrechnen, während demgegenüber ein Nutzenvergleich lebender Menschen untereinander abgelehnt wird.

bereits erläutert wurde, in der Unsicherheit, inwieweit die Präferenzen der zukünftig Lebenden sowie die gleichzeitig herrschenden Restriktionen richtig „erraten“ wurden.

Im Zusammenhang mit der Integration von intergenerationellen Effekten in ökonomische Bewertungsansätze werden auch die Wahl der geeigneten Diskontrate und des geeigneten Diskontfaktors thematisiert. Als Probleme werden hierbei insbesondere die Berücksichtigung der reinen Zeitpräferenzrate bei der Diskontierung von Einkommensströmen über einen die Generationengrenze überschreitenden Zeitraum hinweg sowie das Postulat der vollständigen Reinvestition im Rahmen des Opportunitätskostenansatzes genannt (vgl. Bayer 2000, S. 100, S. 115-117 u. S. 185-187). Für beide aufgeführten Probleme werden theoretische Lösungsansätze diskutiert (vgl. z. B der GAD-Ansatz von Bayer 2000, S. 199-228)[63]. Sie erfordern jedoch zusätzlich zu den in Kapitel 6.3 aufgeführten Informationen Kenntnis über die reinen Zeitpräferenzraten der jeweiligen Generationen sowie über die Zuordnung der Projektwirkungen zu den einzelnen Generationenvertretern. Dieser angepasste Diskontierungsansatz kommt nur für eine Bewertung „im Namen der Individuen“ in Betracht. Eine Diskussion der getroffenen Annahmen ist aufgrund des Unwissens über die tatsächlichen Werte allerdings kaum möglich.

Bei einem Vergleich der beiden Bewertungsansätze stellt sich die Frage, welche Informationen für eine vollständige Effizienzaussage notwendig sind? Bei der Beantwortung dieser Frage kann einerseits der Standpunkt vertreten werden, dass Effizienzbewertung auf den Werturteilen der zum Zeitpunkt lebenden Personen beruht, da nur sie allein in eine Tauschaktion treten können. Dann genügen formal die im ersten Bewertungsansatz berücksichtigten Informationen für die Vollständigkeit der Effizienzbewertung. Generell ist bei diesem Fall davon auszugehen, dass zukünftige Effekte zumindest teilweise unberücksichtigt bleiben. Andererseits kann der Standpunkt vertreten werden, dass eine Effizienzbewertung auch die Werturteile gegenwärtig nicht lebender Personen umfassen muss. Dieser Standpunkt entspricht dem Bewertungsansatz „im Namen der Individuen“. Kommt dieser Bewertungsansatz zur Anwendung, dann kann eine implizite oder explizite Berücksichtigung der zukünftigen Generationen nur mithilfe von Annahmen beruhen, deren Bezug zu den individuellen Werturteilen zukünftiger Generationen zwar angenommen, letztlich aber nicht begründet werden kann. Somit hängt die Bewertungsaussage der Nutzen-Kosten-Analyse hinsichtlich intergenerationeller Aspekte sehr von dem zur Anwendung gekommenen Bewertungsansatz ab (vgl. Tab. 6-1).

### 6.4.2 Ziel der nachhaltigen Entwicklung als Bewertungskriterium für die intergenerationelle Verteilungsgerechtigkeit

Die ökonomisch-theoretische Diskussion zur nachhaltigen Entwicklung entwickelte sich vor dem Hintergrund der gesellschaftlichen Diskussion über Auswirkungen der Endlichkeit von Ressourcen, der Umweltbelastungen sowie auch des Wohlstandsgefälles in der Welt (Howarth 1997a)[64]. Eine Begriffsklärung der „nachhaltigen Entwicklung“, welche sehr populär wurde (Jörissen et al. 1999, S. 16), wurde im Abschlussbericht „Our common future“ der Brundtland Kommission veröffentlicht. Darin heißt es: „Nachhaltige Entwicklung ist Entwicklung, welche die Bedürfnisse der Gegenwart befriedigt, ohne zu riskieren, dass künftige

63 Bei dem GAD-(generation-adjusted discounting)-Ansatz werden die die einzelnen Generationen betreffenden Effekte über deren Zeitpräferenzrate berücksichtigt (Opportunitätskosten werden über die Kapitalschattenpreismethode einberechnet). Danach werden die generationsspezifischen Barwerte über die Generationen hinweg aufsummiert zum Barwert des Zeitpunktes Null.

64 Für einen historischen Abriss der gesellschaftlichen Debatte der Nachhaltigen Entwicklung vgl. Jörissen et al. (1999, S. 11-19).

Generationen ihre eigenen Bedürfnisse nicht befriedigen können" (Hauff 1987, S. 46) [65]. Gleichzeitig werden im Brundtland-Bericht und bei anderen internationalen Dokumenten vier Dimensionen der nachhaltigen Entwicklung genannt (die soziale, ökonomische, umweltbezogene und institutionelle), die nicht „als konkurrierende Komponenten mit selbstständigen Zielen sondern als vier Aspekte eines einzigen Prozesses" dargestellt werden (Morosini et al. 2002, S. 106).

Im Weiteren wird nur die Nachhaltigkeitsdebatte im Rahmen der wirtschaftswissenschaftlichen Literatur verfolgt. Wesentliche Aspekte, welche bei dieser Diskussion eine Rolle spielen, schließen die Definition von Nachhaltigkeit sowie die Frage ein, unter welchen Bedingungen eine Veränderung von nicht erneuerbaren Ressourcen sowie von Umweltleistungen akzeptabel ist? Schließlich wurden Strategien formuliert, um eine nachhaltige Entwicklung zu erreichen.

Ein ökonomischer Definitionsansatz von nachhaltiger Entwicklung fordert, dass das Wohlfahrtsniveau einer Gesellschaft potentiell konstant bleiben oder sogar wachsen soll (Pezzey 1992; Faucheux/Noël 2001, S. 361). Mit dieser Definition werden Eigenschaften der intertemporalen sozialen Wohlfahrtsfunktion festgeschrieben (Faucheux/Noël 2001, S. 361). In Abgrenzung zu diesem teleologischen Ansatz definiert ein deontologisches Konzept Nachhaltigkeit als Verpflichtung, den zukünftigen Generationen Ressourcen in einem Umfang[66] zur Verfügung zu stellen, welcher als prinzipiell geeignet erachtet wird, ein äquivalentes Nutzenniveau zu dem der gegenwärtigen Generationen zu ermöglichen (z. B. Howarth 1997b). Diese zweite Definition vermeidet das Problem, die Präferenzen und Nutzenniveaus zukünftiger Generationen abzuschätzen und im Rahmen einer intertemporalen Wohlfahrtsfunktion mit dem sozialen Nutzen der gegenwärtigen Generation zu vergleichen (Howarth 1997b; Page 1997)[67].

Zentrale Bedeutung wird im Zusammenhang mit der Nachhaltigkeitszielstellung den Konsequenzen des Verbrauches von Naturressourcen und Umweltleistungen beigemessen. Naturressourcen und Umweltleistungen werden in dem Begriff des Naturkapitals zusammengefasst und gehen als Argumente in die individuellen Nutzenfunktionen und die Produktionsfunktionen für die Güterproduktion ein. Die Bedeutung des Naturkapitals im Hinblick auf die Verwirklichung der Nachhaltigkeitszielstellung wird unterschiedlich diskutiert. Diese Spannbreite soll durch den Ansatz der „sehr schwachen Nachhaltigkeit", dem der „starken Nachhaltigkeit" und dem der „sehr starken Nachhaltigkeit" umrissen werden[68]. Die Ansätze grenzen die Bandbreite der diskutierten Konzepte ein.

Der Ansatz der „sehr schwachen Nachhaltigkeit" geht von einer vollständigen Substituierbarkeit des Naturkapitals in den Produktions- und Nutzenfunktionen durch menschenproduziertes Kapital und Güter aus. Ausgangspunkt bildet die modellbasierte Aussage, dass bei einer Modellwirtschaft, deren Güterproduktion unter anderem auf der Ausbeutung einer nicht erneuerbaren Ressource beruht, die effiziente, d. h. die den Nutzenbarwert maximierende intertemporale Allokation der Ressource mit einem langfristigen Konsumrückgang und Wohlfahrtsverlust verbunden sein kann[69]. Inwieweit dieser Konflikt zwischen effizienter Ressourcenallokation und intertemporaler Verteilung des Konsums auftritt, hängt von den Annahmen

---

65 In der Literatur wurde eine Vielzahl von Nachhaltigkeitsdefinitionen zusammengetragen und auf deren Übereinstimmung, aber auch deutliche Unterschiede hingewiesen (vgl. Pezzey 1992; Jüdes 1997; Morosini et al. 2002, S. 97-100).

66 „... a set of life opportunities..." (Howarth 1997b, S. 576), i.e. „... services rendered by stocks of reproduced capital, technological capacity, natural resources, and environmental quality ..." (Howarth 1997b, S. 576).

67 Einen knappen Vergleich beider Definitionen bietet (Toman 1994).

68 Begrifflich wird sich hierbei an Turner (1993) angelehnt.

69 In diesem Zusammenhang wird auf die Modelle von Dasgupta/Heal (1974), Solow (1974), Stiglitz (1974) verwiesen (z. B. Hampicke 1992, S. 110-120; Faucheux/Noël 2001, S. 362; Pezzey 1997).

zur Substitutionselastizität zwischen natürlichen Ressourcen und dem produziertem Kapital sowie der Wirksamkeit des technologischen Fortschritts ab (Hampicke 1992, S. 112-118). Weiter hängt diese Entwicklung von der Diskontrate und hierbei insbesondere von dem Verhältnis zwischen der Zeitpräferenz und der internen Verzinsung des Kapitals ab (Pezzey 1997). Auch wenn das Nachhaltigkeitsziel nicht „automatisch" durch die optimale intertemporale Ressourcenallokation gewährleistet wird, so kann es trotzdem erreicht werden. Dies ist dann möglich, wenn die positiven Effekte des technischen Fortschritts und/oder der Kapitalakkumulation ausreichen, um die negativen Effekte im Zuge des Ressourcenabbaus, des Bevölkerungswachstums[70] und des Diskontsatzes auszugleichen (vgl. Faucheux/Noël 2001, S. 383). Wird in genügendem Maße in technisches Kapital und Humankapital (Forschung) investiert, dann können die Produktivitätsverluste im Zuge der abnehmenden Ressourcenverfügbarkeit kompensiert werden. Hinweise für den theoretischen Umfang derartiger Kompensationsleistungen gibt die Hartwick-Regel, nach der die Knappheitsrenten, welche den Eigentümern der Ressourcen erwachsen, in dauerhafte Kapitalgüter investiert werden müssen (vgl. Hartwick 1977, 1978, 1991).

Zur Operationalisierung des Konzeptes der „sehr schwachen Nachhaltigkeit" wurde der Kompensationsansatz auf die Kapitaltheorie übertragen. Dementsprechend wird gefordert, dass der Gesamtkapitalbestand über die Zeit erhalten bleibt. Der Gesamtkapitalbestand setzt sich aus dem hergestellten und reproduzierbaren Kapital $Ka_m$, dem Vorrat an Wissen und Know-how $Ka_h$ sowie dem natürlichen Kapital $Ka_n$, d. h. den erneuerbaren und nicht erneuerbaren Ressourcen und Dienstleistungen der Natur, zusammen (Turner 1993, S. 9). Ein nachhaltiger Entwicklungspfad wird dann eingehalten, wenn der Gesamtkapitalbestand über die Zeit konstant bleibt (Pearce/Atkinson 1993; Faucheux/Noël 2001, S. 384) (vgl. Gleichung 6-4):

$$\frac{dKa}{dt} = \frac{d(Ka_m + Ka_h + Ka_n)}{dt} = 0 \qquad \textit{Gleichung 6-4}$$

Der Ansatz der „starken Nachhaltigkeit" verwirft die zur Operationalisierung des Ansatzes der „sehr schwachen Nachhaltigkeit" notwendigen Annahmen. Naturkapital wird bei diesem Ansatz als nur teilweise oder gar nicht durch andere Kapitalformen substituierbar angesehen. Hierbei wird betont, dass aufgrund der extremen Unsicherheit bei der Einschätzung der Bedeutung von natürlichen Funktionen sowie bei der Einschätzung der Folgen von Umweltverschmutzung die Konsequenzen von Umweltverschlechterungen sich nicht adäquat bewerten lassen. Daher wird die Konstanz des Naturkapitals als Summe aller seiner Teile gefordert (Gleichung 6-5). Zwischen den Teilen des Naturkapitals sind Substitutionen erlaubt, außer bei dem als kritisch und nicht substituierbar angesehenen Teil des Naturkapitals $Ka_n^*$ (Turner 1993, S. 14) (Gleichung 6-6). Inwieweit das Naturkapital monetär oder nicht monetär bewertet werden kann und muss, wird in diesem Ansatz nicht vollständig geklärt[71].

---

70 Die Bevölkerungsentwicklung spielt eine Rolle, da aus individueller Perspektive die Konstanz der Pro-Kopf-Wohlfahrt und nicht die der gesellschaftlichen Wohlfahrt entscheidend ist.

71 Turner (1993, S. 14): „Thus the SS [strong sustainability] rule requires that $K_n$ be constant, and the rule would be monitored and measured via physical indicators". Demgegenüber betrachten Pearce/Turner (1990, S. 53) eine physische Bewertung skeptisch: „But there is no way of adding up the different physical quantities". Sie gehen danach auf ökonomische Indikatoren ein. Faucheux/Noël (2001, S. 461) stellen hinsichtlich der Forderung, die Konstanz des Naturkapitals mit monetären Größen zu messen „eine gewisse Zirkularität im Ansatz" fest. Ekins et al. (2003) beziehen sich explizit auf den Ansatz der starken Nachhaltigkeit von Turner (1993) und leiten nichtmonetäre Indikatoren ab, zumindest um die kritischen Bestandteile des Naturkapitals zu bewerten.

$$\frac{d\sum Ka_n}{dt} \geq 0 \textit{ und} \qquad \textit{Gleichung 6-5}$$

$$\frac{dKa_n^*}{dt} \geq 0 \qquad \textit{Gleichung 6-6}$$

Der Blickwinkel der „sehr starken Nachhaltigkeit" orientiert sich an dem „Scale"-Effekt[72] nach Daly (1992) (vgl. Turner 1993, S. 14). Hierbei wird von der Prämisse ausgegangen, dass die Dimension der wirtschaftlichen Prozesse und deren Stoff- und Energieumsatz schon gegenwärtig tendenziell zu groß ist und dass als nachhaltige Wirtschaftsentwicklung nur diejenige erlaubt werden sollte, welche der Tragekapazität der natürlichen Systeme entspricht. Gleichzeitig wird produziertes Kapital nur als Komplementär zum Naturkapital angesehen (Turner 1993, S. 10 u. S. 14-15). Der Bestand des Naturkapitals muss über die Zeit konstant gehalten werden und wird in physischen Größen gemessen (Faucheux/Noël 2001, S. 422).

Die skizzierten Nachhaltigkeitsansätze sind in ihrer jeweils reinen Form der Kritik ausgesetzt. Der Ansatz der „sehr schwachen Nachhaltigkeit" basiert auf der Annahme der Substituierbarkeit von Naturgütern durch produziertes Kapital. Diese Annahme wird beispielsweise durch thermodynamische Gesetzte begrenzt, nach denen sich ein unendlich steigerndes Durchschnittsprodukt der natürlichen Faktoren aufgrund deren endlichen Energiegehaltes verbietet (Faucheux/Noël 2001, S. 388). Auch stößt das Konzept in seiner empirischen Anwendung auf Probleme. Die Hartwick-Regel, welche in den theoretischen Modellen ein Signal für die Kompensationsinvestitionen darstellt, kann nicht operationalisiert werden. Sie basiert auf den Nutzerkosten, dem zukünftigen Nutzenverlust durch die gegenwärtige Inanspruchnahme einer Ressourceneinheit. Die Nutzerkosten sind jedoch unbekannt und aufgrund der mit der zukünftigen Entwicklung verbundenen Unsicherheit nicht bestimmbar. Werden für die Bewertung der zeitlichen Veränderungen der Kapitalbestände daher die gegenwärtigen Preise herangezogen, dann spiegeln diese die realen intertemporalen Knappheitsverhältnisse nicht richtig wider und setzen somit verzerrte Knappheitssignale. Die Verzerrung wirkt sich zugunsten der gegenwärtigen Generation aus und behindert das eigentliche Anliegen des Nachhaltigkeitskonzeptes (vgl. Faucheux/Noël 2001, S. 395). Auch muss zur Operationalisierung das Naturkapital monetär bewertet und Schattenpreise für alle Umweltleistungen ermittelt werden. Wie im vorangegangenen Kapitel bereits argumentiert wurde, ist dies äußerst problematisch. Zudem ist es problematisch, technischen Fortschritt in seiner Wirkung auf Ressourceneffizienz empirisch zu messen und in die Indikatoren zu integrieren (Faucheux/Noël 2001, S. 391). Trotzdem besteht der Vorteil des sehr schwachen Nachhaltigkeitskonzeptes ungeachtet der aufgeführten Probleme gerade darin, dass es den Trade-off zwischen natürlichem und produziertem Kapital erlaubt. Hierdurch erhält das Konzept eine Adhoc-Plausibilität vor dem Hintergrund der praktischen Erfahrungen. Denn auch in Zukunft wird ein Abbau von nicht erneuerbaren Ressourcen stattfinden.

Das Problem der „starken Nachhaltigkeit" liegt demgegenüber in dem nicht zugelassenen Trade-off zwischen natürlichem und produziertem Kapital. Ebenso besteht das Problem der Aggregation von den unterschiedlichen Teilen des Naturkapitals. Es ist fraglich, welche Substitutionsbeziehungen zwischen welchen Teilen des Naturkapitals erlaubt sind, und wie der-

72 „Scale" ist the „physical volume of the throughput, the flow of matter-energy from the environment as low-entropy raw materials, and back to the environment as high-entropy waste... It is measured in absolute physical units, but its significance is relative to the natural capacities of the ecosystem to regenerate the inputs and absorb the waste outputs on a sustainable basis" (Daly 1992, S. 186).

artige Veränderungen im Hinblick auf die Forderung der Konstanz des Naturkapitals bewertet werden müssen. Kann beispielsweise der Abbau von nicht erneuerbaren Ressourcen durch Investition in andere Umweltleistungen kompensiert werden?

Nach Faucheux/Noël (2001, S. 461-462) nähert sich der Ansatz dem der schwachen Nachhaltigkeit, sobald die Konstanz des Naturkapitals mit monetären Einheiten gemessen wird. Auch wird auf die intragenerationellen Verteilungsungerechtigkeiten des Konzeptes verwiesen (Faucheux/Noël 2001, S. 423). Denn für unterentwickelte Länder mit hohem Naturreichtum verbietet sich bei strikter Anwendung des starken Nachhaltigkeitsansatzes eine Gesellschaftsentwicklung auf Kosten des Naturreichtums. Der Ansatz der „sehr starken Nachhaltigkeit" wurde in der beschriebenen Form als „absurdly strong sustainability" bezeichnet (Peet 2003), da keine Substituierbarkeit zugelassen wird.

Im Zuge der Diskussion wurden Mischformen zwischen dem Ansatz der „sehr schwachen" und der „starken Nachhaltigkeit" entwickelt, die darauf hinauslaufen, bei nicht kritischen Kompartimenten des Naturkapitals eine Substitution durch andere Kapitalformen zuzulassen (vgl. Endres/Radke 1998; Hediger 1999; Ekins et al. 2003). Diesen Ansätzen zufolge gelten die Prinzipien der starken Nachhaltigkeit bei den natürlichen Kapitalgütern, auf deren Dienstleistungen nicht verzichtet werden kann. Hierzu werden die Lebensgrundlagen gezählt sowie Umweltleistungen von globaler Bedeutung (Hediger 1999). Solange der kritische Naturkapitalbestand nicht erreicht wird, gelten die Nachhaltigkeitsregeln entsprechend der schwachen Nachhaltigkeit.

### 6.4.3 Möglichkeiten der Integration der Nachhaltigkeitskonzepte in die Nutzen-Kosten-Analyse

Für die Bewertung der Möglichkeiten der Nutzen-Kosten-Analyse muss abschließend diskutiert werden, ob und wie die Bewertungsaussagen der Nachhaltigkeitszielstellung in eine Nutzen-Kosten-Analyse integriert werden können und inwieweit sich hierdurch die Bewertungsgrundlage der Nutzen-Kosten-Analyse verändert? Nachhaltigkeitsziele in die Bewertung zu integrieren bedeutet, Zielstellungen zur intergenerationellen Verteilungsgerechtigkeit explizit zu berücksichtigen. Verteilungsaspekte verändern jedoch die Auswahl eines paretoeffizienten Pfades: „The choice of distribution of income is the same as the choice of an allocation of endowments, and this in turn is equivalent to choosing a particular welfare function" (Varian 1984, S. 209 – nach Toman 1994, S. 401)[73]. Das Bewertungskriterium der Paretoverbesserung, soweit es auf diskontierten Nutzen- und Kosteninformationen beruht, kann demzufolge nicht ohne eine derartige Prüfung als Entscheidungskriterium für intergenerationelle Aspekte genutzt werden.

Soll der Ansatz der „sehr schwachen Nachhaltigkeit" in die Nutzen-Kosten-Analyse integriert werden, dann liegt das Hauptaugenmerk auf der Frage, in welchem Umfang und wie die intergenerationellen Kostenträger kompensiert werden müssen. Die Höhe der Kompensationsleistungen muss bestimmt werden. Die Hartwick-Regel bietet keine ausreichende Unterstützung für die Bestimmung der Kompensationsleistungen, da die Nutzerkosten nicht quantifiziert werden müssen. Je stärker den zukünftigen Generationen zudem Nutzungsrechte zugebilligt werden, desto höher fallen die für die gegenwärtige Ressourcennutzung zu zahlenden Nutzerkosten aus. Da die gegenwärtigen Preissignale nicht die richtigen Knappheiten signali-

73 Daly (1992) geht noch weiter und fordert nicht alleine die Berücksichtigung der Verteilung, sondern auch die Berücksichtigung einer nachhaltigen „Scale" der Gesamtwirtschaft. Seiner Ansicht nach muss zuerst das Scale-Problem gelöst werden und danach für eine gerechte Verteilung der Eigentumsrechte an den Ressourcen gesorgt werden. Als letztes kann mithilfe des Marktes bzw. marktkonformer Instrumente eine effiziente Allokation der Ressourcen für Güter und Dienste ermittelt werden.

sieren, müsste mit Schattenpreisen kalkuliert werden. Diese Aufgaben können nur von einem „zentralen Bewerter“ erfüllt werden. Sowohl die mithilfe des „individuellen“ Bewertungsansatzes als auch die beim Bewertungsansatz „im Namen der Individuen“ erhobenen Zahlungsbereitschaften müssten mithilfe der Schattenpreise korrigiert werden. Während beim Bewertungsansatz „im Namen der Individuen“ der zentrale Bewerter ohnehin eine fundamentale Bedeutung hat, wird die Aussagekraft des „individuellen“ Bewertungsansatzes als Ausdruck der individuellen Zahlungsbereitschaften verschlechtert. Darüber hinaus erfordert der Nachhaltigkeitsansatz, dass nicht allein die Kompensierbarkeit der Kosten überprüft wird, sondern auch eine Kompensation erfolgt. Es spielt hierbei nicht allein die Nutzenstiftung, sondern auch die Verwendung der Einkommensgewinne eine Rolle (vgl. Tab. 6-3)[74].

Wird die Perspektive der „starken Nachhaltigkeit“ in die Nutzen-Kosten-Analyse integriert, dann stellt eine Inanspruchnahme von natürlichen Ressourcen schon für sich alleingenommen ein negatives Signal hinsichtlich der Nachhaltigkeit dar und kann nicht durch Einkommenszuwächse gerechtfertigt werden. Die Konstanz des Naturkapitals kann in biophysischen Einheiten überprüft werden. Hierbei würde jedoch die monetäre Bewertungsdimension verlassen werden. Es wurde auch vorgeschlagen, die Konstanz des Naturkapitals in monetären Einheiten zu messen. Diesbezüglich schlagen Pearce et al. (1990, S. 58-59; Pearce et al. 2006, S. 245-249) vor, die Umweltkosten von Projekten separat darzustellen (vgl. Gleichung 6-7).

$$Nutzen - Kosten - Umweltkosten > 0 \qquad \textit{Gleichung 6-7}$$

Um das Naturkapital konstant zu halten, wird von den Autoren gefordert, dass keine Umweltkosten auftreten. Zusätzlich werden Schattenprojekte zugelassen, um Umweltkosten auszugleichen (vgl. Gleichung 6-8)[75]:

$$Umweltnutzen_{Schattenprojekt} > Umweltkosten \qquad \textit{Gleichung 6-8}$$

Mit der monetären Operationalisierung werden jedoch auch alle Schwächen der monetären Bewertung von Naturressourcen übernommen, die auch schon bei der Integration der schwachen Nachhaltigkeit auftraten. Darüber hinaus wird dem starken Nachhaltigkeitsansatz nur dann Genüge getan, wenn die Schattenprojekte auch realisiert werden. Ohne Realisierung der Schattenprojekte würde nur die Kompensierbarkeit überprüft werden, die Verteilungsungerechtigkeiten aber nicht aufgehoben werden. Trotzdem kann allein die Untersuchung der Kompensierbarkeit einen Fortschritt gegenüber der gegenwärtigen Situation darstellen, da so die relative Knappheit der Naturkapitalgüter zueinander deutlich gemacht werden kann. Hierfür muss extern vorgegeben werden, welche Projekte zur Kompensation von bestimmten Umweltschäden akzeptiert werden. Beispielsweise müssen Entscheidungen getroffen werden, inwieweit eine Aufforstung als Kompensationsprojekt für eine etwaige Grundwasserverschmutzung geleistet werden kann?

Somit kann die Bewertung von Projekten anhand der Zielstellung der starken Nachhaltigkeit nur vom zentralen Bewerter vorgenommen werden. Dementsprechend kann zwar die Bewertung „im Namen der Individuen“ besser angepasst werden als ein „individueller“ Bewertungsansatz. Auf jeden Fall werden aber zusätzliche, externe Bewertungsaussagen benötigt, um die Nachhaltigkeitszielstellung in die Bewertung zu integrieren (vgl. Tab. 6-3). Gene-

74 Dieses Argument wird auch als Kritikpunkt gegenüber einer Diskontierung von intergenerationell divergierenden Kosten und Nutzen aufgeführt (vgl. z. B. Hellweg et al. 2003).

75 Pearce et al. (1990, S. 58-59; 2006, S. 247) sehen diesen Kompensationstest nur für Nutzen-Kosten-Analysen auf Programmebene und nicht auf Projektebene als sinnvoll an.

rell stellt die Durchführung von Kompensationen, sowohl bei der starken als auch bei der schwachen Nachhaltigkeit, eher eine institutionelle Aufgabe dar, die als gesellschaftlicher Prozess organisiert werden muss und nicht der Bewertung auf Projektebene allein überlassen werden kann.

*Tab. 6-3: Zusammenfassung der Widersprüche zwischen den Ansätzen zur Berücksichtigung intergenerationeller Effekte und dem Anspruch der Nutzen-Kosten-Analyse*

| **Ansatz/untersuchte Aspekte** | **Widerspruch zum Anspruch der** | | |
|---|---|---|---|
| | **individuellen Wertebasis** | **vollständigen Erfassung der Effekte** | **hinreichenden Effizienzbewertung** |
| **individueller Bewertungsansatz** | | × | × |
| Berücksichtigung von intergenerationellen Effekten in der Nutzen-Kosten-Analyse | | × | |
| Berücksichtigung von Nachhaltigkeitszielen | | | × |
| **Bewertungsansatz im Namen der Individuen** | × | | × |
| Berücksichtigung von intergenerationellen Effekten in der Nutzen-Kosten-Analyse | × | | |
| Berücksichtigung von Nachhaltigkeitszielen | | | × |

*Quelle: eigene Darstellung.*

# 7 Möglichkeiten zur Integration weiterer gesellschaftlicher Zielstellungen in die Nutzen-Kosten-Analyse

In diesem Kapitel soll die Nutzen-Kosten-Analyse in ihren praktischen Anwendungsmöglichkeiten für die Bewertung von politischen Handlungsoptionen zum Grundwasserschutz diskutiert werden, wobei das System des Trinkwasserschutzes in Deutschland zum Zwecke der Illustration herangezogen wird. Insbesondere soll die Frage untersucht werden, inwieweit die Nutzen-Kosten-Analyse die politische Fragestellung so vollständig abzubilden vermag, dass sie als alleinige Entscheidungsbasis dienen kann?

Politische Entscheidungen zum Grundwasserschutz bzw. zur Grundwassernutzung müssen hinsichtlich mehrerer Zielstellungen bewertet werden. Als Beispiel soll die im zweiten Teil der Dissertation gestellte Frage dienen, ein Trinkwasserschutzgebiet in seiner ursprünglichen Größe beizubehalten, oder es zu verkleinern. Die Ursache für eine derartige Entscheidungssituation ist die Frage, inwieweit die Nutzenstiftung durch das Trinkwasserschutzgebiet in seiner Größe die dadurch verursachten Kosten bei den Landnutzern rechtfertigt. Eine derartige Entscheidung muss sich im gesetzlichen Rahmen bewegen. Somit sind die Zielstellungen, die durch das Wasserhaushaltsgesetz (WHG 2002) im Zusammenhang mit der EU-Wasserrahmenrichtlinie (EU-WRRL 2000) festgeschrieben sind, bei der Bewertung des Problems zu berücksichtigen[76].

Aus dem Wasserhaushaltsgesetz leitet sich ein flächendeckender Schutzanspruch für das Grundwasser ab. Entsprechend diesem Gesetz sind die Gewässer, einschließlich des Grundwassers, „als Bestandteil des Naturhaushalts und als Lebensraum für Tiere und Pflanzen zu sichern. Sie sind so zu bewirtschaften, dass ... vermeidbare Beeinträchtigungen ihrer ökologischen Funktionen und der direkt von ihnen abhängigen Landökosysteme und Feuchtgebiete im Hinblick auf deren Wasserhaushalt unterbleiben und damit insgesamt eine nachhaltige Entwicklung gewährleistet wird..." (§ 1a Abs. 1 WHG 2002). Diese Zielstellung beschränkt die Inanspruchnahme der Grundwasserfunktionen durch die Landnutzungen und fordert explizit den Erhalt der ökologischen Funktionen in einer rechtlich vorgegebenen Qualität.

Bei der Ausweisung von Trinkwasserschutzgebieten besteht die Zielstellung, „Gewässer im Interesse der derzeit bestehenden oder künftigen öffentlichen Wasserversorgung vor nachteiligen Einwirkungen zu schützen" (§ 19 Abs. 1 WHG 2002). Hierbei gilt der Besorgnisgrundsatz, nach dem die Möglichkeit von negativen Einflüssen von Landnutzungen auszuschließen ist (Knopp 1996). Diese Zielstellung fordert somit die Sicherung der Trinkwasserqualität durch den Schutz des Rohwassers bzw. des Grundwassers. Der Ansatz zur Sicherung der Trinkwasserqualität durch Aufbereitung, auch von kontaminiertem Rohwasser, wird entsprechend dieser Zielstellung abgelehnt. In der Konsequenz können starke Einschränkungen bei den Landnutzungen in Trinkwasserschutzgebieten durchgeführt und eventuell kostengünstigere Maßnahmen der Aufbereitung abgelehnt werden.

Darüber hinaus wird gefordert, dass die Gewässer so bewirtschaftet werden, dass „... sie dem Wohl der Allgemeinheit und im Einklang mit ihm auch dem Nutzen Einzelner dienen ..." (§ 1a Abs. 1 WHG 2002). Dieses Abwägungsgebot bezieht sich auf den flächendeckenden Grundwasserschutz und auch auf die Bewertung von Trinkwasserschutz. Für die Ausweisung von Trinkwasserschutzgebieten stellt Knopp (1996, S. 38) fest, „das konkret festzusetzende Wasserschutzgebiet hat den Kriterien der Schutzbedürftigkeit, Schutzwürdigkeit und Schutzfähigkeit unter Abwägung der Belange der öffentlichen Trinkwasserversorgung mit

76 Gegenwärtig befindet sich der Wasserschutz im Zuge der Implementation der Wasserrahmenrichtlinie in einer Umbruchphase. Aus diesem Grunde wird sowohl der gegenwärtige Stand diskutiert als auch zukünftige Entwicklungen angerissen.

den privaten Belangen der durch die Wasserschutzgebietsfestsetzung Betroffenen zu entsprechen ..." Diese Forderung lässt sich als Begründung für die Nutzen-Kosten-Analyse deuten[77].

In der Praxisanwendung muss die Nutzen-Kosten-Analyse jedoch die zuvor beschriebenen gesellschaftlichen Zielstellungen berücksichtigen können, falls sie als alleiniges Bewertungsinstrument eingesetzt werden soll. Somit ergibt sich die Frage, wie derartige gesellschaftliche Zielstellungen in die Bewertung integriert werden können? Es wird von der Annahme ausgegangen, dass die dritte Zielstellung, das Gebot zur Abwägung, durch die Nutzen-Kosten-Analyse geleistet werden kann und Entscheidungsträger die Ergebnisse einer wohlfahrtsökonomischen Bewertung dann akzeptieren, wenn die Nutzen-Kosten-Analyse den theoretischen Ansprüchen entspricht (hinsichtlich des methodologischen Individualismus und der Konsumentensouveränität) und darüber hinaus die anderen gesellschaftlichen Zielstellungen berücksichtigt.

Die ersten beiden gesellschaftlichen Forderungen vermögen das Ergebnis einer Effizienzbewertung zu beeinflussen. Im Falle des gewählten Beispiels, der Verkleinerung eines Trinkwasserschutzgebietes, wären die Trinkwasserschutzoptionen im Hinblick auf die Beeinflussung der ökologischen Funktionen zu überprüfen. Insbesondere bei der Option „Verkleinerung des Trinkwasserschutzgebietes" würde die Zunahme der Landnutzungsintensität begrenzt werden, da die gesellschaftliche Zielsetzung nur einen bestimmten Grad der Gewässerbeeinträchtigung zulässt. Auch die zweite gesellschaftliche Forderung, die Sicherung der Rohwasserqualität entsprechend dem Besorgnisgrundsatz, würde einem Schutzszenario, welches den Trinkwasserschutz minimiert und den Schutz vor dem Restrisiko der Wasserbelastung durch technische Mittel empfiehlt, entgegenstehen, auch wenn dieses Schutzszenario mit einem höheren Nettonutzen verbunden wäre.

Ohne die gesellschaftlichen Zielstellungen an dieser Stelle selbst zu diskutieren, ist zu hinterfragen, wie derartige Zielstellungen in die Nutzen-Kosten-Analyse eingeschlossen werden können? Prinzipiell ergeben sich zwei unterschiedliche Möglichkeiten, die Zielstellungen quasi automatisch in die Nutzen-Kosten-Analyse zu integrieren. Dies wäre,

- wenn die Zielstellungen von den Individuen in ihren Präferenzen ausgedrückt werden oder
- wenn die Zielstellungen bereits in die wirtschaftlichen Prozesse übernommen worden sind und sich entsprechend in den Marktpreisen ausdrücken.

Im ersten Fall würden die gesellschaftlichen Zielstellungen einfach die privaten Präferenzen widerspiegeln. Denn, haben die Individuen eine ausgeprägte Präferenz für das Wohl zukünftiger Generationen sowie für den Erhalt von Ökosystemen, so sollten ihre Präferenzen in einem bestimmten Maße die Zielstellung des Erhaltes von ökologischen Funktionen mit berücksichtigen. Jedoch sprechen mehrere Faktoren gegen die Möglichkeit, dass die individuellen Präferenzen mit den gesellschaftlichen Zielstellungen übereinstimmen. Einerseits besteht das schon diskutierte Informationsproblem. Die Befragten müssen ausreichend über die Grundwasserfunktionen und ihre Bedeutung informiert sein, um in ihren Präferenzen alle Aspekte ausreichend berücksichtigen zu können. Das Informationsproblem bildete die Ursache dafür, dass der ökonomische Gesamtwert insbesondere ökologische Aspekte nicht vollständig monetär ausdrücken konnte (vgl. Kapitel 4.2). Andererseits unterscheiden sich die private und die gesellschaftliche Betrachtungsperspektive. So reflektiert die gesellschaftliche Perspektive überregionale, nationale und europäische Zielstellungen, während die private Perspektive derartige Aspekte aus Sicht der individuellen Nutzenmaximierung nicht berücksichtigen muss. Auch bei der Wertung zukünftiger Effekte unterscheidet sich die private Perspektive von der gesellschaftlichen (vgl. Kapitel 6.3.2). Somit kann nicht pauschal davon ausgegangen werden,

77 Bizer (1999) führt beispielsweise das Verhältnismäßigkeitsprinzip auf das ökonomische Prinzip zurück.

dass die individuellen Präferenzen mit den gesellschaftlichen Zielstellungen deckungsgleich sind.

Im zweiten Fall werden die gesellschaftlichen Zielstellungen dann von der Nutzen-Kosten-Analyse automatisch aufgenommen, wenn sie als Restriktionen in dem Wirtschaftssystem integriert worden sind. In dem Fall werden sie über das Preissystem als Knappheitssignale berücksichtigt. Wirtschaftet beispielsweise die Landwirtschaft in Übereinstimmung mit den flächendeckenden Grundwasserschutzzielen, so drückt sich dann diese Restriktion in den Preisen für die landwirtschaftlichen Produkte sowie in der Einkommenssituation dieses Sektors aus.

Allerdings kann nicht davon ausgegangen werden, dass die gesellschaftlichen Zielstellungen vollständig und ausreichend in die wirtschaftlichen Rahmenbedingungen implementiert sind. SRU (1998a, S. 124) konstatierte beispielsweise: „Für einen flächendeckend wirksamen Grundwasserschutz fehlt derzeit im wesentlichen der Ansatz, überall auf der Fläche grundsätzlich eine standortangepasste und damit grundwasserverträgliche Landnutzung durchzusetzen.“ Gegenwärtig wird mit der EU-Wasserrahmenrichtlinie ein Managementsystem installiert, mit dem regional konkrete flächendeckende Gewässerziele erarbeitet und durchgesetzt werden sollen. Wesentliche Schritte der Implementierung sind dabei die Bestandsaufnahme der Gewässersituation, die Erarbeitung von räumlich konkreten Zielstellungen für die Gewässer sowie deren Umsetzungen mit Hilfe von technischen Maßnahmen und Instrumenten. Dieser Prozess, der sich dann auch im Preissystem widerspiegeln wird, muss jedoch erst bis 2015 umgesetzt sein (EU-WRRL 2000). Eine ähnliche Rahmenrichtlinie für Grundwasser befindet sich zurzeit erst in der Erarbeitungsphase (EG-Tochterrichtlinie Grundwasser 2003).

Da gesellschaftliche Ziele zum Grund- und Trinkwasserschutz nicht automatisch in die Nutzen-Kosten-Analyse integriert werden können, muss im Folgenden auf die verbleibenden Möglichkeiten ihrer Integration eingegangen werden. Hierbei sind wiederum zwei Ansätze denkbar:

- Die Zielstellungen werden über die Szenarienbildung berücksichtigt.
- Mithilfe von Schattenpreisen werden die Knappheitssignale angepasst.

Bei dem ersten Ansatz könnten Schattenprojekte in die Szenarien aufgenommen werden, welche die gesellschaftlichen Zielsetzungen berücksichtigen. Der Ansatz basiert auf Vorschlägen von Pearce et al. (1990, S. 59), welche auf diese Weise den Bestand von kritischem Naturkapital bei Projekten überprüften (vgl. Kapitel 6.4.3). Beispielsweise könnten die Verschmutzungskosten des Grundwassers durch die Landwirtschaft über ein Schattenprojekt mit in die Bewertung einbezogen werden, welches die Kosten der Emissionen anhand fiktiver Reinigungskosten der entsprechenden Wassermenge in einer Kläranlage betrachtet.

Der zweite Ansatz erfordert die Korrektur der empirisch ermittelbaren Einkommens- und Preisverhältnisse dahingehend, dass sie die wirtschaftliche Situation imitieren, die bei einer vollständigen Implementation der gesellschaftlichen Ziele herrschen würde. Wenn beispielsweise die Landwirtschaft unter den gegenwärtigen flächendeckenden Rahmenbedingungen außerhalb von Trinkwasserschutzgebieten zu intensiv wirtschaftet, dürfte als Nutzenindikator nur das maximal mögliche Einkommen bei einer grundwasserverträglichen Wirtschaftsweise in die Nutzen-Kosten-Analyse einbezogen werden und nicht das gegenwärtig real erwirtschaftete.

Diese Ansätze engen jedoch die methodischen Möglichkeiten bei der Nutzen-Kosten-Analyse ein. Die Aussagekraft der Szenarientechnik hängt davon ab, inwieweit sinnvolle Schattenprojekte gefunden werden und inwieweit diese die gesellschaftlichen Ziele in einer sinnvollen Weise widerspiegeln. Die Verwendung von Schattenpreisen erschwert die Nutzung des „individuellen“ Bewertungsansatzes. Die Befragten könnten ihre Zahlungsbereitschaften nicht auf ihren erlebten wirtschaftlichen Rahmenbedingungen aufbauen, sondern benötigten

Vorgaben zu ihren Einkommen und zum Preissystem. Inwieweit dies möglich wäre und dann zu interpretierbaren Ergebnissen führen würde, wäre zu hinterfragen. Der Bewertungsansatz „im Namen der Individuen" steht wiederum vor dem Problem, die verwendeten Schattenpreise mit den individuellen Präferenzen zu begründen.

Schwerwiegender erscheint das Problem, dass bei der Nutzung von derart korrigierten Bewertungsansätzen der Bezug der Nutzen-Kosten-Analyse zu dem realen Entscheidungsproblem verloren geht. Denn die politische Entscheidung muss unter den Bedingungen der unperfekten Welt getroffen werden. Die korrigierte Bewertung erlaubt zwar eine Wohlfahrtsaussage unter idealen Bedingungen, jedoch nicht unter der realen Situation. Zudem stehen die gesellschaftlichen Ziele selbst zur Debatte, wenn sie mit zu hohen Kosten verbunden sind. Denn das oben aufgeführte Abwägungsgebot gilt auch für sie.

*Tab. 7-1: Zusammenfassung der Widersprüche zwischen den Möglichkeiten zur Berücksichtigung gesellschaftlicher Restriktionen und dem Anspruch der Nutzen-Kosten-Analyse*

| Ansatz | Widerspruch zum Anspruch der | | |
|---|---|---|---|
| | individuellen Wertebasis | vollständigen Erfassung der Effekte | hinreichenden Effizienzbewertung |
| **Individueller Bewertungsansatz** | | × | × |
| **Bewertungsansatz im Namen der Individuen** | × | | × |

*Quelle: eigene Darstellung.*

Soll unter einer derartigen Situation die Nutzen-Kosten-Analyse entscheidungsrelevante Informationen liefern, so müsste sie einerseits die Wohlfahrtseffekte aufzeigen, welche sich unter realen Bedingungen ergeben und andererseits den Einfluss der gesellschaftlichen Ziele auf die Wohlfahrtseffekte beschreiben. Somit fallen mehrere Ergebnisse an, und unter Umständen können sich mehrere Rangfolgen der Szenarien, in Abhängigkeit von berücksichtigten gesellschaftlichen Zielen, ergeben. Die endgültige Entscheidung kann die Nutzen-Kosten-Analyse dann nicht mehr treffen und kein „bestes" Szenario mehr ausweisen. Dadurch wird eine weitere Bewertung erforderlich und entsprechend kann die Nutzen-Kosten-Analyse nicht mehr als alleiniges Bewertungsinstrument dienen (vgl. Tab. 7-1).

# 8 Möglichkeiten und Grenzen der ökonomischen Bewertung von Grundwasserleistungen

Ausgangspunkt der vorangegangenen Argumentation bildete der Anspruch, der an die Nutzen-Kosten-Analyse gestellt werden muss, damit sie als alleiniges Instrument zur ökonomischen Bewertung von Grundwasserdiensten dienen kann. Die Nutzen-Kosten-Analyse muss

- auf individuellen Bewertungsurteilen basieren,
- die auftretenden Effekte vollständig erfassen können,
- als Instrument zur Effizienzbewertung hinreichend zur Bewertung der Problemstellung sein.

Im weiteren Verlauf der Diskussion wurden der individuelle ökonomische Wertbegriff, die methodischen Möglichkeiten zur Erfassung der individuellen Wertschätzungen, die theoretischen und methodischen Möglichkeiten zur Berücksichtigung zukünftiger Effekte, insbesondere der zeitlichen Dimension, von Unsicherheit sowie von intergenerationellen Effekten dahingehend untersucht, inwieweit die Nutzen-Kosten-Analyse den Ansprüchen theoretisch gerecht wird bzw. die Ansprüche in der praktischen Anwendung umzusetzen vermag. Hinsichtlich der Berücksichtigung zukünftiger Effekte wurde die Nutzen-Kosten-Analyse weiter differenziert in zwei prinzipiell verschiedene Bewertungsansätze, den „individuellen" Bewertungsansatz sowie den Bewertungsansatz „im Namen der Individuen". Schließlich bildete auch die für eine praktische Anwendung der Nutzen-Kosten-Analyse notwendige Forderung, existierende gesellschaftliche Zielstellungen zu integrieren, einen Untersuchungspunkt.

*Tab. 8-1: Zusammenstellung der Probleme der Nutzen-Kosten-Analyse bei der Erfüllung der eigenen Ansprüche*

| **Ansatz/untersuchte Aspekte** | **Widerspruch zum Anspruch der** | | |
|---|---|---|---|
| | **individuellen Wertebasis** | **vollständigen Erfassung der Effekte** | **hinreichenden Effizienzbewertung** |
| Wertebasis (ökonomischer Gesamtwert) | | × | |
| Monetäre Erfassung der bewertbaren Teile des ökonomischen Gesamtwertes | | × | |
| Bewertungskriterium der potentiellen Paretoverbesserung | | | × |
| **Individueller Bewertungsansatz** | | | |
| Bewertung unter Risiko | | (nicht interpretierbar) | |
| Bewertung unter Ungewissheit | | | × |
| Berücksichtigung des Zeitfaktors | | (nicht interpretierbar) | × |
| Berücksichtigung intergenerationeller Effekte | | × | × |
| Berücksichtigung gesellschaftlicher Restriktionen | | × | × |
| **Bewertungsansatz im Namen der Individuen** | | | |
| Bewertung unter Risiko | × | × | |
| Bewertung unter Ungewissheit | | | × |
| Berücksichtigung des Zeitfaktors | × | | |
| Berücksichtigung intergenerationeller Effekte | × | | × |
| Berücksichtigung gesellschaftlicher Restriktionen | × | | |

*Quelle: eigene Darstellung.*

In der Tab. 8-1 werden in Zusammenfassung der vorangegangenen Kapitel die Problempunkte aufgeführt, bei denen der Anspruch der Nutzen-Kosten-Analyse an sich selbst nicht durchgehalten werden kann. Mehrere Punkte sollen noch einmal betont werden. Schon aus theoretischen Überlegungen heraus erfasst der individuelle ökonomische Wertbegriff nicht alle bewertungsrelevanten Effekte. Darüber hinaus ergeben sich bei der Erfassung der individuellen ökonomischen Wertschätzungen deutliche methodische Probleme, diese vollständig und ohne Doppelzählungen zu erfassen. Weiterhin kann die Nutzen-Kosten-Analyse die Beurteilung der Verteilungsaspekte nur mithilfe von externen Bewertungsurteilen berücksichtigen. Somit kann die Bewertungsaussage nicht für sich alleine stehen.

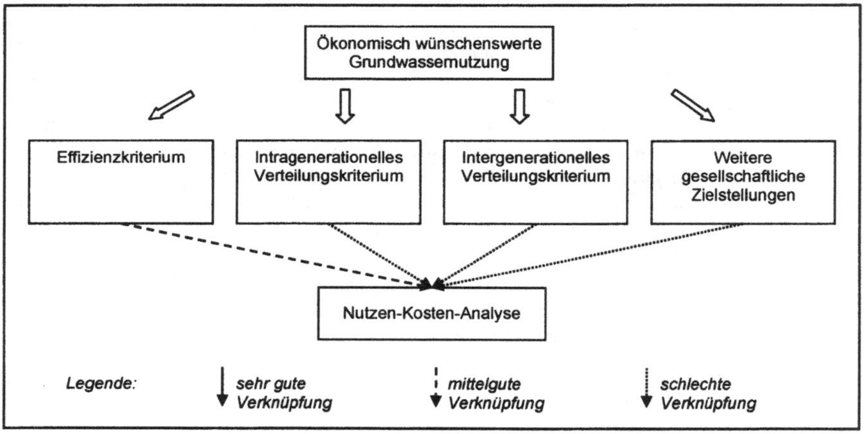


Die Kategorie „sehr gute Verknüpfung“ wurde nicht vergeben.

*Abb. 8-1: Übersicht über Probleme der Nutzen-Kosten-Analyse bei der Ableitung von gesellschaftlich gewünschten Grundwassernutzungen*

Als besonders problematisch erweist sich die Bewertung zukünftiger Effekte. Weder der „individuelle“ Bewertungsansatz noch der Ansatz „im Namen der Individuen“ genügt allen drei Ansprüchen gleichzeitig. Es zeigt sich ein Trade-off zwischen dem Anspruch der individuellen Bewertungsurteile und der Möglichkeit, die Bewertungsaussagen nachzuvollziehen und ihre Vollständigkeit zu überprüfen. Aus diesem Grund unterscheiden sich die Bewertungsergebnisse der beiden Ansätze voneinander. Müssen zur Beantwortung anwendungsbezogener Bewertungsfragen zudem zusätzliche gesellschaftliche Ziele berücksichtigt werden, dann erwächst je nach gewähltem Bewertungsansatz ein Zielkonflikt zwischen der Berücksichtigung individueller Bewertungsurteile und der explizit nachvollziehbaren Einbeziehung der gesellschaftlichen Zielstellungen. Weiterhin kann, unabhängig vom gewählten Ansatz, Ungewissheit nur durch zusätzliche, außerhalb der Nutzen-Kosten-Analyse erfolgende Bewertungsurteile berücksichtigt werden, indem extern Verrechnungsregeln für den Vergleich der Nutzen und Kosten festgelegt werden oder indem Grenzen für nicht zu überschreitende Ressourcennutzungen nichtmonetär festgelegt werden. Eine ökonomische Bewertung gesellschaftlich wünschenswerter Grundwassernutzungen muss neben einer Effizienzbewertung auch die Bewertung von intra- als auch von intergenerationellen Verteilungsaspekten berücksichtigen und auch die Einbeziehung weiterer gesellschaftlicher Zielstellungen gestatten.

Es lässt sich resümieren, dass die Nutzen-Kosten-Analyse als methodisches Instrumentarium die Effizienzbewertung mit den oben beschriebenen Einschränkungen zu leisten vermag. Die drei anderen Bewertungsperspektiven benötigen jedoch zusätzliche, externe Bewertungsschritte. Die mit der Abb. 3-1 illustrierte Frage, in wieweit die NKA geeignet sei, ökonomisch wünschenswerte Grundwassernutzungen zu ermitteln (vgl. Kapitel 3.2), muss somit wie in Abb. 8-1 dargestellt beantwortet werden.

# 9 Die ökologische Bewertung von Grundwasser als geeignete Erweiterung der ökonomischen Bewertung

Mit dem folgenden Kapitel soll die Frage beantwortet werden, inwieweit ökologische Bewertungsansätze geeignet sind, die Nutzen-Kosten-Analyse bei der Auswahl von ökonomisch wünschenswerten Grundwassernutzungen zu unterstützen. Hierfür werden zuerst der ökologische Bewertungsansatz vorgestellt, beispielhaft seine Einsatzmöglichkeiten illustriert und die normative Basis ökologischer Bewertungsansätze diskutiert. Hierauf aufbauend lassen sich dann die Schnittstellen zwischen ökologischer und ökonomischer Bewertungsaussagen bestimmen, welche eine sinnvolle Kombination beider Bewertungsansätze zulassen, um die ökonomische Bewertung von Grundwasserveränderungen zu verbessern.

## 9.1 Grundlagen der ökologischen Bewertung von Grundwassersystemen und Grundwasserleistungen

### 9.1.1 Der Begriff „ökologische Bewertung"

Der Begriff „ökologische Bewertung" beschreibt im Allgemeinen den Vergleich des Ist-Zustandes von Natur und Landschaft mit einem angestrebten Soll-Ziel. Der Begriff „ökologisch" steht hier dafür, dass „...ökologische Sachverhalte einer Bewertung (durch den Menschen) unterzogen werden. Das heißt, sie werden in gesellschaftlich fassbare Größen übersetzt" (Bastian/Schreiber 1999, S. 58). Somit ist mit dem Begriff nur der Bewertungsgegenstand näher charakterisiert. Es wird demgegenüber kein Bewertungsziel festgelegt, wie dies bei der wohlfahrtsökonomischen Bewertung mit der Betonung des Effizienzzieles erfolgt. Die ökologische Bewertung im eben beschriebenen Sinne grenzt sich gleichzeitig von einer naturwissenschaftlichen Beurteilung ab, indem sie ökologische Sachverhalte mit gesellschaftlichen Zielen vergleicht (vgl. Bastian/Schreiber 1999, S. 57). Die bei einer naturwissenschaftlichen Beurteilung getroffenen Aussagen zu Kausalzusammenhängen und Wirkungsbeschreibungen stellen zwar notwendige Voraussetzungen für die ökologische Bewertung dar, beinhalten ihr gegenüber aber keinen normativen Aussagewert[78].

Für die ökologische Bewertung muss vorab das Bezugssystem räumlich und inhaltlich abgegrenzt werden. Ökosysteme, aber auch Kompartimente von Ökosystemen wie einzelne Lebewesen, Populationen, biotische und abiotische Kompartimente sowie Stoff- und Energieflüsse können im Blickpunkt der Bewertung stehen. Die weitere Diskussion lehnt sich an das inhaltliche Bezugssystem der Landschaft an. Landschaft ist der „durch einheitliche Struktur (Naturausstattung und Landnutzung) und gleiches Muster von Wirkungsgefügen (Funktionsweise) geprägte Teil der Erdhülle" (Bastian/Schreiber 1999, S. 551). Mit dem Bezug zur Landschaft wird die Wechselwirkung zwischen der anthropogenen Landnutzung und den natürlichen Systemen stärker betont als auf der ökosystemaren Betrachtungsebene (vgl. Bastian/Schreiber 1999, S. 28-29)[79]. Die räumliche Ebene der Landschaftsbewertung kann sehr unterschiedlich ausfallen (vgl. Bastian/Schreiber 1999, S. 45-48) und auch mehrere Ökosys-

---

78 An dieser Stelle sei auf den Begriff des „Naturalistischen Fehlschlusses" verwiesen, demzufolge beschreibende naturwissenschaftliche Aussagen über Ist-Situationen nicht mit Soll-Werten gleichgesetzt werden dürfen (vgl. SRU 1994, S. 70).

79 Marks et al. (1992, S. 28) und Bastian/Schreiber (1999, Vorwort zur 1. Auflage) betonen den Planungsbezug von Ansätzen der Landschaftsbewertung. Obgleich dieser Umstand für die Diskussion von ökologischen Bewertungsansätzen und deren Eignung zur Ergänzung von ökonomischen Ansätzen nicht notwendig ist, verdeutlicht er doch den Zugang der ökologischen Bewertung zur Auswahl von Politikoptionen und somit zum gleichen Ziel wie die ökonomische Bewertung von Grundwasserschutzoptionen.

teme zusammenfassen. Grundwasser stellt aus dem Blickpunkt der Landschaftsökologie einen abiotischen Geofaktor dar, der die Landschaft prägt und die Landnutzungen wesentlich zu beeinflussen vermag[80].

Die Landschaftsbewertung dient dementsprechend „einerseits der Prüfung von Eingriffen des Menschen in den Landschaftshaushalt, andererseits der Erfassung der Landschaftsausstattung und in ihr ablaufender ökologischer Prozesse in ihrer gesellschaftlichen Auswirkung" (Reuter 1979 – nach Bastian/Schreiber 1999, S. 58). Zur begrifflichen Erfassung der Wechselwirkungen zwischen Gesellschaft und den Landschaften werden, wie schon in Kapitel 2.2 näher beschrieben, die Begriffe der Landschaftsfunktionen genutzt. Für Grundwasser wurden entsprechend Grundwasserleistungen und Grundwasserdienste aufgeführt (vgl. Tab. 2-1). Schließlich muss noch einmal betont werden, dass auch bei einer separaten Bewertung von Landschaftsfaktoren, Teilsystemen bzw. einzelnen Leistungen diese mit anderen Landschaftsteilen (bzw. auch Ökosystemen) verknüpft sind und somit durch ökosystemare Strukturen und Prozesse bedingt werden (vgl. de Groot et al. 2002).

### 9.1.2 Indikatoren zur Beschreibung von Grundwassersystemen und Grundwasserleistungen

Zur Beschreibung der Grundwassersysteme, deren Funktionen und Leistungen werden Indikatoren benötigt, um die relevanten Strukturen und Prozesse abzubilden sowie die Funktionen zu beschreiben und zu quantifizieren. Für Grundwasser wird in Tab. 9-1 beispielhaft aufgeführt, welche Indikatoren zur allgemeinen Beschreibung eines Grundwasserleiters im Rahmen einer Umweltverträglichkeitsprüfung herangezogen werden sollen. Die Indikatoren stehen inhaltlich nicht unabhängig voneinander, sondern beeinflussen sich gegenseitig, ohne sich inhaltlich vollständig zu überlagern. Beispielsweise hängen die Grundwasserflurabstände mit den Grundwasserständen zusammen, und die Aquifereigenschaften (Aufbau und Begrenzung des Grundwasserleiters) wirken sich auf die Fließgeschwindigkeit des Grundwassers aus. Die in Tab. 9-1 aufgeführten Indikatoren beschreiben das Grundwasser nicht vollständig, sondern müssen je nach Bewertungssituation um problemspezifische Indikatoren ergänzt werden. Gleichzeitig bedeutet die problemspezifische Beschränkung von Indikatoren, dass nur die Eigenschaften dargestellt werden können, nach denen direkt gesucht wird bzw. die in gewisser Weise erwartet werden.

Die zeitliche und räumliche Dynamik der Grundwassersysteme, deren Leistungen und Funktionen hängen von den stattfindenden Prozessen ab. In Tab. 9-2 werden wesentliche Prozesse aufgeführt. Deren Verständnis wäre notwendig, um beispielsweise die Entwicklung der Indikatoren zu prognostizieren.

Aufgrund der Wechselwirkungen der Indikatoren sowie der Vielzahl der ökosystemaren Prozesse (vgl. Tab. 9-2) erweist sich gerade die Prognose von Entwicklungen als extrem komplex. Nach (SRU 1998a, S. 28) muss das Wissen über ökosystemare Prozessabläufe und Stoffkreisläufe in größeren Räumen auch nach jahrzehntelanger intensiver Forschungsarbeit als lückenhaft bezeichnet werden. Morosini et al. (2002, S. 25-26) und Scheringer (2002, S. 34-36) betonen in diesem Zusammenhang die Überkomplexität von Umweltphänomenen sowie deren Nicht-Experimentierbarkeit als generelle Eigenschaften von Umweltphänome-

80 Ein Geo- bzw. ein Landschaftsfaktor ist der charakteristische Bestandteil einer Landschaft und wird untergliedert in physische Geofaktoren, z. B. Gewässer, Gestein, Relief, Boden, Klima, Vegetation und Tierwelt, sowie Kulturfaktoren, wie Siedlungen, Landnutzung, Industrie usw. (Bastian/Schreiber 1999, S. 551).

nen[81]. Aus diesem Grund können kaum einfache Ursache-Wirkungs-Beziehungen abgeleitet werden und lassen sich Wirkungen von Veränderungen nicht experimentell vorherbestimmen.

*Tab. 9-1: Beispiele für Leitparameter zur Beschreibung von Grundwasserleitern bei der Umweltverträglichkeitsprüfung*

| 1. Unterteilung | 2. Unterteilung | Leitparameter (Auswahl) |
|---|---|---|
| **Hydrologie, Hydrogeologie** | Aquifer | - Aufbau und Begrenzung des GW-Leiters<br>- GW-Stockwerke<br>- GW-Neubildungsrate<br>- GW-Vorfluter<br>- Deckschichten (Mächtigkeit, Durchlässigkeit) |
| | Grundwasserabfluss | - Transmissivität, Fließgeschwindigkeit<br>- Fließrichtung<br>- Austausch mit Oberflächengewässern |
| | Grundwasserstand | - Grundwasserstände<br>- Flurabstände<br>- Dynamik<br>- Grundwasserabsenkung/-aufstau<br>- Freilegung von Grundwasser |
| **Grundwasserbeschaffenheit** | Physikalische Beschaffenheit | - Temperatur<br>- Redoxpotential<br>- Leitfähigkeit |
| | Chemische Beschaffenheit | - pH<br>- Neutralsalze (Nitrat etc.) |
| | Chemische Ökotoxizität | - organische Verbindungen<br>- Arsen<br>- Schwermetalle |
| | Biologische Beschaffenheit | Grundwasserorganismen* |

* Bakterien, Protozoen, Pilze, Metazoen bis zu Grundwasserkrebsen (SRU 1998a, S. 27 in Zusammenfassung verschiedener Autoren).

*Quelle: LAWA (1997, S. 37).*

Weitere Konsequenzen sind, dass ein Verständnis der Grundwassersysteme ein bestimmtes Maß an Expertenwissen voraussetzt und dass dennoch ökologische Bewertungen mit Unsicherheiten behaftet bleiben. Die Unsicherheit betrifft die Indikatoren, inwieweit sie die Eigenschaften ausdrücken, die bewertet werden sollen. Sie betrifft auch die Prognosemöglichkeiten, inwieweit und mit welcher Genauigkeit zukünftige Entwicklungen vorausgesagt werden können. Scholles (2004c) unterscheidet als Quellen analytischer Unsicherheit Modellstrukturfehler, natürliche Varianz und Modellparameterfehler. Modellstrukturfehler umfassen falsche Komponenten in Modellen, falsche Beziehungen zwischen den Komponenten oder unzutreffende Rahmenbedingungen. Die natürliche Varianz ergibt sich aufgrund der zeitlichen und räumlichen Heterogenität natürlicher Systeme. Modellparameterfehler enthalten Mess- und Schätzfehler bei der Prognose.

81 Scheringer (2002, S. 34-36) verweist auf die Unmöglichkeit, Ökosysteme exakt zu definieren und umfassend zu beschreiben sowie deren zeitliche Entwicklung vorherzusagen.

*Tab. 9-2: Typische Prozesse in Porengrundwasserleitern*

| Prozess-Kategorie | Einzelprozess |
| --- | --- |
| Chemische Prozesse | - Redoxreaktion<br>- Lösung – Fällung<br>- Sorption – Desorption<br>- Ionenaustausch<br>- Komplexbildung |
| Biologische Prozesse | - Assimilation<br>- Dissimilation |
| Physikalische Prozesse | - Filtration<br>- Verdünnung<br>- Gasaustausch/Verdampfung<br>- radioaktiver Zerfall |
| Stofftransportmechanismen | - Konvektion (laminares/turbulentes Fließen)<br>- Diffusion<br>- Dispersion<br>- Retardation<br>- kolloidaler/partikulärer Transport |

*Quelle: SRU (1998a, S. 26 in Anlehnung an Schenk/Kaupe 1998 und Hölting 1996).*

### 9.1.3 Grundmuster der ökologischen Bewertung

Ökologische Bewertungsansätze betrachten, je nach ihrer Aufgabe, unterschiedliche Aspekte der Umweltsysteme und Umweltleistungen. Marks et al. (1992, S. 28-29) unterschieden vier Grundmuster der ökologischen Bewertung, mit denen Leistungen von Landschaften bewertet wurden[82]:

1. die ökologische Wertanalyse,
2. die ökologische Eignungsbewertung für bestimmte gesellschaftliche Nutzungen,
3. die ökologische Belastungsbewertung,
4. die ökologische Wirkungsanalyse von Auswirkungen gesellschaftlicher Handlungen.

Die *ökologische Wertanalyse* beurteilt den Zustand von Ökosystemen und Landschaften nach bestimmten, aus gesellschaftlicher Sicht wertstiftenden Eigenschaften wie Vielfalt, Naturnähe, Vollkommenheit, Intaktheit, „Funktionsfähigkeit" (Marks et al. 1992, S. 28). Dieser Ansatz verfolgt jedoch eher das Ziel, Natursysteme trotz deren Komplexität für eine gesellschaftliche Diskussion zu erfassen und die notwendigen Dimensionen zur Beschreibung von Systemen auf eine Dimension, den ökologischen Wert, zu komprimieren. Sie wird durchaus als Grenzfall zwischen naturwissenschaftlicher Beurteilung und ökologischer Bewertung gesehen (vgl. Bastian/Schreiber 1999, S. 59).

Die *ökologische Eignungsbewertung* bewertet die prinzipielle Eignung von Leistungen der natürlichen Systeme, um bestimmten gesellschaftlichen Nutzungsansprüchen zu genügen (Marks et al. 1992, S. 28). So ist beispielsweise ein für die Trinkwassergewinnung geeignetes Gebiet durch einen gut leitenden Aquifer, durch ein ausreichendes Dargebot sowie eine natürliche Mindestqualität des Wassers gekennzeichnet. Anders als bei der ökologischen Wertanalyse stehen die Leistungen von Umweltsystemen an die Gesellschaft im Mittelpunkt des Interesses. Die ökologische Eignungsbewertung stellt den klassischen Fall der Landschafts-

82 Marks et al. (1992, S. 28-29) konzentrieren sich mit der Kategorisierung vor allem auf die in der Planungspraxis üblichen ökologischen Bewertungsansätze und erstellen keine Taxonomie der prinzipiell möglichen Bewertungsansätze. Trotzdem erscheint diese Kategorisierung für die weitere Arbeit als ausreichend.

bewertung dar[83]. Bei jeder Standortentscheidung von Investitionen, welche auch Umweltleistungen in Anspruch nehmen, wird implizit oder explizit eine derartige Eignungsbewertung vorgenommen. In Bezug auf Grundwasser zählt hierzu die Eignungsbewertung der Grundwasserressourcen bei Standortentscheidungen für Trinkwasserwerke. Die Bewertungskriterien und Bewertungsmaßstäbe der ökologischen Eignungsbewertung leiten sich dementsprechend von den gegenwärtigen Nutzungsintentionen, den technologischen Möglichkeiten sowie von den Substitutionsmöglichkeiten ab. Im Anhang-Tab. 9.1-1 wurde das Beispiel der Grundwasserdargebotsprognose (LfUG 1996a) aufgeführt, in dem flächendeckend für den Regierungsbezirk Leipzig die Eignung der Grundwasservorkommen für Trinkwassergewinnungszwecke mitbewertet wurden.

Die *ökologische Belastungsbewertung* betrachtet die negativen anthropogenen Einflüsse auf Teilsysteme der räumlichen Umwelt sowie die dadurch verursachten Veränderungen beim Ökosystem (Marks et al. 1992, S. 28). Die Belastung der Systeme äußert sich als „Einwirkungen auf ein Ökosystem, die dessen Funktionsfähigkeit beeinträchtigen, die Nutzbarkeit vermindern, einem normativ festgesetzten Sollzustand widersprechen oder die Existenz gefährden“ (Bastian/Schreiber 1999, S. 546). Diese Bewertungsperspektive entwickelte sich, als die zunehmende Beeinträchtigung der Umwelt deutlicher sichtbar wurde (Marks et al. 1992, S. 26). Die Literatur zu Belastungsbewertungen ist mittlerweile sehr reichhaltig und unübersichtlich. In Anhang-Tab. 9.1-1 wurde beispielhaft für qualitative Belastungsbewertungen die Arbeit von Wendland (1992) aufgenommen, bei welcher der Nitrateintrag ins Grundwasser flächendeckend für die alten Bundesländer modelliert und vergleichend bewertet wurde[84]. Die Arbeit von Heuser (1986) betrachtet sowohl quantitative als auch qualitative Belastungen. Die Grundwasserdargebotsprognose (LfUG 1996a) bewertet Grundwasserbelastung durch Entnahmen und Veränderungen der Landnutzung für die Einzugsgebiete des Regierungsbezirks Leipzig. Mit der Belastung des Grundwassers durch Pflanzenschutzmittel befassten sich beispielsweise Skark/Zullei-Seibert (1996). Der Ansatz der Belastungsbewertung findet auch Eingang in Umweltindikatorsysteme[85]. In Anhang-Tab. 9.1-1 wurde beispielhaft Radermacher et al. (1998) beschrieben. Morosini et al. (2001, S. 45-54) fassen die in verschiedenen Umweltindikatorsystemen vorkommenden Indikatoren zusammen.

Die *ökologische Wirkungsanalyse* untersucht die Wirkungszusammenhänge zwischen den einzelnen Naturgütern und den gesellschaftlichen Nutzungsansprüchen und soll Teilsysteme der räumlichen Umwelt in ihrer aktuellen Ausprägung und hinsichtlich beabsichtigter bzw. zu erwartender Veränderungen beschreiben und beurteilen (Buchwald/Engelhardt 1996, S. 41). Sie ist somit vom Ansatz her die komplexeste Bewertungsaufgabe, da sie die Belastung von Umweltsystemen, deren systemische Veränderungen sowie die Veränderungen der natürlichen Leistungen betrachtet (Bastian/Schreiber 1999, S. 59 u. S. 370). Als Beispiel für eine umfassende ökologische Wirkungsanalyse von Grundwasserveränderungen steht der Bewirtschaftungsplan Hessisches Ried (RP Darmstadt 1998) (vgl. Anhang-Tab. 9.1-1). In der Region hatte sich ein komplexer Nutzungskonflikt um Grundwasser zwischen der Trinkwasserförderung, der Landwirtschaft, dem Naturschutz und den Siedlungen (Baugrundstabilisierung) entwickelt. Im Ergebnis kam es zu einem starken Abfall des Grundwasserflurabstandes mit den Folgen von Geländesetzungen und Gebäudeschäden, der Schädigung grundwasserstandsabhängiger Vegetationsbereiche, des Trockenfallens von landwirtschaftlichen Beregnungs-

---

83 Marks et al. (1992, S. 24) führen beispielsweise die Reichsbodenschätzung des Jahres 1934 auf, bei der die landwirtschaftliche Eignung des Geofaktors Boden im Hinblick auf eine gerechte Besteuerung, aber auch zu wissenschaftlichen Zwecken bewertet wurde.

84 Weitere Arbeiten zur Nitratbelastung des Grundwassers sind z. B. Fiedler (2005) und Fuest (2000).

85 Allerdings werden Indikatorsysteme weniger als Bewertungsinstrument, sondern als Kommunikationsinstrument angesehen (Morosini et al. 2002, S. 16).

brunnen bei einem gleichzeitigen steigenden Beregnungsbedarf für die Landwirtschaft. Mit der ökologischen Wirkungsanalyse wurden Grundwassermanagementszenarios im Hinblick auf ihren Lösungsbeitrag bei diesem Konflikt bewertet, um zu einem Kompromiss zwischen den unterschiedlichen Grundwassernutzungen zu finden.

Die Wirkungsanalyse stellt den anspruchvollsten Bewertungsansatz dar, da Rückkopplungen der Inanspruchnahme von Grundwasserleistungen mit bewertet werden müssen. Sie erfordert den höchsten Aufwand hinsichtlich der Prognoseverfahren und der Datenbeschaffung sowie die höchste Wissensbasis über ökosystemare Zusammenhänge. Aufgrund der mit der Bewertung verbundenen Unsicherheiten wurden auch vereinfachende Bewertungsansätze entwickelt. Ein häufig angewandtes Beispiel ist die ökologische Risikoanalyse, welche zur Bewertung ökologischer Nutzungsverträglichkeit unter unvollständigen Informationen eingesetzt wird (Bachfischer 1978 – nach Scholles 2004d)[86].

### 9.1.4 Die normative Basis ökologischer Bewertungsansätze

Bei der ökologischen Bewertung muss geklärt werden, wessen Bewertungsmaßstäbe in die ökologische Bewertung integriert werden. Vorstellungen im Hinblick auf wünschenswerte Eigenschaften bzw. Entwicklungen der Natur zu entwickeln und mit der gegenwärtigen Situation zu vergleichen, vermag, wenn auch in unterschiedlichem Umfang, sicherlich jedermann. Daher können ökologische Bewertungen durchaus anhand von individuellen Bewertungsmaßstäben durchgeführt werden. Jenseits der individuellen Ebene können auch alle institutionellen Akteure (Betriebe, Interessengruppen, u. a.) Zielvorstellungen gegenüber Grundwasserfunktionen entwickeln. Diese dienen allerdings entweder spezifischen Teilinteressen (z. B. bei Standortentscheidungen von Unternehmen) oder besitzen keine Legitimation als gesellschaftliche Zielstellungen (z. B. Berichte zur Umweltsituation von Umweltverbänden). Von großer politischer Bedeutung sind jedoch die ökologischen Bewertungsverfahren, die mithilfe von gesellschaftlichen Zielstellungen durch Experten durchgeführt werden. Hierzu gehören beispielsweise Umweltverträglichkeitsprüfungen von Projekten und Plänen, aber auch Raumplanungsprozesse sowie Abstimmungen im Rahmen von Umweltgesetzen.

Einen zentralen Bestandteil ökologischer Bewertungen bilden die Erarbeitung, Kommunikation und demokratische Legitimierung von Bewertungszielen und -maßstäben. Bei der gesellschaftlichen Diskussion von derartigen Zielstellungen hat sich ein mehrstufiges Zielsystem eingebürgert (vgl. Abb. 9-1). Unterschieden werden Leitbilder, Leitlinien, Qualitätsziele sowie auf unterster Stufe Qualitätsstandards und Handlungsziele/Maßnahmen (Walz et al. 1997; Scholles 2004a)[87]. Ziele unterschiedlicher Hierarchieebenen bedingen einander. Ausgangspunkt der Zielbestimmung bildet das *Oberziel*. Ein Oberziel kann keinem übergeordneten Ziel mehr dienen, sondern wird als Selbstzweck verfolgt. Es können mehrere Oberziele gleichzeitig aufgestellt werden und auch im teilweisen Widerspruch zueinander stehen. Aus den Oberzielen ist es dann möglich, Unterziele abzuleiten. Diese Ziele sind ihrerseits nur dann nachvollziehbar, wenn die Oberziele offengelegt sind (Scholles/Putschky 2004).

*Leitbilder* stellen die erste Konkretisierungsstufe der Oberziele dar und spiegeln die Ausprägung und Gewichtung der Oberziele in einem bestimmten Zeitraum wieder. Sie beinhalten eine allgemeine Beschreibung des anzustrebenden Zustandes, sollen jedoch prinzipiell realisierbar sein. Sie beruhen auf einem gesellschaftlichen oder fachlichen Wertesystem und sind

86 Bei der ökologischen Risikoanalyse werden die beiden, in der Regel ordinal quantifizierten, Aggregatsgrößen „Intensität potentieller Beeinträchtigung“ und „Beeinträchtigungsempfindlichkeit“ des betrachteten Systems zur Bewertungsaussage „Risiko der Beeinträchtigung“ zusammengeführt (Scholles 2004d).

87 Jakubowski et al. (1997, S. 4) beklagen sich über ein begriffliches Wirrwarr bei der Ableitung von Zielsystemen.

„zeitlich bedingt und folglich wandelbar“ (Scholles/Putschky 2004). Als ein wichtiges Leitbild für den Umgang mit Umweltsystemen wird das Konzept der nachhaltigen Entwicklung betrachtet (z. B. SRU 1994, S. 83).

*Leitlinien* – auch als Grundsätze bezeichnet – werden als erste Stufe der Konkretisierung benötigt. Im Vergleich zu den tiefer in der Zielhierarchie liegenden Qualitätszielen bleiben Leitlinien unkonkret und benennen keine Indikatoren. Ihre Einhaltung kann nicht direkt überprüft werden (Scholles/Putschky 2004).

*Qualitätsziele* konkretisieren die Leitlinien hin zu greifbaren und nachprüfbaren Ansprüchen (Scholles 2004b). Nach Fürst et al. (1992) richten sich Umweltqualitätsziele an den Rezeptoren oder Betroffenen aus und nicht an Verursachern. Sie beziehen sich immer auf einzelne Teile des Umweltsystems, da das vollständige Umweltsystem als Gesamtheit nicht abbildbar ist. Außerdem verbinden sie wissenschaftliche Informationen mit gesellschaftlichen Werthaltungen. Sie werden situationsspezifisch, inhaltlich und zeitlich konkret festgelegt.

Mit den *Handlungszielen* werden die notwendigen Schritte formuliert, um die in den Qualitätszielen definierten Zustände zu erreichen. Handlungsziele richten sich im Gegensatz zu den Qualitätszielen an den Belastungsfaktoren aus (SRU 1998b, Tz. 65).

*Qualitätsstandards* stellen konkrete Bewertungsmaßstäbe dar, welche dazu dienen, Schutzwürdigkeit, Belastung, angestrebte Qualität von Systemkomponenten zu bestimmen. Sie geben hierfür einen bestimmten Indikator oder Parameter vor und legen die Ausprägung sowie Messverfahren fest (Scholles/Putschky 2004).

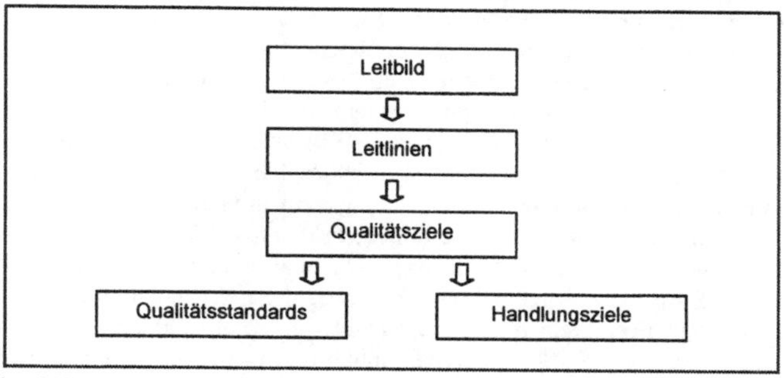


*Quelle: Scholles (2004a, S. 141).*

*Abb. 9-1: Mehrstufiges Zielsystem*

Je tiefer man in der Zielhierarchie hinabsteigt, desto konkreter werden die Ziele formulierbar, desto stärker beziehen sie sich aber auch auf Teilkomplexe des Umweltsystems und nicht mehr auf das System als Gesamtheit. Hierbei wird deutlich, dass schon zur Konkretisierung der Zielstellungen auf den unteren Ebenen ein hohes Maß an Expertenwissen notwendig ist. Darüber hinaus müssen die Ziele demokratisch sanktioniert werden.

Unterschiedliche Ziele, sowohl gleicher Ebenen als auch unterschiedlicher Ebenen beeinflussen sich gegenseitig. Nach Bechmann (1981, S. 148-149) kann die Beziehung zwischen Zielen gleicher Ebene durch Substituierbarkeit, Konkurrenz, Komplementarität oder auch Indifferenz in ihrem Wert für die Erreichung eines höheren Zieles gekennzeichnet sein. Ziele einer Ebene können allerdings auch aus „technologischen“ Gründen miteinander in Konkurrenz stehen bzw. sich komplementär oder indifferent zueinander verhalten (Bechmann 1981, S. 148-149). Zwischen zwei hierarchisch verbundenen Zielen kann eine Zweck-Mittel-Beziehung bestehen, bei der das untergeordnete Ziel als Mittel zum Erreichen des übergeordneten

Zieles dient. Es kann aber auch eine Implikationsbeziehung bestehen, wenn das übergeordnete Ziel auch das untergeordnete Ziel beinhaltet. Wenn das übergeordnete Ziel erreicht wurde, ist auch das untergeordnete Ziel erfüllt (Scholles/Putschky 2004).

Zielsysteme umfassen Aspekte der Zieldefinition als auch Aspekte ihrer Operationalisierung. Beide Aspekte sind mit großen Problemen verbunden (vgl. z. B. Klauer 1999). Nach Constanza/Patten (1995) müssen im Hinblick auf die Zieldefinition drei Fragen beantwortet werden[88]. Welches System, genauer welche Teile und Merkmale des Systems sollen erhalten werden, bzw. in welche Richtung sollen sie sich entwickeln? Über welchen Zeitraum sollen sie erhalten werden, bzw. soll die Entwicklung erfolgen? Wann kann man sagen, dass das System erhalten wurde, bzw. dass die gewünschte Entwicklung eintrat? Morosini et al. (2002, S. 25-26) und Scheringer (2002, S. 41-48) akzentuieren in diesem Zusammenhang die „normative Unbestimmtheit von Umweltsystemen". Aufgrund der Unsicherheit beim Verständnis von Umweltsystemen sowie aufgrund von natürlichen und anthropogenen Einflüssen lassen sich bei Ökosystemen keine festen Referenzpunkte für deren Funktionsfähigkeit ableiten. Gleichzeitig sind die Zielvorstellungen gegenüber Umweltsystemen nicht frei von selektiven Wahrnehmungen und Präferenzen der die Ziele formulierenden Personen. Obgleich aufgrund derartiger Einschränkungen die Umwelt nicht in ihrer Gesamtheit erfasst werden kann und die von Constanza/Patten (1995) aufgeworfenen Fragen nicht vollständig beantwortet werden können, müssen trotzdem die Verknüpfungen zwischen Gesellschaft und Umweltsystemen in das gesellschaftliche Normensystem integriert werden (Scheringer 2002, S. 48).

Morosini et al. (2002) weisen darauf hin, dass bei der Auswahl von Indikatoren sowie der Zielfestlegung zwei Ebenen integriert werden. Einerseits ergeben sich Zielaussagen aus naturwissenschaftlichen Zusammenhängen, die berücksichtigt werden müssen, wenn man z.B. das Grundwassersystem auf einem gewünschten Niveau erhalten möchte[89]. „Es gibt physische, d. h. stoffliche Merkmale und bestimmte quantifizierbare Niveaus dieser Merkmale, die absolut unerlässlich für das Fortbestehen eines ... Ökosystems sind" (Morosini et al. 2002, S. 15)[90]. Naturwissenschaftliche Untersuchungen sollen hierfür die Frage beantworten, unter welchen Bedingungen (Indikatorausprägung) das System in welchem Zustand erhalten wird. Andererseits fließen gesellschaftliche Traditionen, Präferenzen, Wertzuteilungen sowie Risikobereitschaft notwendigerweise mit in die Zielfestlegung und Ableitung der Indikatoren ein. Somit werden die Entwicklungsintentionen gegenüber der natürlichen Umwelt entscheidend von gesellschaftlichen Einflüssen mit geprägt (Morosini et al. 2002, S. 15). So wären laut Morosini et al. (2002, S. 123-124) folgende inhaltlichen Aussagen von Schwellenwerten durch naturwissenschaftliche Forschungsanstrengungen abzuleiten:

- „Werte[91], bei denen ein Schaden für Mensch oder Natur mit Sicherheit eintritt..."
- „Werte, bei denen ein Schaden bzw. eine Gefährdung (noch) nicht messbar aber zu erwarten ist..."

88 Constanza/Patten (1995) bezogen sich hierbei auf den Aspekt der Definition von Nachhaltigkeit. Diese Fragen müssen jedoch bei der Bewertung aller Umweltsysteme beantwortet werden.

89 Morosini et al. (2002, S. 15) beziehen diese beiden Ebenen auf die Relevanz von Umweltindikatoren für die Nachhaltigkeit. Die Ebenen wurden als „Merkmale der physischen Nachhaltigkeit" und „Merkmale der Lebensqualität/Gesundheitsgefährdung/sozialer Ausgleich" bezeichnet. Die zwei inhaltlichen Einflussebenen bleiben jedoch bestehen, auch wenn als Leitbild nicht mehr das Nachhaltigkeitsziel steht.

90 Naturwissenschaftler können sich jedoch auch irren. Morosini et al. (2002, S. 25) unterscheiden diesbezüglich das „Erkenntnisfeld" in drei Bereiche, einen „gesicherten Bereich", einen „ungesicherten Bereich" und einen „sehr unsicheren Bereich". Während der gesicherte Bereich generell von anerkannten Kenntnissen und Theorien abgedeckt wird, konkurrieren im ungesicherten Bereich verschiedene Ansichten und Theorien miteinander.

91 Morosini et al. (2002, S. 123) beziehen sich hierbei beispielsweise auf das Entnahmeniveau einer vitalen erneuerbaren Ressource.

- „Werte, bei denen ein Schaden mit Sicherheit eintritt, obwohl er durch seine stochastische Streuung innerhalb einer großen Bevölkerung nicht nachweisbar ist..."
- „Werte, bei denen ein Schaden nach dem jetzigen Stand der Kenntnisse mit sehr großer Wahrscheinlichkeit auszuschließen ist."

In die Entscheidung, welcher Wert als wünschenswert angesehen wird, fließen dann allerdings gesellschaftliche Urteile ein. Diese beiden Einflussebenen überlagern sich und lassen sich nicht vollständig trennen. Eine Überbetonung der naturwissenschaftlichen Komponente birgt die Gefahr des naturalistischen Fehlschlusses (SRU 1994, S. 70; Jakubowski et al. 1997, S. 10-12). Mit der Überbetonung der gesellschaftlichen Komponente geht die Gefahr eines sozialkonstruierten Relativismus einher (Morosini et al. 2002, S. 16).

Werden mit der Bildung von Zielen und Unterzielen gesellschaftliche Kommunikationsprozesse notwendig, was weniger bei individuellen Bewertungen als bei gesellschaftlichen Zielfindungsprozessen zutrifft, dann beeinflussen die Kommunikationsabläufe ihrerseits die Zielfindung mit. Die Festlegung von umweltrelevanten Zielen ist immer auch mit wohlfahrtsökonomisch relevanten und verteilungsrelevanten Wirkungen verbunden (vgl. Morosini et al. 2002, S. 136-137). Daher sind Kommunikationsprozesse zur Zielabstimmung notwendig, um Zielsysteme demokratisch zu legitimieren sowie um Interessenkonflikte zwischen konkurrierenden Zielen zu lösen. Die institutionelle Situation, insbesondere die Verhandlungsmacht der jeweiligen Interessenvertreter beeinflusst hierbei sicherlich das Ergebnis der Zielfindung. Eine Diskussion von unterschiedlichen Zielsetzungsverfahren unternehmen beispielsweise Jakubowski et al. (1997)[92]. Es ist durchaus möglich, dass notwendige Unterziele zum Erreichen von Oberzielen bei derartigen Abstimmungsprozessen abgelehnt bzw. so verändert werden, dass sie nicht mehr zur Erreichung der Oberziele beitragen können (vgl. z. B. Klauer 1999).

## 9.2 Erweiterung der ökonomischen Bewertung von Grundwasserleistungen durch ökologische Bewertungsansätze

Das Ergebnis des Kapitels 8 bestand in der Feststellung, dass die wohlfahrtsökonomische Bewertung für sich allein genommen zu keiner normativ interpretierbaren Bewertungsaussage führt. Dies trifft insbesondere für ex-ante-Bewertungen von Grundwasserleistungen zu, welche zur Entscheidungsunterstützung durchgeführt werden. Verschiedene Ursachen spielen hierbei eine Rolle. Besonders betont wurden die unvollständige Wertebasis von Nutzen-Kosten-Analysen, die Schwierigkeit, die Effekte entsprechend der individuellen Wertebasis zu bewerten, sowie die Schwierigkeit, eine Effizienzaussage unter Irreversibilität und Unsicherheit zu treffen. Gleichzeitig wird aufgezeigt, dass die Berücksichtigung von Verteilungseffekten notwendig ist, jedoch nicht durch die Nutzen-Kosten-Analyse geleistet werden kann.

Ökologische Bewertungsansätze können demgegenüber Bewertungsinformationen bereitstellen, welche die ökonomische Bewertung ergänzen. Dies gilt auch, wenn mit der Bewertung eine ökonomische Bewertungsaussage getroffen werden soll und viele andere gesellschaftliche Ziele ausgeklammert werden. Im Folgenden werden daher inhaltlich logische Ergänzungen der wohlfahrtsökonomischen Bewertungsansätze durch ökologische Bewertungsansätze diskutiert.

92 Untersucht werden ökonomische Verfahren, juristische Verfahren, expertokratische Verfahren, korporatistische Zielsetzungsstrategien, plebiszitäre Verfahren und parlamentarische Zielsetzungsverfahren (Jakubowski et al. 1997, S. 58-89).

### 9.2.1 Vervollständigung von Effizienzanalysen

Die ökologischen Bewertungsansätze erlauben die Vervollständigung von Effizienzaussagen in zweierlei Hinsicht:

- der ökonomische Wert kann um den primären Wert ergänzt werden,
- nicht oder nur schwer monetarisierbare Teile des ökonomischen Gesamtwertes können als Knappheitssignale bewertet werden.

In Kapitel 4.2 wurde ausgeführt, dass der ökonomische Gesamtwert nicht den gesamten Wert von natürlichen Systemen abzubilden vermag. Insbesondere der primäre Wert von Ökosystemen, welcher auf der Wertschätzung der Prozesse zur Selbstorganisation und Entwicklung der Ökosysteme beruht, wird nicht durch den ökonomischen Gesamtwert abgebildet. Begründet wurde dies mit dem unvollständigen Wissenstand der Personen über die stattfindenden Umweltprozesse.

Der primäre Wert stellt keinen normativen Wert an sich dar. Die Idee des primären Wertes begründet nur die Möglichkeit, dass Personen (Experten) bestimmte Eigenschaften von Ökosystemen als wertvoll erachten, die nicht im Rahmen von individuellen Nutzungskalkülen berücksichtigt werden. In diesem Fall ergänzen sich die beiden Bewertungsaussagen, vorausgesetzt, dass die von den Experten getätigten Werturteile durch gesellschaftliche Zielstellungen gestützt werden[93]. Entsprechendes gilt auch dann, falls Experten vor einer Zerstörung von wesentlichen ökosystemaren Eigenschaften warnen, obgleich die ökonomische Bewertung eine Zerstörung legitimieren würde.

Nach Gren et al. (1994), die den Begriff des primären Wertes eingeführt hatten, kann dieser durch biophysische Indikatoren modelliert und einer Bewertung zugänglich gemacht werden. Gren et al. (1994) führen zwei Beispiele zur Ermittlung des primären Wertes von Feuchtgebieten auf. Einmal wurde der primäre Wert eines Feuchtgebietes mithilfe von Energieindikatoren beschrieben. Hierfür wurde die Energiemenge, welche für technische Systeme notwendig ist, um alle Leistungen des Ökosystems zu ersetzen, mit der Solarenergiemenge verglichen, welche von dem Ökosystem aufgenommen wird. Somit wird die Eigenschaft von Ökosystemen hervorgehoben, erneuerbare und kostenlose Energiequellen zu nutzen, die gesellschaftlichen Prozessen nicht zur Verfügung stehen. Es wurde demzufolge auf das „Scale"-Problem (Daly 1992, vgl. Fußnote 72) abgestellt. In einem zweiten Beispiel wird als primärer Wert für ein zu renaturierendes Feuchtgebiet die Leistungssteigerung des Feuchtgebietes bewertet, die sich im Zuge seiner ungestörten Entwicklung ergeben könnte. Inhaltlich verweist diese Aussage auf die positive Wertentwicklung von Ökosystemen über die Zeit hinweg.

Die Nutzen-Kosten-Analyse von Grundwasserleistungen vermag nicht, diese Leistungen zugleich stringent auf der Grundlage von individuellen Werturteilen nachvollziehbar und vollständig zu bewerten. Dieses Problem tritt einerseits bei Ex-post-Analysen auf. Hier zeigte es sich, dass verschiedene Monetarisierungsmethoden direkte und indirekte Bewertungsmethoden nicht miteinander verknüpfen können und dass daher der ökonomische Gesamtwert in der Regel nicht vollständig erfasst werden kann. Dieses Problem betrifft andererseits auch Ex-ante-Bewertungen. Hier zeigte es sich, dass entweder der individuelle Wertanspruch eingehalten, aber die Interpretierbarkeit der berücksichtigten Effekte im Hinblick auf Vollständigkeit wesentlich erschwert wird („individueller" Bewertungsansatz). Oder, die berücksichtigten Effekte werden nachvollziehbar offen gelegt, ohne dass die stringente Verknüpfung mit individuellen Werturteilen nachgewiesen werden kann (Bewertung „im Namen der Individuen") (vgl. Kapitel 8).

---

93 Jakubowski et al. (1997, S. 68-73) betonen die Probleme bei der gesellschaftlichen Legitimation von „expertokratischen" Zielfindungsverfahren.

Im ersten Fall, bei Ex-post-Analysen, wäre die ökologische Bewertung geeignet, die Erfassung des ökonomischen Gesamtwertes weiter zu vervollständigen. Ökologische Bewertungen können sich auf denselben Bewertungsgegenstand wie ökonomische Bewertungen beziehen, nämlich die Grundwasserdienste, d. h. die wirklich in Anspruch genommenen Grundwasserleistungen. Hierbei kann die quantitative und qualitative Knappheit als eine wesentliche, den ökonomischen Wert bestimmende Eigenschaft durch ökologische Bewertungsansätze beschrieben und bewertet werden. Zwar beziehen sich die Aussagen auf physische Eigenschaften der Grundwasserdienste und deren Veränderungen, ohne dass die Veränderung der Zahlungsbereitschaft in Folge der Knappheitsveränderung angegeben werden kann. Allein diese Aussagen stellen schon eine sinnvolle Erweiterung zur wohlfahrtsökonomischen Bewertung dar, falls Teile der prinzipiell mit dem ökonomischen Gesamtwert erfassbaren Grundwasserdienste aus methodischen Gründen nicht monetär bewertet werden können.

Auch im zweiten Fall, bei Ex-ante-Analysen, können insbesondere die Bewertungsansätze „im Namen der Individuen“ durch ökologische Bewertungsansätze für die nicht betrachteten Grundwasserdienste ergänzt werden. Die Möglichkeit zur Ergänzung im Rahmen des „individuellen“ Bewertungsansatzes hängt von der Möglichkeit ab, die von den Befragten nicht berücksichtigten Grundwasserdienste zu benennen. Ansonsten besteht die Gefahr der Doppelzählung.

### 9.2.2 Erweiterung der Effizienzbewertung um weitere Bewertungsschritte

Mithilfe der ökologischen Bewertungsansätze kann die wohlfahrtsökonomische Bewertung hinsichtlich dreier Aspekte erweitert werden:

- die Anwendung des Safe-Minimum-Standards zum Umgang mit Unsicherheit wird ermöglicht,
- die intra- und intergenerationelle Verteilung von Grundwasserfunktionen und -diensten werden einer Bewertung zugänglich,
- gesellschaftliche Ziele lassen sich in die Bewertung integrieren.

Bei Ungewissheit und Unwissen kann die ökonomische Bewertung von Grundwasserleistungen nicht als eigenständige Bewertung zu einem normativ sinnvollen Bewertungsergebnis führen. Weitere Bewertungsschritte erweisen sich als notwendig. In Kapitel 6.2.4 wurde in diesem Zusammenhang auf Entscheidungsregeln eingegangen sowie auf den Ansatz des Safe-Minimum-Standards (SMS). Für die Implementierung des Safe-Minimum-Standards muss auf ökologische Bewertungsansätze zurückgegriffen werden. Er setzt die gesellschaftliche Implementation von Grenzen hinsichtlich der Inanspruchnahme von Grundwasserleistungen voraus. Mithilfe dieser gesellschaftlichen Grenzsetzung sollen insbesondere ein irreversibler Systemwechsel bei Ökosystemen verhindert werden, in dessen Konsequenz hohe gesellschaftliche Kosten nicht mehr ausgeschlossen werden können. Nur diejenigen Projekte, welche die Grenzen nicht überschreiten, können mithilfe von Kosten-Nutzen-Kalkülen bewertet werden. Derartige Grenzen werden in physischen Einheiten ausgedrückt und können nicht mit Nutzen-Kosten-Überlegungen festgelegt werden. Daher kommen für deren Ableitung ökologische Bewertungsansätze zum Einsatz.

Nutzen-Kosten-Analysen können nur unvollkommen die Verteilungseffekte bei der Bewertung berücksichtigen (vgl. Kapitel 5.5 und 6.4). Die Berücksichtigung intergenerationeller, aber auch intragenerationeller Verteilungswirkungen wird im Zuge der Diskussion um Möglichkeiten und Grenzen einer nachhaltigen Entwicklung eingefordert. Nachhaltigkeitsansätze, die teilweise oder vollständig auf der Idee der starken Nachhaltigkeit aufbauen, fordern den Erhalt von Naturkapital zumindest in bestimmten Grenzen. Ökologische Bewertungsansätze scheinen in diesem Zusammenhang aus zwei Perspektiven sinnvoll einsetzbar zu sein.

Zur Operationalisierung des Konzeptes der starken Nachhaltigkeit muss zuerst die Zielvorstellung hinsichtlich einer gerechten Verteilung von natürlichen Leistungen gesellschaftlich festgelegt werden. Operabel scheint in diesem Zusammenhang der deontologische Ansatz zur Weitergabe von Umweltleistungen in einem Umfang, welcher der nachfolgenden Generation den gleichen Lebensstandard bieten kann wie der gegenwärtigen (vgl. Howarth 1997b). Ökologische Bewertungsansätze erlauben eine Zieldiskussion, denn sie können nicht nur Umweltdienste erfassen, sondern auch Umweltleistungen als die potentiell gesellschaftlich nutzbaren Grundwasserfunktionen. Hierdurch wird es möglich, unabhängig von der realen Nachfrage nach den Leistungen die Zieldiskussion zu konkretisieren. Nach der Zieldiskussion muss bei Projekten die Einhaltung der Ziele bewertet werden. Diese Bewertung kann ebenfalls durch die ökologischen Bewertungsansätze geleistet werden (vgl. Ekins et al. 2003). Die Zieldiskussion und die Kontrolle ihrer Einhaltung können sowohl im Hinblick auf die intergenerationelle, aber auch im Hinblick auf die intragenerationelle Verteilung geführt werden.

Die Nutzen-Kosten-Analyse vermag schließlich nur unvollständig, gesellschaftlich festgelegte Zielstellungen in die Bewertung aufzunehmen, gleichzeitig die individuelle Wertebasis aufrechtzuerhalten und eine realpolitisch nutzbringende Bewertungsaussage zu treffen (vgl. Kapitel 7). Der „individuelle" Bewertungsansatz kann nur die gesellschaftlichen Ziele integrieren, welche durch die Präferenzen der Betroffenen repräsentiert werden sowie die Ziele, welche über Preissignale in die normalen Wirtschaftsprozesse integriert sind. Der Bewertungsansatz im Namen der Individuen vermag zwar auch gesellschaftliche Restriktionen in die Bewertung zu integrieren, die sich noch nicht im Preissystem widerspiegeln. Da aber dies nur mithilfe von Schattenpreisen geschehen kann, entfernt sich die Bewertung sowohl von der politischen Bewertungssituation als auch von der individuellen Wertebasis.

Ökologische Bewertungsansätze können demgegenüber die Einhaltung gesellschaftlicher Zielstellungen, die Grundwassersysteme bzw. deren Leistungen betreffen, bewerten und diese Bewertungsaussagen den Bewertungsergebnissen der Nutzen-Kosten-Analyse gegenüberstellen. In diesem Kontext können nicht allein Veränderungen, sondern auch Situationen bewertet werden. Situationsbewertungen erlauben, den gegenwärtigen Entwicklungsstand mit gesellschaftlichen Zielen zu vergleichen. Derartige Aussagen sind mit Nutzen-Kosten-Analysen nicht möglich.

## 9.3 Diskussion ökonomisch-ökologischer Bewertungsansätze von Grundwasserleistungen

Ökonomisch-ökologische Bewertungsansätze sind besser geeignet, aus ökonomischer Perspektive wünschenswerte Grundwassernutzungen zu bestimmen und dementsprechend Politikoptionen zu bewerten als das wohlfahrtsökonomische Bewertungsinstrument der Nutzen-Kosten-Analyse für sich alleingenommen. Die Argumentation wird durch Abb. 9-2 zusammengefasst. Während die Nutzen-Kosten-Analyse als methodisches Instrumentarium die Effizienzbewertung mit Einschränkungen zu leisten vermag, können ökologische Bewertungsansätze zumindest zwei der drei zusätzlich notwendigen Bewertungsschritte ergänzen. Hierzu zählen die intergenerationellen Verteilungsaspekte als auch bestehende gesellschaftliche Zielstellungen gegenüber Grundwasser und seinen Funktionen. Darüber hinaus verbessern ökologische Bewertungsansätze zusätzlich die Effizienzaussage.

Die Kombination von ökonomischen mit ökologischen Bewertungsaussagen führt zu einer multikriteriellen Bewertung der Politikoptionen und lässt demzufolge auch ein Bewertungsergebnis zu, bei welchem sich die ökonomischen und ökologischen Bewertungsaussagen widersprechen. Eine eindeutige Rangfolge der Politikoptionen kann nicht mehr erwartet werden. Dieses Argument kann jedoch nicht als Nachteil der Methode angelastet werden. Einerseits werden bei einer ökonomischen Bewertung, welche mehr als zwei Szenarien in eine eindeutige Rangfolge bringt, vielfältige Annahmen getroffen. Solange nicht jede Alternative mit jeder im Rahmen einer separaten Bewertung verglichen wird, muss von einer kardinalen Nutzenmessbarkeit und interpersonellen Vergleichbarkeit der Bewertung ausgegangen werden (vgl. Kapitel 5.5). Wesentlich schwerwiegender ist jedoch andererseits das Argument, dass eine eindeutige Rangfolge mit einer ökonomischen Bewertung nur dann erzielt wird, wenn relevante Effekte vernachlässigt und nicht berücksichtigt werden, bzw. wenn externe Bewertungsschritte integriert werden, ohne diese explizit kenntlich zu machen. Denn alle im vorangegangenen Kapitel vorgeschlagenen Ergänzungsmöglichkeiten durch ökologische Bewertungsansätze füllen nur Lücken, die innerhalb der ökonomischen Bewertung nicht geschlossen werden können. Somit stellt eine, durch eine ökonomische Bewertung erzielte eindeutige Rangfolge nur eine Fiktion dar.

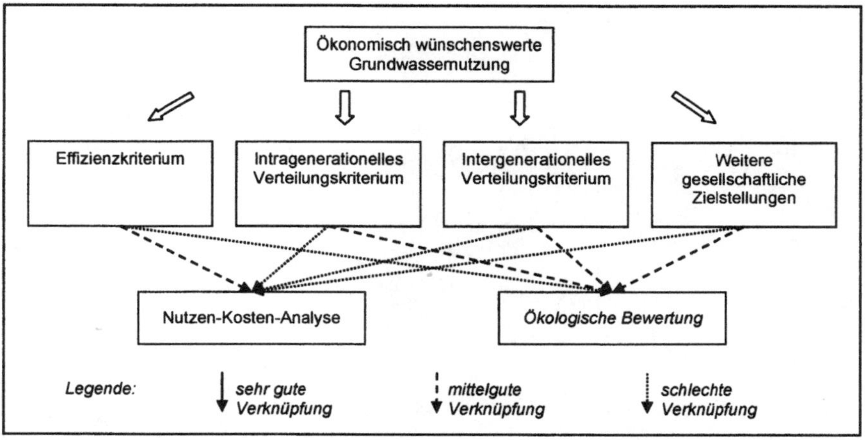


Die Kategorie „sehr gute Verknüpfung" wurde nicht vergeben.

*Abb. 9-2: Übersicht über Möglichkeiten zur inhaltlichen Ergänzung der Nutzen-Kosten-Analyse durch ökologische Bewertungsansätze*

Es soll an dieser Stelle noch einmal betont werden, dass die leichte Kombinierbarkeit beider Bewertungsansätze nur aufgrund der unterschiedlichen Merkmale beider Bewertungsansätze möglich wird. Ökologische Bewertungsansätze lassen sich deshalb leicht zur Beantwortung ökonomischer Fragen einsetzen, weil sie von vornherein kein eigenes Bewertungsziel verfolgen, sondern sich aus dem Bewertungsgegenstand her definieren. Die wohlfahrtsökonomischen Bewertungsziele konnten einfach mit der Bewertungsmethode verknüpft werden.

Die Nutzung von ökonomisch-ökologischen Bewertungsansätzen bei der Bewertung von gewässerrelevanten Politikoptionen wurde schon in anderen Untersuchungen vorgeschlagen und getestet. In diesem Zusammenhang soll beispielsweise auf das 4-Konten-Modell verwiesen werden (Rudolph 1980; Rudolph 1984; Rudolph et al. 1994; DVWK 1999; S. 11-26). Hierbei werden wasserwirtschaftliche Maßnahmen anhand ihrer Wirkung auf die Zielbereiche gesamtwirtschaftliche Effizienz, Umweltqualität, Regionalentwicklung und soziales Wohlbefinden beurteilt. Die vier Zielstellungen sollen dem Oberziel „dauerhafte Erhaltung bzw. Verbesserung der Lebensqualität" dienen. Begründet werden sie mit rechtlichen Grundlagen, anhand von Lücken bei eindimensionalen Verfahren, aber auch mit pragmatischen Argumenten, nach denen es nicht sinnvoll ist, in praktischen Entscheidungssituationen prinzipiell vorhandene Informationen nicht zu nutzen (Rudolph 1984, S. 181; DVWK 1999, S. 11). Die vorliegende Arbeit lässt sich in einer Reihe mit diesen Arbeiten sehen, grenzt sich aber von diesen ab, indem sie nicht pragmatische Überlegungen, sondern die wohlfahrtsökonomische Theorie und das wohlfahrtstheoretische Bewertungsinstrumentarium als Ausgangspunkt der Argumentation für einen ökonomisch-ökologischen Ansatz wählt.

# III. Empirischer Teil – Bewertung der Torgauer Trinkwasserschutzoptionen

## 10 Empirische Bewertung - Einführung

Die empirische Bewertung entstand im Rahmen der Mitarbeit am interdisziplinären Verbundbundprojekt „Nachhaltige Wasserwirtschaft und Landnutzung", welches 1997 bis 2000 am UFZ-Umweltforschungszentrum Leipzig-Halle GmbH unter Leitung von Frau Prof. Horsch durchgeführt wurde. Aus diesem Grund liegt dem folgenden Kapitel der Rechtsstand von 2000 zugrunde. Auf rechtliche Änderungen, die sich seitdem ergeben haben, wird an den entsprechenden Stellen verwiesen und die sich dadurch ergebenden Änderungen der Bewertungsaussage werden im Kapitel 16.2.2 diskutiert. Aufgrund des Projekthintergrundes baut die Dissertation zwangsläufig auf Zuarbeiten von anderen Wissenschaftlern auf bzw. auf Teilergebnissen, welche in Zusammenarbeit mit Projektpartnern erarbeitet wurden. Die Zuarbeiten und Zusammenarbeiten werden in den jeweiligen Kapiteln erwähnt und entsprechende Projektpublikationen zitiert. Eine Zusammenfassung dieser Angaben befindet sich außerdem in Anhang-Tab. 10-1.

Mit dem empirischen Bewertungsteil wird das Ausmaß des Trinkwasserschutzes für das Fernwasserwerk Mockritz, dem eine überregionale Bedeutung als Teil der Fernwasserversorgung zukommt, hinterfragt. Die zu bewertenden Fragen werden in Kapitel 11.5 abgeleitet. Zuvor werden in Kapitel 11 das Untersuchungsgebiet, der Torgauer Raum, vorgestellt und die zu bewertende politische Entscheidungssituation sowie die zu bewertenden Konflikte beschrieben. Gleichzeitig muss die überregionale Bedeutung der Torgauer Wasserressourcen untersucht werden.

Kapitel 12 schließt die Vorbetrachtungen zur eigentlichen Bewertung ab, indem die rechtlichen Restriktionen des Trinkwasserschutzes im Vergleich zu den flächendeckenden Restriktionen analysiert und deren Relevanz aufgrund der vorgefundenen Landnutzung des Untersuchungsraumes abgeschätzt werden. Nur die im Torgauer Raum bedeutsamen Effekte werden von der Bewertung aufgegriffen.

Mit Kapitel 13 wird die Bewertungsstruktur konkretisiert. Diese richtet sich an dem integrierten Bewertungsansatz (Klauer et al. 2001a) aus. Darüber hinaus werden die zur Anwendung kommenden Bewertungskriterien vorgestellt und begründet sowie Festlegungen zur Bewertungsperspektive, zum zeitlichen Bewertungshorizont, zum Umgang mit Unsicherheit und zur Wahl der Diskontrate getroffen.

In Kapitel 14 werden die Szenarien abgeleitet. Die szenarienbezogene Prognose der Indikatorwerte sowie der Gesamtvergleich der Indikatorwerte erfolgen in Kapitel 15. Die Diskussion der Ergebnisse sowie die Zusammenfassung (Kapitel 16) beschließen die Arbeit.

# 11 Trinkwasserschutz im Torgauer Raum – Konflikte und Bewertungsfragen

In diesem Kapitel werden die empirischen Bewertungsfragen für den Torgauer Raum konkretisiert. Deren Herleitung erfolgt in fünf Teilschritten. Zuerst wird der Untersuchungsraum kurz charakterisiert und als ländlicher Raum mit ökonomischen Problemen gekennzeichnet. Danach werden die Grundwassersysteme und die Grundwasserleistungen im Torgauer Raum vorgestellt, wobei der Leistung als Trinkwasserressource die größte Bedeutung zufällt. Drittens wird die Bedeutung der Torgauer Wasserressourcen untersucht. Die Torgauer Wasserwerke beliefern als Teil der Fernwasserversorgung Elbaue-Ostharz die mitteldeutsche Region. Um die überregionale Bedeutung näher zu charakterisieren, wurde mittels einer Befragung die überregionale Wohlfahrtswirkung des Fernwassers untersucht. Abschließend werden die Konflikte nachgezeichnet, welche im Jahr 2000 zur starken Verkleinerung des Trinkwasserschutzgebietes des Fernwasserwerkes Mockritz führten. Hieran orientieren sich die zuletzt abgeleiteten Bewertungsfragen.

## 11.1 Naturräumliche und ökonomische Charakteristik des Torgauer Raumes

Das Untersuchungsgebiet, der Torgauer Raum, liegt nordöstlich von Leipzig an der Elbe und besteht aus dem nördlichen Teil des Kreises Torgau-Oschatz. An der nordwestlichen Grenze von Sachsen gelegen, grenzt der Torgauer Raum im Westen an den Landkreis Delitzsch (Sachsen), im Norden an den Landkreis Wittenberg (Sachsen-Anhalt), im Osten an den Elbe-Elster-Kreis (Brandenburg) sowie im Südwesten an den Muldentalkreis (Sachsen). Nach Süden hin erstreckt sich der außerhalb des Untersuchungsraumes gelegene Teil des Kreises Torgau-Oschatz.

Der Torgauer Raum umfasst eine Fläche von 686 km² (Horsch/Ring 2001). Administrativ ist er in 23 Gemeinden untergliedert mit der Stadt Torgau als Zentrum und Kreisstadt. Im Jahr 1998 lebten im Untersuchungsraum 56.100 Einwohner, wobei mit 20.000 Einwohnern knapp ein Drittel der Einwohner in der Stadt Torgau wohnten. Der Torgauer Raum gehört zu den dünn besiedelten Regionen im Freistaat Sachsen, er weist eine Bevölkerungsdichte von 81 Einwohnern pro km² auf (Kindler et al. 2001).

Die Untersuchungsregion wird geologisch, geomorphologisch und landschaftlich untergliedert in die Dübener Heide (Dübener Endmoränenkomplex) im Nordwesten, in die Torgau-Dübener-Niederung im zentralen Bereich, in die Dahlener Heide (Dahlener Endmoränenkomplex) im Süden sowie in die Elbniederung im Osten. Letztere wird in die holozäne Elbaue und die weichselkaltzeitliche Niederterrasse (Annaburger Heide) unterteilt (Huth et al. 1995, S. 9).

Hinsichtlich der Landnutzung stellt sich der Torgauer Raum als überwiegend ländlich geprägt dar. Es dominieren Ackerflächen und Wald. Ackerflächen nehmen ungefähr 50% der Fläche ein, Wald ungefähr 28%, gefolgt von Grünland mit 13% (Stand 1993: Kindler et al. 2001). Der Naturressourcenschutz spielt eine bedeutende Rolle im Torgauer Raum, denn ungefähr die Hälfte der Gesamtfläche steht als Natur- bzw. Landschaftsschutzgebiet unter Schutz. Hierzu zählen die Dübener Heide, die Dahlener Heide sowie die Elbaue. Bis einschließlich des Jahres 1999 war zudem einem Drittel des Untersuchungsgebietes der Status als Trinkwasserschutzgebiet zugewiesen, wobei die Trinkwasserschutzgebiete teilweise die Natur- und Landschaftsschutzgebiete überlagerten (Horsch/Ring 2001).

Die wirtschaftliche Entwicklung seit der Wende ging mit einem dramatischen Strukturwandel und Beschäftigungsumbruch einher. Die Erwerbstätigkeit im gesamten Landkreis Torgau-Oschatz sank von 57.000 im Jahr 1989 auf unter 46.000 im Jahr 2000 (Kindler et al. 2001, StaLa Sachsen 2005). Der größte Beschäftigungseinbruch fand im primären Sektor statt. Die Einbrüche im sekundären und tertiären Sektor waren mit Ausnahme bei Kreditinstituten, Versicherungen und sonstigen Dienstleistungen ebenfalls deutlich (Kindler et al. 2001).

Mit dem Strukturwandel veränderte sich auch die Bedeutung der einzelnen Wirtschaftszweige, insbesondere innerhalb des sekundären Sektors. Vormals prägende Wirtschaftszweige, wie beispielsweise der Maschinenbau, das Textil- und Bekleidungsgewerbe und die Möbelherstellung verschwanden. Andere Wirtschaftszweige konnten erhalten werden. Hierzu zählen Ernährungsgewerbe, Glasgewerbe, Keramik sowie Verarbeitung von Steinen und Erden. Auch sind im beschränkten Umfang neue Zweige hinzugekommen, beispielsweise Holzgewerbe, Papier-, Verlags- und Druckgewerbe, chemische Industrie u. a. (Kindler et al. 2001).

Insgesamt zählt der Torgauer Raum im Hinblick auf das durchschnittliche Einkommen und die Arbeitslosenquote zu den wirtschaftsschwachen Regionen in Sachsen. Die Dynamik der wirtschaftlichen Entwicklung, aufgezeigt an Unternehmensneugründungen im sekundären und tertiären Sektor, hat seit Mitte der neunziger Jahre stark abgenommen. Gleichzeitig hat sich die Unternehmenszahl und die Umsatzentwicklung im sekundären Sektor von der Entwicklung der Erwerbstätigen abgekoppelt (Kindler et al. 2001).

## 11.2 Wesentliche Grundwasserleistungen und -dienste im Torgauer Raum

### 11.2.1 Grundwassersysteme im Torgauer Raum

Im Torgauer Raum unterscheiden sich die in Kapitel 11.1 vorgestellten naturräumlichen Teilgebiete sehr deutlich in der Ausprägung der Grundwasserleiter und der Grundwasserbedeckung. In der *Elbtalwanne* liegt ein weitgehend durchgehender, 40 – 50 m mächtiger Grundwasserleiter, der von Auelehm unterschiedlicher Mächtigkeit und Konsistenz bedeckt wird. Nur lokal wird der Grundwasserkörper durch bindige Schichten in separate Grundwasserleiter untergliedert (Trettin et al. 2001). Die Seitenerosion der mäandrierenden Elbe hat im westlichen Randbereich lokal eine deutliche Geländestufe ausgebildet, welche eine naturräumliche und landschaftliche Grenze zu den Heidegebieten bildet. Nach Westen hin schließen sich die teilweise bewaldeten *Hochflächen* der *Dübener Heide* und der *Dahlener Heide* an. Diese erreichen Höhen von mehr als 170 m NN (Torgau-Ost) bzw. 130 m NN (Mockritz) und liegen deutlich über dem Elbpegel von Torgau (ca. 78 m NN). Unter den Hochflächen liegt ein Stauchendmoränensystem, in dem unterschiedlich alte Sedimente in komplexer vertikaler und lateraler Abfolge ein nur schwer zu beschreibendes Grundwasserleitersystem bilden. Überdeckt werden die Grundwasserleiter durch leichte Böden (Trettin et al. 2001). Die Dübener und die Dahlener Heide werden durch eine breite Niederung, die *Torgau-Dübener-Niederung*, getrennt (Huth et al. 1995, S. 9-10). Die ostelbigen Gebiete sind durch großflächige Schotter und somit durch großflächig gute Grundwasserleiter gekennzeichnet. Die Grundwasserleiter werden in der Nähe der Elbe durch Auelehm, im Bereich der sich östlich anschließenden *Niederterrassen* durch leichte Böden überdeckt (vgl. Huth et al. 1995, S. 31-36).

Im Rahmen des Wasserkreislaufes kommuniziert das Grundwasser mit der Landoberfläche und mit den Oberflächengewässern. Die Kommunikation zwischen der Landoberfläche und dem Grundwasser erfolgt im Wesentlichen gerichtet, indem der Niederschlag an der Erdoberfläche versickert und den Grundwasserkörper auffüllt. In Regionen mit einem hohen Grundwasserstand beeinflusst jedoch das Grundwasser auch die Böden und die Ökosysteme. Der Grundwasserflurabstand liegt mit Ausnahme der Hochflächen zwischen 0 – 5 m unter der Oberfläche. Die geringsten Flurabstände treten im Raum der Torgau-Dübener-Niederung, in der Umgebung der ostelbigen Niederterrassen sowie in unmittelbarer Nähe der Fließgewässer auf (Huth et al. 1995, S. 38). Entsprechend gelten die Böden der Niederung und der Elbaue als grundwasserbeeinflusst (Huth et al. 1995, S. 129-134). Unter den Hochflächen beträgt der Grundwasserflurabstand bis zu 30 m (Nestler et al. 2003, 186-187).

Das Grundwasser kommuniziert auch mit den Oberflächengewässern des Untersuchungsraumes. Das dominanteste Oberflächengewässer ist die Elbe. Sie durchfließt das Untersuchungsgebiet in mehr oder weniger starken Mäandern von Südwest nach Nordost. In der Torgau-Dübener-Niederung fließen mehrere größere Gräben, wie der Röhrgraben, der Lange Dammgraben, die Rote Furth und der Schwarze Graben. Sie versorgen die künstlich angelegten Teiche in der Nähe von Torgau bzw. münden in die Weinske, welche ihrerseits in der Elbaue nördlich fließt und am Nordrand des Untersuchungsgebietes in die Elbe mündet. Daneben existieren mehrere kleine Fließgewässer, welche die Höhenzüge entwässern und in die Weinske bzw. direkt in die Elbe münden. Im ostelbigen Bereich existieren außer kleineren Gräben und Grabensystemen keine bedeutenden Fließgewässer. Weiter werden oberirdische Drainagesysteme (im Bereich der Niederung) sowie unterirdische Drainagesysteme im Bereich außerhalb der Elbaue erwähnt (Huth et al. 1995, S. 37, 139; Trettin et al. 2001; Nestler et al. 2003, S. 222). Die Oberflächengewässer des Untersuchungsraumes werden durch Grundwasser gespeist. Gleichzeitig infiltrieren die Oberflächengewässer auch in das Grundwasser. Dies trifft auf die Elbe, auf Teile des Schwarzen Grabens, auf die Weinske und wahrscheinlich auch auf den großen Teich zu (Trettin et al. 2001; Nestler et al. 2003, S. 212).

### 11.2.2 Grundwasserleistungen und -dienste im Untersuchungsraum

Das Grundwasser sowie die Oberflächengewässer bieten im Torgauer Raum gesellschaftlich wichtige Leistungen an. Eine generalisierende, systematische Übersicht zu Grundwasserleistungen wird bereits in Kapitel 2.2 (vgl. Tab. 2-1) gegeben. Im Folgenden wird beschrieben, dass im Untersuchungsraum

- Grundwasser die Abprodukte wirtschaftlicher Aktivitäten aufnimmt und auch teilweise abbaut,
- Grundwasser als Trinkwasserressource genutzt wird,
- die grundwasserbeeinflussten Oberflächengewässer genutzt werden,
- Grundwasser die Standorteigenschaften von Biotopen beeinflusst.

Das Grundwasser nimmt Emissionen auf, die von den Landnutzungen in den Boden abgegeben werden und welche sich im Sickerwasser gelöst bzw. selbstständig durch die Bodenschichten in die Tiefe verlagern. Nahezu alle Landnutzungen des Torgauer Raumes werden in der Literatur im Zusammenhang mit Grundwassergefährdungen aufgeführt, wie

- Landwirtschaft mit Emission von Pflanzennährstoffen, besonders Nitrat, Pflanzenschutzmitteln, aber auch Schwermetallen (vgl. z.B. Wendland 1992; Haber/Salzwedel 1992, S. 110-118; Skark/Zullei-Seibert 1996; LfUG 2002);
- Straßen mit Emissionen von Reifenabrieb, Mineralölen, Schwermetallen im Niederschlagsablauf (vgl. Tegethof 1998; Hahn et al. 2000, S. 8-26; Gantner 2002, S. 86-89 für einen Überblick von empirischen Forschungsergebnissen);
- Siedlungen mit Abwasseremissionen aus Leckagen der Kanalisation (vgl. Härig/Mull 1992; Dohmann 1999; Wolf et al. 2004), aber auch mit Emissionen im Zuge der Niederschlagsversickerung, bspw. Metallionen aus Dächern und Regenrinnen (Gantner 2002, S. 81-86) zusätzlich zum Straßenablauf;
- Gewerbebetriebe mit einem Gefahrenpotential unterschiedlichster Emissionen[94].

---

94 Das Spektrum von wassergefährdenden Stoffen in Gewerbe- und Industriebetrieben differiert je nach Sektor, Produkten und Produktionsverfahren sehr stark. Neben der jeweiligen Nutzung wassergefährdender Stoffe üben die Anlagensicherheit und der Unfallschutz einen wichtigen Einfluss auf die Grundwasserge-

In diesem Zusammenhang müssen auch die Altlasten im Torgauer Raum erwähnt werden. Im Jahr 1999 waren allein auf dem Gebiet des TWSG Mockritz ungefähr 170 Verdachtsflächen für Altablagerungen und Altstandorte und auf dem Gebiet des TWSG Torgau-Ost 44 Flächen registriert. Während vielen dieser Verdachtsflächen höchstens eine kleinräumige Bedeutung zukommt, sind die ehemaligen Werke der Sprengstoffindustrie WASAG Elsnig und MUNA Süptitz aus dem Zweiten Weltkrieg sowie der ehemalige Luftschießplatz der sowjetischen Armee westlich von Belgern von besonderem Interesse. Nordöstlich der WASAG wurde eine relativ große Schadstofffahne von Sprengstoffderivaten im Grundwasser nachgewiesen (vgl. Trettin et al. 2001).

Mit der Aufnahme derartiger Stoffe im Boden und deren teilweise Ableitung ins Grundwasser verschwinden diese von der Landoberfläche. Eine Interpretation des Prozesses der Aufnahme der skizzierten Emissionen als Grundwasserleistung und dementsprechend als potentielle Nutzenstiftung bedarf jedoch einer differenzierten Betrachtung. Denn teilweise verbinden sich mit derartigen Emissionen keine Nutzenstiftungen für die Landnutzer. Beispielsweise könnten die Landwirte Produktionsfaktoren sparsamer einsetzen, wenn die Düngemittel und Pestizide nicht so schnell mit dem Niederschlag in die tieferen und für Pflanzen nicht erreichbaren Bodenschichten ausgewaschen würden. Es scheint sich bei solchen Fällen eher um eine „technologische Gegebenheit" der Landnutzung zu handeln als um eine Nutzenstiftung. Jedoch kann das Aufnahmevermögen des Bodens/Grundwassers auch als ökonomische Dienstleistung in Anspruch genommen und zielgerichtet ausgenutzt werden. Hierbei wäre die Beseitigung von Wirtschaftsdünger (Gülle, Stallmist) zu nennen, wenn diese nicht allein mit dem Ziel der Pflanzendüngung, sondern der Wirtschaftsdüngerbeseitigung über die von den Pflanzen aufnehmbare Menge hinaus verbunden ist (Haber/Salzwedel 1992, S. 100).

Ein Teil der durch die Landnutzungen in den Boden abgegebenen Stoffe wird bereits im Boden umgesetzt bzw. im Boden gespeichert[95]. Die Stoffe, die sich in das Grundwasser verlagern, werden zusammen mit diesem zeitverzögert wieder in die Oberflächengewässer, im Torgauer Raum beispielsweise in die Elbe, die Weinske und in den Schwarzer Graben, abgegeben. Zuvor können sich die wasserlöslichen Komponenten der Emissionen mit dem Grundwasserkörper vermischen. Gleichzeitig erfolgt in der Regel eine Hygienisierung des neu gebildeten Grundwassers. Diese Veränderungen stellen potentielle Nutzenstiftungen und somit Grundwasserleistungen dar. Die Konzentration der in das Grundwasser eingetragenen Stoffe verringert sich mit der Folge, dass etwaige negative Wirkungen lokaler Emissionen abgepuffert werden. Darüber hinaus verzögern sich die Wirkungen von großflächigen, dauerhaften Emissionen zeitlich und damit verbunden auch etwaige negative externe Effekte. Aufgrund der Mächtigkeit des Grundwasserleiters im Torgauer Raum sowie der teilweise langen Fließzeiten des Grundwassers müssen derartige Effekte bei der Bewertung berücksichtigt werden.

Von Bedeutung sind weiterhin chemische Umwandlungsprozesse von in den Grundwasserkörper eingetragenen Stoffen. Typische Beispiele hierfür sind der autotrophe und heterotrophe Nitratabbau im Grundwasserkörper (Wendtland 1992, S. 35-37 u. 89-95; Wendland/Kunkel 1999, S. 20-31; Wichmann et al. 2003, S. 126). Weil diese Prozesse sich für die Bewertung als relevant erwiesen haben, wird näher auf sie eingegangen. Die autotrophe Denitrifikation (Nitratabbau) beschreibt eine bakterielle Redoxreaktion zwischen Nitrat und Sulfiden und/oder Eisen. Das Nitrat wird zu molekularem Stickstoff abgebaut, gleichzeitig ent-

---

fährdung von Gewerbe- und Industriebetrieben aus (vgl. u. a. Brauer 1996). Eine Übersicht über die im Torgauer Raum genutzten wassergefährdenden Stoffe bieten Horsch/Geyler (1999).

95 Vgl. Franko et al. (2001) für Beispiele von Umsetzungsprozessen unter landwirtschaftlichen Böden; Macke (1999) für Umsetzungsprozesse von Stoffen aus Kanälen; Tegethof (1998, S. 16-18) zu Prozessen der Speicherung bzw. der Umsetzung von Stoffen aus dem Straßenablauf im Bankett.

steht unter anderem Sulfat. Diese Reaktion findet nur unter anaeroben Verhältnissen statt. Gleichung 11-1 beschreibt das Reaktionsprinzip (nach Wichmann et al. 2003, S. 126):

*Nitrat + Sulfide+ ... → Stickstoff + Sulfat + ...*[96] *Gleichung 11-1*

*Nitrat + Organischer Kohlenstoff + ... → Stickstoff +Kohlendioxid + ...*[97] *Gleichung 11-2*

Bei der heterotrophen Denitrifikation (Gleichung 11-2 – nach Wichmann et al. 2003, S. 126) werden Kohlenstoffquellen, vor allem leicht abbaubare, wasserlösliche Kohlenstoffverbindungen, als Sauerstoffakzeptor genutzt. Für die Torgauer Elbaue gibt es Anhaltspunkte für beide Denitrifikationsprozesse insbesondere im Bereich der Elbaue (Nestler et al. 2003, S. 217 u. 222).

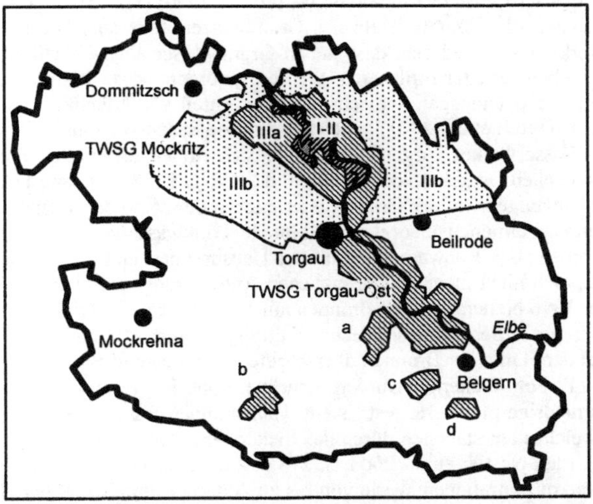


a – TWSG Mehderitzsch; b – TWSG Schildau; c – TWSG Mahitzschen; d – TWSG Neußen; außer bei m TWSG Mockritz wurde nur die Schutzzone III dargestellt.

*Quelle: StUFA (1995), verändert; Zuarbeit von A. Kindler/UFZ-Umweltforschungszentrum Leipzig-Halle GmbH*[98].

*Abb. 11-1: Trinkwasserschutzgebiete im Torgauer Raum – Stand 1999*

Mit der Fähigkeit zur Speicherung von Grundwasser, dessen Schutz vor Verunreinigungen durch die Bodenschichten und der Möglichkeit des Konzentrationsabbaus von Schadstoffen durch Mischungs- und Abbauprozesse bietet der Grundwasserleiter die ökonomische Leistung als Trinkwasserressource an. Diese wird für verschiedene Trinkwasserdienste genutzt, nämlich als Trinkwasserressource für Hausbrunnen von Grundstücken, als Trinkwasserressource für lokale Trinkwasserbrunnen zur Versorgung von einzelnen Ortschaften und als Trinkwas-

96 Reaktionsgleichung: $30NO_3^- + 10FeS_2 + 10H_2O \rightarrow 15N_2 + 20SO_4^{2-} + 10FeOOH + 10H^+$

97 Reaktionsgleichung: $5CH_2O + 4NO_3^- \rightarrow 4HCO_3^- + 2N_2 + CO_2 + 3H_2O$

98 Im Rahmen des Verbundprojektes Nachhaltige Wasserbewirtschaftung und Landnutzung – s. Kapitel 10.

serressource für die großmaßstäbliche Förderung von Trinkwasser durch Uferfiltratgewinnung.

Eigenheimversorgung durch Hausbrunnen stellte insbesondere im ostelbigen Bereich die Standardversorgungslösung bis Mitte der neunziger Jahre dar. Gefördert wurde vor allem oberflächennahes Grundwasser. Weiterhin existierten bis zu Beginn der neunziger Jahre 11 regionale und lokale Trinkwasserversorgungsanlagen mit jeweils einer Kapazität von bis 2.000 $m^3 d^{-1}$, von denen Ende 1999 noch vier Anlagen genutzt wurden (vgl. Abb. 11-1). Die Brunnen dieser Anlagen fördern hauptsächlich nur Grundwasser, welches durch Niederschlag gebildet wurde. Seine Bedeutung für die mitteldeutsche Trinkwasserversorgung erlangt der Untersuchungsraum aufgrund der großmaßstäblichen Uferfiltratgewinnung der Fernwasserwerke in der westelbigen Aue. Der Ausbau der Fernwasserwerke erreichte in den achtziger Jahren seinen Höhepunkt. Damals hatten die nördlich von Torgau gelegenen Fernwasserwerke Mockritz-Elsnig eine Kapazität von 120.000 $m^3 d^{-1}$. Das südlich von Torgau gelegene Wasserwerk Torgau-Ost leistete 150.000 $m^3 d^{-1}$ (Foltan 1996) (vgl. Abb. 11-1). Die Brunnen dieser Werke nutzen die gesamte Tiefe des Grundwasserleiters aus. Die großmaßstäbliche Förderleistung erklärt sich dadurch, dass neben Grundwasser auch Uferfiltrat, d. h. aus der Elbe in den Grundwasserleiter infiltriertes Wasser, gefördert wird. In Abhängigkeit von der räumlichen Lage der Brunnengalerien schwankt der Anteil von Uferfiltrat je nach Förderregime beträchtlich. Trettin et al. (2001) geben hierfür eine Spanne von unter 20% bis über 75% an. Südlich des Wasserwerkes Torgau-Ost befindet sich ein weiteres potentielles Fördergebiet mit einem theoretischen Dargebot von 86.000 $m^3 d^{-1}$ (LfUG 1996a, Anhang 11).

Trotz seiner Nutzungen war der Grundwasserleiter in der Mitte der neunziger Jahre für die Dienstleistungen Hausbrunnenversorgung und lokale Trinkwasserversorgung in starkem Maße entwertet worden. Die Rohwasserqualität bei Hausbrunnen und bei einigen lokalen Förderbrunnen entsprach nicht mehr den gesetzlichen Anforderungen. Bei einem Test der Hausbrunnen im Jahr 1996 hielten von 330 Brunnen nur fünf Prozent die Trinkwassernormen vollständig ein. Der gesetzlich vorgeschriebene Nitratgrenzwert (50 mg $l^{-1}$ – TrinkwV 1990, 2001) wurde bei der Hälfte der Brunnen überschritten. Jeder zweite Brunnen wies Nitratwerte von über 90 mg $l^{-1}$ auf. Weiterhin wurden mehrfach hohe Konzentrationen an Mangan und Eisen sowie zu niedrige pH-Werte festgestellt. Hausbrunnen fassen nur das oberflächennahe Grundwasser, welches am stärksten durch das Sickerwasser beeinträchtigt wird (LA Torgau-Oschatz 2000a). Laut Nestler et al. (2003, S. 218 u. 222) erreichen in diesen Grundwasserbereichen die Nitratkonzentrationen Werte von bis zu 200 mg $l^{-1}$ im Gebiet der Hochfläche und Werte von bis zu 100 mg $l^{-1}$ in der Elbaue.

Bei einigen lokalen Wasserwerken waren ebenfalls Nitratwerte mit teilweise beträchtlichen Grenzwertüberschreitungen sowie biologische Belastungen gefunden worden[99]. Andere Wasserwerke, wie Mehderitzsch, Mahitzschen und Neußen (vgl. Abb. 11-1) produzierten dagegen sauberes Trinkwasser[100]. Eine mögliche Ursache für die unterschiedlichen Qualitäten liegt in der Landnutzung des jeweiligen Einzugsgebietes. Die Wasserwerke Mehderitzsch und Mahitzschen fördern Wasser, welches hauptsächlich unter Wald gebildet wurde.

Die Wasserqualität des Fernwassers liegt dagegen bei fast allen Güteparametern weit unterhalb der in der Trinkwasserverordnung geforderten Werte (TrinkwV 1990, TrinkwV 2001)[101]. Die Einhaltung der Güteparameter ist in der Rohwasserqualität begründet, denn die

99 Z. B. bei den vor dem Jahr 1999 aufgelösten Wasserfassungen Belgern-Turm, Wohlau und Liebersee.

100 Trinkwasserbeprobungen der ehemaligen Kreishygieneinspektion des Kreises Torgau für die Jahre 1981 bis 1991 (LA Torgau-Oschatz 2000a).

101 Kritischster Parameter ist der Sulfatgehalt. Die mittleren Sulfatwerte lagen 1998 und 1999 bei ungefähr 150 mg $l^{-1}$ für WW Torgau-Ost und bei 200 mg $l^{-1}$ für das WW Mockritz. Die Trinkwasserverordnung (TrinkwV 1990/Anlage 4 u TrinkwV 2001/Anl. 3) schreibt einen Wert von 240 mg $l^{-1}$ vor, erlaubt bei geogen bedingten Ursachen jedoch Konzentrationen bis zu 500 mg $l^{-1}$. Eine detaillierte Untersuchung zu

Aufbereitung des Wassers beschränkt sich auf die Kombination von Belüftung/Gasaustausch mit anschließender Flockung und Filtration. Diese Kombination stellt die typische Aufbereitung von sauerstoffarmen und entsprechend eisen- und manganreichen Grundwässern dar und verbessert insbesondere die Parameter pH-Wert, Sauerstoff-, Eisen-, Mangangehalt (vgl. FEO 1993-2000)[102]. Die Tab. 11-1 illustriert den Zusammenhang und die Unterschiede zwischen chemischen Parametern im Grundwasser (letzte Spalte), der Rohwasserqualität (mittlere Spalte) und der Reinwasserqualität des Fernwassers für einige Parameter. Gelöste organische Verbindungen im Rohwasser weisen auf den qualitativen Einfluss des Elbwassers hin. Die Qualität des Elbwassers hat sich seit 1990 verbessert und entsprechend die Rohwasserqualität hinsichtlich organischer Chlorverbindungen beeinflusst (vgl. FEO 1993-2000).

*Tab. 11-1: Mittlere Reinwasserparameter und Rohwasserdaten eines Förderbrunnens des Wasserwerkes Torgau-Ost sowie Grundwassermesswerte*

| **Parameter** | **Reinwasser mittlere Werte** (a) **1995 - 1997** | **Rohwasser Brunnen 22 Medianwerte** (b) **1995 – 1997** | **Grundwasserproben Umgebung Brunnen 22 Medianwerte** (b) **1995 - 1997** |
|---|---|---|---|
| **pH** | 7,7 - 7,8 | 6,6 | 5,9 - 6,8*<br>6,1 - 6,9**<br>6,3 - 6,7*** |
| **Eisen** [mg $l^{-1}$] | 0,028 - 0,058 | 14,4 | 0 *<br>0,3 - 14,5**<br>8,4 - 38,5*** |
| **Leitfähigkeit** [µS $cm^{-1}$] | 573 - 595 | 581 | 486 - 575*<br>466 - 761**<br>467 - 833*** |
| **Nitrat** [mg $l^{-1}$] | 1,6 - 2,4 | 1,6 | 12,4 - 28*<br>< 1**<br>< 1*** |
| **Sulfat** [mg $l^{-1}$] | 147 - 156 | 162 | 90 - 168*<br>104 - 257**<br>107 - 283*** |

* oberer , ** mittlerer, *** unterer Teufenbereich der Messstellen.

*Quellen: (a) FEO (1993-2000); (b) Nestler et al. (1998, S. 107-111), verändert.*

Die Oberflächengewässer im Untersuchungsraum werden aus dem Grundwasser gespeist. Entsprechend wird deren Wasserqualität vom Grundwasser determiniert. Tab. 11-2 zeigt die Gewässergüte[103] der Elbe sowie des Fluss-Systems „Schwarzer Graben/Weinske". Die Elbe wird hierbei als mäßig belastet eingestuft. Die lokalen Fließgewässer sind mäßig bis kritisch belastet. Die Gewässerqualität hat sich seit Mitte der neunziger Jahren um eine halbe bis eine ganze Gewässerqualitätsklasse verbessert (vgl. Tab. 11-2). Es muss jedoch davon ausgegan-

anthropogenen und natürlichen Ursachen für den Sulfatgehalt im Rohwasser des WW Mockritz lieferte die Untersuchung von Nestler et al. 2003. Sie zeigt sehr komplexe Ursachen auf, wobei das Gewicht der einzelnen Ursachen nicht eindeutig geklärt werden konnte.

102 Außerdem wird der Gehalt an gelöster organischer Substanz (DOC) verringert (ebenda).

103 Die Gewässergüteklassen werden durch die Bewertung des Makro- und Mikrozoobenthos, der physiographischen Gewässermerkmale sowie einiger chemischer Parameter erstellt (LfUG 2003, S. 8-9).

gen werden, dass dieser Trend beim Schwarzen Graben und der Weinske nicht anhält (LfUG 2003, S. 31).

*Tab. 11-2: Gewässergüte von Fließgewässern im Untersuchungsraum für 1994 und 2003*

| Fließgewässer | Gewässergüte 1994* | Gewässergüte 2003** |
|---|---|---|
| Elbe | III (stark verschmutzt) | II (mäßig belastet) |
| Schwarzer Graben | III (stark verschmutzt) | II-III (kritisch belastet) |
| Rothe Furth | II-III (kritisch belastet) | II (mäßig belastet) |
| Weinske | | II (mäßig belastet) bis II-III (kritisch belastet) |

*Quelle: * Huth et al. (1995, S. 124); ** LfUG (2003, S. 31).*

Als langfristig anzustrebende Gewässergüte wird im Landschaftsrahmenplan die Güteklasse I-II (geringfügig belastet) genannt (Huth et al. 1995, S. 212). Der Grundwasserqualität kommt bei der Entwicklung eine Bedeutung zu, daneben wird die Oberflächengewässerqualität zusätzlich durch Abwassereinleitungen aus Punktquellen (Betriebe und kommunale Kläranlagen), aber auch durch weitere diffuse Einträge durch die Landwirtschaft (z. B. Bodenerosion) belastet. Eine Quantifizierung des Einflusses des Grundwassers auf die Gewässerqualität und somit eine Würdigung dieser Grundwasserleistung kann ohne eine kleinräumige hydrogeologische Analyse nicht erreicht werden und wird im Rahmen dieser Arbeit nicht geleistet.

Die lokalen Fließgewässer, insbesondere der Schwarze Graben und die Weinske, werden als Angelgewässer genutzt (Huth et al. 1995, S. 114). Die künstlichen Seen bei Torgau, welche auch durch den Schwarzen Graben gespeist werden, dienen der kommerziellen Fischzucht. Der größte dieser Seen, der Große Teich bei Torgau, beeinflusst seinerseits sowohl mengen- als auch qualitätsmäßig die Weinske, da er in diese entwässert (LfUG 2003, S. 31).

In der Torgau-Dübener-Niederung und in der Elbaue beeinflusst das Grundwasser aufgrund der dortigen geringen Grundwasserflurabstände die Oberflächenbiotope (Huth et al. 1995, S. 138; Nestler et al. 2003, S. 186). Vor allem in der Niederung befinden sich Biotoptypen hoher Empfindlichkeit, die auf einen sehr hohen Grundwasserstand angewiesen sind (z. B. Feuchtwiesen, sowie Sumpf- und Bruchwälder - Huth et al. 1995, S. 139). In der Elbaue herrschen aufgrund der intensiven landwirtschaftlichen Nutzung außerhalb der eingedeichten Fläche weniger empfindliche Biotope vor. Die Leistung des Grundwassers als abiotischer Standortfaktor wurde jedoch aufgrund von landwirtschaftlichen Drainagesystemen stark eingeschränkt, in deren Folge sich die Grundwasserflurabstände veränderten, so in der Torgau-Dübener-Niederung (Huth et al. 1995, S. 139). Hinsichtlich der zuletzt betrachteten Umweltleistungen des Grundwassers muss konstatiert werden, dass deren kleinräumig konkrete Einschätzung nur im Rahmen von detaillierten Untersuchungen näher erarbeitet werden kann, wobei der Wert der Leistungen neben der Grundwasserqualität und dem kleinräumigen Grundwasserregime von einer Vielzahl weiterer Einflussgrößen überlagert wird, z. B. der Flächennutzung der betroffenen Biotope und Schutzmaßnahmen zum Erhalt der Feuchtökosysteme.

## 11.3 Beitrag des Torgauer Raumes zur Trinkwasserversorgung in Mitteldeutschland

### 11.3.1 Die Entwicklung der Fernwasserversorgung im mitteldeutschen Raum

Die Fernwasserversorgung Elbaue Ostharz umfasst gegenwärtig drei Wasserwerke in Sachsen und drei Wasserwerke in Sachsen-Anhalt. Zwei der in Sachsen liegenden Fernwasserwerke befinden sich im Untersuchungsraum (vgl. Abb. 11-1). Die mittleren Kapazitäten der beiden in der Elbaue liegenden Wasserwerke Torgau-Ost und Mockritz belaufen sich auf 120.000 $m^3$ $d^{-1}$ bzw. 70.00 $m^3$ $d^{-1}$ (SMUL/LfUG 2002, S. 85). Das dritte, ausschließlich Grundwasserwasser fördernde Werk Kossa mit einer technischen Kapazität von ca. 16.500 $m^3$ $d^{-1}$ (SMUL/LfUG 2002, S. 85) liegt im sächsischen Teil der Dübener Heide knapp außerhalb des Untersuchungsraums. Von den sachsen-anhaltinischen Werken liegen die zwei Wasserwerke Pretzsch und Sachau ebenfalls in der Elbaue, allerdings nordwestlich vom Torgauer Raum. Sie fördern Uferfiltrat und Grundwasser und haben eine technische Kapazität von ca. 35.000 $m^3$ $d^{-1}$. Ein weiteres Standbein der Fernwasserversorgung ist das Wasserwerk Wienrode im Ostharz mit einer mittleren Kapazität von knapp 250.000 $m^3$ $d^{-1}$, welches die Bodetalsperren nutzt (vgl. Foltan 1999; Trettin et al. 2001).

Zur überregionalen Verteilung des Wassers verfügt die Fernwasserversorgung über ein Leitungsnetz von über 700 km Gesamtlänge[104], welches den Regierungsbezirk Leipzig in Sachsen sowie den südlichen Teil von Sachsen-Anhalt erfasst (SMUL/LfUG 1998, S. 81). Von den Elbwasserwerken führt ein südlicher Leitungsstrang nach Leipzig, Halle und mittlerweile auch durch den Südraum des Regierungsbezirks Leipzig bis nach Zeitz. Der nördliche Leitungsstrang versorgt den Bitterfelder und Dessauer Raum und trifft nördlich von Halle mit der Fernwasserleitung vom Ostharz zusammen. Dadurch werden durch die Elbwasserwerke die Regierungsbezirke Leipzig, Dessau und Halle mit versorgt. Der Hauptteil der Förderung der sächsischen Fernwasserwerke verbleibt jedoch im Regierungsbezirk Leipzig. So wurden im Jahr 1997 nur ungefähr 20% der bereitgestellten Fernwassermenge nach Sachsen-Anhalt exportiert (SMUL/LfUG 1998, S. 81; vgl. Abb. 11-2).

Die Konzentration der überregionalen mitteldeutschen Wasserversorgung im Torgauer Raum und im Ostharz wird anhand der historischen Entwicklung verständlich[105]. Die Idee zur Nutzung der reichen Wasservorkommen im Urstromtal der Elbe zwischen Riesa und Wittenberg sowie in der Dübener Heide reichen bis in die zwanziger Jahre des vergangen Jahrhunderts zurück. Hierbei wurde die Zielstellung verfolgt, den stark steigenden Trinkwasserbedarf zu sichern, der sich aus dem Wachstum der Industrie und Bevölkerung in den Ballungsräumen Bitterfeld, Halle-Merseburg und Leipzig ergab. Die im Zeitraum 1938 bis 1944 entstandenen Wasserwerke Pretzsch, Elsnig und Mockritz sowie Kossa wurden jedoch zuerst nur für die Brauchwasserversorgung der in der Nähe liegenden Sprengstoffwerke eingesetzt. Nach dem zweiten Weltkrieg und der Instandsetzung der demontierten Wasserwerke wurde ab 1948 die Umgebung beliefert. In den Folgejahren bis 1965 wurden alle alten Wasserwerke wieder in Betrieb genommen sowie die Werke in Sachau und Kossa neu errichtet und wesentliche Teile des Fernleitungsnetzes verlegt. Das WW Mockritz wurde bis zum Jahr 1981 auf eine Förderleistung von ungefähr 109.000 $m^3$ $d^{-1}$erweitert und erreichte zusammen mit dem in der Nähe liegenden Wasserwerk Elsnig[106] eine technische Wasserwerkskapazität von ca. 120.000 $m^3$ $d^{-1}$. In den Jahren 1981 bis 1987 wurde das letzte Wasserwerk Torgau-Ost südlich von Torgau mit einer Kapazität von 150.000 $m^3$ $d^{-1}$ errichtet.

104 www.fwv-torgau.de/home.html, abgerufen am 10. 12. 2005.

105 Die folgende Beschreibung lehnt sich im Wesentlichen an Foltan (1996) an.

106 Das Wasserwerk Elsnig wurde 1998 zurückgebaut.

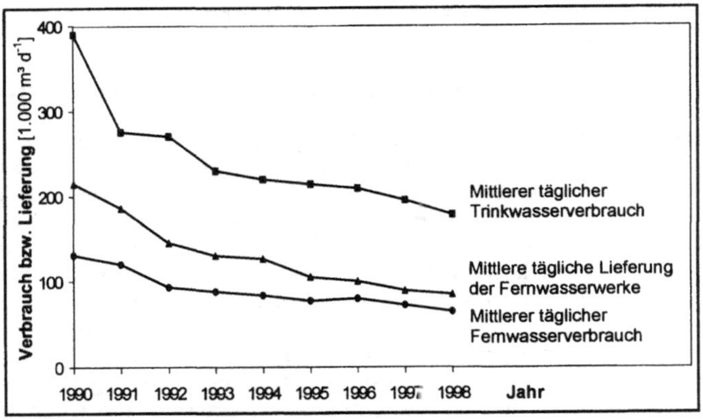


*Quelle: StUFA Leipzig, Auskunft vom 08.02. und 04.12.2000; FEO, Auskunft vom 14.03.2001.*

*Abb. 11-2: Entwicklung des Trinkwasserverbrauches, der Fernwasserlieferung[107] und des Fernwasserverbrauches im Regierungsbezirk Leipzig*

Im Ostharz wurde seit Beginn des Jahrhunderts zusammen mit der Diskussion um den Hochwasserschutz auch die Trink- und Brauchwassernutzung des Talsperrenwassers diskutiert. Der Bau des Talsperrensystems wurde 1938 begonnen, jedoch erst 1959 fertiggestellt. Im Jahr 1966 fusionierten die Fernwasserversorgung der Elbaue und des Ostharzes zu der bis zur Gegenwart bestehenden überregionalen Struktur. Der danach durchgeführte Ausbau der Fernwasserwerke sowie des Leitungsnetzes bis 1989 diente der Befriedigung von mehreren Entwicklungstendenzen bei der Wassernachfrage. Einerseits stieg der Wasserbedarf für die Bevölkerung und Industrie ständig an, bei gleichzeitig hohen Leitungsverlusten. So betrug der personenbezogene Gesamtverbrauch[108] im Regierungsbezirk Leipzig für 1990 über 300 Liter pro Einwohner und Tag ($l\ E^{-1}\ d^{-1}$) (SMU/LfUG 1997). Andererseits gingen die für die Trinkwasserversorgung nutzbaren lokalen Ressourcen durch geogene und anthropogene Einflüsse, aber auch aufgrund des geplanten Braunkohleabbaus mit dem sich dadurch ergebenden Verlust an Trinkwasserressourcen (SMUL/LfUG 1998, S. 7) zurück. Infolge der zentralen Trinkwasserplanung sowie den großräumigen Versorgungsstrukturen wurde die Trinkwassernachfrage stark gebündelt und die Fernwasserversorgung zielgerichtet zur Bedarfsdeckung ausgebaut. So belieferte die damalige Fernwasserversorgung nur drei Wasserversorger: die VEB Wasserversorgung und Abwasserbehandlung (WAB) Leipzig, Halle sowie Magdeburg. Diese WAB waren jeweils für den gesamten Bezirk als Trinkwasserversorger verantwortlich (SMUL/LfUG 1998, S. 10)[109]. Die Fernwasserversorgung belieferte selbst nicht direkt die Haushalte, sondern stellte das Wasser den WAB zur Verfügung.

Mit der Wiedervereinigung entstanden völlig neue Rahmenbedingungen für die Fernwasserwerke. Der Betrieb wurde in eine GmbH umgewandelt. Wesentlich gravierender waren

107 Die Differenz zwischen Fernwasserlieferung und -verbrauch im Regierungsbezirk Leipzig ergibt sich auf Grund des Fernwasserexports nach Sachsen-Anhalt.

108 Der personenbezogene Gesamtverbrauch bzw. spezifische Gesamtwasserbedarf ist die Summe aus dem Trinkwasserverbrauch der Bevölkerung, der Industrie, Landwirtschaft und öffentlichen Hand zuzüglich der Leitungsverluste und des Eigenbedarfs der Wasserwerke dividiert durch die Bevölkerungszahl (vgl. SMUL/LfUG 1998, S. 21).

109 Der VEB WAB Leipzig umfasste ungefähr das Gebiet des derzeitigen Regierungsbezirkes Leipzig.

jedoch die Veränderungen hinsichtlich der Rahmenbedingungen gegenüber der Zeit, in der die Fernwasserversorgung konzipiert und errichtet wurde. Besonders deutlich zeigt sich diese Veränderung in dem drastischen Rückgang der Fernwassernachfrage seit 1990 (vgl. Abb. 11-2). Mehrere Entwicklungen liefen zeitlich parallel:

1. Der Trinkwasserbedarf ging seit Beginn der 1990er Jahre drastisch zurück (vgl. Abb. 11-2). Als Ursachen werden insbesondere der Bevölkerungsrückgang (7% in Sachsen zwischen 1990 und 2000 – vgl. SMUL/LfUG 2002, S. 10) sowie der Rückgang des spezifischen Bedarfs infolge eines verändertes Verbraucherverhalten sowie der Verbreitung wassersparender Sanitäranlagen angesehen (vgl. SMUL/LfUG 1998, S. 20-21, Statistisches Landesamt Sachsen-Anhalt 2001, S. 5-7). Außerdem verringerte sich der industrielle Trinkwasserbedarf mit dem Wegfall ganzer Industriezweige (vgl. MRLU 1996, S. 134, Statistisches Landesamt Sachsen-Anhalt 2001, S. 5). Mit der Modernisierung der Leitungsnetze in den neunziger Jahren wurden gleichzeitig die Leitungsverluste vermindert (vgl. SMUL/LfUG 2002, S. 19, Statistisches Landesamt Sachsen-Anhalt 2001, S. 7).
2. Die Verantwortlichkeiten der Wasserversorgung wurden neu strukturiert und dezentralisiert. Allein im Regierungsbezirk Leipzig gingen aus dem einzigen zentralen Wasserversorger VEB WAB Leipzig neun eigenständige Zweckverbände und mehrere eigenständig agierende Gemeinden hervor (SMUL/LfUG 1998, S. 13). In Sachsen-Anhalt wurde die Versorgungsstruktur noch kleinräumiger gestaltet (vgl. MRLU 1996). Die regionalen Wasserversorger können weitgehend selbstständig über die Entwicklung bzw. Rekonstruktion eigener Kapazitäten und den Bezug von Fernwasser entscheiden.
3. Die regionalen Wasserversorger konnten in den neunziger Jahren mithilfe von Fördermitteln ihre Versorgungsanlagen umfassend rekonstruieren und erweitern. So waren entsprechend in den Planungen des Regierungsbezirkes Leipzig zur Trinkwasserversorgung (SMU/LfUG 1997, S. 16-17) für fast alle nicht stillzulegenden regionalen Wasseraufbereitungsanlagen Investitionen zur Modernisierung geplant. Von der Schließung betroffen waren dagegen vor allem kleine Versorgungsanlagen. Insgesamt veränderte sich die Kapazitätsmenge gegenüber 1990 nur unwesentlich (vgl. z. B. MRLU 1996, S. 8 für Sachsen-Anhalt).

Somit muss seit 1990 von einem Bedeutungswandel der Fernwasserversorgung ausgegangen werden. Während sie vor 1990 als zentrale und teilweise alternativlose Wasserversorgungsstruktur auf- und ausgebaut wurde, scheint seit 1990 eine verstärkte Konkurrenzsituation mit regionalen Wasserversorgern vor dem Hintergrund von teilweisen Überkapazitäten entstanden zu sein.

### 11.3.2 Befragung zur überregionalen Bedeutung der Fernwasserressourcen des Torgauer Raumes

Die überregionale Bedeutung der Fernwasserversorgung spielt bei der Bewertung von Trinkwasserschutzstrategien der Fernwasserwerke eine Rolle. Falls die Fernwasserressourcen im Torgauer Raum nicht ersetzbar sind, dann stellt sich die Frage, ob nicht aufgrund der lebenswichtigen Bedeutung von Trinkwasser der Schutz dieser Ressourcen maximiert werden sollte und etwaige wirtschaftliche Konflikte über Kompensationszahlungen ausgeglichen werden sollten. Dieses Vorgehen ließe sich aus der Perspektive der nachhaltigen Sicherung des kritischen Naturkapitals Trinkwasser begründen. Gleichzeitig wäre die Fernwassernachfrage relativ unelastisch, so dass Trinkwasserschutzkosten über den Fernwasserpreis auf die Konsumenten umgelegt werden könnten. Steht demgegenüber Fernwasser eher in Konkurrenz zu regional gefördertem Wasser, dann ließe sich unmittelbar hierdurch kein Schutzanspruch ungeachtet der damit verbundenen Kosten ableiten, da Substitutionsmöglichkeiten vorhanden sind. Dementsprechend wäre auch eine Hinterfragung des Trinkwasserschutzniveaus sinnvoll. Gleichzeitig stellt sich dann die Frage, wie sich Qualitäts- und Preisveränderungen als Konsequenz eines verringerten Trinkwasserschutzes auf die überregionale Fernwassernachfrage auswirken.

Zur Klärung dieser Aspekte wurden im Jahr 2000 mit Bezug auf die staatlichen Trinkwasserplanungen (MRLU 1996; SMU/LfUG 1997; SMUL/LfUG 1998) 11 Wasserversorger, die Fernwasser abnehmen, interviewt. Im Einzugsgebiet der Fernwasserversorgung lagen sowohl regionale Wasserversorger, die ausschließlich Fernwasser nutzten, als auch solche, die nur regionale Trinkwasserressourcen in Anspruch nahmen. Eine große Anzahl nutzte allerdings regional gefördertes Wasser sowie Fernwasser (MRLU 1996, S. 143; SMUL/LfUG 1998, S. 73-81). Nur die letztere Gruppe wurde für die Interviews ausgewählt, weil diese Wasserversorger die Möglichkeit des Vergleiches zwischen den beiden Trinkwasserquellen, dem Fernwasser und dem Wasser aus lokaler Förderung, hatten[110]. Die befragten Wasserversorger repräsentierten sowohl große als auch kleinere Aufgabenträger. Insgesamt belieferten sie 1,1 Mio. Einwohner (Stand 1999) des mitteldeutschen Raumes und nahmen über 35 Mio. $m^3$ Fernwasser ab[111]. Im Vergleich hierzu umfassten die Wasserversorger, welche ausschließlich Fernwasser (aus der Elbaue) nutzten, ungefähr 300.000 Einwohner; der größte Teil liegt im sachsen-anhaltinischen Raum (MRLU 1996; SMUL/LfUG 1998).

*Tab. 11-3: Gründe für den Fernwasserbezug aus Sicht der regionalen Wasserversorger (n=11)*[112]

| Gründe für Bezug von Fernwasser | | Häufigkeit der Antwort |
|---|---|---|
| mangelnde Verfügbarkeit von lokalen/regionalen Wasservorkommen | | 1 |
| mangelnde lokale/regionale Kapazitäten zur Deckung der Nachfrage | | 7 |
| Qualitätssicherung | | 7 |
| Mischung mit Fernwasser zur Einhaltung der Trinkwasserverordnung (TrinkwV 1990) hinsichtlich*: | Sulfat | 5 |
| | Nitrat | 0 |
| | Mangan | 2 |
| | Eisen | 3 |
| Mischung mit Fernwasser zur Qualitätssicherung bei weiteren Parametern: | Härtegrad | 5 |

* weitere abgefragte Parameter, die jedoch in keinem Fall als relevant angesehen wurden, waren Chlorid, Magnesium, Natrium, PAK.

*Quelle: eigene Erhebungen.*

Von den befragten Wasserversorgern wurden quantitative und/oder qualitative Gründe für den Zukauf von Fernwasser aufgeführt. Nicht ausreichende lokale/regionale Kapazitäten zur vollständigen Deckung des Trinkwasserbedarfes bildeten einen Grund des Fernwasserzukaufs.

110 Befragt wurden die Wasserversorger in den Regierungsbezirken Leipzig, Halle, Dessau, welche regionale Wasserressourcen und Fernwasser nutzten, welches zumindest teilweise aus der Elbaue stammte. Diesen Kriterien entsprachen 13 Wasserversorger, von denen 12 an der Befragung teilnahmen. Bei einem Wasserversorger stellte sich heraus, dass er über keine regionalen Kapazitäten verfügte und somit aus der Auswertung herausgenommen werden musste. Die Befragung wurde im persönlichen Interview mit Hilfe eines standardisierten Fragebogens durchgeführt. Teilweise konnten bzw. wollten die Wasserversorger nicht alle Fragen vollständig beantworten.

111 Mit dieser Zahl wurde die Fernwassernachfrage unterschätzt, da einer der befragten größeren Wasserversorger seinen Fernwasseranteil nicht quantifiziert hat.

112 Fragestellung im Fragebogen: „Aus welchen Gründen beziehen Sie Fernwasser [Stand 1999]? Mehrfachnennungen sind möglich."

Jedoch lagen die Ursachen weniger im Mangel an geeigneten Grundwasservorkommen als daran, dass vorhandene Vorkommen nicht erschlossen waren (vgl. beispielsweise Tab. 11-3). Nur einmal wurde die quantitative Begrenztheit von Wasserressourcen als Ursache für den Zukauf von Fernwasser aufgeführt. Weiterhin sahen einige Wasserversorger die Notwendigkeit, aus qualitativen Gründen Fernwasser zu nutzen, beziehungsweise regionales Wasser mit Fernwasser zu mischen, um qualitative Vorgaben einzuhalten. Insbesondere im Hallenser und Dessauer Regierungsbezirk lagen die Sulfatgehalte im Grundwasser teilweise deutlich über den Grenzwerten (vgl. auch MRLU 1996, S. 24-81). Aber auch von den im Regierungsbezirk Leipzig gelegenen Wasserversorgern, welche zu Gründen für den Fernwasserbezug befragt wurden, gaben zwei als Antwort „Qualitätssicherung" an.

Die Tab. 11-4 zeigt den Einfluss verschiedener Faktoren auf die mittel- und langfristige Planung zur Entwicklung der lokalen/regionalen Kapazitäten. Der Fernwasserpreisentwicklung wurde im Vergleich zu sechs anderen Kriterien die stärkste Bedeutung bei der mittel- und langfristigen Planung zur Entwicklung der lokalen/regionalen Kapazitäten zugemessen.

*Tab. 11-4: Einfluss verschiedener Faktoren auf die mittel- und langfristig geplante Nutzung der lokalen/regionalen Kapazitäten (n = 10)*[113]

| Faktor | Einfluss des Faktors* Medianwert |
|---|---|
| **Prognosen zur/zum:** | |
| Fernwasser-Preisentwicklung | 1,25 |
| Qualitätsentwicklung der lokalen/regionalen Wasserressourcen | 1,5 |
| Fernwasser-Qualitätsentwicklung | 2 |
| Trinkwasser-Nachfrage | 2,5 |
| Möglichkeit des Bezuges von Fördermitteln | 2,5 |
| Kostenentwicklung bei der lokalen/regionalen Förderung | 3 |
| technischen Verschleiß der lokalen/regionalen Wassergewinnungsanlagen | 3,25 |
| **weitere Faktoren**: Versorgungssicherheit | 2 (1 Nennung) |

* 1 bedeutet „starker Einfluss", ..., 4 bedeutet „ kein Einfluss".

*Quelle: eigene Erhebungen.*

Weiterhin verdeutlichen die Befragungsergebnisse eine negative Korrelation zwischen Fernwasserpreis und der mittelfristig (bis 2005) geplanten Fernwassernachfrage (vgl. Tab. 11-5). In Reaktion auf die fiktiv vorgegebene Preissenkung wurden seitens der Wasserversorger relativ konkrete Vorstellungen zur Substitution von regionalem Wasser durch Fernwasser geäußert. Der Medianwert der Preiselastizitäten deutet jedoch ein eher preisunelastisches Nachfrageverhalten an. Die Angaben zu möglichen Reaktionen auf eine Preiserhöhung für Fernwasser erlauben demgegenüber keine quantitative Auswertung. Für sechs Versorger waren Rückgänge beim Fernwasserzukauf denkbar. Fünf dieser Antworten bezifferten dabei die notwendigen Preissteigerungen, um die Fernwassernachfrage zu minimieren, mit Werten zwischen 0,00 und 0,20 EUR $m^{-3}$. Jedoch nur in einem Fall wurde auch der mögliche Verbrauchsrückgang an Fernwasser quantifiziert. Fünf weitere Wasserversorger beantworteten die Frage überhaupt nicht und konnten sich teilweise eine solche fiktive Problemsituation vor dem Hintergrund der langfristigen Vertragsgestaltung zur Fernwasserabnahme nicht vorstellen.

113 Fragestellung in Fragebogen: „Welchen Einfluss messen Sie folgenden Faktoren auf Ihre mittel- und langfristige Planung zur Entwicklung der lokalen/regionalen Kapazitäten bei?"

*Tab. 11-5: Maximale mittelfristige Zunahme der Fernwassernachfrage (gegenüber Stand 1999) der einzelnen Wasserversorger und die hierfür notwendige Fernwasserpreissenkung (gegenüber Fernwasserpreis von 1999) bei mittelfristigen Anpassungsreaktionen*[114]

| Wasserversorger | Maximale mittelfristige Zunahme des Fernwasserverbrauches um % | bei Fernwasserpreissenkung um % | Preiselastizität der Nachfrage |
|---|---|---|---|
| 1* | 0% | 0% | |
| 2 | 60% | -20% | -3,00 |
| 3 | 24% | -25% | -0,96 |
| 4 | 20% | -38% | -0,53 |
| 5 | 8% | -38% | -0,21 |
| 6 | 50% | -50% | -1,00 |
| 7 | 50% | -63% | -0,79 |
| Medianwert | 37% | -38% | -0,88** |

* Nur ein Wasserversorger äußerte explizit ein preisunelastisches Nachfrageverhalten. Die nicht in der Tabelle aufgenommenen Versorger lieferten unvollständige Angaben; ** ohne Berücksichtigung von Wasserversorger 1.

*Quelle: eigene Erhebungen.*

Von den befragten Wasserversorgern wurde angedeutet, dass sich sowohl bei einer positiven als auch einer negativen Fernwasserpreisentwicklung (im Vergleich zum derzeitigen Stand) Konsequenzen bei der Entwicklung der regionalen/lokalen Kapazitäten ergeben würden. In Reaktion auf eine Fernwasserpreissenkung würden sieben der befragten Wasserversorger ihre eigenen Kapazitäten mittelfristig verringern. Dagegen schlossen nur zwei der befragten Wasserversorger eine solche Entwicklungstendenz ausdrücklich aus, zwei Wasserversorger gaben keine Antwort.

In Reaktion auf eine Preiserhöhung bei Fernwasser würden mittelfristig vier der befragten Wasserversorger ihre regionalen Kapazitäten erhöhen, ein Wasserversorger würde weitere Aufbereitungsanlagen in Betrieb nehmen. Nur einer der befragten Wasserversorger hat eine Kapazitätserweiterung ausdrücklich ausgeschlossen. Fünf Wasserversorger beantworten diese Frage nicht. Die Möglichkeit eines Ausbaus der regionalen Kapazitäten wird durch die Auskunft gestützt, dass zum Zeitpunkt der Befragung nur drei der befragten Wasserversorger die wasserrechtlich genehmigte Fördermenge vollständig ausnutzten. Sieben Versorger nahmen dagegen nur zwischen 45% bis 90% der wasserrechtlich genehmigten Fördermenge in Anspruch. Ein Versorger beantwortete die Frage nach der Auslastung der wasserrechtlichen Genehmigungen nicht. Gleichzeitig wurde betont, dass eine Entwicklung in Richtung einer verstärkten Nutzung regionaler Kapazitäten aufgrund der langfristigen Vertragsgestaltung zwischen der Fernwasserversorgung und den regionalen Wasserversorgern eher verzögert abläuft.

Wie beschrieben wurden qualitative Mängel der regionalen Trinkwasserressourcen einer der Gründe für die Inanspruchnahme von Fernwasser aufgeführt. Als kritische Qualitätsparameter erwiesen sich hierbei die Sulfat-, Eisen- und Mangankonzentrationen sowie der Härtegrad Tab. 11-3). Fernwasser wird in solchen Situationen entweder als Substitut für regionales Wasser genutzt, oder es wird mit dem regionalen Wasser vermischt, um die Gütestandards einzuhalten. Dadurch kann der Betrieb von Aufbereitungsanlagen für regionales Wasser vermieden werden, obgleich die Entfernung von Mangan und Eisen aus dem Wasser gängige Aufbereitungsschritte darstellen (vgl. Grombach et al. 2000, S. 610-617). Eine Sulfatentfernung ist demgegenüber prinzipiell möglich, erfordert jedoch einen höheren technologischen

114 Fragestellung im Fragebogen: „Wie würden Sie kurz- bzw. mittelfristig den Fernwasserzukauf bei einer FW-Preissenkung erhöhen? ... Höchstmöglicher FW-Zukauf ab einer FW-Preissenkung um ... Der höchstmögliche FW-Zukauf beträgt ...“

Aufwand (vgl. Lipp et al. 2005). Entsprechend wurde von den Wasserversorgern, die Fernwasser aus qualitativen Gründen beziehen, die Fernwasserqualität in den entscheidenden Parametern besser als die Qualität der regionalen Wasserressourcen eingeschätzt.

Auf die Frage nach der notwendigen Mindestqualität des Fernwassers hinsichtlich der kritischen Parameter Sulfat, Nitrat und Gesamthärte aus Sicht der regionalen Wasserversorger wurde bei Sulfat und Nitrat in der Regel der Trinkwassergrenzwert als Mindeststandard aufgeführt (bei Nitrat 8 mal; bei Sulfat 7 mal - in einem Fall wurde mit einem Wert von 200 mg $l^{-1}$ ein Maximalwert angegeben, der unterhalb des Trinkwasserstandards lag). Qualitative Grenzen im Hinblick auf den Härtegrad wurden entweder als nicht relevant angesehen, da er keinen Grenzwert entsprechend Trinkwasserverordnung darstellt, oder es wurde in drei Fällen ein Grenzbereich zwischen 20 – 22°dH genannt.

Im Ergebnis der Befragung ist festzustellen, dass die Bedeutung der Fernwasserversorgung weniger in der Beseitigung von lokaler absoluter Knappheit an Trinkwasser zu liegen scheint als in der Funktion als kostengünstigeres Substitut zu lokal/regional gefördertem Wasser. Diese Schlussfolgerung stützt sich auf die Aussagen der befragten Wasserversorger sowie auf die prinzipiell vorhandenen technologischen Möglichkeiten zur Reinigung der aufgetretenen Qualitätsmängel des regionalen/lokalen Grundwassers. Die Aussage muss jedoch abgeschwächt werden, da einerseits keine vollständige Ersetzbarkeit des Fernwassers durch die regionalen Quellen explizit nachgewiesen wurde, und weil andererseits auch Wasserversorger existieren, die ausschließlich von Fernwasser (der Elbaue) abhängen und die nicht bei der Befragung erfasst wurden. Allerdings ist die Anzahl der Einwohner, die ausschließlich vom Fernwasser der Elbaue abhängen, wesentlich geringer als die Anzahl der durch die Befragung erfassten Einwohner. Somit ist die Schlussfolgerung zulässig, dass ein nicht unerheblicher Teil des in der Elbaue geförderten Fernwassers hauptsächlich als kostengünstigeres Substitut zu lokal/regional gefördertem Trinkwasser genutzt wird und dadurch positive Wohlfahrtseffekte bei den regionalen Wasserversorgern bzw. bei den Trinkwasserkonsumenten induziert werden. Würde absolute Knappheit an Trinkwasser auftreten, so wäre es eher angebracht, über einen maximalen Schutz der Trinkwasserressourcen im Torgauer Raum zu debattieren als, wie in der weiteren Arbeit, Minimierungsstrategien zu untersuchen. Dieser maximale Schutzanspruch würde sich aus der Bedeutung von Trinkwasser als Lebensgrundlage ableiten lassen. Es bliebe zur Lösung des Konfliktes zwischen Landnutzungen und Trinkwasserschutz nur die Frage zu klären, wer die gesellschaftlichen Schutzkosten tragen sollte. Falls keine anderen, an dieser Stelle nicht untersuchten Gründe für einen maximalen Schutz der Ressource sprechen, so scheint jedoch die Frage, ob die gesellschaftlichen Trinkwasserschutzkosten im Vergleich zur Nutzenstiftung optimiert werden können, durchaus sinnvoll zu sein. Für eine exaktere Abschätzung der überregionalen Wohlfahrtswirkung des Fernwassers müssten jedoch auch die volkswirtschaftlichen Kosten der regionalen Trinkwasserbereitstellung, die Trinkwasserschutzkosten, mit denen der Fernwasserversorgung verglichen werden. Dieser letztgenannte Aspekt wird jedoch in der Arbeit nicht weiter verfolgt, sondern die weiteren Ausführungen konzentrieren sich auf die Bewertung der regionalen Trinkwasserschutzkonflikte.

## 11.4 Konflikt zwischen Trinkwasserschutz und wirtschaftlicher Entwicklung

### 11.4.1 Der räumlich differenzierte Ansatz des Trinkwasserschutzes

Beim Schutz von Grundwasser als Trinkwasserressource wird gegenwärtig in Deutschland ein räumlich differenzierter Ansatz verfolgt. Dieser Ansatz unterscheidet zwei Ebenen hinsichtlich des Schutzzieles und des Schutzniveaus: den flächendeckenden Grundwasserschutz und den Schutz der für die Trinkwasserversorgung genutzten Ressourcen.

Rechtliche Grundlagen bilden die EU-Wasserrahmenrichtlinie (EU-WRRL 2000), das Wasserhaushaltsgesetz (WHG 1996)[115] sowie das Landeswassergesetz (SächsWG 1998)[116]. Sie werden durch fachspezifische EU-Richtlinien und Fachgesetze ergänzt. Die EU-Richtlinien werden von den Bundesgesetzen und den Landesgesetzen aufgegriffen und umgesetzt.

Die EU-Wasserrahmenrichtlinie führt als grundwasserspezifisches Ziel ein Verschlechterungsverbot des Zustandes aller Grundwasserkörper auf. Die Mitgliedsländer sind aufgefordert, alle signifikanten, ansteigenden Trends der Schadstoffkonzentrationen im Grundwasser umzukehren. Bis zum Jahr 2015 soll ein guter Zustand des Grundwassers erreicht werden (Artikel 4 Abs. 1b EU-WRRL 2000). Der Begriff „guter Zustand" wird als „guter mengenmäßiger Zustand" und „guter chemischer Zustand" näher beschrieben (Anhang V 2.1 und V 2.3 EU-WRRL 2000). Daneben basiert die EU-Gesetzgebung zum Grundwasserschutz gegenwärtig auf der Richtlinie „über den Schutz des Grundwassers gegen Verschmutzung durch bestimmte gefährliche Stoffe" (Richtlinie 80/68/EWG), welche den Eintrag bestimmter Stoffklassen verhindern[117] bzw. begrenzen soll. Ebenfalls zu nennen ist die Richtlinie „zum Schutz der Gewässer vor Verunreinigung durch Nitrat aus landwirtschaftlichen Quellen" (Richtlinie 91/676/EWG), welche den Eintrag von Nitrat in Oberflächengewässer und in das Grundwasser verringern helfen soll, indem Regeln für die landwirtschaftliche Praxis beim Umgang mit Düngemitteln gefordert werden[118].

Das Wasserhaushaltsgesetz (WHG 1996) als bundesweit gültiges Rahmengesetz bildet die rechtliche Grundlage für die flächendeckende Berücksichtigung des Grundwasserschutzes bei der Erteilung von Nutzungserlaubnissen und -bewilligungen. Hierbei sollen u. a., ... „vermeidbare Beeinträchtigungen ihrer [der Gewässer] ökologischen Funktionen unterbleiben" (§ 1a WHG 1996). Weiterhin ist bei Einwirkungen auf ein Gewässer „die nach den Umständen erforderliche Sorgfalt anzuwenden, um eine Verunreinigung des Wassers oder eine sonstige nachteilige Veränderung seiner Eigenschaften zu verhüten ..." (§ 1a Abs. 2 WHG 1996). Im Hinblick auf Grundwasser wird außerdem der Besorgnisgrund bei der Genehmigung von Einleitungen gefordert (§ 34 WHG 1996). Zu den Fachgesetzen, welche den Grundwasserschutz unterstützen, zählen u. a. das Düngemittelgesetz (DüngeMG 1977), das Pflanzenschutzgesetz (PflSchG 1998), das Bundes-Bodenschutzgesetz (BBodSchG 1998), das Bundes-Naturschutzgesetz (BNatSchG 1998, abgelöst durch BNatSchG 2002), das Kreislaufwirtschafts- und Abfallgesetz (KrW-/AbfG 1994) zusammen mit den die Gesetze ergänzenden Verordnungen.

Über dieses generelle Schutzniveau hinaus werden die gegenwärtig genutzten oder für eine Nutzung vorgesehenen Trinkwasserressourcen durch die Ausweisung von Trinkwasserschutzgebieten geschützt. Entsprechend § 19 Abs. 1 WHG (1996) können diese festgesetzt werden, u. a. um Gewässer „...im Interesse der derzeit bestehenden oder künftigen öffentlichen Wasserversorgung vor nachteiligen Einwirkungen zu schützen ...". „In den Wasserschutzgebieten können bestimmte Handlungen verboten oder für nur beschränkt zulässig erklärt werden und die Eigentümer und Nutzungsberechtigten von Grundstücken zur Duldung bestimmter Maßnahmen verpflichtet werden..." (§ 19 Abs. 2 WHG 1996). Der Schutzanspruch von Trinkwasserschutzgebieten geht somit über das übliche Maß hinaus. Schutzanforderungen können Handlungsbeschränkungen und -verbote und Duldungsgebote, zum Beispiel

---

115 Das WHG (1996) wurde im Jahr 2002 novelliert (WHG 2002) (vgl. Kapitel 16.2.2).

116 Das SächsWG (1998) wurde im Jahr 2004 novelliert (SächsWG 2004). Bewertungsrelevante Veränderungen ergaben sich nicht.

117 z. B. Halogenverbindungen, Kadmium und Kadmiumverbindungen, Mineralöle und Kohlenwasserstoffe sowie Zyanide.

118 Gegenwärtig wird eine neue EU-Grundwasserrichtlinie diskutiert, welche die Anforderungen der EU-Wasserrahmenrichtlinie ergänzen soll und gleichzeitig die bestehende Grundwasserrichtlinie und Nitratrichtlinie ersetzen wird (EG-Tochterrichtlinie Grundwasser 2003).

für Landwirtschaft, Bau, Gewerbe, Industrie, Rohstoffgewinnung, Verkehr und Abfallbeseitigung umfassen (SRU 1998a, S. 162). Dieser verstärkte Schutz dient nicht allein der Minimierung vorhandener Gefährdungen sondern auch der Vorsorge vor möglichen Gefährdungen. Während beim flächendeckenden Schutzansatz Restrisiken für den Grundwasserschutz verbleiben, sollen diese in Trinkwasserschutzgebieten ausgeschlossen werden (Knopp 1996). Diese im Wasserhaushaltsgesetz vorgegebene Struktur wird durch die Landesgesetze näher konkretisiert (§ 48 SächsWG 1998).

Trinkwasserschutzgebiete werden in drei Schutzzonen (TWSZ) untergliedert, die sich in ihrer Ausdehnung, ihrer Aufgabe und den Schutzrestriktionen unterscheiden (DVGW W101 1995). Der „Fassungsbereich" (TWSZ 1) soll einen Schutzgürtel von mindestens zehn Metern um die Brunnen bilden und dient dem „... Schutz der Trinkwassergewinnungsanlage und ihrer unmittelbaren Umgebung vor jeglichen Verunreinigungen und Beeinträchtigungen ..." (DVGW W101 1995, S. 6). Die „Engere Schutzzone" (TWSZ 2) soll eine Fläche umfassen, die eine Verweildauer des Grundwassers von mindestens 50 Tagen bis zur Förderung gewährleistet. Sie soll „... den Schutz vor Verunreinigungen durch pathogene Mikroorganismen (...) sowie vor sonstigen Beeinträchtigungen gewährleisten, die bei geringer Fließdauer und -strecke zur Trinkwassergewinnungsanlage gefährlich sind" (DVGW W101 1995, S. 6). Die „Weitere Schutzzone" (TWSZ 3) soll in der Regel das gesamte verbleibende unterirdische Einzugsgebiet umfassen. Sie soll „den Schutz vor weitreichenden Beeinträchtigungen, insbesondere vor nicht oder nur schwer abbaubaren chemischen oder vor radioaktiven Verunreinigungen gewährleisten. Sie kann in die Teilzonen 3a und 3b untergliedert werden" (DVGW W101 1995, S. 5).

Der hier kurz skizzierte Ansatz des räumlich differenzierten Trinkwasserschutzes führt zu Konflikten zwischen den Landnutzungen und dem Trinkwasserschutz. Dieser Konflikt soll beispielhaft für den Untersuchungsraum dargestellt werden.

### 11.4.2 Konflikt zwischen Trinkwasserschutz und wirtschaftlicher Entwicklung im Torgauer Raum und politische Lösungsansätze

Im Jahr 2000 wurde das zu dem Wasserwerk Mockritz gehörende Trinkwasserschutzgebiet beträchtlich verkleinert. Diese Gebietsverkleinerung wurde als Lösung für den Konflikt zwischen Trinkwasserschutz und wirtschaftlicher Entwicklung angesehen, der im Torgauer Raum aufgrund des sich dort konzentrierenden großflächigen Trinkwasserschutzes diskutiert wurde (vgl. Luckner/Tiemer 1995; vgl. auch Horsch/Ring 2001). Vor 2000 war der Torgauer Raum durch großflächigen Trinkwasserschutz gekennzeichnet. Insgesamt umfassen die Schutzgebiete der Wasserwerke Mockritz und Torgau-Ost ca. 25% der Fläche des Torgauer Raumes (vgl. Abb. 11-1 und Abb. 11-3). Die Schutzgebiete umschlossen außerdem die Stadt Torgau im Norden und Süden. Somit war die Landnutzung im Torgauer Raum großflächig mit Trinkwasserschutzauflagen konfrontiert. Hierdurch waren zusätzliche Kostenbelastungen zu vermuten, aber auch Verdrängungswirkungen gegenüber Landnutzungen.

Potentielle landnutzungsbezogene Konflikte in dem ländlich geprägten Raum bestanden vor allem zwischen *Trinkwasserschutz und Landwirtschaft* aufgrund des landwirtschaftlichen Flächenanteils von 68% der Trinkwasserschutzgebiete Mockritz und Torgau-Ost (Stand 1999). Ein weiterer potentieller Konflikt zwischen Trinkwasserschutz und wirtschaftlicher Entwicklung resultierte daraus, dass acht Prozent der Schutzfläche aus Siedlungsfläche bestand, wobei neben Wohngebieten auch Gewerbegebiete betroffen waren. Weiter traten Flächenkonkurrenzen zwischen *Trinkwasserschutz und Bergbau* auf. Im Torgauer Raum wurden nach 1990 mehr als 40 Anträge auf Abbau von Sand und Kies gestellt, wobei sich einige der Flächen in Trinkwasserschutzgebieten befanden (vgl. Messner et al. 2001b).

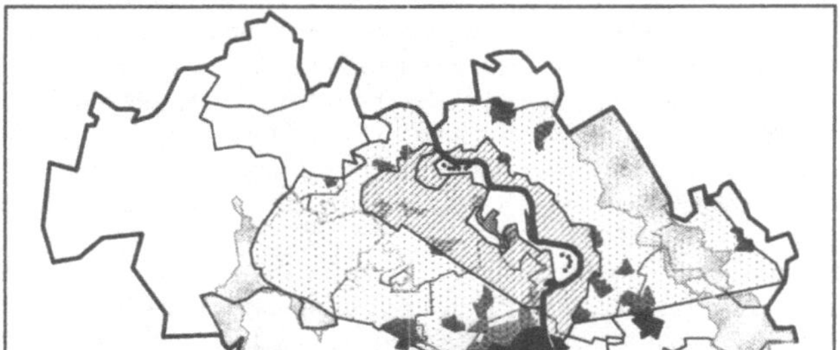


a – Torgau; b – Welsau; c – Süptitz; d – Zinna; e – Repitz; f – Neiden; g – Mockritz; h – Döbern; i – Elsnig; j – Vogelgesang; k – Thomas-Münzer-Siedlung; l – Drebligar; m – Polbitz; n – Großtreben; o – Last; p – Dautzschen; q – Rosenfeld; r – Kreischau; s – Zwethau; t – Beilrode; u – Döbrichau; v – Werdau.

*Quelle: StUFA (1995); LfUG (1996b); TK 50.*

*Abb. 11-3: Landnutzung in dem TWSG Mockritz*

Entsprechend dem Wasserhaushaltsgesetz (WHG 1996) und dem Landeswassergesetz Sachsen (SächsWG 1998) müssen Landnutzer für Nachteile im Zuge des Trinkwasserschutzes kompensiert werden. Explizit werden Ausgleichsleistungen für die Land- und Forstwirtschaft (§ 19 Abs. 4 WHG 1996; Umsetzung in § 48 SächsWG 1998 sowie SächsSchAVO 1994) sowie bei der Enteignung und Beschränkung einer bestehenden Bewilligung (§ 19 Abs. 3 WHG 1996) gefordert. Ausgleichspflichtiger ist das Land Sachsen (§ 3 SächsSchAVO 1994)[119]. Somit war auch ein fiskalischer Anreiz vorhanden, die dem Land anfallenden Kosten des Trinkwasserschutzes zu hinterfragen.

Die politischen Lösungsansätze, die diskutiert wurden, gingen von einer weiteren Existenz der Fernwasserversorgung aus, stellten jedoch mit der Neufestsetzung der Trinkwasserschutzgebiete gemäß dem 1993 verabschiedeten Sächsischen Wassergesetz (§ 48 Abs. 5 SächsWG 1998) die Größe des Trinkwasserschutzgebietes Mockritz zur Disposition. Die Diskussion fokussierte sich auf dieses Trinkwasserschutzgebiet, da es im Unterschied zum Trinkwasser-

119 Geändert durch die SächsSchAVO (2002) – für die Diskussion der damit verbundenen Auswirkungen auf die Bewertung – s. Kapitel 16.2.2.

schutzgebiet Torgau-Ost sowohl ost- als auch westelbig eine Schutzzone 3b aufwies und somit eine wesentlich größere Fläche in Anspruch nahm. Diese ungleichen Schutzgebietsgrößen ergaben sich aus der vergleichsweise weit landeinwärts gelegenen Anordnung der Hauptfassung Mockritz I und der (ehemaligen) Fassung Elsnig I mit einem entsprechend hohen Förderanteil an landseitigem Grundwasser. Die Fassungen des Wasserwerkes Torgau-Ost waren demgegenüber stärker auf eine Uferfiltratgewinnung ausgerichtet[120]. Außerdem war im Trinkwasserschutzgebiet Mockritz das Konfliktpotential größer. Es überschneidet sich mit dem nördlichen Teil der Stadt Torgau, in dem wesentliche Gewerbe- und Industriestandorte liegen. In den ostelbigen Trinkwasserschutzzonen waren mehrere Anträge auf Abbau der dort befindlichen Kieslagerstätten gestellt worden (vgl. Messner et al. 2001b).

Als politische Entscheidungsträger für die Ausgestaltung der Trinkwasserschutzgebiete wird durch die Sächsische Verwaltungsvorschrift zur Festsetzung von Wasserschutzgebieten (SMU 1992) im Sinne des § 19 Abs. 2 des Wasserhaushaltsgesetzes (WHG 1996) das Landratsamt des Kreises Torgau-Oschatz benannt. Somit obliegt die Entscheidungsmacht der regionalen Ebene, obgleich es sich um die Sicherung des Trinkwasserschutzes mit überregionaler Bedeutung handelt. Einer Entscheidung gehen dabei interne Abstimmungen der Behörden, insbesondere mit dem Staatlichen Umweltfachamt (StUFA) Leipzig als beratende Fachbehörde, voraus[121].

Erste Vorschläge für eine Überarbeitung des Trinkwasserschutzgebietes Mockritz erfolgten zu Beginn der 1990er Jahre (HGN 1991; DGFZ/PFP 1994, S. 236). Im weiteren Verlauf der Diskussion wurde mehr und mehr die Ausgliederung der ostelbigen Trinkwasserschutzzonen sowie der westelbigen Trinkwasserschutzzone 3b diskutiert. Als vorrangige Argumente für eine Aufhebung der ostelbigen Schutzzonen wurden der sehr niedrige Anteil (max. 5 - 10%) des ostelbig gebildeten Grundwassers am geförderten Rohwasser genannt sowie die Herkunft des Grundwassers. Es entstammt elbfernen Speisungsflächen, die z. Z. nicht genau lokalisierbar sind, während das elbnah neugebildete Grundwasser in die Elbe abfließt. Gleichzeitig werden Fließzeiten von mindestens 10 Jahren angesetzt (vgl. HGN 1991; TGU 1997).

Bezüglich einer Verkleinerung der westelbigen Schutzzonen wurde insbesondere die Verhältnismäßigkeit zwischen Aufwand und Wirkung des Grundwasserschutzes diskutiert. Das Hauptargument für eine Reduzierung wurde anhand der Abwägung von Vor- und Nachteilen der westelbigen Schutzzone 3b abgeleitet. Zwar bezog die westelbige Schutzzone 3b das gesamte unterirdische Einzugsgebiet der Wasserfassungen ein. Die genaue Lage der für die Wasserfassungen relevanten und demzufolge schutzbedürftigen Grundwasserspeisungsflächen war jedoch nicht lokalisierbar, da die Untergrundverhältnisse in der westelbigen Schutzzone 3b sowie die Wechselwirkungen zwischen Grund- und Oberflächengewässer sehr komplex sind. Somit fiel die Schutzzone zwangsläufig zu groß aus. Vor diesem Hintergrund wurde ein Wegfall der Schutzzone im Vergleich zur Beibehaltung als sinnvoller angesehen, zumal die Notwendigkeit des Schutzes dieser Flächen angezweifelt wurde. Die der Elbaue zufließenden Grundwasseranteile aus der Trinkwasserschutzzone 3b weisen eine lange Verweilzeit im Untergrund von mindestens 5 Jahren auf. Hierin wurden gute Voraussetzungen zum natürlichen Abbau von Schadstoffen gesehen. In der Mischung von landseitigem Grundwasser mit Uferfiltrat wurde ein zusätzlicher Schutz vor überraschenden Beeinträchtigungen gesehen (TGU 1997; vgl. auch HGN 1991 und DGFZ/PFP 1994, S. 236-237).

Mit Wirkung vom 8. Januar 2000 wurden schließlich die ostelbigen Zonen 3a und 3b sowie die westelbige Zone 3b des Trinkwasserschutzgebietes Mockritz aufgehoben (LA Torgau-Oschatz 2000b). Trotz der die Entscheidung stützenden Argumente verbinden sich mit der Auflösung des größten Teiles des Trinkwasserschutzgebietes auch Annahmen, die nicht

---

120 Mdl. Mitteilung Frau Jessulat, Fernwasserversorgung Elbaue-Ostharz GmbH vom 28.9.1999.
121 Mdl. Mitteilung Häfner, StUFA Leipzig vom 21.9.2000.

begründet wurden. So wurde der wirtschaftliche Konflikt als ein Auslöser der Verkleinerung nicht hinterfragt, sondern es wurde pauschal davon ausgegangen, dass die Vorteile einer Verkleinerung des Schutzgebietes die möglichen Nachteile hinsichtlich des Schutzes der Trinkwasserressource überkompensieren. Gleichzeitig wurde mit dieser Entscheidung impliziert, dass das nun für große Teile des Trinkwassereinzugsgebietes geltende generelle Grundwasserschutzniveau ausreichend sei, um den expliziten Vorsorgegedanken und Besorgnisgrundsatz des Trinkwasserschutzes aufrechtzuerhalten.

Auch wurde die Entscheidung unter großer Unsicherheit getroffen. So bestanden zum Zeitpunkt der Entscheidungsfindung trotz vielfältiger Untersuchungen noch Erkenntnislücken hinsichtlich der Grundwasserdynamik und zu qualitativen Entwicklungen (vgl. TGU 1997)[122]. Daneben wurde nicht deutlich gemacht, inwieweit der Entscheidung nur die gegenwärtige Situation der Landnutzung zu Grunde lag oder ob die Entwicklung der Landnutzung und somit die Konfliktpotentiale aus einer längerfristigen Perspektive betrachtet wurden. Dies ist problematisch, da die Ausweisung von Trinkwasserschutzgebieten ein extrem langfristiger Prozess sein kann (vgl. Magoulas et a. 1996, S. 96-98) und somit die Entscheidung zur teilweisen Auflösung nicht kurzfristig rückgängig gemacht zu werden vermag.

## 11.5 Zu analysierende Bewertungsfragen

Aufgrund der angeführten Defizite soll die politische Entscheidung zur Verkleinerung des Trinkwasserschutzgebietes Mockritz im Rahmen der weiteren Arbeit hinterfragt werden. Dazu müssen folgende Fragen beantwortet werden:

1. Welche volkswirtschaftlichen Effekte ergeben sich regional und überregional bei einer Verringerung des Trinkwasserschutzgebietes? Das Hauptaugenmerk bei der Bewertung wirtschaftlicher Konsequenzen liegt hier auf der regionalen Betrachtungsebene. Da die regionalen politischen Akteure die Entscheidungsbefugnis haben, ist davon auszugehen, dass sie eine auf die Region ausgerichtete Politik verfolgen. Aufgrund der überregionalen Nutzenstiftung des Fernwassers, aber auch wegen der Übernahme von Trinkwasserschutzkosten durch das Land, muss darüber hinaus die überregionale Bewertungsebene in die Diskussion der Ergebnisse aus regionaler Perspektive einbezogen werden.
2. War die Minimierung des TWSG Mockritz ökonomisch sinnvoll? Mithilfe der gewonnenen Bewertungsaussagen soll die politische Entscheidung zum Trinkwasserschutz hinterfragt werden und insbesondere die möglicherweise hinter der Entscheidung stehenden Annahmen offengelegt und diskutiert werden. Handlungsempfehlungen können dann dahingehend abgeleitet werden, welche Entwicklung des Trinkwasserschutzes anhand der Bewertungsergebnisse am sinnvollsten wäre.
3. Ist die Methode der ökonomisch-ökologischen Bewertung als Bewertungsinstrument zur Vorbereitung von politischen Entscheidungen von Grund- und Trinkwasserschutz geeignet? Mithilfe der empirischen Studie sollen die im Theorieteil (vgl. Kapitel 9.2 u. 9.3) getroffenen Aussagen überprüft werden.

Die wissenschaftliche Hinterfragung einer politischen Entscheidung zum Trinkwasserschutz hat beispielhaften Charakter, da die Frage nach dem sinnvollen Maß an Trinkwasserschutz im gegenwärtigen politischen Ansatz des räumlich differenzierten Trinkwasserschutzes imma-

---

122 Beispielsweise war ein Forschungsvorhaben, welches die Ursachen der Belastungszunahme des Grundwassers mit Sulfat untersuchte und auch wichtige hydrogeologische Erkenntnisse lieferte, erst kurz vor der Entscheidung angelaufen – vgl. Nestler/Grischek (2003a).

nent ist (vgl. Meyer et al. 1995a, S. 22-23). Hierbei spielen die wirtschaftlichen Effekte, aber auch die Sorge um die Aufrechterhaltung eines nachhaltigen Trinkwasserschutzes eine wichtige Rolle.

# 12 Überblick über die Bewertungseffekte

Ausgangspunkt der Bewertung bildet die Analyse der Trinkwasserschutzrestriktionen im Vergleich mit den flächendeckenden Grundwasserschutzanforderungen außerhalb von Trinkwasserschutzgebieten und die Analyse deren Bewertungsrelevanz aufgrund der im Trinkwasserschutzgebiet Mockritz vorhandenen Landnutzungen. Anhand dieser Betrachtungen lassen sich die Effekte benennen, die in die Bewertung integriert werden müssen sowie die grundlegenden Indikatoren, mit deren Hilfe die Effekte gemessen werden können. Die Analyse der Trinkwasserschutzrestriktionen wertet die rechtlichen Grundlagen aus. Für die Analyse der Relevanz der Schutzrestriktionen wurden verschiedene empirische Erhebungen durchgeführt: einerseits Datenerhebungen bei Kommunen, regionalen Wasserversorgern und Behörden, andererseits Interviews mit betroffenen Landwirten, Gewerbeunternehmen und relevanten Vollzugsbehörden.

## 12.1 Trinkwasserschutzrestriktionen für die Landwirtschaft

### 12.1.1 Vergleich der rechtlichen Restriktionen innerhalb und außerhalb von Trinkwasserschutzgebieten

Die Landwirtschaft nimmt mit einer Fläche von ungefähr 12.000 ha und einem Flächenanteil von 68% unter den Landnutzungen in den Trinkwasserschutzgebieten Torgau-Ost und Mockritz eine exponierte Stellung ein. Außerhalb der Schutzgebiete orientiert sich die Bewirtschaftungsintensität der Landwirtschaft an der „guten fachlichen Praxis", welche u. a. im Bodenschutzgesetz (§17 BBodSchG 1998), im Düngemittelgesetz (§ 1a DüngeMG 1977), der Düngeverordnung (§§ 2 u. 3 DüngeVO 1996) und dem Pflanzenschutzmittelgesetz (§ 2a PflSchG 1998) verankert ist. Im Rahmen der guten fachlichen Praxis werden beispielsweise eine pflanzenbedarfsgerechte Düngung, maximale Austragsmengen an Wirtschaftsdünger, zeitliche Restriktionen bei der Düngung im Winter sowie ein Sachkundenachweis beim Umgang mit Pflanzenschutzmitteln (PSM) gefordert (vgl. Tab. 12-2). Magoulas et al. (1996, S. 45) weisen jedoch darauf hin, dass eine bedarfsgerechte Düngung entsprechend der Düngeverordnung durchaus grundwasserschädigende Wirkungen zeigen kann und trotzdem rechtlich statthaft ist.

Neben der konventionellen Landbewirtschaftung, die sich an der ordnungsgemäßen Landwirtschaft orientiert, existieren gegenwärtig freiwillige flächendeckende Extensivierungsprogramme. In Sachsen wird das Programm „Umweltgerechte Landwirtschaft" (UL-Programm) aufgelegt (SMUL 1999a)[123]. Dieses Programm ermöglicht abgestufte Extensivierungsmaßnahmen im Ackerbau und bei der Grünlandbewirtschaftung, die über Ausgleichszahlungen honoriert werden. Einen Überblick über Teil- und Unterprogramme bietet Tab. 12-1.

Die extensive Bewirtschaftung von Grünland kann nach den Vorgaben des Teilprogramms KULAP (Kulturlandschaftsprogramm) 1 (SMUL 1999a) erfolgen. Das Grundprogramm fordert einen reduzierten Stickstoffeinsatz von max. 120 kg N $ha^{-1}$ $a^{-1}$, begrenzt den Viehbesatz auf maximal 1,4 GV $ha^{-1}$ $a^{-1}$ [124] und beschränkt den Einsatz von Pflanzenschutzmittel auf sol-

123 Das Programm wurde durch SMUL (2000) und SMUL (2002) abgelöst. Die Veränderungen werden in Kapitel 16.2.2 diskutiert.

124 GV – Großvieheinheit: Einheitlicher Umrechnungsschlüssel für Nutztiere anhand des jeweiligen Lebendgewichtes (Brockhaus 1989, Bd. 9).

che ohne W-Auflage[125]. Das Programm enthält mehrere Unterprogramme, welche jeweils weitergehende Extensivierungsforderungen stellen.

*Tab. 12-1: Ausgewählte Teile des Programms „Umweltgerechten Landwirtschaft“*

| **Teilprogramme** | **Unterprogramme** | | |
|---|---|---|---|
| | | **Grundförderung (GF)** | **Zusatzförderung (Z)** |
| Kulturlandschafts-programm, Teil 1 (KULAP) | Umweltgerechte Grünlandbewirt-schaftung | Reduzierter Mitteleinsatz GL (ext.) | zusätzliche Extensivierungsmaßnahmen |
| | | | ... |
| | | Ökologische Grünlandwirtschaft | |
| | ... | | |
| Umweltgerechter Ackerbau | Ökologischer Ackerbau* (öA) | | |
| | Integrierter Ackerbau* (iA) | Integrierte Maßnahmen – iA (GF) | Umweltentlastende Maßnahmen – iA (GF+Z1) |
| | | | Bodenschonende Maßnahmen – iA (GF+Z2) |
| ... | ... | | |

* Begriff geändert – vgl. Text und Fußnote 126.

*Quelle: SMUL (1999a), verändert.*

Bei dem Teilprogramm „umweltgerechter Ackerbau“ (SMUL 1999a) wird zwischen dem integrierten und dem ökologischen Landbau unterschieden. Der „integrierte Landbau“, im Folgenden „integrierter Ackerbau“ (iA)[126] bezeichnet, gliedert sich wiederum in drei Unterprogramme auf. Bei der „Grundförderung/Integrierte Maßnahmen“ ($iA_{GF}$) werden an den gesamten Betrieb Extensivierungsforderungen hinsichtlich Düngereinsatz, Fruchtfolge[127] und Viehbesatz u. a. gestellt. Das zusätzlich zur Grundförderung wählbare Unterprogramm „Zusatzförderung 1/umweltentlastende Maßnahmen“ ($iA_{GF+Z1}$) schreibt eine weitere Senkung des Stickstoffdüngereinsatzes sowie den Verzicht von Wachstumsregulatoren[128] vor. Die „Zusatzförderung 2/bodenschonende Maßnahmen“ ($iA_{GF+Z2}$) honoriert den Zwischenfruchtanbau[129], Mulchsaatverfahren[130] oder Untersaaten[131]. Die Grundförderung ($iA_{GF}$) und Zusatzförderung 1 ($iA_{GF+Z1}$) erfordern eine Teilnahme des gesamten Betriebes am Programm. Eine Teilnahme an der Zusatzförderung 2 ($iA_{GF+Z2}$) kann demgegenüber auch mit einzelnen Teilflächen erfolgen. Der „ökologische Landbau“, im Folgenden „ökologischer Ackerbau“ (öA)[132] bezeichnet, verfolgt gegenüber dem integrierten Ackerbau wesentlich restriktivere Wirtschaftungsweisen. An dieser Stelle soll nur auf den vollständigen Verzicht von Mineral-

125 Pflanzenschutzmittel, die entsprechend der Pflanzenschutz-Anwendungsverordnung (1992) für einen Einsatz in Wasserschutzgebieten gesperrt sind.

126 Das Teilprogramm wurde in SMUL (1999a) als „Integrierter Landbau“ bezeichnet. Ab SMUL (2000) trägt es die Bezeichnung „Integrierter Ackerbau“. Da sich der Begriff „Ackerbau“ klarer von „Gründlandbewirtschaftung“ abgrenzt, wird im weiteren Verlauf diese Bezeichnung genutzt.

127 Fruchtfolge beschreibt die Abfolge der angebauten Pflanzen.

128 Wachstumsregulatoren verringern das Längenwachstum der Getreidehalme bei starker Düngung, so dass die Gefahr des Umbrechens z. B. bei starken Regenfällen verringert wird.

129 Zwischenfrüchte werden zwischen Ernte der alten und Aussaat der neuen Hauptfrucht angebaut. Sie dienen der Bodenbedeckung, aber auch als Düngung.

130 Das Mulchsaatverfahren ist ein Anbauverfahren, bei dem der Boden nicht umgepflügt werden muss.

131 Untersaaten werden mit der eigentlichen Hauptfrucht angebaut und dienen der Bodenbedeckung, schon bevor die Hauptfrucht groß genug ist, um diese Aufgabe zu übernehmen.

132 Vgl. Fußnote 126.

düngern und Pflanzenschutzmitteln sowie auf die Forderung nach geschlossenen Stoffkreisläufen im Betrieb verwiesen werden.

Die rechtliche Grundlage der landwirtschaftlichen Restriktionen in Trinkwasserschutzgebieten bildete die „Verordnung über Schutzbestimmungen und Ausgleichsleistungen für erhöhte Aufwendungen der Land- und Forstwirtschaft in Wasserschutzgebieten“ vom 30. Juni 1994 (SächsSchAVO 1994). Die Schutzrestriktionen nehmen in ihrer Schärfe von der Zone 1 bis zu Zone 3 ab. Eine Differenzierung in die Zonen 3a und 3b erfolgt dabei nicht. Die wichtigsten Restriktionen in der Schutzzone 3 werden aus der Tab. 12-2 ersichtlich. Sie schreiben die Reduktion der Stickstoffdüngung und des Stickstoffeintrages in den Boden vor. Kontrollkriterium bildet der Stickstoffgehalt bei Bodenproben im Herbst, der eine Höchstgrenze nicht überschreitet darf (< 90 kg Nitratstickstoff $ha^{-1}$) (§ 6 SächsSchAVO 1994). Darüber hinaus müssen in der Zeit zwischen Ernte und neuer Einsaat im Frühjahr Zwischenfrüchte angebaut werden, um zu verhindern, dass der Boden über Winter ohne Pflanzenbewuchs bleibt und Nährstoffe ausgewaschen werden können. Weiterhin ist die Ausbringung von Düngemitteln zwischen dem 15. Oktober und dem 15. Februar in Abhängigkeit des Bodens und der Bewirtschaftung begrenzt. Es dürfen nur Pflanzenschutzmittel (PSM) der Positivliste der SächsSchAVO aufgebracht werden, bzw. PSM, die entsprechend der Pflanzenschutz-Anwendungsverordnung (1992) nicht für einen Einsatz in Wasserschutzgebieten gesperrt sind. Weiterhin bestehen diverse Ge- und Verbote hinsichtlich der Lagerung von Dünge- und Pflanzenschutzmitteln in der Schutzzone (Anlagen zur SächsSchAVO 1994).

In Tab. 12-2 werden beispielhaft die Restriktionen der einzelnen Extensivierungsstufen des integrierten Ackerbaus mit den in Trinkwasserschutzgebieten (Schutzzone 3) geltenden Restriktionen und mit denen der „guten fachlichen Praxis“ beim konventionellen Ackerbau verglichen. Im Ergebnis lassen sich zwei Aussagen ableiten: Erstens betreffen Trinkwasserschutzrestriktionen in der Zone 3 vor allem den Stickstoffeintrag und den Pestizideinsatz. Zweitens treten Überlappungen zwischen den Restriktionen der Teilprogramme der umweltgerechten Landwirtschaft und den Trinkwasserschutzrestriktionen auf: z. B. bei der Mengenreduktion des Düngemitteleinsatzes, dem Zwischenfruchtanbau und der Beschränkung der PSM. Somit hängt die Wirkung der Aufhebung der Trinkwasserschutzgebiete auf die Landwirtschaft davon ab, welche der frei wählbaren Bewirtschaftungsformen die Landwirte ohne Trinkwasserschutzrestriktion eingehen würden.

Die Restriktionen in Trinkwasserschutzgebieten werden über Ausgleichszahlungen abgegolten. Die Teilnahme am UL-Programm wird über Zuwendungen honoriert, deren Höhe sich nach dem gewählten Teil- und Unterprogramm richtet. Landwirte, welche von Trinkwasserschutzrestriktionen betroffen sind und gleichzeitig am UL-Programm teilnehmen, erhalten zwar die Ausgleichszahlungen entsprechend SächsSchAVO. Die Zuwendungen für die Teilnahme am UL-Programm fallen aber niedriger aus, falls die konkreten Restriktionen sich inhaltlich ähneln (z. B. Düngerreduktion). Geleistet werden die Ausgleichsleistungen und Zuwendungen durch den Freistaat Sachsen (SächsSchAVO 1994; SMUL 1999a). Daher erhält der ökonomische Konflikt eine überregionale Dimension. Für die Landwirte steht die Frage, inwieweit die Ausgleichs- und Honorierungsleistungen die Wirkung der Restriktionen unter- oder überkompensieren, aus überregionaler Perspektive dagegen, inwieweit die Nutzen der Restriktionen die Kosten übersteigen.

*Tab. 12-2: Ausgewählte Restriktionen beim UL-Unterprogramm „integrierter Ackerbau" und beim Ackerbau im TWSG im Vergleich zum konventionellen Ackerbau*

| Bewirtschaftungsmaßnahme | Rechtliche Regelungen/Restriktionen | | | | |
|---|---|---|---|---|---|
| | konventioneller Ackerbau (kA) | Ackerbau in TWSG (Zone 3) | integrierter Ackerbau (iA) | | |
| | | | iA (GF) | iA (GF+Z1) | iA (GF+Z2) |
| **Düngung** | | | | | |
| **Mengenbegrenzung des Düngereinsatzes** | entsprechend dem Pflanzenbedarf („gute fachliche Praxis", Düngeverordnung) | Reduktion der N-Düngung auf 80% gegenüber der guten fachlichen Praxis<br>Sperrzeit für N(min)-Austrag vom 15. 10. bis 15. 2 | Reduktion der N-Düngung auf 95% gegenüber der guten fachlichen Praxis | Reduktion der N-Düngung um 20% zusätzlich zur Grundförderung | k. z. A. |
| **Wirtschaftsdünger** | maximal 170 kg $ha^{-1}$ $a^{-1}$ N(ges.) (Acker) bzw. 210 kg $ha^{-1}$ $a^{-1}$ (GL)<br>Ausbringungsverbot vom 15. 11. bis 15. 1. | maximal 170 kg $ha^{-1}$ $a^{-1}$ N(ges.) (Acker) bzw. 210 kg $ha^{-1}$ $a^{-1}$ (GL)<br>standortabhängiges Ausbringeverbot vom 15. 10. bis 15. 2. | Reduzierung des Wirtschaftsdüngereinsatzes entsprechend verringertem Viehbestand<br>Ausbringeverbot vom 15. 10. bis 15. 2. | k. z. A. | k. z. A. |
| **Fruchtfolgen** | | | | | |
| **Fruchtfolge (direkte Vorschrift zur Fruchtfolge)** | nicht reglementiert | nicht reglementiert | dreifeldrige Fruchtfolge<br>Anbau standortgerechter Sorten | k. z. A. | k. z. A. |
| **Zwischenfruchtanbau** | nicht reglementiert | zwingend gefordert (Verbot Schwarzbrache) | nicht reglementiert | nicht reglementiert | wahlweise |
| **Grünlandumbruch** | nicht reglementiert | keine Umwandlung von Dauergrünland in Ackerland | keine Umwandlung von Grünland in Ackerland | k. z. A. | k. z. A. |
| **Viehbesatz** | ordnungsgemäße Lagerung und Ausbringung der anfallenden Dungstoffe muss gewährleistet sein<br>ca. 2,8 GV $ha^{-1}$ | ordnungsgemäße Lagerung und Ausbringung der anfallenden Dungstoffe muss gewährleistet sein | max. 2,0 GV $ha^{-1}$ | k. z. A. | k. z. A. |
| **Bodenbearbeitung** | | | | | |
| **Mulchsaatverfahren** | nicht vorgeschrieben | nicht vorgeschrieben | nicht vorgeschrieben | nicht vorgeschrieben | wahlweise |
| **Untersaatanpflanzung** | nicht vorgeschrieben | als eine Möglichkeit des Zwischenfruchtanbaus erlaubt | nicht vorgeschrieben | nicht vorgeschrieben | wahlweise |
| **Chemikalieneinsatz** | | | | | |
| **Pflanzenschutzmittel (PSM)** | Zulassungspflicht für PSM<br>Anwendung entsprechend guter fachlicher Praxis,<br>Sachkundenachweis der Anwender<br>(PflSchG 1998) | nur PSM aus Positivliste, bzw.<br>Verbot von PSM mit W-Auflage | Verbot von PSM mit W-Auflage<br>PSM-Behandlung unter Verwendung von Entscheidungsbeihilfen | Verbot von Wachstumsregulatoren | k. z. A. |
| **Betriebsmonitoring** | | | | | |
| **N(min.)-Untersuchung** | Bodenproben/Nutzung von Vergleichswerten zur Ermittlung des Nährstoffbedarfes bzw.<br>Bedarfsschätzung nach Richtwerten möglich (DüngeVO)<br>Betriebsbilanzen | Bodenproben zur Ermittlung des Nährstoffbedarfes vor Vegetationsbeginn<br>im Herbst Kontrollproben auf N(min.)-Gehalt (<90 kg $ha^{-1}$) | Bodenproben zur Ermittlung des Nährstoffbedarfes<br>Kontrollproben auf N(min.)-Gehalt (ohne festgeschriebenen Grenzwert)<br>Schlagbezogene Bilanzen | k. z. A. | k. z. A. |

k. z. A. – keine zusätzlichen Anforderungen; GV – Großvieheinheit; N(ges.) – Gesamtstickstoff; N(min.) – mineralischer Bodenstickstoff.

*Quellen: DüngeVO (1996); SächsSchAVO (1994); SMUL (1999a); SMUL (2000); Pflanzenschutz-Anwendungsverordnung (1992); PflSchG (1998).*

### 12.1.2 Befragung der Landwirte im Torgauer Raum

Aufgrund der vielfältigen, frei wählbaren landwirtschaftlichen Bewirtschaftungsformen mussten für die Bewertung des Konfliktes im Torgauer Raum folgende Fragekomplexe beantwortet werden:

1. Welche Landbewirtschaftungsformen dominieren im Trinkwasserschutzgebiet Mockritz? Hängt die Wahl der Landbewirtschaftungsform ihrerseits von der Lage der Bewirtschaftungsflächen im Schutzgebiet ab? Ist damit zu rechnen, dass in Reaktion auf die Aufhebung eines Schutzgebietes auch die Bewirtschaftungsformen verändert werden? Von welchen weiteren Faktoren hängt die Wahl der Bewirtschaftungsform ab? Spielt die Bodenfruchtbarkeit hierbei eine wichtige Bedeutung?
2. Welche der in den TWSG geltenden Restriktionen wird von den Landwirten als besonders schwerwiegend angesehen?

Zur Beantwortung dieser Probleme wurde eine Befragung von Landwirten in den Trinkwasserschutzgebieten Mockritz und Torgau-Ost durchgeführt. Sie fand im Januar/Februar 2000 statt. Grundlage bildete ein standardisierter Fragebogen, welcher im persönlichen Gespräch des Autors mit den Landwirten ausgefüllt wurde. Insgesamt nahmen 23 Landwirte an der Befragung teil. Mit 18 landwirtschaftlichen Betrieben wurden bis auf zwei alle ermittelbaren hauptberuflichen Landwirte des TWSG Mockritz erfasst. Fünf Betriebe im TWSG Torgau-Ost wurden ergänzend einbezogen. Die Grundgesamtheit der Landwirte, einschließlich der im Nebenerwerb tätigen, konnte jedoch nicht quantifiziert werden. Daher kann, obgleich die landwirtschaftlichen Flächen zu 63% im TWSG Mockritz und zu 41% im TWSG Torgau-Ost erfasst wurden, nicht von einer quantitativen Repräsentativität ausgegangen werden. Zusätzliche Informationen lieferte eine von Appelt (2001) durchgeführte Befragung von 32 Landwirten im gesamten Torgauer Raum, welche insbesondere Gründe für eine Teilnahme/Nichtteilnahme am Programm der Umweltgerechten Landwirtschaft hinterfragte[133]. Die Auswertung der Befragungen wird in drei Komplexe strukturiert: eine generelle Beschreibung der Landwirtschaft in den TWSG, eine Analyse der vorgefundenen Bewirtschaftungsformen sowie eine Diskussion des Einflusses der einzelnen Restriktionen auf die Landwirtschaft.

#### 12.1.2.1 Beschreibung der Landwirtschaft im Trinkwasserschutzgebiet Mockritz und Torgau-Ost

Die befragten Betriebe umfassten 16 Einzelunternehmen, vier Gesellschaften bürgerlichen Rechts sowie jeweils eine Genossenschaft, eine Aktiengesellschaft und eine GmbH. Die Betriebsgröße schwankte zwischen 40 und 2.300 ha und betrug im Mittel (Median) 545 ha. Die von der Befragung erfasste Fläche (Ackerland und Grünland) betrug 13.043 ha, davon lagen ungefähr 53% in Trinkwasserschutzgebieten. Von den Flächen in den Trinkwasserschutzgebieten wurde hauptsächlich Ackerland (6178 ha) erfasst und deutlich weniger Grünland (773 ha). Der Vergleich mit der Flächenverteilung laut Biotoptypenkartierung (LfUG 1996b) zeigt, dass Grünland bei der Befragung leicht unterrepräsentiert blieb (vgl. Tab. Tab. 12-3).

Um den Einfluss der Bodenfruchtbarkeit auf die Bewirtschaftungsformen zu berücksichtigen, wurde zwischen zwei Bodenqualitäten unterschieden, den „Aueböden“ mit guten Standorteigenschaften und den ertragsschwachen „Heideböden“ (vgl. Abb. 12-1). Die mit der Befragung erfasste Fläche entsprach hinsichtlich der Anteile von Böden unterschiedlicher Qualität sowie hinsichtlich der Anteile von Ackerland und Grünland ungefähr der naturräumlichen

133 Die Ergebnisse von Appelt (2001) werden jeweils mit Quellenverweis eingefügt.

Situation (vgl. Tab. 12-3). Ungefähr 73% der im TWSG erfassten Flächen wiesen gute Standorteigenschaften (Aueböden) auf.

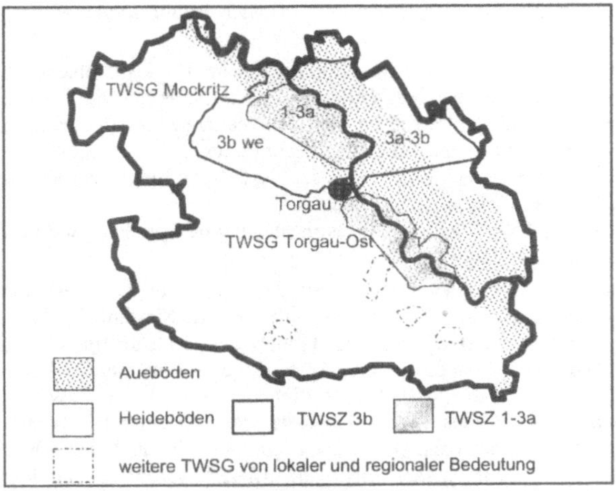


*Quelle: StUFA 1995; Zuarbeit T. Schmidt, M. Volk, A. Kindler/UFZ-Umweltforschungszentrum GmbH Leipzig-Halle*[134].

*Abb. 12-1: Lage der Aueböden und Heideböden im Untersuchungsraum*

*Tab. 12-3: Anteile der Aue- und Heideböden in den TWSG Mockritz und Torgau-Ost im Vergleich zu den bei der Befragung erfassten Flächen*

| Bodenqualität | Flächenverteilung im TWSG | | durch Befragung erfasste Flächen | |
|---|---|---|---|---|
| | Fläche [ha] | Anteil | Fläche [ha] | Anteil |
| **∑ Aueböden** | **8.720** | **72%** | **5077** | **73%** |
| davon Ackerland | 6.352 | 53% | 4.353 | 63% |
| davon Grünland | 2.368 | 20% | 724 | 10% |
| **∑ Heideböden** | **3.320** | **28%** | **1874** | **27%** |
| davon Ackerland | 2.803 | 23% | 1.825 | 26% |
| davon Grünland | 518 | 4% | 49 | 1% |

*Quelle: eigene Erhebungen, LfUG (1996b).*

Die befragten Betriebe unterschieden sich im Hinblick auf ihre Betriebssysteme. Ungefähr ein Drittel der Landwirte waren auf Marktfruchtanbau spezialisiert, ein Drittel wirtschaftete gemischt, ein Drittel hatte sich auf die Veredlung und Futterbau spezialisiert. Zu letzteren gehörten vier Schäfereien, welche insbesondere die elbnahen Grünlandflächen bewirtschafteten. Die mittlere Viehdichte ist mit 0,6 GV $ha^{-1}$ relativ niedrig und unterschreitet die rechtlichen Maximalwerte deutlich (vgl. Tab. 12-2).

Nur bei einem Betrieb lagen die Bewirtschaftungsflächen vollständig im Trinkwasserschutzgebiet. Im Mittel lagen 45% (TWSG Torgau-Ost) und 57% (TWSG Mockritz) der be-

134 Im Rahmen des Verbundprojektes Nachhaltige Wasserbewirtschaftung und Landnutzung – s. Kapitel 10.

wirtschafteten Flächen im Trinkwasserschutzgebiet (Medianwerte). Der Minimalwert betrug ca. 15%. Berücksichtigt man beim TWSG Mockritz nur die Schutzzonen 1 bis 3a, dann betrug die mittlere Überschneidung (Median) zwischen der Betriebsfläche und dem Schutzgebiet ungefähr 18%.

#### 12.1.2.2 Bewirtschaftungsformen in den Trinkwasserschutzgebieten und Einflussfaktoren hinsichtlich der Teilnahme am UL-Programm

Die Befragung ergab, dass im TWSG Mockritz mit konventionellem, integriertem und ökologischem Ackerbau alle drei wichtigen Bewirtschaftungsformen des Ackerbaus vorkamen, während im TWSG Torgau-Ost nur integrierter Ackerbau stattfand (vgl. Tab. 12-4). Beim integrierten Ackerbau wählten die Landwirte zusätzlich zur Grundförderung auch Zusatzförderungen, sowohl die umweltentlastenden Maßnahmen ($iA_{GF+Z1}$) als auch die bodenschonenden Maßnahmen ($iA_{GF+Z2}$). Bei letzteren wurde insbesondere die Förderung von Mulchsaat (7 Nennungen) und von Zwischenfruchtanbau (3 Nennungen) in Anspruch genommen. Dem Teilprogramm KULAP 1 war knapp die Hälfte der Landwirte beigetreten.

*Tab. 12-4: Anzahl der an den abgefragten Bewirtschaftungsformen teilnehmenden Betriebe*

| **Lage im TWSG** | **Teilnahme am Programm „Umweltgerechte Landwirtschaft"** | | | | | | |
|---|---|---|---|---|---|---|---|
| | **nein** | **ja,** | **davon am Teil-/Unterprogramm*** | | | | |
| | | | **iA (GF)** | **iA (GF+Z1)** | **iA (GF+Z2)** | **öA** | **KULAP** |
| **Mockritz** | 8 | 10 | 5 | 3 | 4 | 2 | 9 |
| **Torgau-Ost** | 0 | 5 | 4 | 4 | 3 | 0 | 2 |
| **gesamt** | 8 | 15 | 9 | 7 | 7 | 2 | 11 |

* Mehrfachnennungen möglich; iA – integrierter Ackerbau; iA (GF) – integrierter Ackerbau/Grundförderung; iA (GF+Z1) – integrierter Ackerbau/Zusatzförderung 1 (umweltentlastende Maßnahmen); iA (GF+Z2) – integrierter Ackerbau/Zusatzförderung 2 (bodenschonende Maßnahmen); öA – ökologischer Ackerbau; KULAP – extensive Grünlandbewirtschaftung entsprechend KULAP1/reduzierter Mitteleinsatz (vgl. Kapitel 12.1.1).

*Quelle: eigene Erhebungen.*

Über das Teilnahmeverhalten der Landwirte an den Extensivierungsprogrammen lassen sich Aussagen auf die Flächenverhältnisse der Bewirtschaftungsformen im TWSG ableiten (vgl. Tab. 12-5 und Tab. 12-6). Im TWSG Mockritz war der konventionelle Ackerbau auf den guten Standorten (Aueböden) signifikant bedeutsamer als auf den schlechten Standorten (Heideböden). Gleichzeitig war der Anteil des konventionellen Ackerbaus auf Aueböden in der Schutzzone 3b des TWSG Mockritz höher als auf Aueböden in der Schutzzone 1 bis 3a. Im TWSG Torgau-Ost wurde nur integrierter Ackerbau erfasst. Gründe für diese Unterschiede konnten nicht gefunden werden.

*Tab. 12-5: Flächenanteile der abgefragten Bewirtschaftungsformen für Ackerbau in den TWSG*

| Bodenqualität | BWF | Flächenanteil | | | | | |
|---|---|---|---|---|---|---|---|
| | | TWSG Mockritz | | TWSG Torgau-Ost | | beide TWSG | |
| | | [ha] | [%] | [ha] | [%] | [ha] | [%] |
| TWSZ 1-3a | | | | | | | |
| Aueböden | kA | 935,5 | 51 | 0 | 0 | 935,5 | 35 |
| | iA | 876,1 | 48 | 842 | 100 | 1718,1 | 64 |
| | öA | 23 | 1 | 0 | 0 | 23 | 1 |
| Heideböden | kA | 36 | 15 | 0 | 0 | 36 | 11 |
| | iA | 200,5 | 85 | 90 | 100 | 290,5 | 89 |
| | öA | 0 | 0 | 0 | 0 | 0 | 0 |
| TWSZ 3b | | | | | | | |
| Aueböden | kA | 1672 | 100 | | | 1672 | 100 |
| | iA | 0 | 0 | | | 0 | 0 |
| | öA | 4,5 | 0 | | | 4,5 | 0 |
| Heideböden | kA | 503,5 | 34 | | | 503,5 | 34 |
| | iA | 963,2 | 64 | | | 963,2 | 64 |
| | öA | 32 | 2 | | | 32 | 2 |

BWF - Bewirtschaftungsform; kA – konventioneller Ackerbau; iA – integrierter Ackerbau (alle Unterprogramme); öA – ökologischer Ackerbau (vgl. Kapitel 12.1.1).

*Quelle: eigene Erhebungen.*

Die erfassten Grünlandflächen in den TWSG wurden ungefähr zur Hälfte entsprechend dem KULAP-Programm bewirtschaftet (vgl. Tab. 12-6). Einen Zusammenhang zwischen Bodenqualität und Teilnahme am KULAP-Programm ließ sich jedoch nicht aufzeigen. Über 90% des erfassten Grünlandes befand sich auf guten Böden. Sie lagen vor allem in den elbnahen, eingedeichten Niederungen. Eine Grünlandnutzung der Heidestandorte wurde kaum erfasst.

Bei der Beantwortung der Frage, inwieweit die Lage der Bewirtschaftungsflächen in den Trinkwasserschutzgebieten eine Rolle bei der Teilnahme am Programm UL spielt, kreuzten vier der fünfzehn Landwirte die Antwort „wesentlich" an, drei weitere die Antwort „auch", während acht Landwirte keinen Zusammenhang manifestierten. Appelt (2001) fand, dass sich Teilnehmer und Nichtteilnehmer am UL-Programm signifikant hinsichtlich des Anteils ihrer landwirtschaftlichen Flächen in TWSG unterschieden. Weitere signifikante Erklärungsfaktoren für eine Teilnahme am UL-Programm waren die durchschnittliche Bodenfruchtbarkeit der Betriebsflächen, der durchschnittliche Grünlandanteil, die Rechtsform der Betriebe und das Alter der Landwirte der befragten Unternehmen (Appelt 2001).

Nach den Gründen für eine Teilnahme am UL-Programm befragt, nannten die Befragten im Wesentlichen „Einkommenseffekte" und „finanzielle Aspekte" (9-mal). Zusätzlich wurden die Argumente „Teilnahme am UL-Programm als Nachweis kontrollierter Produktion zu Marketingzwecken" und „verbesserter Überblick über die eigenen Produktionsabläufe infolge der Schlagdateiführung" aufgeführt. Es wurde aber auch angemerkt, dass sich die Teilnahme am UL-Programm nur langfristig lohne. Argumente gegen eine Teilnahme am Programm UL verwiesen u. a. auf folgende Vorschriften: die dreifeldrige Fruchtfolge, die aufwendige Nachweisführung und Kontrollen sowie das Verbot des Einsatzes von Klärschlamm.

*Tab. 12-6: Flächenanteil des Grünlandes in den TWSG mit bzw. ohne Bewirtschaftung entsprechend KULAP1*

| Bodenqualität | BWF | Flächenanteil | | | | | |
|---|---|---|---|---|---|---|---|
| | | TWSG Mockritz | | TWSG Torgau-Ost | | beide TWSG | |
| | | [ha] | [%] | [ha] | [%] | [ha] | [%] |
| TWSZ 1-3a | | | | | | | |
| Aueböden | ohne KULAP | 245 | 60 | 60 | 30 | 305 | 50 |
| | mit KULAP | 162,5 | 40 | 140 | 70 | 302,5 | 50 |
| Heideböden | ohne KULAP | 0 | 0 | 5 | 100 | 5 | 49 |
| | mit KULAP | 5,2 | 100 | 0 | 0 | 5,2 | 51 |
| TWSZ 3b | | | | | | | |
| Aueböden | ohne KULAP | 15 | 13 | | | 15 | 13 |
| | mit KULAP | 101 | 87 | | | 101 | 87 |
| Heideböden | ohne KULAP | 5 | 13 | | | 5 | 13 |
| | mit KULAP | 33,7 | 87 | | | 33,7 | 87 |

BWF – Bewirtschaftungsform; KULAP – extensive Grünlandbewirtschaftung entsprechend KULAP1/reduzierter Mitteleinsatz (vgl. Kapitel 12.1.1).

*Quelle: eigene Erhebungen.*

Gegen das KULAP-1-Programm wurden starke Bedenken im Hinblick auf eine negative Veränderung der Artenzusammensetzung des Grünlandes geäußert (4 Nennungen). Aus diesem Grund waren bereits zwei Landwirte wieder aus dem KULAP-Programm ausgestiegen, obwohl ihre Nutzflächen in Trinkwasserschutzgebieten lagen.

Abschließend wurde gefragt, welche Landwirte ihre Teilnahme am Programm des Integrierten Ackerbaus bei einem etwaigen vollständigen Wegfall der Trinkwasserschutzrestriktionen überdenken würden. Wie in Tab. 12-7 dargestellt, würde ein Landwirt vollständig aus dem Programm integrierten Ackerbau aussteigen, während sich mehrere aus den Zusatzprogrammen zurückziehen würden.

*Tab. 12-7: Beabsichtigte Veränderung bei der Teilnahme am Unterprogramm "Integrierter Ackerbau" bei einem Wegfall der Trinkwasserschutzrestriktionen*

| Teilnahme am integrierten Ackerbau (iA) | Anzahl der teilnehmenden Landwirte | |
|---|---|---|
| | TWSG Stand 1999 | falls Auflösung des TWSG |
| iA (GF) | 9 | 8 |
| iA (GF+Z1) | 7 | 4 |
| iA (GF+Z2) | 7 | 5 |

iA (GF) – integrierter Ackerbau/Grundförderung; iA (GF+Z1) – integrierter Ackerbau/Zusatzförderung 1 (umweltentlastende Maßnahmen); iA (GF+Z2) – integrierter Ackerbau/Zusatzförderung 2 (bodenschonende Maßnahmen) (vgl. Kapitel 12.1.1).

*Quelle: eigene Erhebungen.*

12.1.2.3 Vergleich der Trinkwasserschutzrestriktionen hinsichtlich ihrer Bedeutung

Der dritte Schwerpunkt bei der Befragung betraf die Einschätzung der Relevanz der einzelnen Trinkwasserschutzrestriktionen aus Sicht der Landwirte mit dem Ziel, die Bedeutung der in den gesetzlichen Bestimmungen aufgelisteten Restriktionen und Verbote gegeneinander abzuwägen und die folgenschwersten herauszuarbeiten. Die Tab. 12-8 zeigt, wie oft die einzelnen Restriktionen von den Landwirten als relevant eingeschätzt wurden.

*Tab. 12-8: Häufigkeit der Nennung der Relevanz einzelner Trinkwasserschutzrestriktionen für die landwirtschaftlichen Betriebe*

| Effekte der Schutzrestriktionen | Häufigkeit der Nennung für TWSG | | |
|---|---|---|---|
| | Mockritz | Torgau-Ost | Σ |
| Ertragsausfall infolge Düngebeschränkung | 14 | 4 | 18 |
| Kostenerhöhung infolge Auflage zur ganzjährigen Begrünung | 13 | 3 | 16 |
| Ertragsausfall infolge Einschränkung bei Fruchtfolge | 10 | 2 | 12 |
| Kostenerhöhung infolge Restriktionen bei PSM-Auswahl | 9 | 3 | 12 |
| Kostenerhöhung infolge veränderter Bodenbearbeitung | 7 | 3 | 10 |
| Ertragsausfall /Kostenerhöhung bei Viehhaltung / Milchproduktion | 6 | 2 | 8 |
| Kosten durch Wasserschutzauflagen an Anlagen und beim Umgang mit wassergefährdenden Stoffen, die nur in TWSG anfallen und nicht generell gefordert werden. | 4 | 3 | 7 |
| **sonstige** | 0 | 2 | 2 |

*Quelle: eigene Erhebungen.*

Neben dem Problem der Düngerreduzierung, welches am häufigsten als relevantes Problem benannt wurde, hatten die Forderung der ganzjährigen Begrünung und negative Einflüsse bei der Fruchtfolgegestaltung eine vergleichsweise hohe Relevanz für die Landwirte. Da der Punkt „sonstige" nur zweimal angekreuzt wurde, kann davon ausgegangen werden, dass alle wesentlichen Restriktionen abgefragt wurden. Die Antworten der Landwirte auf die Frage, welche Bewirtschaftungsveränderungen sie bei Aufhebung der Trinkwasserschutzrestriktionen vornehmen würden (vgl. Tab. 12-9), bestätigte zwar generell die in der Tab. 12-8 aufgeführte Reihung. Allerdings verneinte mindestens die Hälfte der Landwirte die jeweils abgefragten Veränderungsabsichten. Dies legt den Schluss nahe, dass die Trinkwasserschutzrestriktionen von den landwirtschaftlichen Betriebne sehr unterschiedlich in ihrer Wirkung beurteilt wurden. Die Viehdichte erwies sich als nahezu unabhängig von den Trinkwasserschutzrestriktionen.

*Tab. 12-9: Angedachte Bewirtschaftungsveränderungen auf den aus den TWSG herausfallenden Ackerflächen*

| Bewirtschaftungsveränderung | Häufigkeit der Antwort | |
|---|---|---|
| | Ja | Nein |
| Erhöhung der Düngung | 11 | 10 |
| Veränderung der Fruchtfolge | 8 | 13 |
| Wiedereinsatz von Pestiziden mit W-Auflage | 8 | 13 |
| Erhöhung Viehbesatz | 1 | 20 |

*Quelle: eigene Erhebungen.*

Weiterhin wurden die Landwirte angehalten, die für sie relevanten Restriktionen in eine Rangfolge zu bringen (vgl. Tab. 12-10). Die Düngebeschränkung wurde am häufigsten auf den 1. Rang gesetzt, somit kann sie im Vergleich zu den anderen Restriktionen als die schwerwiegendste angesehen werden.

*Tab. 12-10: Häufigkeit der Zuordnung der Ränge 1-7 zu den einzelnen Restriktionen entsprechend der Auswirkungen auf den Betrieb - Zusammenfassung aller Betriebe*

| Rang | Düngebeschränkung | Einschränkungen bei Fruchtfolge | veränderte Bodenbearbeitung | Restriktionen bei PSM-Auswahl | Auflage zur Begrünung | Zusatzkosten bei Viehhaltung / Milchproduktion | Auflagen bei Umgang mit wassergefährdenden Stoffen | sonstige Gründe | Σ |
|---|---|---|---|---|---|---|---|---|---|
| 1. | 9 | 2 | 2 | 2 | 3 | 0 | 1 | 1 | 20 |
| 2. | 4 | 2 | 2 | 2 | 1 | 2 | 0 | 1 | 14 |
| 3. | 0 | 3 | 2 | 3 | 2 | 1 | 1 | 0 | 12 |
| 4. | 1 | 1 | 0 | 2 | 3 | 1 | 0 | 0 | 8 |
| 5. | 0 | 1 | 0 | 1 | 3 | 0 | 1 | 0 | 6 |
| 6. | 0 | 0 | 0 | 0 | 0 | 1 | 1 | 0 | 2 |
| 7. | 0 | 0 | 0 | 0 | 0 | 0 | 0 | 0 | 0 |
| Σ | 14 | 9 | 6 | 10 | 12 | 5 | 4 | 2 | 62 |
| Median | 1. | 3. | 2. | 3. | 3,5. | 3. | 4. | 1,5. | 2. |

*Quelle: eigene Erhebungen.*

Eine Differenzierung der Antworten nach den Bewirtschaftungsformen zeigte eine tendenziell unterschiedliche Gewichtung der Restriktionen zwischen den konventionell und den integriert wirtschaftenden Landwirten (vgl. Tab. 12-11). Die konventionellen Landwirte sahen die größten Probleme bei den Einschränkungen der Fruchtfolgegestaltung, gefolgt von den Düngebeschränkungen und der Auflage zum Zwischenfruchtanbau. Demgegenüber gaben die integriert wirtschaftenden Betriebe[135] die Düngebeschränkungen an erster Stelle an, gefolgt von Problemen infolge veränderter Bodenbewirtschaftung, Restriktionen bei Pflanzenschutzmittelauswahl und Einschränkungen der Fruchtfolge. Die unterschiedlichen Bewertungen der Düngemittelrestriktionen und Fruchtfolgebeschränkungen bestanden dabei den Signifikanztest.

Die ungleiche Bedeutung der Düngebeschränkung könnte daran liegen, dass auch von integriert wirtschaftenden Betrieben die Düngerestriktion in TWSG als Einschränkung wahrgenommen wird, sie aber im Gegensatz zu konventionellen Betrieben keine Ausgleichsmöglichkeiten bei der Fruchtfolgegestaltung haben. Obgleich sich die Düngerestriktionen der Trinkwasserschutzverordnung und des integrierten Ackerbau/umweltentlastende Maßnahmen ($iA_{GF+ZF1}$) ähneln (vgl. Tab. 12-2), wirkt die erstere jedoch wesentlich schärfer, da ihre Einhaltung mittels Bodenproben im Herbst kontrolliert wird. Die Landwirte gaben an, teilweise den Düngereinsatz stärker als rechtlich notwendig zu reduzieren, um unabhängig von der Witterung die Normen einzuhalten und den Anspruch auf Ausgleichszahlungen nicht zu verlieren[136]. Konventionelle Landwirte gaben zudem an, dass sie durch geschickte Fruchtfolgegestaltung höhere Einkommenseffekte erzielen können als durch hohe Stickstoffdüngegaben. Eine ebensolche, einkommensfördernde Fruchtfolgegestaltung bleibt den integriert wirtschaftenden Betrieben jedoch unabhängig von den Trinkwasserschutzrestriktionen versagt.

Die von den konventionell wirtschaftenden Landwirten angegebenen Probleme bei der Fruchtfolge könnten mit der Forderung nach Zwischenbegrünung zusammenhängen. Die Forderung nach Zwischenbegrünung ist laut Aussage der Landwirte insbesondere auf Aueböden problematisch, da die dadurch notwendige Bodenbearbeitung im Frühjahr auf den Lehmbö-

135 Ohne ökologisch wirtschaftende Betriebe.

136 Fehlender Sommerniederschlag wurde als limitierender Faktor des Pflanzenwachstums genannt, so dass unter derartigen Umständen normale Düngergaben nicht von den Pflanzen aufgenommen werden und im Herbst erhöhte Bodenwerte an Stickstoff bewirken.

den mit einem hohen Aufwand verbunden ist[137, 138]. Der konventionelle Ackerbau konzentrierte sich tendenziell auf den Aueböden im TWSG Mockritz.

*Tab. 12-11: Vergleich der Rangfolge der Restriktionen zwischen Betrieben mit konventionellem (kA) und integriertem (iA) Ackerbau (ohne ökologischem Ackerbau)*

| Rang | Restriktionen | | | | | | | | | |
|---|---|---|---|---|---|---|---|---|---|---|
| | Düngebeschränkung | | Auflage zur Begrünung | | Restriktionen bei PSM-Auswahl | | Einschränkung bei Fruchtfolge | | veränd. Bodenbearbeitung | |
| | kA | iA | kA | iA | kA | iA | kA | iA | kA | iA |
| **1.** | 1 | 7 | 2 | 1 | 1 | 1 | 2 | 0 | 0 | 1 |
| **2.** | 3 | 1 | 0 | 0 | 0 | 2 | 1 | 1 | 0 | 2 |
| **3.** | 0 | 0 | 2 | 0 | 1 | 2 | 0 | 2 | 1 | 1 |
| **4.** | 1 | 0 | 1 | 2 | 1 | 1 | 0 | 1 | 0 | 0 |
| **5.** | 0 | 0 | 0 | 3 | 1 | 0 | 0 | 1 | 0 | 0 |
| **6.** | 0 | 0 | 0 | 0 | 0 | 0 | 0 | 0 | 0 | 0 |
| **Σ** | 5 | 8 | 5 | 6 | 4 | 6 | 3 | 5 | 1 | 0 |
| **Medianrang** | **2.** | **1.** | **3.** | **4,5.** | **3,5.** | **2,5** | **1.** | **3.** | **3.** | **2.** |
| **Test** | signifikant | | nicht signifikant | | nicht signifikant | | signifikant | | nicht getestet | |

Mann-Whitney-Test (2seitig), α = 0,05; kA – konventioneller Ackerbau; iA – integrierter Ackerbau (alle Unterprogramme) (vgl. Kapitel 12.1.1).

*Quelle: eigene Erhebungen.*

Im Zuge der Befragung kam auch zur Sprache, dass die landwirtschaftlichen Schutzrestriktionen in der Schutzzone 3b des Wasserwerkes Mockritz erst ab 1998 durchgesetzt wurden. Diese verspätete Durchsetzung der Trinkwasserschutzrestriktionen in der Zone 3b könnte sich infolge des nicht definierten Überganges von den Schutzrichtlinien alten Rechts zu Schutzrichtlinien neuen Rechts ergeben haben. Die mit der Ausweisung des TWSG Mockritz erarbeiteten Schutzrichtlinien beruhten auf der TGL 24348/01-02 (TGL 1979). Diese sah für die äußerste Schutzzone 4 bei der Landwirtschaft keine wesentlichen Restriktionen vor. Nach dem neuen Recht (SächsSchAVO 1994) wurde die Schutzzone 3b (dem Äquivalent zur Schutzzone 4) wie die Schutzzone 3a mit hohen landwirtschaftlichen Restriktionen belegt. Es kann nur vermutet werden, dass im Falle des TWSG Mockritz dieser Wechsel der Richtlinien zu behördeninternen Koordinationsproblemen führte.

### 12.1.3 Schlussfolgerung für weitere Bewertung

Der Konflikt zwischen Landwirtschaft und Trinkwasserschutz gestaltet sich sehr komplex. Die Trinkwasserschutzrestriktionen der Zone 3 betreffen hauptsächlich Nitrateintrag und Eintrag von Pflanzenschutzmitteln. Sie führen jedoch zu vielfältigen Problemen in der Landwirtschaft, wobei hier die Maßnahmen, welche einen Nitrateintrag verringern sollen (Düngebeschränkung, Zwischenfruchtanbau, veränderte Bodenbearbeitung, Einschränkung der Fruchtfolge), stärker wiegen als die Beschränkung bei der PSM-Auswahl. Somit sind bei einer Veränderung der Trinkwasserschutzrestriktionen insbesondere Änderungen der Nitrat-

137 Allerdings konnten lt. Aussage einzelner Landwirte Ausnahmegenehmigungen für das Gebot der ganzjährigen Begrünung auf Auestandorten gestellt werden.

138 Auch ein ökologisch wirtschaftender Betrieb nannte diese Restriktion als die einzige für seinen Betrieb bedeutsame Trinkwasserschutzrestriktion.

emission zu erwarten. Daher wird in der weiteren Arbeit der Nitrateintrag in das Grundwasser als Indikator der landwirtschaftlichen Grundwasserbeeinflussung ausgewählt[139]. Weiterhin müssen bei der Bewertung die landwirtschaftlichen Betriebe hinsichtlich ihrer Bewirtschaftungsformen unterschieden werden, und es muss von einer teilweisen Interdependenz zwischen Trinkwasserschutzrestriktionen und Wahl der Bewirtschaftungsform ausgegangen werden.

Aufgrund der Ausgleichszahlungen bzw. der Zuwendungen durch den Freistaat Sachsen erhält der Konflikt eine zusätzliche überregionale Wirkung. Aus regionaler Perspektive kann nicht pauschal von wirtschaftlichen Nachteilen der Landwirte in TWSG ausgegangen werden. Vielmehr muss untersucht werden, inwieweit die ökonomischen Nachteile über- oder unterkompensiert werden.

## 12.2 Trinkwasserschutzrestriktionen beim Umgang mit wassergefährdenden Stoffen

Wassergefährdende Stoffe[140] (nach §19g WHG 1996) besitzen ein großes Gefahrenpotential für das Grundwasser. Emissionen beim normalen Umgang im gewerblichen und privaten Bereich und infolge von Unfällen führen zur Bodengefährdung und eventuell auch zur Grundwassergefährdung.

Die Schutzgebietsanforderungen nach § 19i WHG (1996), §§ 52 und 53 SächsWG (1998) gegenüber Anlagen zur Lagerung und zum Umgang mit wassergefährdenden Stoffen werden durch die Sächsische Anlagenverordnung – SächsVAwS (2000) konkretisiert. Die Schutzanforderungen differieren nach Menge und Wassergefährdungsklasse der verwendeten Stoffe und reichen vom generellen Verbot des Umganges mit ihnen in den Schutzzonen 1 und 2 bis zum Verbot in Abhängigkeit von der genutzten Menge in der Schutzzone 3 bzw. zusätzlichen Auflagen an die Anlagen und Kontrollen. Im Folgenden wird die Relevanz der trinkwasserschutzbezogenen Restriktionen für private Heizölanlagen, gewerbliche Anlagen sowie landwirtschaftliche Anlagen auf dem Gebiet des TWSG Mockritz untersucht.

Ein schwerpunktmäßiger Umgang mit dem der Wassergefährdungsklasse 2 (VwVwS 1999) zugeordneten Heizöl ergibt sich durch die starke Verbreitung von Heizölanlagen in Privathaushalten. Eine flächendeckende Befragung der zuständigen Schornsteinfeger ergab für das Schutzgebiet Mockritz eine Anzahl von 953 Heizölanlagen. Mit 778 Anlagen lagen die meisten in der Schutzzone 3b. Die privaten Heizölanlagen gelten als oberirdische Anlagen der Gefährdungsstufe B (1.000-10.000 Liter-Anlagen)[141].

Nach § 21 Abs. 1 u. 2 SächsVAwS (2000) wird für die gängigen Heizölanlagen in Trinkwasserschutzzonen 3 ein Inspektionsintervall von fünf Jahren durch den TÜV oder andere Gutachterorganisationen gefordert, während diese Inspektionspflicht außerhalb von Trinkwasserschutzanlagen für die Anlagen dieser Größenordnung entfällt. Zusätzliche Anforderun-

139 Nachweise von PSM im Grundwasser betreffen häufig noch (aber nicht nur) langlebige Pestizide, die gegenwärtig nicht mehr eingesetzt werden und ihre Abbauprodukte (vgl. LfUG 2002, S. 31-33). Ein weiterer Problemstoff, dessen Konzentration im Rohwasser von Trinkwasserwerken in den vergangen Jahren zugenommen hat, ist Sulfat (Nestler/Grischek 2003b). Hohe Sulfatkonzentrationen weisen zwar eine geringe gesundheitliche Relevanz auf, beeinträchtigen jedoch Geschmack und führen zur Korrosion der technischen Anlagen (Magoulas et al. 1996, S. 195; Nestler/Grischek 2003b).

140 Im § 19g WHG (1996) werden unter anderen folgende feste, flüssige und gasförmige Stoffe als wassergefährdend benannt: Säuren, Laugen, Alkalimetalle, bestimmte Siliziumlegierungen, metallorganische Verbindungen, ..., Mineral- und Teeröle sowie deren Produkte, flüssige sowie wasserlösliche Kohlenwasserstoffe, Alkohole, ..., Gifte.

141 Mdl. Information Herr Kleinmond, TÜV Süddeutschland vom 16.5.2000.

gen baulicher Art ergeben sich in Trinkwasserschutzzonen nicht. Diese sind flächendeckend schon hoch. So wird die Errichtung von Auffangmöglichkeiten des Heizöles im Falle einer Havarie vorgeschrieben (entweder eine Auffangwanne oder ein doppelwandiger Kessel – § 3 SächsVAwS 2000). Außerdem müssen die Anlagen durch einen Fachbetrieb errichtet und gewartet werden (§ 23 SächsVAwS 2000).

Tankstellen zählen ebenfalls zu den potentiell gefährdenden Einrichtungen. Nach Auskunft der unteren Wasserbehörde vom 12.10.1999 liegt nur eine einzige öffentliche Tankstelle am äußeren Rand der Schutzzone 3b westelbig. Außer dieser waren der Behörde 15 Betriebstankstellen in dem TWSG Mockritz angezeigt worden, wobei 4 davon in der Schutzzone 3a lagen. Bei Betriebstankstellen der Größenklasse 1.000 – 10.000 l Fassungsvermögen werden ebenfalls in Trinkwasserschutzzonen fünfjährliche Inspektionsintervalle gefordert, welche außerhalb der TWSG entfallen[142].

Die Ermittlung des Einflusses der Schutzrestriktionen auf gewerbliche Anlagen erfolgte im Rahmen einer Befragung von Unternehmen im Untersuchungsraum (Horsch/Geyler 1999). 61 der befragten Gewerbestandorte lagen im Trinkwasserschutzgebiet Mockritz. Von diesen Unternehmen befand sich nur ein einziges in der Zone 3a, die restlichen lagen innerhalb der Zone 3b. 58 der Unternehmen lagen in oder direkt bei einem der drei großen Gewerbegebiete im Norden und Nordwesten von Torgau[143]. Von den 61 Unternehmen gaben 24 an, wassergefährdende Stoffe einzusetzen. Elf der befragten Unternehmen äußerten, dass für sie Behinderungen durch Trinkwasserschutzgebiete eine eher wichtige bis sehr wichtige Rolle bei der Standortwahl spielten. Auf die Frage, inwieweit zusätzliche Kosten aufgrund des Standortes des Unternehmens im TWSG entstehen, antworteten siebzehn Unternehmen. Jedoch ergaben sich nur bei einem Unternehmen eindeutig zusätzliche laufende Kosten infolge des Trinkwasserschutzes[144]. Weiterhin gaben neun Unternehmer höhere Investitionskosten für den Bau von Umweltschutztechnik aufgrund der Lage im TWSG an. Hiervon ließen sich jedoch nur vier Angaben mit dem speziellen Trinkwasserschutz in Verbindung bringen. Bei den anderen Angaben war nicht zu differenzieren, inwieweit sie auch aufgrund flächendeckender Schutzvorschriften gefordert worden wären, wie beispielsweise die Pflicht zum Bau von Ölabscheidern[145].

In einem im Trinkwasserschutzgebiet liegenden Gewerbegebiet (GWG Torgau Nordstraße) wurden erhöhte Erschließungsaufwendungen infolge von Trinkwasserschutzauflagen getätigt. Hierfür wurden Fördermittel durch den Freistaat in Höhe von 4 Mio. DM zur Verfügung gestellt. Obgleich drei Unternehmen des Gewerbegebietes Torgau-Nordstraße die hohen Grundstückskosten und Abwassergebühren auf die in diesem Gebiet durchgesetzten Schutzauflagen zurückführten, konnten im Rahmen der Untersuchungen keine Verdrängungseffekte nachgewiesen werden. Weder hinsichtlich der Auslastung noch hinsichtlich der Grundstückspreise lag das Gewerbegebiet am unteren bzw. oberen Ende der Gewerbegebiete des Torgauer Raumes (Horsch/Geyler 1999).

Über 80% der befragten Unternehmen schätzten bei der Befragung den Standortfaktor „Behinderung durch Wasserschutzgebiete“ als „eher unwichtig“ bis „völlig unwichtig“ ein. Ein signifikanter Unterschied zwischen Gewerbegebieten mit Trinkwasserschutzrestriktion und anderen Gewerbegebieten bzw. zu Gewerbeansiedlungen außerhalb von Gewerbegebieten konnte nicht nachgewiesen werden.

---

142 Mdl. Information Herr Kleinmond, TÜV Süddeutschland vom 16.5.2000.

143 Industrie- und Gewerbegebiet Torgau-Nordstraße, Gewerbegebiet Torgau-Außenring, Gewerbepark Am Glaswerk/Flachglas Torgau GmbH.

144 Auflagenbedingt konnte in diesem Fall keine Betriebstankstelle errichtet werden, wodurch zusätzliche Kosten bei der Treibstoffbeschaffung anfielen.

145 Eine ähnliche, undifferenzierte Wahrnehmung gegenüber allgemeinen Grund- und speziellen Trinkwasserschutzrestriktionen durch Unternehmen beschrieben auch Rudolph et al. (1994).

In der Landwirtschaft stellt auch die Lagerung von Wirtschaftsdünger, Gülle etc. eine Grundwassergefährdung dar. Die Auflagen an die Lagerung werden durch die SächsSchAVO (1994) und die Dung- und Silagesickersaftverordnung (SächsDuSVO 1999) vorgeschrieben. In der Schutzzone 2 ist das Lagern von Wirtschafts- und Mineraldünger verboten, ebenso das Errichten und Betreiben von Silos. In der Schutzzone 3 sind feste Anlagen zur Lagerung von Wirtschaftdünger unter bestimmten Sicherheitsvorkehrungen erlaubt. Bei der Befragung der Landwirte im TWSG Mockritz wurden trinkwasserschutzspezifische Restriktionen an entsprechenden Anlagen von vier Betrieben angegeben. Jedoch konnte im Rahmen der Befragung nicht spezifiziert werden, welche der konkreten Auflagen auf Trinkwasserschutzrestriktionen und welche den allgemeinen Schutzrestriktionen zuzuordnen sind.

Zusammenfassend ist zu konstatieren, dass im TWSG Mockritz Trinkwasserschutzrestriktionen den Umgang mit wassergefährdenden Stoffen beeinflussen. Nachweisbar war dies bei privaten Haushalten, bei Betriebstankstellen, bedingt nachweisbar bei Gewerbebetrieben und bei landwirtschaftlichen Anlagen. Die Restriktionen beim Umgang mit wassergefährdenden Stoffen sollen zwar auch das Ausmaß von Emissionen verringern, in erster Linie allerdings die Wahrscheinlichkeit reduzieren, dass eine Emission überhaupt auftritt. Sie unterscheiden sich daher von den Restriktionen gegenüber der landwirtschaftlichen Flächennutzung, durch welche nur das Ausmaß von Emissionen verringert wird, wobei in Kauf genommen wird, dass Emissionen stattfinden.

## 12.3 Trinkwasserschutzrestriktionen bei Abwasserentsorgungssystemen

Das mit der Abwasserentsorgung verbundene Gefahrenpotential ergibt sich infolge einer möglichen stofflichen Belastung und infolge einer bakteriologischen Kontamination des Grundwassers. Das Risiko geht einerseits von einer unkontrollierten Versickerung der Abwässer aus (vgl. Härig/Mull 1992; Wolf et al. 2004). Andererseits kann aber auch die Einleitung von Abwässern in Oberflächengewässer, welche dann in Nähe der Wasserbrunnen weiterfließen, eine Gefährdung für Trinkwasserquellen darstellen (DVGW W101 1995, Punkt 4.1.2.5). Zur Vermeidung dieser Risiken ergeben sich Konsequenzen sowohl für dezentrale Abwasserentsorgungssysteme (z. B. Kleinkläranlagen) als auch für zentrale Entsorgungsstrukturen. Bei den Sammelkanälen wird insbesondere befürchtet, dass Leckagen auftreten, die unbemerkt bleiben.

Die rechtlichen Vorgaben konzentrieren sich entsprechend auf die Entschärfung der in der Tab. 12-12 dargestellten Gefahrenpotentiale. Die Umsetzung geschieht über strukturelle Maßnahmen, wie dem zentralen Sammeln und Herausleiten von Abwässern aus den fassungsnahen Bereichen, über bauliche Maßnahmen zur Verringerung der Störanfälligkeit der Leitungssysteme sowie über betriebliche Maßnahmen zur Verkürzung der Kontrollintervalle von Leitungen. Konkretisiert werden sie durch technische Normen und Richtlinien (z. B. ATV-A 138 1990; ATV-A 142 1992[146]; ATV-M 146 1995, DIN 4261). Die regional spezifische Konkretisierung der Schutzanforderungen erfolgt im Zusammenhang mit den Baugenehmigungen[147].

Die Abwasserentsorgung im Trinkwasserschutzgebiet Mockritz wird ostelbig durch den Zweckverband Beilrode-Arzberg organisiert. Nahezu alle Haushalte sind an das zentrale Entsorgungssystem angeschlossen. Die Abwasseraufbereitung erfolgt durch das Klärwerk Torgau. Westelbig wird die Entsorgung durch den Zweckverband Wasserversorgung und Abwasserbeseitigung Torgau-Westelbien sichergestellt. Die Abwasserentsorgungssysteme wurden seit den neunziger Jahren von Torgau ausgehend ins Umland ausgebaut, und die peripheren

146 ATV-A 142 (1992) wurde im Jahr 2002 überarbeitet als ATV-DWA-A 142 (2002).
147 Mdl. Mitteilung Herr Neumann, StUFA Leipzig vom 4.4.2000.

Gemeinden schrittweise zentral erfasst. Die Entsorgung erfolgt über drei Kläranlagen. Das zentrale Klärwerk Torgau übernimmt die Entsorgung unter anderen der Ortsteile Döbern, Welsau, Repitz, sowie von Teilen der Gemeinden Zinna und Dreiheide. Die Ortsteile Mockritz und Neiden entsorgen in eine eigene Teichkläranlage, während für die Ortsteile Drebligar, Elsnig, Vogelgesang eine separate Kläranlage angedacht ist (vgl. Abb. 11-3) [148].

*Tab. 12-12:Restriktionen bei Abwassersystemen in Trinkwasserschutzzonen*

| TWSZ | Gefährdungen nach DVGW W101 (1995) |
|---|---|
| 3b | Gefährdungen sind:<br>Kanalisation einschl. Regenüberlauf- und Regenklärbecken sowie zentrale Kläranlagen, sofern diese nicht in angemessenen Zeitabständen durch Inspektion auf Schäden geprüft werden<br>Abwassereinleitung in den Untergrund einschl. Abwasserversickerung, -verrieselung und -verregnung (ausgenommen nicht schädlich verunreinigtes Niederschlagswasser und Abwasser aus Kleinkläranlagen für Einzelanwesen) (ATV-A 138 1990; DIN 4261) |
| 3a | Gefährdungen sind:<br>Kanalisation, ausgenommen bei besonderer Anforderung an ihre Dichtheit und deren Überprüfung in angemessenen Zeitabständen) (ATV-A 142 1992, ATV-M 146 1995)<br>Einleitung von Abwasser (ausgenommen behandeltes Niederschlagswasser) in oberirdisches Gewässer, sofern das Gewässer anschließend die Zone 2 durchfließt |
| 2 | In der Regel nicht tragbare Gefährdungen sind:<br>Durchleiten von Abwasser (ATV-A 142 1992; ATV-M 146 1995)<br>oberirdische Gewässer, die mit Abwasser belastet sind<br>Versickerung von gesammelten Niederschlagswasser (ausgenommen nicht schädlich verunreinigtes Niederschlagswasser von Dachflächen) |

Laut Auskunft des Zweckverbandes Beilrode-Arzberg mussten für den ostelbigen Raum keine trinkwasserschutzbedingten Auflagen bei der Errichtung der Abwasserentsorgungsstruktur eingehalten werden. Der Zweckverband Torgau-Westelbien meldete strukturelle und bauliche Auswirkungen durch den Trinkwasserschutz. Einerseits betrafen bauliche Auflagen insbesondere die Ortsnetze Mockritz und Döbern, welche nahe der Schutzzone 2 liegen sowie die Druckleitung von Mockritz nach Neiden, welche die Schutzzone 2 durchquert. Die baulichen Auswirkungen beziehen sich insbesondere auf die Anwendung von haltbarerem Material (Gussrohr bei den Leitungen in den Ortschaften; haltbarere Rohre bei Druckleitungen). Andererseits muss nach Auskunft des StUFA davon ausgegangen werden, dass die Druckleitung zwischen Mockritz und Neiden, welche die Schutzzone 2 quert, alle zwei Jahre auf Dichtheit überprüft werden muss[149].

Weiter werden strukturelle Fehlentwicklungen beklagt. Die Ortsteile Döbern (250 Einwohner), Mockritz (180 Einwohner) und Repitz (60 Einwohner) sollen in den neunziger Jahren vor allem aufgrund der Lage in der Trinkwasserschutzzone 3a in Grenzlage zur Zone 2 zentral angeschlossen worden sein, obwohl ihre Größe und Lage zur Kläranlage Torgau einen zentralen Anschluss betriebswirtschaftlich fragwürdig erscheinen ließ[150]. Unterstützt wurde

148 Mdl. Information Herr Brüssow, ZV Torgau-Westelbien vom 16.3.2000 sowie Herr Radach, ZV Torgau-Westelbien vom 12.9.2000.

149 Auskunft vom StUFA Leipzig, Herr Neumann vom 4.4.2000. Laut AVT-A142 (1992) wird dagegen eine Überprüfung alle fünf Jahre gefordert.

150 Mdl. Information Herr Brüssow, ZV Torgau-Westelbien vom 16.3.2000 sowie Herr Radach, ZV Torgau-Westelbien vom 12.9.2000.

dieser Anschluss auch durch Fördergelder des Landes[151]. Der Zweckverband muss aber weiterhin die Betriebskosten sowie die Reinvestitionen tragen. Nach Auskunft des Zweckverbandes[152] wären diese Orte unter normalen Rahmenbedingungen nicht oder später angeschlossen worden. Somit muss von trinkwasserschutzspezifischen Konflikten ausgegangen werden.

Bei der Erschließung des Gewerbegebietes Torgau-Nordstraße zu Beginn der neunziger Jahre wurde ein dreiteiliges Entwässerungssystem errichtet, bestehend aus einer Dachentwässerung über Sickermulden, der Platz- u. Straßenentwässerung über Rückhaltebecken mit Ableitung über Druckleitungen zur Kläranlage und einem separaten Schmutzwassersystem. Die Gesamtkosten wurden mit 18 Mio. DM angegeben, wobei der überwiegende Teil für die Niederschlagsentwässerung aufgewandt wurde. Die Entscheidung zu diesem komplizierten Entwässerungssystem fiel aufgrund der damaligen sehr hohen Erwartungen an etwaige Industrieansiedlungen vor dem Hintergrund der unsicheren Rechtslage hinsichtlich des Trinkwasserschutzes[153].

## 12.4 Trinkwasserschutzrestriktionen bei Straßenbaumaßnahmen

Eine Gefährdung des Grundwassers durch Straßenbau und Verkehr hat verschiedene Ursachen. Im Zuge des Straßenbaus können die schützenden Deckschichten des Oberbodens zerstört werden. Die bei der normalen Benutzung der Straßen freigesetzten Stoffe bilden eine weitere potentielle Gefahrenquelle. Etwaige Tropfverluste an Öl und Treibstoff sowie der Reifen- und Bremsenabrieb werden mit dem Niederschlag in die Böschungsbereiche der Straßen gespült und versickern dort. Im Winter kommen zusätzlich die Tausalze als Gefahrenquelle hinzu (vgl. Tab. 12-13). Neben dem Gefahrenpotential des normalen Straßenverkehrs sind Unfälle, bei denen in größeren Mengen Öle und Kraftstoffe auslaufen, mit einem starken Grundwasserrisiko verbunden. Sind Gefahrguttransporte in die Unfälle verwickelt, verstärkt sich entsprechend das Risiko einer Grundwasserverunreinigung.

*Tab. 12-13: Emissionen des Straßenverkehrs*

| Emissionsquelle | Stoffspektrum |
|---|---|
| **Kraftstoffverbrennung** | Ruß, Öle, PAK, Schwermetalle (Pb), aromatische Kohlenwasserstoffe |
| **Tropfverluste** | Benzin, Diesel, Öle, Fette, Unterbodenschutz, Bremsflüssigkeit, Frostschutzmittel, Wasch- und Konservierungsstoffe |
| **Reifenabrieb** | Kautschuk, Ruß, Schwermetalloxide |
| **Abrieb von Bremsbelägen und Bremsteilen** | Schwermetalle (Cr, Cu, Ni, Pb, Zn, Fe) |
| **Fahrbahnabrieb und Auswaschungen** | Mineralische Partikel (Si, Ca), Schwermetalle (Ti, Ni, Mn, Pb, Cr, Cu, Zn), organische Stoffe u. a. PAK (Bitumen, Asphalt) |
| **Streugut (Winterdienst) und Straßenunterhaltung** | Mineralische Stoffe (Na, Cl, SO4, Ca, K, Mg), Tenside, Phthalate, Herbizide, PSM |

*Quelle: Gantner (2002, S. 87 auf Grundlage von Hütter Remmler 1997), gekürzt und verändert.*

Die Trinkwasserschutzmaßnahmen werden insbesondere durch die Richtlinie für bautechnische Maßnahmen an neu zu bauenden Straßen in Wassergewinnungsgebieten – RiStWag

151 Laut mündlicher Auskunft vom Regierungspräsidium Leipzig, Ref. 6.2 vom 23.11.2000 konnte entsprechend der seit 1991 geltenden Förderrichtlinien eine Herausführung von Abwasser aus der Zone 3 zusätzlich gefördert werden.

152 Mdl. Auskunft Herr Radach, ZV Torgau-Westelbien vom 12.9.2000.

153 Mdl. Information Herr Brüssow, ZV Torgau-Westelbien vom 16.3.2000 sowie Herr Radach, ZV Torgau-Westelbien vom 12.9.2000.

(FGSV 1982)[154] konkretisiert (SMU 1992). Für bestehende Straßen finden die Hinweise für Maßnahmen an bestehenden Straßen in Wasserschutzgebieten (FGSV 1993) Anwendung[155]. Sie werden in bautechnische, betriebliche und verkehrliche Maßnahmen unterschieden. Die technischen Richtlinien gelten für überörtliche Straßen. Das Gefahrenpotential von innerörtlichen Straßen wird dagegen niedriger eingeschätzt, da diese in der Regel an die Kanalisation angebunden sind, welche das verschmutzte Niederschlagswasser vor der Versickerung bewahrt.

Entsprechend der aufgeführten Richtlinien (FGSV 1982; FGSV 1993) zählen u. a. zu den *bautechnische Maßnahmen* des Trinkwasserschutzes die Abdichtung von Mulden und Böschungen und das Herausleiten und Aufbereiten des von den Straßen seitlich ablaufenden Wassers aus der Trinkwasserschutzzone 2. In der Schutzzone 3 wird dagegen die Strategie verfolgt, den Oberboden dicht zu begrünen, so dass die im Niederschlag enthaltenen Schadstoffe zurückgehalten bzw. abgebaut werden. *Verkehrliche Maßnahmen* bezwecken eine Entschärfung von Gefahrenschwerpunkten. Hierzu gehören Geschwindigkeitsbegrenzungen, Fahrverbote oder die Umgestaltung von Knotenpunkten. Die Ausstattung der Straßen mit Leitplanken oder mit gesicherten Brückengeländern soll ein Ausbrechen von Fahrzeugen von der Straße verhindern. *Betriebliche Maßnahmen* betreffen die Straßenreinigung, das Mähen der Bankette sowie detaillierte Unfalleinsatzpläne. Die Baulast für die Straßen fällt je nach Straßenkategorie den Gemeinden, dem Kreis, dem Bundesland und dem Staat zu. Diese müssen dann auch für die trinkwasserschutzbedingten Zusatzkosten aufkommen.

Die Länge der überörtlichen Straßen, für die Schutzmaßnahmen gelten, beträgt im Trinkwasserschutzgebiet Mockritz ungefähr 60 km (vgl. Tab. 12-14). Die bestehenden Straßen sollen im Zuge ihrer grundhaften Erneuerung entsprechend den Trinkwasserschutzvorschriften erneuert werden. Somit ist von einer zusätzlichen Kostenbelastung bei Straßen in Trinkwasserschutzgebieten auszugehen.

*Tab. 12-14: Überörtliche Straßen im Trinkwasserschutzgebiet Mockritz*

| **TWSZ** | **Straßenlänge [km]** | | | |
|---|---|---|---|---|
| | **Gemeindeverbindungsstraße** | **Kreisstraßen** | **Staatsstraßen** | **Bundesstraßen** |
| **TWSZ 2 westelbig** | 1,75 | 1,3 | 0 | 0 |
| **TWSZ 3a westelbig** | 1,6 | 6,6 | 0 | 3,0 |
| **TWSZ 3a ostelbig** | 0 | 0 | 0 | 0,8 |
| **TWSZ 3b westelbig** | 0,7 | 6,95 | 0 | 11,4 |
| **TWSZ 3b ostelbig** | 3 | 0,16 | 12,5 | 8,3 |

*Quelle: SBA et al. (1999); Auskunft Straßenbauamt Döbeln-Torgau vom 3.11.2000.*

Für die Bewertung ist dabei sowohl die Höhe dieser volkswirtschaftlichen Zusatzkosten von Interesse als auch der maßnahmenbedingte Grundwasserschutzeffekt. Die verkehrsbedingten Emissionen unterscheiden sich in ständig stattfindende Emissionen und in potentiell auftretende Emissionen. Aus diesem Grund sollen die Schutzrestriktionen einerseits dauerhaft auftretende Emissionen bzw. deren Immission in den Grundwasserkörper verhindern oder verringern. Die auf die Verhinderung von Unfällen gerichteten Schutzrestriktionen sollen andererseits die Eintrittswahrscheinlichkeit und das Schadensausmaß von Unfällen verringern.

154 Die Richtlinie wurde 2002 überarbeitet (FGSV 2002).

155 Auskunft des Institutsleiters vom Sächsischen Institut für Straßenbau vom 7.10.1999.

## 12.5 Trinkwasserschutzrestriktionen bei der Ausweisung von Siedlungs- und Gewerbeflächen

Die Lage von Siedlungs- und Gewerbeflächen im Einzugsbereich der Trinkwasserförderung ist konfliktträchtig. Die Versieglung der Landflächen führt zu negativen Konsequenzen bei der Grundwasserneubildung. Straßen, Abwassersysteme, auch Gewerbeeinrichtungen ergeben vielschichtiges qualitatives Belastungspotential, welches bereits im Rahmen der vorangegangenen Kapitel betrachtet wurde. Im Folgenden soll daher diskutiert werden, inwieweit im Untersuchungsgebiet die Siedlungsentwicklung durch die Trinkwasserschutzgebiete eingeschränkt wurde.

Rechtliche Grundlage für Trinkwasserschutzrestriktionen bei der Flächenplanung bildet das Raumordnungsgesetz (§ 2 Abs. 8 ROG 1997) zusammen mit § 34 WHG (1996), denen zufolge der vorsorgende Grundwasserschutz und der Besorgnisgrundsatz bei den raumplanerischen Instrumenten, dem Landesentwicklungsplan sowie dem Regionalplan Westsachsens, zur Anwendung kommen. So werden im Regionalplan (Regionaler Planungsverband Westsachsen 1998) die Trinkwasserschutzzonen 1-3a der TWSG Mockritz und Torgau-Ost als Vorranggebiete[156] für die Bereitstellung von Wasser ausgewiesen. Die Flächen der TWSZ 3b sind als Vorbehaltsgebiete[157] für die Bereitstellung von Wasser geschützt. In diesen Vorranggebieten soll eine Gefährdung der Quantität und Qualität unterbunden werden, wobei auf intensive Landwirtschaft, Rohstoffabbau, Industrie- und Gewerbeanlagen, Abfallbeseitigungsanlagen und Verkehrsstraßen verwiesen wird (Regionaler Planungsverband Westsachsen 1998, Z. 4.4.6.1 und hierzu gehörende Begründungen). Siedlungsflächen werden nicht explizit aufgeführt. Für Vorbehaltsgebiete werden keine Restriktionen aufgeführt.

*Tab. 12-15: Überlagerung der TWSG Mockritz und Torgau-Ost mit raumplanerischen Schutzkategorien des Natur- und Trinkwasserschutzes*

| TWSG | TWSZ | Schutzstatus lt. Regionalplan |
|---|---|---|
| **TWSG Mockritz** | **1-3a** | Vorranggebiet Natur und Landschaft<br>Vorranggebiet Bereitstellung von Wasser |
| **TWSG Mockritz/westelbig** | **3b** | Vorbehaltsgebiet Natur und Landschaft<br>Vorbehaltsgebiet Bereitstellung von Wasser |
| **TWSG Mockritz/ostelbig** | **3b** | Offenland:<br>teilweise Vorbehaltsgebiet Natur und Landschaft<br>Vorbehaltsgebiet Bereitstellung von Wasser<br>Waldflächen:<br>teilweise Vorranggebiet Forstwirtschaft<br>teilweise Vorranggebiet Natur und Landschaft |
| **TWSG Torgau-Ost** | **1-3a** | Vorranggebiet Natur und Landschaft<br>Vorranggebiet Bereitstellung von Wasser |

*Quelle: Regionaler Planungsverband Westsachsen (1998).*

Gleichzeitig werden die TWSZ 1-3a von Mockritz und Torgau-Ost als Vorranggebiete für Natur und Landschaft geführt (vgl. Tab. 12-15). Hierdurch sollen die Elbauen als Ökosystem

156 Vorranggebiet ist ein Gebiet, in dem aufgrund raumstruktureller Erfordernisse eine bestimmte Aufgabe vorrangig vor anderen Aufgaben zu erfüllen ist und in dem alle raumbedeutsamen Planungen und Maßnahmen mit der vorrangigen Zweckbestimmung vereinbar sein müssen (Regionaler Planungsverband Westsachsen 1998, Z-42).

157 Vorbehaltsgebiet ist ein Gebiet, in dem einem bestimmten, überörtlich bedeutsamen fachlichen Belang bei der Abwägung mit konkurrierenden Nutzungsansprüchen besonderes Gewicht beizumessen ist (Regionaler Planungsverband Westsachsen 1998, Z- 42).

geschützt werden (Regionaler Planungsverband Westsachsen 1998, B-32). Innerhalb dieser Vorranggebiete stellen Siedlungserweiterungen prinzipiell nicht akzeptable Landnutzungen dar (Regionaler Planungsverband Westsachsen 1998, B-33). Somit erfolgt möglicherweise in den Trinkwasserschutzzonen 1-3a eine Behinderung der Siedlungsentwicklung, verursacht durch den doppelten raumplanerischen Schutz.

Um die Auswirkungen des Trinkwasserschutzes auf die Siedlungsentwicklung zu untersuchen, wurden die Flächennutzungsplanungen von 15 Gemeinden des Torgauer Raumes ausgewertet[158]. Flächennutzungspläne (FNP) sollen die sich aus der beabsichtigten städtebaulichen Entwicklung ergebende Art der Bodennutzung nach den vorhersehbaren Bedürfnissen der Gemeinde in den Grundzügen darstellen (§ 5 BauGB 1997[159]). Sie sind für einen Geltungszeitraum von bis zu 15 Jahren konzipiert und berücksichtigen in ihren Planungen neben den Entwicklungsinteressen der Gemeinden auch übergeordnete Planungen (Raumplanung, Landes- und Regionalplanung) sowie vorrangige Fachplanungen und entsprechend auch die wasser- und naturschutzrechtlichen Schutzaspekte der Raumplanung.

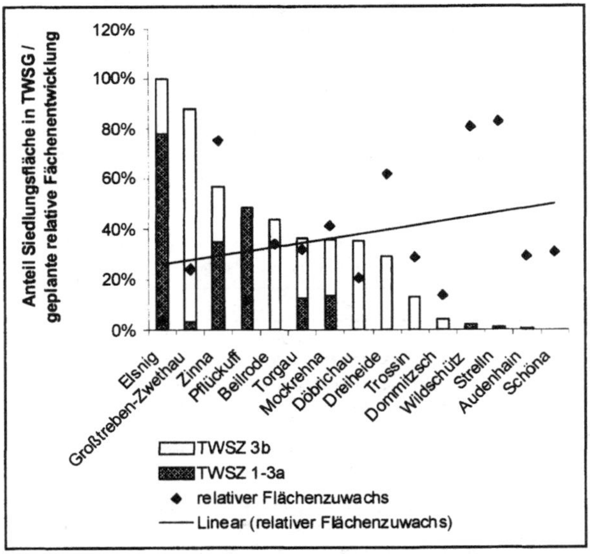


*Quelle: eigene Berechnungen anhand der FNP bzw. FNP-Entwürfe der Gemeinden.*

*Abb. 12-2: Vergleich der Gemeinden anhand ihres gemeindespezifischen Anteils der bestehenden Siedlungsfläche in TWSZ 1-3a und TWSZ 3b und dem geplanten relativen Flächenwachstum*

Für die Torgauer Gemeinden wurden die in den Flächennutzungsplänen aufgeführten flächenhaften „Entwicklungsabsichten" der Gemeinden dahingehend verglichen, ob Kommunen in den TWSZ 1-3a sowie Kommunen in den TWSZ 3b ein vergleichsweise niedrigeres Flächenwachstum beabsichtigten als Kommunen außerhalb. Die Datenbasis wird durch Anhang-

158 Die Flächennutzungspläne bzw. die Entwürfe der übrigen Gemeinden enthielten nicht alle zur Auswertung notwendigen Daten.

159 Aktualisiert durch BauGB (2004).

Tab. 12.5-1 dokumentiert. Mit der Abb. 12-2 werden die Gemeinden zum einen anhand ihres Anteils an Siedlungsflächen in Trinkwasserschutzgebieten (untergliedert nach TWSZ 1-3a und TWSZ 3b) miteinander verglichen, zum anderen wird das relative geplante Flächenwachstum der Kommunen (im Verhältnis zum Siedlungsflächenbestand) gegenübergestellt. Berücksichtigung fanden bestehende und geplante Wohn-, Misch- und Gewerbegebiete. Die Abb. 12-3 unterscheidet sich von Abb. 12-2 in der Angabe der absolut geplanten Flächenentwicklung. Die Abbildungen verdeutlichen gut, dass die Gemeinden sich sowohl bei der Überlagerung der Siedlungsflächen mit Trinkwasserschutzgebieten als auch bei den Flächenentwicklungsplanungen (relativ und absolut) unterscheiden. Die Trendlinie bei Abb. 12-2 deutet einen Zusammenhang zwischen Abnahme der Trinkwasserschutzrestriktionen und Zunahme der relativen Flächenentwicklung an. Dieser ist allerdings statistisch nicht signifikant (vgl. Anhang-Tab. 12.5-2). Beim Vergleich der Kommunen hinsichtlich der geplanten absoluten Flächenentwicklung ergab sich dagegen kein inhaltlich sinnvoller Zusammenhang mit der Lage der Kommunen in den Trinkwasserschutzgebieten.

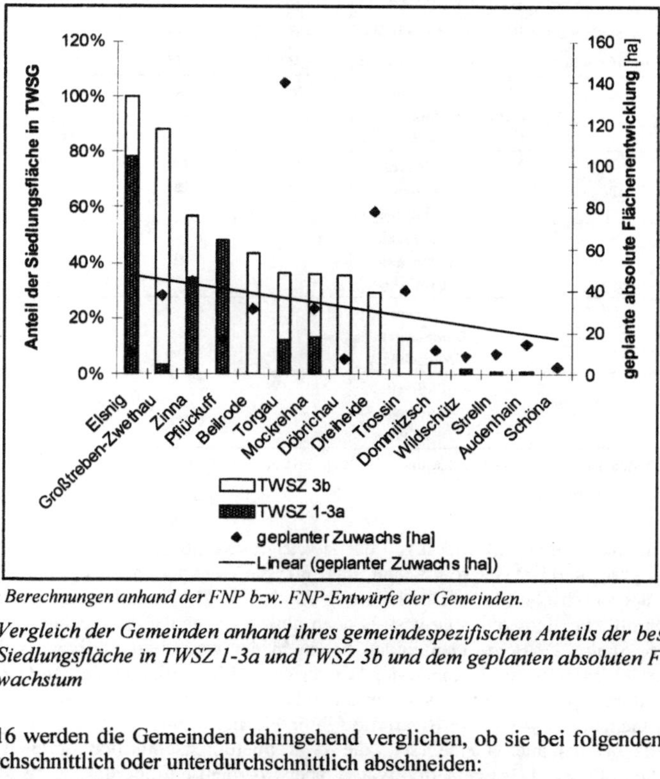


*Quelle: eigene Berechnungen anhand der FNP bzw. FNP-Entwürfe der Gemeinden.*

*Abb. 12-3: Vergleich der Gemeinden anhand ihres gemeindespezifischen Anteils der bestehenden Siedlungsfläche in TWSZ 1-3a und TWSZ 3b und dem geplanten absoluten Flächenwachstum*

In Tab. 12-16 werden die Gemeinden dahingehend verglichen, ob sie bei folgenden Kategorien überdurchschnittlich oder unterdurchschnittlich abschneiden:

- Überlagerung der Siedlungsfläche durch Trinkwasserschutzflächen – sowohl durch die TWSZ 1-3a mit den generell stärkeren Restriktionen als auch durch das gesamte TWSG einschließlich der Zone 3b,
- geplantes relatives und absolutes Flächenwachstum.

Es wurden vier Kombinationen untersucht:

- eine zumindest durchschnittliche Überlagerung sowohl durch TWSZ 1-3a als auch durch $TWSG_{ges.}$ und ein unterdurchschnittliches Wachstum (Spalte 2),
- eine zumindest überdurchschnittliche Überlagerung durch das $TWSG_{ges.}$, aber nicht durch die TWSZ 1-3a und ein unterdurchschnittliches Wachstum (Spalte 3),
- eine zumindest durchschnittliche Überlagerung durch das $TWSG_{ges.}$, aber nicht durch die TWSZ 1-3a und ein überdurchschnittliches Wachstum (Spalte 4),
- eine zumindest durchschnittliche Überlagerung sowohl durch TWSZ 1-3a als auch durch $TWSG_{ges.}$ und überdurchschnittliches Wachstum (Spalte 5).

*Tab. 12-16: Vergleich der Gemeinden hinsichtlich ihres Siedlungsflächenanteils in TWSG und ihrem geplanten Flächenwachstum*[160]

| Gemeinden mit | | | | |
|---|---|---|---|---|
| **Siedlungsanteil in TWSZ 1-3a:** | > Ø* | | | > Ø |
| **Siedlungsanteil im gesamten TWSG:** | > Ø | > Ø | > Ø | > Ø |
| **geplantes absolutes und relatives Flächenwachstum:** | < Ø** | < Ø | > Ø | > Ø |
| **Elsnig** | ■ | ■ | | |
| **Großtreben-Zwethau** | | | | |
| **Zinna** | | | ■ | ■ |
| **Pflückuff** | ■ | ■ | | |
| **Beilrode** | | ■ | | |
| **Torgau** | | | | |
| **Mockrehna** | | | ■ | ■ |
| **Döbrichau** | | ■ | | |
| **Dreiheide** | | | | |
| **Trossin** | | | | |
| **Dommitzsch** | | | | |
| **Wildschütz** | | | | |
| **Strelln** | | | | |
| **Audenhain** | | | | |
| **Schöna** | | | | |

* überdurchschnittlicher Wert; ** unterdurchschnittlicher Wert; Erläuterung im Text.

*Quelle: eigene Berechnungen.*

Gemeinden, welche den Anforderungen der jeweiligen Kombination entsprachen, wurden in Tab. 12-16 grau markiert. Es zeigte sich, dass nur die Gemeinden Elsnig und Pflückuff sowohl eine überdurchschnittliche Überlagerung durch TWSZ 1-3a aufwiesen als auch ein unterdurchschnittliches (sowohl relatives als auch absolutes) geplantes Flächenwachstum (vgl. Tab. 12-16, Spalte 2). Beide Gemeinden liegen in der westelbigen Elbaue und bilden die Zentren der TWSG mit den Brunnen der Wasserwerke Mockritz und Torgau-Ost. Zusätzlich werden sie durch Vorranggebiete Natur und Landschaft überlagert (vgl. Tab. 12-15). So kann bei diesen Gemeinden von einer Restriktion ihrer Flächenentwicklung ausgegangen werden. Andererseits gab es auch Gemeinden, die zwar überdurchschnittlich durch Trinkwasserschutzflächen (TWSZ 1-3a) betroffen waren, aber trotzdem ein überdurchschnittliches absolutes und relatives Flächenwachstum geplant hatten (Tab. 12-16, Spalte 5). Das waren die Gemeinden Zinna und Mockrehna. Zinna grenzt nordwestlich an Torgau und wies zusammen

160 Vergleichsbasis bilden die Durchschnittswerte über alle Gemeinden.

mit Torgau das Gewerbegebiet Torgau-Nordstraße aus. Das Trinkwasserschutzgebiet, welches Mockrehna überlagerte, wurde bis zum Jahr 1999 aufgelöst. Außerdem überlagerte es die Gemeinde nur an einer Seite, die ohnehin an Waldflächen grenzte. Beide Gemeindegebiete werden auch nicht durch Vorrangflächen Natur und Landschaft, sondern nur durch Vorbehaltsflächen überlagert.

Torgau wies trotz einer durchschnittlichen Überlagerung mit TWSZ 1-3a und einer überdurchschnittlichen Überlagerung mit $TWSG_{ges}$ ebenfalls ein sehr hohes absolutes geplantes Wachstum aus. Im Verhältnis zur Ausgangsgröße fiel die geplante relative Entwicklung allerdings nur unterdurchschnittlich aus, so dass es nicht in Tab. 12-16 gekennzeichnet wurde. Bei der Flächenplanung der Stadt Torgau spielte sicherlich die Hoffnung auf eine stärkere wirtschaftliche Entwicklung als Mittelzentrum eine Rolle.

Hier zeigt sich, dass bei dieser Analyse nicht nur Trinkwasserschutz als Einflussfaktor auf die Siedlungsentwicklung, sondern auch weitere Faktoren ebenfalls untersucht werden müssten. Einen Einfluss könnten die Verkehrsanbindung der Gemeinden, ihre Lage zum Mittelzentrum, die Attraktivität als Wohnort, aber auch andere weitere Schutzrestriktionen (Natur- und Landschaftsschutzgebiete) spielen. Derartige Erklärungsansätze werden auch bei den Gemeinden Beilrode und Döbrichau vermutet (Spalte 3). Aufgrund der niedrigen Gesamtheit der betrachteten Gemeinden konnte die Wechselwirkung all dieser Faktoren nicht untersucht werden.

Daher muss zusammenfassend gesagt werden, dass für diejenigen Gemeinden, die zu sehr großen Teilen in der engeren Schutzzone 1-3a liegen, eine Restriktion hinsichtlich der Siedlungsentwicklung im Einzelfall nicht auszuschließen ist. Von einer generellen quantitativen Beeinflussung der Siedlungsentwicklung durch Trinkwasserschutzrestriktionen kann jedoch in der weiteren Bewertung nicht ausgegangen werden.

## 12.6 Trinkwasserschutzrestriktionen gegenüber Kiesabbau

Im Untersuchungsgebiet befinden sich qualitativ hochwertige Kiesvorkommen. Gute Grundwasserleiter, wie sie in der Regel in Flußauen auftreten, werden zumeist auch als gute Kiesressourcen geschätzt. Eine Abgrabung von Kiesreserven und den darüber befindlichen Bodenschichten legt das Grundwasser frei, verändert den Grundwasserspiegel, verhindert auf Grund erhöhter Verdunstung die Grundwasserneubildung auf der betroffenen Fläche und macht das Grundwasser anfälliger gegen Schadstoffeinträge aus Luft, Oberflächenabfluss und Freizeitnutzung. Auf Grund dieser Wirkungen auf das Grundwasser läuft der Abbau von Sand und Kiesen den Aufgaben der Fassungszone (Zone 1) und der engeren Schutzzone (Zone 2) von Wasserfassungsanlagen grundsätzlich zuwider (Lindner 1994; Thon 1994), während Abgrabungen in den Schutzzonen 3a und 3b lediglich unter Ausnahmebedingungen und dann auch nur unter sehr strengen Grundwasserschutzauflagen möglich sind.

Im Torgauer Raum wurden nach 1989 in Erwartung des Baubooms Aufbau-Ost insgesamt 41 Abbauvorhaben beantragt. Nach 1997 verblieben 14 Vorhaben, während die meisten anderen aufgrund der veränderten Gesetzeslage oder zurückgezogener Anträge hinfällig geworden waren. Fünf dieser Vorhaben befinden sich innerhalb der TWSZ 3a oder 3b. Realisiert worden waren zwischen 1990 und 2000 nur drei Vorhaben, welche allesamt außerhalb der Trinkwasserschutzgebiete liegen: Liebersee mit einer Jahreskapazität von 2 Mio. t sowie zwei kleinere Standorte in Wohlau und Sitzenroda mit jeweils unter 100.000 Jahrestonnen. Gleichzeitig befanden sich zwei Vorhaben im Endstadium der Genehmigungsphase. Die abschließende Genehmigung des Aufschlusses der Kieslagerstätte Großtreben-Dautzschen hängt nur noch von der Entwicklung des Trinkwasserschutzgebietes Mockritz ab, da dieser in den ostelbigen Zonen 3a und 3b liegt. Das zweite Vorhaben, Arzberg, liegt außerhalb der TWSG (Messner et al. 2001b). Der Konflikt zwischen Trinkwasserschutz und Kiesabbau im Torgauer Raum wurde mittels einer Nutzen-Kosten-Analyse bewertet (vgl. Messner 2001; Messner/Geyler 2001). Im Ergebnis wurde festgestellt, dass es aus regionaler Perspektive effizienter wäre, die außerhalb des Trinkwasserschutzgebietes gelegenen Kiesabbauprojekte zu genehmigen anstatt der Kieslagerstätten innerhalb der TWSG. Durch einen Aufschluss der außerhalb gelegenen Abbaustätten ergeben sich im Vergleich zu den im Trinkwasserschutzgebiet gelegenen Projekten höhere regionale Wohlfahrtseffekte. Dieses Ergebnis hing nicht von etwaigen Wirkungen auf die Trinkwasserförderung ab. Darüber hinaus stellte dieselbe Untersuchung unter den gegenwärtig eher pessimistischen Kiesnachfragetendenzen prinzipiell einen erweiterten Kiesabbau zusätzlich zu den schon in Betrieb befindlichen Gruben in Frage. Aufgrund dieser Gründe kann von keinem Konflikt zwischen Trinkwasserschutz und Kiesabbau unter den gegenwärtigen Rahmenbedingungen ausgegangen werden. Die Problematik des Kiesabbaus in Trinkwasserschutzgebieten des Torgauer Raumes wird daher im Rahmen der Dissertation nicht weiter verfolgt.

# 13 Konkretisierung des ökonomisch-ökologischen Bewertungsansatzes

## 13.1 Struktur der Bewertungsansatzes

Die weitere Bewertung folgt in ihrer Strukturierung, in der Szenarienableitung, der Prognose und Bewertung sowie in dem Umgang mit Unsicherheit dem *integrierten Bewertungsverfahren* nach Klauer et al. (2001a u. 2002). Dieses Bewertungsverfahren hat zum Ziel, systematisch Politikalternativen anhand ihrer möglichen Konsequenzen zu vergleichen. Es verfolgt einen multikriteriellen Bewertungsansatz und bezieht ökonomische, ökologische und soziale Bewertungsperspektiven ein. Im Rahmen der Dissertation beschränkt sich das Ziel demgegenüber auf die ökonomische Bewertung von Politikoptionen zum Grund- und Trinkwasserschutz. Gleichwohl wurde im Theorieteil die Notwendigkeit einer multikriteriellen Kombination von ökonomischen und ökologischen Bewertungsmethoden begründet (vgl. Kapitel 9). Trotz dieser im Vergleich zum Torgauer Projekt eingegrenzten Bewertungssicht (vgl. Klauer et al. 2001a und 2001b) wird der Struktur des integrierten Bewertungsverfahrens gefolgt. Diese offeriert einen stringenten Aufbau des Bewertungsablaufs und einen sinnvollen Rahmen für die Prognose, Bewertung und Interpretation der Effekte. Das integrierte Bewertungsverfahren untergliedert sich in folgende Schritte:

1. die Ableitung der Bewertungskriterien,
2. die Szenarienableitung,
3. die Prognose und monokriterielle Bewertung der Szenarieneffekte,
4. die multikriterielle Bewertung.

Die Auswahl der *Bewertungskriterien* richtet sich einerseits nach den beabsichtigten Bewertungsaussagen, und andererseits nach der Verfügbarkeit von Modellen und Methoden zur Abschätzung der Szenarieneffekte. Klauer et al. (2001b) formulieren u. a. den Anspruch der Relevanz, Vollständigkeit und Erfassbarkeit. Außerdem wird gefordert, dass Doppelerfassungen von Effekten durch Kriterien nicht auftreten bzw. offen diskutiert werden. Die Bewertungskriterien bilden mit den Indikatoren und den Bewertungsmaßstäben eine Einheit. Anhand der Indikatoren werden die Szenarieneffekte modelliert. Mithilfe der Bewertungsmaßstäbe wird letztendlich begründet, welche Indikatorentwicklung als gut bzw. welche als schlecht zu beurteilen ist.

Mit Hilfe von *Szenarien* sollen mögliche Entwicklungspfade exploriert oder der Möglichkeitenraum von Zukunftsentwicklungen für den Kontext einer spezifischen Fragestellung aufgezeigt werden (Messner et al. 2001b). Die Ableitung der Szenarien erfolgt in drei Schritten, der Definition der Handlungsalternativen, der Ableitung der Entwicklungsrahmen und der Beschreibung der Anpassungsreaktionen der Akteure an die Handlungsalternativen[161]. Die *Handlungsalternativen* beschreiben die Entscheidungsoptionen, über welche die regionalen Entscheidungsträger die Verfügungsgewalt haben. Hierbei handeln sie unter Rahmenbedingungen, die sie selbst nicht direkt beeinflussen können, welche jedoch ihrerseits die Bewertung der einzelnen Handlungsalternativen beeinflussen. Mögliche Entwicklungstendenzen solcher bewertungsrelevanter, aber durch die Entscheidungsträger nicht beeinflussbarer Rahmenbedingungen werden in den *Entwicklungsrahmen* abgebildet. Gleichzeitig ermöglichen die Entwicklungsrahmen eine Anpassung der Bewertungsbedingungen an dynamische Rahmenbedingungen, so dass die Bewertung im Gegensatz zu statischen Annahmen der Rahmenbedingungen realitätsnäher ausfällt. Mit der expliziten Formulierung von Entwicklungsrahmen kann zudem der Einfluss großräumiger Entwicklungen auf das Bewertungsergebnis of-

161 Zur systematischen Ableitung der Szenarien wird der Entscheidungsbaumansatz genutzt. Eine ausführliche Beschreibung des Entscheidungsbaumes bieten Messner et al. (2001b).

fengelegt werden. Die *Anpassungsreaktionen* beschreiben, wie die Wirtschaftssubjekte auf die veränderten Handlungsalternativen reagieren können. Da diese bei ex ante Bewertungen nicht bekannt sind, müssen sie prognostiziert werden. Auch hierbei können prinzipiell verschiedene Varianten der Anpassungsreaktionen definiert werden, um die Bandbreite der Möglichkeiten zu erfassen.

In den beiden folgenden Bewertungsschritten wird zuerst die Entwicklung der Indikatorwerte für die Szenarien prognostiziert und monokriteriell bewertet, bevor als abschließender Schritt die multikriterielle Bewertung der Szenarieneffekte erfolgt. Aufgrund der geringen Anzahl an Kriterien beschränkt sich die multikriterielle Bewertung in dieser Arbeit auf eine argumentative Abwägung. Eine formalisierte multikriterielle Verknüpfung der kriterienbezogenen Bewertungsergebnisse erfolgt nicht (vgl. hierzu Drechsler 2001 und Messner et al. 2001a).

## 13.2 Bewertungsperspektive und Bewertungshorizont

Um die in Kapitel 11.5 abgeleiteten Bewertungsfragen beantworten zu können, wird zwischen zwei Bewertungsperspektiven unterschieden. Die Hauptperspektive betrachtet den Konflikt aus einer regionalen Sichtweise. Hierbei steht als Untersuchungsfrage im Vordergrund, welche Vor- und Nachteile sich für die Region aus den unterschiedlichen Szenarien zum Trinkwasserschutz ergeben. Auf diese Weise wird ein „regionaler Wohlfahrtseffekt“ ermittelt, der berücksichtigt, dass eine Region auf Grund von Restriktionen durch Ressourcenschutzleistungen auf manchen Märkten nur im begrenzten Umfang wirtschaftlich agieren kann. Gleichzeitig wird der Region mit dieser Bewertungsperspektive ein Recht auf „regionalen Egoismus“ bei der Wahrnehmung des Konfliktes zwischen Trinkwasserschutz und wirtschaftlicher Entwicklung zugebilligt, indem auftretende überregionale Nutzen- und Kosteneffekte nicht mit berücksichtigt werden (vgl. Messner/Geyler 2001).

Um diese überregionalen Nutzen- und Kosten jedoch nicht zu vernachlässigen, werden diese in der zweiten, überregionalen Bewertungsperspektive mit in die Bewertung einbezogen, jedoch nur in untergeordnetem Maße. Hierdurch wird die regionale Perspektive um die volkswirtschaftliche Perspektive erweitert und gleichzeitig auch die Handlungsanreize der überregionalen Akteure untersucht.

Der Bewertungszeitraum beginnt 1993 und endet im Jahr 2030. Die Handlungsoptionen unterscheiden sich jedoch erst ab dem Zeitpunkt 1. Januar 2000. Der Beginn des Bewertungszeitraumes war durch die Datenlage bestimmt. Die aktuellsten digitalen Landdaten zum Zeitpunkt der Modellierungen standen mit der Biotoptypenkartierung (LfUG 1996b) für das Jahr 1993 zur Verfügung. Diese Daten waren notwendige Eingangsgrößen für die Prognose der Landnutzungsänderungen und Indikatorwerte. Der Zeitpunkt des Wirksamwerdens der unterschiedlichen Trinkwasserschutzoptionen bildet die reale Situation ab, da ab Januar 2000 das Trinkwasserschutzgebiet Mockritz drastisch verkleinert wurde (LA Torgau-Oschatz 2000b).

Der lange, weit in die Zukunft reichende Bewertungshorizont bis zum Jahr 2030 wurde gewählt, um der Langsamkeit der Grundwasserprozesse gerecht zu werden. Wie in den Kapiteln 2 und 11.2 auch ausgeführt wurde, passen sich zum einen die Bodenprozesse sehr langsam an Bewirtschaftungsänderungen an. Zum anderen puffert der immense Grundwasserkörper kurzfristige Belastungsänderungen ab. Auch werden für Anlagen der Wasserver- und Entsorgung aufgrund ihrer hohen Investitionskosten und der Langlebigkeit der Bauwerke lange Abschreibungszeiträume gefordert (vgl. LAWA 1998b).

Wie in den Kapiteln 15 weiter ausgeführt wird, konnten mit diesem Bewertungshorizont die wichtigsten ökonomischen Effekte der Untersuchung erfasst werden. Allerdings erwies es sich als notwendig, sehr langfristige Effekte mit in die Bewertung zu integrieren, obgleich der

Zeitpunkt ihres Auftretens nicht vorherbestimmt werden konnte. Diese wurden zusätzlich in die Nutzen-Kosten-Analyse einbezogen. Auf diese Weise wurden alle relevanten Effekte der Zukunft erfasst, so dass durch die zeitliche Begrenzung der Bewertung keine bedeutsamen Folgeeffekte in der Zukunft unberücksichtigt geblieben sind. Der Bewertungshorizont von 30 Jahren überspannt ungefähr den statistischen Zeitraum einer Generation, so dass intergenerationelle Verteilungsaspekte notwendigerweise zu berücksichtigen sind.

## 13.3 Bewertungskriterien

Aufgrund der in dem vorangegangenen Kapitel 12 diskutierten rechtlichen Trinkwasserschutzrestriktionen lassen sich die zu bewertenden Effekte auf die Landnutzungen im Torgauer Raum wie in der Tab. 13-1 beschrieben zusammenfassen. Dargestellt sind die ökonomischen Wirkungen auf die Landnutzungen und deren Folgewirkungen auf das Grundwasser. Darüber hinaus wurden die ökonomischen Wirkungen auf die Fernwasserproduktion sowie auf weitere Grundwasserdienste, insbesondere auf die Ökosystemleistungen, aufgelistet. Gleichzeitig gibt die Tabelle die Indikatoren an, mit deren Hilfe die Bewertung erfolgt. Vier Bewertungskriterien kommen zur Anwendung:

1. die monetäre Bewertung auf potentielle Effizienzverbesserung (Wohlfahrtswirkungen),
2. die Bewertung der Grundwasserbelastung durch Nitrat, gemessen als flächengewichteter mittlerer Nitrateintrag mit dem Sickerwasser,
3. eine qualitative Abschätzung des Risikopotentials für Grundwasser,
4. die Bewertung hinsichtlich Veränderung der quantitativen Grundwasserbilanz, gemessen als Differenz aus Grundwasserneubildung und -entnahme.

Hauptbewertungskriterium stellt das der potentiellen Paretoverbesserung dar, welches die ökonomischen Wohlfahrtswirkungen vergleicht (vgl. Kapitel 5.5). Im Rahmen der theoretischen Diskussion zu Möglichkeiten und Grenzen der Nutzen-Kosten-Analyse wurde der Zusammenhang zwischen dem methodischen Design und dem Aussagevermögen herausgearbeitet. Daher soll im Folgenden zuerst die methodische Herangehensweise bei der wohlfahrtsökonomischen Bewertung spezifiziert werden, bevor die Erweiterung der Bewertung um die anderen ökologischen Kriterien dargelegt wird.

Mit der Bewertung soll ex post eine politische Entscheidung überprüft werden, deren Auswirkungen auf die Grundwasserdienste sich jedoch erst langfristig zeigen werden und daher nur ex ante bewertet werden können. Für die Bewertung schon erfahrbarer Wirkungen kommen indirekte Methoden (vgl. Kapitel 5.2) zur Anwendung. Die Bewertung zukünftiger Effekte erfolgt mithilfe des Bewertungsansatzes „im Namen der Individuen" (vgl. Kapitel 6.1.3). Mit Ausnahme der zusätzlichen Aufwendungen bei Heizölanlagen sind alle relevanten Landnutzungen betriebswirtschaftlicher Natur (vgl. Tab. 13-1), so dass Anpassungs- und Vermeidungsreaktionen mithilfe von betriebswirtschaftlichen Indikatoren gemessen werden können (vgl. Kapitel 5.2.1).

Von dem Einsatz direkter Bewertungsansätze sowie des „individuellen" Bewertungsansatzes (vgl. Kapitel 6.1.3) für zukünftige Grundwasserveränderungen wird aus mehreren Gründen abgesehen: Die betroffenen Landnutzer im Untersuchungsgebiet bilden eine relativ kleine und sehr heterogene Gruppe, so dass quantitative Befragungstechniken keine robusten Aussagen erwarten lassen. Aufgrund der räumlich sehr begrenzten Wirkung der Trinkwasserschutzoptionen ist zu vermuten, dass die nicht-nutzungsabhängigen Nutzenstiftungen veränderter Grundwasserdienste sich nur schwer abgrenzen und demzufolge kaum gegenüber den zu Befragenden vermitteln lassen. Darüber hinaus steht zur Bewertung der veränderten Rohwasserqualität nur ein wirtschaftlicher Akteur als direkter Ansprechpartner zur Verfügung – die Fernwasserwerke. Interviews mit den das Fernwasser abnehmenden Wasserversorgern (vgl.

Kapitel 11.3.2) erbrachten nur teilweise quantitative Informationen zu deren Nachfrageverhalten gegenüber Preis- und Qualitätsänderungen des Fernwassers. Die Fernwasserkonsumenten können ebenfalls nicht für Befragungen herangezogen werden, da für sie die Veränderungen in der Fernwasserqualität nur indirekt erfahrbar sind. Infolge der komplexen, überregionalen Verteilungsstruktur des Fernwassers kommen eventuelle Preis- und Qualitätsänderungen nicht mehr als eindeutige Signale bei den Trinkwasserverbrauchern an. Auch wird durch die räumliche Trennung von Fernwasserproduktion und dessen -konsum die Vermittlung der Bewertungssituation noch wesentlich erschwert.

*Tab. 13-1: Wirkungen der Trinkwasserschutzrestriktionen und Bewertungsindikatoren*

| | **Wirkung der Trinkwasserschutzrestriktionen** | | | |
|---|---|---|---|---|
| | **Wirkung auf Landnutzung** | **Wirkung auf Grundwasser** | **Wirkung auf Fernwasserproduktion** | **Wirkung auf weitere Grundwasserdienste** |
| **Landwirtschaft** | | | | |
| **Effekte** | Flächeneinkommen | Nitrateintrag | Kontroll- und Aufbereitungsaufwand, Nachfrageänderungen | Entwertung infolge von Nitratanstieg |
| **Indikatoren** | Wohlfahrtswirkung | mittlerer Nitrateintrag mit Sickerwasser | Wohlfahrtswirkung | mittlerer Nitrateintrag mit Sickerwasser |
| **Straßen** | | | | |
| **Effekte** | Zusatzkosten bei Bau und Unterhalt | Risiko des Eintrags diverser Schadstoffe | Kontroll- und Aufbereitungsaufwand, Nachfrageänderungen | Entwertung infolge von Schadstoffen |
| **Indikatoren** | Wohlfahrtswirkung | Risikopotential für Grundwasser | | |
| **Betriebstankstellen und Heizölanlagen** | | | | |
| **Effekte** | Zusatzkosten bei Unterhalt | Risikoänderung des Mineralöleintrags | Kontroll- und Aufbereitungsaufwand, Nachfrageänderungen | Entwertung infolge Mineralöleintrag |
| **Indikatoren** | Wohlfahrtswirkung | Risikopotential für Grundwasser | | |
| **Kommunale Abwasserentsorgung** | | | | |
| **Effekte** | Zusatzkosten bei Bau- und Unterhalt | Risiko des Abwassereintrages | Kontroll- und Aufbereitungsaufwand, Nachfrageänderungen | Entwertung infolge von Abwassereintrag |
| **Indikatoren** | Wohlfahrtswirkung | Risikopotential für Grundwasser | | |

Daher wird der Bewertungsansatz „im Namen der Individuen“ angewendet. Dieser hat den Vorteil, dass alle Annahmen und Eingangsgrößen offengelegt werden können und entsprechend einer Diskussion zugänglich sind. Dem steht der Nachteil einer recht geringen normativen Aussagekraft des Bewertungsergebnisses „als gesellschaftlich wünschenswert“ gegenüber, da, wie in dem Kapitel 8 begründet wurde, der Einfluss des zentralen Bewerters sehr hoch ausfällt. Außerdem werden mit dem Existenz- und Vermächtniswert Teile des ökonomischen Gesamtwertes nicht monetarisiert, ebenso können etwaige ökologische Effekte der Grundwasserveränderung nicht monetär erfasst werden.

Die zur Erweiterung der ökonomischen Bewertung herangezogenen ökologischen Bewertungskriterien erfüllen daher mehrere Aufgaben. Das Bewertungskriterium „mittlerer Nitrateintrag mit dem Sickerwasser“ beschreibt die langfristige Belastung des Grundwassers. Der Nitrateintrag wird als Nitratkonzentration im Sickerwasser und als Stickstoffeintrag mit dem Sickerwasser angegeben (vgl. Kapitel 15.1.2). Das Hauptaugenmerk liegt auf der Nitratbelastung, weil einerseits die Belastung flächenhaft ausfällt (vgl. z. B. LfUG 2002, S. 27-30; SMUL 2004) und gleichzeitig die landwirtschaftlichen Trinkwasserschutzrestriktionen sich auf eine Reduktion des Nitrateintrages konzentrieren (vgl. Kapitel 12.1).

Um die Veränderung des Grundwassers zu beschreiben, stehen prinzipiell mehrere Indikatoren zur Verfügung: die Nitratkonzentration im Sickerwasser bei Auswaschung aus der oberen Bodenzone, die Nitratkonzentration im Sickerwasser bei Eintritt in die gesättigte Zone (Grundwasser), die Nitratkonzentration im Grundwasserkörper sowie die Nitratkonzentration und Nitratfrachten an den Stellen, wo der Grundwasserkörper Ökosystemfunktionen bzw. Leistungen gegenüber der Gesellschaft erbringt. Die Indikatorwerte unterscheiden sich aufgrund von Abbau-, Mischungs- und Transportprozessen[162]. Dementsprechend variieren die inhaltlichen Aussagen der Indikatoren, aber auch die Anforderungen an die Prognosemodelle.

Die Auswahl des Indikators „Nitrateintrag mit dem Sickerwasser" ergab sich aus konzeptionellen und pragmatischen Gründen. Nur dieser Indikator zeigt den direkten Einfluss von Landnutzungsänderungen auf den Nitratgehalt im Grundwasser auf, da er die Emission beschreibt. Aus diesem Grunde stellt seine Prognose die Voraussetzung zur Abbildung aller anderen Indikatoren dar. Zur Prognose der anderen Indikatoren bedarf es der Verknüpfung dieses Indikators mit hydrogeologischen Modellen. Diese standen für den Untersuchungsraum, der sich teilweise durch sehr komplexe hydrogeologische Strukturen auszeichnet, jedoch nicht zur Verfügung. Die Auswirkungen auf Ökosystemfunktionen des Grundwassers bzw. auf konkrete Grundwasserleistungen und -dienste können daher mit diesem Indikator nur als generelle Trends beschrieben werden, da keine kleinräumigen Transport- und Austauschprozesse berücksichtigt werden[163].

Gleichwohl lassen sich aus diesem Indikator anhand seiner Aussage zur langfristigen Belastungsentwicklung Trendaussagen zur qualitativen Entwicklung des Grundwasserkörpers ableiten. Wird er mit gesellschaftlichen Zielvorstellungen hinsichtlich der Grundwasserbelastung verknüpft, so ist der Indikator geeignet, Aspekte der intergenerationellen Verteilung unbelasteten Grundwassers in die Bewertung zu integrieren (vgl. Kapitel 9.2.2). Hierbei wird die Eigenschaft von Grundwasser als Teil des Naturkapitals betont und dessen langfristige Erhaltung bewertet. Gleichzeitig kann der Nitrateintrag mit dem Sickerwasser auch als Knappheitsindikator hinsichtlich des Existenz- und Vermächtniswertes angesehen werden. Eine Interpretation von Belastungsänderungen im Hinblick auf die Effizienzwirkung von Grundwasserdiensten wird jedoch dadurch erschwert, dass die zeitliche Dimension etwaiger Veränderungen des Grundwasserkörpers und seiner Leistungen nicht direkt erfasst werden.

Das zweite nichtmonetäre Bewertungskriterium beschreibt qualitativ das landnutzungsspezifische Risikopotential gegenüber Grundwasser. Hierbei wird die Wirkung der Szenarien auf die Grundwassergefährdung durch Straßen, Heizölanlagen und kommunale Abwasserentsorgung diskutiert. Diese Bewertung baut auf einem quantitativen Bewertungsansatz von Schulz-Terfloth (1998) auf, bei dem das Konzept der Wassergefährdungsklassen (WGK)[164] genutzt wird, um die landnutzungsbedingt unterschiedlichen Stoffemissionen gegenüberzustellen. Das Gefährdungsrisiko wird entsprechend Tab. 14-1 als Produkt aus emittierter Stoffmenge, der Stoffgefährlichkeit (entsprechend WGK) und Belastungsempfindlichkeit des Grundwassers ermittelt. Da die Definition der Wassergefährdungsklassen „u. a. auf einer Logarithmierung der Ausprägung der berücksichtigten Merkmale (z. B. akute Toxizität)" beruht (Schulz-

162 Ansätze zur modellhaften Verknüpfung zeigen beispielsweise Wendland (1992); Wendland/Kunkel (1999); Hirt (2002); Haferkorn et al. (2003) sowie Fiedler (2005).

163 Für die monetäre Bewertung der intertemporalen Nutzerkosten wurden solche Abschätzungen getroffen, um die Nitratkonzentration am Ort der Trinkwasserförderung zu beschreiben (vgl. Kapitel 15.1.3).

164 Schulz-Terfloth (1998) baut auf der Klassifizierung der Stoffe entsprechend VwVwS (1996) auf. Die Verwaltungsvorschrift selbst wurde durch VwVwS (1999) sowie durch die Allgemeine Verwaltungsvorschrift zur Änderung der Verwaltungsvorschrift wassergefährdende Stoffe vom 27. Juli 2005 weiterentwickelt.

Terfloth 1998, S. 84), können die Grundwassergefährdung und hierauf aufbauend auch das Risikopotential unterschiedlicher Stoffe anhand der Kenntnis ihrer Wassergefährdungsklassen miteinander verglichen werden. Somit abstrahiert dieser Ansatz von den vielfältigen einzelstofflichen Belastungen der Straßen, Heizölanlagen und der kommunalen Abwasserentsorgung. Der Indikator baut auf dem Grundgedanken der ökologischen Risikoanalyse (vgl. Kapitel 9.1.3) auf. Im Vergleich zum Indikator des Nitrateintrages mit dem Sickerwasser integriert er zusätzlich Informationen des Flurabstandes und der Fließzeit des Grundwassers zur Kennzeichnung des Stoffabbaus, um die Empfindlichkeit des Grundwassers gegenüber etwaigen Belastungen einzubeziehen (vgl. Tab. 13-2). Aus der Bewertungsaussage zum Risikopotential können wiederum Schlüsse im Hinblick auf die Verteilungswirkung und die Effizienzwirkung abgeleitet werden. Hierbei gelten die zum Nitrat-Indikator getroffenen Einschränkungen gegenüber einer Effizienzaussage ebenfalls. Weiterhin wird dieser Indikator dazu genutzt, die Grundwassergefährdung der einzelnen Landnutzungen mit dem Gefährdungspotential, welches durch den Nitrateintrag mit dem Sickerwasser ausgeht, zu vergleichen und so eine relative Gewichtung der Grundwassergefährdung durch die einzelnen Landnutzungen zu erhalten.

*Tab. 13-2: Methodische Konzeption nach Schulz-Terfloth (1998) zur Bestimmung des Risikopotentiales von Landnutzungen für das Grundwasser*

| **Stoffcharakteristik** | **Standorteigenschaften** |
|---|---|
| Stoffmenge → Emissionsrate $q$<br>Stoffgefährlichkeit $r$ (auf Basis der WGK) | Belastungsempfindlichkeit:<br>- Durchlässigkeit der Grundwasserüberdeckung<br>- Flurabstand<br>- Fließzeit des Grundwassers |
| Emissionspotential $EP = q * r$ | Transferpotential: $s$ |
| Risikopotential: $RP = q * r * s$ | |

*Quelle: Schulz-Terfloth (1998, S. 81).*

Der dritte nichtmonetäre Indikator, die Differenz aus Grundwasserneubildung und Grundwasserentnahme, greift den Aspekt der quantitativen Entwicklung des Grundwassers auf. Er stellt die Grundwasserneubildung[165] der Grundwasserentnahme gegenüber. Anhand der Indikatorwerte lassen sich Aussagen zur langfristigen Sicherung des Grundwassers und der Grundwasserleistungen aus quantitativer Sicht ableiten. Die Bilanzgleichung ist vereinfacht (vgl. z. B. LfUG 1996a), reicht jedoch im Rahmen dieser Arbeit aus. Da sich zwischen den einzelnen Szenarien weder die Grundwasserneubildung noch die der Grundwasserentnahmen verändern, hat diese quantitative Bewertung nur die Aufgabe, die generelle Entwicklung darzustellen und einer Bewertung zugänglich zu machen. Aus diesem Grund spielt die quantitative Bewertung im Rahmen der weiteren Arbeit nur eine untergeordnete Rolle.

## 13.4 Umgang mit Unsicherheit

Das integrierte Bewertungsverfahren vermag Unsicherheit bei drei Bewertungsschritten zu berücksichtigen (vgl. auch Klauer et al. 2001a). Erstens können mit der Szenarienableitung über die Definition unterschiedlicher Entwicklungsrahmen und differenzierter Anpassungsreaktionen Bandbreiten von möglichen Entwicklungen abgebildet werden. Zweitens kann bei

165 Die Grundwasserneubildung wird aus dem Niederschlag abzüglich des Oberflächenabflusses und der Evapotranspiration (Verdunstung) ermittelt.

der monokriteriellen Bewertung Risiko berücksichtigt werden, beispielsweise, indem Schwankungsbreiten für die Indikatorwerte ermittelt werden und mit Erwartungswerten bzw. Optionspreisen gearbeitet wird. Darüber hinaus können auch Verrechnungsregeln zum Umgang mit Unsicherheit Berücksichtigung finden (vgl. Kapitel 6.2.4). Drittens kann durch eine unterschiedliche Gewichtung der einzelnen Kriterien hinsichtlich ihres Einflusses auf das multikriterielle Endergebnis etwaige Unsicherheit hinsichtlich der Bedeutung der einzelnen Bewertungskriterien einbezogen werden (vgl. Klauer et al. 2001a). Zur Begründung der Gewichtung der Bewertungsergebnisse könnte dann beispielsweise der Safe-Minimum-Standard (vgl. Kapitel 6.2.4) herangezogen werden. Während Klauer et al. (2001a) argumentierten, dass Unsicherheit nur in Form von Risiko berücksichtigt werden kann, so scheint doch das Verfahren mit den Unsicherheitsregeln sowie mit dem Safe-Minimum-Standard um Ansätze zum Umgang mit Ungewissheit erweiterbar.

Für die empirische Bewertung werden nur einzelne Aspekte aus dem Möglichkeitsspektrum zum Umgang mit Unsicherheit ausgewählt. Beispielsweise wird auf die Berücksichtigung von Unsicherheit bei der Szenarienableitung verzichtet. Unsicherheitsaspekte, die bei der Szenarienbildung hätten Berücksichtigung finden können, werden bei der Diskussion der monokriteriellen Bewertungsergebnisse einbezogen. Neben dem wahrscheinlichen Wert werden auch Ergebnisspannbreiten ermittelt, welche durch Unsicherheiten bei den in die Bewertung einfließenden Größen und Annahmen induziert werden. Deren Einfluss auf das Gesamtergebnis wird diskutiert. Diese Vorgehensweise ähnelt den Maximin- und Maximax-Ansätzen zum Umgang mit Unsicherheit. Bei dem multikriteriellen Vergleich wird Unsicherheit berücksichtigt, indem die Ergebnisse auf Trade-offs zwischen intergenerationellen Verteilungswirkungen und Effizienzwirkungen untersucht werden. Gerade die Würdigung des langfristigen Erhaltes von Grundwasser als Naturkapital soll u. a. Fehlentwicklungen aufgrund von Unsicherheit verhindern helfen (vgl. Kapitel 6.4.2).

## 13.5 Wahl der Diskontrate

Bei der theoretischen Diskussion der Diskontierung (vgl. Kapitel 6.3) wurde deutlich, dass ihre inhaltliche Begründung sich daran orientiert, ob die zu bewertenden Einkommensströme den Konsum oder die Investitionstätigkeit beeinflussen. Die zu untersuchenden Landnutzungen (vgl. Kapitel 12 u. Tab. 13-1) unterscheiden sich in diesem Punkt, wobei allerdings nur Mutmaßungen getroffen werden können. Die Einkommensveränderungen bei den zu untersuchenden Betrieben (Landwirtschaft, Betriebe mit Betriebstankstellen und Fernwasserversorgung) könnten sich sowohl auf den Konsum als auch auf die Investitionstätigkeit der Betriebe auswirken. Die Zeitpräferenzen der Landwirte und auch die interne Kapitalverzinsung bilden daher die Referenzpunkte. Die Zusatzkosten bei privaten Heizölanlagen beeinflussen wahrscheinlich eher das für den Konsum zur Verfügung stehende Haushaltseinkommen, da es sich um laufende Ausgaben im privaten Bereich handelt und die Sparquoten der sächsischen Haushalte unterhalb von zehn Prozent liegen[166]. Etwaige Kostenerhöhungen beim Fernwasser beeinflussen ebenfalls eher den Konsum der Verbraucher als deren etwaige Investitionen. Die Zeitpräferenzraten wären hierfür der geeignete Indikator. Veränderungen bei den Zusatzkosten für den Straßenbau müssen im Zusammenhang mit dem festen Budget gesehen werden, welches den Gebietskörperschaften zum Straßenbau zu Verfügung steht. Somit wirken sich Veränderungen der Zusatzkosten vor allem in einer veränderten Bereitstellung von Dienstleistungen an den Bürger aus, indem mehr oder weniger Straßen überholt bzw. gebaut wer-

---

166 StaLa Sachsen: Eckdaten der volkswirtschaftlichen Gesamtrechnung für Sachsen für die Jahre 1997-2005. http://www.statistik.sachsen.de/21/14_01/14_01_0101_tabelle.asp, abgerufen am 20.5.2006.

den. Daher wäre die Zeitpräferenz die geeignete Diskontrate für diese Effekte. Bei der Abwasserentsorgung werden regelmäßig wiederkehrende Zusatzkosten (z. B. Kontrollkosten – vgl. Kapitel. 12.3) als Gebühren auf die Bürger umgelegt und gehen zu Lasten ihrer Konsumausgaben. Strukturelle Veränderungen beeinflussen dagegen die Investitionstätigkeit und können unter Umständen andere Investitionen verdrängen. Die Trinkwasserausgleichszahlungen werden durch die öffentliche Hand finanziert. Aufgrund der angespannten Haushaltssituation ist anzunehmen, dass sich Veränderungen bei den Ausgleichszahlungen auf die Kreditaufnahme und somit auf den Kreditmarkt auswirken. Allerdings werden die Zinsen langfristiger staatlicher Anleihen als Indikator für die soziale Zeitpräferenz aufgeführt (Hanusch 1994, S. 107; Endres/Holm-Müller 1998, S. 138).

Somit ist die Zeitpräferenzrate für die Bewertung die dominierende, allerdings nicht die alleinige Referenzgröße. Als Indikator für die Zeitpräferenz wird häufig auf Verzinsung von langfristigen Staatsanleihen verwiesen (vgl. Hanusch 1994, S. 107; Endres/Holm-Müller 1998, S. 138). Die nominale Umlaufrendite von Bundesanleihen mit einer Restlaufzeit von 10 Jahren schwankte in den Jahren 1990 bis 2004 um Werte zwischen vier und acht Prozent[167] (Erler 1999, S. 66; Deutsche Hypo 2005, S. 17). Die realen Umlaufrenditen lagen ungefähr um drei Prozent niedriger (Erler 1999, S. 66). Die Recherche von NKA-Studien zeigte weiterhin, dass sehr unterschiedliche Diskontraten zur Anwendung kamen (vgl. Tab. 13-3).

*Tab. 13-3: Diskontraten verschiedener Nutzen-Kosten-Analysen*[168]

| **Autor** | **Diskontrate** [%] |
|---|---|
| Brent (1996, S. 272-273) | 0 - 12 |
| DWI (1995, S. 52) | 5 - 8 |
| Olschewski (1997, S. 52-58) | 4 - 6 |
| Rommel (1998, S. 125-126) | 4,5 - 7,5 |
| Schönbäck et al. (1997, S. 11) | 2 - 4 |

Für die folgende Bewertung wurde ein pragmatischer Ansatz gewählt. Als wahrscheinlicher Wert wurde eine Diskontrate von drei Prozent angesetzt. Dieser Wert richtet sich an der Vorgabe der LAWA (1998b, S. 4-3) aus, welche diese Diskontrate für wasserwirtschaftliche Projekte mit langer Laufzeit empfiehlt. Um die Wirkung der Diskontierung auf das Ergebnis zu verstehen, wird die „wahrscheinliche" Diskontrate von zwei weiteren Diskontraten flankiert.

Einerseits wurde eine Diskontrate von null Prozent herangezogen. Diese Diskontrate stellt dann einen guten Näherungswert dar, wenn keine Opportunitätskosten entstehen und die Zeitpräferenzrate sehr niedrig liegt. Niedrige Zeitpräferenzraten ergeben sich bei intergenerationellen Bewertungszeiträumen, bei denen die individuelle Zeitpräferenz keine Rolle spielen darf. Wird gleichzeitig eine langfristige Stagnation des Wirtschaftswachstums und der Einkommenssituation in den neuen Bundesländern angenommen, so verringert sich Grenznutzen des Einkommens über die Zeit nur unwesentlich. Mit der Nutzung der Diskontrate von null Prozent kann gleichzeitig der Einfluss der Diskontierung auf das Bewertungsergebnis transparent gemacht werden. Diese Transparenz erscheint beim gewählten Bewertungsansatz „im Namen der Individuen" als notwendig.

Andererseits erfolgt eine Diskontierung mit fünf Prozent. Diese Diskontrate wird als maximaler Diskontsatz von LAWA (1998b, S. 4-3) angesetzt, und zu ihrer Begründung lassen sich die vorangegangenen Argumente umkehren. Es wird entsprechend von höheren Oppor-

---

167 Mit fallendem Trend (vgl. Deutsche Hypo 2005).

168 Die aufgeführten NKA beziehen sich nicht ausschließlich auf Grundwasser.

tunitätskosten ausgegangen und weiterhin ein langfristig günstigeres Wirtschaftswachstum und ein entsprechend abnehmender Grenznutzen des Einkommens prognostiziert. Gleichzeitig kann die Wirkung von höheren Diskontraten auf das Bewertungsergebnis aufgezeigt werden.

# 14 Ableitung der Szenarien

## 14.1 Festlegung der Handlungsalternativen

Zur Lösung des in Kapitel 11.4.2 beschriebenen Konfliktes zwischen Trinkwasserschutz und Landnutzungen wurde von den politischen Verantwortlichen die Minimierung des Trinkwasserschutzgebietes Mockritzes ab dem Jahr 2000 beschlossen (LA Torgau-Oschatz 2000b). Hieran angelehnt soll mithilfe der Handlungsalternativen untersucht werden, inwieweit die Minimierung oder eine größere Dimensionierung des Trinkwasserschutzgebietes optimal wäre. Dementsprechend wurden vier Handlungsalternativen unterschieden, die in Abb. 14-1 zusammenfassend dargestellt werden:

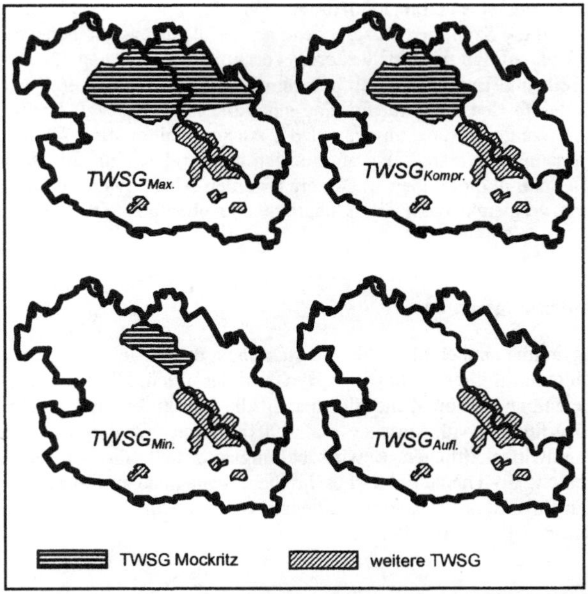


*Quellen: StUFA (1995), verändert; Zuarbeit von A. Kindler UFZ-Umweltforschungszentrum Leipzig-Halle GmbH*[169].

*Abb. 14-1: Übersicht über die vier Handlungsalternativen bei der Größengestaltung des TWSG Mockritz*

Die erste Handlungsalternative *($TWSG_{Max.}$)* belässt das Trinkwasserschutzgebiet in seiner großflächigen Ausdehnung bis Ende des Jahres 1999. Gleichzeitig bildet sie den Bezugspunkt, mit dem die Wirkungen der anderen Handlungsalternativen verglichen werden.

Die zweite Handlungsalternative *($TWSG_{Min.}$)* greift die reale Entwicklung auf, wie sie sich seit 2000 darstellt. Die ostelbigen Trinkwasserschutzzonen 3a und 3b entfallen sowie die westelbige Schutzzone 3b. Somit verbleiben bei dieser Alternative nur die westelbigen Schutzzonen 1 – 3a. Inhaltlich berücksichtigt die Handlungsalternative den Standpunkt, dass

169 Im Rahmen des Verbundprojektes Nachhaltige Wasserbewirtschaftung und Landnutzung – s. Kapitel 10.

eine derartige Minimalvariante an Trinkwasserschutz ausreicht, um den Schutz der Trinkwasserschutzressourcen optimal und nachhaltig zu gewährleisten.

Die dritte Handlungsalternative ($TWSG_{Kompr.}$) beinhaltet eine Kompromissvariante. Die ostelbigen Schutzzonen werden aufgelöst, während die westelbigen Schutzzonen 1 bis 3b beibehalten werden. Somit illustriert sie die Meinung, welche den Beitrag des ostelbigen Grundwassers am geförderten Rohwasser aufgrund der Sperrwirkung der Elbe für gering erachtet, gleichzeitig aber den Einfluss des in der westelbigen Schutzzone 3b gebildeten Grundwassers als bedeutend ansieht.

Die vierte Alternative beschreibt die vollständige Auflösung des Trinkwasserschutzgebietes Mockritz ($TWSG_{Aufl.}$). Diese Alternative setzt allerdings eine Schließung des Wasserwerkes Mockritz und die Übernahme der Fernwasserlieferung allein durch das Wasserwerk Torgau-Ost voraus. Diese Alternative ermöglicht die Ermittlung der gesamten mit der Aufrechterhaltung des Schutzgebietes verbunden Kosten.

In Abb. 14-1 sind die Szenarien entsprechend der Größe des verbleibenden Schutzgebietes geordnet. Diese Reihenfolge wird im weiteren Verlauf der Bewertung für tabellarische Darstellungen von Teil- und Endergebnissen beibehalten. Bei der monetären Bewertung ergeben nur Differenzwerte für den Nettonutzen eine sinnvolle Aussage (vgl. Kapitel 4.1). Hierfür beziehen sich die Szenarienwerte immer auf die Ausgangsalternative $TWSG_{Max.}$. Die Differenzwerte geben dann die Veränderung an, die sich im Vergleich zur Situation vor 2000 einstellen würde. Bei den ökologischen Indikatoren werden Absolutwerte ermittelt, die inhaltliche Interpretation vergleicht dann die Szenarienwerte ebenfalls mit dem Referenzszenario $TWSG_{Max.}$.

## 14.2 Entwicklungsrahmen

Die Entwicklungsrahmen sollen plausible Entwicklungspfade angeben, welche die Bandbreite der Rahmenbedingung in ihrer zukünftigen Dynamik darstellen. Hierbei konzentriert sich die Auswahl auf diejenigen Faktoren, die gleichzeitig die Ergebnisse mehrerer monokriterieller Bewertungen beeinflussen (vgl. Messner et al. 2001b). Daher werden im Folgenden die Entwicklung der landwirtschaftlichen Bewirtschaftungsintensität, die Aufforstung sowie die Siedlungsentwicklung als Themenfelder beschrieben. Annahmen zu Rahmenbedingungen, die jeweils nur in ein Bewertungskriterium einfließen, werden demgegenüber im Zuge der Prognose- und Bewertungsabschnitte erläutert.

### 14.2.1 Themenfeld Intensitätsentwicklung bei der landwirtschaftlichen Bewirtschaftung

Die Intensitätsentwicklung der landwirtschaftlichen Bewirtschaftung muss innerhalb des Entwicklungsrahmens durch Annahmen festgelegt werden, weil im Rahmen der Analyse der oben beschriebenen Handlungsalternativen bedeutsame ökonomische und ökologische Effekte durch die Landwirtschaft auftreten, die jedoch entscheidend vom Intensitätsgrad der Landbewirtschaftung abhängen. Die Wahl des Intensitätsgrades kann nicht durch die politischen Entscheidungsträger bestimmt werden, sondern liegt im freien Ermessen der Landwirte. Allerdings gehen sowohl durch die rechtlichen Rahmen - der EU-Agrarpolitik, der Agrar-Umweltprogramme - als auch durch Trinkwasserschutzrestriktionen Anreizwirkungen gegenüber den Landwirten aus, die deren Wahl mit beeinflussen. Dem Kapitel liegen im Weiteren die Ergebnisse von Herzog et al. (2001) und (Messner et al. 2001b) zugrunde.

Im Falle von *Ackerland* wurden die folgenden drei Hauptkategorien der Landbewirtschaftungsformen (vgl. Kapitel 12.1) betrachtet:

- der konventionelle Ackerbau (kA),
- der ökologische Ackerbau (öA),
- der integrierte Ackerbau (iA).

Der integrierte Ackerbau wird hierbei noch einmal differenziert in (vgl. Kapitel 12.1.1):

- integrierter Ackerbau/Grundförderung ($iA_{GF}$),
- integrierter Ackerbau/Grundförderung und Zusatzförderung 1 ($iA_{GF+Z1}$), bei dem zusätzlich zur Grundförderung das Unterprogramm umweltentlastende Maßnahmen gewählt wurde,
- integrierter Ackerbau/Grundförderung und Zusatzförderung 2 ($iA_{GF+Z2}$), bei dem zusätzlich bodenschonende Maßnahmen durchgeführt werden.

Im Falle von *Grünland* werden zwei Kategorien betrachtet:

- die intensive Grünlandbewirtschaftung ($GL_{int.}$), welche auf der landwirtschaftlichen guten Praxis beruht, sowie
- die extensive Bewirtschaftung ($GL_{ext.}$), bei der entsprechend KULAP/Grundförderung ein reduzierter Stickstoffeinsatz erfolgt[170].

Die landwirtschaftlichen Bewirtschaftungsformen werden in ihrer Abhängigkeit von der Bodenqualität und dem Vorliegen von Trinkwasserschutzrestriktionen definiert, wobei zwei Bodenarten und zwei Kategorien des Trinkwasserschutzes unterschieden wurden:

- Aueböden in Trinkwasserschutzgebieten,
- Aueböden außerhalb von Trinkwasserschutzgebieten,
- Heideböden in Trinkwasserschutzgebieten,
- Heideböden außerhalb von Trinkwasserschutzgebieten.

Im Folgenden wird die Bedeutung der Bewirtschaftungsformen in Form ihres Flächenanteils an der landwirtschaftlichen Nutzfläche für die Jahre 1993 und 2030 beschrieben. Die Veränderungen in den dazwischen liegenden Jahren werden durch lineare Trends der zwei zeitlichen Eckpunkte abgeleitet.

#### 14.2.1.1 Datenbasis

Für das Basisjahr (1993) konnten aufgrund der Datensituation die flächenbezogenen Anteile der Landbewirtschaftungsformen in Abhängigkeit ihrer Lage innerhalb bzw. außerhalb von TWSG abgeschätzt werden, wobei die durchschnittlichen Flächenanteile für Sachsen und für den Torgauer Raum herangezogen wurden. Der Anteil an Ackerfläche und Grünfläche am TWSG Mockritz ist in Anhang-Tab. 14.2-1 aufgeführt. Der Einfluss der Bodenqualität wurde mangels Datenverfügbarkeit geschätzt. Zur Prognose der Situation im Jahr 2030 wurden Annahmen zu Entwicklungstendenzen getroffen. Hierbei flossen die Entwicklungstendenzen zwischen 1993 und 1998 ein. Darüber hinaus wurde auf den Befragungsergebnissen der Landwirte (s. Kapitel 12.1.2) aufgebaut. Schließlich diente als Orientierung für den zukünftigen Flächenanteil des ökologischen Ackerbaus die vom Sächsischen Staatsministerium für

170 Unter extensiver Grünlandbewirtschaftung wird entsprechend dem KULAP 1 (SMUL 1999a) insbesondere eine begrenzte Gesamtstickstoffabgabe (120 kg $ha^{-1}$ $a^{-1}$) und ein eingeschränkter Einsatz von Pflanzenschutzmitteln verstanden. Intensive Grünlandbewirtschaftung ist durch stärkere Stickstoffdüngung, häufigere Schnittnutzung und umfangreicheren Pflanzenschutzmitteleinsatz charakterisiert (Messner et al. 2001b) (vgl. Kapitel 12.1.1).

Umwelt und Landwirtschaft angestrebte politische Zielgröße zum Marktanteil an Ökoprodukten in Höhe von fünf Prozent.

#### 14.2.1.2 Situation im Jahr 1993

Die Situation für 1993 zeigt die Tab. 14-1 auf. Außerhalb von Trinkwasserschutzgebieten dominiert auf Aueböden die konventionelle Landwirtschaft gegenüber dem integrierten Ackerbau, während sich auf Heideböden das Verhältnis umgekehrt gestaltet. Der ökologische Ackerbau spielt nur eine untergeordnete Rolle. In Trinkwasserschutzgebieten überwiegt auf Aueböden der konventionelle Ackerbau nur leicht gegenüber dem integrierten Ackerbau, während auf Heideböden die Dominanz des integrierten Ackerbaus noch deutlicher zum Ausdruck kommt.

Die Bedeutung der Unterprogramme des integrierten Ackerbaus wurde unter Berücksichtigung statistischer Erhebungen für das Land Sachsen festgelegt. Wichtigstes Unterprogramm stellt hier die Grundförderung ($iA_{GF}$) mit einem Anteil von ungefähr 75% dar, gefolgt von der Zusatzförderung 1/umweltentlastende Maßnahmen($iA_{GF+Z1}$) mit 25%. Die Zusatzförderung 2/bodenschonende Maßnahmen ($iA_{GF+Z2}$) spielt nur eine untergeordnete Rolle (vgl. Tab. 14-2).

Bei konventionell bewirtschaftetem Grünland wird außerhalb der TWSG ein Flächenanteil von 75% unabhängig vom Standort angenommen. Dies entspricht dem Anteil an Grünland im KULAP-Programm von Sachsen. Eine Differenzierung nach Bodenqualität wurde nicht vorgenommen. Die Anforderungen an konventionelle Gründlandbewirtschaftung im TWSG ähneln den Anforderungen des KULAP (Grundförderung). Daher wird in TWSG unabhängig von dem Bodentyp die vollständige extensive Bewirtschaftung des Grünlands angenommen.

#### 14.2.1.3 Annahmen zur Veränderung der Bewirtschaftungsintensität bis 2030

Die Entwicklungstrends bis 2030 wurden unter folgenden Annahmen abgeleitet (Herzog et al. 2001):

*Aueböden außerhalb TWSG*: Der Anteil des konventionellen Ackerbaus wird steigen, da auf guten Böden integrierte Bewirtschaftungsformen weniger attraktiv sein werden. Denn es ist zu vermuten, dass die subventionierten Agrarpreise im Rahmen der EU-Agrarpolitik/Agenda 2000 (Europäische Kommission 1999) weiter gesenkt und den Weltmarktpreisen angepasst werden. Dem ökologischen Ackerbau wird ungeachtet dessen eine leicht höhere Bedeutung zugemessen aufgrund einer langfristig steigenden Nachfrage nach solchen Produkten.

*Aueböden in Trinkwasserschutzgebieten*: Unter der Annahme, dass der betriebswirtschaftliche Nutzen kombinierter Fördermaßnahmen in Zukunft aufgrund des Preisverfalls für landwirtschaftliche Produkte infolge der Agenda 2000 noch steigen wird, wird in Trinkwasserschutzgebieten die Bedeutung des integrierten Ackerbaus zuungunsten des konventionellen Ackerbaus zunehmen. Langfristig wird integrierter Ackerbau einen höheren Anteil einnehmen als konventioneller Ackerbau. Der ökologische Ackerbau wird auch in TWSG seinen Anteil erweitern.

*Heideböden außerhalb von Trinkwasserschutzgebieten*: Der dominierende Anteil des integrierten Ackerbaus wird sich zukünftig noch verstärken, da derartige Grenzertragsstandorte im Zuge eines weiteren Preisverfalls für Agrarprodukte immer unattraktiver für konventionelle Anbaumethoden werden. Ökologischer Ackerbau gewinnt auf diesen Böden überdurchschnittlich an Attraktivität.

*Heideböden in Trinkwasserschutzgebieten*: Im Vergleich zu Heideböden außerhalb der TWSG nimmt der ohnehin extrem geringe Anteil konventioneller Landwirtschaft noch weiter ab. Er wird allerdings nicht auf Null zurückgehen. Bei Grünland muss von einer langfristigen Dominanz der extensiven Bewirtschaftung auch außerhalb der TWSG ausgegangen werden. Hierbei wird nicht zwischen den Bodentypen unterschieden.

Die Bedeutung der Unterprogramme des integrierten Ackerbaus wird sich ebenfalls verändern. Die Anteile der Flächen mit Zusatzförderung innerhalb TWSG werden steigen, da die Anforderungen denen der Trinkwasserschutzrestriktionen ähneln und kombinierte Förderungen in Anspruch genommen werden können. Auf Aueböden außerhalb der TWSG wird demgegenüber eine geringere Zunahme der Unterprogramme $iA_{GF+Z1}$ und $iA_{GF+Z2}$ angenommen, da hier eine höhere Produktivität erreicht werden kann. Auf Heideböden wird ein stärkerer Trend zu den Zusatzprogrammen erwartet, um die Beihilfen zu maximieren. Die Aufteilung der Fläche zwischen den Landbewirtschaftungsformen für die Zeitschritte 1993 und 2030 stehen in der Tab. 14-1 und Tab. 14-2.

Für die Bewertung der landwirtschaftlichen Produktion wird weiterhin angenommen, dass die Erträge und der Faktoreinsatz sich über die Zeit nicht ändern werden, da deren Entwicklung nicht prognostiziert werden kann. Von einer Zunahme der Tierproduktion wird ebenfalls nicht ausgegangen.

*Tab. 14-1: Annahme zur Entwicklung der Flächenanteile der einzelnen Bewirtschaftungsformen auf Acker- und Grünland zwischen 1993 und 2030*

| **Nutzungsart** | **Raumkategorie** | **BWF** | **Flächenanteile [%]** | |
|---|---|---|---|---|
| | | | **1993** | **2030** |
| **Ackerland** | **Aueböden /TWSG** | **kA** | 55,0 | 45,0 |
| | | **iA** | 44,5 | 50,0 |
| | | **öA** | 0,5 | 5,0 |
| | **Aueböden /kein TWSG** | **kA** | 60,0 | 80,0 |
| | | **iA** | 39,5 | 15,0 |
| | | **öA** | 0,5 | 5,0 |
| | **Heideböden/TWSG** | **kA** | 25,0 | 5,0 |
| | | **iA** | 74,0 | 85,0 |
| | | **öA** | 1,0 | 10,0 |
| | **Heideböden/kein TWSG** | **kA** | 30,0 | 10,0 |
| | | **iA** | 69,0 | 80,0 |
| | | **öA** | 1,0 | 10,0 |
| **Grünland** | **Aueböden/TWSG** | **GL (ext.)** | 100,0 | 100,0 |
| | | **GL (int.)** | 0,0 | 0,0 |
| | **Aueböden/kein TWSG** | **GL (ext.)** | 25,0 | 40,0 |
| | | **GL (int.)** | 75,0 | 60,0 |
| | **Heideböden/TWSG** | **GL (ext.)** | 100,0 | 100,0 |
| | | **GL (int.)** | 0,0 | 0,0 |
| | **Heideböden/kein TWSG** | **GL (ext.)** | 25,0 | 40,0 |
| | | **GL (int.)** | 75,0 | 60,0 |

BWF – Bewirtschaftungsform; kA – konventioneller Ackerbau; iA – integrierter Ackerbau; öA – ökologischer Ackerbau; GL (int.) – intensive, konventionelle Gründlandbewirtschaftung; GL (ext.) – extensive Grünlandbewirtschaftung entsprechend KULAP1/reduzierter Mitteleinsatz (vgl. Kapitel 12.1.1).

*Quelle: Herzog et al. (2001).*

*Tab. 14-2: Annahme zur Entwicklung der Flächenanteile der Unterprogramme des integrierten Ackerbaus zwischen 1993 und 2030*

| **Bewirtschaftungsform** | **Flächenanteile bezüglich Gesamtfläche [%]** | | **Flächenanteile bezüglich iA-Fläche [%]** | |
|---|---|---|---|---|
| | **1993** | **2030** | **1993** | **2030** |
| | | **Aueböden/TWSG** | | |
| **iA (gesamt) – davon** | **44,5** | **50** | | |
| **iA (GF)** | 33,0 | 25 | 74 | 50 |
| **iA (GF+Z1)** | 10,5 | 15 | 24 | 30 |
| **iA (GF+Z2)** | 1,0 | 10 | 2 | 20 |
| | | **Aueböden/kein TWSG** | | |
| **iA (gesamt) – davon** | **39,5** | **15** | | |
| **iA (GF)** | 29,5 | 10 | 75 | 67 |
| **iA (GF+Z1)** | 9,5 | 2 | 24 | 13 |
| **iA (GF+Z2)** | 0,5 | 3 | 1 | 20 |
| | | **Heideböden/TWSG** | | |
| **iA (gesamt) – davon** | **74** | **85** | | |
| **iA (GF)** | 54 | 15 | 73 | 18 |
| **iA (GF+Z1)** | 18 | 40 | 24 | 47 |
| **iA (GF+Z2)** | 2 | 30 | 3 | 35 |
| | | **Heideböden/kein TWSG** | | |
| **iA (gesamt) – davon** | **69** | **80** | | |
| **iA (GF)** | 51 | 20 | 74 | 25 |
| **iA (GF+Z1)** | 17 | 30 | 25 | 38 |
| **iA (GF+Z2)** | 1 | 30 | 1 | 38 |

iA – integrierter Ackerbau; iA (GF) – integrierter Ackerbau/Grundförderung; iA (GF+Z1) – integrierter Ackerbau/Zusatzförderung 1 (umweltentlastende Maßnahmen); iA (GF+Z2) – integrierter Ackerbau/Zusatzförderung 2 (bodenschonende Maßnahmen) (vgl. Kapitel 12.1.1).

*Quelle: Herzog et al. (2001).*

### 14.2.2 Themenfeld Entwicklung der Siedlungsflächen

Die zukünftige Siedlungsentwicklung im Torgauer Raum führt zu Bodenversiegelung sowie zu Flächenreduktion bei anderen Landnutzungen und ist daher bewertungsrelevant. Eine wichtige Konsequenz dieser Entwicklung ist die damit verbundene Veränderung der Grundwasserneubildung und des Grundwasserhaushaltes im Torgauer Raum. Daneben ergeben sich Wirkungen insbesondere bei der Landwirtschaft, da geplante neue Siedlungsflächen nahezu ausschließlich auf Kosten der landwirtschaftlichen Fläche erfolgten[171].

Die Auswertung der vorhandenen FNP[172]-Entwürfe und FNP der Gemeinden im Torgauer Raum ergab ein geplantes Wachstum dieser Gemeinden von über 30% der bestehenden Siedlungsfläche (Stand 1993). Mit den FNP soll die Entwicklung der nächsten 15 Jahre abgedeckt werden (§ 5 BauGB 1997). Für den Bewertungszeitraum wurde jedoch angenommen, dass sich die Siedlungsfläche um ungefähr 50% erhöht. Dies entspricht ungefähr 1500 ha. Da der Bewertungszeitrum bis 2030 mehr als doppelt so lang wie die Laufzeit der FNP ausfällt, wurde somit eine verlangsamte Flächenentwicklung im Vergleich zu den FNP angenommen. Eine lineare Verlängerung des in den FNP antizipierten Entwicklungstrends über den gesamten

171 Laut Auswertung der FNP-Entwürfe und FNP von Gemeinden im Untersuchungsraum (vgl. auch Kapitel 12.5).

172 FNP – Flächennutzungsplan.

Bewertungszeitraum hätte eine Siedlungszunahme um 80% bedeutet. Diese zeitliche Streckung erschien als notwendig, da die Planungen der Gemeinden in den FNP als tendenziell zu optimistisch eingestuft werden müssen[173].

Für die flächenkonkrete Verteilung der bis 2030 neu versiegelten Fläche auf die Gemeinden wurde zwischen vier Gemeindekategorien differenziert:

1. Gemeinden, bei denen wesentliche Entwicklungseinschränkungen durch Trinkwasserschutzgebiete aufgrund ihrer Überschneidung mit TWSZ 3a bzw. ihrer Lage in der Elbaue anzunehmen sind. Hierzu gehören auch zwei Gemeinden, die westelbig an Torgau angrenzen (insgesamt 3 Gemeinden),
2. Gemeinden ohne besondere regionale Bedeutung und ohne bedeutsame Einschränkungen durch Trinkwasserschutzgebiete (insgesamt 12 Gemeinden),
3. Gemeinden mit einer höheren regionalen Bedeutung (Unterzentren, sowie die westelbig an Torgau angrenzenden Gemeinden) und ohne bedeutsame Einschränkungen durch TWSG (insgesamt 7 Gemeinden),
4. Torgau als Mittelzentrum.

Diesen Kategorien wurde eine unterschiedliche relative Siedlungsflächenzunahme zugeordnet. Diese lag zwischen 11% (Gemeinden der ersten Kategorie) und 71% (Gemeinden der dritten Kategorie). Die Relation der Zunahmen zueinander entsprach ungefähr den Relationen, die bei der kategorieweisen Auswertung der FNP-Daten gefunden wurden. Neben FNP-Daten waren Siedlungsflächendaten der Biotoptypenkartierung (LfUG 1996b) eingeflossen.

*Tab. 14-3: Aufteilung der neuen Siedlungsfläche auf die Gemeindekategorien im Torgauer Raum*

| Gemeinden: | Bestand 1993 [ha] | Annahmen zur Entwicklung der Siedlungsflächen bis 2030: Zunahme [ha] | Versieglungsgrad [%] |
|---|---|---|---|
| **mit bedeutsamen TW-Schutzrestriktionen** | 317 | 35 | 30% |
| **ohne regionale Bedeutung und ohne bedeutsame TW-Schutzrestriktionen** | 1005 | 450 | 30% |
| **mit regionaler Bedeutung und ohne bedeutsame TW-Schutzrestriktionen** | 993 | 710 | 30% |
| **Mittelzentrum Torgau** | 571 | 335 | 45% |

*Quellen: LfUG (1996b); eigene Berechnungen und Annahmen.*

Weiterhin mussten Annahmen zum Versieglungsgrad der neuen Siedlungsflächen getroffen werden. Bei den neuen Flächen für Torgau wurde ein Versieglungsgrad von 45% angesetzt. Dieser unterschreitet den für den Bestand von 1993 ermittelten Versieglungsgrad von ungefähren 70% deutlich und basiert auf der Annahme, dass die neuen Flächen vergleichsweise lockerer bebaut werden. Für die restlichen, ländlichen Gemeinden wurde ein Versieglungsgrad von 30% angesetzt. Dieser entspricht ungefähr den mittleren Versieglungswerten für diese Kommunen (Stand 1993). Zur kartographischen Umsetzung dienten die erhobenen Flächennutzungsplanungen als Vorlage bei der Auswahl der neuen Flächen. Bei Gemeinden ohne derartige Pläne wurden plausible Annahmen getroffen. Entsprechend den Aussagen der FNP wurde nur landwirtschaftliche Nutzfläche umgewidmet. Die Tab. 14-3 fasst die Annah-

173 Vgl. beispielsweise die statistische Bevölkerungsprognose (StaLa Sachsen 2000).

men zusammen. Die Auswirkung der Annahmen auf die Siedlungsentwicklung im TWSG Mockritz verdeutlicht die Anhang-Tab. 14.2-1.

### 14.2.3 Themenfeld Aufforstung und Waldumbau

Das Themenfeld *Aufforstung* wurde gewählt, weil sich unter Waldstandorten die Grundwasserneubildung deutlich von derjenigen unter offenen Flächen unterscheidet. Gleichzeitig wird durch die Aufforstung die landwirtschaftliche Nutzfläche verringert. Es sind daher Änderungen der Nitratbelastung zu erwarten. Die folgenden Ausführungen wurden von Messner et al. (2001b) sowie Volk et al. (2001a) übernommen.

Für die Annahmen zur Entwicklung der Aufforstung wurde von der Zielsetzung des Landes Sachsen ausgegangen, die Waldfläche insgesamt um drei Prozent zu erhöhen. Hierdurch sollen die mannigfaltigen ökologischen sowie landeskulturellen Leistungen des Waldes gefördert werden und durch eine Konvertierung von Ackerland zu Wald die Überschüsse der landwirtschaftlichen Produktion gesenkt werden. Der Freistaat Sachsen fördert die Aufforstung von landwirtschaftlicher Nutzfläche finanziell. In Abstimmung mit den entsprechenden staatlichen Behörden wurde eine Zielkarte für die Erstaufforstungsgebiete im Torgauer Raum erarbeitet (vgl. Härtel 2000). Unter Nutzung des Waldmehrungsverfahrens der Sächsischen Landesanstalt für Forsten (SLAF 1999) ergaben sich für den Torgauer Raum etwa 1.922 ha Aufforstungsfläche (Erhöhung um 2,8%). Da die 2,8%ige Aufforstung der politischen Zielvorgabe von drei Prozent nahezu entspricht, wurden die Aufforstungsflächen in ihrer räumlichen Zuordnung für das Themenfeld Aufforstung übernommen und es wurde unterstellt, dass diese Flächen bis 2030 aufgeforstet werden.

Darüber hinaus wurden Annahmen zum Waldumbau getroffen. Im Basisjahr dominierten Kieferforsten zu 70% die Waldfläche. Diese sollen mittelfristig in naturnähere Wälder mit einem höheren Anteil an Laubbaumarten umgewandelt werden (SML 1993). Hierauf aufbauend wurde unter Berücksichtigung der mittleren Umtriebszeiten, der CIR-Biotoptypenkartierung sowie der Forstdatenbank der Forstämter Falkenberg und Taura (Stand 1993) für das Jahr 2030 Flächenanteile von 46,5% an Laubwald und 49,4% an Nadelwald abgeschätzt. Dieser Trend entspricht ungefähr den Zielstellungen der Landesanstalt für Forsten, welche einen Umbau von zehn Prozent des Landeswaldes in 10 Jahren avisierte. Die Veränderung der Flächennutzung Wald wird durch die Anhang-Tab. 14.2-1 dargestellt.

## 14.3 Anpassungsreaktionen

Mit den Anpassungsreaktionen sollen die wesentlichen Verhaltensanpassungen der Landnutzer an die sich mit der Änderung der Trinkwasserschutzgebietsgröße verändernden rechtlichen Rahmenbedingungen beschrieben werden. Weil gesicherte empirische Aussagen hierzu erst ex post möglich wären, mussten Annahmen zur Geschwindigkeit und zum Grad der Anpassung getroffenen werden, mit denen sich die Wirtschaftssubjekte in ihren wirtschaftlichen Aktivitäten an die neuen Gegebenheiten anpassen.

Die Anpassungsreaktionen in der Landwirtschaft betreffen die Bewirtschaftungsintensität sowie mögliche Veränderungen bei der Bewirtschaftungsform. Es wird angenommen, dass sich die Bewirtschaftungsintensität bei Wegfall der Trinkwasserschutzrestriktionen sofort ändert. Demzufolge richten sich die Landwirte sofort mit Aufhebung der Schutzzonen an die Düngemengenbegrenzungen, die flächendeckend für ihre jeweilige Bewirtschaftungsform gelten.

Demgegenüber wird eine zeitliche Verzögerung bei der Entscheidung der Landwirte angenommen, die Bewirtschaftungsform beizubehalten bzw. anzupassen. Dies wird mithilfe der Anteile der einzelnen Bewirtschaftungsformen an der landwirtschaftlichen Fläche ausgedrückt. Ohne eine Veränderung der Trinkwasserschutzrestriktionen wurde eine lineare Veränderung der Anteile der Bewirtschaftungsformen angenommen (vgl. Kapitel 14.2.1.3). Wie Abb. 14-2 beispielhaft für integrierten Ackerbau auf Heideböden darstellt, unterscheidet sich die Situation innerhalb und außerhalb der TWSG durch den Ausgangsanteil der Bewirtschaftungsform sowie den im Jahr 2030 erreichten Anteil. Fallen Flächen aus dem Schutzstatus heraus, beispielsweise zum Zeitpunkt 2000 bei den Handlungsalternativen $TWSG_{Min.}$, $TWSG_{Kompr.}$ und $TWSG_{Aufl.}$, so wird angenommen, dass die dort wirtschaftenden Landwirte innerhalb eines Zeitraumes von zehn Jahren ihre Bewirtschaftungsform an die neuen rechtlichen Bedingungen anpassen, so dass zum Zeitpunkt 2010 sich die Verteilung der Bewirtschaftungsformen nicht mehr von derjenigen in den Gebieten unterscheidet, die generell außerhalb von Trinkwasserschutzgebieten liegen (vgl. Abb. 14-3).

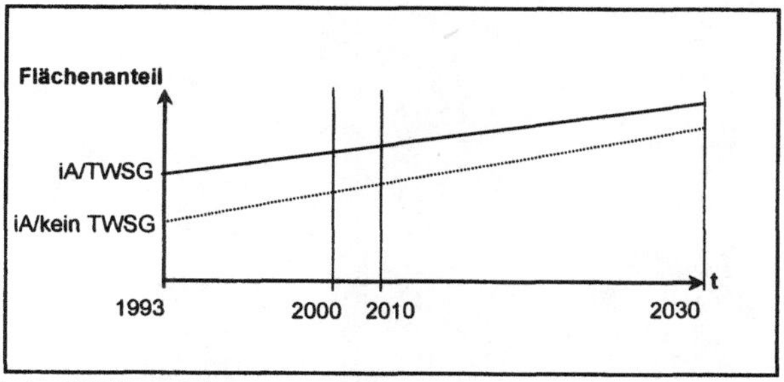


*Quelle: Horsch/Geyler (2001), verändert.*

*Abb. 14-2: Prinzipskizze zur Entwicklung des Flächenanteils des integrierten Ackerbaus auf Heideböden in und außerhalb von TWSG ohne Veränderung des Schutzstatus*

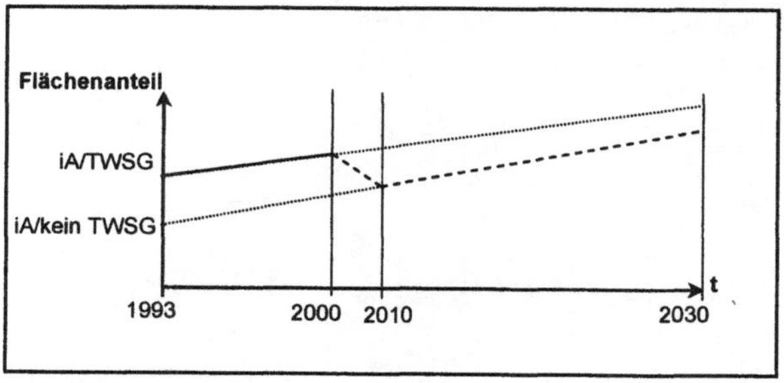


*Quelle: Horsch/Geyler (2001), verändert.*

*Abb. 14-3: Prinzipskizze zur Entwicklung des Flächenanteils des integrierten Ackerbaus für Heideböden bei Wegfall des Trinkwasserschutzes*

Bei der räumlichen Entwicklung der Siedlungsflächen wird davon ausgegangen, dass weder eine Aufhebung der Schutzzonen 3b noch die Aufhebung des gesamten Trinkwasserschutzgebietes einen Einfluss auf die Lage und Geschwindigkeit der Siedlungsentwicklung haben.

Während die Siedlungsentwicklung insbesondere in der westelbigen Schutzzone 3b schon in den neunziger Jahren sehr hoch war und keine Restriktionen durch den Trinkwasserschutzanspruch belegt werden konnten, wird für die Zonen 1- 3a westelbig[174] davon ausgegangen, dass hier auch bei einer Aufhebung der Schutzzonen die Siedlungsentwicklung gedämpft bleibt. Im Regionalplan Westsachsen (Regionaler Planungsverband Westsachsen 1998) ist dieses letztgenannte Gebiet fast vollständig als Vorranggebiet Natur und Landschaft ausgewiesen (vgl. Tab. 12-15). Gleichzeitig ist die Fläche als Landschaftsschutzgebiet ausgewiesen. Beide Schutzkategorien stehen einer Siedlungsentwicklung entgegen. Bei den weiteren Landnutzungen, wie Straßenbau, Abwasserentsorgung, gewerbliche und private Anlagen zum Umgang mit wassergefährlichen Stoffen wird davon ausgegangen, dass sich die Wirtschaftssubjekte sofort nach Auflösung von Trinkwasserschutzzonen an den flächendeckend geltenden rechtlichen Rahmen orientieren.

174 In der Schutzzone 3a ostelbig befinden sich keine Siedlungen.

# 15 Bewertung der Szenarieneffekte

Im folgenden Kapitel werden die Szenarieneffekte prognostiziert. Das Kapitel folgt der in Tabelle 13-1 aufgezeigten Struktur. Auf die Prognose der monetären Szenarieneffekte für die jeweilige Landnutzung folgt die Prognose der Grundwasserbeeinflussung infolge der Landnutzungsänderungen mithilfe der ökologischen Indikatoren. Bei der Betrachtung der Landwirtschaft wird schließlich die Auswirkung auf die Fernwasserförderung in monetärer Form quantifiziert. Somit orientiert sich die Struktur an der kausalen Verknüpfung von Landnutzung und Grundwasserdiensten. Mit Bewertung der quantitativen Grundwasserbeeinflussung enden die Einzelbewertungen. Der Grundwasserhaushalt wird nicht von den Handlungsoptionen beeinflusst. Die Prognose der quantitativen Grundwassernutzung erfolgt daher mit dem Ziel, die Grundwasserverträglichkeit der generellen regionalen Entwicklung zu bewerten. Das Kapitel wird durch die zusammenfassende Ergebnisdarstellung abgeschlossen.

## 15.1 Bewertung der Szenarieneffekte gegenüber der Landwirtschaft

### 15.1.1 Prognose des Flächeneinkommens für die Landwirtschaft

#### 15.1.1.1 Grundlagen

Durch die Neuregelung von Trinkwasserschutzgebieten ergeben sich für die betroffenen Landwirte Wohlfahrtsveränderungen, die in Form des Flächeneinkommens quantifiziert werden. Bei der Prognose des Flächeneinkommens wird von betrieblichen Einheiten abstrahiert und das Einkommen, das bei der Bewirtschaftung der landwirtschaftlichen Fläche im TWSG Mockritz erwirtschaftet werden kann, ermittelt. Dadurch werden trinkwasserschutzspezifische Kostenfaktoren, wie Lagerungsverbote/-auflagen von Silage und Dünger und die Transportwege auf Felder außerhalb von TWSG, nicht berücksichtigt. Aufgrund der geringen Viehdichte im Untersuchungsraum und aufgrund der Tatsache, dass fast alle landwirtschaftlichen Unternehmen auch Felder außerhalb der Schutzzonen haben, werden die dadurch entstehenden Fehler als nicht sehr hoch eingeschätzt. Dies wurde durch die Aussagen im Rahmen der Befragung landwirtschaftlicher Betriebe (vgl. Kapitel 12.1.2) bestätigt.

Das Flächeneinkommen lehnt sich am Maß der Produzentenrente an (vgl. Hanley/Spash 1995, S. 41-43). Beim Indikator Flächeneinkommen finden der Nettoumsatz, die Ausgleichszahlungen im Trinkwasserschutzgebiet, die Extensivierungsprämien sowie die variablen Kosten entsprechend Gleichung 15-1 Berücksichtigung:

$$\textit{Flächeneinkommen} = NU + AGZ + ZU_{UL} - K_{Var.} \qquad \textit{Gleichung 15-1}$$

*NU* – Nettoumsatz; *AGZ* – Ausgleichszahlungen für Trinkwasserschutzrestriktionen; $ZU_{UL}$ – Zuwendungen im Rahmen des UL-Programms; $K_{Var.}$ – variable Kosten inklusive der Lohnkosten

Der Nettoumsatz *NU* errechnet sich aus dem mittleren Ertrag für die Feldfrüchte, multipliziert mit deren mittlerem Erlös (ohne Mehrwertsteuer). Die Ausgleichszahlungen *AGZ* wurden entsprechend SächsSchAVO (1994) berechnet. Die Zuwendungen des UL-Programms $ZU_{UL}$ lehnten sich an SMUL (1999a) an. Die variablen Kosten $K_{Var}$ berücksichtigen variable Maschinenkosten, Saatgut, Dünge- und Pflanzenschutzmittelaufwendungen sowie die Arbeitskosten. Fixe Kosten, z. B. Kapitalkosten für Maschinen und Gebäude, werden nicht berücksichtigt aufgrund der Annahme, dass derartige Investitionsentscheidungen nicht durch die Handlungsalternativen beeinflusst werden.

Die Zuwendungen im Rahmen des UL-Programms sowie die Ausgleichszahlungen müssen als Einkommensströme berücksichtigt werden, da sie Honorierungen für ökologische Dienstleistungen der Landwirte darstellen. Im Gegensatz hierzu werden reine Transferleistungen, wie die Flächenbeihilfe der EU und die Mehrwertsteuer, nicht einbezogen.

Die Verrechnung der Zuwendungen für ökologische Leistungen sowie der Ausgleichszahlungen gestaltet sich je nach Bewertungsperspektive unterschiedlich. Aus der regionalen Bewertungsperspektive bzw. aus der Perspektive der Landwirte stellen sie positive Einkommenskomponenten dar. Aus überregionaler Perspektive stellen sie Kostenkomponenten dar und werden daher als Kosten bei der überregionalen Betrachtung berechnet.

Die mit der Produktionsänderung einhergehenden Konsumenteneffekte als Folge einer durch die Mengenänderung induzierten Marktpreisveränderung wurden als sehr gering eingeschätzt und nicht quantifiziert. Bei Produkten der konventionellen einschließlich der integrierten Landwirtschaft muss von einem großen, gesamteuropäischen Markt ausgegangen werden, dessen Preise zudem künstlich stabilisiert werden (vgl. Europäische Kommission 1999). Daher ist es unwahrscheinlich, dass die szenarienspezifischen Mengenänderungen beim Angebot zu Marktpreisänderungen führen, die ihrerseits Wohlfahrtseffekte bei den Konsumenten bewirken. Für ökologische Produkte sind auf Grund ihrer überwiegend regionalen Vermarktung durchaus Preisänderungen und dementsprechend konsumseitige Wohlfahrtseffekte denkbar. Jedoch ist der Flächenanteil ökologischer Landwirtschaft im Untersuchungsraum sehr niedrig, so dass hier von einem geringen Fehler ausgegangen werden kann.

Zur Bewertung der landwirtschaftlichen Wohlfahrtseffekte aus regionaler Perspektive wird daher die Gleichung 15-1 genutzt und gefragt, inwieweit die Ausgleichszahlungen die trinkwasserschutzbedingten Restriktionen der Landwirte über- oder unterkompensieren. Die zusätzlichen überregionalen Wirkungen berechnen sich aus den Kosten für die Ausgleichszahlungen und die Zuwendungen des UL-Programms.

Zur quantitativen Darstellung der Wohlfahrtswirkungen für die Szenarien wurde ein zweistufiges Verfahren gewählt. Im ersten Schritt wurde für die regionale Bewertung das durchschnittliche jährliche Flächeneinkommen für jeweils einen Hektar landwirtschaftlicher Fläche mit Hilfe einer erweiterten Deckungsbeitragsrechnung ermittelt (vgl. Schmidt/Geyler 2001). Hierbei wurden 14 Produktionstypen unterschieden, welche alle Kombinationen aus den zu berücksichtigenden Bodenqualitäten (Heide- und Aueböden), den fünf verschiedenen Formen der Ackerwirtschaft[175] sowie den zwei Formen der Grünlandbewirtschaftung umfassen. Für jeden Produktionstyp wurden die Produktionsmöglichkeiten mit und ohne Trinkwasserschutzrestriktionen untersucht, so dass insgesamt 28 Kombinationen berechnet wurden (vgl. Tab. 15-1). Zur Erhebung der überregionalen Wirkungen wurden nach der eben beschriebenen Methode die Ausgleichszahlungen und Zuwendungen für das UL-Programm separat ermittelt. Die Ermittlung dieser Werte erfolgte in enger Zusammenarbeit mit Herrn Dipl.-Ing. Thomas Schmidt/Sektion Bodenforschung des UFZ-Umweltforschungszentrums Leipzig-Halle GmbH (vgl. Anhang-Tab. 10-1 u. Schmidt/Geyler 2001).

175 Konventioneller Ackerbau (kA); integrierter Ackerbau Grundförderung ($iA_{GF}$); integrierter Ackerbau Grundförderung und Zusatzförderung 1/umweltentlastende Maßnahmen ($iA_{GF+Z1}$); integrierter Ackerbau Grundförderung und Zusatzförderung 2/bodenschonende Maßnahmen ($iA_{GF+Z2}$); ökologischer Ackerbau (öA) (vgl. Tab. 12.1.1).

*Tab. 15-1: Bewertete Kombinationen aus Bewirtschaftungsform, Bodenqualität und Trinkwasserschutzstatus*

| Bewirtschaftungsform | Aueböden | | Heideböden | |
|---|---|---|---|---|
| | TWSG | kein TWSG | TWSG | kein TWSG |
| öA | | | | |
| iA (GF) | | | | |
| iA (GF+Z1) | | | | |
| iA (GF+Z2) | | | | |
| kA | | | | |
| GL (ext.) | | | | |
| GL (int.) | | | | |

kA – konventioneller Ackerbau; iA – integrierter Ackerbau; iA (GF) – integrierter Ackerbau/Grundförderung; iA (GF+Z1) – integrierter Ackerbau/Zusatzförderung 1 (umweltentlastende Maßnahmen); iA (GF+Z2) – integrierter Ackerbau/Zusatzförderung 2 (bodenschonende Maßnahmen); öA – ökologischer Ackerbau; GL (int.) – intensive, konventionelle Gründlandbewirtschaftung; GL (ext.) – extensive Grünlandbewirtschaftung entsprechend KULAP1/reduzierter Mitteleinsatz (vgl. Kapitel 12.1.1).

Im zweiten Schritt wurden die Flächeneinkommensveränderungen und die überregionalen Kosten der vier Szenarien ermittelt. Hierzu wurden die hektarspezifischen Flächeneinkommen sowie die überregionalen Kosten der 28 Kombinationen mit ihrem für die einzelnen Szenarien prognostizierten Anteil an der Gesamtfläche des TWSG Mockritz verknüpft. Die Entwicklung des Anteils der einzelnen Kombinationen an der Gesamtfläche leitet sich dabei aus den im Entwicklungsrahmen getroffenen Annahmen (vgl. Kapitel 14.2.1) und der szenarienspezifischen Veränderung der Schutzfläche ab.

#### 15.1.1.2 Ermittlung der hektarspezifischen Wohlfahrtseffekte

Die Datengrundlagen zur Berechnung des hektarspezifischen Flächeneinkommens bildeten die Datensammlungen der Sächsischen Landesanstalt für Landwirtschaft (LfL 1999a; LfL 1999b), die Datenblätter zur Betriebsplanung in der Landwirtschaft (KTBL 1999). Diese Informationen wurden ergänzt durch statistische Ergebnisse (StaLa Sachsen 1999), Expertengespräche und Befragungen der betroffenen Landwirte (vgl. Schmidt/Geyler 2001).

*Tab. 15-2: Annahme zum Anbauverhältnis typischer Feldfrüchte der Bewirtschaftungsformen*

| Feldfrucht | Anbauverhältnis [%] | | | |
|---|---|---|---|---|
| | Aueböden | | Heideböden | |
| | öA | iA und kA | öA | iA und kA |
| **Winterweizen** | 31 | 31 | 10 | 10 |
| **Winterroggen** | 8 | 8 | 22 | 22 |
| **Wintergerste** | 19 | 19 | 18 | 18 |
| **Triticale** | 8 | 8 | 8 | 8 |
| **Maissilage** | 7 | 5 | 16 | 14 |
| **Erbsen** | 7 | 5 | 6 | 4 |
| **Winterraps** | 0 | 11 | 0 | 10 |
| **Stilllegung** | 20 | 8 | 20 | 10 |
| **Zuckerrüben** | 0 | 5 | 0 | 4 |

öA – ökologischer Ackerbau; iA – integrierter Ackerbau; kA – konventioneller Ackerbau.

*Quelle: Schmidt/Geyler (2001 auf Grundlage von StaLa Sachsen 1999, verändert).*

Die Berechnung der ackerbaulichen Produktionstypen erfolgte als gewichteter Mittelwert der zehn wichtigsten Feldfrüchte entsprechend ihres Anteils an einer typischen Fruchtfolgegestaltung (vgl. Tab. 15-2). Ein etwaiger Einfluss von Trinkwasserschutzrestriktionen auf die Fruchtfolgegestaltung wurde nicht berücksichtigt (Schmidt/Geyler 2001).

Bei Produktivität (Ertrag) und Preisen wurde der Stand des Jahres 2000 zu Grunde gelegt. Die Annahmen stützen sich auf LfL (1999a) (vgl. Anhang-Tab. 15.1-1). In Anlehnung an eine ökonomische Auswertung einiger Referenzbetriebe der Sächsischen Landesanstalt für Landwirtschaft (SMUL 1999b) wurden die Erträge im ökologischen Ackerbau (öA) und integrierten Ackerbau (iA) im Vergleich zu dem konventionellen Ackerbau (kA) (= 100%) wie folgt geschätzt (vgl. auch Anhang-Tab. 15.1-2):

- integrierter Ackerbau Grundförderung ($iA_{GF}$) sowie integrierter Ackerbau mit Zusatzförderung 2/bodenschonende Maßnahmen ($iA_{GF+Z2}$): 95%,
- integrierter Ackerbau mit Zusatzförderung 1/umweltentlastende Maßnahmen ($iA_{GF+Z1}$): 75%,
- ökologischer Ackerbau (öA): 60%, wobei die niedrigen Erträge teilweise durch die höheren Erzeugerpreise ausgeglichen werden.

Die Ertragsdifferenz im konventionellen Ackerbau (kA) in Bezug auf Trinkwasserschutzauflagen wurde mit 25% Reduktion berücksichtigt, da die Restriktionen im TWSG denen des integrierten Ackerbaus ($iA_{GF+Z1}$ – reduzierter Stickstoffeinsatz, Verbot von Pflanzenschutzmitteln mit W-Auflage) sehr nahe kommen (vgl. Tab. 12-2). Die geschätzten Ertragseinbußen im extensiv bewirtschafteten Grünland liegen bei 20% gegenüber dem intensiv bewirtschafteten Grünland (Schmidt/Geyler 2001).

*Tab. 15-3: Vergleich des Nettoumsatzes (NU) der betrachteten Bewirtschaftungsformen mit dem konventionellen Ackerbau bzw. der intensiven Grünlandwirtschaft*

| Bewirtschaftungsform | Nettoumsatz | | | |
|---|---|---|---|---|
| | Aueböden | | Heideböden | |
| | TWSG | kein TWSG | TWSG | kein TWSG |
| öA | 92% | 92% | 99% | 99% |
| iA (GF) | 75% | 95% | 75% | 95% |
| iA (GF+Z1) | 75% | 75% | 75% | 75% |
| iA (GF+Z2) | 75% | 95% | 75% | 95% |
| kA | 75% | **100% (749 EUR)** | 75% | **100% (541 EUR)** |
| GL (ext.) | 80% | 80% | 80% | 80% |
| GL (int.) | 80% | **100% (573 EUR)** | 80% | **100% (501 EUR)** |

kA – konventioneller Ackerbau; iA – integrierter Ackerbau; iA (GF) – integrierter Ackerbau/Grundförderung; iA (GF+Z1) – integrierter Ackerbau/Zusatzförderung 1 (umweltentlastende Maßnahmen); iA (GF+Z2) – integrierter Ackerbau/Zusatzförderung 2 (bodenschonende Maßnahmen); öA – ökologischer Ackerbau; GL (int.) – intensive, konventionelle Gründlandbewirtschaftung; GL (ext.) – extensive Grünlandbewirtschaftung entsprechend KULAP1/reduzierter Mitteleinsatz (vgl. Kapitel 12.1.1).

*Quelle: Anhang-Tab. 15.1-6, verändert.*

Die Preise blieben trotz deren Verzerrung auf Grund des hoch regulierten Agrarmarktes unbereinigt, um die regionale Perspektive und die Situation der Landwirte angemessen darzustellen. Sie wurden für die Feldfrüchte aus LfL (1999a) übernommen bzw. hieraus abgeleitet (vgl. Anhang-Tab. 15.1-3). Für ökologische Produkte wurden Erlöse angesetzt, die um 100% über denen konventioneller Produkte liegen (vgl. Schmidt/Geyler 2001). Der Nettoumsatz wird in Anhang-Tab. 15.1-6 aufgeführt, die relative Änderung des Nettoumsatzes im Vergleich zu konventionellem Ackerbau ohne TWSG bzw. intensiver Grünlandbewirtschaftung ohne TWSG zeigt Tab. 15-3.

Die Datengrundlage für die variablen Kosten bildete LfL (1999b). Bei der Differenzierung der variablen Kosten (ohne Berücksichtigung der Lohnkosten) zwischen den einzelnen Bewirtschaftungsformen wurden folgende Annahmen für den Ackerbau getroffen (Schmidt/Geyler 2001):

- Die Düngerreduzierung und der veränderte Pestizideinsatz für konventionellen Ackerbau (kA) im TWSG im Vergleich mit dem konventionellen Ackerbau außerhalb TWSG sowie beim integrierten Ackerbau/Zusatzförderung 1 ($iA_{GF\,+\,ZF1}$) im Vergleich zum konventionellen Ackerbau (ohne TWSG) wurde in Anlehnung an SMUL (1999b) mit 19 EUR $ha^{-1}$ $a^{-1}$ angesetzt.
- Im TWSG und beim integrierten Ackerbau/Zusatzförderung 2 ($iA_{GF\,+\,ZF2}$) wurden aufgrund der Anforderung zum Zwischenfruchtanbau bei Sommerfrüchten 51,- EUR $ha^{-1}$ $a^{-1}$ zusätzlich berechnet.
- Bei der extensiven Grünlandbewirtschaftung fallen aufgrund eines reduzierten Düngereinsatzes niedrigere variable Kosten als bei der intensiven Bewirtschaftung an. Hierfür wurde ein Abschlag von 26 EUR $ha^{-1}$ $a^{-1}$ in Ansatz gebracht. Das Düngungsniveau und der Maschineneinsatz bei der intensiven Grünlandbewirtschaftung entsprechen den standardisierten Angaben für die Wirtschaftsgebiete Heidelandschaften und das Lößgebiet (LfL 1999b).

Die Arbeitszeitabschätzungen basieren auf KTBL (1999) und LfL (1999b). Ergänzend wurden folgende Annahmen getroffen (vgl. Schmidt/Geyler 2001):

- Die zusätzlichen Bodenschutzmaßnahmen beim integrierten Ackerbau/Zusatzförderung 2 ($iA_{GF+Z2}$) verursachen einen Mehraufwand von 10% durch Zwischenfruchtanbau und Untersaaten. Dieser Mehraufwand wurde auch bei Sommerfrüchten für die Bewirtschaftungsformen konventioneller Ackerbau (kA) in TWSG, integrierter Ackerbau/Grundförderung ($iA_{GF}$) in TWSG sowie integrierter Ackerbau/Zusatzförderung 1 ($iA_{GF+Z1}$) in TWSG angesetzt.
- Die reduzierte Düngung von 20% beim integrierten Ackerbau/Zusatzförderung 1 ($iA_{GF+Z1}$) sollte sich positiv auf den Zeitbedarf pro Hektar auswirken, wobei hierfür -5% angesetzt wurden. Das gleiche gilt für die anderen ackerbaulichen Bewirtschaftungsformen im TWSG außer dem ökologischen Ackerbau (iA).
- Die Grundförderung im umweltgerechten Ackerbau hat keinen bedeutenden Einfluss auf die Arbeitskraftstunden und wurde hierbei nicht berücksichtigt.

Die variablen Kosten ($K_{Var.}$)inklusive der Lohnkosten sind in Anhang-Tab. 15.1-7 aufgeführt. Die relative Veränderung der variablen Kosten (inklusive der Lohnkosten) zwischen den Produktionsmöglichkeiten werden in Tab. 15-4 ersichtlich.

*Tab. 15-4: Vergleich der variablen Kosten ($K_{Var}$ – inklusive Lohnkosten) der betrachteten Bewirtschaftungsformen mit dem konventionellen Ackerbau bzw. der intensiven Grünlandwirtschaft*

| Bewirtschaftungsform | variable Kosten inklusive Lohnkosten | | | |
|---|---|---|---|---|
| | Aueböden | | Heideböden | |
| | TWSG | kein TWSG | TWSG | kein TWSG |
| öA | 124% | 124% | 135% | 135% |
| iA (GF) | 98% | 100% | 98% | 100% |
| iA (GF+Z1) | 98% | 96% | 98% | 95% |
| iA (GF+Z2) | 107% | 111% | 107% | 112% |
| kA | 98% | **100%** **(455 EUR)** | 98% | **100%** **(422 EUR)** |
| GL (ext.) | 89% | 89% | 89% | 89% |
| GL (int.) | 89% | **100%** **(424 EUR)** | 89% | **100%** **(395 EUR)** |

kA – konventioneller Ackerbau; iA – integrierter Ackerbau; iA (GF) – integrierter Ackerbau/Grundförderung; iA (GF+Z1) – integrierter Ackerbau/Zusatzförderung 1 (umweltentlastende Maßnahmen); iA (GF+Z2) – integrierter Ackerbau/Zusatzförderung 2 (bodenschonende Maßnahmen); öA – ökologischer Ackerbau; GL (int.) – intensive, konventionelle Gründlandbewirtschaftung; GL (ext.) – extensive Grünlandbewirtschaftung entsprechend KULAP1/reduzierter Mitteleinsatz (vgl. Kapitel 12.1.1).

*Quelle: Anhang-Tab. 15.1-7, verändert.*

Die über alle betrachteten Feldfrüchte gemittelten Extensivierungsprämien und Ausgleichszahlungen sind in Tab. 15-5 aufgeführt und basieren auf den in den Anhang-Tab. 15.1-4, Anhang-Tab. 15.1-9 und Anhang-Tab. 15.1-10 beschriebenen Werten. In den Trinkwasserschutzgebieten werden die Extensivierungsprämien teilweise mit den Ausgleichszahlungen verrechnet aufgrund des Argumentes, dass mit den Trinkwasserschutzausgleichszahlungen bereits bestimmte Leistungen abgegolten sind, die auch in den Extensivierungsprogrammen gefordert werden. Die Werte der Tab. 15-5 repräsentieren gleichzeitig die überregionalen hektarspezifischen Wirkungen zur Ergänzung der regionalen Bewertungsperspektive.

*Tab. 15-5: Überregionale hektarspezifische Kosten infolge der Ausgleichszahlungen (AGZ) und Zuwendungen aus dem UL-Programm ($ZU_{UL}$)*

| Bewirtschaftungsform | überregionale hektarspezifische Kosten [EUR $ha^{-1}$] | | | |
|---|---|---|---|---|
| | Aueböden | | Heideböden | |
| | TWSG | kein TWSG | TWSG | kein TWSG |
| öA | 241 | 184 | 241 | 184 |
| iA (GF) | 131 | 38 | 131 | 37 |
| iA (GF+Z1) | 160 | 99 | 159 | 97 |
| iA (GF+Z2) | 166 | 72 | 164 | 70 |
| kA | 112 | 0 | 112 | 0 |
| GL (ext.) | 112 | 38 | 112 | 38 |
| GL (int.) | 112 | 0 | 112 | 0 |

kA – konventioneller Ackerbau; iA – integrierter Ackerbau; iA (GF) – integrierter Ackerbau/Grundförderung; iA (GF+Z1) – integrierter Ackerbau/Zusatzförderung 1 (umweltentlastende Maßnahmen); iA (GF+Z2) – integrierter Ackerbau/Zusatzförderung 2 (bodenschonende Maßnahmen); öA – ökologischer Ackerbau; GL (int.) – intensive, konventionelle Gründlandbewirtschaftung; GL (ext.) – extensive Grünlandbewirtschaftung entsprechend KULAP1/reduzierter Mitteleinsatz (vgl. Kapitel 12.1.1).

*Quelle: Schmidt Geyler (2001), verändert.*

*Tab. 15-6: Hektarspezifisches Flächeneinkommen (vgl. Gleichung 15-1)*

| Bewirtschaftungsform | hektarspezifisches Flächeneinkommen [EUR $ha^{-1}$] | | | |
|---|---|---|---|---|
| | Aueböden | | Heideböden | |
| | TWSG | kein TWSG | TWSG | kein TWSG |
| öA | 369 | 312 | 207 | 150 |
| iA (GF) | 249 | 294 | 122 | 129 |
| iA (GF+Z1) | 277 | 225 | 149 | 100 |
| iA (GF+Z2) | 240 | 276 | 117 | 112 |
| kA | 230 | 294 | 103 | 119 |
| GL (ext.) | 193 | 119 | 160 | 86 |
| GL (int.) | 193 | 148 | 160 | 106 |

kA – konventioneller Ackerbau; iA – integrierter Ackerbau; iA (GF) – integrierter Ackerbau/Grundförderung; iA (GF+Z1) – integrierter Ackerbau/Zusatzförderung 1 (umweltentlastende Maßnahmen); iA (GF+Z2) – integrierter Ackerbau/Zusatzförderung 2 (bodenschonende Maßnahmen); öA – ökologischer Ackerbau; GL (int.) – intensive, konventionelle Gründlandbewirtschaftung; GL (ext.) – extensive Grünlandbewirtschaftung entsprechend KULAP1/reduzierter Mitteleinsatz (vgl. Kapitel 12.1.1).

*Quelle: Schmidt/Geyler (2001), verändert.*

Die Tab. 15-6 führt das hektarspezifische Flächeneinkommen der betrachteten 28 Kombinationen auf. Unter der Annahme, dass Landwirte nach einem Wegfall von Trinkwasserschutzrestriktionen auf Bewirtschaftungsintensitäten umstellen, die außerhalb von Trinkwasserschutzgebieten üblich sind, können aus der Tab. 15-6 schon einige Wirkungen der Schutzgebietsreduzierung auf das landwirtschaftliche Flächeneinkommen aus regionaler Perspektive abgelesen werden. Der konventionelle Ackerbau sowie der integrierte Ackerbau/Grundförderung können den Wegfall der Ausgleichszahlungen, die für die Einhaltung der Trinkwasserschutzgebietsauflagen gezahlt werden, durch Produktivitätssteigerungen und Kostensenkungen sowie höhere UL-Prämien (integrierter Ackerbau) überkompensieren. Bei allen anderen Bewirtschaftungsformen (mit Ausnahme des integrierten Ackerbaus/Zusatzförderung 2 auf Aueböden) gleichen die Produktivitätssteigerungen und die etwaig erhöhten UL-Prämien die wegfallenden Ausgleichszahlungen nicht aus. Somit führt ein Wegfall von Trinkwasserschutzrestriktionen bei den Landwirten zu Verlierern und Gewinnern.

### 15.1.1.3 Ermittlung der szenarienspezifischen Flächeneinkommensveränderungen

Im zweiten Schritt wurden für jedes Szenario die aggregierten Flächeneinkommen und die aggregierten überregionalen Kostenwirkungen ermittelt und als Differenz zum Szenario $TWSG_{Max.}$ dargestellt. Hierzu werden die hektarspezifischen Wohlfahrtseffekte der 28 Kombinationen aus Bewirtschaftungsform, Bodentyp und Trinkwasserschutzstatus (vgl. Tab. 15-5 und Tab. 15-6) mit ihrem szenarienspezifischen Flächenanteil multipliziert. Dies erfolgt jahresweise über den Bewertungszeitraum von 1993 bis 2030. Die Jahresergebnisse werden schließlich aufsummiert. Die flächenbezogenen Ausgangsdaten sind in Anhang-Tab. 15.1-11 für die Jahre 1993 und 2030 aufgeschlüsselt. Die Werte für die dazwischen liegenden Jahre wurden durch lineare Fortschreibung ermittelt. Bei den Szenarien $TWSG_{Kompr.}$, $TWSG_{Min.}$ und $TWSG_{Aufl.}$, bei denen sich der Trinkwasserschutzstatus für Teilflächen ändert, flossen für die Jahre 2000 bis 2010 zusätzlich die im Kapitel 14.3 getroffenen Annahmen zu den Anpassungsreaktionen der Landwirte ein.

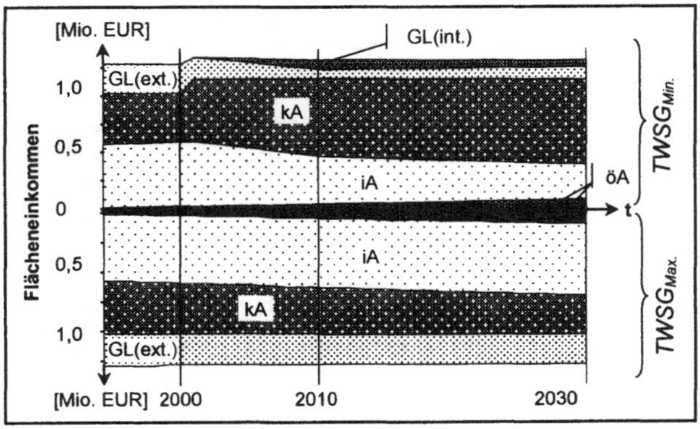


kA – konventioneller Ackerbau; GL (ext.) – extensive Grünlandbewirtschaftung; iA – integrierter Ackerbau (alle drei Kategorien); GL (int.) – intensive Grünlandbewirtschaftung; öA – ökologischer Ackerbau; t – Zeit

*Abb. 15-1: Entwicklung des jährlichen Flächeneinkommens der Landwirtschaft nach Bewirtschaftungsformen in den Schutzzonen 3a (ostelbig) und 3b (ost- und westelbig) des Trinkwasserschutzgebietes Mockritz für die Szenarien $TWSG_{Max.}$ und $TWSG_{Min.}$*

Da es sich bei der ökonomischen Bewertung um eine Differenzanalyse (Vergleich eines zu bewertenden Szenarios mit dem Referenzszenario) handelt, ist nur die jeweilige Betrachtung der landwirtschaftlichen Fläche innerhalb der zur Disposition stehenden Trinkwasserschutzzonen ausreichend. Die restlichen Flächen werden nicht von den Handlungsalternativen betroffen und beeinflussen in der Differenzanalyse nicht das Ergebnis. Demzufolge reicht es für einen Vergleich der Handlungsoption $TWSG_{Max.}$ vs. $TWSG_{Min.}$ aus, nur die westelbige Zone 3b und die ostelbigen Zonen 3a und 3b des Trinkwasserschutzgebietes Mockritz zu betrachten (vgl. Abb. 11-1 und Abb. 14-1). In Abb. 15-1 werden die jährlichen Flächeneinkommen nach Bewirtschaftungsformen auf Acker- und Grünland im Zeitraum 1993 bis 2030 am Beispiel der Szenarien $TWSG_{Max.}$ und $TWSG_{Min.}$ dargestellt. Die Zunahme der Flächeneinkommen im Jahr 2000 bei $TWSG_{Min.}$ ergibt sich durch die unmittelbare Anpassung der Bewirtschaftungsintensität an die wegfallenden Restriktionen. Die Veränderungen bei $TWSG_{Min.}$ zwischen 2000 und 2010 werden durch die angenommenen Anpassungsreaktionen induziert (vgl. Kapitel 14-3). Die danach erfolgenden Veränderungen ergeben sich aus den Vorgaben durch den Entwicklungsrahmen (vgl. Kapitel 14.2.1). Die für die einzelnen Szenarien relevanten Flächen sowie die Anteile der Bewirtschaftungsformen stehen in der Anhang-Tab. 15.1-11.

Die regionalen Wohlfahrtseffekte (regionale Flächeneinkommensdifferenzen) der Szenarien, dargestellt als Differenz zum Ausgangsszenario Beibehaltung Trinkwasserschutzgebiet ($TWSG_{Max.}$), sind in Tab. 15-7 dargestellt.

Für alle Szenarien ergeben sich positive regionale Wohlfahrtseffekte bei einer Verkleinerung des TWSG im Vergleich zum Status quo. Jedoch fallen die positiven regionalen Wohlfahrtseffekte beim $TWSG_{Kompr.}$ größer aus als bei $TWSG_{Min.}$ und größer als bei einer Gesamtauflösung ($TWSG_{Aufl.}$). Dieses Ergebnis steht im umgekehrten Verhältnis zur Flächengröße, die aus dem Schutzstatus herausfällt (vgl. Kapitel 14.1), und es erklärt sich dadurch, dass die ertragreichen Aueböden und die unproduktiven Heideböden nicht gleichmäßig über das TWSG verteilt sind (vgl. Abb. 12-1). Bei der Auflösung der ostelbigen Schutzzonen 3a und 3b ($TWSG_{Kompr.}$) fallen ungefähr 60% der im gesamten Schutzgebiet liegenden fruchtbaren Aueböden aus dem Trinkwasserschutz heraus, aber nur 17% der schlechteren Heideböden, die vor allem in der westelbigen Schutzzone 3b liegen. Die auf Aueböden dominierenden Bewirtschaftungsformen erzielen jedoch ohne Trinkwasserschutzrestriktionen ein höheres Flächeneinkommen. Demgegenüber erwirtschaften die auf Heideböden dominierenden Bewirtschaftungsformen (integrierter Ackerbau) innerhalb von TWSG entweder ein nur geringfügig niedrigeres Einkommen ($iA_{GF}$) oder sogar ein höheres Einkommen ($iA_{GF+Z1}$ sowie $iA_{GF+Z2}$) (vgl. Tab. 15-6 u. Tab. 15-8).

*Tab. 15-7: Regionale landwirtschaftliche Wohlfahrtseffekte – ermittelt als szenarienspezifische Flächeneinkommensdifferenzen (Bezugsbasis $TWSG_{Max.}$)*

| **Diskontrate** (Basisjahr 2000) | **Regionale Wohlfahrtseffekte** [Mio. EUR] | | | |
|---|---|---|---|---|
| | ***TWSG (Max.)*** | ***TWSG (Kompr.)*** | ***TWSG (Min.)*** | ***TWSG (Aufl.)*** |
| **0%** | 0 | 2,130 | 1,215 | 1,786 |
| **3%** | 0 | 1,374 | 0,820 | 1,186 |
| **5%** | 0 | 1,068 | 0,654 | 0,936 |

*Quelle: eigene Berechnungen.*

*Tab. 15-8: Regionale landwirtschaftliche Wohlfahrtseffekte– differenziert nach Bodenqualität (Bezugsbasis $TWSG_{Max.}$)*

| **Diskontrate** (Basisjahr 2000) | **Regionale Wohlfahrtseffekte** [Mio. EUR] | | | |
|---|---|---|---|---|
| | ***TWSG (Max.)*** | ***TWSG (Kompr.)*** | ***TWSG (Min.)*** | ***TWSG (Aufl.)*** |
| | **nur Aueböden** | | | |
| **0%** | 0 | 2,833 | 3,020 | 3,781 |
| **3%** | 0 | 1,821 | 1,941 | 2,422 |
| **5%** | 0 | 1,416 | 1,507 | 1,876 |
| | **nur Heideböden** | | | |
| **0%** | 0 | -0,703 | -1,805 | -1,995 |
| **3%** | 0 | -0,448 | -1,120 | -1,236 |
| **5%** | 0 | -0,346 | -0,854 | -0,940 |

*Quelle: eigene Berechnungen.*

Um die Szenarieneffekte in ihrer Dimension zu beurteilen, wurde das Gesamtflächeneinkommen ermittelt, welches die Landwirtschaft unter Trinkwasserschutzrestriktionen erwirtschaften würde. Dies beträgt 70 Mio. EUR (undiskontiert) (vgl. Tab. 15-9) bzw. 41 Mio. EUR (diskontiert) für die Fläche des gesamten Trinkwasserschutzgebietes. Die Wirkungen der Szenarien führen zu Veränderungen des Flächeneinkommens, welche mit 1% bis 3% des gesamt möglichen Flächeneinkommens recht gering ausfallen. Die Wirkungen der Trinkwasserschutzrestriktionen werden somit zum größten Teil durch die Ausgleichszahlungen kompensiert.

*Tab. 15-9: Vergleich der Szenarieneffekte hinsichtlich des Flächeneinkommens mit dem Gesamteinkommen auf der jeweils betroffenen Fläche (undiskontiert)*

| | *TWSG (Kompr.)* | *TWSG (Min.)* | *TWSG (Aufl.)* |
|---|---|---|---|
| **Flächeneinkommen der von den Szenarien beeinflussten Flächen** [Mio. EUR] | 34,102 | 48,885 | 69,961 |
| **Veränderung des Flächeneinkommens aus Zeile 2 bei Wegfall der Schutzrestriktionen** [Mio. EUR] | 2,130 | 1,215 | 1,786 |
| **relative Wirkung** | 6,2% | 2,5% | 2,6% |

*Quelle: eigene Berechnungen.*

Zusätzlich zu den regionalen Wohlfahrtseffekten ergeben sich deutliche überregionale Wirkungen infolge des Wegfalls der Ausgleichszahlungen von jährlich 112 EUR $ha^{-1}$. Demgegenüber erhöhen sich jedoch die Extensivierungsprämien für den umweltgerechten Ackerbau (alle drei Unterprogramme) und die extensive Grünlandnutzung (vgl. Anhang-Tab. 15.1-9). In der Summe ergeben sich die in Tab. 15-10 dargestellten überregionalen Einsparungen, welche aufgrund ihrer Flächenabhängigkeit mit der Größe der aufgelösten Trinkwasserschutzfläche zunehmen.

*Tab. 15-10: Zusätzliche überregionale Wohlfahrtseffekte infolge AGZ und Veränderung bei Zuwendungen für das UL-Programm (Bezugsbasis $TWSG_{Max.}$)*

| **Diskontrate** | **Überregionale Wohlfahrtseffekte** [Mio. EUR] | | | |
|---|---|---|---|---|
| (Basisjahr 2000) | *TWSG (Max.)* | *TWSG (Kompr.)* | *TWSG (Min.)* | *TWSG (Aufl.)* |
| **0%** | 0 | 13,107 | 20,264 | 28,388 |
| **3%** | 0 | 8,373 | 13,016 | 18,207 |
| **5%** | 0 | 6,484 | 10,114 | 14,134 |

*Quelle: eigene Berechnungen.*

Im Rahmen der Unsicherheitsbetrachtung wurde als erster Schritt eine Sensitivitätsanalyse durchgeführt. Ausgewählte Ergebnisse stehen in Anhang-Tab. 15.1-12. Die szenarienbedingten Flächeneinkommensdifferenzen (Tab. 15-7) reagieren sehr sensitiv auf eine Veränderung der Eingangsgrößen, insbesondere auf Veränderungen des Ertrages, der Höhe der Ausgleichszahlungen sowie der Höhe der Ertragsreduktion infolge von Düngerreduzierung (Ackerbau in TWSG sowie $iA_{GF+ZI}$). Zehnprozentige Veränderungen dieser Eingangsgrößen führten zu Verschiebung des Ergebnisses um ungefähr +/-200% und können demzufolge das Vorzeichen der Flächeneinkommensdifferenzen umkehren. Die Rangfolge der Szenarien untereinander bleibt allerdings relativ stabil. Das Szenario $TWSG_{Kompr.}$ wies in der Regel den höchsten oder das am geringsten negative Ergebnis aus. In Einzelfällen kommt jedoch auch $TWSG_{Aufl.}$ auf den ersten Rang (vgl. Anhang-Tab. 15.1-12).

Um die Wirkung der getroffenen Annahmen zur anteiligen Entwicklung der Bewirtschaftungsformen (vgl. Kapitel 14.2.1) zu ermitteln, wurden in einem zweiten Schritt die Flächenanteile der Bewirtschaftungsformen variiert (Ergebnisse s. Anhang-Tab. 15.1-13). Für den Fall, dass die Flächenanteile von 1993 bis zum Jahr 2030 konstant blieben, stiegen die Ergebniswerte szenarienabhängig um 20-90%. Derart unveränderte Flächenanteile implizieren, dass die räumliche Ausdehnung der einzelnen Bewirtschaftungsformen vollständig durch andere Faktoren als das erzielbare Flächeneinkommen bedingt wird. Eine zehnprozentige Steigerung (bezogen auf die Gesamtfläche) des Flächenanteils derjenigen Bewirtschaftungsformen mit dem stärksten Flächeneinkommen[176] zulasten der Bewirtschaftungsformen mit dem schwächsten Flächeneinkommen[177] führte zu einer Verringerung der szenarienabhängigen Ergebniswerte[178]. Diese Entwicklung implizierte eine stärkere langfristige Anpassung der Landwirte zugunsten der jeweils das Einkommen maximierenden Bewirtschaftungsformen. Sinkende Szenarienwerte bedeuten, dass eine positive regionale Wirkung der TWSG-Aufhebung abnimmt. Diese Tendenz verstärkte sich für den Fall, bei dem im Jahr 2030 nur noch die Bewirtschaftungsform mit dem höchsten Flächeneinkommen vorherrschte, soweit, dass die Ergebnisse für $TWSG_{Min.}$ und $TWSG_{Aufl.}$ negativ ausfielen. In der Gegenprobe wurden die Flächenanteile der Bewirtschaftungsformen mit dem niedrigsten Deckungsbeitrag um zehn Prozent erhöht. Dies führte zu moderat erhöhten Ergebnisdifferenzen.

Eine Veränderung der Flächenanteile wirkte sich vor allem auf die Ergebniswerte der Flächeneinkommen innerhalb der TWSG aus und weniger auf die Flächeneinkommen der Bewirtschaftung ohne Trinkwasserschutzrestriktionen. Die Rangfolge der Szenarien zueinander bleibt bei den beschriebenen Variationen der Flächenanteile stabil, ausgenommen bei der Annahme einer konstanten Flächenverteilung 1993 und 2030 (vgl. Anhang-Tab. 15.1-13). Im Allgemeinen erbrachte das Szenario $TWSG_{Kompr.}$ das beste bzw. das am wenigsten schlechte Ergebnis. Im erwähnten Ausnahmefall kam das Szenario $TWSG_{Aufl.}$ auf Rang 1.

*Tab. 15-11: Angenommene Unsicherheitsspanne bei den regionalen Wohlfahrtseffekten (Bezugsbasis $TWSG_{Max.}$)*

| **Diskontrate** (Basisjahr 2000) | **Regionale Wohlfahrtseffekte** [Mio. EUR] | | | |
|---|---|---|---|---|
| | ***TWSG (Max.)*** | ***TWSG (Kompr.)*** | ***TWSG (Min.)*** | ***TWSG (Aufl.)*** |
| | **Unsicherheitsspanne -** | | | |
| **0%** | 0 | 0,483 | -1,106 | -1,491 |
| **3%** | 0 | 0,320 | -0,674 | -0,918 |
| **5%** | 0 | 0,253 | -0,508 | -0,698 |
| | **Unsicherheitsspanne +** | | | |
| **0%** | 0 | 3,777 | 3,537 | 5,062 |
| **3%** | 0 | 2,426 | 2,314 | 3,289 |
| **5%** | 0 | 1,884 | 1,816 | 2,569 |

*Quelle: eigene Berechnungen; Anhang-Tab. 15.1-12.*

Die Tatsache, dass sich die Szenarienergebnisse durch eine Änderung der Produktionsdaten als auch durch die Änderung der Flächenanteile bei den Bewirtschaftungsformen sowohl erhöhen als auch senken, zeigt, dass die getroffenen Annahmen hinsichtlich der wahrscheinlichen Werte keine Extremwerte darstellen. Die Berechnung ist somit konservativer Natur. Jedoch weisen die Schwankungen eine stärkere Tendenz zur Verkleinerung der Ergebnisse als

176 Die einkommensstärksten Bewirtschaftungsformen waren: auf Aueböden/TWSG – $iA_{GF+Z1}$; auf Aueböden/kein TWSG – kA; auf Heideböden/TWSG – $iA_{GF+Z1}$; auf Heideböden/kein TWSG – $iA_{GF}$. Bei der Gründlandbewirtschaftung führte die intensive Bewirtschaftung zum höchsten Einkommen auf beiden Bodenformen außerhalb TWSG. Im TWSG stimmen die Einkommen beider Bewirtschaftungsformen überein (vgl. Tab. 15-6).

177 Die einkommensschwächsten Bewirtschaftungsformen waren: auf Aueböden/TWSG – kA; auf Aueböden/kein TWSG – $iA_{GF+Z1}$; auf Heideböden/TWSG – kA; auf Heideböden/kein TWSG – $iA_{GF+Z1}$. Bei der Gründlandbewirtschaftung führte extensive Bewirtschaftung zum niedrigsten Einkommen auf beiden Bodenformen außerhalb TWSG. Im TWSG waren die Einkommen beider Bewirtschaftungsformen gleich (vgl. Tab. 15-6).

178 Die Flächenanteile des ökologischen Ackerbaus blieben unverändert.

zu deren Erhöhung auf. Somit werden durch die wahrscheinlichen Ergebniswerte entsprechend der Tab. 15-7 die realen regionalen Wohlfahrtsgewinne bei der Szenarienaufhebung eher über- als unterschätzt. Für die Berücksichtigung der Unsicherheit bei der Auswertung des Gesamtergebnisses (vgl. Kapitel 15.6) wurden die Spannen entsprechend Tab. 15-11 ausgewählt. Die Annahme zur Unsicherheitsschwankung nach unten und nach oben orientiert sich an der Wirkung einer generellen Ertragsreduzierung/Ertragssteigerung um jeweils zehn Prozent (vgl. Anhang-Tab. 15.1-12).
Insgesamt ist zu konstatieren, dass die szenarienbedingte Flächeneinkommensentwicklung der Landwirte bei einer Veränderung der Trinkwasserschutzrestriktionen sehr ausgeglichen verläuft. Die leicht positiven regionalen Effekte einer TWSG-Reduzierung bzw. Aufhebung werden durch große Unsicherheitsschwankungen relativiert, so dass auch negative Einkommenseffekte nicht ausgeschlossen werden können. Trotzdem wurde eine relativ stabile Rangfolge der Szenarieneffekte zueinander deutlich mit einem Vorteil des Kompromiss-Szenarios. Die größten Szenarienwirkungen erwachsen überregional aufgrund der sich verändernden Ausgleichszahlungen und UL-Prämien (vgl. Tab. 15-10). Diese übersteigen die regionalen Wirkungen, auch die Schwankungen im Rahmen der Unsicherheitsbetrachtung.

### 15.1.2 Prognose des Nitrateintrags mit dem Sickerwasser

Die Prognose des Nitrateintrages mit dem Sickerwasser erfolgte durch externe Zuarbeit (Franko et al. 2001; Schmidt et al. 2001b). Im Folgenden soll daher der Modellierungsansatz nur kurz skizziert und wesentliche Annahmen aufgeführt werden, um eine Interpretation der Ergebnisse zu erlauben. Für detaillierte Informationen sei an die beiden Quellen verwiesen.

Die Stickstoffauswaschung (in Form von Nitrat) aus dem Oberboden mit dem Sickerwasser ist das Ergebnis komplexer Prozesse in den obersten Bodenschichten, in die Stickstoff (*N*) über die Luftdeposition, Mineraldüngung und organisches Material eingetragen und im Rahmen von Umsatz- und Transportprozessen (Mineralisierung, Immobilisierung, Bindung, Aufnahme, Auswaschung, Ausgasung) gebunden und wieder freigesetzt wird. Ermittelt wurde die Stickstoffmenge, die schließlich in Form von Nitrat mit dem Sickerwasser in tiefere Bodenschichten und ins Grundwasser transportiert wird.

Sowohl die Eintragsmengen des Stickstoffs als auch die Nitratkonzentration im Sickerwasser beinhalten wichtige Aussagen. Gleichung 15-2 beschreibt den Zusammenhang beider Größen. Die Stickstoff-Auswaschung verdeutlicht die mengenmäßige Belastung des Grundwassers. Die Konzentration im Sickerwasser gibt demgegenüber Hinweise zu dem langfristigen Zustand des Grundwassers, dem sich der Grundwasserkörper allmählich annähern würde. Die Konzentration hängt auch von der Sickerwassermenge ab, so dass geringe Sickerwassermengen zu hohen Nitratkonzentrationen führen können und umgekehrt.

$$Nitratkonzentration\,[\mathrm{mg\,l^{-1}}] = 443 \cdot Stickstoffaustrag\,[\mathrm{kg\,ha^{-1}}] \div GWN\,[\mathrm{mm}] \qquad \textit{Gleichung 15-2}$$

Bei der Prognose der Nitrateinträge mit dem Sickerwasser wurden die Landnutzungen Wald, Ackerland und Grünland einbezogen. Die Nitrateinträge im Sickerwasser unter Siedlungsflächen konnte nicht ermittelt werden. Die Prognosewerte für Grünland und Wald basieren auf Literaturangaben, die Stickstoffauswaschung unter Ackerböden wurde mittels des Modells CANDY (Franko 1996) simuliert (Franko et al. 2001; Schmidt et al. 2001b). Bei der Modellierung wurden für homogene Teilflächen durch Verschneidung der Bewirtschaftungsformen (z. B. extensives und intensives Grünland, konventioneller, integrierter und ökologischer Ackerbau) mit neun verschiedenen Bodenarten Teilergebnisse ermittelt. Diese wurden zu einem flächengewichteten Mittelwert aggregiert.

Weitere grundlegende Annahmen betrafen den diffusen Stickstoffeintrag in den Boden über die Luft, welcher mit 60 kg $ha^{-1}$ pro Jahr angesetzt wurde, sowie die klimatischen Gegebenheiten. Diese wurden anhand langjähriger Messreihen (1984 – 1997) abgeleitet. Im Folgenden werden die Stickstoffausträge mit dem Sickerwasser für die drei einbezogenen Landnutzungen näher beschrieben.

#### 15.1.2.1 Stickstoffausträge unter Wald

Stickstoffausträge mit dem Sickerwasser aus forstwirtschaftlich genutzten Flächen unterliegen einer hohen Variabilität. Franko et al. (2001) verweisen auf Studien zur Waldökosystemforschung, welche eine Spannweite der Stickstoffausträge von 1 bis 62 kg N $ha^{-1}$ $a^{-1}$ beschreiben. Die Austragsrate wird hauptsächlich von der atmogenen Stickstoff-Zufuhr und der Stickstoff-Fixierungskapazität des Ökosystems bestimmt (UBA 1994, S. 91 – nach Franko et al. 2001). Die Akkumulation von Stickstoffvorräten in der Bodenmatrix ist jedoch nur in begrenztem Umfang möglich, so dass nach Abschluss des Humusaufbaus der Stickstoff größtenteils bypassartig direkt in das Grundwasser eingetragen wird (Kölling/Neustifter 1997 – nach Franko et al. 2001).

Die Stickstoffausträge für das Basisjahr 1993 wurden mit 5 kg N $ha^{-1}$ $a^{-1}$ an den Messungen von Erhard (1999) angelehnt. Erhard (1999) ermittelte die Stickstoffausträge an zwei Standorten der Dölauer Heide mit 3 - 4 kg N $ha^{-1}$ $a^{-1}$. Nadel- und Laubwald wurden nicht unterschieden. Die niedrigen Austräge werden damit erklärt, dass der wesentlich höhere, aus der Atmosphäre eingetragene Stickstoff infolge seiner Immobilisierung durch Mikroorganismen bzw. durch Biomassezuwachs der Vegetation und durch Humusaufbau gebunden wird (UBA 1994, S. 91 – nach Franko et al. 2001). Für den Zeitpunkt 2030 wird eine höhere Auswaschungsrate von 30 kg N $ha^{-1}$ $a^{-1}$ postuliert unter der Annahme der ausgeschöpften Stickstoffbindekapazität des Bodens. In Anlehnung an Wendland et al. (1993) erreichen 50% des atmogenen Inputs das Grundwasser. Der atmogene Gesamteintrag wurde mit 60 kg N $ha^{-1}$ $a^{-1}$ angenommen (Franko et al. 2001).

#### 15.1.2.2 Stickstoffausträge unter Grünland

Grünlandstandorte nehmen aufgrund ihres hohen Humusgehaltes mehr Stickstoff auf als ackerbaulich genutzte Böden (Rieder 1983 – nach Franko et al. 2001). Neben der totalen applizierten Stickstoffmenge ist die Nutzungsart Wiese oder Weide entscheidend für die Stickstoff-Auswaschung. Punktuelle Einträge bei einer Weidenutzung bedingen höhere Stickstoff-Verluste (Benke 1992 – nach Franko et al. 2001).

Unter der Annahme, dass im Torgauer Raum die Grünlandflächen hauptsächlich der Schnittnutzung dienen und Viehzucht über Stallhaltung erfolgt, wurde die Stickstoffauswaschung unter intensiv genutztem Grünland mit 10 kg N $ha^{-1}$ $a^{-1}$ und unter extensiv genutzten Flächen mit 5 kg N $ha^{-1}$ $a^{-1}$ festgelegt (Franko et al. 2001). Der letzte Wert wurde auch für Grünlandflächen in TWSG übernommen aufgrund der Ähnlichkeiten zwischen Schutzanforderungen und Anforderungen des UL-Programms (Franko et al. 2001).

#### 15.1.2.3 Stickstoffauswaschung unter Ackerland

Im Ackerbau spielt der Stickstoff zur Steuerung der Pflanzenproduktion eine besonders wichtige Rolle, gleichzeitig wird das Selbstregulationspotential des Bodens am geringsten ausgenutzt (Franko et al. 2001). Zur Modellierung der komplexen Zusammenhänge wurde das Modell CANDY angewendet (Franko 1996). Die bisherige Erprobung des Modells erbrachte bei einer Reihe von Standorten mit unterschiedlichen Böden gute Ergebnisse (Franko et al. 1995). Die Anforderungen an den Umfang sowie die räumliche und zeitliche Genauigkeit der Daten sind jedoch sehr hoch. Die Datengrundlage wurde so angepasst, dass sie alle Bewirtschaftungsformen entsprechend der Szenarien abbildet (vgl. Tab. 14-1 u. 14-2). Die Datengrundlage für die jeweiligen Bewirtschaftungsweisen liefern Kreisstatistiken des Landkreise Torgau-Oschatz, die Datensammlung der Sächsischen Landesanstalt für Landwirtschaft (LfL 1999a), sowie das Sächsische Düngungsberatungsprogramm BEFU (Schmidt et al. 2001b)[179].

Die Modellergebnisse beschreiben die Situation für 1993 und 2030 als Gleichgewichtszustand, nachdem sich der Boden an die entsprechende Bewirtschaftung angepasst hat. Die Bewertungsergebnisse stellen hierbei langfristige Mittelwerte eines Bewirtschaftungsregimes dar, welches über mehrere Jahrzehnte konstant genutzt wird (vgl. Franko et al. 2001). Die Auswaschungsverluste wurden in der Elbaue mit Werten zwischen 9 und 24 kg $ha^{-1}a^{-1}$ als relativ gering ermittelt im Verhältnis zur Heideregion (23 bis 69 kg $ha^{-1}a^{-1}$). Dieser Niveauunterschied ist zu erklären durch die Bodenartdifferenzierung zwischen der Elbaue mit lehmigen Böden und der Heide mit überwiegend sandigen Standorten. Die Wirkung der Restriktionen im Trinkwasserschutzgebiet wurde bei integriertem und konventionellem Ackerbau mit ca. 30% Reduktion der Stickstoff-Auswaschung ausgewiesen. Beim ökologischen Ackerbau ergaben sich erwartungsgemäß nur geringe Unterschiede aufgrund des Zwischenfruchtanbaus. Aus der Grundwasserneubildungsrate (GWN) und der Stickstoff-Auswaschung (vgl. Abb. 15-2) ergibt sich die Nitrat-Konzentration im Sickerwasser mittels der Gleichung 15-2. Von den 12 definierten Bewirtschaftungsformen bewirken zehn hinsichtlich der Nitratkonzentration im Sickerwasser eine Überschreitung des Nitrat-Grenzwertes der Trinkwasserverordnung von 50 mg $l^{-1}$ (vgl. Franko et al. 2001, S. 179) (vgl. Abb. 15-2).

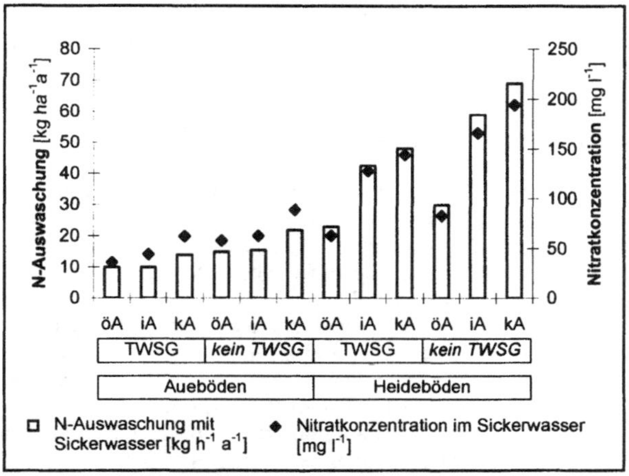


öA - ökologischer Ackerbau; iA - integrierter Ackerbau; kA - konventioneller Ackerbau; N - Stickstoff

*Quelle: Franko et al. (2001, S. 179), verändert.*

*Abb. 15-2: Stickstoff-Auswaschung und Nitrat-Konzentration im Sickerwasser unter Ackerland*

179 Eine ausführlichere Beschreibung bieten Franko et al. (2001) und Schmidt et al. (2001b).

### 15.1.2.4 Räumliche Gesamtergebnisse der Modellierung

Die auf die Raumkategorien bezogenen Ergebnisse der Modellierung und Prognosen sind in Tab. 15-12 dargestellt. Auf dieser Grundlage wurden für die Szenarien die mittleren Nitrateinträge berechnet. Bezugsbasis bildet die Fläche des Trinkwasserschutzgebietes vor dessen Verkleinerung, da diese relativ gut mit dem natürlichen Einzugsgebiet der Wasserfassungen vom WW Mockritz übereinstimmt.

*Tab. 15-12:Stickstoffauswaschung und Nitratkonzentration im Sickerwasser der in die Prognose einbezogenen Landnutzungskategorien*

| Landnutzung | N-Auswaschung [kg N $ha^{-1}$ $a^{-1}$] | | $[NO_3^-]$-Konz. [mg $l^{-1}$] | | GWN [mm $a^{-1}$] | |
|---|---|---|---|---|---|---|
| | 1993 | 2030 | 1993 | 2030 | 1993 | 2030 |
| **Acker Heideböden/kein TWSG** | 62 | 54 | 150 | 132 | 183 | 183 |
| **Acker Heideböden/TWSG** | 44 | 42 | 106 | 101 | 183 | 183 |
| **Acker Aueböden/kein TWSG** | 19 | 20 | 67 | 71 | 127 | 127 |
| **Acker Elbe/TWSG** | 12 | 12 | 42 | 42 | 127 | 127 |
| **Grünland Heideböden/kein TWSG** | 11 | 8 | 30 | 24 | 157 | 157 |
| **Grünland Heideböden/TWSG** | 6 | 6 | 17 | 17 | 157 | 157 |
| **Grünland Aue/kein TWSG** | 11 | 8 | 50 | 40 | 94 | 93 |
| **Grünland Aue/TWSG** | 6 | 6 | 28 | 28 | 94 | 93 |
| **Wald** | 5 | 30 | 24 | 142 | 91 | 93 |

N – Stickstoff; $[NO_3^-]$-Konz. – Nitratkonzentration im Sickerwasser; GWN – Grundwasserneubildung; 1 mm $a^{-1}$ entspricht 10 $m^3$ $ha^{-1}$ $a^{-1}$.

*Quellen: eigene Berechnungen auf den Datenbasen von Schmidt et al. (2001b), Franko et al (2001), Volk Geyler (2001).*

Die Ergebnisse sind in Tab. 15-13 aufgeführt (vgl. auch Anhang-Tab. 15.1-14). Sie stellen einerseits die gesamte Stickstoffauswaschung, bezogen auf die Gesamtfläche des TWSG Mockritz vor seiner Verkleinerung, dar und andererseits die mittlere Nitratkonzentration im Sickerwasser unter dieser Fläche. Die modellierten Werte zeigen hohe Stickstoffauswaschungen für 1993, die auch bei bestehenden Trinkwasserschutzrestriktionen zu hohen Nitratkonzentrationen (55 mg $l^{-1}$) im Sickerwasser führten. Sowohl die Stickstoffauswaschungen als auch die Konzentrationswerte steigen für das Jahr 2030 deutlich an und erreichen Werte von knapp 80 mg $l^{-1}$. Im Szenarienvergleich erhöht sich dieser Wert um ungefähr 25% bei $TWSG_{Aufl.}$ gegenüber dem Wert für $TWSG_{Max.}$. Für die Werte zum Zeitpunkt 2030 gilt: Je größer das Schutzgebiet ist, desto geringer ist die Belastung des Grundwassers. Der deutliche Anstieg im Zeitvergleich geht auf den deutlichen Anstieg des Stickstoffaustrages unter Waldflächen zurück.

Durch Schmidt et al. (2001b) und Franko et al. (2001) wurde die Nitratemission für den gesamten Torgauer Raum (vgl. Abb. 11-1) ermittelt. Die über den gesamten Torgauer Raum gemittelte Nitratkonzentration im Sickerwasser steigt von 86 mg/l ($TWSG_{Max.}$ im Jahr 1993) auf szenarienabhängige Werte zwischen 106 und 108 mg/l für 2030. Die Wirkung der Schutzszenarien auf den generellen Nitrateintrag zeigt sich als gering. Der Anstieg der Nitratkonzentration ergibt sich hauptsächlich aufgrund der langfristig erhöhten Stickstoffauswaschung unter Waldböden.

*Tab. 15-13: Szenarienabhängige Modellergebnisse des Nitrateintrages mit dem Sickerwasser*[180]

| **Nitrateintrag mit dem Sickerwasser** | *TWSG (Max.)* | *TWSG (Kompr.)* | *TWSG (Min.)* | *TWSG (Aufl.)* |
|---|---|---|---|---|
| | | **1993** | | |
| **Stickstoff-Auswaschung** [t $a^{-1}$] | 200 | | | |
| **Nitratkonzentration im Sickerwasser** [mg $l^{-1}$] | 55 | | | |
| | | **2030** | | |
| **Stickstoff-Auswaschung** [t $a^{-1}$] | 279 | 309 | 333 | 351 |
| **Nitratkonzentration im Sickerwasser** [mg $l^{-1}$] | 78 | 87 | 94 | 99 |

*Quelle: eigene Berechnung auf Grundlage von Franko et al. (2001), Schmidt et al. (2001b) und Volk et al. (2001b).*

Die Werte müssen in ihrer Dimension bewertet werden. In Tab. 15-14 wurden bedeutsame Bewertungsmaßstäbe, die Grundwasser betreffen, zusammengefasst. Diese beziehen sich in der Regel auf den Gewässerzustand und nicht auf die Belastung. Allerdings zeigen die prognostizierten Belastungen, dass weder mit dem Ergebnis für 1993 noch den Prognosen für 2030 einer der Maßstäbe langfristig eingehalten werden kann.

Die obersten Grundwasserschichten weisen gegenwärtig schon teilweise hohe Nitratkonzentrationen auf (vgl. Kapitel 11.2.2). Im Zuge der Verkleinerung bzw. der Auflösung des Schutzgebietes lassen die Prognoseergebnisse befürchten, dass die Belastung noch steigt. Die obersten Schichten werden somit prinzipiell als Trinkwasserressourcen für Hausbrunnen entwertet bleiben. Die obersten Grundwasserschichten versorgen zudem die kleinen Fließgewässer. Die angestrebte Fließgewässerqualität (Güteklasse 1 - 2 und dementsprechend ungefähr 11 mg $l^{-1}$ Nitrat - vgl. Tab. 15-14) kann wahrscheinlich mit den Prognoseergebnissen nicht erreicht werden, auch nicht mit Trinkwasserschutzrestriktionen. Eine kleinräumige Differenzierung dieser Aussage lässt sich mit dem großflächig gemittelten Indikator nicht treffen, zumal die Bewirtschaftung der gewässernahen Gebiete eine entscheidende Rolle spielt.

Bewertungsrelevant ist neben der qualitativen Entwicklung der obersten Grundwasserschichten auch die Qualitätsentwicklung des gesamten Wasserkörpers. Wie in Kapitel 11.2.2 schon beschrieben wurde, weisen die Messergebnisse für das Grundwasser im Torgauer Raum mit Ausnahme der obersten Schichten sehr niedrige Nitratwerte aus. Dieses Phänomen wurde durch natürliche Denitrifikationsprozesse begründet. Allerdings müssen die Denitrifikationsprozesse als endliche, nicht erneuerbare Prozesse angesehen werden (Wendland/Kunkel 1999, S. 23). Die Prozesse benötigen im Boden und im Grundwasserleiter gespeicherte Kohlenstoff- bzw. Sulfidquellen, die im Rahmen der Denitrifikationsprozesse aufgezehrt werden. Sind diese Prozesse beendet, dann muss mit einem Anstieg des Nitratgehaltes im Grundwasserkörper gerechnet werden. Die Verkleinerung der Schutzgebiete führt zu einem schnelleren Verbrauch des begrenzten Denitrifikationspotentials und somit langfristig zu höheren Nitratwerten im Grundwasserkörper. Die Trinkwasserschutzrestriktionen verringern diesen Prozess, jedoch würden sie ohne Denitrifikationspotential in einer langfristigen Entwicklung keinen der aufgeführten Bewertungsmaßstäbe erfüllen.

Die Prognosewerte sind mit vielfältigen Unsicherheiten verbunden. So konnte die Modellgenauigkeit nicht mit Messwerten verifiziert werden. Franko et al. (2001) schätzten die Schwankungsbreite der Ergebnisse infolge der Datenungenauigkeit und den getroffenen Annahmen auf ungefähr + 80% bis - 60% der in Tab. 15-13 aufgeführten Werte. Gleichwohl

180 Räumliche Bezugsbasis ist jeweils die Fläche von $TWSG_{Max}$.

liegen die Prognosewerte deutlich unter den Modellwerten von Nestler et al. (2003) (bezogen auf die Jahre 1992-2000).

*Tab. 15-14: Bewertungsmaßstäbe für den Nitrateintrag ins Grundwasser und in Oberflächengewässer*

| Quelle | Maßstab | Begründung des Maßstabes | |
|---|---|---|---|
| | | ökol.* | humant.** |
| **UBA (2000)** | Erreichen der Zielwerte der chemischen Gewässergüteklasse II für AOX und Gesamt-Stickstoff bei allen Fließgewässern bis 2015.<br>Chemische Gewässergüte Klasse 2 nach LAWA (1998a):<br>Gesamtstickstoff ≤ 3 mg $l^{-1}$; Nitratstickstoff ≤ 2,5 mg $l^{-1}$ (= 11 mg $l^{-1}$ $NO_3$) | × | |
| **Huth et al. (1995, S. 124)** | Langfristziel Gewässergüte 1 - 2 für die Oberflächengewässer im Torgauer Raum<br>Nitratkonzentration ≤ 7 mg $l^{-1}$ (LAWA 1998a) | × | |
| **Richtlinie 91/676/EWG (1991, Anhang 1)** | 50 mg $l^{-1}$ Nitrat im Grundwasser als ein Richtwert für Notwendigkeit von Aktionsprogrammen | × | × |
| **TrinkwV (2001, Anlage 2)** | Grenzwert für Nitratkonzentration im Trinkwasser: 50 mg $l^{-1}$ | | × |
| **Claussen et al. (1996, S. 24)** | Erhaltung/Wiederherstellung der jeweiligen lokalen, natürlichen Beschaffenheit<br>Natürlicher Referenzwert für reduzierende Grundwasserleiter: Nitrat < 1 mg $l^{-1}$ (Wendland/Kunkel 1999, S. 32) | × | |
| **SRU (1998a, S. 173)** | Grundwasser soll flächendeckend möglichst anthropogen unbelastet sein | × | |

* ökol. – Begründung anhand Wirkung auf Ökosysteme; ** humant. – humantoxikologische Begründung.

Um zusätzlich die Fehler abzuschätzen, die aufgrund der Nichtberücksichtigung von Siedlungsflächen und sonstigen Flächen den Indikatorwerten anhaften, wurden diese Flächen in einem zweiten Schritt in die Bewertung integriert. Siedlungsflächen können wegen ihrer Inhomogenität hinsichtlich ihrer Stickstoffauswaschung nicht modelliert werden. Auch andere Bewertungsansätze (vgl. z. B. Fuest 2000. S. 83) berücksichtigen diese Flächen nur mithilfe vereinfachender Annahmen. Während generell niedrige Nitratbelastungen unter Siedlungsflächen plausibel erscheinen (Fuest 2000, S. 84), konnten diese Annahmen in derselben Arbeit nicht mit Grundwassermessungen unterhalb von Siedlungsflächen, die wesentlich höhere Werte erbrachten, in Übereinstimmung gebracht werden (Fuest 2000, S. 90). Dementsprechend werden bei der folgenden Fehlerabschätzung Annahmen getroffen, welche die Auswirkung dieser Flächen auf das Ergebnis tendenziell überschätzen. Als Grundwasserneubildungsrate wurde generell der relativ hohe Wert von Grünland auf Heideböden (157 mm $a^{-1}$ – vgl. Tab. 15-12) übernommen und für Siedlungsflächen um 30% aufgrund deren Versiegelung reduziert. Gleichzeitig wurden keine Stickstoffausträge aus diesen Flächen angesetzt. Somit wird die Grundwasserneubildung über- und der Nitrateintrag unterschätzt. Im Ergebnis verringern sich die Konzentrationswerte um ca. neun Prozent (vgl. Anhang-Tab. 15.1-15). Die getroffenen Bewertungsaussagen bleiben daher gültig.

### 15.1.3 Prognose der Wohlfahrtseffekte bei Fernwasserförderung

Als Konsequenz dieser Überlegungen scheint die gegenwärtige gute Rohwasserqualität weniger ein Ergebnis der Trinkwasserschutzrestriktionen als ein Resultat von natürlichen Reinigungs- sowie Mischungsprozessen zu sein. Eine Veränderung der Nitratemissionen infolge der Aufhebung der Trinkwasserschutzzonen würde also *kurzfristig* zu keiner Verschlechterung des Rohwassers, sondern zu einer erhöhten Inanspruchnahme des Denitrifikationspotentials im Boden und der grundwasserleitenden Schichten führen. Dieses Potential ist jedoch im Wesentlichen[181] erschöpfbar und nicht erneuerbar (Wendland 1992, S. 94). Sobald aber dieses natürliche Reinigungspotential des Bodens erschöpft ist, ist zu erwarten, dass die Nitrateinträge nahezu ungeschützt in das Rohwasser gelangen und entsprechende Qualitätsverschlechterungen bewirken (Nitratdurchbruch – Wendland/Kunkel 1999, S. 23). Weiterhin erwächst infolge des mächtigen Grundwasserkörpers eine gewisse Trägheit gegenüber qualitativen Veränderungen, da sich alleine durch Mischungsprozesse eine langfristige Pufferung der qualitativen Beeinträchtigung ergibt. Auch dieser Prozess ist ebenfalls endlich, da kein absolut sauberes Wasser dem Grundwasserkörper zugeführt wird. Infiltrierendes Elbwasser hat gegenwärtig ebenfalls einen Nitratgehalt von ungefähr 20 mg $l^{-1}$ (Nestler et al. 1998, S. 146; IKSE 2003, Tab. 3.1.2).

Im Folgenden werden daher die „intertemporalen Nutzerkosten"[182] einer gegenwärtigen verstärkten Inanspruchnahme des Denitrifikationspotentials abgeschätzt, die der Fernwasserversorgung in Zukunft erwüchsen. Auslöser solcher Wohlfahrtseffekte bildet eine Veränderung bei der Rohwasserqualität, wodurch die Wasserwerke möglicherweise gezwungen wären, technische Aufbereitungsmaßnahmen durchzuführen, um die gesetzlichen Anforderungen an die Trinkwasserqualität beziehungsweise die Ansprüche der Fernwasserabnehmer weiterhin zu erfüllen. Diese Maßnahmen können unter Umständen zu einer Preiserhöhung für Fernwasser führen. Die produktionsseitig verbleibenden Wohlfahrtseffekte lassen sich dann als Verminderungen der Produzentenrente erfassen, die sich für die Fernwasserwerke entweder auf Grund eines möglichen Nachfragerückganges nach Fernwasser oder durch erhöhte Produktionskosten ergeben. Die Konsumenten erfahren Wohlfahrtsverluste infolge der Verteuerung des Trinkwassers und seiner Qualitätsverschlechterung, die möglicherweise trotz technischer Aufbereitung eintreten kann.

Grundlage für die Einbeziehung der veränderten Stickstoffauswaschung in die Nutzen-Kosten-Analyse bilden die im vorangegangen Kapitel beschriebenen Modellergebnisse zu den Stickstoffbilanzen und Grundwasserneubildungsraten (vgl. Tab. 15-12). Diese wurden in Tab. 15-15 umgestellt, so dass dort separat für die einzelnen Schutzzonen die Grundwasserneubildung, der Stickstoffeintrag sowie die Nitratkonzentration im Sickerwasser aufgeführt sind.

Vergleicht man die westelbigen Schutzzonen an Hand der Modellergebnisse zum Nitrateintrag, dann kommt der zur Diskussion stehenden westelbigen Trinkwasserschutzzone 3b eine wichtigere Rolle als den westelbigen Schutzzonen 1 bis 3a zu. So übersteigt die Grundwasserneubildung in der westelbigen Zone 3b mit ca. 6 Mio. $m^3$ $a^{-1}$ die der westelbigen Zonen 1 bis 3a mit ungefähr 3 Mio. $m^3$ $a^{-1}$ erheblich. Weiterhin beträgt der Stickstoffeintrag in der westelbigen Schutzzone 3b mit 97[183] bis 133[184] t $a^{-1}$ ein Mehrfaches von dem der westelbigen Zonen 1 bis 3a (37 bis 38 t $a^{-1}$). Bei Wegfall der Schutzrestriktionen im westelbigen Einzugsgebiet würden die Stickstoffeinträge in der westelbigen Zone 3b um 25 bis 38 t $a^{-1}$ ansteigen

181 Die Einschränkung erfolgt aus zwei Gründen. Einerseits kann Sulfat in sauerstoff- und nitratfreien Zonen des Grundwassers wieder in Sulfid umgewandelt werden, welches der autotrophen Denitrifikation zur Verfügung stehen würde. Dieser Prozess verläuft jedoch sehr langsam (Wendland 1992, S. 91-95). Andererseits können nach Wendland/Kunkel (1999 S. 23) nichtfossile, metabolisierbare Kohlenstoffverbindungen unter landwirtschaftlichen Flächen mit dem neugebildeten Grundwasser in den Aquifer gelangen. Allerdings wurde diesem Prozess teilweise nur eine geringe Bedeutung zugemessen (vgl. Postma et al. 1991).

182 Intertemporale Nutzerkosten beschreiben in Anlehnung an Messner/Geyler (2001, S. 264) „diejenigen Wohlfahrtseinbußen, die zukünftigen Generationen durch die Erschöpfung und zunehmende Verknappung von nicht erneuerbaren Ressourcen entstehen."

183 Wert für Zeitschnitt 1993.

184 Wert für Zeitschnitt 2030.

im Vergleich zu ungefähr 19 t $a^{-1}$ in den Trinkwasserschutzzonen 1 bis 3a. Gleichzeitig liegen die Nitrat-Konzentrationen des Sickerwassers im Bereich der westelbigen Trinkwasserschutzzone 3b mit 70 bis 105 mg $l^{-1}$ wesentlich höher als die durchschnittlichen 50 mg $l^{-1}$ im Sickerwasser der Zonen 1 bis 3a. Nach Aufhebung der Schutzzone 3b steigt die Konzentration im Sickerwasser deutlich an – auf 99 bis 123 mg $l^{-1}$ im Bereich der ehemaligen Schutzzone 3b.

*Tab. 15-15: Modellergebnisse zur Grundwasserneubildung, Nitratkonzentration und Stickstoff-Auswaschung in den einzelnen TWSZ des TWSG Mockritz für 1993 und 2030*[185]

| | | TWSZ westelbig | | | | TWSZ ostelbig | | | |
|---|---|---|---|---|---|---|---|---|---|
| | | 1-3a | | 3b | | 3a | | 3b | |
| | | kein TWSG | TWSG | kein TWSG | TWSG | kein TWSG | TWSG | kein TWSG | TWSG |
| 1993 | **GWN** [Mio. $m^3$ $a^{-1}$] | 3,2 | 3,2 | 6,0 | 6,0 | 1,1 | 1,1 | 5,8 | 5,8 |
| | **[$NO_3^-$]-Konz.** [mg $l^{-1}$] | 77 | 50 | 99 | 72 | 62 | 38 | 63 | 43 |
| | **N-Auswaschung** [t $a^{-1}$] | 56,4 | 36,7 | 135,0 | 97,4 | 14,9 | 9,2 | 82,1 | 56,6 |
| 2030 | **GWN** [Mio. $m^3$ $a^{-1}$] | 3,2 | 3,2 | 5,7 | 5,7 | 1,1 | 1,1 | 5,8 | 5,8 |
| | **[$NO_3^-$]-Konz.** [mg $l^{-1}$] | 76 | 51 | 123 | 104 | 63 | 40 | 94 | 76 |
| | **N-Auswaschung** [t $a^{-1}$] | 55,5 | 37,5 | 158,1 | 133,4 | 15,0 | 9,5 | 122,9 | 98,6 |

[$NO_3^-$]-Konz. – Nitratkonzentration im Sickerwasser; N – Stickstoff; GWN – Grundwasserneubildung.

*Quelle: eigene Berechnung auf Grundlage von Franko et al. (2001), Schmidt et al. (2001b) und Volk et al. (2001b).*

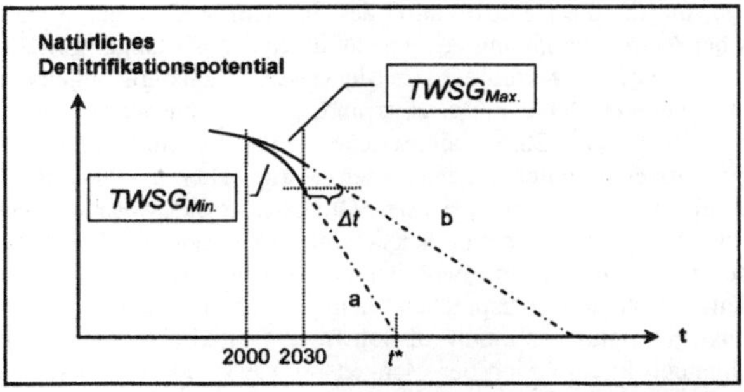


*Abb. 15-3: Zeitdifferenz $\Delta t$ infolge der unterschiedlich starken Beanspruchung des natürlichen Denitrifikationspotentials in Szenario $TWSG_{Min.}$ im Vergleich zu $TWSG_{Max.}$*

Die Abb. 15-3 zeigt den unterschiedlich intensiven Abbau des Denitrifikationspotentials (fette Linien) der Szenarien $TWSG_{Max.}$ und $TWSG_{Min.}$ bis zum Jahr 2030. Die Geraden a und b (dünn gestrichelt) beschreiben die Entwicklung bis zur vollständigen Erschöpfung des Denitrifikationspotentials, welche je nach Trinkwasserschutzszenario zu unterschiedlichen Zeitpunkten eintreten würde. Am frühesten ist das Denitrifikationspotential beim Szenario $TWSG_{Min.}$ erschöpft (Zeitpunkt *t** in Abb. 15-3). In der Grafik wird angedeutet, dass dieser Zeitpunkt außerhalb des Bewertungszeitraumes liegt. Eine Schonung des Denitrifikationspotentials durch

185 Berücksichtigte Flächennutzungen: Ackerland, Grünland, Wald.

Beibehaltung des Schutzgebietes ($TWSG_{Max.}$) führt ceteris paribus zu einem längeren Reinigungsvermögen des Bodensystems gegenüber Nitrateinträgen. Innerhalb des Bewertungszeitraumes würde unter $TWSG_{Max.}$ das Nitratreinigungspotential in einem Maße geschont, welches ausreicht, um noch in dem Zeitraum $\Delta t$ (vgl. Abb. 15-3) sauberes Rohwasser zu gewährleisten.

Für diese Zeitdifferenz $\Delta t$ werden die zusätzlichen Kosten der Rohwasseraufbereitung ($\Delta K_{Aufb.}$) abgeschätzt, die beim Szenarium $TWSG_{Min.}$ notwendig wären, um eine akzeptable Mindestwasserqualität des Trinkwassers zu gewährleisten. Hierzu wird an dem einfachen Wohlfahrtsindikator der fiktiven Zusatzkosten angeknüpft. Dieser beschreibt relativ gut die Produzenten- und Konsumentenrente für den Fall, dass sich die Nachfrage unelastisch verhält (Endres/Holm-Müller 1998, S. 43-44). Die zukünftige Elastizität der Fernwassernachfrage ist jedoch unbekannt. Prinzipiell lässt sich Fernwasser zumindest teilweise durch regionale Ressourcen substituieren (vgl. Kapitel 11.3.2). Dies spricht für ein eher elastisches Nachfrageverhalten. Gleichzeitig sind jedoch langfristige Vertragsbindungen üblich, wodurch über begrenzte Zeiträume eher unelastische Nachfragen zu erwarten wären. Daher muss von einem gewissen Fehler infolge der Nutzung der fiktiven Zusatzkosten ausgegangen werden. Für die regionale Bewertungsperspektive dürfen überregionale Konsumenteneffekte nicht einbezogen werden, allerdings lassen sich diese bei dem genutzten Indikator nicht separieren. Auf Grund der großen Unsicherheit bei der Abschätzung der intertemporalen Nutzerkosten (vgl. Ausführungen weiter unten) wurde jedoch auf eine Differenzierung zwischen den regionalen Produzenteneffekten und den hauptsächlich überregional auftretenden Konsumenteneffekten verzichtet. Daher bildet die Gleichung 15-3 die Grundlage für die weiteren Berechnungen:

$$\Delta K_{Aufb.} = \textit{spezifische } \Delta K_{Aufb.} \times \textit{jährliche Fördermenge} \times \Delta t \qquad \textit{Gleichung 15-3}$$

Die Zeitspanne $\Delta t$, um die die Denitrifikation des mit dem landseitigen Sickerwasser eingetragenen Nitrats bei Aufrechterhaltung des vollständigen TWSG länger gewährleistet werden kann, wurde als direkt von der Nitratfracht im Sickerwasser abhängig angenommen. Die Tab. 15-16 zeigt die den weiteren Berechnungen zugrunde gelegten Nitratfrachten der Schutzzonen für die Zeitschritte 1993 und 2030, wobei zwischen der Aufrechterhaltung und dem Wegfall der Trinkwasserschutzrestriktionen unterschieden wurde. Hierbei sind die Landnutzungen Wald, Grünland und Ackerland berücksichtigt. Die Stickstoffauswaschung unter Siedlungsflächen konnte aus Datenmangel nicht berücksichtigt werden und wurde daher mit Null angesetzt. Die Menge des für ein Szenario benötigten natürlichen Abbaupotentials ergibt sich als Differenz aus dem Nitrateintrag entsprechend dem jeweiligen Szenario und der nicht abgebauten Nitratmenge (Nitratkonzentration im Rohwasser). Hierbei wurde der jährliche Nitrateintrag aus der linearen Interpolation der Mengen für 1993 und 2030 berechnet, vermindert um den im Grundwasser verbliebenen Teil. Die Szenarienvergleiche erfolgten dann durch Differenzbildung der benötigten Abbaupotentiale (vgl. Tab. 15-16). Folgende Annahmen wurden hierfür getroffen:

- Die Veränderung der Nitratkonzentrationen zwischen 1993 und 2030 erfolgt linear.
- Der Boden puffert eine Zeit lang veränderte Nitrateinträge ab, so dass Konzentrationsänderungen im Sickerwasser erst mit einer zeitlichen Verzögerung auf die veränderte Landbewirtschaftung reagieren. Diese Pufferperiode wurde mit zehn Jahren angesetzt. Aus diesem Grund wurden, wie in Anhang-Tab. 15.1-16 aufgezeigt, die Differenzen erst ab 2010 bewertet.
- Es wurde weiterhin angenommen, dass zehn Prozent des neugebildeten Grundwassers in Zone 3b (westelbig) oberflächennah wieder in Kleingewässer abfließen und oberirdisch abgeleitet werden. Sie werden daher nicht bilanzwirksam.

- Weiterhin wurde angenommen, dass die Denitrifikation erst dann erfolgt, wenn das Grundwasser die Elbwanne und damit die Zone 3a erreicht hat. Diese Annahme wird durch Nestler et al. (2003, S. 223) gestützt. Somit kann auch das aus der Zone 3a stammende, neugebildete Grundwasser mit dem gesparten Denitrifikationspotential gereinigt werden.
- Von Einfluss ist auch die Endkonzentration des an den Brunnen ankommenden Wassers, denn je höher diese ausfällt, desto geringer ist die Menge des während der Untergrundpassage abgebauten Nitrats. Gegenwärtig wird eine Konzentration von ca. 2-3 mg $l^{-1}$ gemessen (vgl. Trettin et al. 2001). Bei der Bewertung wurden zwei Varianten berücksichtigt: einerseits wurde angenommen, dass der Abbau vollständig erfolgt und zu einer Endkonzentration von 0 mg $l^{-1}$ führt und andererseits wurde vorgegeben, dass eine Restkonzentration von 5 mg $l^{-1}$ verbleibt.
- Schließlich lässt sich eine Zeitspanne nur dann ermitteln, wenn der Zeitpunkt ($t^*$ – s. Abb. 15-3) bekannt ist, zu dem das Denitrifikationspotential aufgebraucht ist. Mit der Annahme, dass der Zeitpunkt $t^*$ im Jahr 2100 liegt, wird der Aussage Rechnung getragen, dass das gegenwärtige Reservoir an reduzierenden Stoffen durchaus noch groß sein kann.

Zur Berechnung der Zeitdauer $\Delta t$ im Szenarienvergleich wurde das gesparte Denitrifikationspotential $S_{Denitr.}$ durch die prognostizierte Eintragsmenge $Im_{Nitrat}$ in den TWSG entsprechend der Gleichung 15-4 dividiert:

$$\Delta t = S_{Denitrif.} \div Im_{Nitrat}$$ *Gleichung 15-4*

Das gesparte Denitrifikationspotential ergibt sich als Summe der jährlichen Differenzen der szenarienbezogenen Nitrateinträge für die westelbigen Zonen. Beispielhaft ist dies in Anhang-Tab. 15.1-16 dargestellt. Für die prognostizierte Eintragsmenge $Im_{Nitrat}$ wurden die Einträge des Jahres 2030 angesetzt, welche die letzten innerhalb des Untersuchungszeitraumes berechneten Eintragsmengen sind. Diese wurden ausgewählt, weil die positive Wirkung des geschonten Denitrifikationspotentials erst weit nach 2030 zum Tragen kommen wird. Die Zeitdauer wurde als Mittelwert zweier Variantenrechnungen abgeschätzt, die sich in der Nitratkonzentration im Rohwasser unterscheiden. Der Mittelwert für $\Delta t = 4$ Jahre für die westelbigen Schutzzonen ging in die weitere Bewertung ein (vgl. Tab. 15-16).

Die ostelbigen Zonen wurden bei der Ermittlung von $\Delta t$ nur insofern berücksichtigt, indem überprüft wurde, ob die Zeitspanne in einer ähnlichen Dimension wie bei den westelbigen Zonen liegt. Dies liegt am geringen Anteil des im ostelbigen Bereich gebildeten Grundwassers am Rohwasser (5-10% - vgl. Kapitel 5.2.4.2). Die geringe Bedeutung des ostelbigen Schutzstatus für die Rohwasserqualität führt auch dazu, dass sich die Ergebnisse für $TWSG_{Max.}$ und $TWSG_{Kompr.}$ gleichen.

*Tab. 15-16: Berechnung der veränderten Zeitspanne $\Delta t$ der natürlichen Denitrifikation im Grundwasserleiter bei $TWSG_{Max.}$ bzw. $TWSG_{Kompr.}$ vs. $TWSG_{Min.}$*

| Annahmen zur verbleibenden [$NO_3^-$]-Konz. im GW | zugrundegelegte Eintragsmengen für TWSZ *Im(Nitrat)* [t $a^{-1}$] | | | gespartes Denitrifikations-potential für TWSZ *S(Denitr.)* [t] | | Zeitspanne ($\Delta t$) [a] | |
|---|---|---|---|---|---|---|---|
| | 1-3a we | 3b we | 3a-3b oe | 1-3b we | 3a-3b oe | we | oe |
| 0 mg $l^{-1}$ | 83 | 532 | 479 | 2362 | 2809 | 3,8 | 5,9 |
| 5 mg $l^{-1}$ | 75 | 506 | 445 | 2362 | 2809 | 4,1 | 6,3 |
| | | | | | Mittelwert: | 4 | 6 |

GW – Grundwasser; we – westelbig; oe – ostelbig; [$NO_3^-$]-Konz. – Nitratkonzentration.

*Quelle: eigene Berechnungen.*

Bei der Ermittlung der Zeitdifferenz $\Delta t$ wurde angenommen, dass dieser Effekt erst in einem *sehr langen* Zeitraum sichtbar wird, da das gegenwärtige Reservoir an reduzierenden Substanzen im Grundwasserleiter durchaus noch groß sein kann (vgl. Wendland 1992, S. 122). Auf Grund dieser Annahme liegt der intertemporale Effekt weit außerhalb des Bewertungszeitraumes. Da dieser Effekt jedoch wichtig ist und in einer Nutzen-Kosten-Analyse die Vollständigkeit der Erfassung aller Szenarieneffekte gewährleistet sein sollte, wurde er in die Analyse einbezogen.

Die Zeitdifferenz, bei der die Denitrifikation des mit dem landseitigen Sickerwasser eingetragenen Nitrats gewährleistet wird, hängt nicht von der Fördermenge des Fernwasserwerkes Mockritz ab. Die Fördermenge und das Förderregime beeinflussen jedoch zusätzlich die Rohwasserqualität. Um eine (extrem grobe) Vorstellung von den qualitativen Effekten der Schutzoptionen auf das Rohwasser zu erhalten, wurden die Rohwasserqualitäten unter der Maßgabe abgeschätzt, dass diese als Mischungsprodukt der Wässer aus den einzelnen Schutzzonen angesehen werden können[186]. Hierfür wurden Annahmen zur Förderquote (vgl. Tab. 15-17, erste Spalte) sowie Annahmen zum Beitrag des in den einzelnen Schutzzonen gebildeten Rohwassers getroffen. Die niedrigste Fördermenge geht mit einem geringen Anteil an Uferfiltrat einher, da die landseitige Grundwasserneubildung zur Deckung ausreicht (vgl. Nestler et al. 2003, S. 242). Bei den mittleren Werten der Förderung (11 Mio. $m^3$ $a^{-1}$)[187] kann sich der Anteil an Uferfiltrat je nach Förderregime, der unterschiedlichen Förderintensität von elbnahen und elbfernen Brunnengalerien, verändern. Hohe Förderleistungen (22 Mio. $m^3$ $a^{-1}$) benötigen höhere Anteile an Uferfiltrat. In Tab. 15-17 wurde der aus Bilanzgründen notwendige Mindestanteil an Uferfiltrat dargestellt (vgl. Tab. 15-17, Spalte 2-5). Weiterhin wurden folgende Annahmen getroffen:

- Die bilanzmäßige Nutzung des Grundwassers aus den einzelnen Zonen kann deren Grundwasserneubildung entsprechend Tab. 15-15 nicht übersteigen.
- Grundwasser aus der westelbigen Zone 3b wird erst dann genutzt, wenn das in den Zonen 1-3a gebildete Wasser schon vollständig in Anspruch genommen wird.
- Das Uferfiltrat der Elbe besitzt eine Nitratkonzentration von 20 mg $l^{-1}$ (1993)[188]. Es wird bis 2030 eine Verbesserung auf 15 mg $l^{-1}$ angenommen.
- Das in den westelbigen Zonen gesparte Denitrifikationspotential vermag aufgrund seiner räumlichen Lage landeinwärts der Brunnenfassungen weder das Uferfiltrat noch das ostelbige Grundwasser zu reinigen. Weiterhin wurde die Annahme getroffen, dass auch die Hälfte des in den Zonen 1-3a gebildete Wasser nicht durch das gesparte Schutzpotential gereinigt werden kann, um den zwischen Elbe und Brunnen gelegenen Bereich zu berücksichtigen.

Im Ergebnis wird deutlich, dass die Schutzrestriktionen alleine – ohne dem natürlichen Schutzpotential – nur zu sehr schlechten Rohwasserqualitäten führen (vgl. Tab. 15-17, Spalten 6 und 8). Die jeweils erste Zahl bezeichnet die Rohwasserqualität bei $TWSG_{Max.}$, während die zweite Zahl die Qualität bei $TWSG_{Min.}$ oder $TWSG_{Kompr.}$ beschreibt. Demgegenüber ermöglicht das gesparte Denitrifikationspotential eine ausreichende Reinigung des Rohwassers, obgleich annahmegemäß das Uferfiltrat sowie das neugebildete Grundwasser zwischen Brunnengalerien und Elbe nicht durch das gesparte Denitrifikationspotential gereinigt werden können. Die Spalten 7 und 9 in Tab. 15-17 geben die während des Zeitraums $\Delta t$ erreichbare Reinigungsqualität für die Szenarien $TWSG_{Kompr.}$ und $TWSG_{Max.}$ an. Die Werte liegen zwischen

186 Für eine höhere Qualität dieser wesentlichen Aussagen wäre eine Modellierung der Grundwasserprozesse nötig. Dies konnte im Rahmen der Dissertation nicht geleistet werden.

187 Dies entspricht der Hälfte der im Jahr 2005 offiziell ausgewiesenen Kapazitäten (FEO 2005).

188 Die Elbequalität (Standort Magdeburg) betrug im Jahr 2000 im Mittel 21 mg/l und 2002 20 mg/l (IKSE 2003, Tab. 3.1.2).

14 und 23 mg $l^{-1}$ und somit teilweise deutlich unter den Werten ohne natürliche Reinigung. Gleichzeitig verdeutlicht die Tabelle den Einfluss des Förderregimes auf die Rohwasserqualität. Hohe Fördermengen und hohe Anteile an Uferfiltrat gewährleisten bessere Rohwasserqualitäten sowohl ohne Reinigungspotential als auch im Zeitraum $\Delta t$. Der Einfluss des ostelbigen Wassers auf das Ergebnis bleibt annahmegemäß sehr gering, so dass sich die Szenarien $TWSG_{Max.}$ und $TWSG_{Kompr.}$ nur wenig voneinander unterscheiden. Generell kann die jedoch gegenwärtig zu verzeichnende sehr niedrige Nitratkonzentration nicht aufrechterhalten werden, da durch das gesparte Denitrifikationsvermögen das Uferfiltrat nicht mehr gereinigt werden kann. Der Fehler infolge Nichtberücksichtigung von Siedlungsflächen und sonstigen Flächen ergab einen Wert zwischen null und neun Prozent (vgl. Anhang-Tab. 15.1-17).

*Tab. 15-17: Nitratkonzentrationen im Rohwasser des WW Mockritz mit und ohne Berücksichtigung des gesparten Denitrifikationspotentials*

| Fördermenge [Mio. m³ $a^{-1}$] | Annahme zur Herkunft des Rohwassers [%] | | | | $[NO_3^-]$-Konzentration im Rohwasser [mg $l^{-1}$] (entsprechend Mischungsverhältnis) | | | |
|---|---|---|---|---|---|---|---|---|
| | UF | aus TWSZ | | | 1993 | 1993 | 2030 | 2030 |
| | | 1-3a we. | 3b we. | 3a-3b oe. | ohne natürl. Reinigung | natürl. Reinigung landseitig | ohne natürl. Reinigung | natürl. Reinigung landseitig |
| **7,5** | **15** | **39** | **45** | **1** | 55*- 68** | 15*- 16** | 70*- 79** | 15*- 15** |
| **11** | **50** | **27** | **18** | **5** | 39 - 45 | 18 - 21 | 44 - 49 | 15 - 20 |
| **11** | **70** | **25** | **0** | **5** | 29 - 30 | 20 - 23 | 27 - 28 | 17 - 22 |
| **22** | **60** | **13** | **22** | **5** | 36 - 43 | 17 - 20 | 42 - 47 | 14 - 18 |

* bei *TWSG (Max.) und TWSG (Kompr.)*; ** bei *TWSG (Min.)*; Elbwasser wurde mit einer $NO_3$-Konzentration von 20 mg $l^{-1}$ für 1993 und 15 mg $l^{-1}$ für 2030 berücksichtigt.

*Quelle: eigene Berechnungen.*

Für die monetäre Bewertung dieser intertemporalen Wohlfahrtseffekte der Trinkwasserförderung müssen weiterhin Annahmen zu den spezifischen Aufbereitungskosten *spezifische* $\Delta K_{Aufb.}$ sowie zur *jährlichen Fördermenge* des Wasserwerkes Mockritz getroffen werden (vgl. Gleichung 15-3). Die spezifischen Aufbereitungskosten wurden mit 0,05 EUR $m^{-3}$ niedriger als die derzeitigen Kostendimensionen (zwischen 0,07 bis 1,0 EUR $m^{-3}$; vgl. Anhang-Tab. 15.1-18) angesetzt, um technologische Entwicklungen in der Zukunft zu berücksichtigen. Die Aufbereitungskosten wurden für die Fördermenge von 11 Mio. $m^3$ $a^{-1}$ ermittelt. Die anderen Fördermengen flossen im Rahmen der Unsicherheitsbetrachtung in die Bewertung ein.

*Tab. 15-18: Regionale Wohlfahrtseffekte (intertemporale Nutzerkosten) bei der Trinkwasserförderung (Bezugsbasis $TWSG_{Max.}$)*

| **Diskontrate** (Basisjahr 2000) | **Regionale Wohlfahrtseffekte** [Mio. EUR] | | | |
|---|---|---|---|---|
| | ***TWSG (Max.)*** | ***TWSG (Kompr.)*** | ***TWSG (Min.)*** | ***TWSG (Aufl.)*** |
| **0%** | 0 | 0 | -2,200 | kein Wert |
| **3%** | 0 | 0 | -0,106 | kein Wert |
| **5%** | 0 | 0 | -0,015 | kein Wert |

*Quelle: eigene Berechnungen.*

Die monetäre Bewertung ergibt intertemporale Nutzenverluste der Trinkwasserförderung der Handlungsoption $TWSG_{Min.}$ von 2,2 Millionen EUR (undiskontiert). Für die Ermittlung der diskontierten Werte musste der Zeitpunkt der Erschöpfung des Denitrifikationspotentials festgelegt werden. Es wurde angenommen, dass der Effekt im Jahr 2100 eintritt. Entsprechend fallen die diskontierten Wohlfahrtseffekte mit 0,1 Mio. EUR (Diskontrate 3%) bzw. 0,01 Mio. EUR (Diskontrate 5%) sehr niedrig aus (Tab. 15-18). Die Ergebnisse für $TWSG_{Max.}$ und $TWSG_{Kompr.}$ fallen identisch aus, da sich beide Szenarien nur hinsichtlich der für die Rohwasserqualität gering wirksamen ostelbigen Schutzzonen unterscheiden. Für die Aufhebung der Schutzzone ($TWSG_{Aufl.}$) wurde der Wohlfahrtseffekt nicht berechnet, da dieses Szenario die Einstellung der Wasserförderung zur Voraussetzung hat.

Auf Grund der langfristigen Natur dieser intertemporalen Effekte sowie der Unsicherheiten angesichts der getroffenen Annahmen ergeben sich große unsicherheitsbedingte Schwankungsbreiten der Eingangsgrößen. Die Abschätzung des gesparten Denitrifikationspotentials ist extrem sensitiv gegenüber den getroffenen Annahmen (vgl. Anhang-Tab. 15.1-18), insbesondere hinsichtlich des Pufferungsvermögens des Bodens und den Modellergebnissen zum Nitrateintrag. Zur Abschätzung der Unsicherheit wird von einem Zeitfenster ($\Delta t$), welches zwischen nahe Null und dem Doppelten des wahrscheinlichen Wertes liegt, ausgegangen. Die untere Grenze ergibt sich beispielsweise für den Fall, dass die naturwissenschaftlichen Annahmen nicht zutreffen. Die obere Grenze wird erreicht, wenn die Differenz der Nitrateinträge außerhalb der TWSG um 30% steigt, während die im TWSG konstant bleiben. Die Unsicherheitsspanne hinsichtlich des Umfangs der Fernwasserproduktion wird mit Werten zwischen Null und der Kapazitätsgrenze festgelegt (20 Mio. $m^3 a^{-1}$). Die untere Grenze beschreibt den Fall, dass die Fernwasserförderung an diesem Standort aufgegeben wird. Die Unsicherheitsspanne für die Aufbereitungskosten wird mit Werten zwischen 0 und 0,30 EUR $m^{-3}$ festgelegt. Die untere Grenze trifft für den Fall zu, dass die Rohwasserqualität doch den dann geltenden Trinkwasserrichtlinien entspricht und keine Aufbereitung benötigt wird. Die Obergrenze orientiert sich an gegenwärtigen Literaturangaben und stützt sich auf die Vermutung, dass langfristig die Aufbereitungstechnologien nicht mehr kostengünstiger werden. Bei der Ermittlung der diskontierten Werte wurde als vierter Unsicherheitsfaktor noch der Zeitpunkt der Abnutzung des Denitrifikationspotentials variiert. Hierbei wird als Unsicherheitsspanne der Zeitraum zwischen 2050 und 2500 angenommen. Die unsymmetrische Annahme wurde getroffen, da es wahrscheinlicher ist, dass das Denitrifikationspotential später als angenommen aufgebraucht wird. Die lange angenommene Zeitspanne verweist auf die hohe Unsicherheit bei der Abschätzung dieser Eingangsgröße. Während der wahrscheinliche Wert als sinnvoll eingestuft wurde[189], zeigen Literaturwerte auch die Möglichkeit auf (vgl. Wendland 1992, S. 121-123; Nestler et al. 2003, S. 220-221), dass die Ressource Denitrifikationspotential auch noch sehr langfristig verfügbar sein könnte.

Die sich aus diesen Annahmen ergebende maximale Unsicherheitsspanne fällt mit Werten zwischen 0 und 48 Mio. EUR (undiskontiert) sehr hoch aus. Zur Abschätzung der Auswirkung der Unsicherheiten bei den Eingangsgrößen auf das Ergebnis wurde für jeden Faktor ein Wert aus Spannbreiten ausgelost und es wurde eine Verteilungskurve der möglichen Ergebnisse mit 2000 Zufallsstichproben erstellt (vgl. Anhang-Abb. 15.1-1). Es zeigt sich, dass ein Auftreten der Extremwerte sehr unwahrscheinlich ist. Aus diesem Grund wurde bei der Berücksichtigung der Unsicherheit das 3. Quartil der Verteilungskurve (vgl. Anhang-Abb. 15.1-1 und Anhang-Abb. 15.1-2) angesetzt. Somit ergeben sich Nutzerkosten von ungefähr 9 Mio. EUR (undiskontiert), von 0,2 Mio. EUR (3% Diskontrate), bzw. von 0,08 Mio. EUR (5% Diskontrate) (vgl. Anhang-Tab. 15.6-1).

189 Mdl. Information Herr Grischek, TU Dresden vom 24.8.2000.

## 15.2 Bewertung der Szenarieneffekte gegenüber Straßen

### 15.2.1 Prognose der Vorsorgekosten für Straßen

Die Bewertung der zusätzlichen Auflagen setzt an den Planungen des Straßenbauamtes Döbeln-Torgau zusammen mit dem StUFA Leipzig und dem Sächsischen Landesinstitut für Straßenbau Rochlitz an (SBA et al. 1999) an. Hierbei wurden für die Straßen des Torgauer Raumes in Trinkwasserschutzgebieten generelle Trinkwasserschutzmaßnahmen sowie Kostenkalkulationen erstellt. Eine Übersicht zu den Schutzmaßnahmen und den Kostenansätzen ist in Tab. 15-19 aufgelistet. Die Schutzauflagen für die einzelnen Straßen im TWSG Mockritz wurden zwar in Anlehnung an Tab. 15-19, aber nicht in pauschaler Form übernommen (SBA et al. 1999) und sind in Anhang-Tab. 15.2-1 detailliert aufgeführt.

*Tab. 15-19: Schutzmaßnahmen und Investitionskosten für Kreis-, Staats- und Bundesstraßen in Wasserschutzzonen*

| TWSZ | Maßnahmen | Investitionskosten* [EUR km$^{-1}$] |
|---|---|---|
| 3b | Sicherung einer durchgängigen Begrünung der Straßenränder<br>Ausschilderung der Schutzzone | 5.400 |
| 3a | Ausstattung der Straßen entsprechend RiStWag-Vorschriften (FGSV 1982 u. 1993):<br>- Sammeln und Herausleiten des Niederschlagwassers aus den Schutzzonen<br>- Abdichten der Böschungen und Mulden<br>- Bau von Distanzschutzplanken | 190.050 |
| 2 | | 316.750 |

Die höheren Kosten in der Schutzzone 2 gegenüber der Schutzzone 3a ergeben sich aufgrund der höheren Anforderungen im Detail;

* Stand 1995, angepasst an Stand 2000 entsprechend den „Preisindizes für den Neubau und die Instandhaltung nach Bauwerksarten – Bauleistungen am Bauwerk/Straßenbau" (StaLa Sachsen 2003, S. 644).

*Quellen: FGSV (1982); SBA et al. (1999), verändert.*

Darüber hinaus wurden die Gemeindeverbindungsstraßen bei der Bewertung mit berücksichtigt (Anhang-Tab. 15.2-2). Hierbei wurde angenommen, dass aufgrund ihrer niedrigen verkehrlichen Bedeutung in den Schutzzonen 3a und 3b die in der Tab. 15-19 angesetzten Schutzmaßnahmen der Zone 3b gelten. Bei den Gemeindeverbindungsstraßen, welche die Zone 2 schneiden, wurden jedoch die gleichen Schutzmaßnahmen wie für höhergestellte Straßen angesetzt.

Die Region trägt nur die Baulast für die Gemeindeverbindungs- und Kreisstraßen. Die Staatsstraßen und die Bundesstraßen werden entsprechend überregional finanziert und unterhalten. Gleichzeitig ergeben sich bei den regional zu unterhaltenden Straßen verschiedene Fördermöglichkeiten. Die wichtigste rechtliche Grundlage stellt das Gemeindeverkehrsfinanzierungsgesetz (GVFG 1971) dar, nach dem die Erneuerung solcher Straßen inklusive etwaiger Trinkwasserschutzkosten mit einem Fördersatz bis zu 75% unterstützt werden kann.

Für die Monetarisierung werden die fiktiven Zusatzkosten als Wohlfahrtsmaß angesetzt. Obgleich die „Nachfrage" nach Schutzmaßnahmen aufgrund der rechtlichen Vorschriften relativ unelastisch gegenüber deren Preisänderungen ausfallen sollte, ergeben sich trotzdem preisabhängige Nachfrageeffekte nach der Straßenerneuerung. Zumindest die regionalen Bauträger bekommen ein festes Budget für die Erhaltung der Straßen zugewiesen, unabhängig von den Schutzaufwendungen. Eine Verteuerung des Straßenbaus, beispielsweise durch Schutzmaßnahmen, führt entsprechend zu einer Verringerung der erneuerbaren Straßenlänge.[190] Aufgrund dieses Nachfragerückganges nach Straßenbau werden durch den Indikator die Wohlfahrtseffekte leicht überschätzt.

Weiterhin wurde davon ausgegangen, dass die Ausstattung der Straßen entsprechend RiStWag-Vorschriften (FGSV 1982) nur im Zuge ihrer grundhaften Erneuerung erfolgt[191]. Die normative Nutzungsdauer für Straßen und die Schutzeinrichtungen wurde mit 20 Jahren angesetzt. Entsprechend wurde die Annahme getroffen, dass jährlich $^1/_{20}$ der in der Region vorhandenen Straßen erneuert werden müssen. Dementsprechend wurden die fiktiven Kosten berechnet, die anfallen, wenn jährlich $^1/_{20}$ des vorhandenen Straßennetzes für Trinkwasserschutz ausgebaut wird. Bei Wegfall von Schutzzonen entfallen entsprechend die jährlichen Zusatzkosten. Die in die Bewertung eingehenden Straßenlängen sind in Anhang-Tab. 15.2-1 und Anhang-Tab. 15.2-2 aufgeführt.

Für die Bewertung aus regionaler Perspektive werden nur die Gemeindeverbindungsstraßen und Kreisstraßen berücksichtigt. Da von einer 75%igen Förderung dieser Maßnahmen ausgegangen wird, belasten nur 25% der Zusatzkosten die Region. Obwohl im Ergebnis alle Szenarien mit positiven Wohlfahrtseffekten verbunden sind, sind diese sehr niedrig, wie die Tab. 15-20 verdeutlicht. Nur die Gesamtauflösung des Schutzgebietes führt zu nennenswerten regionalen Entlastungen, da in dem Falle auch die wesentlich höheren Schutzaufwendungen in den Zonen 2 und 3a westelbig entfallen würden.

*Tab. 15-20: Regionale Wohlfahrtseffekte infolge der Trinkwasserschutzmaßnahmen an Straßen (Bezugsbasis $TWSG_{Max.}$)*

| **Diskontrate** | **Regionale Wohlfahrtseffekte** [Mio. EUR] | | | |
|---|---|---|---|---|
| (Basisjahr 2000) | ***TWSG (Max.)*** | ***TWSG (Kompr.)*** | ***TWSG (Min.)*** | ***TWSG (Aufl.)*** |
| **0%** | 0,000 | 0,007 | 0,023 | 0,837 |
| **3%** | 0,000 | 0,004 | 0,015 | 0,540 |
| **5%** | 0,000 | 0,003 | 0,011 | 0,421 |

*Quelle: eigene Berechnungen.*

Zugleich ergeben sich deutliche überregionale monetäre Effekte infolge der Zusatzkosten an Staats- und Bundesstraßen sowie des Förderbeitrages für die Kreis- und Gemeindeverbindungsstraßen. Diese sind in der Tab. 15-21 aufgeführt. Auch hier wird mit der Gesamtaufhebung des Schutzgebietes ein wesentlich stärkerer Effekt erzielt als mit der Auflösung der äußeren Schutzzonen. Für die Ermittlung der unsicherheitsbedingten Schwankungsbreiten wurden pauschal ± 50% der wahrscheinlichen Werte angesetzt.

*Tab. 15-21: Überregionale Wohlfahrtseffekte infolge der Trinkwasserschutzmaßnahmen an Straßen (Bezugsbasis $TWSG_{Max.}$)*

| **Diskontrate** | **Überregionale Wohlfahrtseffekte** [Mio. EUR] | | | |
|---|---|---|---|---|
| (Basisjahr 2000) | ***TWSG (Max.)*** | ***TWSG (Kompr.)*** | ***TWSG (Min.)*** | ***TWSG (Aufl.)*** |
| **0%** | 0 | 0,202 | 0,346 | 2,813 |
| **3%** | 0 | 0,130 | 0,224 | 1,815 |
| **5%** | 0 | 0,102 | 0,174 | 1,415 |

*Quelle: eigene Berechnungen.*

190 Mdl. Information Herr Necker, Frau Lietz, Straßenbauamt Döbeln-Torgau Abt. 2 vom 20.4.2000.
191 Mdl. Information Herr Necker, Frau Lietz, Straßenbauamt Döbeln-Torgau Abt. 2 vom 20.4.2000.

### 15.2.2 Das verkehrsbedingte Risikopotential *RP* für das Grundwasser

Das Risikopotential der Straßen für das Grundwasser wurde mit der Methode von Schulz-Terfloth (1998) (vgl. Kapitel 13.3) abgeschätzt. Bei einer Verkleinerung des TWSG im Rahmen von $TWSG_{Min.}$ bzw. $TWSG_{Kompr.}$ fallen für die in den betreffenden Schutzzonen liegenden Straßen die Auflagen der Begrünung des Banketts weg. Diese Maßnahmen schützen vor Emissionen des normalen Straßenbetriebes, z. B. infolge von Fahrzeug- und Fahrbahnabrieb, partikelförmigen Emissionen aus Motoren und Ladungsverlusten, aber nicht vor Tausalzeintrag. Die Bodenpassage bietet gegenüber Kohlenwasserstoff- und Schwermetalleinträgen eine wirksame Sperre (Tegethof 1998, S. 25-26). Auch bei einer nicht konsequenten Begrünung der Straßenbankette bleibt die Schutzwirkung hoch. Mit der Auflösung der Schutzzonen 3 erhöht sich demnach das Risikopotential gegenüber dem Grundwasser nur minimal.

Bei Auflösung des Trinkwasserschutzgebietes ($TWSG_{Aufl.}$) fallen auch die Schutzmaßnahmen an den Straßen in Zone 3a und 2 weg. Im TWSG Mockritz sind hiervon nur Kreis- und Gemeindeverbindungsstraßen betroffen, welche kleine, in der Schutzzone 3a gelegene Ortsteile erschließen. Die Verkehrsdichte dieser Straßen muss als gering angenommen werden. Die Schutzmaßnahmen unterteilen sich einerseits in bauliche Maßnahmen zur Herausleitung des Straßenablaufs aus den Schutzzonen und andererseits aus baulichen Maßnahmen, um die Grundwassergefährdung infolge von Unfällen zu minimieren (Leitplanken an gefährdeten Straßenabschnitten). Maßnahmen zur Herausleitung von Straßenablauf aus Schutzzonen verlagern nur die Emission von Stoffen und verlieren daher bei Wegfall der Wasserförderung ihren Nutzen. Der Wegfall von baulichen Maßnahmen zur Verringerung der Grundwassergefährdung bei Unfällen erhöht das Eintragsrisiko von Stoffen bei Unfällen in den Boden. Aufgrund der geringen Verkehrsdichte scheint das Risiko der Grundwassergefährdung immer noch geringer als auf anderen Straßen – z. B. Bundesstraßen außerhalb von Trinkwasserschutzgebieten. Somit wird im Zuge sowohl der Verkleinerung der Schutzzonen als auch der Aufhebung des Schutzgebietes von einer minimalen Erhöhung des Risikopotentials einer Grundwasserbelastung ausgegangen. Die Abschätzung des Risikopotentials $RP_{Str.}$ nach Schulz-Terfloth (1998 – vgl. Kapitel 13.3) ergab mit einem $RP_{Str.} < 21$ „im Allgemeinen kein Risiko", da es unter dem Wert von $10^2$ liegt (vgl. Schulz-Terfloth 1998, S. 92; s. Anhang-Tab. 15.2-3). Als Vergleichswert dient weiterhin das Risikopotential durch den Nitrateintrag ($RP_{NO3}$), welches nach derselben Methode abgeschätzt wurde. Hierfür wurde unter Annahme von $TWSG_{Max.}$ ein $RP_{NO3}$ von $3{,}5 \cdot 10^4$ bis $8{,}8 \cdot 10^5$ ermittelt, welches einem hohen Risiko nach Schulz-Terfloth (1998, S. 92) entspricht (vgl. Anhang-Tab. 15.1-20 u. Anhang-Tab. 15.1-21). Somit wird die Zunahme des Risikopotentials für das Grundwasser infolge Wegfalls der Schutzrestriktionen bei Straßen als minimal angenommen. Die Rangfolge der Szenarien untereinander ergibt sich aus dem jeweils vom Trinkwasserschutz beeinflussten Anteil der Straßen (vgl. Tab. 15-29).

## 15.3 Bewertung der Szenarieneffekte auf Betriebstankstellen und Heizölanlagen

### 15.3.1 Prognose der Vorsorgekosten bei Betriebstankstellen und Heizölanlagen

Mit den *Vorsorgekosten bei Heizölanlagen und Betriebstankstellen* werden nur die zahlenmäßig häufigsten Anlagen zum Umgang mit wassergefährdenden Stoffen berücksichtigt. Die weiteren gewerblichen Anlagen sowie etwaige Zusatzaufwendungen bei landwirtschaftlichen Betrieben im Hinblick auf deren Anlagen zum Umschlagen und Lagern von Wirtschaftsdüngern und Chemikalien konnten aufgrund der unzureichenden Datenlage keine Berücksichtigung finden (vgl. auch Kapitel 12.2).

Die Trinkwasserschutzauflagen in den Schutzzonen 3a und 3b fordern eine regelmäßige Kontrolle der gängigen Heizölanlagen und Betriebstankstellen alle fünf Jahre zusätzlich zu den auch außerhalb von Schutzgebieten geltenden Sicherheitsvorschriften[192] (WHG 1996, SächsVAwS). Die mit den zusätzlichen Kontrollauflagen verbundenen Zusatzkosten wurden als Nettonutzenänderungen quantifiziert. Ungefähr 950 Heizölanlagen (Stand 2000) sind innerhalb der zur Disposition stehenden Trinkwasserschutzzonen vorhanden. Daneben wurden 15 Betriebstankstellen erfasst (vgl. Anhang-Tab. 15.3-1). Die periodisch anfallenden Kontrollkosten basieren auf Informationen des TÜV Sachsen und betragen ungefähr 80 EUR für Heizölanlagen und 200 EUR für Betriebstankstellen.

Zur Berücksichtigung der Siedlungsentwicklung wurde angenommen, dass sich die Anzahl der Heizölanlagen entsprechend der Zunahme der versiegelten Fläche erhöht. Hierzu wurde ein Proportionalitätsfaktor gebildet, der sich an der Siedlungszunahme der jeweiligen Ortschaft orientiert. Die Siedlungszunahme der einzelnen Ortschaften wurde entsprechend der Annahmen in Kapitel 14.2.2 festgelegt. Um den langfristigen Trend zu größeren haushaltstypischen Wohnflächen zu berücksichtigen, wurde der Proportionalitätsfaktor halbiert. In Torgau werden aufgrund des Gasnetzes kaum Heizölanlagen genutzt, eine Veränderung dieser Situation wird nicht angenommen.

Die resultierenden Nettonutzen-Differenzen sind in Tab. 15-22 aufgeführt. Die unsicherheitsbedingte Schwankungsbreite wurde pauschal mit ± 50% des wahrscheinlichen Wertes angesetzt.

*Tab. 15-22: Regionale Wohlfahrtseffekte bei Heizölanlagen und Betriebstankstellen (Bezugsbasis $TWSG_{Max.}$)*

| **Diskontrate** | **Regionale Wohlfahrtseffekte** [Mio. EUR] | | | |
|---|---|---|---|---|
| (Basisjahr 2000) | *TWSG (Max.)* | *TWSG (Kompr.)* | *TWSG (Min.)* | *TWSG (Aufl.)* |
| | | **Heizölanlagen** | | |
| **0%** | 0 | 0,260 | 0,410 | 0,495 |
| **3%** | 0 | 0,165 | 0,261 | 0,315 |
| **5%** | 0 | 0,128 | 0,201 | 0,244 |
| | | **Betriebstankstellen** | | |
| **0%** | 0 | 0,005 | 0,014 | 0,019 |
| **3%** | 0 | 0,003 | 0,009 | 0,012 |
| **5%** | 0 | 0,003 | 0,007 | 0,009 |
| | | **Gesamt** | | |
| **0%** | 0 | 0,265 | 0,424 | 0,514 |
| **3%** | 0 | 0,169 | 0,270 | 0,328 |
| **5%** | 0 | 0,130 | 0,208 | 0,253 |

*Quelle: eigene Berechnungen.*

### 15.3.2 Das Risikopotential für Grundwasser durch Heizölanlagen und Betriebstankstellen

Das Risikopotential der Heizölanlagen wurde mit der Methode von Schulz-Terfloth (1998) (vgl. Kapitel 13.3) abgeschätzt. Die Eingangsdaten und Zwischenergebnisse stehen in den Anhang-Tab. 15.3-2 und Anhang-Tab. 15.3-3. Das gesamte Risikopotential $RP_{HE}$ für alle

192 Z. B. doppelwandige Tanks oder Auffangwannen für auslaufendes Mineralöl.

durch die Szenarien beeinflussbaren Heizölanlagen lag zwischen 30 und 400. Entsprechend der Interpretation von Schulz-Terfloth (1998, S. 92) bedeutet dies ein „geringes Risiko", da 100 < RP < 1.000. Als Vergleichswert dient weiterhin das Risikopotential durch Nitrateintrag, welches nach der entsprechenden Methode abgeschätzt wurde. Hierfür wurde unter Annahme von $TWSG_{Max.}$ ein $RP_{NO3}$ von $3{,}5 \cdot 10^4$ bis $8{,}8 \cdot 10^5$ ermittelt, welches einem hohen Risiko nach Schulz-Terfloth (1998, S. 92) entspricht (vgl. Anhang-Tab. 15.1-20 u. Anhang-Tab. 15.1-21). Somit wird die Zunahme des Risikopotentials für das Grundwasser infolge Wegfalls der Schutzrestriktionen als minimal angenommen. Die Rangfolge der Szenarien hinsichtlich des Risikopotentials korreliert mit der Schutzgebietsfläche (vgl. Tab. 15-29).

Für die Betriebstankstellen ergab sich ebenfalls ein niedriges Risikopotential aufgrund deren geringer Anzahl von $RP_{BT}$ = 8 bis 70, bezogen auf alle durch die Szenarien beeinflussbaren Tankstellen und unter Annahme von technischen Mindeststandards nach Schulz-Terfloth (1998, S. 89) (vgl. Anhang-Tab. 15.3-4). Somit wird auch bei den Betriebstankstellen von einer minimalen Zunahme des Risikos der Grundwasserbelastung infolge der Verkleinerung oder gar Auflösung von Schutzzonen ausgegangen. Auch hier lassen sich die Szenarien entsprechend der Schutzgebietsfläche ordnen (vgl. Tab. 15-29).

## 15.4 Bewertung der Szenarieneffekte für die kommunale Abwasserentsorgung

### 15.4.1 Prognose der Vorsorgekosten bei kommunalen Abwasserentsorgungsanlagen

Bei der Bewertung der Wohlfahrtseffekte für die kommunale Abwasserentsorgung muss zwischen Effekten unterschieden werden, die durch die Szenarien verändert werden können und solchen, die auf in der Vergangenheit getroffenen Strukturentscheidungen beruhen und nicht mehr durch die Szenarien beeinflusst werden können. Nur die erste Kategorie fließt in die Szenarienbewertung ein. Wie in Kapitel 12.3 schon näher erläutert wurde, zählen hierzu die strengeren Kontrollansprüche an die Abwasserleitungen, die durch die Zone 2 führen. Abweichend von ATV-A 142 (1992) werden bei Kanalsystemen in Zone 3 gegenwärtig keine zusätzlichen Kontrollaufwendungen gefordert[193]. Somit ergeben sich nur Wohlfahrtseffekte im Zuge der vollständigen Auflösung des TWSG. Die weiteren, in Kapitel 12.3 aufgeführten Konfliktpunkte fallen in die zweite Kategorie der Struktureffekte. Dies betrifft die zusätzlichen Bauaufwendungen der Kanalnetze für Ortsnetze von Mockritz und Döbern, die Entsorgungsstruktur insbesondere der Ortsteile Mockritz, Döbern und Repitz (vgl. Abb. 11-3) sowie die Entsorgungsstruktur des Gewerbegebietes Torgau-Nordstraße.

Für die Nutzen-Kosten-Analyse werden bei dem Aufhebungsszenario $TWSG_{Aufl.}$ die wegfallenden Kosten zur Dichtheitsprüfung einbezogen. Hierbei wird von der rechtlichen Vorgabe der StUFA Leipzig ausgegangen, nach der die Kontrollen für innerhalb der TWSZ 2 liegende Kanäle alle zwei Jahre zu erfolgen haben[194]. Nach Wegfall des Schutzstatus wird ein Kontrollintervall von 25 Jahren angenommen entsprechend der EigenkontrollVO (1994). Die Kontrollkosten liegen bei ungefähr 2000 EUR pro Kontrolle[195]. Im Ergebnis führt die Auflösung des gesamten Wasserschutzgebietes zu einer Kostenersparnis von 0,033 Mio. EUR (undiskontiert), welche als Indikator für positive Wohlfahrtseffekte bei der Abwasserentsorgung verwendet werden (vgl. Tab. 15-23).

Bei der Abschätzung der Unsicherheitsspanne wurde im Hinblick auf die Abweichung nach oben davon ausgegangen, dass in der Schutzzone 3a die Vorgabe entsprechend ATV-A

---

193 Mdl. Information Herr Neumann, StUFA Leipzig vom 4.4.2000. Nach ATV-A 142 (1992) ergibt sich ein Inspektionsintervall von 5 Jahren.

194 Mdl. Information Herr Neumann, StUFA Leipzig vom 4.4.2000.

195 Auskunft MAHEMAS PGmbH, Eupen vom 23.9.2001.

142 (1992) einer fünfjährlichen Kontrolle durchgesetzt werden würde. In diesem Fall würden sich die Nettonutzendifferenzen bei $TWSG_{Aufl.}$ verdreifachen. Als untere Grenze wird pauschal 50% des wahrscheinlichen Wertes angenommen (vgl. Anhang-Tab. 15.6-1).

*Tab. 15-23: Regionale Wohlfahrtseffekte bei der kommunalen Abwasserentsorgung (Bezugsbasis $TWSG_{Max.}$)*

| **Diskontrate** | **Regionale Wohlfahrtseffekte** [Mio. EUR] | | | |
|---|---|---|---|---|
| (Basisjahr 2000) | ***TWSG (Max.)*** | ***TWSG (Kompr.)*** | ***TWSG (Min.)*** | ***TWSG (Aufl.)*** |
| **0%** | 0 | 0 | 0 | 0,031 |
| **3%** | 0 | 0 | 0 | 0,020 |
| **5%** | 0 | 0 | 0 | 0,016 |

*Quelle: eigene Berechnungen.*

Bauliche Auswirkungen von Trinkwasserschutzauflagen an die kommunale Abwasserentsorgung wirken sich aufgrund der langen Nutzungsdauer der Anlagen langfristig aus, so dass etwaige Veränderungen in Reaktion auf die Szenarien erst im Rahmen der Erneuerung von Anlagen stattfinden und außerhalb des Bewertungshorizontes liegen. Dennoch wurden wesentliche strukturelle Effekte abgeschätzt, ohne sie in die Szenarienbewertung einzubeziehen vgl. Tab. 15-24).

*Tab. 15-24: Beschreibung der derzeitigen Entsorgungsstruktur von Ortschaften in der TWSZ 3a des TWSG Mockritz und fiktiven Entsorgungsstruktur ohne TWSG*

| **Ortschaft** | **derzeitige Entsorgungsstruktur** | **fiktive Entsorgungsstruktur ohne TWSG*** |
|---|---|---|
| **Repitz** | zentrale Sammlung des Wassers (Trennsystem)<br>Druckleitung nach Torgau (Verlegung in Flow-Tec-Verfahren) und Einleitung in Kläranlage Torgau<br>keine Sammlung und Ableitung von Niederschlagswasser | kein Anschluss der Ortschaft an zentrale Entsorgung<br>Einzelwasserentsorgung durch eine Kleinkläranlage pro Haushalt<br>keine Sammlung und Ableitung von Regenwasser |
| **Mockritz** | zentrale Sammlung des Schmutzwassers;<br>Druckleitung nach Neiden und Einleitung in Teichkläranlage/Oxidationsteich<br>Zusatzkosten durch die Verwendung von Gussrohr im Ortsnetz und durch die sicherere Konstruktion der Druckleitung nach Neiden (PN10)<br>das Regenwasser wird aus dem Bereich von Mockritz, der in der engeren Schutzzone liegt, herausgeführt und in den örtlichen Vorfluter eingeleitet | kein Anschluss der Ortschaft an die zentrale Entsorgung<br>Einzelwasserentsorgung durch eine Kleinkläranlage pro Haushalt<br>es wurde angenommen, dass die Regenwasserentwässerung sich nicht geändert hätte |
| **Döbern** | zentrale Sammlung des Schmutzwassers (Trennsystem); Druckleitung nach Torgau und Einleitung in Kläranlage Torgau<br>Zusatzkosten durch die Verwendung von Gussrohr im Ortsnetz<br>Regenwasserentwässerung über eine 2 km lange Leitung und zentrale Einleitung in den Altarm der Elbe<br>(eine Regenwasseraufbereitungsanlage war ursprünglich geplant, aber dann doch nicht realisiert) | kein Anschluss der Ortschaft an die zentrale Entsorgung<br>Einzelwasserentsorgung durch eine Kleinkläranlage pro Haushalt<br>Sammlung des Regenwassers und Einleitung in den Altarm an mehreren Stellen |

* z.B. Auflösung 1990.

*Quelle: mdl. Informationen Herr Brüssow und Herr Radach, ZV Torgau-Westelbien, 17.3.2000, 13.9.2000, 10.12.2000, mdl. Information Frau Klinger von Klemm & Hensen GmbH, Böhlitz-Ehrenberg am 13.6.2000.*

Die gegenwärtige Entsorgungsstruktur für Abwasser und Regenwasser ist in der ersten Spalte von Tab. 15-24 aufgeführt (vgl. auch Kapitel 12.3). In allen drei Ortschaften Repitz, Mockritz und Döbeln (vgl. Abb. 11-3) werden die häuslichen Abwässer zentral erfasst und entweder zur Kläranlage Torgau oder zur Kläranlage Neiden transportiert. Bei den Ortsnetzen Mockritz und Döbern wurde außerdem haltbareres Material (Gussrohr) verlegt. In Döbern und Mockritz wurde zusätzlich eine zentrale Regenwasserableitung errichtet. Die Investitionen wurden mit Fördersätzen von 53% bis 90% gefördert. Als alternative Entwicklung ohne Trinkwasserschutzgebiet wäre nach Meinung des Abwasserentsorgers eine dezentrale Struktur vorherrschend und die Ortschaften wären nicht so schnell nach der politischen Wende durch die Abwasserentsorgung erschlossen worden. Die Regenwasserableitung wäre zumindest in Döbern einfacher erstellt worden (vgl. Tab. 15-24).

In der Tab. 15-25 wurden beide Alternativen hinsichtlich deren Kostenwirkung verglichen. Die zugrunde liegenden Daten sind in den Anhang-Tab. 15.4-1 bis Anhang-Tab. 15.4-8 aufgeführt. Die Investitionskosten wurden als Annuitäten mit einer Diskontrate von drei Prozent ausgedrückt. Für die Hauskläranlagen wurden Tropfkörpersysteme zugrunde gelegt. Die Förderung der zentralen Erschließung wurde nicht berücksichtigt, es werden daher volkswirtschaftliche Kosten abgebildet.

*Tab. 15-25: Kostenvergleichsschätzung der in Tab. 15-24 aufgeführten Entsorgungsstrukturen als Jahreskosten*

| **Ortschaft** | **Entsorgungsstruktur im TWSG (Status quo)** [EUR $a^{-1}$] | | | **fiktive Entsorgungsstruktur ohne TWSG** [EUR $a^{-1}$] | | | **Differenz*** [EUR $a^{-1}$] |
|---|---|---|---|---|---|---|---|
| | **Annuität** | **Betriebskosten** | **gesamt** | **Annuität** | **Betriebskosten** | **gesamt** | |
| **Repitz** | 51.300 | 9.200 | 60.500 | 21.900 | 9.800 | 31.700 | **-28.800** |
| **Döbern** | 73.600 | 24.400 | 98.100 | 57.000 | 25.200 | 82.200 | **-15.900** |
| **Mockritz** | 48.900 | 13.700 | 62.600 | 42.900 | 19.200 | 62.100 | **-500** |
| **Summe** | 173.800 | 47.300 | 221.100 | 121.800 | 54.100 | 175.900 | **-45.200** |

* Differenz zwischen Gesamtkosten des Status quo und den Gesamtkosten der fiktiven Entsorgung; weitere Erläuterungen im Text.

*Quelle: eigene Berechnungen – vgl. Anhang-Tab. 15.4-1 bis Anhang-Tab. 15.4-8.*

Die Kostenschätzung zeigt niedrigere Jahreskosten für dezentrale Varianten. Dies deutet auf strukturelle Veränderungen infolge der Trinkwasserschutzrestriktionen hin. Jedoch muss diese Aussage vorsichtig interpretiert und dabei die folgenden Überlegungen berücksichtigt werden. Das Szenario der dezentralen Entsorgung ergab sich aus der Verlängerung des Status quo, der zu Beginn der neunziger Jahre vorgefunden wurde. Die Haushalte hätten privat die Dreikammerklärgruben nachrüsten müssen. Inwieweit eine langfristige dezentrale Struktur aus wasserrechtlicher Sicht genehmigungsfähig wäre, kann an dieser Stelle nicht geklärt werden. Denn die dezentrale und die zentrale Entsorgungsvariante unterscheiden sich hinsichtlich der Ablaufqualität deutlich. Eine Optimierung des alternativen Szenarios beispielsweise mit Hilfe von semizentralen Lösungsansätzen (Insellösungen) fand im Rahmen dieser Untersuchung nicht statt. Letztendlich muss noch einmal betont werden, dass diese anderen Strukturen aus rechtlicher Sicht nur unter der Maßgabe der frühzeitigen Auflösung der Schutzzone 3a und somit der Einstellung der Trinkwasserförderung realisierbar gewesen wäre (vgl. DVGW W101 1995, Abschn. 4.1.2.4 und 4.1.2.5).

### 15.4.2 Abwasserbedingtes Risikopotential für das Grundwasser

Das Risikopotential für Grundwasser wird nur für den Fall der Auflösung des Schutzgebietes ($TWSG_{Aufl.}$) diskutiert, da die anderen Szenarien keine Veränderungen bei der Abwasserentsorgung bewirken. Berücksichtigt werden die durch undichte Abwasserkanäle verursachten Stoffeinträge sowie die bakterielle Belastung des Grundwassers. Die bakterielle Belastung wird besonders bei einer Lage innerhalb der Schutzzone 2 hervorgehoben (DVGW W101 1995, Punkt 4.2).

Das generelle Risikopotential $RP_{AW}$ nach Schulz-Terfloth (1998) wurde für alle Abwasserentsorgungssysteme, für die sich rechtliche Änderungen ergeben könnten, mit einem Wert zwischen $1*10^2$ bis $7*10^3$ ermittelt (vgl. Anhang-Tab. 15.4-9). Dies entspricht einem geringen bis mittleren Risikopotential. Hierbei wurden auch die nah an der Zone 2 liegenden Ortschaften Repitz, Döbern und Mockritz berücksichtigt, für welche gegenwärtig keine zusätzlichen Restriktionen gelten, allerdings nach ATV-A 142 (1992) naheliegend wären. Hauptfaktor für das deutliche Risikopotential bildet die Gefahr einer bakteriellen Verunreinigung des Grundwassers. Im Fall von $TWSG_{Aufl.}$ wird diese Gefährdung jedoch irrelevant, da sie an die Trinkwassergewinnung gebunden ist. Nach Abrechnung dieses Risikos läge $RP_{AW}$ zwischen 10 und $7*10^2$ und drückt ein geringes bis kein Risiko aus. Die jeweils ermittelten Obergrenzen gehen von alten und extrem fehlerhaften Rohrleitungen aus (vgl. Schulz-Terfloth 1998, S. 90). Gegenwärtig muss die Kanalisation im Untersuchungsraum aufgrund des geringen Alters als wesentlich sicherer eingestuft werden. Im Falle des Wegfalls der Schutzzonen und einer unwirksamen Durchsetzung der Eigenüberwachung könnte sich jedoch das Risikopotential langfristig dem oberen Wert annähern. Gegenwärtig ist nur die Kontrolle der durch die Zone 2 geführten Druckleitung durch Trinkwasserschutzmaßnahmen geregelt. Bei der Abschätzung der genannten $RP_{AW}$-Werte wurden auch die Ortsnetze der relativ nahe an der TWSZ 2 gelegenen Ortschaften Mockritz, Döbern und Repitz berücksichtigt. Somit muss mit einer noch geringeren Grundwasserbeeinflussung im Zuge einer Gesamtauflösung des TWSG gerechnet werden. Das Risikopotential der Grundwassergefährdung wird als gering eingestuft (vgl. Tab. 15-29).

## 15.5 Bewertung der quantitativen Entwicklung des Grundwasserhaushaltes

Als quantitatives Bewertungskriterium wurde die Differenz aus der jährlichen Grundwasserneubildung (GWN) und der jährlichen anthropogenen Grundwasserentnahme (GWE) gewählt. Die anthropogenen Grundwasserentnahmen umfassen die Grundwasserförderung für die öffentliche Trinkwassergewinnung, gewerbliche Grundwasserentnahmen sowie dezentrale Grundwasserentnahmen durch die Bevölkerung (z. B. Hausbrunnen). Dieser einfache Indikator basiert auf der Idee der Bilanzierung des Grundwasserhaushaltes, bei der sämtlichen Grundwasserzugängen die Grundwasserabgänge gegenübergestellt werden (vgl. LfUG 1996a, S. 15-19).

Der hier zur Anwendung kommende Indikator wird demgegenüber vereinfacht. Indem nur die Grundwasserneubildung und die Grundwasserentnahme bilanziert werden, fallen mehrere Einflussgrößen aus der Betrachtung heraus: Auf der Zuflussseite sind dies etwaige unterirdische Grundwasserzuflüsse sowie die Infiltration aus Oberflächengewässern ins Grundwasser. Bei den Abgängen sind die Grundwasserabflüsse zur Speisung der Oberflächengewässer sowie die unterirdischen Abflüsse in andere Bilanzgebiete zu nennen. Unter den Annahmen, dass die Randbedingungen (GW-Zuflüsse und GW-Abflüsse in andere Bilanzgebiete) und die naturräumlichen Rahmenbedingen konstant bleiben (d. h. konstante Infiltrationsraten der

Oberflächengewässer ins Grundwasser sowie konstante Abflüsse des Grundwassers in Oberflächengewässer), beschreibt der Indikator die Veränderung des GW-Saldos über die Zeit.

Mit diesem Indikator werden vor allem die unter dem Entwicklungsrahmen angesetzten Entwicklungstendenzen dahingehend untersucht, ob sie den Grundwasserhaushalt aus quantitativer Sicht be- und überlasten. Dagegen üben die einzelnen Trinkwasserschutzszenarien keinen Einfluss auf die Grundwasserneubildung bzw. -entnahmen aus und werden nicht mithilfe dieses Indikators verglichen.

Als räumliche Bezugsgröße dient der gesamte Untersuchungsraum Altkreis Torgau. Dieser entspricht relativ gut den beiden hydrologischen Bilanzgebieten Schwarzer Graben und Elbaue (vgl. LfUG 1996a). Die Grundwasserneubildung wurde mit Hilfe des Modells ABIMO (Glugla/Fürtig 1997) modelliert und erfolgte als externe Zuarbeit (vgl. Herzog/Kunze 1999; Volk et al. 2001b; Volk/Geyler[196] 2001). Im Ergebnis (vgl. Tab. 15-26) zeigt sich eine tendenzielle Verringerung der Grundwasserneubildung. Hinter dieser Entwicklung stehen mehrere gegenläufige Trends. Die Siedlungsentwicklung und die Aufforstung bewirken eine Verringerung der Grundwasserneubildung, welche aber teilweise durch die positiven Auswirkungen des Waldumbaus auf die Grundwasserneubildung abgemildert werden (Volk et al. 2001b; Volk/Geyler 2001).

Die Grundwasserentnahmen wurden für die Jahre 1993, 1999 und 2030 erhoben bzw. abgeschätzt. Die Grunddaten zur aggregierten Grundwasserentnahme stehen in Anhang-Tab. 15.5-1. Die hauptsächlichen Entnahmen erfolgen durch die beiden Fernwasserwerke. Für das Jahr 2030 wurden zwei Varianten abgeschätzt. Die wahrscheinliche Variante basiert im Wesentlichen auf der Trinkwasserprognose des SMUL/LfUG (1998, S. 85), die auf das Jahr 2030 übertragen wurde. Die Maximalvariante geht von einer vollständigen Auslastung der Kapazitäten der beiden Fernwasserwerke aus. Im Weiteren wurden die Entnahmen der drei regionalen Wasserwerke, die Entnahmen der Privathaushalte mit Hausbrunnen sowie gewerbliche Wasserentnahmen erhoben bzw. abgeschätzt. Je nach Annahme zur Wasserförderung der Fernwasserwerke nimmt die Grundwasserentnahme langfristig gegenüber 1993 ab oder steigt an (vgl. Tab. 15-26). Bei einer Schließung des Wasserwerkes Mockritz ($TWSG_{Aufl.}$) wird dabei angenommen, dass das Wasserwerk Torgau-Ost entsprechend stärker ausgelastet wird. In dem Fall würde sich die räumliche Lage der Wasserentnahme verändern, nicht jedoch die Summe der Entnahmen.

*Tab. 15-26: Erhobene und abgeschätzte Grundwasserneubildung (GWN) und Grundwasserentnahme (GWE) im Torgauer Raum für 1993 und 2030*

| **Grundwasserveränderung** | | **1993** | **2030** | **Differenz zw. 1993 und 2030** |
|---|---|---|---|---|
| **GWN** [Mio. $m^3 a^{-1}$] | | 91,2 | 89,4 | -1,8 |
| **GWE** [Mio. $m^3 a^{-1}$] | **wahrscheinlicher Wert** | 15,6 | 11,2 | -4,4 |
| | **maximaler Wert** | 15,6 | 25,7 | 10,1 |
| **GWN minus GWE** [Mio. $m^3 a^{-1}$] | **wahrscheinlicher Wert** | 75,6 | 78,2 | 2,6 |
| | **maximaler Wert** | 75,6 | 63,7 | -11,9 |

GWN – Grundwasserneubildung; GWE – Grundwasserentnahme.

*Quelle: eigene Berechnungen auf Grundlage von Volk/Geyler (2001) (s. Anhang-Tab. 15.5-1).*

Im Ergebnis der Differenzbetrachtung von GWN und GWE lassen sich zwei Hauptaussagen treffen. Der Grundwasserhaushalt wird langfristig nicht gefährdet, da die Entnahmen deutlich

196 Der Beitrag von Geyler an der Publikation Volk/Geyler (2001) konzentrierte sich auf die Ermittlung der Grundwasserentnahmen.

unter der Neubildung liegen. In Abhängigkeit von den Annahmen der Fernwasserförderung kann sich der Bilanzwert gegenüber 1993 entweder verbessern oder verringern. Im wahrscheinlichen Fall wird die verringerte GWN infolge der noch stärkeren Rückgänge bei der Fernwasserförderung überkompensiert. Bei der vollständigen Auslastung der Fernwasserwerke verschlechtert sich zwar der Bilanzwert gegenüber 1993, liegt allerdings immer noch im positiven Bereich. Einschränkend muss vermerkt werden, dass mit dem Indikator keine kleinräumigen Probleme des Grundwasserhaushaltes dargestellt werden können (vgl. auch Volk et al. 2001b, Volk/Geyler 2001).

## 15.6 Ergebnis

Zuerst sollen die monetarisierten regionalen Wohlfahrtseffekte zusammenfassend betrachtet werden, die in Tab. 15-27 aufgeführt sind. Die wahrscheinlichen Werte für die szenarienabhängigen Nettonutzendifferenzen liegen im Bereich zwischen -0,5 und 3 Mio. EUR undiskontiert bzw. zwischen 0,8 und 1,6 Mio. EUR diskontiert (Diskontrate 5%). Da diese Wohlfahrtseffekte über einen Bewertungszeitraum von 30 Jahren und mehr anfallen (intertemporale Nutzerkosten), müssen sie als recht gering bezeichnet werden.

Die monetären Ergebnisse stellen die Differenz des betrachteten Szenarios im Vergleich zum Szenario $TWSG_{Max.}$ dar. Hierbei können die Szenarien $TWSG_{Min.}$ und $TWSG_{Kompr.}$ direkt miteinander und mit $TWSG_{Max.}$ verglichen werden. Die Ergebnisse des Szenarios $TWSG_{Aufl.}$ müssen dagegen gesondert betrachtet werden, da sich dieses Szenario aufgrund der damit verbundenen Aufgabe der Trinkwasserförderung vollständig von den anderen unterscheidet.

Das Szenario $TWSG_{Kompr.}$ induziert unabhängig von der Diskontierung eine positive Nettonutzendifferenz, die außerdem stets höher als die Nettonutzendifferenz bei $TWSG_{Min.}$ ausfällt. Es stellt daher das beste Szenario für den Fall dar, dass die Wasserförderung aufrechterhalten werden soll. Die Rangfolge zwischen $TWSG_{Min.}$ und $TWSG_{Max.}$ verändert sich dagegen in Abhängigkeit von der Diskontrate. Legt man die Diskontrate von drei Prozent zugrunde, dann ergibt auch $TWSG_{Min.}$ im Vergleich zu $TWSG_{Max.}$ einen regionalen Wohlfahrtsgewinn. Legt man dagegen die undiskontierten Werte zugrunde, dann wäre die Wahl von $TWSG_{Min.}$ mit einem Wohlfahrtsverlust verbunden. Die Abhängigkeit der Ergebnisse von der Diskontrate ist in der starken Abhängigkeit der zukünftigen Wohlfahrtseffekte bei der Fernwasserversorgung von derselben begründet. Das Szenario $TWSG_{Aufl.}$ führt zu einem positiven Wohlfahrtseffekt, welcher im Vergleich zu den anderen Szenarien am höchsten ausfällt. Allerdings wurden keine intertemporalen Nutzerkosten einbezogen, da dieses Szenario die Beendigung der Fernwasserproduktion voraussetzt.

Neben den wahrscheinlichen Werten wurden für alle in die Bewertung integrierten Wohlfahrtseffekte plausible Unsicherheitsspannen mit jeweils einem oberen und einem unteren Wert angegeben. Die Spannbreite der aggregierten Nettonutzendifferenzen ist in Anhang-Tab. 15.6-1 aufgeführt. Hierbei werden die als höchstmöglich angenommene Wohlfahrtsgewinne für die Landnutzungen mit den als höchstmöglich angenommenen Wohlfahrtsverlusten bei den intertemporalen Nutzerkosten verglichen und umgekehrt.

Gegenüber den wahrscheinlichen Werten ergeben sich hierbei folgende Veränderungen hinsichtlich der Szenarienrangfolgen. Bei den aggregierten Abweichungen nach unten fällt $TWSG_{Min.}$ unabhängig von der gewählten Diskontrate schlechter als $TWSG_{Max.}$ aus. Das Szenario $TWSG_{Kompr.}$ bewirkt dagegen eine positive Wohlfahrtsveränderung im Vergleich zur $TWSG_{Max.}$. Weiterhin führt auch das Szenario $TWSG_{Aufl.}$ zu Wohlfahrtsverlusten, obgleich keine intertemporalen Nutzerkosten berücksichtigt werden. Diese Veränderungen ergeben sich aufgrund der negativen Nutzendifferenzen bei der Landwirtschaft im Zuge einer Verkleinerung/Auflösung des TWSG, welche durch die positiven Effekte bei anderen Landnutzungen nicht kompensiert werden können. Die intertemporalen Nutzerkosten wurden mit Null angenommen.

*Tab. 15-27: Aggregation der regionalen Wohlfahrtseffekte (Bezugsbasis $TWSG_{Max.}$)*

| | Diskontrate | Regionale Wohlfahrtseffekte [Mio. EUR] | | | |
|---|---|---|---|---|---|
| | (Basisjahr 2000) | *TWSG (Max.)* | *TWSG (Kompr.)* | *TWSG (Min.)* | *TWSG (Aufl.)* |
| Teilergebnisse | | **Produzentenrente Landwirtschaft** | | | |
| | **0%** | 0 | 2,1 | 1,2 | 1,8 |
| | **3%** | 0 | 1,4 | 0,8 | 1,2 |
| | **5%** | 0 | 1,1 | 0,7 | 0,9 |
| | | **Wohlfahrtseffekte Fernwasserförderung** | | | |
| | **0%** | 0 | 0 | -2,2 | kein Wert* |
| | **3%** | 0 | 0 | -0,1 | kein Wert* |
| | **5%** | 0 | 0 | 0,0 | kein Wert* |
| | | **Vorsorgekosten Straßen** | | | |
| | **0%** | 0 | 0,0 | 0,0 | 0,8 |
| | **3%** | 0 | 0,0 | 0,0 | 0,5 |
| | **5%** | 0 | 0,0 | 0,0 | 0,4 |
| | | **Vorsorgekosten Heizölanlagen** | | | |
| | **0%** | 0 | 0,3 | 0,4 | 0,5 |
| | **3%** | 0 | 0,2 | 0,3 | 0,3 |
| | **5%** | 0 | 0,1 | 0,2 | 0,2 |
| | | **Vorsorgekosten Betriebstankstellen** | | | |
| | **0%** | 0 | 0,0 | 0,0 | 0,0 |
| | **3%** | 0 | 0,0 | 0,0 | 0,0 |
| | **5%** | 0 | 0,0 | 0,0 | 0,0 |
| | | **Vorsorgekosten Kommunale Abwasserentsorgung** | | | |
| | **0%** | 0 | 0 | 0 | 0,0 |
| | **3%** | 0 | 0 | 0 | 0,0 |
| | **5%** | 0 | 0 | 0 | 0,0 |
| Gesamt | | **Gesamtergebnis** | | | |
| | **0%** | **0** | **2,4** | **-0,5** | **3,2** |
| | **3%** | **0** | **1,5** | **1,0** | **2,1** |
| | **5%** | **0** | **1,2** | **0,9** | **1,6** |
| | | **Gesamtergebnis ohne Wohlfahrtseffekte Fernwasserförderung** | | | |
| | **0%** | 0 | 2,4 | 1,7 | 3,2 |
| | **3%** | 0 | 1,5 | 1,1 | 2,1 |
| | **5%** | 0 | 1,2 | 0,9 | 1,6 |

Teilergebnisse wurden gerundet; Teilergebnisse, die größer als null ausfielen, deren gerundeter Wert aber null beträgt, wurden mit 0,0 angegeben; Teilergebnisse, die ungerundet einen Wert von null haben, wurden mit 0 angegeben;
* annahmegemäß wird die Trinkwasserförderung eingestellt und es ergeben sich keine Wohlfahrtseffekte.

*Quelle: Tab. 15-7, Tab. 15-18, Tab. 15-20, Tab. 15-22, Tab. 15-23.*

Bei den aggregierten Abweichungen nach oben verändert sich die Rangfolge der Szenarien im Vergleich zu den aggregierten wahrscheinlichen Werten nicht. Die Rangfolge zwischen $TWSG_{Min.}$ und $TWSG_{Max.}$ hängt wie bei den wahrscheinlichen Werten von der Diskontrate ab (vgl. auch Tab. 15-27). Allerdings ist es sehr unwahrscheinlich, dass gleichzeitig bei allen

Wohlfahrtseffekten eine gerichtete Abweichung von den wahrscheinlichen Werten auftritt. Daher wurde weiterhin in der Anhang-Tab. 15.6-2 untersucht, inwieweit die plausiblen Unsicherheitsspannen jeweils einer Landnutzung zu einer Veränderung des Gesamtergebnisses führen. Hierfür wurde jeweils bei einer Landnutzung das wahrscheinliche Ergebnis durch den oberen bzw. unteren Wert der Unsicherheitsspanne ersetzt und mit den wahrscheinlichen Werten der anderen Landnutzungen aggregiert. Die sich so ergebenden 12 Gesamtergebnisse (Diskontrate 3%) sind in Abb. 15-4 (die Ergebnisse für die Diskontrate von 0% und 5% in Anhang-Abb. 15.6-1) aufgetragen. Es zeigt sich, dass sich auch die Punktwolken der Szenarien deutlich voneinander abgrenzen und die Rangfolge der wahrscheinlichen Werte im Wesentlichen bestätigen. Vergleicht man nur jeweils die Ergebnisse, die durch die Berücksichtigung derselben Unsicherheitsspanne gewonnen wurden, dann wird abgesehen von einer Reihe (5%ige-Diskontierung, Produzentenrente Landwirtschaft/Unsicherheitsspanne +) (vgl. Anhang-Abb. 15.6-1) die Rangfolge der wahrscheinlichen Werte bestätigt.

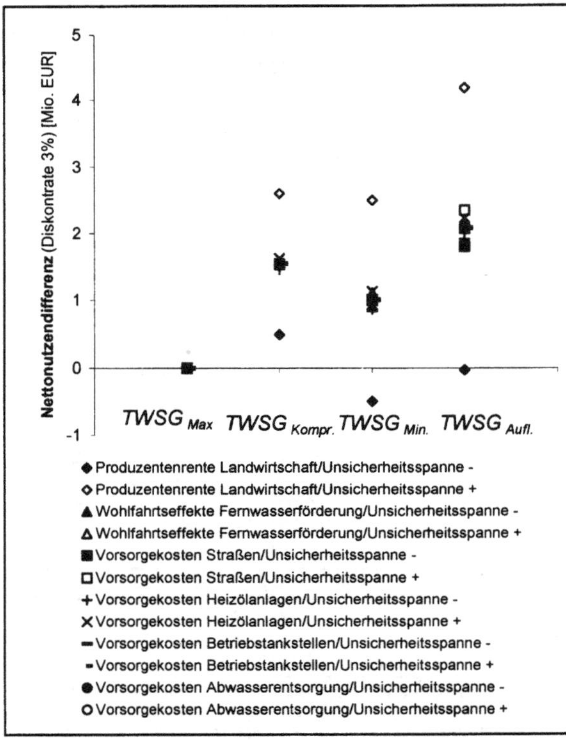


*Abb. 15-4: Nettonutzendifferenzen (Bezugsbasis $TWSG_{Max.}$) unter Berücksichtigung der plausiblen Unsicherheitsschwankungen (Erläuterung im Text)*

Die Szenarienbewertung anhand der ökologischen Indikatoren führte zu folgenden Ergebnissen (vgl. Tab. 15-28 und Tab. 15-29): Mit Ausnahme der Abwasserentsorgung hängt die Rangfolge der Szenarien von der Größe der Schutzfläche ab. Somit fällt *$TWSG_{Max.}$* besser aus als $TWSG_{Kompr.}$ und $TWSG_{Min.}$. $TWSG_{Aufl.}$ bildet das schlechteste Szenario. Bei der kommunalen Abwasserentsorgung ergeben sich Szenarienunterschiede nur hinsichtlich des Szenarios $TWSG_{Aufl.}$ im Vergleich zu $TWSG_{Min.}$. Diese Ergebnisse gelten jedoch nur mit zwei wesentlichen Einschränkungen. Erstens waren die Stickstoffeinträge mit dem Sickerwasser schon im Jahr 1993 auf einem hohen Niveau und steigen laut Prognoserechnung noch weiter an, dass sie auch bei Aufrechterhaltung des Trinkwasserschutzes ($TWSG_{Max.}$) die gesellschaftlichen Zielstellungen deutlich überschreiten. Zweitens fallen die Risikopotentiale der anderen Landnutzungen wesentlich geringer aus, so dass sich zwar die Szenarien unterscheiden, die Unterschiede jedoch nicht deutlich ins Gewicht fallen. Die klarsten szenarienbedingten Unterschiede ergeben sich bei $TWSG_{Aufl.}$. Jedoch fallen bei diesem Szenario die trinkwasserspezifischen Anforderungen an die Landnutzungen weg, und es verändert sich die Bezugsbasis bei der Abschätzung des Risikopotentials. Darüber hinaus erfüllen alle Szenarien die quantitativen Anforderungen gegenüber der Grundwasserressource.

*Tab. 15-28: Szenarienvergleich anhand des Indikators „Nitrateintrag mit dem Sickerwasser“*

| **Nitrateintrag mit dem Sickerwasser** | ***TWSG (Max.)*** | ***TWSG (Kompr.)*** | ***TWSG (Min.)*** | ***TWSG (Aufl.)*** |
|---|---|---|---|---|
| | | **1993** | | |
| **Stickstoff-Auswaschung** [t $a^{-1}$] | 200 | | | |
| **Nitratkonzentration im Sickerwasser** [mg $l^{-1}$] | 55 | | | |
| | | **2030** | | |
| **Stickstoff-Auswaschung** [t $a^{-1}$] | 279 | 309 | 333 | 351 |
| **Nitratkonzentration im Sickerwasser** [mg $l^{-1}$] | 78 | 87 | 94 | 99 |

*Quelle: s. Tab. 15-13.*

*Tab. 15-29: Szenarienvergleich anhand des Indikators „Risikopotential für das Grundwasser“*

| **Risikopotential – Gesamtniveau bzw. Niveau des beeinflussbaren RP** sowie **Szenarienvergleich anhand des Risikopotentials** | | | | | | |
|---|---|---|---|---|---|---|
| **Straßen** – Niveau des gesamten Risikopotentials: sehr gering | | | | | | |
| *TWSG (Max.)* | < | *TWSG (Kompr.)* | < | *TWSG (Min.)* | < | *TWSG (Aufl.)* |
| **Heizölanlagen** – Niveau des gesamten Risikopotentials: gering | | | | | | |
| *TWSG (Max.)* | < | *TWSG (Kompr.)* | < | *TWSG (Min.)* | < | *TWSG (Aufl.)* |
| **Betriebstankstellen** – Niveau des gesamten Risikopotentials: sehr gering | | | | | | |
| *TWSG (Max.)* | < | *TWSG (Kompr.)* | < | *TWSG (Min.)* | < | *TWSG (Aufl.)* |
| **Komm. Abwasserentsorgung** – Niveau des beeinflussbaren Risikopotentials: gering | | | | | | |
| *TWSG (Max.)* | = | *TWSG (Kompr.)* | = | *TWSG (Min.)* | < | *TWSG (Aufl.)* |

Die überregionalen Wirkungen der Szenarien werden in der Tab. 15-30 zusammengefasst. Mit den Szenarien sind gesamtgesellschaftliche Effekte in einer Größenordung zwischen 6 und 15,5 Mio. EUR (diskontiert mit 5%) bzw. zwischen 13,3 und 31 Mio. EUR (undiskontiert) verbunden. Die überregionalen Effekte übersteigen in ihrer Dimension die regionalen Wirkungen.

Die Rangfolge der Szenarien gemäß den überregionalen Wohlfahrtswirkungen (vgl. Tab. 15-30), aber auch gemäß der Summe der regionalen und überregionalen Wohlfahrtswirkungen (vgl. Tab. 15-31) entspricht der szenarienbedingt aus dem Schutzstatus entlassenen Fläche. Je größer die aus dem Trinkwasserschutz entlassene Landfläche ist, desto höher fallen die überregionalen und gesamtgesellschaftlichen monetären Effekte aus. Diese Rangfolge wird nicht durch die Diskontierung beeinflusst.

*Tab. 15-30:Aggregation der überregionalen Wohlfahrtseffekte (Bezugsbasis $TWSG_{Max.}$)*

| | **Diskontrate** | **Überregionale Wohlfahrtseffekte** [Mio. EUR] | | | |
|---|---|---|---|---|---|
| | (Basisjahr 2000) | ***TWSG (Max.)*** | ***TWSG (Kompr.)*** | ***TWSG (Min.)*** | ***TWSG (Aufl.)*** |
| **Teilergebnisse** | | **Ausgleichszahlungen an Landwirte in TWSG** | | | |
| | **0%** | 0 | 14,0 | 22,7 | 31,6 |
| | **3%** | 0 | 9,1 | 14,7 | 20,4 |
| | **5%** | 0 | 7,1 | 11,5 | 16,0 |
| | | **Zuwendungen für Umweltgerechte Landwirtschaft** | | | |
| | **0%** | 0 | -0,9 | -2,4 | -3,2 |
| | **3%** | 0 | -0,7 | -1,7 | -2,2 |
| | **5%** | 0 | -0,6 | -1,4 | -1,8 |
| | | **Förderzahlungen für Kreis- und Gemeindeverbindungsstraßen** | | | |
| | **0%** | 0 | 0,0 | 0,1 | 2,5 |
| | **3%** | 0 | 0,0 | 0,0 | 1,6 |
| | **5%** | 0 | 0,0 | 0,0 | 1,3 |
| | | **Vorsorgekosten für Staats- und Bundesstraßen** | | | |
| | **0%** | 0 | 0,2 | 0,3 | 0,3 |
| | **3%** | 0 | 0,1 | 0,2 | 0,2 |
| | **5%** | 0 | 0,1 | 0,1 | 0,2 |
| **Gesamt** | | **Gesamtergebnis** | | | |
| | **0%** | **0** | **13,3** | **20,6** | **31,2** |
| | **3%** | **0** | **8,5** | **13,2** | **20,0** |
| | **5%** | **0** | **6,6** | **10,3** | **15,5** |

Teilergebnisse wurden gerundet; Teilergebnisse, die größer als null ausfielen, deren gerundeter Wert aber null beträgt, wurden mit 0,0 angegeben; Teilergebnisse, die ungerundet einen Wert von null haben, wurden mit 0 angegeben.

*Quelle: Tab. 15-10, Tab. 15-21, verändert.*

*Tab. 15-31:Summe aus regionalen und überregionalen Wohlfahrtseffekten (Bezugsbasis $TWSG_{Max.}$)*

| **Diskontrate** | **Gesamt-Wohlfahrtseffekte** [Mio. EUR] | | | |
|---|---|---|---|---|
| (Basisjahr 2000) | ***TWSG (Max.)*** | ***TWSG (Kompr.)*** | ***TWSG (Min.)*** | ***TWSG (Aufl.)*** |
| **0%** | 0 | 15,7 | 20,1 | 34,4 |
| **3%** | 0 | 10,1 | 14,2 | 22,1 |
| **5%** | 0 | 7,8 | 11,1 | 17,2 |

*Quelle: Tab. 15-27, Tab. 15-30.*

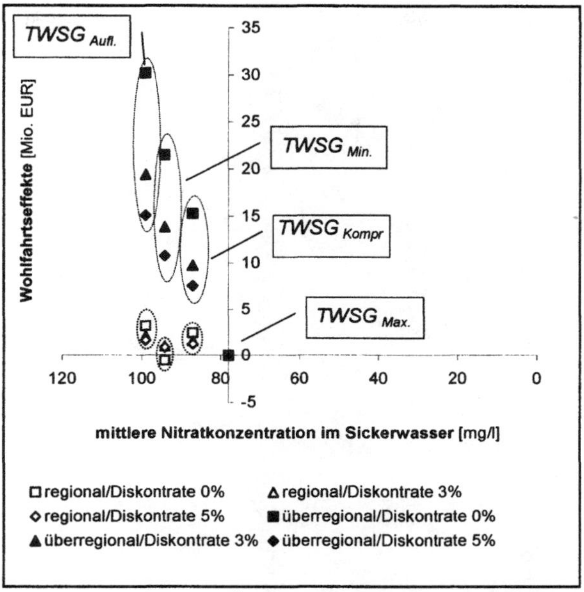


Die Umrandung der Wertegruppen dient der besseren Übersichtlichkeit und fasst die Werte der einzelnen Szenarien zusammen.

*Abb. 15-5: Kombinierter Vergleich der Szenarienergebnisse anhand der Indikatoren „mittlerer Nitrateintrag mit dem Sickerwasser" (dargestellt als Nitratkonzentration im Sickerwasser) und „regionale und überregionale Wohlfahrtswirkungen"*

In Abb. 15-5 wurden die wahrscheinlichen Werte der zwei Indikatoren „mittlerer Nitrateintrag mit dem Sickerwasser" (dargestellt als Nitratkonzentration im Sickerwasser) für 2030 und „regionale und überregionale Wohlfahrtswirkungen" zur Szenarienbewertung kombiniert. Der Schnittpunkt der beiden Achsen ist so gewählt, dass er das Szenarienergebnis für $TWSG_{Max.}$ überlagert. Die Abbildung fasst die Ergebnisse noch einmal zusammen:

Die Ausgangssituation ($TWSG_{Max.}$) ist durch hohe Nitrateinträge gekennzeichnet, obwohl dieses Szenario den Trinkwasserschutz maximiert. Weiterhin übertreffen die überregionalen Wohlfahrtseffekte die regionalen Wohlfahrtswirkungen.

Aus regionaler Perspektive stellt das Szenario $TWSG_{Kompr.}$ hinsichtlich beider Indikatoren eine Verbesserung gegenüber dem Szenario $TWSG_{Min.}$ dar und ist diesem vorzuziehen. Die Stellung von $TWSG_{Kompr.}$, $TWSG_{Min.}$ (außer bei den undiskontierten Werte) und $TWSG_{Aufl.}$ gegenüber dem ursprünglichen Szenario $TWSG_{Max.}$ zeigen einen Trade-off zwischen den Indikatorwerten. Eine deutliche Zunahme des Nitrateintrages um Werte zwischen 10% ($TWSG_{Kompr.}$) und nicht ganz 30% ($TWSG_{Aufl.}$) stehen relativ niedrige Wohlfahrtsgewinne gegenüber.

Aus überregionaler Perspektive fallen die positiven monetären Effekte deutlich größer aus, die im Zuge der Erhöhung der Nitratemissionen erreicht werden. Sowohl der Nitrateintrag als auch die monetäre Kostenersparnis nimmt mit Verkleinerung der Schutzfläche zu.

# 16 Diskussion der ökonomisch-ökologischen Bewertungsergebnisse

## 16.1 Methodische Diskussion

Der erste Teil der Diskussion beschäftigt sich mit der Frage, wie realistisch die getroffenen Annahmen ausfallen. Da der gewählte Bewertungsansatz „im Namen der Individuen" notwendigerweise auf Annahmen aufbaut, hängt dessen Bewertungskraft von der Realitätsnähe der Annahmen ab. Die folgenden Ausführungen konzentrieren sich auf die landwirtschaftlichen Effekte, da diese den größten Einfluss auf das Bewertungsergebnis ausüben. Die Bewertungsannahmen und Ergebnisse werden mit empirischen Messungen aus den Sächsischen Grundwassermessnetzen und Bodenuntersuchungen (z. B. LfUG 2002; LfL 2005) sowie mit empirischen Ergebnissen aus weiteren Forschungsprojekten (z. B. Nestler et al. 2003; Fiedler 2005) verglichen.

### 16.1.1 Stickstoffauswaschung unter Waldböden

Im Rahmen der Bewertung wurde eine hohe Stickstoffauswaschung mit dem Sickerwasser prognostiziert, welche über die Zeit weiter zunimmt. Hierbei sind die Annahmen zur langfristig steigenden Stickstoff-Auswaschung unter Waldböden (vgl. Abb. 15-2) von entscheidender Bedeutung für diese Zunahme zwischen 1993 und 2030 (vgl. Tab. 15-13). Die angenommenen Stickstoff-Auswaschungsraten für 1993 entsprechen ungefähr den gegenwärtig gemessenen Werten. Die Annahmen für 2030 liegen deutlich über diesen (vgl. LfUG 2002, S. 39-42; Hirt 2002, S. 145-148). Als zentraler Einflussfaktor auf den steigenden Austrag unter Waldböden wurde die eintretende Stickstoffsättigung der Waldböden infolge der Stickstoffdeposition aus der Luft genannt (vgl. Kapitel 15.1.2.1). Die Stickstoffsättigung in Waldböden wird durch LfUG (2002, S. 40) bestätigt, und gleichzeitig wird auch ein ansteigender Trend der Nitratkonzentration unter Waldstandorten angezeigt (LfUG 2002, S. 40). Die Höhe der Luftdeposition wird gegenwärtig noch diskutiert (vgl. LfUG 2002, S. 36; Krönert 2002). Für die Arbeit wurden neue, noch nicht flächendeckend überprüfte Erkenntnisse angesetzt (60 kg $ha^{-1}$ $a^{-1}$), welche doppelt so hoch wie die standardmäßig angesetzten Werte (vgl. Hirt 2002) ausfallen. Um die Wirkung dieser Annahme auf das Bewertungsergebnis zu diskutieren, wurden für die Landnutzung Wald die Stickstoff-Auswaschungsraten von 1993 auf 2030 übertragen. Auch in diesem Fall liegen die mittleren Nitratkonzentrationen im Sickerwasser, bezogen auf das Trinkwassereinzugsgebiet, bei mindestens 50 mg $l^{-1}$ (für $TWSG_{Max.}$) und somit in einem gesellschaftlich nicht gewünschten Bereich. Weiterhin verdeutlicht die Tab. 15-17, dass auch für Stickstoff-Auswaschungsraten, wie sie für 1993 angenommen wurden, das Rohwasser in den Trinkwasserbrunnen hohe Nitratkonzentrationen aufweisen würde, wenn keine Denitrifikationsprozesse stattfänden. Würden aus Waldböden langfristig geringere Stickstoffmengen als angenommen ausgewaschen, dann würde das gesparte Denitrifikationspotential in einem geringeren Maße als prognostiziert in Anspruch genommen. In dem Fall, dass die Emissionsraten unter Wald nicht weiter steigen, verlängerte sich der Zeitraum $\Delta t$ (vgl. Abb. 15-3) für die Szenarien $TWSG_{Max.}$ und $TWSG_{Kompr.}$ um ungefähr 50% (vgl. Anhang-Tab. 15.1-19). Diese Veränderung liegt im Bereich der betrachteten Unsicherheitsschwankungen.

Die Annahme der hohen Luftdeposition stellt somit keine, die Grundaussage der Bewertung beeinflussende Annahme dar. Sollte jedoch die Nitratemission aus Waldböden annahmegemäß stark steigen, dann würden sich Waldstandorte zu problematischen Landnutzungen aus Sicht des räumlich differenzierten Trinkwasserschutzes entwickeln. Im Gegensatz zu landwirtschaftlichen Flächen kann die Stickstoffauswaschung unter Wald nicht einfach durch Bewirtschaftungsrestriktionen beeinflusst werden.

### 16.1.2 Vergleich der prognostizierten Nitratemissionen mit Messergebnissen

Die Bewertungsergebnisse zur Nitratkonzentration im Sickerwasser beruhen auf Modellrechnungen. Als generelles Problem derartiger Modellergebnisse werden ihre Differenzen mit empirischen Messergebnissen aufgeführt. Dies trifft auch für Prognosemodelle für die Stickstoff-Auswaschung zu (vgl. Nestler et al. 2003, S. 232-233). Von Nestler et al. (2003, S. 232) wurden im Sickerwasser unter Aueböden des TWSG Mockritz Nitratkonzentrationen von ungefähr 60 mg $l^{-1}$ gemessen. Dieser empirische Wert stimmt gut mit Modellergebnissen für die Aueböden (vgl. Tab. 15-12) überein. Weiterhin wurden in Drainagesystemen, welche die Hochfläche in der TWSZ3b westelbig entwässern, Nitratkonzentrationen von bis zu 250 mg$l^{-1}$ gemessen (Nestler et al. 2003, S. 232). Auch diese Werte stimmen mit den hohen Prognosewerten für Heideböden bei ackerbaulicher Nutzung überein (vgl. Tab. 15-12). Fiedler (2005, S. 126) fand empirische Nitratwerte von zwischen 30 bis 80 mg $l^{-1}$ im Sickerwasser (konstant 30-40 mg $l^{-1}$) unter landwirtschaftlichen Flächen eines anderen TWSG. Die in dieser Arbeit verwendeten Prognosewerte stehen somit nicht im Widerspruch zu den Literaturangaben. Allerdings ist die Versickerung zwischen Oberboden und Grundwasserkörper ein langsamer Prozess, so dass zwischen dem Nitrataustrag aus dem Oberboden, welcher mit dem Indikator Nitratqualität im Sickerwasser dargestellt wurde, und den in der Literatur dargestellten Messwerten deutliche Zeitspannen vergehen können. Nestler et al. (2003, S. 233) weisen im untersuchten TWSG auf lokale Versickerungszeiten von mehr als 20 Jahren hin. Das heißt, dass die in den aufgeführten empirischen Studien gemessene Sickerwasserqualität teilweise noch von der Landbewirtschaftung vor 1990 verursacht wurde[197]. Insofern sind die oben aufgeführten Vergleiche nur bedingt aussagekräftig.

Franko et al. 2001 weisen im Zuge der in dieser Arbeit genutzten Modellprognosen darauf hin, dass die Prognosewerte nur für eine Situation gelten, in der der Boden in Reaktion auf Bewirtschaftungsveränderungen wieder ein Gleichgewicht erreicht hat. Hierzu wären jeweils mehrere Dekaden erforderlich, in denen die Bewirtschaftung ohne Änderungen verläuft. Da in der Realität über derartige Zeiträume kein landwirtschaftliches Bewirtschaftungsszenario konstant bleibt, führt diese Annahme zu Unsicherheit der Prognoseergebnisse, sowohl beim Indikator Nitratkonzentration im Sickerwasser als auch bei der darauf aufbauenden Abschätzung der intertemporalen Nutzerkosten.

### 16.1.3 Bewertung der Wirksamkeit der Schutzzonen

Es stellt sich die Frage, wie die prognostizierten Nitrateinträge bewertet werden müssen. Die Bewertung verweist auf hohe Konzentrationen im Sickerwasser, sowohl 1993 als auch 2030, und auf eine geringe Wirkung der Trinkwasserschutzzonen. Die Wirkung des Trinkwasserschutzes wird in der Literatur unterschiedlich beschrieben. LfUG (2002, S. 39) zeigt, dass mittlere Nitratgehalte von Brunnen der sächsischen Grundwassermessnetze in TWSG zwischen 40 und knapp über 50 mg $l^{-1}$ und somit zwar hoch, aber deutlich niedriger als die Werte außerhalb von TWSG (75-80 mg $l^{-1}$) liegen (gemessen in den Jahren 1998-2000). Aufgrund der zeitlichen Verzögerung zwischen Nitratauswaschung aus dem Oberboden und Nitrateintrag ins Grundwasser lassen sich allerdings keine Schlüsse auf die Wirksamkeit der gegenwärtigen Schutzrestriktionen ziehen, da die gemessenen Nitratkonzentrationen durchaus noch von früheren Bewirtschaftungsintensitäten her stammen können.

Darüber hinaus wurde eine deutliche Rangfolge der Nitrat-Stickstoffgehalte ($N_{min.}$) im Boden in Abhängigkeit von der Bewirtschaftungsintensität gefunden (LfL 2005, S. 19). Entspre-

197 Fiedler (2005, S. 95) verweist auf ähnliche zeitliche Dimensionen der Versickerung.

chend dieser Quelle liegen die Ergebnisse bei der konventionellen Bewirtschaftung über denen von Ackerflächen, welche entsprechend den Vorgaben des integrierten Ackerbaus/Grundförderung ($iA_{GF}$) bewirtschaftet wurden, und diese wiederum über Flächen des integrierten Ackerbaus/Zusatzförderung 1 ($iA._{GF+Z1}$). Für die Landwirtschaft in TWSG wurden noch niedrigere Werte gefunden. Allerdings wurden die Unterschiede zwischen den Landbewirtschaftungskategorien als teilweise nicht signifikant beschrieben (LfL 2005, S. 19). Ein Vergleich von Trinkwasserschutzmaßnahmen im Hinblick auf die Nitratkonzentration im Sickerwasser wurde in der Literatur nicht gefunden. Trotzdem lässt sich feststellen, dass die Literaturangaben nicht im Widerspruch zu den Prognosewerten stehen.

### 16.1.4 Beurteilung der Denitrifikation

Von entscheidender Bedeutung bleibt die Beurteilung der Denitrifikation. Dass die Denitrifikation einen entscheidenden Prozess darstellt, durch den die gegenwärtige Grundwasserqualität von der Belastung abkoppelt wird, wird von mehreren Arbeiten im mitteldeutschen Raum beschrieben (Wendland 1992, S. 121; Fiedler 2005, S. 122 u. 139; Haferkorn et al., S. 57; Nestler et al. 2003, S. 223). Denitrifikation kann sowohl in den oberen Bodenschichten, z. B. bei Aueböden, während der Passage des Sickerwassers zum Grundwasserleiter und im Grundwasserleiter selbst stattfinden (vgl. Fiedler 2005, S. 127, Nestler et al. 2003, S. 232-237).

In der Literatur wird sowohl auf den hohen Grad an Irreversibilität dieser Prozesse hingewiesen als auch auf die Tatsache, dass es zu sogenannten Nitratdurchbrüchen kommen kann, wenn das Denitrifikationspotential aufgebraucht ist (vgl. z. B. Wendland/Kunkel 1999, S. 23; Schmidt et al. 2001a). Es wurde jedoch bisher keine Studie gefunden, welche die intertemporalen Nutzerkosten einer unterschiedlich starken Inanspruchnahme dieser Grundwasserleistung in die Bewertung integriert. Eine eingehende Untersuchung der ökonomischen Konsequenzen dieser Ressourcenabnutzung steht noch aus. Beispielsweise bewertete Fiedler (2005, S. 136-140) Bewirtschaftungsszenarien hinsichtlich des Einflusses auf das Grundwasser und auf das Rohwasser von Wasserbrunnen. Hierbei bezog er Denitrifikationsprozesse ein, ohne auf deren besondere Eigenschaften einzugehen. Eine Begründung für die Vernachlässigung der zukünftigen Effekte wurde nicht gegeben. Der Vorrat an Denitrifikationspotential und somit die Dauer dieser Prozesse beeinflussen die Bewertung von Schutzstrategien. Als Voraussetzung für eine gesellschaftspolitische Diskussion wäre es daher notwendig, die Grundwasserleiter flächendeckend hinsichtlich ihres Vorrates an Denitrifikationspotential zu vergleichen (vgl. Wendland 1992, S. 123).

### 16.1.5 Landwirtschaftliches Flächeneinkommen

Teilaspekte der in die Prognose des landwirtschaftlichen Flächeneinkommens eingehenden Annahmen können Ergebnissen aus aktuellen Publikationen gegenübergestellt werden. Zum einen wurden mit LfL (2005) Ergebnisse der wissenschaftlichen Begleitung des landwirtschaftlichen UL-Programms publiziert. Zum anderen wurden durch das SMUL (o. J.) Kalkulationstabellen für die Berechnung von Ausgleichszahlungen in Trinkwasserschutzgebieten veröffentlicht. Die Annahmen und Ergebnisse dort unterscheiden sich teilweise deutlich von den in die Bewertung eingeflossenen Annahmen.

Einen direkten Vergleich ließen nur die Literaturangaben zu den Erträgen sowie die Angaben zur Ertragsreduktion bei Teilnahme am UL-Programm bzw. durch Trinkwasserschutzrestriktionen zu. Die Literaturangaben zu den Erträgen ließen sich dabei nur teilweise mit den in die Bewertung integrierten Erträgen vergleichen, da sich die zugrunde liegenden Bodenfruchtbarkeiten teilweise unterschieden. Für die Ertragseinbußen der Landwirte im UL-Programm bzw. bei Trinkwasserschutzrestriktionen gingen die Literaturwerte von vergleichsweise niedrigen Differenzen aus. Allerdings deckten sich in diesem Punkt die Ergebnisse der beiden genutzten Quellen nicht (vgl. LfL 2005, Anl. 28; SMUL o. J.). Im Rahmen der Unsicherheitsbetrachtung wurden die eigenen Bewertungsannahmen an die Literaturaussagen angepasst. Im Ergebnis verringerten sich einerseits die Nettonutzendifferenzen teilweise deutlich, so dass eine Verkleinerung des Trinkwasserschutzgebietes, sowohl durch $TWSG_{Kompr.}$ als auch durch $TWSG_{Min.}$, mit Nettonutzenverlusten verbunden war. Sie gingen über die gewählten Unsicherheitsspannen (vgl. Tab. 15-11) hinaus. Andererseits blieben die Rangfolgen zwischen $TWSG_{Kompr.}$ und $TWSG_{Min.}$ stabil. $TWSG_{Kompr.}$ erwies sich dabei immer als die vergleichsweise bessere Lösung. Somit widersprechen die Literaturangaben nicht der Grundaussage des Bewertungsergebnisses. Für einen tiefgründigeren Vergleich der Literaturwerte mit den eigenen Bewertungsergebnissen wären allerdings detaillierte Angaben zur Methodik und zu den in der Literatur getroffenen Annahmen notwendig.

### 16.1.6 Eignung des ökonomisch-ökologischen Bewertungsansatzes

Bei der theoretischen Diskussion zu der Frage, durch welche Aussagen ökologische Bewertungsansätze die ökonomische Bewertung ergänzen können, wurden in Kapitel 9.2 mehrere Bewertungsperspektiven aufgeführt. Genannt wurde die Eignung der ökologischen Bewertung als (Hilfs-)Indikator der Effizienzbewertung bei den Fällen, bei denen keine Ableitung von aussagekräftigen monetären Indikatoren möglich ist bzw. bei denen eine Bewertung unter Unsicherheit erfolgt. Weiterhin eignen sich ökologische Bewertungsaussagen als Indikator für intra- und intergenerationelle Verteilungseffekte sowie als Indikator, um weitere gesellschaftliche Zielsetzung zu berücksichtigen. Im Rahmen der vorgelegten empirischen Arbeit diente die ökologische Bewertung zum Teil der Ergänzung der Effizienzaussage. Mithilfe des Vergleiches der Risikopotentiale konnten die Landnutzungen hinsichtlich ihrer Grundwassergefährdung verglichen werden. Es wurde gezeigt, dass aufgrund des niedrigen generellen Grundwasserbelastungspotentials eine Monetarisierung der szenarienbedingten Veränderungen der Grundwasserbelastung durch Straßen, Heizölanlagen, Betriebstankstellen und Abwasserentsorgung nicht notwendig ist.

Größere Bedeutung hatte die Interpretation der ökologischen Bewertungsaussagen aus Sicht der Verteilungsgerechtigkeit des kritischen Naturpotentials Grundwasserqualität, wobei hier dem Indikator „mittlerer Nitrateintrag mit dem Sickerwasser" die wichtigste Rolle zukam. Es zeigte sich, dass gegenwärtig der Nitrateintrag mit dem Sickerwasser flächendeckend als zu hoch eingestuft werden muss. Außerdem wirken die Schutzrestriktionen im TWSG nicht stark genug, um einen ausreichenden Schutz des Grundwassers zu gewährleisten, ohne dass natürliche Reinigungsprozesse in Anspruch genommen werden müssen. Daher wirken sich die Trinkwasserschutzrestriktionen kurz- bis mittelfristig kaum auf den Nitratgehalt im Grundwasser aus. Bei der Bewertung muss daher von der Annahme ausgegangen werden, dass in Zukunft bei einer Beibehaltung der Belastung sich die Grundwassersituation verschlechtern wird.

Diese relativ einfachen Bewertungsaussagen eröffnen doch die Möglichkeit, die intergenerationelle Verteilung des Denitrifikationspotentials als Beitrag zum nachhaltigen Schutz des Grundwassers einer gesellschaftlichen Diskussion zuzuführen. Hierzu scheint sich am ehesten der deontologische Nachhaltigkeitsansatz (z. B. Howarth 1997b; Page 1997) zu eignen, der den Erhalt von Ressourcen in einem Umfang fordert, um den zukünftigen Generationen ein gleiches Nutzenniveau wie der gegenwärtigen Generation zu sichern (vgl. Kapitel 6.4.2). Mit diesem Ansatz wird ein Gegengewicht zur wohlfahrtsökonomischen Bewertung der intertemporalen Nutzerkosten gebildet, welche auf eine Vielzahl von Annahmen zurückgreifen musste, um diese monetär auszudrücken. Gleichzeitig konnte mithilfe einer vereinfachten Bilanzrechnung auch die Frage der quantitativen Sicherung des Grundwassers beurteilt werden. Hierbei traten keine gravierenden Probleme auf. Neben intergenerationellen Verteilungsaspekten wird durch die Bewertung der Nitratkonzentrationen im Sickerwasser auch die Frage nach der intragenerationellen Verteilung der Kosten für den landwirtschaftlichen Grundwasserschutz aufgeworfen. Auf diesen Punkt wird weiter unten noch eingegangen.

Zwei Aspekte spielten im Zuge dieser Bewertung nur eine geringe Rolle: ökologische Bewertungsansätze als Knappheitsindikatoren für die Entwicklung von Grundwasserfunktionen gegenüber anderen Ökosystemen und ökologische Bewertungsansätze als Möglichkeit zur Integration von weiteren gesellschaftlichen Zielsetzungen. Bei der Bewertung der Auswirkung von Grundwasserveränderungen auf Ökosysteme ergaben sich zwei Schwierigkeiten. Einerseits weisen die obersten Grundwasserschichten teilweise schon sehr hohe Nitratgehalte auf (vgl. Nestler et al. 2003, S. 223; s. Kapitel 11.2.2). Diese oberflächennahen Grundwasserschichten üben den größten Einfluss auf die grundwasserabhängigen Ökosysteme aus, während die Veränderungen der Nitratgehalte im Sickerwasser und der Verbrauch des Denitrifikationspotentials sich eher auf die tieferen Grundwasserschichten auswirken werden. Daher ließen sich für den konkreten Bewertungsfall keine szenarienspezifischen Aussagen zum Einfluss auf Ökosysteme ableiten. Andererseits wurde in Kapitel 13.3 schon betont, dass die genutzten Belastungsindikatoren die zeitliche Dimension etwaiger Veränderungen von Grundwasserfunktionen und -diensten nicht erfassen können.

Die gesellschaftliche Zielsetzung des Besorgnisgrundsatzes bei der Ausgestaltung von Trinkwasserschutzgebieten ließe sich prinzipiell mithilfe der ökologischen Indikatoren „Nitrateintrag mit dem Sickerwasser" und „Risikopotential für das Grundwasser" in die Bewertung einbeziehen. Aus Platzgründen wird auf eine Diskussion der ökologischen Bewertungsergebnisse aus dieser Perspektive verzichtet. Der Gedanke des Besorgnisgrundsatzes geht jedoch in den oben aufgeführten Ansatz des nachhaltigen Trinkwasserschutzes mit ein.

Abschließend muss noch einmal auf die normative Aussagekraft der Bewertung eingegangen werden. Im Theorieteil (Kapitel 3 bis 8) wurde herausgestellt, dass Nutzen-Kosten-Analysen von Grundwasserschutzoptionen eine geringe normative Aussagekraft aufweisen. Dies trifft auch für die in dieser Arbeit erfolgte Bewertung zu, die auf vielfältige Annahmen durch den Autor zurückgreifen muss. Somit ersetzt das Bewertungsergebnis nicht die politischen Entscheidungsträger, da es nicht das gesellschaftlich wünschenswerte Ziel vorgibt. Die Bedeutung des Bewertungsergebnisses liegt vor allem darin, dass es die politische Entscheidung unterstützt oder auf Widersprüche zur politischen Entscheidung hinweist. Dann wäre es notwendig, dass die politischen Entscheidungsträger ihre Annahme und Präferenzen offen legen, um die Widersprüche zu diskutieren. Die ökologischen Bewertungsansätze unterscheiden sich hinsichtlich ihrer normativen Bedeutung von dem ökonomischen Bewertungsansatz, da sie auf gesellschaftlich formulierte Werturteile zurückgreifen müssen (vgl. Kapitel 9.1.4). Mit der vorliegenden Bewertung wurden gesellschaftliche Bewertungsdefizite aufgezeigt, welche vor allem intragenerationelle und intergenerationelle Verteilungsfragen des Grundwasserschutzes betreffen.

## 16.2 Inhaltliche Diskussion und Schlussfolgerungen

Im folgenden und abschließenden Teil sollen die Ergebnisse von Kapitel 15 aufgegriffen werden, um die am Anfang des empirischen Teils in Kapitel 11.5 aufgeworfenen Bewertungsfragen zu beantworten. Hierfür werden zunächst die regionalen und danach die überregionalen

Effekte betrachtet. Anschließend werden die Auswirkungen der Veränderungen rechtlicher Rahmenbedingungen auf das Bewertungsergebnis analysiert und diskutiert, bevor ein die Arbeit abschließendes Fazit gezogen wird.

### 16.2.1 Diskussion der Szenarienergebnisse

#### 16.2.1.1 Diskussion der Szenarienergebnisse aus regionaler Perspektive

Die regionalen und überregionalen Bewertungsergebnisse wurden in Kapitel 15.6 zusammengefasst. Sie bezogen sich auf die vier in Kapitel 14 abgeleiteten Szenarien, die sich im Ausmaß der Reduktion des TWSG Mockritz unterscheiden. Die Höhe der regionalen Wohlfahrtseffekte, die durch die Szenarien induziert werden, fällt insgesamt relativ niedrig aus. Zur Interpretation der monetären Wirkungen lassen sich die bewerteten Effekte in drei Gruppen aufteilen: die regionalen Wohlfahrtseffekte bei der Landwirtschaft (vgl. Kapitel 15.1.1), die regionalen Wohlfahrtseffekte bei den restlichen Landnutzungen (vgl. Kapitel 15.2-15.4) sowie die intertemporalen Nutzerkosten (vgl. Kapitel 15 1.3). Diese werden im Folgenden näher erläutert.

*Regionale Wohlfahrtseffekte bei der Landwirtschaft*

Die regionalen Wohlfahrtseffekte für die Landwirtschaft hängen nicht allein von der Flächengröße ab, welche aus dem Trinkwasserschutzgebiet ausgegliedert wird, sondern auch von der Bodenqualität der Fläche (vgl. Tab. 15-8). Auf schlechten Böden, den Heideböden, welche insbesondere in der westelbigen Schutzzone 3b vorkommen, werden die Landwirte für die Trinkwasserschutzrestriktionen tendenziell überkompensiert. Ein Wegfall der Schutzrestriktionen und der Ausgleichszahlungen führt bei den dort wirtschaftenden Landwirten zu Einkommensrückgängen. Demgegenüber führt bei Landwirten, die über gute Böden verfügen, ein Wegfall der Schutzrestriktionen zu positiven Effekten. Bei den Wohlfahrtswirkungen hinsichtlich der Landwirtschaft ist daher das Szenario $TWSG_{Kompr.}$ immer günstiger als $TWSG_{Min.}$, da die leichten Böden (TWSZ 3b) im Trinkwasserschutzgebiet verbleiben. Das Szenario $TWSG_{Kompr.}$ schneidet aufgrund desselben Effektes auch besser als die Gesamtauflösung des TWSG ($TWSG_{Aufl.}$) ab (vgl. Tab. 15-7 u. Tab. 15-27).

Gegenüber $TWSG_{Max.}$ führen beide Szenarien, welche das Schutzgebiet verkleinern, zu einem Wohlfahrtsgewinn (vgl. Tab. 15-7 u. Tab. 15-27). Allerdings ist diese Aussage nicht sehr robust. Die Unsicherheitsbetrachtung (vgl. Anhang-Tab. 15.1-12 und Anhang-Tab. 15.1-13) zeigte eine große Sensitivität dieser Ergebnisse gegenüber Veränderungen der Eingangsgrößen, so dass zumindest bei $TWSG_{Min.}$ sogar Wohlfahrtsverluste im Vergleich zu $TWSG_{Max.}$ nicht ausgeschlossen werden können, während der Wohlfahrtsgewinn bei $TWSG_{Kompr.}$ im ungünstigen Falle zumindest sehr niedrig ausfällt. Die Sensitivität der landwirtschaftlichen Wohlfahrtseffekte gegenüber Unsicherheitsschwankungen erklärt sich dadurch, dass die Erträge und Erlöse in der Landwirtschaft starken Schwankungen unterworfen sind (Wetterbedingungen, Veränderungen im EU-Agrarmarkt), die Ausgleichszahlungen jedoch nicht jährlich an derartige Schwankungen angepasst werden. Allerdings erweist sich auch bei Berücksichtigung der Unsicherheitsschwankungen das Szenario $TWSG_{Kompr.}$ als vorteilhafter als das Szenario $TWSG_{Min.}$. Am stärksten verändert sich das relative Ergebnis von $TWSG_{Aufl.}$ bei der Unsicherheitsbetrachtung, da es sowohl das beste als auch das schlechteste Szenario darstellen kann. Die regionalen Wohlfahrtswirkungen der Landwirtschaft hängen insgesamt sehr stark von der Ausgestaltung der rechtlichen Trinkwasserschutz- und Ausgleichsregelungen ab.

*Regionale Wohlfahrtseffekte bei den anderen Landnutzungen*

Bei den anderen untersuchten Landnutzungen verändern sich die Wohlfahrtswirkungen in der gleichen Rangfolge wie die Flächengröße, welche bei den einzelnen Szenarien aus dem Schutzgebiet entlassen wird (vgl. Abb. 14-1 u. Tab. 15-27). Dementsprechend führt das Szenario $TWSG_{Min.}$ zu größeren positiven Wohlfahrtseffekten als $TWSG_{Kompr.}$. Sowohl $TWSG_{Min.}$ als auch $TWSG_{Kompr.}$ werden jedoch aus regionaler Sicht besser als die Ausgangssituation vor 2000 ($TWSG_{Max.}$) bewertet. Dieses Ergebnis erweist sich als stabil gegenüber Unsicherheitsschwankungen. Allerdings fallen die regionalen Wohlfahrtseffekte nur minimal aus, nennenswerte Wirkungen zeigen sich nur bei einer Auflösung des gesamten Schutzgebietes ($TWSG_{Aufl.}$). Werden diese beiden diskutierten Wirkungskomplexe zusammengefasst, so erweist sich das Szenario $TWSG_{Kompr.}$ immer noch als die bessere Option im Vergleich zu $TWSG_{Min.}$ (vgl. Tab. 15-27).

*Intertemporale Nutzerkosten*

Wie in der Bewertung (Kapitel 15.1.3) beschrieben wurde, beeinflusst die Wahl des Schutzszenarios weder kurz- noch mittelfristig die Rohwasserqualität des Fernwasserwerkes Mockritz. Trotzdem ergeben sich intertemporale Nutzerkosten, jedoch nur beim Szenario $TWSG_{Min.}$. Die intertemporalen Nutzerkosten stellen eine endliche Größe dar, die nicht nur von der gegenwärtigen Restriktion des Nitrateintrages abhängt, sondern auch von der zukünftigen Fernwassernachfrage und den zukünftigen volkswirtschaftlichen Kosten der Fernwasseraufbereitung. Die anhand von plausiblen Annahmen abgeschätzte Höhe der intertemporalen Nutzerkosten übersteigt bei einer Diskontrate von drei Prozent nicht die positiven Wohlfahrtseffekte bei den Landnutzungen im Zuge der Minimierung des TWSG ($TWSG_{Min.}$). Dies gilt sowohl für die wahrscheinlichen Werte als auch für die Unsicherheitsspannen (vgl. Tab. 15-27). Der Vergleich mit den undiskontierten Werten zeigt jedoch die entscheidende Bedeutung der Diskontrate auf, da bei einer Rate von null Prozent die intertemporalen Nutzerkosten die positiven Wohlfahrtseffekte für die Landnutzungen bei $TWSG_{Min.}$ übersteigen, während bei der Diskontierung mit fünf Prozent diese Kosten kaum ins Gewicht fallen.

Im intergenerationellen Kontext muss mit eher niedrigeren Diskontraten gerechnet werden (vgl. Kapitel 6.3 u. 6.4.1). Daher kann durchaus davon ausgegangen werden, dass die „wahren“ Nutzerkosten zwischen den mit einer Diskontrate von drei Prozent und den mit einer Diskontrate von null Prozent berechneten Ergebnissen liegen. Obgleich eine geringe Diskontierung aufgrund des intergenerationellen Bewertungskalküles gerechtfertigt ist, stellt sich die Frage, wie relevant mögliche Wirkungen in der fernen Zukunft für gegenwärtige Entscheidungen sind, wenn sie erst in einigen Jahrhunderten eintreten und nicht allein von den gegenwärtigen Handlungsalternativen abhängen. Die Diskontierung reflektiert dieses Relevanzproblem nicht, da sie eher ungeeignet ist, Unsicherheiten abzubilden (vgl. Kapitel 6.3.3).

An dieser Stelle muss noch einmal auf die fiktive Natur der hier einbezogenen Nutzerkosten verwiesen werden. Die angenommene, exakte zeitliche Zuordenbarkeit und Abgrenzbarkeit dieser Effekte und somit deren monetäre Bewertung stellen in dieser eindeutigen Form sicher unrealistische Mutmaßungen dar. Weiterhin beschreiben die Nutzerkosten nur eine Verschiebung des Zeitpunktes des Nitratanstieges (vgl. Abb. 15-3). Der Nitratanstieg erfolgt daher unabhängig von dem gewählten Trinkwasserschutzszenario, falls bis dahin das Problem der flächendeckenden Nitratemissionen aus dem Oberboden nicht gelöst wird. Allerdings würde er vor dem Hintergrund einer ähnlichen flächendeckenden Entwicklung bei weiteren Grundwasserleitern stattfinden und eine Verzögerung würde dann vielleicht nicht einmal auffallen. Somit stehen die intertemporalen Nutzerkosten für einen Effekt, der, obgleich vorhanden, nicht so explizit beobachtbar sein wird. Darüber hinaus muss noch einmal darauf verwiesen werden, dass den Abschätzungen in dieser Arbeit keine hydrologischen Modelle zugrunde gelegt werden konnten. Hierdurch wurde die Abschätzung der intertemporalen Nutzerkosten wesentlich ungenauer. Für den Vergleich der Szenarien bleibt trotz aller Einschränkungen als robuste Ergebnisaussage übrig, dass die Nutzerkosten durchaus substantiell ausfallen können und nur bei $TWSG_{Min.}$, nicht aber bei $TWSG_{Kompr.}$ zu erwarten wären.

*Gesamtbetrachtung*

Das Szenario $TWSG_{Kompr.}$ stellt nicht allein aus Sicht der Landnutzungseffekte die vergleichsweise bessere Lösung als $TWSG_{Min.}$ dar, sondern auch aufgrund der möglicherweise auftretenden intertemporalen Nutzerkosten. Der mit dem Szenario $TWSG_{Kompr.}$ weiterhin gewährleistete Schutz der leichten Ackerböden von der äußeren Schutzzone (TWSZ3b) erwies sich hierbei wiederum als bewertungsentscheidend, da unter den leichten Böden die Stickstoffauswaschung wesentlich höher ausfällt (vgl. Tab. 15-12). Somit wäre es sowohl aus Sicht der regionalen Landwirte als auch aus Sicht der Fernwasserförderung sinnvoller, wenn das Trinkwasserschutzgebiet nicht minimiert werden würde. Es muss daher als Fazit konstatiert werden, dass mit der politischen Entscheidung zugunsten des Szenarios $TWSG_{Min.}$ der regionale wirtschaftliche Konflikt nicht optimal gelöst wurde.

Die Szenarienrangfolge entsprechend der ökologischen Bewertungsindikatoren stimmt mit der Rangfolge der Szenarien entsprechend der verbleibenden Schutzgebietsgröße überein (vgl. Tab. 15-28 u. Tab. 15-29). Somit fällt das Szenario $TWSG_{Kompr.}$ im Vergleich zum Szenario $TWSG_{Min.}$ nicht nur bei der monetären Bewertung besser aus, sondern auch hinsichtlich der ökologischen Indikatoren. Es wurde daher auch aus Perspektive der ökologischen Indikatoren die falsche Entscheidung getroffen.

Die Risikopotentialanalyse (vgl. Tab. 15-29) zeigt weiterhin im Zusammenhang mit dem Nitratindikator und der monetären Bewertung, dass der Trinkwasserschutz nicht alleine über die Flächengröße optimiert werden sollte, sondern auch landnutzungsspezifisch betrachtet werden muss. $TWSG_{Kompr.}$ muss zwar hinsichtlich des Schutzes des Rohwassers vor Nitrat als die bessere Variante gegenüber $TWSG_{Min.}$ eingestuft werden. Im Hinblick auf die Landnutzungen „Straßen" sowie „Umgang mit Heizölanlagen und Betriebstankstellen" erwies sich jedoch das Szenario $TWSG_{Min.}$ aufgrund des generell geringen Gefährdungsniveaus durch diese Landnutzungen als ausreichend in seiner Schutzwirkung und gleichzeitig als kostengünstiger. Diese Minimierung des Schutzniveaus wird aufgrund der generell niedrigen Intensität dieser Landnutzungen möglich. Es wäre also zu beachten, dass diese Aussage neu bewertet werden müsste, falls sich die Landnutzungsintensität in diesen Bereichen stark verändert.

Abschließend stellt sich die Frage, wieso trotz all der aufgeführten Probleme das Szenario $TWSG_{Min.}$ gewählt wurde. Auf regionaler Ebene könnte dies erfolgt sein, weil einerseits die ökonomischen Informationen, die im Rahmen dieser Arbeit erarbeitet wurden, nicht zur Verfügung standen. Von Seiten der politischen Entscheidungsträger könnten auch die zukünftigen, unsicheren Nutzerkosten als nicht so relevant angesehen worden sein, so dass im Grunde genommen eine Diskontierung dieser Effekte erfolgte. Möglicherweise wurde auch die Entscheidung durch die übergeordnete föderale Ebene beeinflusst, welche Trinkwasserschutzkosten zu leisten hat. Die Bewertungsergebnisse aus dieser Perspektive werden im Folgenden diskutiert.

16.2.1.2 Diskussion der Szenarienergebnisse aus überregionaler Perspektive

Wesentliche Schutzkosten fallen überregional an. Die Ausgleichszahlungen sowie die Fördermittel bei Straßen bilden einen größeren Kostenblock als die regionalen Wohlfahrtseffekte (vgl. Tab. 15-31). Die Szenarien verhalten sich hinsichtlich dieser Kostenkategorien wie ihre Rangfolge hinsichtlich der Fläche, welche jeweils aus dem Trinkwasserschutz herausfällt. Aus überregionaler Perspektive stellt daher das Szenario $TWSG_{Min.}$ das beste Szenario dar und schneidet auch bei einer kombinierten Bewertung der regionalen und überregionalen Wirkungen als bestes Szenario ab.

Während aus regionaler Perspektive gesagt werden muss, dass mit der Minimierung des Trinkwasserschutzgebietes der Konflikt nicht optimal gelöst wurde, lässt sich die politische Wahl des Szenarios $TWSG_{Min.}$ anhand der überregionalen Effekte auf den ersten Blick nachvollziehen. Den hohen und positiven monetären Kostenersparnissen stehen zwar höhere Nitrateinträge gegenüber. Diese führen jedoch bei der Trinkwassergewinnung nur zu langfristigen und unsicheren Nutzerkosten.

Allerdings darf aus der Aussage, dass mit dem Szenario $TWSG_{Min.}$ die überregionalen und auch die Gesamtkosten minimiert werden, nicht direkt geschlossen werden, dass dieses Szenario das gesellschaftlich erstrebenswerte sei. Hauptkostenfaktor bilden die Ausgleichszahlungen, welche als Kosten anzusehen sind, um einen gegenüber der flächendeckenden Situation besseren Grundwasserschutz bei der Landwirtschaft zu erreichen (vgl. Tab. 15-30). Die Ausgleichszahlungen lassen sich nicht nur dadurch verringern, dass die zu schützende Fläche minimiert wird, sondern auch dadurch, dass das flächendeckende Schutzniveau der ordnungsgemäßen Landwirtschaft erhöht wird. In diesem Fall würden die Kosten auf die Landwirte außerhalb der Schutzgebiete bzw. auf die Konsumenten der landwirtschaftlichen Güter übertragen werden. Horsch (2001) bewertete die Ausgleichszahlungen für Trinkwasserschutz in Sachsen nicht nur als eine Honorierung ökologischer Leistungen der Landwirte sondern auch als teilweise Honorierung des Unterlassens von Verschmutzungen in Trinkwasserschutzgebieten. Diese Meinung wird durch die Bewertung gestützt, nach der der Nitrataustrag aus der landwirtschaftlichen Bodenbewirtschaftung sowohl flächendeckend als auch im Trinkwasserschutzgebiet als zu hoch eingestuft werden muss (vgl. Kapitel 15.1.2.3 u. Tab. 15-12). Unter der Annahme, die politische Entscheidung würde unter Berücksichtigung der überregionalen Effekte getroffen, muss konstatiert werden, dass die eben aufgeführten Defizite bei den Verteilungseffekten durch die politischen Entscheidungsträger als nicht relevant oder als zu geringfügig im Vergleich zu den Kostenersparnissen eingestuft worden sind.

Die überregionale Entscheidungssituation verdeutlicht ein Dilemma des räumlich differenzierten Trinkwasserschutzes. Der Wert des Trinkwassers und somit auch der Wert eines qualitativ hochwertigen Rohwassers muss als endlich angesehen werden, denn es existieren technische Aufbereitungsmöglichkeiten und in Mitteldeutschland auch Substitutionsmöglichkeiten zwischen den Wasserressourcen. Aufgrund der endlichen Nutzenstiftung lassen sich auch nur im begrenzten Umfang Schutzniveauerhöhungen im TWSG gegenüber der Situation außerhalb ökonomisch rechtfertigen. Obgleich insbesondere bei einem niedrigen flächendeckenden Schutzniveau vergleichsweise hohe Restriktionen in den Schutzgebieten durchgesetzt werden müssten, so wird gerade in einer solchen Situation die Begründung dieser hohen Restriktionen durch ein positives Effizienzurteil erschwert.

Im Rahmen der Arbeit kann nicht unterschieden werden, welcher Anteil an den Ausgleichszahlungen den realen Trinkwasserschutzkosten zur Honorierung eines weitergehenden Wasserschutzes der Landwirte zuzuordnen ist und welcher Anteil eigentlich der flächendeckenden Landwirtschaft aufgebürdet werden müsste. Bevor dies geleistet werden kann, müssen durch die Gesellschaft die Verteilungsfragen zum Grundwasserschutz geklärt werden: Wie soll mit der Ressource „Denitrifikationspotential“ umgegangen werden? Soll diese Ressource als irreversible Ressource entsprechend von Effizienzüberlegungen aufgebraucht werden? Kann davon ausgegangen werden, dass das Problem des flächendeckend zu hohen Nitrateintrages langfristig gelöst wird, so dass in Zukunft diese Ressource nicht mehr in Anspruch genommen werden muss?[198] Oder soll diese Ressource entsprechend als Teil des kritischen Naturkapitals besonderen Schutz genießen? Eine explizite Diskussion fehlt gegenwärtig zu diesem Thema. Diese Diskussion findet erst dann statt, wenn verhandelt wird, bis zu welchen Kosten die Gesellschaft bereit ist, das Denitrifikationspotential zu schonen, auch wenn diesem Schutz aus Effizienzgesichtspunkten kein Nutzen entgegensteht. Weiterhin müssen die Kostenträger des Grundwasserschutzes bestimmt werden. Soll das Verursacherprinzip Anwendung finden und die Landwirte sowie weitere Emittenten von Stickoxiden (Straßenverkehr) die gesellschaftlichen Kosten des Trinkwasserschutzes tragen? Sollen die Kosten durch die Gesellschaft (Steuermittel) getragen werden oder durch die Wasserversorger und Wasserkonsumenten?

### 16.2.2 Diskussion der Auswirkung veränderter rechtlicher Rahmenbedingungen

Der Gesetzesstand, welcher im Jahr 2000 der politischen Entscheidung zum TWSG Mockritz zugrunde lag, hat sich seitdem teilweise verändert. Da auch die Bewertung auf dem Gesetzesstand von 2000 aufbaute, bieten diese rechtlichen Veränderungen die Chance zu untersuchen, inwieweit eine Bewertung unter den neuen Rechtsgrundlagen zu denselben Resultaten kommen würde.

Wesentliche Veränderungen der Rechtsgrundlagen betreffen das Wasserhaushaltsgesetz (WHG), die Verordnung SächsSchAVO, welche die landwirtschaftliche Nutzung in TWSG regelt und das Sächsische Agrar-Umweltprogramm „Umweltgerechte Landwirtschaft". Bei der Aktualisierung des Wasserhaushaltsgesetzes (WHG 2002) wurde im § 1a ein expliziter Verweis auf die Bedeutung des Wassers für Ökosysteme aufgenommen sowie der Beitrag des Gewässerschutzes explizit in einen Zusammenhang mit der nachhaltigen Entwicklung gebracht.

Die bewertungsrelevanten Änderungen beim Programm Umweltgerechte Landwirtschaft mit SMUL (2002) beziehen sich auf den Ackerbau (vgl. Tab. 16-1). Es entfielen die Forderung der fünfprozentigen Düngemittelreduzierung als allgemeine Voraussetzung zur Teilnahme am Programm „Integrierter Ackerbau" (iA) sowie die Unterprogramme „Integrierter Ackerbau/Grundförderung" ($iA_{GF}$) und „Zusatzförderung 1/Umweltentlastende Maßnahmen" ($iA_{GF+Z1}$), welches eine 20%ige Düngemittelreduktion vorsah. Somit wird auf eine pauschale Absenkung des Düngemitteleinsatzes verzichtet. Gefördert werden nur noch Zwischenfruchtanbau, Untersaaten sowie eine pfluglose Bewirtschaftung als integrierte Maßnahmen. Die vorher im Rahmen von $iA_{GF}$ als eigenständiges Unterprogramm honorierten Ansprüche, mit Ausnahme der Düngemittelreduzierungen, bleiben als allgemeine Anforderungen erhalten, werden jedoch nicht gesondert honoriert. Bei dem für die Bewertung relevanten Grünlandprogramm KULAP/reduzierter Mitteleinsatz (Grundförderung) wurden keine bewertungsrelevanten Veränderungen vorgenommen. Die Wirkungen dieser Veränderungen auf die Stickstoffemissionen werden zusammen mit den Änderungen der SächsSchAVO diskutiert.

Weiterhin wurden die Honorare für die Leistungen dahingehend verändert, dass Maßnahmen des Programms, die mit den Trinkwasserschutzanforderungen identisch sind, in TWSG nicht gefördert werden. Die leichte Begünstigung der umweltgerechten Landwirtschaft in TWSG, welche im Jahr 2000 noch sichtbar wurde (vgl. Anhang-Tab. 15.1-4), entfällt somit.

198 Beispielsweise könnte argumentiert werden, dass sich das Problem langfristig löst, da seit 1990 sich die Stickstoffbilanzen in der Landwirtschaft stetig verbessert haben (vgl. SMUL 2004, S. 88).

Falls keine nichtmonetären Einflussfaktoren existieren, durch welche für Landwirte in Trinkwasserschutzgebieten weiterhin eine Teilnahme am UL-Programm attraktiv wird, kann nicht mehr von einer positiven gegenseitigen Beeinflussung ausgegangen werden, wie dies bei der Bewertung (vgl. Kapitel 15.1.1.2 u. 14.2.1.3) angenommen wurde.

*Tab. 16-1: Bewertungsrelevante Veränderungen des Programms „Umweltgerechte Landwirtschaft"*

| **Unterprogramm** | **Rechtliche Regelungen des Programms „Umweltgerechte Landwirtschaft" entsprechend** | | |
|---|---|---|---|
| | **SMUL (1999a)** | **SMUL (2000)** | **Veränderung zu SMUL (2002)**[199] |
| Allgemeine Anforderungen | Absenkung der N-Düngung gegenüber der guten fachlichen Praxis um 5% | k. Ä. | Anforderung der Düngerreduktion um 5% entfällt |
| Grundförderung (iA (GF)) | wählbares Unterprogramm | k. Ä. | Wegfall des eigenständigen Unterprogramms iA (GF)<br>Ansprüche von iA (GF) (von SMUL 2000) bleiben im wesentlichen Erhalten, ohne gesondert honoriert zu werden. (Ausnahme s. oben)<br>Fördermittelanspruchsberechtigt sind nur noch Zwischenfruchtanbau, Untersaaten und pfluglose Bodenbearbeitung sowie ökologischer Ackerbau |
| Zusatzförderung 1/ umweltentlastende Maßnahmen – iA (GF+Z1) | Reduzierung der N-Düngung um mindestens 20% gegenüber iA (GF)<br>Verzicht auf Anwendung von Wachstumsregulatoren | k. Ä. | Wegfall des Unterprogramms iA (GF+Z1) |
| Zusatzförderung 2/ bodenschonende Maßnahmen – iA (GF+Z2) | Zwischenfruchtanbau, Untersaatanbau sowie pfluglose Bodenbearbeitung | | Erhöhung der Zuwendungen für pfluglose Bodenbearbeitung |

k. Ä. – keine Änderung; N – Stickstoff.

Die Trinkwasserschutzrestriktionen für die Landwirtschaft (SächsSchAVO 1994) wurden nach einigen Veränderungen (SächsSchAVO 2001) grundlegend durch die SächsSchAVO (2002) verändert. Wesentliche Änderungen betreffen die Festlegung des Ausgleichspflichtigen, die Ausgestaltung der Ausgleichsleistungen, die rechtlichen Restriktionen sowie die Festlegung der Höhe der Ausgleichsleistungen. Die Ausgleichspflicht ging vom Freistaat Sachsen auf den durch das Wasserschutzgebiet Begünstigten, z. B. den Wasserversorger über. Der Freistaat übernimmt nur noch in Ausnahmefällen die Ausgleichszahlungen. Weiterhin sollen die Ausgleichszahlungen nicht mehr in Regelverfahren mit jährlicher Antragsstellung gezahlt werden, sondern im Rahmen von individuellen vertraglichen Vereinbarungen zwischen den Land- bzw. Forstwirten und den Ausgleichspflichtigen. Diese können individuell ausgestaltet werden. Es wurden in den Rechtsgrundlagen keine festen Ausgleichsbeträge mehr vorgeschrieben, sondern nur mithilfe einer Kalkulationsgrundlage (SMUL o J.) Vorschläge für schlagbezogene Ausgleichszahlungen entsprechend der einzelnen Restriktionen als Orientierungswerte bereitgestellt.

In der SächsSchAVO (2002) werden zwar noch Restriktionen aufgeführt, allerdings gelten diese nur für einen Übergangszeitraum bis 2007. Bis dahin sollen für die Wasserschutzgebiete durch die unteren Wasserbehörden schutzgebietsspezifische Bestimmungen erlassen werden,

---

199 Weitere Änderungen wurden mit SMUL (2005) durchgeführt. Diese waren allerdings minimal. Auf sie wird nicht weiter eingegangen.

die sich jedoch an die in der SächsSchAVO (2002) aufgeführten Regelungen anlehnen sollen. Die in der SächsSchAVO (2002) aufgeführten Restriktionen haben sich deutlich gegenüber denen der SächsSchAVO (1994) verändert. Tab. 16-2 verdeutlicht diese Entwicklung.

*Tab. 16-2: Ausgewählte Veränderungen der landwirtschaftlichen Restriktionen im Zuge der Neuregelung der SächsSchAVO im Jahr 2001 und 2002*

| Rechtliche Regelungen | | |
|---|---|---|
| **SächsSchAVO (1994)** | **Veränderung SächsSchAVO (2001) gegenüber SächsSchAVO (1994)** | **Veränderung SächsSchAVO (2002) gegenüber SächsSchAVO (2001)** |
| Reduktion der N-Düngung auf 80% gegenüber der guten fachlichen Praxis | Ausnahmeregelungen für Minderung der N-Düngung bei bestimmten Feldfrüchten | Wegfall der Minderung der N-Düngung im Vergleich zur ordnungsgemäßen Landwirtschaft |
| Begrenzung des Wirtschaftsdüngereinsatzes auf maximal 170 kg $ha^{-1}$ $a^{-1}$ N(ges.) (Acker) bzw. 210 kg $ha^{-1}$ $a^{-1}$ (GL) | Verringerung des Wirtschaftsdüngeraustrages auf Ackerflächen auf 135 kg $ha^{-1}$ $a^{-1}$ und auf Grünland auf 170 kg $ha^{-1}$ $a^{-1}$ | k. Ä. |
| Forderung der ganzjährigen Begrünung und Verbot Schwarzbrache | Forderung der ganzjährigen Begrünung und Verbot Schwarzbrache, aber<br>Konkretisierung der Forderung und Berücksichtigung von Ausnahmetatbeständen | k. Ä. |
| standortabhängiges Ausbringeverbot zwischen 15. Oktober und 15. Februar | Neuregelung der Wintersperrzeit für Ausbringung von Jauche, Gülle, Silagesickersaft u. ä. | Ausbringeverbot zwischen 15. Oktober und 15. Februar<br>Erhöhung des Ammonium-Stickstoffaustrages im Herbst von 40 auf 80 kg $ha^{-1}$ |
| Sperrzeit für Mineraldüngung zwischen 15. Oktober und 15. Februar | k. Ä. | Wegfall der Sperrzeit von Mineraldüngung im Herbst/Winter |
| N(min.)-Bodenproben zur Ermittlung des Nährstoffbedarfes vor Vegetationsbeginn<br>im Herbst Kontrollproben auf N(min.)-Gehalt (<90 kg $ha^{-1}$) | k. Ä. | Wegfall der N(min.)-Bodenuntersuchung vor Vegetationsbeginn<br>generelle Kontrollproben sind zulässig |

k. Ä. – keine Änderung; N(min.) – mineralischer Bodenstickstoff; N(ges.) – Gesamtstickstoff.

Mit der SächsSchAVO (2002) entfiel die generelle Forderung der pauschalen 20%igen Düngerreduktion gegenüber dem Düngeniveau entsprechend der ordnungsgemäßen Landwirtschaft. Andere Restriktionen wurden gelockert bzw. ausdifferenziert und Ausnahmetatbestände zugelassen. Dem stehen nur geringfügige Verschärfungen der rechtlichen Vorgaben gegenüber, z B. bei der Höchstgrenze des Wirtschaftsdüngereintrages auf Ackerflächen mit der SächsSchAVO (2001).

Wie wirken sich die veränderten Rahmenbedingungen auf den Grundwasserschutz aus und welche Aussagen können zu den bewertungsrelevanten Wohlfahrtswirkungen und deren Verteilung getroffen werden? Die Auswirkungen der neuen Regelungen, sowohl des UL-Programms (SMUL 2002) als auch der SächsSchAVO (2002), auf den Indikator „Nitrateintrag mit dem Sickerwasser" können im Rahmen der Arbeit nicht abgeschätzt werden. Die in die Bewertung eingeflossenen Indikatorergebnisse berücksichtigen sowohl die Wirkung des Zwischenfruchtanbaus als auch die Wirkung der Düngemittelreduktion. Der Einfluss dieser beiden Maßnahmen auf das Bewertungsergebnis kann nicht separiert werden.

Diese rechtliche Veränderung durch SächsSchAVO (2002) stimmt einerseits mit Vorschlägen der LAWA (2000, S. 37) überein. Hier wird empfohlen, pauschale Düngemittelreduktionen zu vermeiden und dafür konsequent auf eine dauerhafte Begrünung der Ackerfläche zu achten sowie möglichst schlagbezogen die Stickstoffbilanz zu optimieren. Dem stehen andererseits die empirischen Messergebnisse bei Testbetrieben in Sachsen gegenüber (LfL 2005, S. 19, vgl. auch SMUL 2004, S. 89), welche bis 2004 am Unterprogramm integrierter Ackerbau/umweltentlastende Maßnahmen ($iA_{GF+ZI}$) teilnahmen. Dort wurden teilweise deutlich verringerte Nitratbilanzwerte gegenüber der konventionellen Landwirtschaft gefunden. In der weiteren Diskussion zur Veränderung der SächsSchAVO (1994) werden daher zwei mögliche Fälle unterschieden. Im ersten Fall wird davon ausgegangen, dass die rechtlichen Neuregelungen keine nennenswerte Verschlechterung bei der Nitratauswaschung in den Trinkwasserschutzgebieten bewirken. Im zweiten Fall wird angenommen, dass sich die Stickstoffauswaschung erhöht und somit die verbleibenden Schutzrestriktionen schlechter wirken[200].

Der Wegfall der Düngerreduktion betrifft eine kostenträchtige Auflage für die Landwirte in TWSG. Die Unsicherheitsbetrachtung bei der Abschätzung des landwirtschaftlichen Flächeneinkommens verdeutlichte den starken Einfluss einer Veränderung des Ertrages auf das Bewertungsergebnis (vgl. Anhang-Tab. 15.1-12). Zu einer ähnlichen Aussage kam auch SMUL mit der Kalkulationsgrundlage für die SächsSchAVO (SMUL o. J.). Falls sich die Schutzwirkung der Auflagen nicht verschlechtert, dann würde die Veränderung des Rechtsstandes zu einem effizienteren Trinkwasserschutz führen. Dieselbe Schutzwirkung wäre dann mit wesentlich niedrigeren volkswirtschaftlichen Kosten erreichbar. Falls sich, wie im zweiten Fall, die Schutzwirkung verschlechtert, würden sich zwar die Kosten des Trinkwasserschutzes verringern, gleichzeitig würde der Trinkwasserschutz an Wirksamkeit verlieren und somit auch ein geringerer Nutzen auftreten. Welche Veränderung im konkreten Fall dominiert, kann nur durch eine fallspezifische Bewertung geklärt werden.

Mit der Abkehr von festgelegten Höhen der Ausgleichszahlungen und deren Überwälzung vom Land auf die Wasserversorger ergeben sich mehrere Veränderungen zu den Bewertungsergebnissen mit Rechtsstand 2000. Die Möglichkeit einer differenzierten Ermittlung der Ausgleichszahlungen erlaubt sicherlich eine effizientere Mittelverwendung. Im Rahmen der Bewertung nach Rechtsstand 2000 wurde festgestellt, dass Landwirtschaft auf Heideböden für Trinkwasserschutzrestriktionen tendenziell überkompensiert und die Landwirtschaft auf den guten Standorten tendenziell unterkompensiert wurde. Diese Tendenz ergab sich aufgrund der standortunabhängig festgelegten Höhe der Ausgleichszahlung und würde aufgrund der neuen, standortdifferenzierten Berechnung verringert werden oder entfallen. In der Konsequenz würden sich die Ausgleichszahlungen und die volkswirtschaftlichen Kosten weiter verringern. Gleichzeitig dürften die Wohlfahrtseffekte für die Landwirte gegen null tendieren.

Die Übertragung der Ausgleichspflicht vom Land auf die Wasserversorger ist positiv zu beurteilen. Hierdurch werden Teile der volkswirtschaftlichen Trinkwasserschutzkosten in den Trinkwasserpreis internalisiert. Dies bewirkt, dass sich die Preissignale bei regional gefördertem Wasser und Fernwasser den volkswirtschaftlichen Kosten ihrer Bereitstellung annähern. Da eine teilweise Substitutionsbeziehung zwischen der Fernwasserversorgung und regional gefördertem Wasser besteht (vgl. Kapitel 11.3.2), werden Fehlanreize für eine effiziente räumliche Allokation der Wasserförderung auf regional gefördertes Wasser und Fernwasser abgebaut.

Diese Internalisierung birgt allerdings auch Gefahren von Fehlanreizen. Die Wasserversorger könnten an Trinkwasserschutzkosten sparen, indem der langfristige Schutz vernachlässigt wird. Hierbei könnten die Wasserversorger auch abwägen zwischen den Schutzkosten für das Trinkwassereinzugsgebiet und Kosten für die Aufbereitung von Rohwasser. Zwar bestimmen

200 Auch beim UL-Programm stellt sich die Frage nach der Wirksamkeit der verbleibenden Schutzrestriktionen. Hier spielt zusätzlich jedoch noch die Frage eine Rolle, wie die Teilprogramme aufgrund der veränderten Honorare von den Landwirten akzeptiert werden.

die Wasserwerke nicht direkt die Trinkwasserschutzrestriktionen, da dies Aufgabe der unteren Wasserbehörden bleibt. Aber die Haltung der Wasserschutzgebiete könnte die Abwägungsprozesse zum Trinkwasserschutzniveau beeinflussen.

Mit der Überwälzung der Kosten auf die Wasserversorger wurde das im Kapitel 16.2.1.2 diskutierte intragenerationelle Verteilungsproblem, ob das Denitrifikationspotential im Rahmen des flächendeckenden Grundwasserschutz oder räumlich differenziert durch den Trinkwasserschutz geschützt werden muss, nicht gelöst. Allerdings verringerte es sich aufgrund der Kostenreduktion. Verändert hat sich, dass die Landwirte nun nicht mehr nach dem Allgemeinlastprinzip für die Unterlassung von Gewässerverschmutzung honoriert werden, sondern durch die Trinkwasserkonsumenten. Mit dem Wechsel des Ausgleichspflichtigen fallen die regionalen und überregionalen Wirkungen des Konfliktes nicht mehr so deutlich auseinander.

Zusammenfassend kann für den ersten betrachteten Fall, bei dem von einer gleichbleibenden Wirkung der Trinkwasserschutzmaßnahmen ausgegangen wird, folgendes konstatiert werden:

- Die Wohlfahrtseffekte für die Landwirte würden deutlich niedriger ausfallen und tendenziell gegen Null gehen, da durch die besser an die örtlichen Gegebenheiten angepassten Ausgleichszahlungen sowohl Über- als auch Unterkompensationen leichter vermieden werden könnten.
- Die Ausgleichszahlungen würden deutlich verringert werden, da die wesentlichste landwirtschaftliche Restriktion weggefallen ist. Sie werden nun durch die Fernwasserwerke aufgebracht.
- Es muss weiterhin mit intertemporalen Nutzerkosten gerechnet werden, falls $TWSG_{Min.}$ gewählt werden würde.
- Um die Rangfolge zwischen $TWSG_{Kompr.}$ und $TWSG_{Min.}$ zu klären, muss diskutiert werden, ob die Ausgleichszahlungen, welche die landwirtschaftliche Fläche der westelbigen Schutzzone 3b (vgl. Abb. 11-1 u. 11-3) betrifft, gegenüber den intertemporalen Nutzerkosten gerechtfertigt sind.

Das Kalkulationsgerüst für die Bewertung entsprechend Rechtsstand 2000 erlaubt es, die landwirtschaftlichen Wohlfahrtseffekte für den Fall überschlagartig zu kalkulieren, dass entsprechend dem Rechtsstand 2002 nur die in die Bewertung eingegangenen Zusatzkosten des trinkwasserschutzbedingten Zwischenfruchtanbaus berücksichtigt werden. Dies betraf 100 EUR Zusatzkosten sowie einen um fünf Prozent erhöhten Arbeitszeitaufwand bei den Sommerfrüchten (vgl. Kapitel 15.1.1.2). Die in dem Entwicklungsrahmen zu den landwirtschaftlichen Bewirtschaftungsformen getroffenen Annahmen wurden nicht verändert. Die sich unter diesen Annahmen ergebenden landwirtschaftlichen Wohlfahrtseffekte (vgl. Anhang-Tab. 15.6-3) liegen leicht oberhalb der regionalen Wohlfahrtseffekte der Bewertung entsprechend dem Rechtsstand 2000. Die Rangfolge zwischen den Szenarien hat sich im Vergleich zur regionalen Bewertung verändert und korreliert nun mit der Fläche, die szenarienspezifisch aus dem Trinkwasserschutz entlassen wird: $TWSG_{Max.} > TWSG_{Min.} > TWSG_{Kompr.} > TWSG_{Max.}$.

Gemäß den neuen Ausgleichsregelungen kann angenommen werden, dass diese Kosten über die Ausgleichszahlungen kompensiert werden, so dass den Landwirten keine positiven oder negativen Effekte erwachsen. Überregional fallen zusätzlich geringfügige negative Effekte an, da die Zusatzkosten für den Zwischenfruchtanbau bei Teilnahme am Programm UL und Lage im TWSG als Trinkwasserschutzrestriktionen gelten. Außerhalb von Trinkwasserschutzgebieten müssen die Kosten für dieselbe Maßnahme über das UL-Programm honoriert werden.

Der Konflikt zwischen Landwirtschaft und Trinkwasserschutz bei der Wahl zwischen $TWSG_{Kompr.}$ und $TWSG_{Min.}$ besteht nun darin, dass bei Wahl der $TWSG_{Min.}$ in der Gegenwart positive Wohlfahrtseffekte auftreten, in der ferneren Zukunft aber durch intertemporale Nutzerkosten negative Effekte zu verzeichnen sind. Bei der Diskontierung von drei Prozent reichen die intertemporalen Nutzerkosten nicht aus, um die landwirtschaftlichen Wohlfahrtswirkungen zu kompensieren. $TWSG_{Min.}$ stellt somit das beste Szenario dar. Bei der Diskontierung von null Prozent würde $TWSG_{Min.}$ zu geringen negativen Nettonutzenwirkungen führen. Das Bewertungsergebnis anhand des Nitratgehaltes im Sickerwasser verändert sich annahmegemäß nicht. Somit bleibt der Trade-off zwischen diesem ökologischen Indikator und dem monetären Indikator bestehen. Es kann daher geschlussfolgert werden, dass unter den neuen rechtlichen Regelungen die Szenarienbewertung der Rangfolge bei Rechtstand 2000 aus überregionaler Perspektive entspricht. Die Dimension der monetären Effekte entspricht allerdings der regionalen Bewertungsperspektive.

Im zweiten Fall, bei dem angenommen wurde, dass die Wirksamkeit der verbleibenden Restriktionen abnimmt, ergeben sich folgende Effekte:

- Bei den Wohlfahrtseffekten für die Landwirte verändert sich im Vergleich zum ersten Fall nichts.
- Die intertemporalen Nutzerkosten bei $TWSG_{Min.}$ verringern sich, da sich die Differenz der Nitrateintragniveaus mit und ohne Trinkwasserschutzrestriktionen annähert. Somit würde das Szenario $TWSG_{Min.}$ wahrscheinlich als das beste Szenario abschneiden.

Es muss weiterhin festgestellt werden, dass die bei der Bewertung mit Rechtsstand 2000 getroffenen Annahmen nur ungefähr zwei Jahre Gültigkeit hatten, obgleich der Bewertungshorizont 30 Jahre betrug. Hier wird die Schwierigkeit deutlich, die unterschiedlichen zeitlichen Dimensionen der Grundwasserdynamik und der Dynamik der Entwicklung von rechtlichen Rahmenbedingungen in Übereinstimmung zu bringen.

Darüber hinaus wurde mit der Bewertung zum Rechtsstand 2000 nicht vorhergesehen, dass eine derartige Verringerung von Trinkwasserschutzkosten möglich sein könnte, wie es sich durch die SächsSchAVO (2002) ergab. Eine Bewertung, inwieweit diese neuen Trinkwasserschutzrestriktionen auch eine Effizienzsteigerung darstellen, fehlt noch und deren Wirkung auf das Grund- und Trinkwasser kann nicht im Rahmen dieser Arbeit geklärt werden.

Da auch in Zukunft derartige „überraschende" Veränderungen der Rahmenbedingungen nicht ausgeschlossen werden können, so wäre abschließend zu fragen, inwieweit die Entscheidung zugunsten von $TWSG_{Min.}$ rückgängig gemacht werden kann. Eine Ausweisung von TWSG erwies sich immer wieder als langwieriger und konfliktträchtiger Prozess (vgl. Magoulas et al. 1996, S. 96-98). Insofern muss mit hohen Transaktionskosten gerechnet werden. Falls es dann doch gelingen sollte, die Schutzrestriktionen wieder auf die größere Fläche auszudehnen, so ist das bis dahin abgenutzte Denitrifikationspotential nicht ersetzbar. Dem würden Kosteneinsparungen gegenüberstehen, die sich in den Jahren, in denen das Schutzgebiet minimiert war, ergeben haben. Dies unterstreicht wiederum die Notwendig, die schon bei der Diskussion der überregionalen Effekte (vgl. Kapitel 16.2.1.2) aufgeworfene Frage, zu welchen Kosten die Gesellschaft bereit wäre, das Denitrifikationspotential zu schonen, gesellschaftspolitisch zu diskutieren.

### 16.2.3 Abschließende Überlegungen und Empfehlungen

Die abschließenden Überlegungen und Empfehlungen orientieren sich an den in Kapitel 11.5 aufgeworfenen Bewertungsfragen. Die Frage, inwieweit die Minimierung des Schutzgebietes ökonomisch sinnvoll war, konnte nicht abschließend geklärt werden. Werden die Verteilungsverhältnisse gesellschaftspolitisch als akzeptabel angesehen, dann war die Entscheidung aus der regionalen Perspektive und unter den zum Zeitpunkt der Entscheidung herrschenden rechtlichen Rahmenbedingungen nicht sinnvoll. Der regionale Konflikt wurde nicht optimal durch Wahl des minimierten Schutzes gelöst. Allerdings erwies sich der regionale Konflikt als nicht sehr groß. Die Landwirtschaft bildete das hauptsächliche Problemfeld, welches zu intertemporalen Nutzerkosten führt. Die regionalen Wohlfahrtseffekte der Landwirtschaft hingen stark von der Ausgestaltung der rechtlichen Trinkwasserschutzregelungen ab. Die Intensität der anderen Landnutzungen blieb so niedrig, dass szenarienunabhängig von keiner großen Gefährdung des Trinkwassers ausgegangen wurde.

Unter den gleichen rechtlichen Rahmenbedingungen führte die Wahl von $TWSG_{Min.}$ zu nennenswerten überregionalen Kostenersparnissen. Trotzdem kommt die Arbeit zu dem Schluss, dass die politische Entscheidung nicht richtig begründet wurde. Denn diesen Effizienzurteilen liegen nicht geklärte Verteilungsfragen zum intragenerationellen und intergenerationellen Grundwasserschutz gegenüber Nitrateintrag zugrunde. Der Nitrateintrag außerhalb der Schutzgebiete ist zu hoch. Und die Schutzwirkung der Landnutzungsrestriktionen im Schutzgebiet ist zu niedrig, so dass eine langfristige Sicherung des Trinkwasserschutzes nur durch natürliche Reinigungsprozesse, die Denitrifikation, ermöglicht wird. Folgende Fragen müssen in einer gesellschaftlichen Diskussion beantwortet werden: Wie soll mit der irreversiblen Ressource Denitrifikation umgegangen werden? Wie stark darf diese Ressource in Trinkwasserschutzgebieten in Anspruch genommen werden? Wie hoch muss der flächendeckende Grundwasserschutz gegenüber dem Nitrateintrag ausfallen? Welche Trinkwasserschutzkosten sollen in das Abwägungskalkül bei Bestimmung des Niveaus an Trinkwasserschutz einfließen? Die Beantwortung dieser Fragen beeinflusst ihrerseits die Nutzen- und Kostenwirkung der Szenarien.

Es stellt sich weiterhin die Frage, ob es die Aufgabe des flächendeckenden Grundwasserschutzes oder des räumlich differenzierten Trinkwasserschutzes ist, das Denitrifikationspotential zu sparen. Nach der persönlichen Meinung des Autors spielt die Zeitdimension hierbei eine wesentliche Rolle. Reicht das Denitrifikationspotential noch über einen Zeitraum in der Dimension von 100 Jahren, dann sollten die Trinkwasserschutzrestriktionen so scharf gesetzt werden, dass eine Trinkwasserqualität ohne die Hilfe der Denitrifikation erreicht wird und das Denitrifikationspotential gespart wird. Der Autor würde in diesem Fall das Ziel des nachhaltigen Trinkwasserschutzes stärker gewichten als das Ziel des Effizienzgewinnes. Unter diesen Bedingungen sieht der Autor die Entscheidung zur Minimierung des Schutzgebietes ($TWSG_{Min.}$) als sehr fragwürdig an.

Kommen Untersuchungen zu dem Schluss, dass das Denitrifikationspotential wesentlich länger reicht, dann hält der Autor auch eine teilweise Abnutzung dieser Ressource für akzeptabel. Unter diesen Umständen wäre die Entscheidung zur Minimierung des Schutzgebietes eher gerechtfertigt. Die gesparten finanziellen Ressourcen könnten dann genutzt werden, um zeitlich eher anfallende Konflikte beim Schutz von Naturkapitalkomponenten zu lösen. Trotzdem müssen die aufgeworfenen Fragen hinsichtlich des Erhaltes der Ressource Denitrifikationspotential langfristig im Rahmen des flächendeckenden Grundwasserschutzes gelöst werden.

Die rechtlichen Veränderungen im Jahr 2002 führten zu verschiedenen Wirkungen. Die flexiblere Regelung bei den Ausgleichszahlungen führt zu Effizienzgewinnen und verringert die Konflikte für die Landwirtschaft. Die Übertragung der Ausgleichspflicht vom Land auf die Wasserversorger internalisiert die Ressourcenschutzkosten in den Trinkwasserpreis. Es kann aber auch zu Fehlanreizen führen, so dass die Wasserwerke Ressourcenschutzanstrengungen mit langfristiger Wirkung nicht unterstützen. Offen bleibt als zentrale Frage, wie die Wirkung der niedrigeren Restriktionen hinsichtlich des Nitrateintrags zu bewerten ist. Erst hierdurch kann eine Aussage getroffen werden, inwieweit die nennenswerten Kosteneinsparungen auch mit Effizienzgewinnen verbunden sind. Weiterhin ist zu konstatieren, dass die intragenerationellen Verteilungsprobleme nicht gelöst wurden.

Die politische Entscheidung der Minimierung des Trinkwasserschutzes für das Wasserwerk Mockritz minimierte gleichzeitig den zukünftigen Handlungsspielraum für den Trinkwasserschutz. Wesentliche, für den Nitrateintrag verantwortliche Flächen fallen nun nicht mehr in das Trinkwasserschutzgebiet. Eine Revision der Entscheidung könnte mit hohen Transaktionskosten verbunden sein. Den Wasserversorgungsunternehmen verbleibt nun als Möglichkeit nur noch, mit den Landwirten außerhalb des verbleibenden Schutzgebietes Verträge abzuschließen, um sicherzugehen, dass diese grundwasserverträglich wirtschaften.

Die ökonomisch-ökologische Bewertung hat sich bei der Bewertung der Trinkwasserschutzoptionen für das Wasserwerk Mockritz aus ökonomischer Perspektive bewährt. Die ökologischen Bewertungsansätze ergänzen die Effizienzanalyse um Verteilungsaspekte und verstärken bzw. relativieren hierdurch Teilaussagen. Jedoch sollten die ökologischen Indikatoren im stärkeren Maße als hier erfolgt, die Zeitdimension der Veränderung von Grundwasserdiensten abbilden können.

Die Methode der Kosten-Nutzen-Analyse, insbesondere mit dem hier angewandten Bewertungsansatz „im Namen der Individuen", stieß an ihre Grenzen. Insbesondere zur monetären Abbildung der intertemporalen Nutzerkosten waren vielfältige Annahmen notwendig (vgl. Kapitel 15.1.3). So ungenau und „weich" die ermittelten Zahlen auch ausfallen, so erleichterten sie doch die Analyse des Problems. Ohne eine Nutzen-Kosten-Analyse und nur mit ökologischer Bewertungsaussage wäre durch den Autor der Vorwurf der Fehlentscheidung deutlicher vorgetragen worden.

Die normative Aussagekraft der Effizienzbewertung ist niedrig. Sowohl der zur Anwendung gelangte Bewertungsansatz „im Namen der Individuen" als auch der alternativ zur Verfügung stehende „individuelle" Bewertungsansatz können nicht die politischen Entscheidungsträger ersetzen. Insofern kann auch nicht von Fehlbewertungen gesprochen werden, sondern nur von nicht nachvollziehbaren Entscheidungen. Die Möglichkeit des Fehlurteils oder des unvollständigen Urteils muss allerdings mit eingeschlossen werden.

## Zusammenfassung

Die vorliegende Arbeit beschäftigte sich mit Fragen des Schutzes von Grundwasser als Trinkwasserressource. Grundwasser stellt eine multifunktionale Ressource da und spielt sowohl für Ökosysteme als auch für die Gesellschaft eine wesentliche Rolle. Bei der Dissertation standen zwei Themenkomplexe im Vordergrund. Im empirischen Teil der Arbeit wurde die Frage untersucht, inwieweit die politische Entscheidung zur Minimierung des Trinkwasserschutzgebietes Mockritz, welches die Wasserressource eines in der Elbaue bei Torgau gelegenen Fernwasserwerkes schützt, aus ökonomischer Perspektive sinnvoll gewesen ist. Vorbereitend wurde im Theorieteil untersucht, welcher Bewertungsansatz sich besser eignet, Grundwasserveränderungen aus wohlfahrtsökonomischer Perspektive zu bewerten. Es wurde die These vertreten, dass die Kombination aus dem ökonomischen Bewertungsinstrument der Nutzen-Kosten-Analyse und ökologischen Bewertungsansätzen dem Anspruch der wohlfahrtsökonomischen Bewertung besser gerecht wird als eine Nutzen-Kosten-Analyse alleine.

Die Dissertation gliedert sich entsprechend der Fragestellung in einen Theorie- und einen Empirieteil. Im Vorfeld der theoretischen Überlegungen wurde die Bedeutung des Grundwassers im Naturhaushalt und für die Gesellschaft beschrieben. Der Theorieteil untersucht zuerst die Ziele und den Anspruch der Nutzen-Kosten-Analyse als wohlfahrtsökonomisches Bewertungsinstrument. Diese bilden den Ausgangspunkt der weiteren Diskussion von Grundlagen und Teilaspekten der Nutzen-Kosten-Analyse: des ökonomischen Wertbegriffes, der Methoden zur Monetarisierung individueller Wertschätzungen, der methodischen Ansätze zur Berücksichtigung zukünftiger Effekte sowie des methodischen Potentials zur Berücksichtigung zusätzlicher gesellschaftlicher Zielstellungen in der Nutzen-Kosten-Analyse. Nachdem die Diskussionsergebnisse hinsichtlich der Möglichkeiten und Grenzen der ökonomischen Bewertung von Grundwasserleistungen zusammengefasst wurden, wurden ökologische Bewertungsansätze vorgestellt und dahingehend geprüft, inwieweit sie die ökonomische Bewertung sinnvoll ergänzen.

Nutzen-Kosten-Analysen vergleichen gesellschaftliche Handlungsoptionen anhand ihrer Wirkung auf die individuelle Nutzenstiftung und bauen hierbei auf den Prinzipien des methodologischen Individualismus, des Utilitarismus, der Konsumentensouveränität und dem Opportunitätskostengedanken auf. Bei den theoretischen Überlegungen wurde allerdings dahingehend argumentiert, dass es einer Nutzen-Kosten-Analyse von Grundwasserveränderungen nicht gelingt, nachweislich sowohl auf individuellen Bewertungsurteilen aufzubauen als auch alle relevanten Effekte in die Bewertung zu integrieren. Außerdem werden weitere externe Bewertungsschritte benötigt, um Ungewissheit, intra- und intergenerationelle Verteilungsaspekte sowie darüber hinaus bestehende gesellschaftliche Zielstellungen in die Bewertung zu integrieren. Die Nutzen-Kosten-Analyse kann daher nicht als alleiniges Bewertungsinstrument dienen, um eine aus ökonomischer Sicht wünschenswerte Politikalternative auszuwählen.

Ökologische Bewertungsansätze erfassen mithilfe von multidimensionalen physischen Indikatoren den Grundwasserkörper sowie seine Funktionen und Leistungen und ermöglichen einen Vergleich der Grundwassersituation und -entwicklung mit gesellschaftlichen Zielen. Sie sind einerseits geeignet, die Nutzen-Kosten-Analyse zu vervollständigen, indem sie Knappheitsindikatoren für die nicht oder nur unzureichend monetarisierbaren Grundwasserdienste liefern. Somit lassen sich Teilaspekte des ökonomischen Wertes abbilden. Weiterhin können sie mit gesellschaftlichen Zielen verknüpft werden, welche die wohlfahrtsökonomische Bewertungsaussage vervollständigen. Dies sind Bewertungsaussagen zu intra- und intergenerationellen Verteilungswirkungen bezüglich Grundwasser als kritischem Naturkapital sowie zur Berücksichtigung von Ungewissheit mithilfe des Safe-Minimum-Standards. Außerdem können gesellschaftliche Ziele gegenüber Grundwasser in die Bewertung integriert werden, falls sie mithilfe physischer Indikatoren ausgedrückt werden können.

Im empirischen Bewertungsteil wurde zuerst das Untersuchungsgebiet, der Torgauer Raum und das Trinkwasserschutzgebiet Mockritz vorgestellt. Die überregionale Bedeutung der Wasserressourcen wurde hinterfragt, die Konflikte zwischen Landnutzung und Trinkwasserschutz im Torgauer Raum beschrieben und im Anschluss die Bewertungsfragen für die ökonomisch-ökologische Bewertung abgeleitet. Danach erfolgte eine Analyse der potentiellen Wirkung etwaiger Veränderungen der Trinkwasserschutzrestriktionen auf die einzelnen Landnutzungen. Berücksichtigung fanden die Landwirtschaft, Anlagen zum Umgang mit wassergefährdenden Stoffen, die kommunale Abwasserentsorgung, Straßen, sowie die Auswirkungen auf Siedlungs- und Gewerbegebiete. Nach der Konkretisierung des ökonomisch-ökologischen Bewertungsansatzes, der Ableitung von Szenarien und der monetären und ökologischen Bewertungskriterien erfolgte die Szenarienbewertung mithilfe der Nutzen-Kosten-Analyse sowie der ökologischen Bewertungsansätze.

Zur empirischen Untersuchung des Trinkwasserschutzgebietes Mockritz wurden vier Szenarien verglichen, die sich hinsichtlich der Größe der Schutzgebietsfläche unterscheiden. Sie beinhalten den maximalen Schutz entsprechend dem Rechtsstand vor dem Jahr 2000 ($TWSG_{Max.}$), die politische Entscheidung zur Minimierung der Schutzfläche ($TWSG_{Min.}$), eine Kompromissvariante ($TWSG_{Kompr.}$) sowie den Fall der Auflösung des Schutzgebietes ($TWSG_{Aufl.}$). Die Bewertung baut auf Bewertungsergebnissen des interdisziplinären Forschungsvorhabens „Nachhaltige Wasserbewirtschaftung und Landnutzung" des Umweltforschungszentrums Leipzig-Halle GmbH auf, an dem der Autor in den Jahren 1997 bis 2000 mitgearbeitet hat.

Wichtigstes ökologisches Bewertungskriterium zur Ergänzung der monetarisierten Wohlfahrtseffekte war der „mittlere Nitrateintrag mit dem Sickerwasser". Weiterhin kamen ein Indikator zur Beschreibung des Risikopotentials von Landnutzungen gegenüber Grundwasser sowie ein quantitativer Bilanzindikator zur Anwendung. Anhand der ökologischen Kriterien wurde vor allem der langfristige Erhalt des Grundwasserkörpers bewertet und intra- sowie intergenerationelle Verteilungsaussagen abgeleitet.

Bei der Bewertung wurde zwischen der regionalen und der überregionalen Bewertungsperspektive unterschieden. Rechtsstand für die Bewertung bildete das Jahr 2000, die danach erfolgten relevanten rechtlichen Änderungen wurden in ihrer Wirkung abgeschätzt und diskutiert. Im Ergebnis zeigte sich, dass der Hauptkonflikt zwischen der Landwirtschaft und dem Grund- und Trinkwasserschutz bestand, während die Szenarieneffekte bei anderen Landnutzungen (Straßen, Abwasserentsorgung, Heizölanlagen und Betriebstankstellen) vergleichsweise niedrig ausfielen. Die Veränderungen des landwirtschaftlichen Trinkwasserschutzes wirken sich allerdings aufgrund von Reinigungsprozessen nur langfristig aus und wurden daher als intertemporale Nutzerkosten infolge einer Abnutzung des nicht erneuerbaren natürlichen Reinigungspotentials im Boden und Grundwasserleiter erfasst. Aus regionaler Perspektive stehen die Bewertungsergebnisse im Widerspruch zur politischen Entscheidung der Minimierung des Schutzgebietes. Sowohl beim landwirtschaftlichen Flächeneinkommen, bei den intertemporalen Nutzerkosten als auch die langfristige Belastung des Grundwassers durch Nitrat schneidet das Szenario $TWSG_{Kompr.}$ vergleichsweise besser als das politisch gewählte Szenario $TWSG_{Min.}$ ab. Allerdings waren die regionalen Wohlfahrtseffekte nicht sehr hoch und mit deutlichen Unsicherheiten behaftet. Aus überregionaler Perspektive ergeben sich im Zuge der Minimierung des Schutzgebietes die höchsten Kosteneinsparungen, vor allem infolge des Wegfalls von Ausgleichszahlungen, so dass bei einer Gesamtbetrachtung die monetären positiven Effekte bei der Minimierung auch gegenüber der Kompromissvariante überwiegen.

Es zeigte sich allerdings, dass das Schutzniveau der Trinkwasserschutzrestriktionen, gemessen als Nitratkonzentration im Sickerwasser, sowohl bei vorhandenem Trinkwasserschutz als auch ohne Trinkwasserschutzrestriktionen zu niedrig ausfällt. Gleichwohl war das Kompromissszenario ($TWSG_{Kompr.}$) besser als das Minimierungsszenario ($TWSG_{Min.}$). Während aus regionaler Perspektive das Kompromissszenario somit das wirkungsvollere war, ergab sich aus überregionaler Perspektive ein Trade-off zwischen monetären Wirkungen und Nitratbelastung des Grundwassers.

Eine Abschätzung der Wirkung der rechtlichen Veränderungen seit 2000 verdeutlicht mehrere Effekte. Die Trennung zwischen regionalen und überregionalen Effekten wird verringert. Die Gesamtwohlfahrtseffekte nähern sich in ihrer Dimension den regionalen Wohlfahrtseffekten des Rechtsstandes 2000 an. Die Szenarienreihenfolge entspricht der Reihenfolge aus überregionaler Perspektive unter dem Rechtsstand 2000. Ein endgültiges Urteil hängt aber von der Beurteilung der Schutzwirkung der neuen Restriktionen ab.

Die hohe Nitratbelastung, sowohl mit als auch ohne Trinkwasserschutz, weist auf intra- und intergenerationelle Verteilungsprobleme hin, die gesellschaftspolitisch gelöst werden müssen. Es stellt sich die Frage, wie hoch der flächendeckende Grundwasserschutz ausfallen sollte und ob die Kosten der Verschmutzung durch die Verursacher, die Trinkwasserkonsumenten oder durch die Allgemeinheit zu tragen sind? Da sich gegenwärtige Schutzrestriktionen nicht auf die direkte Trinkwasserqualität auswirken, sondern vor allem der Sicherung des Denitrifikationspotentials und der Vermeidung von intertemporalen Nutzerkosten dienen, muss diese Frage auch aus intergenerationeller Perspektive beantwortet werden. Die gesellschaftliche Antwort auf die Verteilungsaspekte beeinflusst das Bewertungsergebnis.

Die ökonomisch-ökologische Bewertung hat sich bei der Bewertung der Trinkwasserschutzoptionen für das Wasserwerk Mockritz aus ökonomischer Perspektive bewährt. Die wirtschaftliche Analyse von Trinkwasserschutz ist wichtig und auch notwendig, um die Sachlichkeit von Diskussionen um Trinkwasserschutzmaßnahmen zu erhöhen. So erwiesen sich die regionalen Konflikte als nicht sehr groß. Die ökologischen Bewertungsaussagen, interpretiert im Hinblick auf Verteilungseffekte, ergänzen und relativieren die Aussage der Nutzen-Kosten-Analyse.

# Anhang

## Anhang zu Kapitel 2.2

*Anhang-Tab. 2.2-1: Leistungen von grundwassergespeisten Oberflächengewässern*

| Leistungen der Oberflächengewässer unter Beteiligung von Grundwasser | Wirkungen von Veränderungen der Grundwasserqualität und -quantität |
|---|---|
| Bereitstellen von Trinkwasser | Gesundheitliche Auswirkungen bei Trinkwasserqualitätsveränderungen<br>Veränderung der Produktionskosten bei Trinkwassergewinnung und -aufbereitung |
| Bereitstellen von Wasser für landwirtschaftliche Bewässerung | Veränderung des Ertrages, der Produktqualität bzw. der Produktionskosten<br>Gesundheitliche Folgewirkungen |
| Bereitstellen von Wasser für Viehhaltung | Veränderung des Ertrages, der Produktqualität bzw. der Produktionskosten<br>Gesundheitliche Folgewirkungen |
| Bereitstellen von Wasser für andere Produktionsprozesse | Veränderung des Produktionsergebnisses bzw. der Produktionskosten |
| Erosions-, Flut- und Sturmkontrolle | Veränderung der Kosten zum Erhalt von öffentlichem und privatem Besitz<br>Gesundheitliche Folgewirkungen |
| Bereitstellen von Kühlwasser für Kraftwerke | Veränderung der Produktionskosten bei Energiebereitstellung |
| Ermöglichen von Freizeitaktivitäten (Schwimmen, Bootfahrten, Fischen, Jagen, etc.) | Veränderung des Umfangs und der Qualität der Freizeitaktivitäten<br>Gesundheitliche Auswirkungen |
| Ermöglichen von kommerziellen Aktivitäten (Fischfang, Jagd, ...) | Veränderung des Produktionsergebnisses und der Produktionskosten<br>Gesundheitliche Auswirkungen |
| Ermöglichen von Naturbeobachtung /Studium von Tieren, Pflanzen u. ä. für Freizeit-, Bildungs- oder wissenschaftliche Zwecke | Veränderung des Umfanges und der Qualität der Beobachtungsaktivitäten |
| Ermöglichen von indirekter Betrachtung der Tiere, Pflanzen über die Medien | Veränderung des Umfanges und der Qualität der Beobachtungsaktivitäten |
| Abtransport und Abbau von Abwässern menschlicher Aktivitäten | Ökotoxikologische Effekte<br>Gesundheitliche Auswirkungen auf Gewässernutzer bei veränderter Selbstreinigung<br>Folgeeffekte auf Produktionsergebnisse und Produktionskosten einer gewerblichen Gewässernutzung bei veränderter Selbstreinigung |
| Bereitstellen von sauberer Luft durch Förderung der hierfür notwendigen Lebewesen | Ökotoxikologische Effekte infolge Luftveränderung<br>Gesundheitliche Auswirkungen infolge der Luftveränderung |
| Bereitstellen sauberen Wassers durch Förderung von hierfür notwendigen Lebewesen | Ökotoxikologische Effekte<br>Gesundheitliche Auswirkungen auf Gewässernutzer infolge veränderter Selbstreinigung<br>Folgeeffekte auf Produktionsergebnisse und der Produktionskosten einer gewerblichen Gewässernutzung |
| Regulierung des Klimas durch Förderung von pflanzlichen Organismen | Gesundheitsauswirkungen infolge einer Klimaveränderung<br>ökotoxikologische Effekte infolge einer Klimaveränderung<br>Veränderung des Produktionsergebnisses und der Produktionskosten einer gewerblichen Gewässernutzung infolge einer Klimaveränderung |
| Bereitstellung von nutzungsunabhängigen Diensten | Veränderung der individuellen Nutzenstiftung |

*Quelle: EPA (1995, S. 14-17), verändert.*

## Anhang zu Kapitel 9.1

*Anhang-Tab. 9.1-1: Beispiele für ökologische Bewertungsstudien von Grundwasser*

| Ziel der Studie | Räumlicher Bezug | Normative Ziele hinsichtlich GW | Methodischer Ansatz hinsichtlich GW | genutzte Indikatoren | Bewertungskategorie | Zeitliche Dynamik | Bemerkungen |
|---|---|---|---|---|---|---|---|
| **Radermacher et al. (1998)** | | | | | | | |
| Beschreibung und Bewertung des GW-Zustandes als Teil eines Indikatorsystem im Rahmen der Umweltökonomischen Gesamtrechnung (UGR) | Alte Bundesländer, untergliedert nach GW-Landschaften | generell: Leitbild der nachhaltigen Entwicklung und der Ökosystemintegrität<br>hinsichtlich GW: Erhalt des Schutzgutes Wasser | Zustandsbeschreibung des GW in Abhängigkeit der menschlichen Aktivitäten<br>Beschreibung der stofflichen Belastung<br>Strukturierung der Ergebnisse nach GW-Landschaften<br>Bottom-up Ansatz bei Indikatorauswahl | Belastungsindikatoren<br>N-Konzentration im Sickerwasser unter Waldböden und landw. Böden<br>Zustandsindikatoren:<br>[$NO_3$], [SM], [PSM], [PCB], [PAK], [Al] sowie pH-Wert | Ökologische Belastungsbewertung<br>Keine kausale Verknüpfung der Belastungsindikatoren und Zustandsindikatoren | Darstellung der Veränderung über die Zeit | GW stellt nur einen Teilaspekt des Indikatorsystems dar<br>Vernetzung mit anderen Medien, Ökosystemen und Landschaften durch Funktionalitätsindikatoren berücksichtigt |
| **Heuser (1986)** | | | | | | | |
| Vergleich der Belastungsintensitäten der GW der Landkreise | Alte Bundesländer | relativer Vergleich unterschiedlicher Landnutzungen | Bewertung der mengenmäßigen Veränderung des GW<br>Bewertung der qualitativen Belastung durch Luft- und Bodenverunreinigungen,<br>Abstraktion von einer stofflichen Bewertung<br>Relativer Vergleich der Landnutzungen und der Kreise untereinander | GWN und GWE,<br>$SO_2$, $NO_3$, CO, Organische Verbindungen, Staub, Düngung, PSM,<br>Straßen (ohne direkten Bezug zu einzelnen Stoffen) | Ökologische Belastungsbewertung<br>beurteilt tlw. Eintrag mit Sickerwasser und tlw. Eintrag in Boden<br>keine kausale Verknüpfung der Belastung mit GW-Zustand | Abstraktion von der zeitlichen Dimension | Nachweis, inwieweit Immissionen in den Boden zu realen GW-Gefährdungen führen, wird nicht überall erbracht. |
| **RP-Darmstadt (1998)** | | | | | | | |
| Auswahl eines quantitativen GW-Bewirtschaftungskonzeptes zur Minderung von Landnutzungskonflikten um GW und dessen Übernutzung | Eine Region (ca. 1200 km²) | Erhalt bzw. Sanierung GW-abhängiger Vegetationsstandorte<br>Vermeidung von GW-bedingten Nachteilen bei Land- und Forstwirtschaft<br>Verhinderung von Setzungsschäden bei Bauwerken<br>Vermeidung von Gebäudevernässung u. zu hohen GW-Ständen unter Abfalldeponien | Festlegung von landnutzungsspezifischen oberen und unteren Grenzflurabständen,<br>Modellierung der Handlungsoptionen in ihrer Wirkung auf GW-Flurabstände<br>Auswahl der Handlungsoption mit dem geringsten Konfliktpotential | GW-Flurabstand | Ökologische Wirkungsanalyse | mehrere Jahrzehnte (bis 2030) | |

Fortsetzung nächste Seite

| Ziel der Studie | Räumlicher Bezug | Normative Ziele hinsichtlich GW | Methodischer Ansatz hinsichtlich GW | genutzte Indikatoren | Bewertungskategorie | Zeitliche Dynamik | Bemerkungen |
|---|---|---|---|---|---|---|---|
| **Wendland (1992)** | | | | | | | |
| Großräumige Modellierung der Nitratbelastung im GW<br>Vergleichende Bewertung der GW-Belastung in Abhängigkeit von Landnutzung, Klima, Boden- und GW-Eigenschaften | Alte Bundesländer | Gefährdungspotential<br>hoch:<br>$[NO_3] > 100$ mg/l;<br>mittel:<br>$20 mg/l < [NO_3] < 100 mg/l$<br>niedrig:<br>$[NO_3] < 20$ mg/l | Abschätzung der Stickstoffüberschüsse von Landnutzungen und Verknüpfung mit GWN und der Nitratabbaurate im Boden zu $[NO_3]$ im GW<br>Abschätzung der Fließzeiten im GWL sowie des Nitratabbaus im GWL | $[NO_3]$ im GW bei Austritt ins Oberflächengewässer | Belastungsbewertung | Abstraktion von der zeitlichen Dimension | Explizite Berücksichtigung des Nitratabbaus im Boden und im GWL |
| **LfUG (1996a)** | | | | | | | |
| GW-Dargebotsprognose für Sachsen<br>Bewertung des GW-Haushaltes<br>Vergleichende Beschreibung der Eigenschaften der GW-Leiter als Trinkwasserressourcen | Regierungsbezirk Leipzig untergliedert in GW-Einzugsgebiete | Ausgeglichenheit der GW-Bilanz (GWN und GWE unter Berücksichtigung der ökologischen Zu- und Abflüsse) | Modellierung der GWN in Abhängigkeit von der Versieglung und des Bodentyps<br>Verknüpfung mit GWE und ökologischen Mindestabflüssen zur Bilanzgleichung | Quantitative Indikatoren: GWN, GWE<br>Weitere Indikatoren zum Vergleich der Eignung als Trinkwasserressource:<br>GW-Geschütztheit, GW-Flurabstand, Schichtung der GWL, Mächtigkeit der GWL, Durchlässigkeit der GWL | Belastungsbewertung der GWE und Landnutzungsänderungen<br>Eignungsbewertung | Zwei Zeitschritte:<br>1994 (Ist-Zustand)<br>2010 (Prognoseergebnis) | |

GW – Grundwasser; GWN – Grundwasserneubildung; GWE – Grundwasserentnahme; GWL – Grundwasserleiter; $NO_3$ – Nitrat; PSM – Pflanzenschutzmittel; PCB - Polychlorierte Biphenyle, PAK – Polycyclische Aromatische Kohlenwasserstoffe, SM – Schwermetalle; Al – Aluminium; [...] –Stoffkonzentration im Grundwasser.

## Anhang zu Kapitel 10

*Anhang-Tab. 10-1: Überblick über Zuarbeiten zu und Zusammenarbeiten bei Teilergebnissen des empirischen Bewertungsteiles der Dissertationsschrift*

| Kapitel | Kapitelüberschrift/ Zuarbeit/Zusammenarbeit |
|---|---|
| **11.2.1** | Grundwassersysteme im Torgauer Raum<br>Die Beschreibung der Grundwassersysteme erfolgte in Zusammenarbeit mit R. Trettin und K. Häfner (vgl. Trettin et al. 2001). |
| **12.2** | Trinkwasserschutzrestriktionen beim Umgang mit wassergefährdenden Stoffen<br>Die Erhebung der Auswirkungen von Wasserschutzrestriktionen auf gewerbliche Anlagen erfolgte in hauptsächlicher Mithilfe durch H. Horsch (vgl. Horsch/Geyler 1999). |
| **13.1** | Struktur des Bewertungsansatzes<br>Die Struktur des integrierten Bewertungsverfahrens, bei der Szenarienbildung und beim Bewertungsablauf wurde von Klauer et al. (2001a) bzw. Klauer et al. (2002) übernommen. |
| **14.2.1** | Themenfeld Intensitätsentwicklung bei der landwirtschaftlichen Bewirtschaftung<br>Die Annahmen zur Flächenentwicklung der Bewirtschaftungsintensitäten wurden durch Herzog et al. (2001) zugearbeitet. Gleichzeitig flossen in Herzog et al. (2001) eigene Zuarbeiten aus der Befragung der Landwirte mit ein (vgl. Kapitel 3.1.2 sowie Geyler 2001). |
| **14.2.3** | Themenfeld Aufforstung und Waldumbau<br>Dieses Themenfeld wurde zugearbeitet (vgl. Härtel 2000 u. Volk et al. 2001a). |
| **14.3.** | Anpassungsreaktionen<br>Die Ableitung der Anpassungsreaktion der Landwirtschaft auf Veränderung des Trinkwasserschutzstatus erfolgte in Zusammenarbeit mit H. Horsch (vgl. Horsch/Geyler 2001). |
| **15.1.1** | Prognose des Flächeneinkommens für die Landwirtschaft<br>Das hektarspezifische Flächeneinkommen wurde in Zusammenarbeit mit S. Schmidt erarbeitet (vgl. Schmidt/Geyler 2001). Durch S. Schmidt wurden die empirischen Daten zum Anbauverhältnis sowie die betriebswirtschaftlichen Daten zum Ertrag, Erlös und Kosten erhoben. Durch den Autor wurde der Indikator abgeleitet, die Datensätze hinsichtlich ihrer Konsistenz überprüft, inhaltlich interpretiert sowie die Unsicherheitsbetrachtung durchgeführt. |
| **15.1.2** | Prognose des Nitrateintrags ins Sickerwasser<br>Die Prognosewerte wurden zugearbeitet (vgl. Franko et al. 2001; Schmidt et al. 2001b). |
| **15.5** | Bewertung der quantitativen Entwicklung des Grundwasserhaushaltes<br>Die Prognose der Grundwasserneubildung wurde zugearbeitet (Volk et al. 2001b; Volk/Geyler 2001). Die Prognose der Grundwasserentnahme wurde durch den Autor erarbeitet. |

Für die Dissertation wurde auf Projektergebnisse zurückgegriffen, die zusammen mit anderen Wissenschaftlern im Rahmen des interdisziplinären Projektes „Nachhaltige Wasserbewirtschaftung und Landnutzung" am UFZ-Umweltforschungszentrum Leipzig-Halle GmbH erarbeitet wurden. In der Tabelle werden die Zuarbeiten, die durch andere bzw. in Zusammenarbeit mit anderen Wissenschaftlern geleistet wurden, zusammenfassend aufgelistet. Auch bei den hier aufgeführten externen Zuarbeiten war ein intensiver inhaltlicher Abgleich zwischen dem Autor und den jeweiligen Wissenschaftlern erforderlich, um die räumliche und zeitliche Übereinstimmung der Aussagen der einzelnen Indikatoren sicherzustellen.

# Anhang zu Kapitel 12.5

*Anhang-Tab. 12.5-1: Bestand an Siedlungsfläche (Wohn-, Misch- und Gewerbegebiete), geplante Flächenentwicklung (Wohn-, Misch- und Gewerbegebiete) der Gemeinden sowie Überschneidung der Siedlungsfläche mit TWSG*

| Siedlungsflächenbestand und geplante Entwicklung laut Flächennutzungsplanung | | | | Anteilige Lage der Siedlungsfläche in TWSG | | | |
|---|---|---|---|---|---|---|---|
| Gemeinde | Bestand (W+M+G) [ha] | geplanter Zuwachs [ha] | relativer Flächenzuwachs | Name | TWSZ 1-3a | TWSZ 3b | TWSG (ges) |
| Schöna | 10,7 | 3 | 31% | Schöna | 0% | 0% | 0% |
| Dommitzsch | 85,4 | 12 | 14% | Dommitzsch | 0% | 4% | 4% |
| Dreiheide | 126,4 | 78 | 62% | Dreiheide | 0% | 29% | 29% |
| Döbrichau | 36,8 | 8 | 20% | Döbrichau | 0% | 36% | 36% |
| Beilrode | 91,1 | 31 | 34% | Beilrode | 0% | 43% | 43% |
| Trossin | 139,8 | 40 | 29% | Trossin | 0% | 13% | 13% |
| Audenhain | 49,0 | 14 | 29% | Audenhain | 1% | 0% | 1% |
| Strelln | 12,1 | 10 | 83% | Strelln | 1% | 0% | 1% |
| Wildschütz | 10,8 | 9 | 81% | Wildschütz | 2% | 0% | 2% |
| Großtreben-Zwethau | 158,1 | 38 | 24% | Großtreben-Zwethau | 3% | 85% | 88% |
| Torgau | 437,3 | 140 | 32% | Torgau | 13% | 24% | 37% |
| Mockrehna | 76,5 | 32 | 41% | Mockrehna | 14% | 23% | 36% |
| Zinna | 59,2 | 45 | 75% | Zinna | 35% | 22% | 57% |
| Pflückuff | 141,7 | 17 | 12% | Pflückuff | 49% | 0% | 49% |
| Elsnig | 254,9 | 11 | 4% | Elsnig | 78% | 22% | 100% |
| Durchschnitt | 112,6 | 32 | 38% | Durchschnitt | 13% | 20% | 33% |

W – Wohngebiete; M – Mischbebauung; G – Gewerbegebiete; Die Angaben der Flächennutzungspläne wurde dahingehend korrigiert, dass vorgezogene Bebauungspläne, die während der Erarbeitung der FNP schon genehmigt worden waren, nicht als Bestand sondern als geplanter Zuwachs ermittelt wurden. Dies betraf beispielsweise das Gewerbegebiet Torgau-Nordstraße.

*Quellen: Flächennutzungspläne bzw. Konzepte der Flächennutzungspläne Stand 1991 bis 1997; LfUG (1996b); StUFA Leipzig (1995); eigene Berechnungen.*

*Anhang-Tab. 12.5-2: Korrelation: relativer Flächenzuwachs der (sämtlicher) Gemeinden und anteilige Lage ihrer Siedlungsflächen in TWSG bzw. in den TWSZ 1- 3a (Spearman Rangkorrelation)*

| relativer Flächenzuwachs | Anteil der Siedlungsfläche in TWSZ 1-3a | Anteil der Siedlungsfläche in TWSG (gesamt) |
|---|---|---|
| Korrelationskoeffizient | -0,09 | -0,33 |
| gültige Fälle | 15 | 15 |
| einseitige Signifikanz | 0,374 | 0,113 |

## Anhang zu Kapitel 14.2

*Anhang-Tab. 14.2-1: Übersicht über die Flächennutzung in den einzelnen Schutzzonen des TWSG Mockritz für die Zeitschritte 1993 und 2030*

| Flächen-nutzung | TWSZ 1-3a westelbig [ha] | TWSZ 3b westelbig [ha] | TWSZ 3a ostelbig [ha] | TWSZ 3b ostelbig [ha] | TWSG gesamt [ha] |
|---|---|---|---|---|---|
| | | | **1993** | | |
| **Ackerland Elbaue** | 1548 | 412 | 588 | 2296 | 4846 |
| **Ackerland Heide** | 303 | 1857 | 0 | 393 | 2552 |
| **Grünland Elbaue** | 689 | 179 | 329 | 198 | 1395 |
| **Grünland Heide** | 28 | 202 | 0 | 274 | 504 |
| **Wald** | 34 | 1829 | 10 | 1706 | 3578 |
| **Siedlungsflächen** | 142 | 348 | 14 | 194 | 699 |
| **Gewässer** | 72 | 21 | 64 | 9 | 166 |
| **Sonstiges** | 71 | 163 | 2 | 166 | 402 |
| **Summe** | **2887** | **5011** | **1007** | **5236** | **14141** |
| | | | **2030** | | |
| **Ackerland Elbaue** | 1530 | 369 | 582 | 2250 | 4731 |
| **Ackerland Heide** | 301 | 1671 | 0 | 379 | 2351 |
| **Grünland Elbaue** | 676 | 171 | 329 | 192 | 1368 |
| **Grünland Heide** | 28 | 162 | 0 | 257 | 447 |
| **Wald** | 72 | 1916 | 16 | 1763 | 3767 |
| **Siedlungsflächen** | 142 | 572 | 14 | 222 | 951 |
| **Gewässer** | 72 | 21 | 64 | 9 | 166 |
| **Sonstiges** | 70 | 131 | 2 | 165 | 367 |
| **Summe** | **2891** | **5012** | **1007** | **5237** | **14147** |

*Quellen: Zuarbeit M. Volk, Sektion Landschaftsökologie, UFZ-Umweltforschungszentrum Leipzig vom 1.7.2000 im Rahmen des Projektes „Nachhaltige Wasserbewirtschaftung und Landnutzung"*

## Anhang zu Kapitel 15.1

*Anhang-Tab. 15.1-1: Annahmen zum Ertrag beim konventionellen Ackerbau*

| Fruchtart | Aueböden [dt ha$^{-1}$] | Heideböden [dt ha$^{-1}$] |
|---|---|---|
| Winterweizen | 60 | 36 |
| Winterroggen | 59 | 50 |
| Wintergerste | 75 | 45 |
| Maissilage | 483 | 387 |
| Zuckerrüben | 530 | 400 |
| Erbsen | 45 | 30 |
| Triticale | 80 | 45 |
| Winterraps | 45 | 28 |
| Stilllegung | 0 | 0 |
| Grünland | 80 | 70 |

*Quelle: Schmidt Geyler (2001) auf Grundlage von LfL (1999a).*

*Anhang-Tab. 15.1-2: Ertragsentwicklung der ackerbaulichen Bewirtschaftungsformen im Vergleich zum konventionellen Ackerbau (außerhalb TWSG)*

| Bewirtschaftungsform | relativer Ertrag im Vergleich zum konventionellen Ackerbau (kA)/kein TWSG | |
|---|---|---|
| | kein TWSG | TWSG |
| kA | 100% | 75% |
| iA (Durchschnitt) | 88% | 75% |
| iA (GF) | 95% | 75% |
| iA (GF+Z1) | 75% | 75% |
| iA (GF+Z2) | 95% | 75% |
| öA | 60% | 60% |

*Quelle: Schmidt/Geyler (2001).*

*Anhang-Tab. 15.1-3: Erlöse für Feldfrüchte und Heu*

| Fruchtart | kA und iA [EUR dt$^{-1}$] | öA [EUR dt$^{-1}$] |
|---|---|---|
| Winterweizen | 11,8 | 23,5 |
| Winterroggen | 11,0 | 22,0 |
| Wintergerste | 9,2 | 18,4 |
| Maissilage | 2,6 | 5,1 |
| Zuckerrüben | 4,3 | 8,7 |
| Erbsen | 9,7 | 19,4 |
| Triticale | 8,9 | 17,9 |
| Winterraps | 18,4 | 36,8 |
| Stilllegung | 0 | 0 |
| Grünland | 7,2 | 14,3 |

*Quelle: Schmitt/Geyler (2001) nach LfL (1999a).*

*Anhang-Tab. 15.1-4: Zuwendungen im Programm Umweltgerechte Landwirtschaft*

| Bewirtschaftungsform | | Zuwendungen [EUR ha$^{-1}$] kein TWSG | TWSG |
|---|---|---|---|
| integrierter Ackerbau – iA | | | |
| Grundförderung – iA (GF) | | 41 | 20 |
| zusätzlich für Zusatzförderung 1/umweltentlastende Maßnahmen – iA (GF+Z1) | | 67 | 31 |
| zusätzlich für Zusatzförderung 2/bodenschonende Maßnahmen iA (GF+Z2) | Zwischenfrucht | 67 | 67 |
| | Untersaaten | 51 | 51 |
| | Mulchsaaten (Herbst) | 26 | 26 |
| | Mulchsaaten (Frühjahr) | 26 | 26 |
| | flächengewichteter Durchschnitt*: | 37 | 37 |
| ökologischer Ackerbau – öA | | 230 | 161 |
| extensives Grünland/Reduzierter Mitteleinsatz – GL (ext.) | | 38 | 0 |

* Gewichteter Mittelwert der Einzelprämien entsprechend der Flächenanteile ihrer Inanspruchnahme im Torgauer Raum.
*Quelle: Schmidt Geyler (2001) – verändert; auf Basis von SMUL (1999a).*

*Anhang-Tab. 15.1-5: Annahmen zum fruchtartspezifischen Arbeitszeitaufwand je Hektar*

| Bewirtschaftungsform | Arbeitsaufwand pro Fruchtart [h ha$^{-1}$ a$^{-1}$] | | | | | | | | | Relative Veränderung** | |
|---|---|---|---|---|---|---|---|---|---|---|---|
| | Winterweizen | Winterroggen | Wintergerste | *Maissilage** | *Zuckerrüben** | *Erbsen** | Triticale | Winterraps | Stilllegung | Winterfrüchte | Sommerfrüchte |
| **Aueböden ohne TWSG** | | | | | | | | | | | |
| öA | 10,8 | 9,2 | 10,0 | 16,4 | 15,8 | 10,2 | 9,2 | 11,0 | 2,0 | 200% | 200% |
| iA (GF) | 5,4 | 4,6 | 5,0 | 8,2 | 7,9 | 5,1 | 4,6 | 5,5 | 2,0 | 100% | 100% |
| iA (GF+Z1) | 5,1 | 4,4 | 4,8 | 7,8 | 7,5 | 4,8 | 4,4 | 5,2 | 2,0 | 95% | 95% |
| iA (GF+Z2) | 5,9 | 5,1 | 5,5 | 9,0 | 8,7 | 5,6 | 5,1 | 6,1 | 2,0 | 110% | 110% |
| kA | 5,4 | 4,6 | 5,0 | 8,2 | 7,9 | 5,1 | 4,6 | 5,5 | 2,0 | 100% | 100% |
| **Heideböden ohne TWSG** | | | | | | | | | | | |
| öA | 10,2 | 9,4 | 9,6 | 15,8 | 15,4 | 10,0 | 8,8 | 10,8 | 2,0 | 200% | 200% |
| iA (GF) | 5,1 | 4,7 | 4,8 | 7,9 | 7,7 | 5,0 | 4,4 | 5,4 | 2,0 | 100% | 100% |
| iA (GF+Z1) | 4,8 | 4,5 | 4,6 | 7,5 | 7,3 | 4,8 | 4,2 | 5,1 | 2,0 | 95% | 95% |
| iA (GF+Z2) | 5,6 | 5,2 | 5,3 | 8,7 | 8,5 | 5,5 | 4,8 | 5,9 | 2,0 | 110% | 110% |
| kA | 5,1 | 4,7 | 4,8 | 7,9 | 7,7 | 5,0 | 4,4 | 5,4 | 2,0 | 100% | 100% |
| **Aueböden mit TWSG** | | | | | | | | | | | |
| öA | 10,8 | 9,2 | 10,0 | 16,4 | 15,8 | 10,2 | 9,2 | 11,0 | 2,0 | 200% | 200% |
| iA (GF) | 5,1 | 4,4 | 4,8 | 8,6 | 8,3 | 5,4 | 4,4 | 5,2 | 2,0 | 95% | 105% |
| iA (GF+Z1) | 5,1 | 4,4 | 4,8 | 8,6 | 8,3 | 5,4 | 4,4 | 5,2 | 2,0 | 95% | 105% |
| iA (GF+Z2) | 5,7 | 4,8 | 5,3 | 8,6 | 8,3 | 5,4 | 4,8 | 5,8 | 2,0 | 105% | 105% |
| kA | 5,1 | 4,4 | 4,8 | 8,6 | 8,3 | 5,4 | 4,4 | 5,2 | 2,0 | 95% | 105% |
| **Heideböden mit TWSG** | | | | | | | | | | | |
| öA | 10,2 | 9,4 | 9,6 | 15,8 | 15,4 | 10,0 | 8,8 | 10,8 | 2,0 | 200% | 200% |
| iA (GF) | 4,8 | 4,5 | 4,6 | 8,3 | 8,1 | 4,8 | 4,2 | 5,1 | 2,0 | 95% | 105% |
| iA (GF+Z1) | 4,8 | 4,5 | 4,6 | 8,3 | 8,1 | 4,8 | 4,2 | 5,1 | 2,0 | 95% | 105% |
| iA (GF+Z2) | 5,4 | 4,9 | 5,0 | 8,3 | 8,1 | 5,3 | 4,6 | 5,7 | 2,0 | 105% | 105% |
| kA | 4,8 | 4,5 | 4,6 | 8,3 | 8,1 | 4,8 | 4,2 | 5,1 | 2,0 | 95% | 105% |

* Sommerfrüchte; ** im Vergleich zu kA ohne TWSG.
*Quelle: Schmidt Geyler (2001) – verändert; auf Basis von KTBL (1999).*

*Anhang-Tab. 15.1-6: Hektarspezifischer Nettoumsatz (NU)*

| **Bewirtschaftungsform** | **Aueböden** | | **Heideböden** | |
|---|---|---|---|---|
| | **TWSG** [EUR ha$^{-1}$] | **kein TWSG** [EUR ha$^{-1}$] | **TWSG** [EUR ha$^{-1}$] | **kein TWSG** [EUR ha$^{-1}$] |
| **öA** | 691 | 691 | 535 | 535 |
| **iA (GF)** | 562 | 711 | 406 | 514 |
| **iA (GF+Z1)** | 562 | 562 | 406 | 406 |
| **iA (GF+Z2)** | 562 | 711 | 406 | 514 |
| **kA** | 562 | 749 | 406 | 541 |
| **GL (ext.)** | 458 | 458 | 401 | 401 |
| **GL (int.)** | 458 | 573 | 401 | 501 |

*Quelle: Schmidt/Geyler (2001).*

*Anhang-Tab. 15.1-7: Hektarspezifische variable Kosten inklusive Lohnkosten ($K_{Var}$)**

| **Bewirtschaftungsform** | **Aueböden** | | **Heideböden** | |
|---|---|---|---|---|
| | **TWSG** [EUR ha$^{-1}$] | **kein TWSG** [EUR ha$^{-1}$] | **TWSG** [EUR ha$^{-1}$] | **kein TWSG** [EUR ha$^{-1}$] |
| **öA** | 563 | 563 | 569 | 569 |
| **iA (GF)** | 444 | 455 | 415 | 422 |
| **iA (GF+Z1)** | 444 | 435 | 415 | 402 |
| **iA (GF+Z2)** | 487 | 507 | 453 | 473 |
| **kA** | 444 | 455 | 415 | 422 |
| **GL (ext.)** | 377 | 377 | 353 | 353 |
| **GL (int.)** | 377 | 424 | 353 | 395 |

* Bei Deckungsbeitragsrechnungen in der Landwirtschaft wird häufig von Familienbetrieben ausgegangen mit der Konsequenz, dass die Arbeitszeit nicht durch einen Lohn, sondern durch das nach Abzug aller anderen Kostenpunkte verbleibende Einkommen honoriert wird. Da die Betriebsstruktur im Torgauer Raum heterogen ausfällt, wurde die Arbeitszeit als variabler Kostenfaktor einbezogen.

*Quelle Schmidt/Geyler (2001) – verändert.*

*Anhang-Tab. 15.1-8: Hektarspezifischer Nettoumsatz (NU) abzüglich der variablen Kosten ($K_{Var}$)*

| **Bewirtschaftungsform** | **Aueböden** | | **Heideböden** | |
|---|---|---|---|---|
| | **TWSG** [EUR ha$^{-1}$] | **kein TWSG** [EUR ha$^{-1}$] | **TWSG** [EUR ha$^{-1}$] | **kein TWSG** [EUR ha$^{-1}$] |
| **öA** | 128 | 128 | -34 | -34 |
| **iA (GF)** | 118 | 256 | -9 | 92 |
| **iA (GF+Z1)** | 118 | 127 | -9 | 4 |
| **iA (GF+Z2)** | 74 | 204 | -48 | 41 |
| **kA** | 118 | 294 | -9 | 119 |
| **GL (ext.)** | 81 | 81 | 48 | 48 |
| **GL (int.)** | 81 | 148 | 48 | 106 |

*Quelle: Schmidt/Geyler (2001) – verändert.*

*Anhang-Tab. 15.1-9: Hektarspezifische Zuwendungen($ZU_{UL}$) im Rahmen des Programms Umweltgerechte Landwirtschaft**

| **Bewirtschaftungsform** | **Aueböden** | | **Heideböden** | |
|---|---|---|---|---|
| | **TWSG** [EUR $ha^{-1}$] | **kein TWSG** [EUR $ha^{-1}$] | **TWSG** [EUR $ha^{-1}$] | **kein TWSG** [EUR $ha^{-1}$] |
| **öA** | 129 | 184 | 129 | 184 |
| **iA (GF)** | 19 | 38 | 18 | 37 |
| **iA (GF+Z1)** | 47 | 99 | 46 | 97 |
| **iA (GF+Z2)** | 53 | 72 | 52 | 70 |
| **kA** | 0 | 0 | 0 | 0 |
| **GL (ext.)** | 0 | 38 | 0 | 38 |
| **GL (int.)** | 0 | 0 | 0 | 0 |

* Die ausgewiesenen Werte unterschreiten die rechtlich festgelegten Zuwendungen (vgl. Anhang-Tab. 15.1-4) um den Anteil der Stilllegungsfläche an der Fruchtfolge (vgl. Anhang-Tab. 15.1-4). Für Stilllegungsfläche wird keine Zuwendungen gewährt.

*Quelle: Schmidt Geyler (2001) nach SMUL (1999a).*

*Anhang-Tab. 15.1-10: Hektarspezifische Ausgleichszahlungen (AGZ) in Trinkwasserschutzgebieten*

| **Bewirtschaftungsform** | **Aueböden** | | **Heideböden** | |
|---|---|---|---|---|
| | **TWSG** [EUR $ha^{-1}$] | **kein TWSG** [EUR $ha^{-1}$] | **TWSG** [EUR $ha^{-1}$] | **kein TWSG** [EUR $ha^{-1}$] |
| **öA** | 112 | 0 | 112 | 0 |
| **iA (GF)** | 112 | 0 | 112 | 0 |
| **iA (GF+Z1)** | 112 | 0 | 112 | 0 |
| **iA (GF+Z2)** | 112 | 0 | 112 | 0 |
| **kA** | 112 | 0 | 112 | 0 |
| **GL (ext.)** | 112 | 0 | 112 | 0 |
| **GL (int.)** | 112 | 0 | 112 | 0 |

*Quelle: SächsSchAVO (1994).*

*Anhang-Tab. 15.1-11: Szenarienspezifische Flächenentwicklung der landwirtschaftlichen Bewirtschaftungsformen für die Zeitschnitte 1993 und 2030**

| Flächen [ha] | | | | | | | | | | | |
|---|---|---|---|---|---|---|---|---|---|---|---|
| **Raumkategorien** | | **Bewirt-schaftungs-form** | ***TWSG (Kompr.)*** | | | ***TWSG (Aufl.)*** | | | ***TWSG (Min.)*** | | |
| | | | **1993** | **2030** | | **1993** | **2030** | | **1993** | **2030** | |
| | | | **TWSG** | **TWSG** | **kein TWSG** | **TWSG** | **TWSG** | **kein TWSG** | **TWSG** | **TWSG** | **kein TWSG** |
| **Ackerland** | **gesamt** | | 3.277 | 3.211 | 3.211 | 7.398 | 7.082 | 7.082 | 5.546 | 5.251 | 5.251 |
| | **Aueböden** | ***gesamt*** | 2.885 | 2.832 | 2.832 | 4.846 | 4.731 | 4.731 | 3.297 | 3.201 | 3.201 |
| | mit TWSG | öA** | 14 | 142 | | 24 | 237 | | 17 | 160 | |
| | | iA(GF)** | 952 | 708 | | 1.599 | 1.183 | | 1.088 | 800 | |
| | | iA(GF+Z1)** | 303 | 425 | | 509 | 710 | | 346 | 480 | |
| | | iA(GF+Z2)** | 29 | 283 | | 49 | 473 | | 33 | 320 | |
| | | kA** | 1.587 | 1.275 | | 2.665 | 2.129 | | 1.813 | 1.441 | |
| | ohne TWSG | öA | | | 142 | | | 237 | | | 160 |
| | | iA(GF) | | | 283 | | | 473 | | | 320 |
| | | iA(GF+Z1) | | | 57 | | | 95 | | | 64 |
| | | iA(GF+Z2) | | | 85 | | | 142 | | | 96 |
| | | kA | | | 2.266 | | | 3.785 | | | 2.561 |
| | **Heideböden** | ***gesamt*** | 393 | 379 | 379 | 2.552 | 2.351 | 2.351 | 2.249 | 2.050 | 2.050 |
| | mit TWSG | öA** | 4 | 38 | | 26 | 235 | | 23 | 205 | |
| | | iA(GF)** | 212 | 57 | | 1.378 | 353 | | 1.214 | 307 | |
| | | iA(GF+Z1)** | 71 | 152 | | 459 | 940 | | 405 | 820 | |
| | | iA(GF+Z2)** | 8 | 114 | | 51 | 705 | | 45 | 615 | |
| | | kA** | 98 | 19 | | 638 | 118 | | 562 | 103 | |
| | ohne TWSG | öA | | | 38 | | | 235 | | | 205 |
| | | iA(GF) | | | 76 | | | 470 | | | 410 |
| | | iA(GF+Z1) | | | 114 | | | 705 | | | 615 |
| | | iA(GF+Z2) | | | 114 | | | 705 | | | 615 |
| | | kA | | | 38 | | | 235 | | | 205 |
| **Grünland** | **gesamt** | | 801 | 777 | 777 | 1.898 | 1.814 | 1.814 | 1.181 | 1.110 | 1.110 |
| | **Aueböden** | ***gesamt*** | 527 | 521 | 521 | 1.395 | 1.368 | 1.368 | 706 | 692 | 692 |
| | mit TWSG | extensiv** | 527 | 521 | | 1.395 | 1.368 | | 706 | 692 | |
| | | intensiv** | 0 | 0 | | 0 | 0 | | 0 | 0 | |
| | ohne TWSG | extensiv | | | 312 | | | 821 | | | 415 |
| | | intensiv | | | 208 | | | 547 | | | 277 |
| | **Heideböden** | ***gesamt*** | 274 | 257 | 257 | 504 | 447 | 447 | 476 | 419 | 419 |
| | mit TWSG | extensiv** | 274 | 257 | | 504 | 447 | | 476 | 419 | |
| | | intensiv** | 0 | 0 | | 0 | 0 | | 0 | 0 | |
| | ohne TWSG | extensiv | | | 154 | | | 268 | | | 251 |
| | | intensiv | | | 103 | | | 179 | | | 167 |
| **Ackerland + Grünland gesamt** | | | 4.078 | 3.989 | 3.989 | 9.296 | 8.897 | 8.897 | 6.727 | 6.361 | 6.361 |

* Berücksichtigt wurden nur die Flächen, welche bei dem Wechsel zwischen dem jeweiligen Szenario und *TWSG (Max.)* aus dem Schutzstatus herausfallen, d.h. beispielsweise, dass bei *TWSG (Kompr.)* im Vergleich zu TWSG *(Max.)* im Jahr 2030 3.211 ha zur Disposition stehen; ** Bewirtschaftungsform mit Trinkwasserschutzrestriktionen.

*Quelle: eigene Berechnungen, Zuarbeit M. Volk/Umweltforschungszentrum Leipzig-Halle Gmbh.*

*Anhang-Tab. 15.1-12: Unsicherheitsbetrachtung zum landwirtschaftlichen Flächeneinkommen – Auswirkungen von Veränderungen bei Eingangsgrößen des hektarbezogenen Flächeneinkommens*

| **Diskontrate** | **Nettonutzendifferenzen** Bezugsbasis *TWSG (Max.)* | | | **Veränderung gegenüber dem wahrscheinlichem Ergebnis** | | |
|---|---|---|---|---|---|---|
| | ***TWSG (Kompr.)*** [EUR ha$^{-1}$] | ***TWSG (Min.)*** [EUR ha$^{-1}$] | ***TWSG (Aufl.)*** [EUR ha$^{-1}$] | ***TWSG (Kompr.)*** um [%] | ***TWSG (Min.)*** um [%] | ***TWSG (Aufl.)*** um [%] |
| **Wahrscheinliches Ergebnis** | | | | | | |
| **0%** | 2.129.843 | 1.215.210 | 1.785.867 | 0% | 0% | 0% |
| **3%** | 1.116.566 | 666.828 | 963.758 | 0% | 0% | 0% |
| **5%** | 759.150 | 464.726 | 664.867 | 0% | 0% | 0% |
| **Erträge: Steigerung um 10%** | | | | | | |
| **0%** | 3.776.635 | 3.536.659 | 5.062.361 | 77% | 191% | 183% |
| **3%** | 1.972.798 | 1.881.518 | 2.674.023 | 77% | 182% | 177% |
| **5%** | 1.338.851 | 1.290.340 | 1.825.453 | 76% | 178% | 175% |
| **Erträge: Absenkung um 10%** | | | | | | |
| **0%** | 483.050 | -1.106.240 | -1.490.626 | -77% | -191% | -183% |
| **3%** | 260.335 | -547.863 | -746.507 | -77% | -182% | -177% |
| **5%** | 179.450 | -360.888 | -495.719 | -76% | -178% | -175% |
| **Variable Kosten (ohne Arbeitskosten): Steigerung um 10%** | | | | | | |
| **0%** | 2.037.676 | 1.086.029 | 1.596.708 | -4% | -11% | -11% |
| **3%** | 1.068.470 | 599.647 | 865.551 | -4% | -10% | -10% |
| **5%** | 726.568 | 419.321 | 598.581 | -4% | -10% | -10% |
| **Variable Kosten (ohne Arbeitskosten): Absenkung um 10%** | | | | | | |
| **0%** | 2.222.009 | 1.344.391 | 1.975.026 | 4% | 11% | 11% |
| **3%** | 1.164.663 | 734.008 | 1.061.964 | 4% | 10% | 10% |
| **5%** | 791.732 | 510.131 | 731.153 | 4% | 10% | 10% |
| **Arbeitskosten: Steigerung um 10%** | | | | | | |
| **0%** | 2.098.863 | 1.170.873 | 1.715.968 | -1% | -4% | -4% |
| **3%** | 1.100.867 | 644.346 | 928.426 | -1% | -3% | -4% |
| **5%** | 748.752 | 449.831 | 641.516 | -1% | -3% | -4% |
| **Arbeitskosten: Absenkung um 10%** | | | | | | |
| **0%** | 2.160.822 | 1.259.546 | 1.855.766 | 1% | 4% | 4% |
| **3%** | 1.132.266 | 689.309 | 999.089 | 1% | 3% | 4% |
| **5%** | 769.549 | 479.621 | 688.218 | 1% | 3% | 4% |
| **AGZ: Steigerung um 10%** | | | | | | |
| **0%** | 726.334 | -1.054.629 | -1.372.855 | -66% | -187% | -177% |
| **3%** | 379.274 | -528.124 | -697.874 | -66% | -179% | -172% |
| **5%** | 256.308 | -351.313 | -469.342 | -66% | -176% | -171% |
| **AGZ: Absenkung um 10%** | | | | | | |
| **0%** | 3.533.351 | 3.485.049 | 4.944.589 | 66% | 187% | 177% |
| **3%** | 1.853.858 | 1.861.779 | 2.625.389 | 66% | 179% | 172% |
| **5%** | 1.261.993 | 1.280.765 | 1.799.076 | 66% | 176% | 171% |

Fortsetzung nächste Seite

| Diskontrate | Nettonutzendifferenzen Bezugsbasis *TWSG (Max.)* | | | Veränderung gegenüber dem wahrscheinlichem Ergebnis | | |
|---|---|---|---|---|---|---|
| | ***TWSG (Kompr.)*** [EUR $ha^{-1}$] | ***TWSG (Min.)*** [EUR $ha^{-1}$] | ***TWSG (Aufl.)*** [EUR $ha^{-1}$] | ***TWSG (Kompr.)*** um [%] | ***TWSG (Min.)*** um [%] | ***TWSG (Aufl.)*** um [%] |
| **UL-Prämien: Steigerung um 10%** | | | | | | |
| **0%** | 2.222.690 | 1.458.638 | 2.105.741 | 4% | 20% | 18% |
| **3%** | 1.173.079 | 803.433 | 1.145.038 | 5% | 20% | 19% |
| **5%** | 801.188 | 561.924 | 794.613 | 6% | 21% | 20% |
| **UL-Prämie: Absenkung um 10%** | | | | | | |
| **0%** | 2.036.995 | 971.781 | 1.465.993 | -4% | -20% | -18% |
| **3%** | 1.060.054 | 530.222 | 782.477 | -5% | -20% | -19% |
| **5%** | 717.113 | 367.528 | 535.121 | -6% | -21% | -20% |
| **Ertragsminderung infolge Düngerrestriktion: Verstärkung um 10% des angesetzten Wertes** | | | | | | |
| **0%** | 3.863.662 | 3.708.475 | 5.285.256 | 81% | 205% | 196% |
| **3%** | 2.021.297 | 1.975.401 | 2.796.222 | 81% | 196% | 190% |
| **5%** | 1.373.141 | 1.355.949 | 1.911.022 | 81% | 192% | 187% |
| **Ertragsminderung durch Düngerrestriktion: Reduktion um 10% des angesetzten Wertes** | | | | | | |
| **0%** | 396.023 | -1.278.055 | -1.713.521 | -81% | -205% | -196% |
| **3%** | 211.836 | -641.746 | -868.707 | -81% | -196% | -190% |
| **5%** | 145.159 | -426.496 | -581.288 | -81% | -192% | -187% |
| **Anbauverhältnis der Feldfrüchte: Anteil der deckungsbeitragstärksten Fruchtart um 10% erhöht (auf Kosten von Brache)** | | | | | | |
| **0%** | 2.383.233 | 1.570.798 | 2.281.750 | 12% | 29% | 28% |
| **3%** | 1.249.208 | 853.896 | 1.224.264 | 12% | 28% | 27% |
| **5%** | 849.397 | 592.396 | 842.502 | 12% | 27% | 27% |
| **Anbauverhältnis der Feldfrüchte: Anteil der deckungsbeitragstärksten Fruchtart um 10% gesenkt (zugunsten von Brache)** | | | | | | |
| **0%** | 1.876.452 | 859.622 | 1.289.985 | -12% | -29% | -28% |
| **3%** | 983.925 | 479.759 | 703.251 | -12% | -28% | -27% |
| **5%** | 668.903 | 337.056 | 487.232 | -12% | -27% | -27% |

*Quelle: eigene Berechnungen.*

*Anhang-Tab. 15.1-13: Unsicherheitsbetrachtung zum landwirtschaftlichen Flächeneinkommen – Auswirkungen von Veränderungen bei Entwicklungsrahmen-Annahmen zur Flächenentwicklung der einzelnen Bewirtschaftungsformen (BWF)*

| **Diskontrate** | **Nettonutzendifferenzen** Bezugsbasis *TWSG (Max.)* | | | **Veränderung gegenüber dem wahrscheinlichem Ergebnis** | | |
|---|---|---|---|---|---|---|
| | ***TWSG (Kompr.)*** [EUR $ha^{-1}$] | ***TWSG (Min.)*** [EUR $ha^{-1}$] | ***TWSG (Aufl.)*** [EUR $ha^{-1}$] | ***TWSG (Kompr.)*** um [%] | ***TWSG (Min.)*** um [%] | ***TWSG (Aufl.)*** um [%] |
| **Wahrscheinliches Ergebnis** | | | | | | |
| **0%** | 2.129.843 | 1.215.210 | 1.785.867 | 0% | 0% | 0% |
| **3%** | 1.116.566 | 666.828 | 963.758 | 0% | 0% | 0% |
| **5%** | 759.150 | 464.726 | 664.867 | 0% | 0% | 0% |
| **Steigerung des Flächenanteils der BWF[a] mit dem stärksten Flächeneinkommen um 10% (Gesamtanteil) 1993 und 2030 (auf Kosten der BWF mit dem geringsten Flächeneinkommen)** | | | | | | |
| **0%** | 1.879.783 | 830.388 | 1.284.425 | -12% | -32% | -28% |
| **3%** | 954.907 | 418.874 | 636.686 | -14% | -37% | -34% |
| **5%** | 633.659 | 272.964 | 410.212 | -17% | -41% | -38% |
| **Senkung des Flächenanteils der BWF mit dem stärksten Flächeneinkommen um 10% (Gesamtanteil) 1993 und 2030 (zugunsten der BWF mit dem geringsten Flächeneinkommen)** | | | | | | |
| **0%** | 2.134.773 | 1.343.494 | 1.900.459 | 0% | 11% | 6% |
| **3%** | 1.166.605 | 798.396 | 1.115.168 | 4% | 20% | 16% |
| **5%** | 815.882 | 585.026 | 811.580 | 7% | 26% | 22% |
| **Steigerung des Flächenanteils der BWF mit dem stärksten Flächeneinkommen auf 100% im Jahr 2030 (keine Veränderung bei öA)** | | | | | | |
| **0%** | 593.286 | -540.702 | -706.736 | -72% | -144% | -140% |
| **3%** | 348.980 | -220.818 | -296.839 | -69% | -133% | -131% |
| **5%** | 249.994 | -129.121 | -178.745 | -67% | -128% | -127% |
| **Steigerung des Flächenanteils der BWF mit dem stärksten Flächeneinkommen auf 100% sowohl 1993 als auch 2030 (keine Veränderung bei öA)** | | | | | | |
| **0%** | -1.426.827 | -3.497.572 | -4.762.693 | -167% | -388% | -367% |
| **3%** | -986.580 | -2.168.056 | -2.972.554 | -188% | -425% | -408% |
| **5%** | -786.409 | -1.636.959 | -2.252.663 | -204% | -452% | -439% |
| **Von den Unterprogrammen $iA_{GF}$, $iA_{GF+Z1}$ und $iA_{GF+Z2}$ dominiert 2030 nur die jeweils einkommensstärkste BWF** | | | | | | |
| **0%** | 1.586.668 | 566.076 | 841.689 | -26% | -53% | -53% |
| **3%** | 841.478 | 330.058 | 477.080 | -25% | -51% | -50% |
| **5%** | 574.873 | 235.316 | 334.807 | -24% | -49% | -50% |
| **Flächenanteile der BWF von 1993 bleiben konstant bis 2030** | | | | | | |
| **0%** | 2.548.560 | 2.357.368 | 3.249.327 | 20% | 94% | 82% |
| **3%** | 1.318.306 | 1.209.057 | 1.658.775 | 18% | 81% | 72% |
| **5%** | 889.387 | 810.739 | 1.108.508 | 17% | 74% | 67% |

[a] BWF – Bewirtschaftungsform.

*Quelle: eigene Berechnungen.*

*Anhang-Tab. 15.1-14: Szenarienabhängige Prognosewerte für die Grundwasserneubildung (GWN), für die Stickstoffauswaschung mit dem Sickerwasser und die Nitratkonzentration im Sickerwasser – wahrscheinliche Werte; Bezugsfläche; Fläche entsprechend $TWSG_{Max}$.*

| Indikator | *TWSG (Max.)* | *TWSG (Kompr.)* | *TWSG (Min.)* | *TWSG (Aufl.)* |
|---|---|---|---|---|
| | | **1993** | | |
| **GWN** [Mio. $m^3$ $a^{-1}$] | 16,2 | 16,2 | 16,2 | 16,2 |
| **Stickstoff-Auswaschung** [t $a^{-1}$] | 200 | 231 | 269 | 288 |
| **Nitratkonzentration im Sickerwasser** [mg $l^{-1}$] | 55 | 63 | 74 | 79 |
| | | **2030** | | |
| **GWN** [Mio. $m^3$ $a^{-1}$] | 15,8 | 15,8 | 15,8 | 15,8 |
| **Stickstoff-Auswaschung** [t $a^{-1}$] | 279 | 309 | 333 | 351 |
| **Nitratkonzentration im Sickerwasser** [mg $l^{-1}$] | 78 | 87 | 94 | 99 |

Die Werte für 1993 basieren auf der Übertragung der Szenarien auf die Rahmenbedingungen von 1993 und stellen somit fiktive Werte dar.

*Quelle: eigene Berechnung auf Grundlage von Franko et al. (2001), Schmidt et al. (2001b) und Volk et al. (2001b).*

*Anhang-Tab. 15.1-15: Szenarienabhängige Prognosewerte für die Grundwasserneubildung (GWN), für die Stickstoffauswaschung mit dem Sickerwasser und die Nitratkonzentration im Sickerwasser – Minimalwerte; Bezugsfläche – Fläche entsprechend $TWSG_{Max}$.*

| Indikator | *TWSG (Max.)* | *TWSG (Kompr.)* | *TWSG (Min.)* | *TWSG (Aufl.)* |
|---|---|---|---|---|
| | | **1993** | | |
| **GWN** [Mio. $m^3$ $a^{-1}$] | 17,6 | 17,6 | 17,6 | 17,6 |
| **Stickstoff-Auswaschung** [t $a^{-1}$] | 200 | 231 | 269 | 288 |
| **Nitratkonzentration im Sickerwasser** [mg $l^{-1}$] | 50 | 58 | 68 | 73 |
| | | **2030** | | |
| **GWN** [Mio. $m^3$ $a^{-1}$] | 17,4 | 17,4 | 17,4 | 17,4 |
| **Stickstoff-Auswaschung** [t $a^{-1}$] | 279 | 309 | 333 | 351 |
| **Nitratkonzentration im Sickerwasser** [mg $l^{-1}$] | 71 | 79 | 85 | 90 |

Einbezogen wurden maximale Annahmen zur GWN für Siedlungsflächen und sonstige Flächen: Als GWN für die Siedlungsfläche wurde die GWN für GL auf Heideböden (157 mm a-1) angesetzt (vgl. Tab. 15-12), wobei 30% aufgrund der Versiegelung abgezogen wurden. Als GWN für sonstige Flächen wurde die GWN für GL auf Heideböden direkt angesetzt. Stickstoffeintrag wurde für diese Flächen mit 0 t $a^{-1}$ angesetzt.

*Quelle: eigene Berechnung auf Grundlage von Franko et al. (2001), Schmidt et al. (2001b) und Volk et al. (2001b).*

*Anhang-Tab. 15.1-16: Durch Denitrifikation abzubauender Nitrateintrag aus den Flächen der TWSZ 3b westelbig sowie 3a und 3b ostelbig bei Annahme der vollständigen Reinigung des Wassers (Endkonzentration 0 mg $l^{-1}$)**

| Jahr | Nitrateintrag auf Gebiet der TWSZ 3b westelbig [t] | | | Nitrateintrag auf Gebiet der TWSZ 3a und 3b ostelbig [t] | | |
|---|---|---|---|---|---|---|
| | kein TWSG | TWSG | Differenz | kein TWSG | TWSG | Differenz |
| **1993** | 538,4 | 388,4 | | 429,7 | 291,4 | |
| **1994** | 540,9 | 392,3 | | 434,6 | 296,5 | |
| **1995** | 543,3 | 396,1 | | 439,5 | 301,5 | |
| **1996** | 545,8 | 400,0 | | 444,4 | 306,6 | |
| **1997** | 548,3 | 403,9 | | 449,3 | 311,7 | |
| **1998** | 550,8 | 407,8 | | 454,2 | 316,7 | |
| **1999** | 553,3 | 411,6 | | 459,1 | 321,8 | |
| **2000** | 555,8 | 415,5 | | 464,0 | 326,9 | |
| **2001** | 558,3 | 419,4 | | 468,9 | 332,0 | |
| **2002** | 560,8 | 423,3 | | 473,8 | 337,0 | |
| **2003** | 563,2 | 427,1 | | 478,7 | 342,1 | |
| **2004** | 565,7 | 431,0 | | 483,6 | 347,2 | |
| **2005** | 568,2 | 434,9 | | 488,5 | 352,2 | |
| **2006** | 570,7 | 438,8 | | 493,4 | 357,3 | |
| **2007** | 573,2 | 442,6 | | 498,3 | 362,4 | |
| **2008** | 575,7 | 446,5 | | 503,2 | 367,4 | |
| **2009** | 578,2 | 450,4 | | 508,1 | 372,5 | |
| **2010** | 580,6 | 454,3 | 126,4 | 513,0 | 377,6 | 137,1 |
| **2011** | 583,1 | 458,1 | 125,0 | 517,9 | 382,6 | 137,0 |
| **2012** | 585,6 | 462,0 | 123,6 | 522,8 | 387,7 | 136,8 |
| **2013** | 588,1 | 465,9 | 122,2 | 527,7 | 392,8 | 136,6 |
| **2014** | 590,6 | 469,8 | 120,8 | 532,6 | 397,8 | 136,5 |
| **2015** | 593,1 | 473,6 | 119,4 | 537,5 | 402,9 | 136,3 |
| **2016** | 595,6 | 477,5 | 118,1 | 542,4 | 408,0 | 136,1 |
| **2017** | 598,1 | 481,4 | 116,7 | 547,3 | 413,0 | 135,9 |
| **2018** | 600,5 | 485,3 | 115,3 | 552,2 | 418,1 | 135,8 |
| **2019** | 603,0 | 489,1 | 113,9 | 557,1 | 423,2 | 135,6 |
| **2020** | 605,5 | 493,0 | 112,5 | 562,0 | 428,2 | 135,4 |
| **2021** | 608,0 | 496,9 | 111,1 | 566,9 | 433,3 | 135,3 |
| **2022** | 610,5 | 500,8 | 109,7 | 571,8 | 438,4 | 135,1 |
| **2023** | 613,0 | 504,6 | 108,3 | 576,7 | 443,4 | 134,9 |
| **2024** | 615,5 | 508,5 | 106,9 | 581,6 | 448,5 | 134,8 |
| **2025** | 618,0 | 512,4 | 105,6 | 586,5 | 453,6 | 134,6 |
| **2026** | 620,4 | 516,3 | 104,2 | 591,4 | 458,6 | 134,4 |
| **2027** | 622,9 | 520,1 | 102,8 | 596,3 | 463,7 | 134,3 |
| **2028** | 625,4 | 524,0 | 101,4 | 601,2 | 468,8 | 134,1 |
| **2029** | 627,9 | 527,9 | 100,0 | 606,1 | 473,8 | 133,9 |
| **2030** | 630,4 | 531,8 | 98,6 | 611,0 | 478,9 | 133,7 |
| **Summe der Differenzen:** | | | **2362,5** | | | **2808,7** |

* Erläuterungen und den Berechnungen zugrunde liegende Annahmen im Text.

*Quelle: eigene Berechnungen.*

*Anhang-Tab. 15.1-17: Nitratkonzentrationen im Rohwasser des WW Mockritz mit und ohne Berücksichtigung des gesparten Denitrifikationspotentials – Unsicherheitsbetrachtung bei Berücksichtigung von Siedlungsflächen und sonstigen Flächen*

| **F*** [Mio. m³ $a^{-1}$] | **Annahme zur Herkunft des Rohwasser** | | | | **$NO_3$-Konz. im Rohwasser** [mg $l^{-1}$] **(entsprechend Mischungsverhältnissen)** | | | |
|---|---|---|---|---|---|---|---|---|
| | **UF** | **aus TWSZ** | | | **1993** | **1993** | **2030** | **2030** |
| | | **1-3a we.** | **3b we.** | **3a-3b oe.** | **ohne natürl. Reinigung** | **natürl. Reinigung landseitig** | **ohne natürl. Reinigung** | **natürl. Reinigung landseitig** |
| 7,5 | 15 | 39 | 45 | 1 | 50** – 61*** | 15** | 61** – 68*** | 14** |
| 11 | 50 | 27 | 18 | 5 | 36 – 41 | 18 | 39 – 43 | 15 |
| 11 | 70 | 25 | 0 | 5 | 28 – 28 | 20 | 26 – 27 | 17 |
| 22 | 60 | 13 | 22 | 5 | 34 – 40 | 16 | 38 - 42 | 14 |

* Fördermenge; ** bei *TWSG (Max.)*; *** bei *TWSG (MIN.)*; Elbwasser wurde mit einer $NO_3$-Konzentration von 20 mg l-1 für 1993 und 15 mg l-1 für 2030 berücksichtigt.

*Quelle: eigene Berechnungen.*

*Anhang-Tab. 15.1-18: Literaturangaben zu spezifischen Aufbereitungskosten (spezifische $\Delta K_{Aufb.}$).*

| **Quelle** | **Aufbereitungskosten** [EUR $m^{-3}$] | **Kapazität des WW** [Mio. m³$a^{-1}$] | **Bemerkungen** |
|---|---|---|---|
| **Zwintz (1986)** | 0,15-0,82 | kleine bis mittelgroße WW | Gesamtaufbereitungskosten ohne Kosten für die Abwasserentsorgung |
| **Winje et al. (1991, S. 123)** | 0,33-0,52 | 0,44 | 5 verschiedene Verfahren; Investitions- und Betriebskosten |
| **Winje et al. (1991, S. 123)** | 0,18-0,31 | 4,4 | 5 verschiedene Verfahren; Investitions- und Betriebskosten |
| **Magoulas et al. (1996, S. 234-235)** | 0,65 | 2 | Investitions- und Unterhaltskosten für Nitrat- und Härteaufbereitung |
| **Olschewski (1997, S. 33-35)** | 0,08 | 4 | fixe und variable Kosten |
| **Stadtwerke Aschaffenburg, mdl. Mitteilung vom 28.8.2000** | 0,13 | 8 | vorläufige Kalkulationen |
| **Technologieberatung Grundwasser und Umwelt GmbH Koblenz; mdl. Mitteilung vom 30.8.2000** | 0,12 | 14 | Berechnung für eine projektierte Anlage; Investitions- und Betriebskosten – ohne Lohnkosten |
| **Lipp et al. (2005)** | 0,17-1,00 | k. A. | nach verschiedenen Autoren – Kosten für Nanofiltration und Umkehrosmose |

*Anhang-Tab. 15.1-19: Unsicherheitsbetrachtung zum Wert Δt (siehe Gleichung 15-3) – Auswirkung von Veränderungen bei zugrunde liegenden Annahmen und Eingangsdaten*

| | Teilwerte | Mittelwert der Teilwerte | Abweichung von wahrscheinlichem Wert |
|---|---|---|---|
| Erhöhung des Nitrateintrages bei Ackerbau auf Heideböden ohne TWSG (1993 und 2030) um 10% | | | |
| **Restkonzentration 0%** | 5,2 | 5,4 | 35% |
| **Restkonzentration 5%** | 5,5 | | |
| Reduzierung des Nitrateintrages bei Ackerbau auf Heideböden ohne TWSG (1993 und 2030) um 10% | | | |
| **Restkonzentration 0%** | 2,5 | 2,6 | -34% |
| **Restkonzentration 5%** | 2,7 | | |
| Erhöhung des Nitrateintrages bei Ackerbau auf Heideböden mit TWSG (1993 und 2030) um 10% | | | |
| **Restkonzentration 0%** | 2,7 | 2,8 | -29% |
| **Restkonzentration 5%** | 2,9 | | |
| Reduzierung des Nitrateintrages bei Ackerbau auf Heideböden mit TWSG (1993 und 2030) um 10% | | | |
| **Restkonzentration 0%** | 5,1 | 5,3 | 33% |
| **Restkonzentration 5%** | 5,4 | | |
| Abpufferung der Nitrateinträge im Boden bis 2009 | | | |
| **Restkonzentration 0%** | 4,1 | 4,2 | 6% |
| **Restkonzentration 5%** | 4,3 | | |
| Abpufferung der Nitrateinträge im Boden bis 2011 | | | |
| **Restkonzentration 0%** | 3,6 | 3,7 | -6% |
| **Restkonzentration 5%** | 3,8 | | |
| keine Abpufferung der Nitrateinträge im Boden | | | |
| **Restkonzentration 0%** | 6 | 6,2 | 57% |
| **Restkonzentration 5%** | 6,4 | | |
| Abpufferung der Nitrateinträge im Boden bis 2020 | | | |
| **Restkonzentration 0%** | 1,9 | 2,0 | -51% |
| **Restkonzentration 5%** | 2 | | |
| 100%ige Erhöhung aller Nitrateinträge | | | |
| **Restkonzentration 0%** | 3,8 | 3,9 | -1% |
| **Restkonzentration 5%** | 4 | | |
| 50%ige Reduktion aller Nitrateinträge | | | |
| **Restkonzentration 0%** | 3,8 | 4,1 | 3% |
| **Restkonzentration 5%** | 4,3 | | |
| Erhöhung aller Nitrateinträge außerhalb von TWSG (Acker+Gl) um 10% | | | |
| **Restkonzentration 0%** | 5,3 | 5,5 | 38% |
| **Restkonzentration 5%** | 5,6 | | |
| Reduzierung aller Nitrateinträge außerhalb von TWSG (Acker+GL) | | | |
| **Restkonzentration 0%** | 2,4 | 2,5 | -38% |
| **Restkonzentration 5%** | 2,5 | | |
| Erhöhung aller Nitrateinträge außerhalb von TWSG (Acker+GL) um 30% | | | |
| **Restkonzentration 0%** | 8,2 | 8,5 | 114% |
| **Restkonzentration 5%** | 8,7 | | |
| Stickstoffauswaschung unter Wald für 1993 und 2030 5 kg $ha^{-1}$ $a^{-1}$ | | | |
| **Restkonzentration 0%** | 5,6 | 5,9 | 48% |
| **Restkonzentration 5%** | 6,1 | | |

Wahrscheinlicher Wert von $\Delta t$ = 3,95.

*Quelle: eigene Berechnungen.*

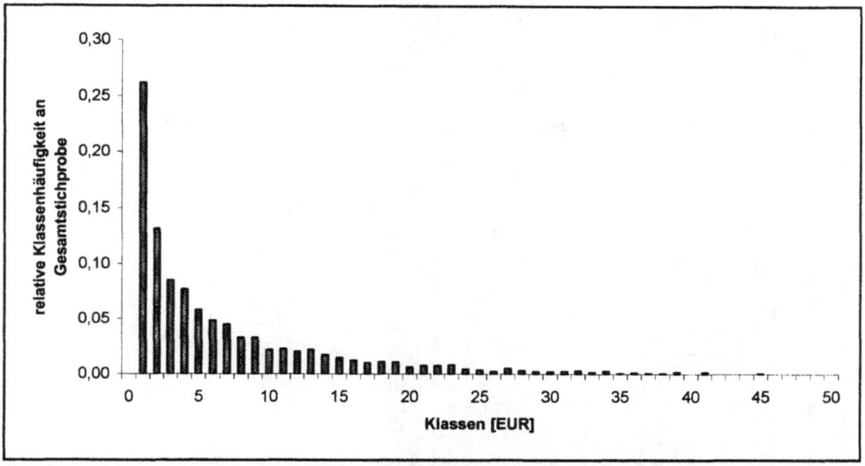


Verteilungsfunktion der Zusatzkosten der Fernwasserwerke wurde entsprechend Gleichung 15-3 aus 2000 Zufallsstichproben mit folgenden Annahmen ermittelt: 0 a ≤ $\Delta t$ ≤ 8 a; 0 EUR ≤ spezifische *ΔK (Aufb.)*. ≤ 0,3 EUR; 0 Mio. m³ $a^{-1}$ ≤ *jährliche Fördermenge* ≤ 20 Mio. m³ $a^{-1}$; innerhalb der Spannbreiten tritt jeder Wert mit einer gleichen Wahrscheinlichkeit auf.

*Quelle: eigene Berechnungen.*

*Anhang-Abb. 15.1-1: Verteilungsfunktion der Zusatzkosten der Fernwasseraufbereitung (undiskontiert) unter Berücksichtigung von Schwankungsbreiten der Eingangswerte*

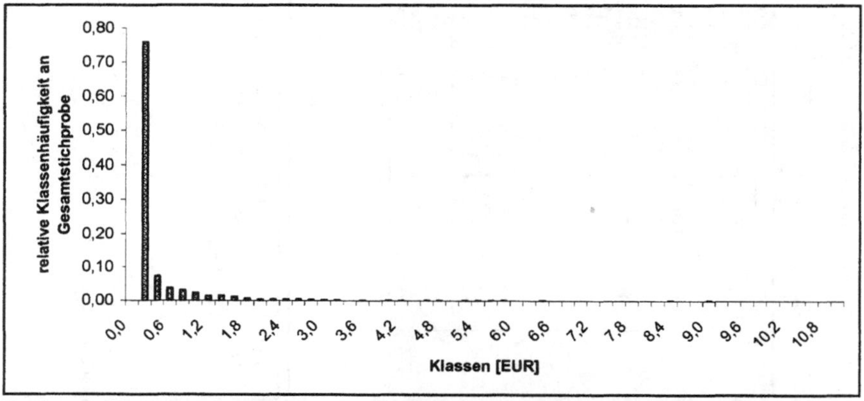


Verteilungsfunktion der Zusatzkosten der Fernwasserwerke wurde entsprechend Gleichung 15-3 aus 2000 Zufallsstichproben mit folgenden Annahmen ermittelt: 0 a ≤ $\Delta t$ ≤ 8 a; 0 EUR ≤ spezifische *ΔK (Aufb.)* ≤ 0,3 EUR; 0 Mio. m³ $a^{-1}$ ≤ *jährliche Fördermenge* ≤ 20 Mio. m³ $a^{-1}$; 2050 ≤ Zeitpunkt des Eintretens ≤ 2500.

*Quelle: eigene Berechnungen.*

*Anhang-Abb.15.1-2: Verteilungsfunktion der Zusatzkosten der Fernwasseraufbereitung (Diskontrate 3%) unter Berücksichtigung von Schwankungsbreiten der Eingangswerte*

*Anhang-Tab. 15.1-20: Ermittlung des Risikopotentials $RP_{NO3}$ des Stickstoffaustrags aus landwirtschaftlichen Flächen und Wald für Grundwasser (1993)*

| TWSZ | Boden-art | Boden-nutzung | Fläche | spezif. N-Auswaschung | | N-Auswaschung gesamt | | q (max.) | | r | s | | RP ($NO_3$) | | | | RP ($NO_3$) - bezogen auf jeweilige TWSZ | | | |
|---|---|---|---|---|---|---|---|---|---|---|---|---|---|---|---|---|---|---|---|---|
| TW-Schutzrestriktion: | | | | mit | ohne | mit | ohne | mit | ohne | | | | mit | mit | ohne | ohne | mit | mit | ohne | ohne |
| | | | [ha] | [kg ha$^{-1}$ a$^{-1}$] | [kg ha$^{-1}$ a$^{-1}$] | [kg] | [kg] | [m$^3$ a$^{-1}$] | [m$^3$ a$^{-1}$] | | min. | max. | min. | max. | min. | max. | min. | max. | min. | max. |
| | H | AL | 303,4 | 44 | 62 | 13349 | 18810 | 13,35 | 18,81 | 1,0E+04 | 0,015 | 0,315 | 2,0E+03 | 4,2E+04 | 2,8E+03 | 5,9E+04 | | | | |
| | H | GL | 28,4 | 6 | 11 | 170 | 312 | 0,17 | 0,31 | 1,0E+04 | 0,015 | 0,315 | 2,6E+01 | 5,4E+02 | 4,7E+01 | 9,8E+02 | | | | |
| 1-3a we | | Wald | 33,9 | 5 | 5 | 169 | 169 | 0,17 | 0,17 | 1,0E+04 | 0,015 | 0,315 | 2,5E+01 | 5,3E+02 | 2,5E+01 | 5,3E+02 | 3,2E+03 | 1,1E+05 | 4,7E+03 | 1,8E+05 |
| | A | AL | 1548,4 | 12 | 19 | 18581 | 29420 | 18,58 | 29,42 | 1,0E+04 | 0,005 | 0,315 | 9,3E+02 | 5,9E+04 | 1,5E+03 | 9,3E+04 | | | | |
| | A | GL | 688,7 | 6 | 11 | 4132 | 7576 | 4,13 | 7,58 | 1,0E+04 | 0,005 | 0,315 | 2,1E+02 | 1,3E+04 | 3,8E+02 | 2,4E+04 | | | | |
| | H | AL | 1853,1 | 44 | 62 | 81537 | 114893 | 81,54 | 114,89 | 1,0E+04 | 0,015 | 0,315 | 1,2E+04 | 2,6E+05 | 1,7E+04 | 3,6E+05 | | | | |
| | H | GL | 201,9 | 6 | 11 | 1211 | 2221 | 1,21 | 2,22 | 1,0E+04 | 0,015 | 0,315 | 1,8E+02 | 3,8E+03 | 3,3E+02 | 7,0E+03 | | | | |
| 3b we | | Wald | 1828,7 | 5 | 5 | 9144 | 9144 | 9,14 | 9,14 | 1,0E+04 | 0,015 | 0,315 | 1,4E+03 | 2,9E+04 | 1,4E+03 | 2,9E+04 | 1,4E+04 | 3,1E+05 | 1,9E+04 | 4,3E+05 |
| | A | AL | 412,4 | 12 | 19 | 4948 | 7835 | 4,95 | 7,83 | 1,0E+04 | 0,005 | 0,315 | 2,5E+02 | 1,6E+04 | 3,9E+02 | 2,5E+04 | | | | |
| | A | GL | 131,2 | 6 | 11 | 787 | 1443 | 0,79 | 1,44 | 1,0E+04 | 0,005 | 0,315 | 3,9E+01 | 2,5E+03 | 7,2E+01 | 4,5E+03 | | | | |
| | H | AL | 0,0 | 44 | 62 | 0 | 0 | 0,00 | 0,00 | 1,0E+04 | 0,015 | 0,315 | 0,0E+00 | 0,0E+00 | 0,0E+00 | 0,0E+00 | | | | |
| | H | GL | 0,0 | 6 | 11 | 0 | 0 | 0,00 | 0,00 | 1,0E+04 | 0,015 | 0,315 | 0,0E+00 | 0,0E+00 | 0,0E+00 | 0,0E+00 | | | | |
| 3a oe | | Wald | 9,7 | 5 | 5 | 49 | 49 | 0,05 | 0,05 | 1,0E+04 | 0,015 | 0,315 | 7,3E+00 | 1,5E+02 | 7,3E+00 | 1,5E+02 | 4,6E+02 | 2,9E+04 | 7,5E+02 | 4,7E+04 |
| | A | AL | 588,4 | 12 | 19 | 7061 | 11179 | 7,06 | 11,18 | 1,0E+04 | 0,005 | 0,315 | 3,5E+02 | 2,2E+04 | 5,6E+02 | 3,5E+04 | | | | |
| | A | GL | 328,9 | 6 | 11 | 1973 | 3618 | 1,97 | 3,62 | 1,0E+04 | 0,005 | 0,315 | 9,9E+01 | 6,2E+03 | 1,8E+02 | 1,1E+04 | | | | |
| | H | AL | 392,6 | 44 | 62 | 17272 | 24338 | 17,27 | 24,34 | 1,0E+04 | 0,015 | 0,315 | 2,6E+03 | 5,4E+04 | 3,7E+03 | 7,7E+04 | | | | |
| | H | GL | 273,6 | 6 | 11 | 1642 | 3010 | 1,64 | 3,01 | 1,0E+04 | 0,015 | 0,315 | 2,5E+02 | 5,2E+03 | 4,5E+02 | 9,5E+03 | | | | |
| 3b we | | Wald | 1706,0 | 5 | 5 | 8530 | 8530 | 8,53 | 8,53 | 1,0E+04 | 0,015 | 0,315 | 1,3E+03 | 2,7E+04 | 1,3E+03 | 2,7E+04 | 5,6E+03 | 1,8E+05 | 7,7E+03 | 2,6E+05 |
| | A | AL | 2296,4 | 12 | 19 | 27556 | 43631 | 27,56 | 43,63 | 1,0E+04 | 0,005 | 0,315 | 1,4E+03 | 8,7E+04 | 2,2E+03 | 1,4E+05 | | | | |
| | A | GL | 198,3 | 6 | 11 | 1190 | 2182 | 1,19 | 2,18 | 1,0E+04 | 0,005 | 0,315 | 5,9E+01 | 3,7E+03 | 1,1E+02 | 6,9E+03 | | | | |
| | | | Anhang-Tab. 14.2-1) | Tab. 15-12 | | | | Schulz-Terfloth (1998, S. 90) | | Schulz-Terfloth (1998, S. 84-85) | vgl. Anhang Tab. 15.3-3 | | | | | | | | | |

| RP ($NO_3$) – bezogen auf Gesamtfläche des Schutzgebietes in Abhängigkeit von dem Schutz entsprechend der Szenarien | *TWSG (Max.)* | *TWSG (Kompr.)* | *TWSG (Min.)* | *TWSG (Aufl.)* |
|---|---|---|---|---|
| min. | 2,3E+04 | 2,6E+04 | 3,1E+04 | 3,3E+04 |
| max. | 6,3E+05 | 7,3E+05 | 8,5E+05 | 9,1E+05 |

H – Heideböden; A – Aueböden; q (max.) – Emissionsrate unter ungünstigsten Bedingungen, Annahme: 1 kg = 0,001 m³ Düngemittel; r – Risikofaktor für die Stoffgefährlichkeit; s – Risikofaktor für das Transferpotential des ungesättigten und gesättigten Bereiches.

*Quelle: eigene Berechnungen auf Grundlage der angegebenen Literatur.*

*Anhang-Tab. 15.1-21: Ermittlung des Risikopotentials $RP_{NO3}$ des Stickstoffaustrags aus landwirtschaftlichen Flächen und Wald für Grundwasser (2030)*

| TWSZ | Boden-art | Boden-nutzung | Fläche | spezif. N-Auswaschung | | N-Auswaschung gesamt | | q (max.) | | r | s | | RP ($NO_3$) | | | | RP ($NO_3$) - bezogen auf jeweilige TWSZ | | | |
|---|---|---|---|---|---|---|---|---|---|---|---|---|---|---|---|---|---|---|---|---|
| TW-Schutzrestriktion: | | | | mit | ohne | mit | ohne | mit | ohne | | | | mit | mit | ohne | ohne | mit | mit | ohne | ohne |
| | | | [ha] | [kg ha$^{-1}$] | [kg ha$^{-1}$] | [kg] | [kg] | [m³ a$^{-1}$] | [m³ a$^{-1}$] | | min. | max. | min. | max. | min. | max. | min. | max. | min. | max. |
| | H | AL | 301,4 | 42 | 54 | 12658 | 16274 | 12,66 | 16,27 | 1,0E+04 | 0,015 | 0,315 | 1,9E+03 | 4,0E+04 | 2,4E+03 | 5,1E+04 | | | | |
| | H | GL | 28,2 | 6 | 8 | 169 | 225 | 0,17 | 0,23 | 1,0E+04 | 0,015 | 0,315 | 2,5E+01 | 5,3E+02 | 3,4E+01 | 7,1E+02 | | | | |
| 1-3a we | | Wald | 71,7 | 30 | 30 | 2152 | 2152 | 2,15 | 2,15 | 1,0E+04 | 0,015 | 0,315 | 3,2E+02 | 6,8E+03 | 3,2E+02 | 6,8E+03 | 3,4E+03 | 1,2E+05 | 4,6E+03 | 1,7E+05 |
| | A | AL | 1530,0 | 12 | 20 | 18360 | 30599 | 18,36 | 30,60 | 1,0E+04 | 0,005 | 0,315 | 9,2E+02 | 5,8E+04 | 1,5E+03 | 9,6E+04 | | | | |
| | A | GL | 676,1 | 6 | 8 | 4057 | 5409 | 4,06 | 5,41 | 1,0E+04 | 0,005 | 0,315 | 2,0E+02 | 1,3E+04 | 2,7E+02 | 1,7E+04 | | | | |
| | H | AL | 1670,5 | 42 | 54 | 70161 | 90207 | 70,16 | 90,21 | 1,0E+04 | 0,015 | 0,315 | 1,1E+04 | 2,2E+05 | 1,4E+04 | 2,8E+05 | | | | |
| | H | GL | 161,9 | 6 | 8 | 971 | 1295 | 0,97 | 1,29 | 1,0E+04 | 0,015 | 0,315 | 1,5E+02 | 3,1E+03 | 1,9E+02 | 4,1E+03 | | | | |
| 3b we | | Wald | 1916,1 | 30 | 30 | 57482 | 57482 | 57,48 | 57,48 | 1,0E+04 | 0,015 | 0,315 | 8,6E+03 | 1,8E+05 | 8,6E+03 | 1,8E+05 | 2,0E+04 | 4,2E+05 | 2,3E+04 | 5,0E+05 |
| | A | AL | 368,7 | 12 | 20 | 4424 | 7373 | 4,42 | 7,37 | 1,0E+04 | 0,005 | 0,315 | 2,2E+02 | 1,4E+04 | 3,7E+02 | 2,3E+04 | | | | |
| | A | GL | 123,6 | 6 | 8 | 742 | 989 | 0,74 | 0,99 | 1,0E+04 | 0,005 | 0,315 | 3,7E+01 | 2,3E+03 | 4,9E+01 | 3,1E+03 | | | | |
| | H | AL | 0,0 | 42 | 54 | 0 | 0 | 0,00 | 0,00 | 1,0E+04 | 0,015 | 0,315 | 0,0E+00 | 0,0E+00 | 0,0E+00 | 0,0E+00 | | | | |
| | H | GL | 0,0 | 6 | 8 | 0 | 0 | 0,00 | 0,00 | 1,0E+04 | 0,015 | 0,315 | 0,0E+00 | 0,0E+00 | 0,0E+00 | 0,0E+00 | | | | |
| 3a oe | | Wald | 15,9 | 30 | 30 | 476 | 476 | 0,48 | 0,48 | 1,0E+04 | 0,015 | 0,315 | 7,1E+01 | 1,5E+03 | 7,1E+01 | 1,5E+03 | 5,2E+02 | 3,0E+04 | 7,9E+02 | 4,6E+04 |
| | A | AL | 582,4 | 12 | 20 | 6989 | 11648 | 6,99 | 11,65 | 1,0E+04 | 0,005 | 0,315 | 3,5E+02 | 2,2E+04 | 5,8E+02 | 3,7E+04 | | | | |
| | A | GL | 328,7 | 6 | 8 | 1972 | 2630 | 1,97 | 2,63 | 1,0E+04 | 0,005 | 0,315 | 9,9E+01 | 6,2E+03 | 1,3E+02 | 8,3E+03 | | | | |
| | H | AL | 379,0 | 42 | 54 | 15918 | 20466 | 15,92 | 20,47 | 1,0E+04 | 0,015 | 0,315 | 2,4E+03 | 5,0E+04 | 3,1E+03 | 6,4E+04 | | | | |
| | H | GL | 256,8 | 6 | 8 | 1541 | 2054 | 1,54 | 2,05 | 1,0E+04 | 0,015 | 0,315 | 2,3E+02 | 4,9E+03 | 3,1E+02 | 6,5E+03 | | | | |
| 3b we | | Wald | 1763,3 | 30 | 30 | 52898 | 52898 | 52,90 | 52,90 | 1,0E+04 | 0,015 | 0,315 | 7,9E+03 | 1,7E+05 | 7,9E+03 | 1,7E+05 | 1,2E+04 | 3,1E+05 | 1,4E+04 | 3,8E+05 |
| | A | AL | 2250,0 | 12 | 20 | 27000 | 45001 | 27,00 | 45,00 | 1,0E+04 | 0,005 | 0,315 | 1,4E+03 | 8,5E+04 | 2,3E+03 | 1,4E+05 | | | | |
| | A | GL | 191,9 | 6 | 8 | 1151 | 1535 | 1,15 | 1,53 | 1,0E+04 | 0,005 | 0,315 | 5,8E+01 | 3,6E+03 | 7,7E+01 | 4,8E+03 | | | | |
| | | | Anhang-Tab. 14.2-1) | Tab. 15-12 | | | | Schulz-Terfloth (1998, S. 92) | | Schulz-Terfloth 1998, S. 84-85) | vgl. Anhang Tab. 15.3-3 | | | | | | | | | |

| RP ($NO_3$) – bezogen auf Gesamtfläche des Schutzgebietes in Abhängigkeit von dem Schutz entsprechend der Szenarien | TWSG (Max.) | TWSG (Kompr.) | TWSG (Min.) | TWSG (Aufl.) |
|---|---|---|---|---|
| min. | 3,5E+04 | 3,73E+04 | 4,06E+04 | 4,18E+04 |
| max. | 8,8E+05 | 9,70E+05 | 1,04E+06 | 1,10E+06 |

H – Heideböden; A – Aueböden ; q (max.) – Emissionsrate unter ungünstigsten Bedingungen, Annahme: 1 kg = 0,001 m³ Düngemittel; r – Risikofaktor für die Stoffgefährlichkeit; s – Risikofaktor für das Transferpotential des ungesättigten und gesättigten Bereiches.

*Quelle: eigene Berechnungen auf Grundlage der angegebenen Literatur.*

## Anhang zu Kapitel 15.2

*Anhang-Tab. 15.2-1: Länge der Straßen im TWSG Mockritz und Zusatzkosten für Wasserschutzauflagen – Kreis-, Staats- und Bundesstraßen*

| TWSZ | Str.-Nr. | Länge [km] | Zusatzkosten Wasserschutz [EUR km$^{-1}$] |
|---|---|---|---|
| **2** | **K 8989** | **1,278** | **316.750** |
| 3a we | K 8985 | 0,687 | 5.400 |
| 3a we | K 8987 | 3,375 | 5.400 |
| 3a we | K 8989 | 1,278 | 190. 050 |
| 3a we | K 8990 | 1,288 | 190. 050 |
| 3a we | B 87 | 0,207 | 5.400 |
| 3a we | B 182 | 2,752 | 5.400 |
| 3a oe | B 87 | 0,801 | 5.400 |
| **Summe 3a** | | **10,388** | |
| 3b we | K 8985 | 4,695 | 5.400 |
| 3b we | K 8987 | 0,966 | 5.400 |
| 3b we | K 8990 | 1,288 | 5.400 |
| 3b we | B 182 | 7,396 | 5.400 |
| 3b we | B 183 | 4,047 | 5.400 |
| 3b oe | K 8938 | 0,159 | 5.400 |
| 3b oe | S 25 | 12,538 | 5.400 |
| 3b oe | B 87 | 8,274 | 5.400 |
| **Summe 3b** | | **39,363** | |
| **Gesamt** | | **51,029** | |

*Quelle: SBA et al. (1999), verändert.*

*Anhang-Tab. 15.2-2: Länge der Straßen im TWSG Mockritz und Zusatzkosten für Wasserschutzauflagen – Gemeindeverbindungsstraßen*

| TWSZ | Lage | Länge [km] | Zusatzkosten Wasserschutz [EUR km$^{-1}$] |
|---|---|---|---|
| **2** | **Mockritz-Döbern** | **1,750** | **316.750** |
| **3a we** | **K8987-Repitz** | **1,600** | **5.400** |
| 3b we | Zinna-Welsau | 0,700 | 5.400 |
| 3b oe | Dautzschen-Neublesern | 2,300 | 5.400 |
| 3b oe | Beilrode-B 87 | 0,700 | 5.400 |
| **Summe 3b** | | **3,700** | |
| **Gesamt** | | **7,050** | |

*Quelle: Auskunft Gemeindeamt Elsnig vom 3.6.2000; Auskunft Bauamt Beilrode vom 3.7.2000; Auskunft Gemeinde Großtreben-Zwethau vom 29.6.2000; Auskuft Gemeinde Zinna vom 4.7.2000.*

*Anhang-Tab. 15.2-3: Ermittlung des Risikopotentials $RP_{Str.}$ durch Straßenverkehr und Verkehrsunfälle für Grundwasser im TWSG Mockritz*

| | | | | | | Emissionen durch Straßenverkehr | | | | | | | | | | | Emissionen durch Unfälle | | |
|---|---|---|---|---|---|---|---|---|---|---|---|---|---|---|---|---|---|---|---|
| TWSZ | Str.-Nr. | Länge in | Verkehrsaufkommen | | FL | $q^V$ (max) | K (q) | | EP | | s | | RP (Str.) | | | | $q^U$(max) | RP (Str.) | |
| | | [km] | [1 d$^{-1}$] | [1 a$^{-1}$] | [km a$^{-1}$] | [m³ a$^{-1}$] | min | max | min | max | min | max | EP(min)* S(min) | EP(min)* S(max) | EP(max)* S(min) | EP(max)* S(max) | | min | max |
| 2 | K 8989 | 1,278 | 500 | 1,83E+05 | 233.235 | 1,0E-06 | 0,2 | 1 | 0,05 | 0,23 | 0,005 | 0,315 | 2,33E-04 | 1,47E-02 | 1,17E-03 | 7,35E-02 | 1,17E-04 | 5,83E-07 | 3,67E-05 |
| 2 | GVS1 | 1,750 | 500 | 1,83E+05 | 319.375 | 1,0E-06 | 0,2 | 1 | 0,06 | 0,32 | 0,005 | 0,315 | 3,19E-04 | 2,01E-02 | 1,60E-03 | 1,01E-01 | 1,60E-04 | 7,98E-07 | 5,03E-05 |
| 3a we | K 8989 | 1,278 | 500 | 1,83E+05 | 233.235 | 1,00E-06 | 0,2 | 1 | 0,05 | 0,23 | 0,005 | 0,315 | 2,33E-04 | 1,47E-02 | 1,17E-03 | 7,35E-02 | 1,17E-04 | 5,83E-07 | 3,67E-05 |
| 3a we | B 182 | 2,752 | 4240 | 1,55E+06 | 4.258.995 | 1,0E-06 | 0,2 | 1 | 0,85 | 4,26 | 0,015 | 0,315 | 1,28E-02 | 2,68E-01 | 6,39E-02 | 1,34E+00 | 2,13E-03 | 3,19E-05 | 6,71E-04 |
| 3a we | K 8985 | 0,687 | 500 | 1,83E+05 | 125.378 | 1,0E-06 | 0,2 | 1 | 0,03 | 0,13 | 0,015 | 0,315 | 3,76E-04 | 7,90E-03 | 1,88E-03 | 3,95E-02 | 6,27E-05 | 9,40E-07 | 1,97E-05 |
| 3a we | K 8987 | 3,375 | 500 | 1,83E+05 | 615.938 | 1,0E-06 | 0,2 | 1 | 0,12 | 0,62 | 0,005 | 0,315 | 6,16E-04 | 3,88E-02 | 3,08E-03 | 1,94E-01 | 3,08E-04 | 1,54E-06 | 9,70E-05 |
| 3a we | K 8990 | 1,288 | 500 | 1,83E+05 | 234.969 | 1,0E-06 | 0,2 | 1 | 0,05 | 0,23 | 0,005 | 0,315 | 2,35E-04 | 1,48E-02 | 1,17E-03 | 7,40E-02 | 1,17E-04 | 5,87E-07 | 3,70E-05 |
| 3a we | GVS2 | 1,600 | 500 | 1,83E+05 | 292.000 | 1,0E-06 | 0,2 | 1 | 0,06 | 0,29 | 0,005 | 0,315 | 2,92E-04 | 1,84E-02 | 1,46E-03 | 9,20E-02 | 1,46E-04 | 7,30E-07 | 4,60E-05 |
| 3a oe | B 87 | 0,801 | 10326 | 3,77E+06 | 3.018.961 | 1,0E-06 | 0,2 | 1 | 0,60 | 3,02 | 0,005 | 0,315 | 3,02E-03 | 1,90E-01 | 1,51E-02 | 9,51E-01 | 1,51E-03 | 7,55E-06 | 4,75E-04 |
| 3b we | B 182 | 0,832 | 4240 | 1,55E+06 | 1.287.603 | 1,0E-06 | 0,2 | 1 | 0,26 | 1,29 | 0,015 | 0,315 | 3,86E-03 | 8,11E-02 | 1,93E-02 | 4,06E-01 | 6,44E-04 | 9,66E-06 | 2,03E-04 |
| 3b we | B 182 | 0,425 | 16212 | 5,92E+06 | 2.514.887 | 1,0E-06 | 0,2 | 1 | 0,50 | 2,51 | 0,015 | 0,315 | 7,54E-03 | 1,58E-01 | 3,77E-02 | 7,92E-01 | 1,26E-03 | 1,89E-05 | 3,96E-04 |
| 3b we | B 182 | 6,139 | 5109 | 1,86E+06 | 11.447.915 | 1,0E-06 | 0,2 | 1 | 2,29 | 11,45 | 0,015 | 0,315 | 3,43E-02 | 7,21E-01 | 1,72E-01 | 3,61E+00 | 5,72E-03 | 8,59E-05 | 1,80E-03 |
| 3b we | B 183 | 4,047 | 3862 | 1,41E+06 | 5.704.773 | 1,0E-06 | 0,2 | 1 | 1,14 | 5,70 | 0,015 | 0,315 | 1,71E-02 | 3,59E-01 | 8,56E-02 | 1,80E+00 | 2,85E-03 | 4,28E-05 | 8,99E-04 |
| 3b we | K 8985 | 4,695 | 500 | 1,83E+05 | 856.838 | 1,0E-06 | 0,2 | 1 | 0,17 | 0,86 | 0,015 | 0,315 | 2,57E-03 | 5,40E-02 | 1,29E-02 | 2,70E-01 | 4,28E-04 | 6,43E-06 | 1,35E-04 |
| 3b we | K 8987 | 0,966 | 500 | 1,83E+05 | 176.295 | 1,0E-06 | 0,2 | 1 | 0,04 | 0,18 | 0,005 | 0,315 | 1,76E-04 | 1,11E-02 | 8,81E-04 | 5,55E-02 | 8,81E-05 | 4,41E-07 | 2,78E-05 |
| 3b we | K 8990 | 1,2875 | 500 | 1,83E+05 | 234.969 | 1,0E-06 | 0,2 | 1 | 0,05 | 0,23 | 0,005 | 0,315 | 2,35E-04 | 1,48E-02 | 1,17E-03 | 7,40E-02 | 1,17E-04 | 5,87E-07 | 3,70E-05 |
| 3b we | GVS3 | 0,700 | 500 | 1,83E+05 | 127.750 | 1,0E-06 | 0,2 | 1 | 0,03 | 0,13 | 0,015 | 0,315 | 3,83E-04 | 8,05E-03 | 1,92E-03 | 4,02E-02 | 6,39E-05 | 9,58E-07 | 2,01E-05 |
| 3b oe | S 25 | 12,538 | 2582 | 9,42E+05 | 11.816.187 | 1,0E-06 | 0,2 | 1 | 2,36 | 11,82 | 0,015 | 0,315 | 3,54E-02 | 7,44E-01 | 1,77E-01 | 3,72E+00 | 5,91E-03 | 8,86E-05 | 1,86E-03 |
| 3b oe | B 87 | 6,427 | 5845 | 2,13E+06 | 13.711.522 | 1,0E-06 | 0,2 | 1 | 2,74 | 13,71 | 0,005 | 0,315 | 1,37E-02 | 8,64E-01 | 6,86E-02 | 4,32E+00 | 6,86E-03 | 3,43E-05 | 2,16E-03 |
| 3b oe | B 87 | 1,847 | 10326 | 3,77E+06 | 6.961.325 | 1,0E-06 | 0,2 | 1 | 1,39 | 6,96 | 0,005 | 0,315 | 6,96E-03 | 4,39E-01 | 3,48E-02 | 2,19E+00 | 3,48E-03 | 1,74E-05 | 1,10E-03 |
| 3b oe | K 8988 | 0,159 | 500 | 1,83E+05 | 29.018 | 1,0E-06 | 0,2 | 1 | 0,01 | 0,03 | 0,015 | 0,315 | 8,71E-05 | 1,83E-03 | 4,35E-04 | 9,14E-03 | 1,45E-05 | 2,18E-07 | 4,57E-06 |
| 3b oe | GVS4 | 2,300 | 500 | 1,83E+05 | 419.750 | 1,0E-06 | 0,2 | 1 | 0,08 | 0,42 | 0,005 | 0,315 | 4,20E-04 | 2,64E-02 | 2,10E-03 | 1,32E-01 | 2,10E-04 | 1,05E-06 | 6,61E-05 |
| 3b oe | GVS5 | 0,700 | 500 | 1,83E+05 | 127.750 | 1,0E-06 | 0,2 | 1 | 0,03 | 0,13 | 0,005 | 0,315 | 1,28E-04 | 8,05E-03 | 6,39E-04 | 4,02E-02 | 6,39E-05 | 3,19E-07 | 2,01E-05 |
| | | | | | | | | | | | | | Summe | | | | | Summe | |
| | | | SBA et al. (1999) und eigene Annahmen | | Länge * Verkehrsaufkommen | Schulz-Terfloth (1998, S. 90-91) | | | | | s (Min.) und s (Max.)Werte von Anhang-Tab. (15.3-2) | | 0,14 | 4,08 | 0,71 | 20,40 | Schulz-Terfloth (1998, S. 90-91) | 0,00 | 0,01 |

FL – Fahrleistung: *FL = Verkehrsaufkommen * Straßenlänge*; q (max.) – Emissionsrate unter ungünstigsten Bedingungen, Annahme: $qV\,(max.) = 10^{-6} * FL$; $qU\,(max.) = 0{,}5 * 10^{-9} * FL$; k (q) – Korrekturfaktor für die Emissionsrate; EP – Emissionspotential: $EP = r * q\,(max.) * k\,(q)$, mit r – Risikofaktor für die Stoffgefährlichkeit, $r = 10^2$ (Schulz-Terfloth 1998, S. 84-85); s – Risikofaktor für das Transferpotential des ungesättigten und gesättigten Bereiches; k - ; GVS – Gemeindeverbindungsstraße; GVS1 – Mockritz-Döbern; GVS2 – K8987-Repitz; GVS3 – Zinna-Welsau; GVS4 – Dautzschen-Neublesern; GVS5 – Beilrode-B 87; K – Kreisstraße; S – Staatsstraße; B – Bundesstraße.

*Quelle: eigene Berechnungen auf Grundlage der angegebenen Literatur.*

# Anhang zu Kapitel 15.3

*Anhang-Tab. 15.3-1: Grunddaten für Heizölanlagen und Betriebstankstellen*

| TWSZ | Kategorie | Ort | Heizölanlagen | | Betriebs-tankstellen |
|---|---|---|---|---|---|
| | | | Anzahl (Stand 1999) | Entwicklungsfaktor (Basis 1999) | Anzahl (Stand 1999) |
| **3a westelbig** | mit wesentlichen TWS-Restriktionen | Döbern | 43 | 0,15% | |
| | | Elsnig | 27 | | 1 |
| | | Mockritz | 19 | | |
| | | Neiden | 67 | | 1 |
| | | Vogelgesang | 10 | | 1 |
| | | Repitz | 7 | | |
| | | nördl. Teile von Torgau | 2 | | 1 |
| | | **Summe** | **175** | | **4** |
| **3b westelbig** | mit höherer regionaler Bedeutung und ohne wesentliche TWS-Restriktionen | Süptitz | 119 | 0,87% | 1 |
| | | Zinna | 32 | | 1 |
| | | Welsau | 60 | | 1 |
| | | Torgau (nördl. Bahnlinie) | 33 | | 1 |
| | ohne regionale Bedeutung und ohne wesentliche TWS-Restriktionen | Drebligar | 20 | 0,56% | 1 |
| | | Polbitz | 7 | | 1 |
| | | Thomas-Müntzer-Siedl. | 8 | | 1 |
| | | **Summe** | **279** | | **7** |
| **3b ostelbig** | mit höherer regionaler Bedeutung und ohne wesentliche TWS-Restriktionen | Beilrode | 44 | 0,87% | |
| | ohne regionale Bedeutung und ohne wesentliche TWS-Restriktionen | Zwethau | 93 | 0,56% | 1 |
| | | Kreischau | 36 | | |
| | | Rosenfeld | 35 | | |
| | | Neublesern | 5 | | |
| | | Last | 19 | | |
| | | Döhlen | 19 | | 1 |
| | | Dautzschen | 77 | | 1 |
| | | Großtreben | 154 | | 1 |
| | | Döbrichau (westl. Str. Döbrichau-Rehfeld) | 17 | | |
| | | **Summe** | **499** | | **4** |
| | | **Summe gesamt** | **953** | | **15** |

*Quellen: eigene Erhebungen und Berechnungen.*

*Anhang-Tab. 15.3-2: Ermittlung des Risikopotentials $RP_{HE}$ durch Heizölanlagen für Grundwasser im TWSG Mockritz – Stand 1993*

| Ort | HE | Bodenart | Flurabstand | | Durchlässigkeit der Deckschicht | | m (v) | | v (a) | | m (h) | | s | | r | q (max) pro HE | q (max) ges. | k (q) | RP (HE) | |
|---|---|---|---|---|---|---|---|---|---|---|---|---|---|---|---|---|---|---|---|---|
| | | | min [m] | max [m] | min [m s⁻¹] | max [m s⁻¹] | min | max | min [m d⁻¹] | max [m d⁻¹] | min | max | min | max | | | | | min | max |
| TWSZ 3a | | | | | | | | | | | | | | | | | | | | |
| Döbern | 43 | A | 2,5 | 7,5 | 5,0E-06 | 1,0E-08 | 0,5 | 0,7 | 0,1 | 1,7 | 0,05 | 0,35 | 0,025 | 0,245 | 1E+04 | 0,04 | 1,72 | 0,004 | 1,7E+00 | 1,7E+01 |
| Elsnig | 27 | H | 4 | 4 | 2,0E-04 | 1,0E-05 | 0,9 | 0,9 | 0,1 | 1,7 | 0,05 | 0,35 | 0,045 | 0,315 | 1E+04 | 0,04 | 1,08 | 0,004 | 1,9E+00 | 1,4E+01 |
| Mockritz | 19 | A | 2,5 | 7,5 | 5,0E-06 | 1,0E-08 | 0,5 | 0,7 | 0,1 | 1,7 | 0,05 | 0,35 | 0,025 | 0,245 | 1E+04 | 0,04 | 0,76 | 0,004 | 7,6E-01 | 7,4E+00 |
| Neiden | 67 | H | 12,5 | 12,5 | 2,0E-04 | 1,0E-05 | 0,3 | 0,3 | 0,1 | 1,7 | 0,05 | 0,35 | 0,015 | 0,105 | 1E+04 | 0,04 | 2,68 | 0,004 | 1,6E+00 | 1,1E+01 |
| Vogelgesang | 10 | H | 7,5 | 7,5 | 2,0E-04 | 1,0E-05 | 0,7 | 0,7 | 0,1 | 1,7 | 0,05 | 0,35 | 0,035 | 0,245 | 1E+04 | 0,04 | 0,4 | 0,004 | 5,6E-01 | 3,9E+00 |
| Repitz | 7 | A | 4 | 7,5 | 5,0E-06 | 1,0E-08 | 0,5 | 0,7 | 0,1 | 1,7 | 0,05 | 0,35 | 0,025 | 0,245 | 1E+04 | 0,04 | 0,28 | 0,004 | 2,8E-01 | 2,7E+00 |
| Torgau n. B. | 2 | A | 4 | 4 | 5,0E-06 | 1,0E-08 | 0,7 | 0,7 | 0,1 | 1,7 | 0,05 | 0,35 | 0,035 | 0,245 | 1E+04 | 0,04 | 0,08 | 0,004 | 1,1E-01 | 7,8E-01 |
| TWSZ 3b we | | | | | | | | | | | | | | | | | | | | |
| Süptitz | 119 | H | 7,5 | 12,5 | 2,0E-04 | 1,0E-05 | 0,3 | 0,7 | 0,1 | 1,7 | 0,05 | 0,35 | 0,015 | 0,245 | 1E+04 | 0,04 | 4,76 | 0,004 | 2,9E+00 | 4,7E+01 |
| Zinna | 32 | H | 12,5 | 12,5 | 2,0E-04 | 1,0E-05 | 0,3 | 0,3 | 0,1 | 1,7 | 0,05 | 0,35 | 0,015 | 0,105 | 1E+04 | 0,04 | 1,28 | 0,004 | 7,7E-01 | 5,4E+00 |
| Welsau | 60 | H | 12,5 | 12,5 | 2,0E-04 | 1,0E-05 | 0,3 | 0,3 | 0,1 | 1,7 | 0,05 | 0,35 | 0,015 | 0,105 | 1E+04 | 0,04 | 2,4 | 0,004 | 1,4E+00 | 1,0E+01 |
| Torgau n. B. | 33 | H | 12,5 | 12,5 | 2,0E-04 | 1,0E-05 | 0,3 | 0,3 | 0,1 | 1,7 | 0,05 | 0,35 | 0,015 | 0,105 | 1E+04 | 0,04 | 1,32 | 0,004 | 7,9E-01 | 5,5E+00 |
| Drebligar | 20 | A | 1 | 4 | 5,0E-06 | 1,0E-08 | 0,7 | 0,9 | 0,1 | 1,7 | 0,05 | 0,35 | 0,035 | 0,315 | 1E+04 | 0,04 | 0,8 | 0,004 | 1,1E+00 | 1,0E+01 |
| Polbitz | 7 | A | 1 | 4 | 5,0E-06 | 1,0E-08 | 0,7 | 0,9 | 0,1 | 1,7 | 0,05 | 0,35 | 0,035 | 0,315 | 1E+04 | 0,04 | 0,28 | 0,004 | 3,9E-01 | 3,5E+00 |
| T-M-Siedl. | 8 | H | 2,5 | 4 | 2,0E-04 | 1,0E-05 | 0,9 | 0,9 | 0,1 | 1,7 | 0,05 | 0,35 | 0,045 | 0,315 | 1E+04 | 0,04 | 0,32 | 0,004 | 5,8E-01 | 4,0E+00 |
| TWSZ 3a+b oe | | | | | | | | | | | | | | | | | | | | |
| Beilrode | 44 | A | 4 | 12,5 | 5,0E-06 | 1,0E-08 | 0,1 | 0,7 | 0,1 | 1,7 | 0,05 | 0,35 | 0,005 | 0,245 | 1E+04 | 0,04 | 1,76 | 0,004 | 3,5E-01 | 1,7E+01 |
| Zwethau | 93 | A | 4 | 12,5 | 5,0E-06 | 1,0E-08 | 0,1 | 0,7 | 0,1 | 1,7 | 0,05 | 0,35 | 0,005 | 0,245 | 1E+04 | 0,04 | 3,72 | 0,004 | 7,4E-01 | 3,6E+01 |
| Kreischau | 36 | A | 4 | 7,5 | 5,0E-06 | 1,0E-08 | 0,5 | 0,7 | 0,1 | 1,7 | 0,05 | 0,35 | 0,025 | 0,245 | 1E+04 | 0,04 | 1,44 | 0,004 | 1,4E+00 | 1,4E+01 |
| Rosenfeld | 35 | A | 2,5 | 5 | 5,0E-06 | 1,0E-08 | 0,6 | 0,7 | 0,1 | 1,7 | 0,05 | 0,35 | 0,03 | 0,245 | 1E+04 | 0,04 | 1,4 | 0,004 | 1,7E+00 | 1,4E+01 |
| Neublesern | 5 | A | 2,5 | 5 | 5,0E-06 | 1,0E-08 | 0,6 | 0,7 | 0,1 | 1,7 | 0,05 | 0,35 | 0,03 | 0,245 | 1E+04 | 0,04 | 0,2 | 0,004 | 2,4E-01 | 2,0E+00 |
| Last | 19 | A | 2,5 | 5 | 5,0E-06 | 1,0E-08 | 0,6 | 0,7 | 0,1 | 1,7 | 0,05 | 0,35 | 0,03 | 0,245 | 1E+04 | 0,04 | 0,76 | 0,004 | 9,1E-01 | 7,4E+00 |
| Döhlen | 19 | A | 2,5 | 5 | 5,0E-06 | 1,0E-08 | 0,6 | 0,7 | 0,1 | 1,7 | 0,05 | 0,35 | 0,03 | 0,245 | 1E+04 | 0,04 | 0,76 | 0,004 | 9,1E-01 | 7,4E+00 |
| Dautzschen | 77 | A | 2,5 | 5 | 5,0E-06 | 1,0E-08 | 0,6 | 0,7 | 0,1 | 1,7 | 0,05 | 0,35 | 0,03 | 0,245 | 1E+04 | 0,04 | 3,08 | 0,004 | 3,7E+00 | 3,0E+01 |
| Großtreben | 154 | A | 2,5 | 5 | 5,0E-06 | 1,0E-08 | 0,6 | 0,7 | 0,1 | 1,7 | 0,05 | 0,35 | 0,03 | 0,245 | 1E+04 | 0,04 | 6,16 | 0,004 | 7,4E+00 | 6,0E+01 |
| Döbrichau* | 17 | H | 2,5 | 12,5 | 2,0E-04 | 1,0E-05 | 0,3 | 0,7 | 0,1 | 1,7 | 0,05 | 0,35 | 0,015 | 0,245 | 1E+04 | 0,04 | 0,68 | 0,004 | 4,1E-01 | 6,7E+00 |
| | | | | | | | | | | | | | | | | | | **RP (ges.)** | **3,3E+01** | **3,4E+02** |
| | | | N. (S. 186-187) | | N. (S. 184) | | S-T. (S. 87) | | N. (S. 24) | N. (S. 24) | S-T. (S. 87) | | S-T. (S. 87) | | S-T. (S. 84-85) | S-T. (S. 90) | | S-T. (S. 90) | | |

HE – Heizölanlage; n. B. – nördlich der Bahnlinie; T-M-Siedl. – Thomas-Müntzer-Siedlung; * westl. Str. Döbrichau-Rehfeld; H – Heideböden; A – Aueböden; v(a) – Fließgeschwindigkeit (Abstandsgeschwindigkeit) des Grundwassers; m(h) – Risikofaktor in Abhängigkeit von der horizontalen Fließgeschwindigkeit v(a); m(v) – Risikofaktor der vertikalen Transferbedingungen in Abhängigkeit vom Flurabstand und der Durchlässigkeit der Deckschichten; s – Risikofaktor für das Transferpotential des ungesättigten und gesättigten Bereiches, $s = m(v) * m(h)$; r – Risikofaktor für die Stoffgefährlichkeit; q(max) - Emissionsrate unter ungünstigsten Bedingungen,
Annahme: $q(max) = 0{,}008 * V(m)$; V(m) – mittleres Volumen der Heizölanlagen, Annahme: 5 $m^3$; k(q) – Korrekturfaktor für die Emissionsrate bei Berücksichtigung des Standes der Technik; $RP = q(max) * k(q) * s$.; N. – Nestler et al. (2003); S-T. – Schulz-Terfloth (1998).

*Quelle: eigene Berechnungen auf Grundlage der angegebenen Literatur.*

*Anhang-Tab. 15.3-3: Ermittlung des Risikopotentials $RP_{HE}$ durch Heizölanlagen für Grundwasser im TWSG Mockritz – Stand 2030*

| Ort | HE | Boden art | Flurabstand | | Durchlässigkeit der Deckschicht | | m (v) | | v (a) | | m (h) | | s | | r | q (max) pro HE | q (max) ges. | k (q) | RP (HE) | |
|---|---|---|---|---|---|---|---|---|---|---|---|---|---|---|---|---|---|---|---|---|
| | | | min [m] | max [m] | min [m s⁻¹] | max [m s⁻¹] | min | max | min [m d⁻¹] | max [m d⁻¹] | min | max | min | max | | | | | min | max |
| TWSZ 3a | | | | | | | | | | | | | | | | | | | | |
| Döbern | 45,0 | A | 2,5 | 7,5 | 5,0E-06 | 1,0E-08 | 0,5 | 0,7 | 0,1 | 1,7 | 0,05 | 0,35 | 0,025 | 0,245 | 1E+04 | 0,04 | 1,798 | 0,004 | 1,8E+00 | 1,8E+01 |
| Elsnig | 28,2 | H | 4 | 4 | 2,0E-04 | 1,0E-05 | 0,9 | 0,9 | 0,1 | 1,7 | 0,05 | 0,35 | 0,045 | 0,315 | 1E+04 | 0,04 | 1,129 | 0,004 | 2,0E+00 | 1,4E+01 |
| Mockritz | 19,9 | A | 2,5 | 7,5 | 5,0E-06 | 1,0E-08 | 0,5 | 0,7 | 0,1 | 1,7 | 0,05 | 0,35 | 0,025 | 0,245 | 1E+04 | 0,04 | 0,795 | 0,004 | 7,9E-01 | 7,8E+00 |
| Neiden | 70,0 | H | 12,5 | 12,5 | 2,0E-04 | 1,0E-05 | 0,3 | 0,3 | 0,1 | 1,7 | 0,05 | 0,35 | 0,015 | 0,105 | 1E+04 | 0,04 | 2,802 | 0,004 | 1,7E+00 | 1,2E+01 |
| Vogelgesang | 10,5 | H | 7,5 | 7,5 | 2,0E-04 | 1,0E-05 | 0,7 | 0,7 | 0,1 | 1,7 | 0,05 | 0,35 | 0,035 | 0,245 | 1E+04 | 0,04 | 0,418 | 0,004 | 5,9E-01 | 4,1E+00 |
| Repitz | 7,3 | A | 4 | 7,5 | 5,0E-06 | 1,0E-08 | 0,5 | 0,7 | 0,1 | 1,7 | 0,05 | 0,35 | 0,025 | 0,245 | 1E+04 | 0,04 | 0,293 | 0,004 | 2,9E-01 | 2,9E+00 |
| Torgau n. B. | 2,1 | A | 4 | 4 | 5,0E-06 | 1,0E-08 | 0,7 | 0,7 | 0,1 | 1,7 | 0,05 | 0,35 | 0,035 | 0,245 | 1E+04 | 0,04 | 0,084 | 0,004 | 1,2E-01 | 8,2E-01 |
| TWSZ 3b we | | | | | | | | | | | | | | | | | | | | |
| Süptitz | 150,9 | H | 7,5 | 12,5 | 2,0E-04 | 1,0E-05 | 0,3 | 0,7 | 0,1 | 1,7 | 0,05 | 0,35 | 0,015 | 0,245 | 1E+04 | 0,04 | 6,038 | 0,004 | 3,6E+00 | 5,9E+01 |
| Zinna | 40,6 | H | 12,5 | 12,5 | 2,0E-04 | 1,0E-05 | 0,3 | 0,3 | 0,1 | 1,7 | 0,05 | 0,35 | 0,015 | 0,105 | 1E+04 | 0,04 | 1,624 | 0,004 | 9,7E-01 | 6,8E+00 |
| Welsau | 76,1 | H | 12,5 | 12,5 | 2,0E-04 | 1,0E-05 | 0,3 | 0,3 | 0,1 | 1,7 | 0,05 | 0,35 | 0,015 | 0,105 | 1E+04 | 0,04 | 3,044 | 0,004 | 1,8E+00 | 1,3E+01 |
| Torgau n. B. | 41,9 | H | 12,5 | 12,5 | 2,0E-04 | 1,0E-05 | 0,3 | 0,3 | 0,1 | 1,7 | 0,05 | 0,35 | 0,015 | 0,105 | 1E+04 | 0,04 | 1,674 | 0,004 | 1,0E+00 | 7,0E+00 |
| Drebligar | 23,5 | A | 1 | 4 | 5,0E-06 | 1,0E-08 | 0,7 | 0,9 | 0,1 | 1,7 | 0,05 | 0,35 | 0,035 | 0,315 | 1E+04 | 0,04 | 0,940 | 0,004 | 1,3E+00 | 1,2E+01 |
| Polbitz | 8,2 | A | 1 | 4 | 5,0E-06 | 1,0E-08 | 0,7 | 0,9 | 0,1 | 1,7 | 0,05 | 0,35 | 0,035 | 0,315 | 1E+04 | 0,04 | 0,329 | 0,004 | 4,6E-01 | 4,1E+00 |
| T-M-Siedl. | 9,4 | H | 2,5 | 4 | 2,0E-04 | 1,0E-05 | 0,9 | 0,9 | 0,1 | 1,7 | 0,05 | 0,35 | 0,045 | 0,315 | 1E+04 | 0,04 | 0,376 | 0,004 | 6,8E-01 | 4,7E+00 |
| TWSZ 3a+b oe | | | | | | | | | | | | | | | | | | | | |
| Beilrode | 55,8 | A | 4 | 12,5 | 5,0E-06 | 1,0E-08 | 0,1 | 0,7 | 0,1 | 1,7 | 0,05 | 0,35 | 0,005 | 0,245 | 1E+04 | 0,04 | 2,232 | 0,004 | 4,5E-01 | 2,2E+01 |
| Zwethau | 109,3 | A | 4 | 12,5 | 5,0E-06 | 1,0E-08 | 0,1 | 0,7 | 0,1 | 1,7 | 0,05 | 0,35 | 0,005 | 0,245 | 1E+04 | 0,04 | 4,371 | 0,004 | 8,7E-01 | 4,3E+01 |
| Kreischau | 42,3 | A | 4 | 7,5 | 5,0E-06 | 1,0E-08 | 0,5 | 0,7 | 0,1 | 1,7 | 0,05 | 0,35 | 0,025 | 0,245 | 1E+04 | 0,04 | 1,692 | 0,004 | 1,7E+00 | 1,7E+01 |
| Rosenfeld | 41,1 | A | 2,5 | 5 | 5,0E-06 | 1,0E-08 | 0,6 | 0,7 | 0,1 | 1,7 | 0,05 | 0,35 | 0,03 | 0,245 | 1E+04 | 0,04 | 1,645 | 0,004 | 2,0E+00 | 1,6E+01 |
| Neublesern | 5,9 | A | 2,5 | 5 | 5,0E-06 | 1,0E-08 | 0,6 | 0,7 | 0,1 | 1,7 | 0,05 | 0,35 | 0,03 | 0,245 | 1E+04 | 0,04 | 0,235 | 0,004 | 2,8E-01 | 2,3E+00 |
| Last | 22,3 | A | 2,5 | 5 | 5,0E-06 | 1,0E-08 | 0,6 | 0,7 | 0,1 | 1,7 | 0,05 | 0,35 | 0,03 | 0,245 | 1E+04 | 0,04 | 0,893 | 0,004 | 1,1E+00 | 8,8E+00 |
| Döhlen | 22,3 | A | 2,5 | 5 | 5,0E-06 | 1,0E-08 | 0,6 | 0,7 | 0,1 | 1,7 | 0,05 | 0,35 | 0,03 | 0,245 | 1E+04 | 0,04 | 0,893 | 0,004 | 1,1E+00 | 8,8E+00 |
| Dautzschen | 90,5 | A | 2,5 | 5 | 5,0E-06 | 1,0E-08 | 0,6 | 0,7 | 0,1 | 1,7 | 0,05 | 0,35 | 0,03 | 0,245 | 1E+04 | 0,04 | 3,619 | 0,004 | 4,3E+00 | 3,5E+01 |
| Großtreben | 180,9 | A | 2,5 | 5 | 5,0E-06 | 1,0E-08 | 0,6 | 0,7 | 0,1 | 1,7 | 0,05 | 0,35 | 0,03 | 0,245 | 1E+04 | 0,04 | 7,237 | 0,004 | 8,7E+00 | 7,1E+01 |
| Döbrichau* | 20,0 | H | 2,5 | 12,5 | 2,0E-04 | 1,0E-05 | 0,3 | 0,7 | 0,1 | 1,7 | 0,05 | 0,35 | 0,015 | 0,245 | 1E+04 | 0,04 | 0,799 | 0,004 | 4,8E-01 | 7,8E+00 |
| | | | | | | | | | | | | | | | | | | **RK (ges.)** | **3,8E+01** | **4,0E+02** |
| | | | N. (S. 186-187) | | N. (S. 184) | | S-T. (S. 87) | | N. (S. 24) | | | | S-T. (S. 87) | | S-T. (S. 84-85) | S-T. (S. 90) | | S-T. (S. 90) | | |

HE – Heizölanlage; n. B. – nördlich der Bahnlinie; T-M-Siedl. – Thomas-Müntzer-Siedlung; * westl. Str. Döbrichau-Rehfeld; H – Heideböden; A – Aueböden; v(a) – Fließgeschwindigkeit (Abstandsgeschwindigkeit) des Grundwassers; m(h) – Risikofaktor in Abhängigkeit von der horizontalen Fließgeschwindigkeit v(a); m(v) – Risikofaktor der vertikalen Transferbedingungen in Abhängigkeit vom Flurabstand und der Durchlässigkeit der Deckschichten; s – Risikofaktor für das Transferpotential des ungesättigten und gesättigten Bereiches, $s = m(v) * m(h)$; r – Risikofaktor für die Stoffgefährlichkeit; q(max) - Emissionsrate unter ungünstigsten Bedingungen,
Annahme: $q(max) = 0{,}008 * V(m)$; V(m) – mittleres Volumen der Heizölanlagen, Annahme: 5 $m^3$; k(q) – Korrekturfaktor für die Emissionsrate bei Berücksichtigung des Standes der Technik; $RP = q(max) * k(q) * s$.; N. – Nestler et al. (2003); S-T. – Schulz-Terfloth (1998).

*Quelle: eigene Berechnungen auf Grundlage der angegebenen Literatur.*

*Anhang-Tab. 15.3-4: Ermittlung des Risikopotentials $RP_{BT}$ durch Betriebstankstellen für Grundwasser im TWSG Mockritz*

| Ort | BTS | Bodenart | Flurabstand | | Durchlässigkeit der Deckschicht | | m (v) | | v (a) | | m (h) | | s | | r | q (max) pro BTS | q (max) ges. | k (q) | RP (BI) | |
|---|---|---|---|---|---|---|---|---|---|---|---|---|---|---|---|---|---|---|---|---|
| | | | min [m] | max [m] | min [m s⁻¹] | max [m s⁻¹] | min | max | min [m d⁻¹] | max [m d⁻¹] | min | max | min | max | | | | | min | max |
| TWSZ 3a | | | | | | | | | | | | | | | | | | | | |
| Elsnig | 1 | H | 4 | 4 | 2,0E-04 | 1,0E-05 | 0,9 | 0,9 | 0,1 | 1,7 | 0,05 | 0,35 | 0,045 | 0,315 | 1,0E+04 | 0,045 | 0,045 | 0,044 | 8,9E-01 | 6,2E+00 |
| Neiden | 1 | H | 12,5 | 12,5 | 2,0E-04 | 1,0E-05 | 0,3 | 0,3 | 0,1 | 1,7 | 0,05 | 0,35 | 0,015 | 0,105 | 1,0E+04 | 0,045 | 0,045 | 0,044 | 3,0E-01 | 2,1E+00 |
| Vogelgesang | 1 | H | 7,5 | 7,5 | 2,0E-04 | 1,0E-05 | 0,7 | 0,7 | 0,1 | 1,7 | 0,05 | 0,35 | 0,035 | 0,245 | 1,0E+04 | 0,045 | 0,045 | 0,044 | 6,9E-01 | 4,9E+00 |
| Torgau n. B. | 1 | A | 4 | 4 | 5,0E-06 | 1,0E-08 | 0,7 | 0,7 | 0,1 | 1,7 | 0,05 | 0,35 | 0,035 | 0,245 | 1,0E+04 | 0,045 | 0,045 | 0,044 | 6,9E-01 | 4,9E+00 |
| TWSZ 3b we | | | | | | | | | | | | | | | | | | | | |
| Süptitz | 1 | H | 7,5 | 12,5 | 2,0E-04 | 1,0E-05 | 0,3 | 0,7 | 0,1 | 1,7 | 0,05 | 0,35 | 0,015 | 0,245 | 1,0E+04 | 0,045 | 0,045 | 0,044 | 3,0E-01 | 4,9E+00 |
| Zinna | 1 | H | 12,5 | 12,5 | 2,0E-04 | 1,0E-05 | 0,3 | 0,3 | 0,1 | 1,7 | 0,05 | 0,35 | 0,015 | 0,105 | 1,0E+04 | 0,045 | 0,045 | 0,044 | 3,0E-01 | 2,1E+00 |
| Welsau | 1 | H | 12,5 | 12,5 | 2,0E-04 | 1,0E-05 | 0,3 | 0,3 | 0,1 | 1,7 | 0,05 | 0,35 | 0,015 | 0,105 | 1,0E+04 | 0,045 | 0,045 | 0,044 | 3,0E-01 | 2,1E+00 |
| Torgau n. B. | 1 | H | 12,5 | 12,5 | 2,0E-04 | 1,0E-05 | 0,3 | 0,3 | 0,1 | 1,7 | 0,05 | 0,35 | 0,015 | 0,105 | 1,0E+04 | 0,045 | 0,045 | 0,044 | 3,0E-01 | 2,1E+00 |
| Drebligar | 1 | A | 1 | 4 | 5,0E-06 | 1,0E-08 | 0,7 | 0,9 | 0,1 | 1,7 | 0,05 | 0,35 | 0,035 | 0,315 | 1,0E+04 | 0,045 | 0,045 | 0,044 | 6,9E-01 | 6,2E+00 |
| Polbitz | 1 | A | 1 | 4 | 5,0E-06 | 1,0E-08 | 0,7 | 0,9 | 0,1 | 1,7 | 0,05 | 0,35 | 0,035 | 0,315 | 1,0E+04 | 0,045 | 0,045 | 0,044 | 6,9E-01 | 6,2E+00 |
| T-M-Siedl. | 1 | H | 2,5 | 4 | 2,0E-04 | 1,0E-05 | 0,9 | 0,9 | 0,1 | 1,7 | 0,05 | 0,35 | 0,045 | 0,315 | 1,0E+04 | 0,045 | 0,045 | 0,044 | 8,9E-01 | 6,2E+00 |
| TWSZ 3a+b oe | | | | | | | | | | | | | | | | | | | | |
| Zwethau | 1 | A | 4 | 12,5 | 5,0E-06 | 1,0E-08 | 0,1 | 0,7 | 0,1 | 1,7 | 0,05 | 0,35 | 0,005 | 0,245 | 1,0E+04 | 0,045 | 0,045 | 0,044 | 9,9E-02 | 4,9E+00 |
| Döhlen | 1 | A | 2,5 | 5 | 5,0E-06 | 1,0E-08 | 0,6 | 0,7 | 0,1 | 1,7 | 0,05 | 0,35 | 0,03 | 0,245 | 1,0E+04 | 0,045 | 0,045 | 0,044 | 5,9E-01 | 4,9E+00 |
| Dautzschen | 1 | A | 2,5 | 5 | 5,0E-06 | 1,0E-08 | 0,6 | 0,7 | 0,1 | 1,7 | 0,05 | 0,35 | 0,03 | 0,245 | 1,0E+04 | 0,045 | 0,045 | 0,044 | 5,9E-01 | 4,9E+00 |
| Großtreben | 1 | A | 2,5 | 5 | 5,0E-06 | 1,0E-08 | 0,6 | 0,7 | 0,1 | 1,7 | 0,05 | 0,35 | 0,03 | 0,245 | 1,0E+04 | 0,045 | 0,045 | 0,044 | 5,9E-01 | 4,9E+00 |
| | | | | | | | | | | | | | | | | | | RK (ges.) | 7,9E+00 | 6,7E+01 |
| | | | N. (S. 186f.) | | N. (S. 184) | | S-T. (S. 87) | | N. (S. 24) | | S-T. (S. 87) | | | | S-T. (S. 84f.) | S-T. (S. 90) | | S-T. (S. 90) | | |

BTS - Betriebstankstelle; n. B. – nördlich der Bahnlinie; T-M-Siedl. – Thomas-Müntzer-Siedlung; * westl. Str. Döbrichau-Rehfeld; H – Heideböden; A – Aueböden; v(a) – Fließgeschwindigkeit (Abstandsgeschwindigkeit) des Grundwassers; m(h) – Risikofaktor in Abhängigkeit von der horizontalen Fließgeschwindigkeit v(a); m(h) – Risikofaktor der vertikalen Transferbedingungen in Abhängigkeit vom Flurabstand und der Durchlässigkeit der Deckschichten; s – Risikofaktor für das Transferpotential des ungesättigten und gesättigten Bereiches, s = mv * m(h); r – Risikofaktor für die Stoffgefährlichkeit; q(max) - Emissionsrate unter ungünstigsten Bedingungen, Annahme: q(max) = 0,0005* W(m); W(m) – mittlerer Stoffumsatz, Annahme: 90 m³ a-1; k(q) – Korrekturfaktor für die Emissionsrate bei Berücksichtigung des Standes der Technik, Annahme: Mindestanforderungen sind erfüllt. N. – Nestler et al. (2003); S-T. – Schulz-Terfloth (1998).

*Quelle: eigene Berechnungen auf Grundlage der angegebenen Literatur.*

# Anhang zu Kapitel 15.4

*Anhang-Tab. 15.4-1: Kostenvergleich der Abwasserentsorgung im TWSG Mockritz - Investitions- und Betriebskosten der Kläranlagen*

| Kategorie | Anzahl, Kosten | Einheiten | Anmerkungen/Quellen |
|---|---|---|---|
| | **Kläranlage Torgau** | | |
| **Typ**: Konventionelle Kläranlage | | | |
| Kapazität | 49.000 | EW | mdl. Information Herr Radach, ZV Westelbien, 2000* |
| derzeit angeschlossene Einwohnerwerte | 42.000 | EW | Annahme |
| **Investitionskosten** | | | |
| Investitionskosten | 31.000.000 | DM | Institut für Abwasserwirtschaft Halbach (2000), Diagramm 30 |
| Anteil Bauwerk | 0,6 | | Annahme |
| Nutzungsdauer Bauwerk | 34,0 | a | mdl. Information Herr Eichhorn, Institut für Abwasserwirtschaft Halbach, 14. 11. 2000 |
| Anteil Technik | 0,4 | | Annahme |
| Nutzungsdauer Technik | 12,5 | a | mdl. Information Herr Eichhorn, Institut für Abwasserwirtschaft Halbach, 14.11. 2000 |
| **Betriebskosten pro angeschlossenem Einwohner** | | | |
| Spezifische Betriebskosten Kläranlage bei voller Auslastung | 60 | DM $EW^{-1}$ $a^{-1}$ | Annahme, basierend auf mdl. Information Herr Eichhorn, Institut für Abwasserwirtschaft Halbach, 14. 11. 2000 |
| Spezifische Betriebskosten bei der oben angegebenen Auslastung | 70 | DM $EW^{-1}$ $a^{-1}$ | |
| | **Kläranlage Neiden** | | |
| **Typ**: Teichkläranlage | | | |
| Kapazität | 900 | EW | mdl. Information Herr Radach, ZV Westelbien, 2000 |
| derzeit angeschlossene Einwohnerwerte | 630 | EW | mdl. Information Frau Sonntag, Gemeindeverwaltung Elsnig vom 19.6.2000 |
| **Investitionskosten** | | | |
| Investitionskosten | 650.000 | DM | Institut für Abwasserwirtschaft Halbach (2000), Diagramm 23 |
| Anteil Bauwerk | 0,8 | | mdl. Information Herr Radach, ZV Westelbien, 2000 |
| Nutzungsdauer Bauwerk | 34,0 | a | |
| Anteil Technik | 0,2 | | mdl. Information Herr Radach, ZV Westelbien, 2000 |
| Nutzungsdauer Technik | 12,5 | a | |
| **Betriebskosten pro angeschlossenem Einwohner** | | | |
| Spezifische Betriebskosten Kläranlage bei voller Auslastung | 40 | DM $EW^{-1}$ $a^{-1}$ | Annahme |
| Spezifische Betriebskosten bei der oben angegebenen Auslastung | 57 | DM $EW^{-1}$ $a^{-1}$ | |
| | **Fiktive Alternativ-Kleinkläranlagen** | | |
| **Typ:** Kleinkläranlage mit Tropfkörper | | | |
| **Investitionskosten** | 18.000 | DM $HA^{-1}$ | www.bauv.unibw-muenchen.de/institute/inst6.3/Fv/KLKa/kka_99.htm, abgerufen am 19.6.2000, S. 5 |
| Anteil Bauwerk | 0,2 | | Annahme |
| Nutzungsdauer Bauwerk | 34 | a | mdl. Information Herr Eichhorn, Institut für Abwasserwirtschaft Halbach, 14.11.2000 |
| Anteil Technik | 0,8 | | Annahme |
| Nutzungsdauer Technik | 12,5 | a | mdl. Information Herr Eichhorn, Institut für Abwasserwirtschaft Halbach, 14.11. 2000 |
| **Betriebskosten pro Anlage** | | | |
| Betriebskosten | 700 | DM $a^{-1}$ | www.bauv.unibw-muenchen.de/institute/inst6.3/Fv/KLKa/kka_99.htm, abgerufen am 19.6.2000, S. 5 |
| Abwasserabgabe | 35 | DM $a^{-1}$ | mdl. Information Herr Eichhorn, Institut für Abwasserwirtschaft Halbach, 14.11. 2000 |

* Die Informationen wurden bei mehreren telefonischen und persönlichen Konsultationen in der Zeit zwischen September und Dezember 2000 erhoben.

*Anhang-Tab. 15.4-2: Kostenvergleich der Abwasserentsorgung im TWSG Mockritz - Investitions- und Betriebskosten der Kanalnetze*

| | Anzahl, Kosten | Einheiten | Anmerkungen/Quellen |
|---|---|---|---|
| | | **Pumpwerke** | |
| **Investitionskosten** | 40.000 | DM | mdl. Information Herr Radach, ZV Westelbien, 2000 |
| Anteil Bauwerk | 0,5 | | mdl. Information Herr Radach, ZV Westelbien, 2000 |
| Nutzungsdauer Bauwerk | 34 | a | mdl. Information Herr Eichhorn, Institut für Abwasserwirtschaft Halbach, November 2000 |
| Anteil Technik | 0,5 | | mdl. Information Herr Radach, ZV Westelbien, 2000 |
| Nutzungsdauer Technik | 9 | a | mdl. Information Herr Radach, ZV Westelbien, 2000 |
| **Betriebskosten** | | | |
| Spezifische Wartungskosten pro Pumpwerk | 3.000 | DM $a^{-1}$ | Institut für Abwasserwirtschaft Halbach (2000), Tab. 7; mdl. Information Herr Radach, ZV Westelbien 2000 |
| | | **Spülstationen** | |
| **Investitionskosten** | 30.000 | DM | mdl. Information Herr Radach, ZV Westelbien, 2000 |
| Anteil Bauwerk | 0,4 | | mdl. Information Herr Radach, ZV Westelbien, 2000 |
| Nutzungsdauer Bauwerk | 34 | a | mdl. Information Herr Eichhorn, Institut für Abwasserwirtschaft Halbach, November 2000 |
| Anteil Technik | 0,6 | | mdl. Information Herr Radach, ZV Westelbien, 2000 |
| Nutzungsdauer Technik | 8 | a | mdl. Information Herr Radach, ZV Westelbien, 2000 |
| **Betriebskosten** | | | |
| Spezifische Wartungskosten pro Station | 1.000 | DM $a^{-1}$ | Annahme |
| | | **Ortsnetz** | |
| Spezifische Betriebskosten | 2,5 | DM $m^{-1}$ $a^{-1}$ | Institut für Abwasserwirtschaft Halbach (2000), S. 45 für Kanäle der Dimension DN 200 - 600 |
| Nutzungsdauer | 50 | a | LAWA (1998), Anl.1.1 |
| | | **Druckleitung** | |
| Spezifische Betriebskosten | 0,5 | DM $m^{-1}$ $a^{-1}$ | mdl. Information Herr Eichhorn, Institut für Abwasserwirtschaft Halbach, 14.11. 2000 |
| Nutzungsdauer | 50 | a | LAWA (1998), Anl.1.1 |
| | | **Hausanschluss** | |
| Mittlere Anschlusskosten pro Haushalt | 2.000 | DM | mdl. Information Herr Radach, ZV Westelbien, 2000 |
| Nutzungsdauer | 50 | a | LAWA (1998), Anl.1.1 |
| | | **Energiekosten** | |
| Kleine Pumpstation | 250 | DM $a^{-1}$ | mdl. Information Herr Radach, ZV Westelbien, 2000 |
| Mittlere Pumpstation | 1.800 | DM $a^{-1}$ | |
| Große Pumpstation | 5.450 | DM $a^{-1}$ | |

*Anhang-Tab. 15.4-3: Kostenvergleich der Abwasserentsorgung in der Ortschaft Mockritz - Investitions- und Betriebskosten der Status-quo-Lösung*

| | Kategorie | Anzahl, Kosten | Einheiten | Anmerkungen/Quellen |
|---|---|---|---|---|
| | **Kurzbeschreibung Mockritz** | | | |
| | Zentrale Sammlung des Wassers (Trennsystem); Druckleitung nach Neiden und Einleitung in Teichkläranlage in Neiden /Oxidationsteich. Niederschlagsentwässerung verändert sich nicht in Abhängigkeit, ob TWSG oder nicht | | | |
| | Diskontrate | 0,03 | | |
| | **Anschlüsse** | | | |
| | Anschlüsse | 51 | | mdl. Information Herr Radach, ZV Westelbien, 2000 |
| | Einwohner | 180 | | Gemeinde |
| | Einwohner/Anschluss | 3,5 | | |
| | **Investitionskosten** | | | |
| Kanalnetz | **Ortsnetz** | | | |
| | Länge | 1.680 Freispiegel | m | mdl. Information Herr Radach, ZV Westelbien, 2000 |
| | Durchmesser | 200 | mm | mdl. Information Herr Radach, ZV Westelbien, 2000 |
| | Material | Gussrohr | | mdl. Information Herr Radach, ZV Westelbien, 2000 |
| | Zusatzkosten durch Guss: | 15 | DM m$^{-1}$ | mdl. Information Frau Klinger, Klemm & Hensen GmbH, Böhlitz-Ehrenberg, 13.6.2000 |
| | Nutzungsdauer | 50 | a | |
| | **Druckleitung** | | | |
| | Länge | 2.000 | m | mdl. Information Herr Radach, ZV Westelbien, 2000 |
| | Durchmesser | 110 | mm | mdl. Information Herr Radach, ZV Westelbien, 2000 |
| | Material | PE-HD | | PN10 statt PN6; mdl. Information Herr Radach, ZV Westelbien, 2000 |
| | Nutzungsdauer | 50 | a | |
| | **Leitungen gesamt** | | | |
| | Investitionskosten | 1.935.000 | DM | mdl. Information Herr Radach, ZV Westelbien, 2000 |
| | Investitionskosten ohne Pump- u. Spülstationen etc. | 1.815.000 | DM | |
| | Nutzungsdauer | 50 | a | |
| | Annuität | **70.541** | **DM a$^{-1}$** | |
| | **Anschlusskosten auf Grundstück** | | | |
| | Mittlere Anschlusskosten pro Haushalt | 2.000 | DM HA$^{-1}$ | |
| | Gesamte Anschlusskosten für Ortschaft | 102.000 | DM a$^{-1}$ | Spezifische Kosten * Zahl der Anschlüsse |
| | Nutzungsdauer | 50 | a | |
| | Annuität | **3.964** | **DM a$^{-1}$** | |
| | **Pumpstationen** | | | |
| | Anzahl Pumpstationen, davon | 3 | | mdl. Information Herr Radach, ZV Westelbien, 2000 |
| | klein | 2 | | |
| | mittel | 1 | | |
| | groß | 0 | | |
| | Anzahl Pumpen | 6 | | mdl. Information Herr Radach, ZV Westelbien, 2000 |
| | Spezifische Investitionskosten pro Station | 40.000 | | DM Pumpwerk$^{-1}$ |
| | Gesamtinvestitionskosten | 120.000 | DM | |
| | Anteil Bauwerk | 0,5 | | |
| | Nutzungsdauer der Bauwerke | 34 | a | |
| | Anteil Technik | 0,5 | | |
| | Nutzungsdauer der Technik | 9 | a | |
| | Annuität | **10.545** | **DM a$^{-1}$** | |
| | **Spülstationen** | | | |
| | Anzahl | 0 | | mdl. Information Herr Radach, ZV Westelbien, 2000 |

Fortsetzung nächste Seite

| | Kategorie | Anzahl, Kosten | Einheiten | Anmerkungen/Quellen |
|---|---|---|---|---|
| Kläranlage | **Anteil Klärwerk** (Teichkläranlage Neiden) | | | |
| | Investitionskosten Klärwerk | 650.000 | DM | |
| | Anteil Bauwerk | 0,8 | | |
| | Nutzungsdauer der Bauwerke | 34 | a | |
| | Anteil Technik | 0,2 | | |
| | Nutzungsdauer der Technik | 12,5 | a | |
| | Annuität | 37.232 | DM $a^{-1}$ | |
| | Gesamtzahl der an Klärwerk angeschlossenen Einwohner | 630 | EW | Neiden: 450 EW und Mockritz: 180 EW |
| | Annuität pro angeschlossenem Einwohner | 59 | DM $EW^{-1}$ $a^{-1}$ | Annuität / an Klärwerk angeschlossene Einwohnerwerte |
| | Anteil der Ortschaft an Annuität entsprechend ihrer Einwohnerzahl | **10.638** | **DM $a^{-1}$** | |
| | **Gesamtannuität** | **95.688** | **DM $a^{-1}$** | |
| | | | **Betriebskosten** | |
| Kanalnetz | **Ortsnetz** | | | |
| | Spezifische Betriebskosten | 2,5 | DM $m^{-1}$ $a^{-1}$ | |
| | Gesamtbetriebskosten für das Ortsnetz | **4.200** | **DM $a^{-1}$** | Spezifische Kosten * Leitungslänge |
| | **Druckleitung** | | | |
| | Spezifische Wartungskosten | 0,5 | DM $m^{-1}$ $a^{-1}$ | |
| | Gesamtwartungskosten für Druckleitung | **1.000** | **DM $a^{-1}$** | Spezifische Kosten * Leitungslänge |
| | **Pumpwerke** | | | |
| | Spezifische Wartungskosten | 3.000 | | DM $Pumpwerk^{-1}$ $a^{-1}$ |
| | Wartungskosten für alle Pumpstationen der Ortschaft | 9.000 | DM $a^{-1}$ | |
| | Energiekosten | 2.300 | DM $a^{-1}$ | |
| | Gesamtbetriebskosten | **11.225** | **DM $a^{-1}$** | |
| | **Spülstationen** | | | |
| | Gesamtbetriebskosten | **0** | **DM $a^{-1}$** | |
| Kläranlage | Spezifische Betriebskosten Kläranlage bei voller Auslastung | 40 | DM $EW^{-1}$ | |
| | Spezifische Betriebskosten infolge niedrigerer Auslastung der Anlage | 57 | DM $EW^{-1}$ | |
| | Anteil der Ortschaft an Betriebskosten entsprechend ihrer Einwohner | **10.286** | **DM $a^{-1}$** | |
| | **Gesamtbetriebskosten** | **26.786** | **DM $a^{-1}$** | |
| | | | **Gesamt** | |
| | **Summe aus Annuität und Betriebskosten** | **122.474** | **DM $a^{-1}$** | |

*Quelle: eigene Berechnungen auf Grundlage der angegebenen Datenquellen.*

*Anhang-Tab. 15.4-4: Kostenvergleich der Abwasserentsorgung in der Ortschaft Mockritz – Investitions- und Betriebskosten einer alternativen Erschließung mit Kleinkläranlagen*

| Kategorie | Anzahl, Kosten | Einheiten | Anmerkungen/Quellen |
|---|---|---|---|
| | **Kurzbeschreibung Mockritz-Alternativ** | | |
| Einzelwasserentsorgung durch 1 Kleinkläranlage pro Haushalt. | | | |
| Diskontrate | 0,03 | | |
| | **Anschlüsse** | | |
| Haushalte | 51 | | |
| Einwohner | 180 | | |
| *Korrekturfaktor* | *1* | | *infolge von Zusammenschlüssen für den gemeinsamen Bau einer Kläranlage* |
| | **Investitionskosten** | | |
| **Kleinkläranlagen** | **Tropfkörper** | | |
| Investitionskosten | 18.000 | DM $HA^{-1}$ | |
| Gesamtinvestitionskosten für alle Anschlüsse | 918.000 | DM | |
| Anteil Bauwerk | 0,2 | | |
| Nutzungsdauer der Bauwerke | 34 | a | |
| Anteil Technik | 0,8 | | |
| Nutzungsdauer der Technik | 12,5 | a | |
| Annuität | **80.010** | **DM $a^{-1}$** | |
| **Anschlusskosten** | | | |
| Anschlusskosten pro Haushalt | 2.000 | DM $HA^{-1}$ | |
| Gesamte Anschlusskosten für alle Haushalte | 102.000 | DM $a^{-1}$ | |
| Nutzungsdauer | 50 | a | |
| Annuität | **3.964** | **DM $a^{-1}$** | |
| **Gesamtannuität** | **83.974** | **DM $a^{-1}$** | |
| | **Betriebskosten** | | |
| Betriebskosten | 700 | DM $HA^{-1}$ $a^{-1}$ | |
| Abwasserabgabe | 35 | DM $HA^{-1}$ $a^{-1}$ | |
| Betriebskosten für das Dorf | **35.700** | **DM $a^{-1}$** | |
| Abwasserabgabe für das Dorf | **1.785** | **DM $a^{-1}$** | |
| **jährliche Betriebskosten** | **37.485** | **DM $a^{-1}$** | |
| | **Gesamt** | | |
| **Summe aus Annuität und Betriebskosten** | **121.459** | **DM $a^{-1}$** | |

*Quelle: eigene Berechnungen auf Grundlage der angegebenen Datenquellen.*

*Anhang-Tab. 15.4-5: Kostenvergleich der Abwasserentsorgung in der Ortschaft Döbern – Investitions- und Betriebskosten der Status-quo-Lösung*

| | | Anzahl, Kosten | Einheiten | Anmerkungen/Quellen |
|---|---|---|---|---|
| | **Kurzbeschreibung Döbern** | | | |
| | Zentrale Sammlung des Schmutzwassers (Trennsystem); Druckleitung nach Torgau und Einleitung in die Kläranlage Torgau. Niederschlagswasser wird über eine getrennte Leitung gesammelt und zentral in den Altarm geleitet. | | | |
| | Diskontrate | 0,03 | | |
| | **Anschlüsse** | | | |
| | Anschlüsse | 67 | | mdl. Information Herr Radach, ZV Westelbien, 2000 |
| | Einwohner | 250 | | Gemeinde |
| | Einwohner pro Anschluss | 3,7 | | |
| | **Investitionskosten** | | | |
| Kanalnetz | **Ortsnetz** | | | |
| | Länge | 2.520 | m | mdl. Information Herr Radach, ZV Westelbien, 2000 |
| | Art | Freispiegel | | Annahme |
| | Durchmesser | 200 | bis 250 mm | mdl. Information Herr Radach, ZV Westelbien, 2000 |
| | Material | Guss | | mdl. Information Herr Radach, ZV Westelbien, 2000 |
| | Nutzungsdauer | 50 | a | |
| | **Regenwasserleitung** | | | |
| | Länge | 2.000 | m | mdl. Information Herr Radach, ZV Westelbien, 2000 |
| | Art | Freispiegel | | |
| | Durchmesser | 600 | mm | mdl. Information Herr Radach, ZV Westelbien, 2000 |
| | Material | keine | Angabe | |
| | Nutzungsdauer | 50 | a | |
| | **Druckleitung** | | | |
| | Länge | 3.500 | m | mdl. Information Herr Radach, ZV Westelbien, 2000 |
| | Durchmesser | 160 | mm | mdl. Information Herr Radach, ZV Westelbien, 2000 |
| | Material | PE | | |
| | Nutzungsdauer | 50 | a | |
| | **Leitungen gesamt** | | | |
| | Investitionskosten gesamt | 3.000.000 | DM | mdl. Information Herr Radach, ZV Westelbien, 2000 |
| | Investitionskosten ohne Pump- u. Spülstationen etc | 2.810.000 | DM | ohne Pumpstationen, ohne Spülstation |
| | Nutzungsdauer | 50 | a | |
| | Annuität aller Leitungen | **109.212** | **DM $a^{-1}$** | |
| | **Anschlusskosten auf Grundstück** | | | |
| | Mittlere Anschlusskosten pro Haushalt | 2.000 | DM $HA^{-1}$ | |
| | Gesamte Anschlusskosten für Ortschaft | 134.000 | DM | |
| | Nutzungsdauer | 50 | a | Annahme |
| | Annuität | **5.208** | **DM $a^{-1}$** | |

Fortsetzung nächste Seite

| | | Anzahl, Kosten | Einheiten | Anmerkungen/Quellen |
|---|---|---|---|---|
| Kanalnetz | **Pumpstationen** | | | |
| | Anzahl | 4 | | mdl. Information Herr Radach, ZV Westelbien, 2000 |
| | klein | 1 | | |
| | mittel | 2 | | |
| | groß | 1 | | |
| | Pumpen | 8 | | mdl. Information Herr Radach, ZV Westelbien, 2000 |
| | Spezifische Investitionskosten pro Station | 40.000 | | DM Pumpwerk$^{-1}$ |
| | Gesamtinvestitionskosten | 160.000 | DM | |
| | Anteil Bauwerk | 0,5 | | |
| | Nutzungsdauer der Bauwerke | 34 | a | |
| | Anteil Technik | 0,5 | | |
| | Nutzungsdauer der Technik | 9 | a | |
| | Annuität | **14.060** | **DM a$^{-1}$** | Fortsetzung nächste Seite |
| | **Spülstationen** | | | |
| | Anzahl | 1 | | mdl. Information Herr Radach, ZV Westelbien, 2000 |
| | Spezifische Investitionskosten pro Station | 30.000 | | DM Spülstation$^{-1}$ |
| | Gesamtinvestitionskosten | 30.000 | DM | |
| | Anteil Bauwerk | 0,4 | | |
| | Nutzungsdauer der Bauwerke | 34 | a | |
| | Anteil Technik | 0,6 | | |
| | Nutzungsdauer der Technik | 8 | a | |
| | Annuität | **3.132** | **DM a$^{-1}$** | |
| Kläranlage | **Anteil Klärwerk** | Klärwerk Torgau | | |
| | Investitionskosten Klärwerk | 31.000.000 | DM | |
| | Anteil Bauwerk | 0,6 | | |
| | Nutzungsdauer der Bauwerke | 34 | a | |
| | Anteil Technik | 0,4 | | |
| | Nutzungsdauer der Technik | 12,5 | a | |
| | Annuität | **2.084.423** | **DM a$^{-1}$** | |
| | Gesamtzahl der an Klärwerk angeschlossenen Einwohner | 42.000 | EW | |
| | Annuität pro angeschlossenem Einwohner | 50 | DM EW$^{-1}$ a$^{-1}$ | |
| | Anteil der Ortschaft an Annuität entsprechend ihrer Einwohnerzahl | **12.407** | **DM a$^{-1}$** | |
| | **Gesamtannuität** | **144.020** | **DM a$^{-1}$** | Summe Annuität für Ortsnetz, Druckleitung und Pumpen |
| | | **Betriebskosten** | | |
| Kanalnetz | **Ortsnetz** | | | |
| | Spezifische Betriebskosten | 2,5 | DM m$^{-1}$ a$^{-1}$ | |
| | Gesamtbetriebskosten für das Ortsnetz | **6.300** | **DM a$^{-1}$** | Es wurde nur das Schmutzwassernetz berücksichtigt |
| | **Druckleitung** | | | |
| | Spezifische Wartungskosten | 0,5 | DM m$^{-1}$ a$^{-1}$ | |
| | Gesamtwartungskosten für Druckleitung | **1.750** | **DM a$^{-1}$** | |

Fortsetzung nächste Seite

| | | Anzahl, Kosten | Einheiten | Anmerkungen/Quellen |
|---|---|---|---|---|
| Kanalnetz | **Pumpwerke** | | | |
| | Spezifische Wartungskosten | 3.000 | DM Pump-werk$^{-1}$ a$^{-1}$ | klein |
| | Wartungskosten für alle Pumpstationen der Ortschaft | 12.000 | DM a$^{-1}$ | mittel |
| | Energiekosten | 9.300 | | groß |
| | Gesamtbetriebskosten | **21.300** | **DM a$^{-1}$** | |
| | **Spülstationen** | | | |
| | Spezifische Wartungskosten | 1.000 | | DM Spülstation$^{-1}$ a$^{-1}$ |
| | Wartungskosten für alle Spülstationen d. Ortschaft | 1.000 | DM a$^{-1}$ | |
| | Energiekosten | 0 | | kann nicht beziffert werden |
| | Gesamtbetriebskosten | **1.000** | **DM a$^{-1}$** | |
| Kläranlage | Spezifische Betriebskosten Kläranlage bei voller Auslastung | 60 | DM EW$^{-1}$ a$^{-1}$ | |
| | Spezifische Betriebskosten infolge niedrigerer Auslastung der Anlage | 70 | DM EW$^{-1}$ a$^{-1}$ | |
| | Anteil der Ortschaft an Betriebskosten entsprechend ihrer Einwohner | **17.500** | **DM a$^{-1}$** | |
| | **Gesamtbetriebskosten** | **47.850** | **DM a$^{-1}$** | |
| | **Summe aus Annuität und Betriebskosten** | **191.870** | **Gesamt DM a$^{-1}$** | |

*Quelle: eigene Berechnungen auf Grundlage der angegebenen Datenquellen.*

*Anhang-Tab. 15.4-6: Kostenvergleich der Abwasserentsorgung in der Ortschaft Döbern – Investitions- und Betriebskosten einer alternativen Erschließung mit Kleinkläranlagen*

| | Anzahl, Kosten | Einheiten | Anmerkungen/Quellen |
|---|---|---|---|
| **Kurzbeschreibung Döbern-Alternativ** | | | |
| Einzelwasserentsorgung durch 1 Kleinkläranlage pro Haushalt. | | | |
| Regenwasser wird gesammelt und in Altarm abgeleitet. Aber nur 1000 m Leitung mit einem Durchmesser von nur 300 mm, da an mehreren Stellen das Niederschlagswasser abgeleitet werden kann und nicht, wie in TWSG, an einer zentralen Stelle eingeleitet werden muss. | | | |
| Diskontrate | 0,03 | | |
| **Anschlüsse** | | | |
| Haushalte | 67 | | |
| Einwohner | 250 | | |
| *Korrekturfaktor* | *1* | | *infolge von Zusammenschlüssen für den gemeinsamen Bau einer Kläranlage* |
| **Investitionskosten** | | | |
| **Kleinkläranlage** | **Tropfkörper** | | |
| Spezifische Investitionskosten pro Haushalt | 18.000 | DM $HA^{-1}$ | |
| Gesamtinvestitionskosten für Ortschaft | 1.206.000 | DM | |
| Anteil Bauwerk | 0,2 | | |
| Nutzungsdauer Bauwerk | 34 | a | |
| Anteil Technik | 0,8 | | |
| Nutzungsdauer Technik | 12,5 | a | |
| Annuität | **105.111** | **DM $a^{-1}$** | |
| **Anschlusskosten** | | | |
| Anschlusskosten pro Haushalt | 2.000 | DM $HA^{-1}$ | |
| Gesamtanschlusskosten für Ortschaft | 134.000 | DM | |
| Nutzungsdauer | 50 | a | |
| Annuität | **5.208** | **DM $a^{-1}$** | |
| **Regenwasserkanal** | | | |
| Länge | 150 | m | mdl. Information Herr Radach, ZV Westelbien, 2000 |
| Durchmesser | 150 | mm | mdl. Information Herr Radach, ZV Westelbien, 2000 |
| Kosten pro Meter | 200 | DM $m^{-1}$ | Institut für Abwasserwirtschaft Halbach (2000), Diagr. 7 (für Straßenbereich, Verlegetiefe 2,5 m) |
| Gesamtinvestitionskosten | 30.000 | DM | |
| Nutzungsdauer | 50 | a | Annahme |
| Annuität | **1.166** | **DM $a^{-1}$** | |
| **Gesamtannuität** | **111.485** | **DM $a^{-1}$** | |
| **Betriebskosten** | | | |
| **Kleinkläranlagen** | | | |
| Betriebskosten | 700 | DM $HA^{-1}$ $a^{-1}$ | |
| Abwasserabgabe | 35 | DM $HA^{-1}$ $a^{-1}$ | |
| Betriebskosten für das Dorf | **46.900** | **DM $a^{-1}$** | |
| Abwasserabgabe für das Dorf | **2.345** | **DM $a^{-1}$** | |
| **Regenentwässerung** | | | |
| Betriebskosten | 0 | DM $a^{-1}$ | Annahme |
| **jährliche Betriebskosten** | **49.245** | **DM $a^{-1}$** | |
| **Gesamt** | | | |
| **Summe aus Annuität und Betriebskosten** | **160.730** | **DM $a^{-1}$** | |

*Quelle: eigene Berechnungen auf Grundlage der angegebenen Datenquellen.*

*Anhang-Tab. 15.4-7: Kostenvergleich der Abwasserentsorgung in der Ortschaft Repitz – Investitions- und Betriebskosten der Status-quo-Lösung*

| | | Anzahl, Kosten | Einheiten | Anmerkungen/Quellen |
|---|---|---|---|---|
| | **Kurzbeschreibung Repitz** | | | |
| | Zentrale Sammlung des Wassers (Trennsystem); Druckleitung nach Torgau (Verlegung in Flow-Tec-Verfahren) und Einleitung in Kläranlage Torgau. Kein Regenwassersystem | | | |
| | Keine Sammlung und Ableitung von Niederschlagswasser | | | |
| | Diskontrate | 0,03 | | |
| | **Anschlüsse** | | | |
| | Anschlüsse | 26 | | mdl. Inform. Herr Radach, ZV Westelbien, 2000 |
| | Einwohner | 60 | | mdl. Inform. Herr Radach, ZV Westelbien, 2000 |
| | Einwohner pro Anschluss | 2,3 | | |
| | **Investitionskosten** | | | |
| **Kanalnetz** | **Ortsnetz** | | | |
| | Länge | 2.000 | m | mdl. Inform. Herr Radach, ZV Westelbien, 2000 |
| | Art | Freispiegel | | Annahme |
| | Durchmesser | 200 | mm | mdl. Inform. Herr Radach, ZV Westelbien, 2000 |
| | Material | KG | | mdl. Inform. Herr Radach, ZV Westelbien, 2000 |
| | Investitionskosten | 1.050.000 | DM | mdl. Inform. Herr Radach, ZV Westelbien, 2000 |
| | Nutzungsdauer | 50 | a | |
| | Annuität | 40.809 | $DM\ a^{-1}$ | |
| | **Druckleitung** | | | |
| | Länge | 1.750 | m | mdl. Inform. Herr Radach, ZV Westelbien, 2000 |
| | Durchmesser | 110 | mm | mdl. Information Herr Radach, ZV Westelbien, 2000 |
| | Material | PE | | mdl. Inform. Herr Radach, ZV Westelbien, 2000 |
| | Materialkosten | 40 | $DM\ m^{-1}$ | mdl. Information Frau Klinger, Klemm & Hensen GmbH, Böhlitz-Ehrenberg, 13.6.2000 |
| | Verlegung | flowtec | | mdl. Inform. Herr Radach, ZV Westelbien, 2000 |
| | Verlegungskosten | 950.000 | DM | mdl. Inform. Herr Radach, ZV Westelbien, 2000 |
| | Investitionskosten | 1.300.000 | DM | mdl. Inform. Herr Radach, ZV Westelbien, 2000 |
| | Investitionskosten ohne Pump- u. Spülstationen etc. | 1.220.000 | DM | |
| | Nutzungsdauer | 50 | a | |
| | Annuität | 47.416 | $DM\ a^{-1}$ | |
| | **Leitungen gesamt** | | | |
| | Investitionskosten | 2.350.000 | DM | |
| | Investitionskosten ohne Pump- u. Spülstationen etc. | 2.270.000 | DM | |
| | Nutzungsdauer | 50 | a | |
| | Annuität | **88.225** | **$DM\ a^{-1}$** | |
| | **Anschlusskosten auf Grundstück** | | | |
| | Mittlere Anschlusskosten pro Haushalt | 2.000 | $DM\ HA^{-1}$ | |
| | Gesamte Anschlusskosten für Ortschaft | 52.000 | $DM\ a^{-1}$ | |
| | Nutzungsdauer | 50 | a | |
| | Annuität | **2.021** | **$DM\ a^{-1}$** | |
| | **Pumpstationen** | | | |
| | Anzahl Pumpstationen, davon | 2 | | mdl. Inform. Herr Radach, ZV Westelbien, 2000 |
| | klein | 1 | | |
| | mittel | 1 | | |
| | groß | 0 | | |
| | Anzahl Pumpen | 4 | | mdl. Inform. Herr Radach, ZV Westelbien, 2000 |
| | Spezifische Investitionskosten pro Station | 40.000 | $DM\ Pumpwerk^{-1}$ | |

Fortsetzung nächste Seite

| | | Anzahl, Kosten | Einheiten | Anmerkungen/Quellen |
|---|---|---|---|---|
| | Gesamtinvestitionskosten | 80.000 | DM | |
| | Anteil bauliche Anlagen | 0,5 | | |
| **Kanalnetz** | Nutzungsdauer bauliche Anlagen | 34 | a | |
| | Anteil technische Anlagen | 0,5 | | |
| | Nutzungsdauer technische Anlagen | 9 | a | |
| | Annuität | **7.030** | **DM $a^{-1}$** | |
| | **Spülstationen** | | | mdl. Inform. Herr Radach, ZV Westelbien, 2000 |
| | Anzahl | 0 | | |
| | **Anteil Klärwerk** | | | |
| | Investitionskosten Klärwerk | 31.000.00<br>0 | DM | |
| | Anteil Bauwerk | 0,60 | | |
| | Nutzungsdauer der Bauwerke | 34 | a | |
| **Kläranlage** | Anteil Technik | 0,40 | | |
| | Nutzungsdauer der Technik | 12,5 | a | |
| | Annuität | 2.084.423 | DM $a^{-1}$ | |
| | Gesamtzahl der an Klärwerk angeschlossenen Einwohner | 42.000 | E | |
| | Annuität pro angeschlossenem Einwohner | 50 | DM $EW^{-1}$ $a^{-1}$ | |
| | Anteil der Ortschaft an Annuität entsprechend ihrer Einwohnerzahl | **2.978** | **DM $a^{-1}$** | |
| | **Gesamtannuität** | **100.254** | **DM $a^{-1}$** | |
| | | | **Betriebskosten** | |
| | **Ortsnetz** | | | |
| | Spezifische Betriebskosten | 2,5 | DM $m^{-1}$ $a^{-1}$ | |
| | Gesamtbetriebskosten für das Ortsnetz | **5.000** | **DM $a^{-1}$** | |
| | **Druckleitung** | | | |
| | Spezifische Wartungskosten | 0,5 | DM $m^{-1}$ $a^{-1}$ | |
| **Leitungsnetz** | Gesamtwartungskosten für Druckleitung | **875** | **DM $a^{-1}$** | |
| | **Pumpwerke** | | | |
| | Spezifische Wartungskosten | 3.000 | DM Pump-werk$^{-1}$ $a^{-1}$ | |
| | Wartungskosten für alle Pumpstationen der Ortschaft | 6.000 | DM $a^{-1}$ | |
| | Energiekosten | 2.050 | DM $a^{-1}$ | |
| | Gesamtbetriebskosten | **8.050** | **DM $a^{-1}$** | |
| | Spezifische Betriebskosten Kläranlage bei voller Auslastung | 60 | DM $E^{-1}$ $a^{-1}$ | |
| **Klärung** | Spezifische Betriebskosten infolge niedrigerer Auslastung der Anlage | 70 | DM $a^{-1}$ | |
| | Anteil der Ortschaft an Betriebskosten entsprechend ihrer Einwohner | **4.200** | **DM $a^{-1}$** | |
| | **Gesamtbetriebskosten** | **18.125** | **DM $a^{-1}$** | |
| | | | **Gesamt** | |
| | **Summe aus Annuität und Betriebskosten** | **118.379** | **DM $a^{-1}$** | |

*Quelle: eigene Berechnungen auf Grundlage der angegebenen Datenquellen.*

*Anhang-Tab. 15.4-8: Kostenvergleich der Abwasserentsorgung in der Ortschaft Repitz – Investitions- und Betriebskosten einer alternativen Erschließung mit Kleinkläranlagen*

| | Anzahl, Kosten | Einheiten | Anmerkungen/Quellen |
|---|---|---|---|
| | **Kurzbeschreibung Repitz-Alternativ** | | |
| Einzelwasserentsorgung durch 1 Kleinkläranlage pro Haushalt. | | | |
| Keine Sammlung und Ableitung von Regenwasser | | | |
| Diskontrate | 0,03 | | |
| | **Anschlüsse** | | |
| Haushalte | 26 | | |
| Einwohner | 60 | | |
| *Korrekturfaktor* | *1* | | *infolge von Zusammenschlüssen für den gemeinsamen Bau einer Kläranlage* |
| | **Investitionskosten** | | |
| **Kleinkläranlage** | Tropfkörper | | |
| Investitionskosten pro Anlage | 18.000 | DM $HA^{-1}$ | |
| Gesamtinvestitionskosten für alle Anschlüsse | 468.000 | DM | |
| Anteil Bauwerk | 0,2 | | |
| Nutzungsdauer Bauwerk | 34 | a | |
| Anteil Technik | 0,8 | | |
| Nutzungsdauer Technik | 12,5 | a | |
| Annuität | **40.789** | **DM $a^{-1}$** | |
| **Anschlusskosten** | | | |
| Anschlusskosten pro Haushalt | 2.000 | DM $HA^{-1}$ $a^{-1}$ | |
| Gesamte Anschlusskosten für alle Haushalte | 52.000 | DM $a^{-1}$ | |
| Nutzungsdauer | 50 | a | |
| Annuität | **2.021** | **DM $a^{-1}$** | |
| **Gesamtannuität** | **42.810** | **DM $a^{-1}$** | |
| | **Betriebskosten** | | |
| Betriebskosten | 700 | DM $HA^{-1}$ $a^{-1}$ | |
| Abwasserabgabe | 35 | DM $HA^{-1}$ $a^{-1}$ | |
| Betriebskosten für das Dorf | 18.200 | DM $a^{-1}$ | |
| Abwasserabgabe für das Dorf | 910 | DM $a^{-1}$ | |
| **jährliche Betriebskosten** | **19.110** | **DM $a^{-1}$** | |
| | **Gesamt** | | |
| **Summe aus Annuität und Betriebskosten** | **61.920** | **DM $a^{-1}$** | |

*Quelle: eigene Berechnungen auf Grundlage der angegebenen Datenquellen.*

*Anhang-Tab. 15.4-9: Ermittlung des Risikopotentials $RP_{AW}$ für die von Trinkwasserschutzszenarien betroffenen Abwasseranlagen – Eingangsdaten und Ergebnisse*

| | Mockritz | | Döbern | | Repitz | | Quellen |
|---|---|---|---|---|---|---|---|
| | min. | max. | min. | max. | min. | max. | |
| **Flurabstand [m]** | 7,5 | 2,5 | 7,5 | 2,5 | 7,5 | 4 | Nestler et al. (2003, S. 186-187) |
| **Durchlässigkeit der Deckschicht [m $s^{-1}$]** | 1,0E-08 | 5,0E-06 | 1,0E-08 | 5,0E-06 | 1,0E-08 | 5,0E-06 | Nestler et al. (2003, S. 184) |
| **m (v)** | 0,5 | 0,7 | 0,5 | 0,7 | 0,5 | 0,7 | Schulz-Terfloth (1998, S. 87) |
| **v (a)** | 0,1 | 1,7 | 0,1 | 1,7 | 0,1 | 1,7 | Nestler et al. (1998, S. 24) |
| **m (h)** | 0,1 | 0,5 | 0,1 | 0,5 | 0,1 | 0,5 | Schulz-Terfloth (1998, S. 87) |
| **s** | 0,05 | 0,35 | 0,05 | 0,35 | 0,05 | 0,35 | Schulz-Terfloth (1998, S. 87) |
| **r (Bakt.-Belastung)** | 100 | 100 | 100 | 100 | 100 | 100 | Schulz-Terfloth (1998, S. 85) |
| **r (Verschmutzung)** | 10 | 10 | 10 | 10 | 10 | 10 | Schulz-Terfloth (1998, S. 85) |
| **r (ges.)** | 110 | 110 | 110 | 110 | 110 | 110 | Schulz-Terfloth (1998, S. 85) |
| **Sammlerlänge [m]** | 3680 | 3680 | 6020 | 6020 | 3750 | 3750 | |
| **q (max)** | 51,5 | 51,5 | 84,3 | 84,3 | 52,5 | 52,5 | Schulz-Terfloth (1998, S. 90) |
| **k (q-max)** | 1 | 1 | 1 | 1 | 1 | 1 | Schulz-Terfloth (1998, S. 90) |
| **k (q-min)** | 0,1 | 0,1 | 0,1 | 0,1 | 0,1 | 0,1 | Schulz-Terfloth (1998, S. 90) |
| **bakterieller Belastung berücksichtigt** | | | | | | | |
| **RP (AW-max.)*** | 283 | 1.984 | 464 | 3.245 | 289 | 2.021 | |
| **RP (AW-min.)**** | 28 | 198 | 46 | 324 | 29 | 202 | |
| **bakterielle Belastung nicht berücksichtigt** | | | | | | | |
| **RP (AW-max.)*** | 26 | 180 | 42 | 295 | 26 | 184 | |
| **RP (AW-min.)**** | 2,6 | 18,0 | 4,2 | 29,5 | 2,6 | 18,4 | |

| RP – Summe über alle drei Ortschaften | | s | |
|---|---|---|---|
| | | min. | max. |
| **bakterielle Belastung berücksichtigt** | RP (AW-max.)* | 1.036 | 7.250 |
| | RP (AW-min.)** | 104 | 725 |
| **bakterielle Belastung nicht berücksichtigt** | RP (AW-max.)* | 94 | 659 |
| | RP (AW-min.)** | 9 | 66 |

m(v) – Risikofaktor der vertikalen Transferbedingungen in Abhängigkeit vom Flurabstand und der Durchlässigkeit der Deckschichten; v(a) – Fließgeschwindigkeit (Abstandsgeschwindigkeit) des Grundwassers; m(h) – Risikofaktor in Abhängigkeit von der horizontalen Fließgeschwindigkeit v(a); s – Risikofaktor für das Transferpotential des ungesättigten und gesättigten Bereiches, *s = m(v) * m(h)*; r – Risikofaktor für die Stoffgefährlichkeit; r(Verschmutzung) – Risikofaktor der Verschmutzung durch häusliches Abwasser bei Trennkanalisation, r(Bakt.-Belastung) – Risikofaktor, wenn – wie in TWSG – auch die bakterielle Belastung als Risiko angesehen wird; q(max) - Emissionsrate unter ungünstigsten Bedingungen, Annahme: *q(max) = 0,014* Sammlerlänge*; k(q) – Korrekturfaktor für die Emissionsrate bei Berücksichtigung des Standes der Technik; *RP = q(max) * k(q) * s*; * Risikopotential im Falle von k(min); ** Risikopotential im Falle von k(max)

*Quelle: eigene Berechnungen auf Grundlage der angegebenen Literatur.*

## Anhang zu Kapitel 15.5

*Anhang-Tab. 15.5-1: Eingangsdaten zur Erhebung und Prognose der Grundwasserentnahmen (GWE) für 1993, 1999 und 2030*

| Mengen [Mio. m³ a⁻¹] | 1993 | | | 1999 | | | 2030 | | | |
|---|---|---|---|---|---|---|---|---|---|---|
| | | | | | | | wahrscheinlicher Wert | | maximaler Wert | |
| | GWE | Bemerkung | Quelle | GWE | Bemerkung | Quelle | GWE | Bemerkung | GWE | Bemerkung |
| **Öffentliche Wasserversorgung** | | | | | | | | | | |
| FWW Mockritz/Elsnig | 19,34 **(6,58)**[a] | davon 34 % GW[b] | StUFA Lpz. Abt. I Auskunft vom 8.2.2000 | 7,05 **(2,39)** | davon 34 % GW | RP Leipzig Ref. 6.2 Auskunft vom 12.7.2000 | 27,5[c] **(9,35)** | Annahme lt. Entwicklungsrahmen davon 34 % GW | 70 **(23,8)** | Vollauslastung der mittleren Kapazitäten[d] davon 34 % GW |
| FWW Torgau-Ost | 23,76 **(8,08)** | | | 19,71 **(6,70)** | | | | | | |
| Regionale WW[e] | **0,54** | 100% GW | HGN et al. 1996 | **0,68** | 100% GW | RP Leipzig Abt. 6 Auskunft vom 12.7.2000 | **0,7** | Vollauslastung der WW | **0,7** | Vollauslastung der WW |
| **Gewerbliche Wasserförderungen** | | | | | | | | | | |
| Kühlwasser- u. sonstige Entnahmen | **0,10** | Kategorien entspr. Sächs.WG (1998) | RP Leipzig, Ref. 6.2 Auskunft von 6/1998 | **0,63** | Kategorien entspr. Sächs.WG (1998) | RP Leipzig Ref. 6.2 Auskunft vom 12.7.2000 | **1** | Annahme einer leicht positiven Entwicklung | **1** | Annahme einer leicht positiven Entwicklung |
| **Weitere Wasserentnahmen der Bevölkerung** | | | | | | | | | | |
| TW-Förderung durch ländliche Hausbrunnen | **0,13** | Anzahl der nicht angeschloss. Bevölk. x spez. TW-Bedarf[f] | SMU/LfUG (1997): Tab. IV-3.3 und IV – 2.7 | **0,09** | Zus. Förderung der Bev. für TW-Zwecke[g] | mdl. Herr Elste ZV Beilrode-Arzberg vom 4.7.2000 | **0** | Annahme: alle Haushalte sind zentral angeschloss.en | **0** | Annahme: alle Haushalte sind zentral angeschlossen |
| Brauchwasser-förderung durch ländl. Hausbrunnen | **0,22** | Annahme: 50% der ländl. Haushalte haben Brunnen; Ø Förderung[h]: 40 m³ a⁻¹ | mdl. Herr Viokowsky ZV Westelbien vom 16.3.2000 | **0,22** | Annahme: 50% d. ländl. Haushalte mit Brunnen; Ø Förderung[i]: 40 m³ a⁻¹ | mdl. Herr Viokowsky ZV Westelbien vom 16.3.2000 | **0,2** | Annahme: keine zusätzlichen Hausbrunnen | **0,2** | Annahme: keine zusätzlichen Hausbrunnen |

a –Anteil des Grundwassers an der Fördermenge. Der Rest ist Uferfiltrat; b – Annahme entsprechend LfUG (1996a, S. 89); c – Annahme 22 Mio $m^3/a^{-1}$ Produktion für Sachsen (Verlängerung der Bedarfsprognose für 2010 entsprechend SMUL/LfUG 2002, S. 85) und 5,5 Mio. $m^3 a^{-1}$ Lieferung nach Sachsen-Anhalt; d – entsprechend SMUL/LfUG 2002, S. 85; e – WW Mehderitzsch, WW Neußen, WW Schildau; die weiteren Wasserfassungen, die 1993 tlw. noch im Betrieb waren, wurden nicht berücksichtigt; f – nicht angeschlossene Bevölkerung = 540 Personen im ZW Westelbien und 333ß Personen im ZV Beilrode-Arzberg; mittlerer Bevölkerungsbedarf 106 l $E^{-1} d^{-1}$ in ZV Westelbien und 90 l $E^{-1} d^{-1}$ im ZV Beilrode-Arzberg; g – Annahme, dass die 8228 Personen des ZV Beilrode-Arzberg im Durchschnitt täglich 30 l zusätzlich zur öffentlichen Versorgung aus privaten Brunnen für Trinkwasserzwecke entnehmen.; h – Die ländliche Bevölkerung wurde mit 26000 Personen angesetzt (Bevölkerung des Untersuchungsraumes = 55600 abzüglich 90% der Bevölkerung von Beilrode, Belgern, Dommitzsch, Mockrehna, Schildau und Torgau = 29600). Somit wurden auch einzelne Hausbrunnen in den Städten bzw. regionalen Zentren berücksichtigt (StaLa Sachsen, Auskunft vom 26.7.2000); Fläche und Bevölkerung – Torgau-Oschatz http://bubis.com/k401/waswo/fub.htn: Stand 31.12.1993; i – Ländliche Bevölkerung: 26468 (Bev. des Untersuchungsraumes = 56070 abzüglich 90% der Bevölkerung von Beilrode, Belgern, Dommitzsch, Mockrehna, Schildau u. Torgau = 29600 Personen) Prognose StaLa Sachsen, Auskunft vom 26.7.2000; Fläche und Bevölkerung - Torgau-Oschatz http://bubis.com/k401/waswo/fub.htn: Stand 31.12.1993. *Quelle: eigene Berechnungen auf Grundlage der angegebenen Literatur.*

# Anhang zu Kapitel 15.6

*Anhang-Tab. 15.6-1: Zusammenrechung der szenarienbedingten Nettonutzendifferenzen – jeweils untere und obere Werte der Unsicherheitsspannen; Bezugsszenario – TWSG$_{Max}$.*

| Diskontrate | *TWSG (Max.)* [Mio. EUR] | *TWSG (Kompr.)* [Mio. EUR] | *TWSG (Min.)* [Mio. EUR] | *TWSG (Aufl.)* [Mio. EUR] | *TWSG (Max.)* [Mio. EUR] | *TWSG (Kompr.)* [Mio. EUR] | *TWSG (Min.)* [Mio. EUR] | *TWSG (Aufl.)* [Mio. EUR] |
|---|---|---|---|---|---|---|---|---|
| | **Unsicherheitsspanne -** | | | | **Unsicherheitsspanne +** | | | |
| | | | | **Produzentenrente Landwirtschaft** | | | | |
| **0%** | 0 | 0,483 | -1,106 | -1,491 | 0 | 3,777 | 3,537 | 5,062 |
| **3%** | 0 | 0,320 | -0,674 | -0,918 | 0 | 2,426 | 2,314 | 3,289 |
| **5%** | 0 | 0,253 | -0,508 | -0,698 | 0 | 1,884 | 1,816 | 2,569 |
| | | | | **Wohlfahrtseffekte Fernwasserförderung** | | | | |
| **0%** | 0 | 0 | 0 | | 0 | 0 | -9,00 | |
| **3%** | 0 | 0 | 0 | | 0 | 0 | -0,20 | |
| **5%** | 0 | 0 | 0 | | 0 | 0 | -0,08 | |
| | | | | **Vorsorgekosten Straßen** | | | | |
| **0%** | 0 | 0,003 | 0,011 | 0,419 | 0 | 0,010 | 0,034 | 1,256 |
| **3%** | 0 | 0,002 | 0,007 | 0,270 | 0 | 0,006 | 0,022 | 0,810 |
| **5%** | 0 | 0,002 | 0,006 | 0,211 | 0 | 0,005 | 0,017 | 0,632 |
| | | | | **Vorsorgekosten Heizölanlagen** | | | | |
| **0%** | 0 | 0,130 | 0,205 | 0,248 | 0 | 0,390 | 0,615 | 0,743 |
| **3%** | 0 | 0,083 | 0,130 | 0,158 | 0 | 0,248 | 0,391 | 0,473 |
| **5%** | 0 | 0,064 | 0,101 | 0,122 | 0 | 0,192 | 0,302 | 0,366 |
| | | | | **Vorsorgekosten Betriebstankstellen** | | | | |
| **0%** | 0 | 0,002 | 0,007 | 0,009 | 0 | 0,007 | 0,021 | 0,028 |
| **3%** | 0 | 0,002 | 0,004 | 0,006 | 0 | 0,005 | 0,013 | 0,018 |
| **5%** | 0 | 0,001 | 0,003 | 0,005 | 0 | 0,004 | 0,010 | 0,014 |
| | | | | **Vorsorgekosten Kommunale Abwasserentsorgung** | | | | |
| **0%** | 0 | 0 | 0 | 0,015 | 0 | 0 | 0 | 0,092 |
| **3%** | 0 | 0 | 0 | 0,010 | 0 | 0 | 0 | 0,060 |
| **5%** | 0 | 0 | 0 | 0,008 | 0 | 0 | 0 | 0,048 |
| | | | | **gesamt** | | | | |
| **0%** | 0 | **0,619** | **-0,883** | **-0,800** | 0 | **4,184** | **-4,793** | **7,180** |
| **3%** | 0 | **0,406** | **-0,532** | **-0,474** | 0 | **2,685** | **2,540** | **4,651** |
| **5%** | 0 | **0,320** | **-0,398** | **-0,353** | 0 | **2,085** | **2,066** | **3,629** |

Bezugsjahr der Diskontierung: 2000.

*Quelle: eigene Berechnungen.*

*Anhang-Tab. 15.6-2: Wertegrundlage für Abb. 15-4 und Anhang-Abb. 15.6-1 – Verrechnung der Nettonutzendifferenzen (wahrscheinliche Werte) mit jeweils einem oberen bzw. unteren Wert entsprechend der Unsicherheitsspanne; Bezugsszenario – $TWSG_{Max}$*

| **Diskont-rate** | *TWSG (Max.)* [Mio. EUR] | *TWSG (Kompr.)* [Mio. EUR] | *TWSG (Min.)* [Mio. EUR] | *TWSG (Aufl.)* [Mio. EUR] | | *TWSG (Max.)* [Mio. EUR] | *TWSG (Kompr.)* [Mio. EUR] | *TWSG (Min.)* [Mio. EUR] | *TWSG (Aufl.)* [Mio. EUR] |
|---|---|---|---|---|---|---|---|---|---|
| | **Unsicherheitsspanne -** | | | | | **Unsicherheitsspanne +** | | | |
| | | | | **Produzentenrente Landwirtschaft** | | | | | |
| **0%** | 0 | 0,754 | -2,860 | -0,109 | | 0 | 4,048 | 1,783 | 6,444 |
| **3%** | 0 | 0,493 | -0,496 | -0,030 | | 0 | 2,599 | 2,492 | 4,177 |
| **5%** | 0 | 0,387 | -0,303 | -0,008 | | 0 | 2,018 | 2,021 | 3,259 |
| | | | | **Wohlfahrtseffekte Fernwasserförderung** | | | | | |
| **0%** | 0 | 2,401 | 1,661 | 3,168 | | 0 | 2,401 | -7,339 | 3,168 |
| **3%** | 0 | 1,547 | 1,105 | 2,073 | | 0 | 1,547 | 0,905 | 2,073 |
| **5%** | 0 | 1,202 | 0,874 | 1,626 | | 0 | 1,202 | 0,794 | 1,626 |
| | | | | **Vorsorgekosten Straßen** | | | | | |
| **0%** | 0 | 2,398 | -0,550 | 2,749 | | 0 | 2,405 | -0,527 | 3,586 |
| **3%** | 0 | 1,545 | 0,991 | 1,803 | | 0 | 1,549 | 1,006 | 2,343 |
| **5%** | 0 | 1,200 | 0,854 | 1,416 | | 0 | 1,203 | 0,865 | 1,837 |
| | | | | **Vorsorgekosten Heizölanlagen** | | | | | |
| **0%** | 0 | 2,271 | -0,744 | 2,920 | | 0 | 2,531 | -0,334 | 3,415 |
| **3%** | 0 | 1,464 | 0,868 | 1,916 | | 0 | 1,629 | 1,129 | 2,231 |
| **5%** | 0 | 1,138 | 0,759 | 1,504 | | 0 | 1,266 | 0,960 | 1,748 |
| | | | | **Vorsorgekosten Betriebstankstellen** | | | | | |
| **0%** | 0 | 2,399 | -0,545 | 3,158 | | 0 | 2,404 | -0,532 | 3,177 |
| **3%** | 0 | 1,545 | 0,994 | 2,067 | | 0 | 1,548 | 1,003 | 2,079 |
| **5%** | 0 | 1,201 | 0,856 | 1,621 | | 0 | 1,203 | 0,863 | 1,631 |
| | | | | **Vorsorgekosten Abwasserentsorgung** | | | | | |
| **0%** | 0 | 2,401 | -0,539 | 3,152 | | 0 | 2,401 | -0,539 | 3,229 |
| **3%** | 0 | 1,547 | 0,998 | 2,063 | | 0 | 1,547 | 0,998 | 2,114 |
| **5%** | 0 | 1,202 | 0,859 | 1,618 | | 0 | 1,202 | 0,859 | 1,658 |

Bezugsjahr der Diskontierung: 2000

*Quelle: eigene Berechnungen.*

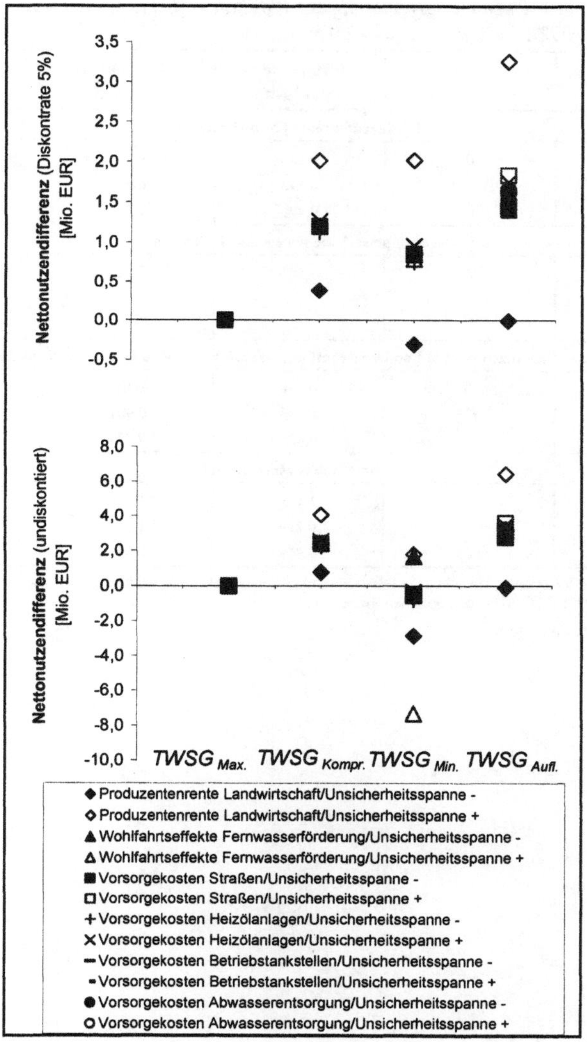


*Quelle: eigene Berechnungen.*

*Anhang-Abb. 15.6-1: Nettonutzendifferenzen (Diskontrate 3% bzw. 5%) unter Berücksichtigung der Unsicherheitsspannen; Bezugsszenario – $TWSG_{Max.}$*

*Anhang-Tab. 15.6-3: Überschlagsrechnung der Wohlfahrtseffekte bei Rechtsgrundlage SächsSchAVO (2002); Bezugsszenario – $TWSG_{Max.}$*

| **Diskontrate** | ***TWSG (Max.)*** [Mio. EUR] | ***TWSG (Kompr.)*** [Mio. EUR] | ***TWSG (Min.)*** [Mio. EUR] | ***TWSG (Aufl.)*** [Mio. EUR] |
|---|---|---|---|---|
| **Produzentenrente Landwirtschaft** | | | | |
| **0%** | 0 | 0,838 | 1,547 | 2,032 |
| **3%** | 0 | 0,543 | 1,007 | 1,321 |
| **5%** | 0 | 0,425 | 0,789 | 1,034 |
| **Wohlfahrtseffekte Fernwasserförderung** | | | | |
| **0%** | 0 | 0 | -2,200 | |
| **3%** | 0 | 0 | -0,106 | |
| **5%** | 0 | 0 | -0,015 | |
| **Summe Produzentenrente Landwirtschaft und Wohlfahrtseffekte Fernwasserförderung** | | | | |
| **0%** | 0 | 0,838 | -0,653 | 2,032 |
| **3%** | 0 | 0,543 | 0,901 | 1,321 |
| **5%** | 0 | 0,425 | 0,774 | 1,034 |
| **Gesamt-Nettonutzendifferenz** | | | | |
| **0%** | 0 | **1,109** | **-0,207** | **3,414** |
| **3%** | 0 | **0,716** | **1,185** | **2,209** |
| **5%** | 0 | **0,559** | **0,994** | **1,724** |

* die Vorsorgekosten für Straßen, Heizölanlagen, Betriebstankstellen und kommunale Abwasserentsorgung wurden aus der Bewertung Stand 2000 (Tab. 15-27) übernommen; Bezugsjahr der Diskontierung: 2000.

*Quelle: eigene Berechnungen.*

## Literaturverzeichnis


Abdalla, C. W. (1990): Measuring economic losses from ground water contamination: an investigation of household avoidance cost. Water Resources Bulletin 26/3, S. 451-463.

Abdalla, C. W. (1994): Groundwater values from avoidance cost studies: Implications for policy and future research. American Journal of Agricultural Economics 76, S. 1062-1067.

Abdalla, C. W., Roach, B. A., Epp, D. J. (1992): Valuing environmental quality changes using averting expenditures: an application to groundwater contamination. Land Economics 68/2, S. 163-169.

Ajzen, I., Brown, T. C., Rosenthal, L. H. (1996): Information bias in contingent valuation: effects of personal relevance, quality of information, and motivational orientation. Journal of Environmental Economics and Management 30, S. 43-57.

Allgemeine Verwaltungsvorschrift zur Änderung der Verwaltungsvorschrift wassergefährdende Stoffe vom 27. Juli 2005: Bundesanzeiger 142a.

Andel, N. (1977): Nutzen-Kosten-Analyse. In: Neumark, F., Andel, N., Haller, H. (Hrsg.): Handbuch der Finanzwissenschaft, Band 1. 3. Auflage, Mohr, Tübingen, S. 475-518.

Appelt, L. (2001): Auswertung der Befragung „Gründe für die Teilnahme/Nichtteilnahme am Sächsischen Programm „Umweltgerechte Landwirtschaft", Projektbericht, UFZ-Umweltforschungszentrum Leipzig-Halle, unveröffentlicht.

Arrow, K. J., Fisher, A. C. (1974): Environmental preservation, uncertainty, and irreversibility. The quarterly journal of economics 88/1, S. 312-319.

ATV-A 138: Bau und Bemessung von Anlagen zur dezentralen Versickerung von nicht schädlich verunreinigtem Niederschlagswasser. Abwassertechnische Vereinigung e.V., Hennef, Januar 1990.

ATV-A 142: Abwasserkanäle und -leitungen in Wassergewinnungsgebieten. Abwassertechnische Vereinigung e. V. – Arbeitsblatt, Hennef, Oktober 1992.

ATV-DVWK- A 142 : Abwasserkanäle und -leitungen in Wassergewinnungsgebieten. Deutsche Vereinigung für Wasserwirtschaft, Abwasser und Abfall e.V., Hennef, November 2002.

ATV-M 146: Ausführungsbeispiele zum ATV-A 142 Abwasserkanäle und -leitungen in Wassergewinnungsgebieten, Abwassertechnische Vereinigung e. V. – Merkblatt, Hennef, April 1995.

Bachfischer, R. (1978): Die ökologische Risikoanalyse. Dissertation, Technische Universität München.

Bahadir, M., Parlar, H., Spiteller, M. (Hrsg.) (2000): Springer Umweltlexikon. 2. Auflage, Springer, Berlin, Heidelberg.

Barbier, E. B. (1994): Valuing Environmental Functions: Tropical Wetlands. Land Economics 70, S. 155-173.

Bastian, O. (1999): Landschaftsfunktionen als Grundlage von Leitbildern für Naturräume. Natur und Landschaft 74/9, S. 361-373.

Bastian, O., Schreiber, K.-F. (Hrsg.) (1999): Analyse und ökologische Bewertung der Landschaft. Spektrum, Heidelberg, Berlin.

Bateman, I. J., Turner, R. K. (1992): Evaluation of the environment: The contingent valuation method. CSERGE Working Paper GEC 92-18.

BauGB – Baugesetzbuch vom 23. September 2004: BGBl. I, S. 2414; zuletzt geändert am 21.6.2005, S. 1818.

BauGB – Baugesetzbuch vom 27. August 1997: BGBl. I S. 2141; ber. 1998 S. 137; zuletzt geändert am 5. 4. 2002, BGBl. I S. 1250.

Baumol, W. J. (1968): On the Social Rate of Discount. The American Economic Review 58, S. 788-802.

Bayer, S. (2000): Intergenerationelle Diskontierung am Beispiel des Klimaschutzes, Metropolis, Marburg.

Bazelon, C., Smetters (1999): Discounting Inside the Washington D. C. Beltway. Journal of Economic Perspectives 13/4, S. 213-228.

BBodSchG – Gesetz zum Schutz vor schädlichen Bodenveränderungen und zur Sanierung von Altlasten (Bundes-Bodenschutzgesetz) vom 17. März 1998: BGBl. I 1998, S. 502; zuletzt geändert am 09.12.2004, S. 3214).

Bechmann, A. (1978): Nutzwertanalyse, Bewertungstheorie und Planung. Haupt, Bern.

Bechmann, A. (1981): Grundlagen der Planungstheorie und Planungsmethodik. Haupt, Bern, Stuttgart.

Bechmann, A. (1991): Mehrdimensionale Bewertungsverfahren auf nutzwertanalytischer Basis. Verlag Edition Zukunft, Barsinghausen.

Benke, M. (1992): Untersuchungen zur Nitratauswaschung unter Grünland mittels der Saugkerzen-Methode in Abhängigkeit von der Nutzungsart, der Nutzungshäufigkeit, der Bestandeszusammensetzung und der Stickstoffdüngung. Dissertation, Universität Kiel, Kiel.

Bergstrom, J. C., Dorfman, J. H. (1994): Commodity information and willingness-to-pay for groundwater quality protection. Review of Agricultural Economics 16, S. 414-425.

Birg, H. (2004): „Gesellschaft ohne Zukunft? – Bevölkerungsrückgang und Überalterung als politische Herausforderung". Sinclair-Haus-Gespräch der Herbert-Quandt-Stiftung No. 22, Bad Homburg, http://www.h-quandt-stiftung.de, abgerufen am 26.1.2006.

Birnbacher, D. (1989): Intergenerationelle Verantwortung oder: Dürfen wir die Zukunft der Menschheit diskontieren? In: Kümmel, R. Klawitter, J. (Hrsg.): Umweltschutz und Marktwirtschaft aus der Sicht unterschiedlicher Disziplinen, Königshausen u. Neumann, Würzburg, S. 101-115.

Bishop, R. C. (1978): Endangered Species and Uncertainty: The Economics of a Safe Minimum Standard. American Journal of Agricultural Economics 61, S. 10-18.

Bishop, R. C. (1982): Option Value: An Exposition and Extension. Land Economics 58/1, S. 1-15.

Bizer, K. (1999): Die Ökonomik der Verhältnismäßigkeitsprüfung. Sofia-Diskussionsbeiträge zur Institutionenanalyse 99/1, Darmstadt.

BNatSchG – Gesetz über Naturschutz und Landschaftspflege (Bundesnaturschutzgesetz) vom 25. März 2002: BGBl. I, S.1193; zuletzt geändert am 21.6.2005, S. 1818.

BNatSchG – Gesetz über Naturschutz und Landschaftspflege (Bundesnaturschutzgesetz) vom 21. September 1998: BGBl I, S. 2994; zuletzt geändert am 29.11.2001, S. 2785.

Boyle, K. J., Bergstrom, J. C., Poe, G. L. (2001): Summary and Conclusions. In: Bergstrom, J. C., Boyle, K. J., Poe, G. L. (Hrsg.): The economic value of water quality. Edward Elgar, Cheltenham, Nothampton/MA, S. 163-168.

Brauer, H. (Hrsg.) (1996): Produktions- und produktintegrierter Umweltschutz, Handbuch des Umweltschutzes und der Umweltschutztechnik, Bd. 2. Springer, Berlin, Heidelberg, New York.

Brent, R. J. (1996): Applied Cost-Benefit Analysis. Edgar Elgar Publishing Limited, Cheltenham/UK.

Brent, R. J. (1996): Applied cost-benefit analysis. Edward Elgar, Cheltenham/UK, Brookfield/US.

Brockhaus (1989): Brockhaus-Enzyklopädie in 24 Bänden. 19., Auflage, Brockhaus, Mannheim.

Buchwald, K., Engelhardt, W. (Hrsg.) (1996): Umweltschutz – Grundlagen und Praxis. Bd. 2: Bewertung und Planung im Umweltschutz. Economica, Bonn.

Cansier, D. (1996): Umweltökonomie. 2. Auflage, Lucius & Lucius, Stuttgart.

Carson, R. T., Flores, N. E., Meade, N. F. (2001): Contingent valuation: controversies and evidence. Environmental and Resource Economics 19, S. 173-210.

Ciriacy-Wantrup, S. v. (1947): Capital returns from soil conservation practices. Journal of Farm Economics 29, S. 1181-1196.

Ciriacy-Wantrup, S. v. (1975): The Economics of Environmental Policy. Land Economics 47, S. 36-45.

Claussen, U., Irmer, U., Markard, C., Mehlhorn, B., Mohaupt, V., Rechenberg, B., Schmitz, E., Wolter, R. (1996): Umweltqualitäts- und Umwelthandlungsziele im Gewässerschutz: Sachstandsbericht und Ausblick. UBA Texte 63/1996, Umweltbundesamt, Berlin.

Common, M., Reid, I., Blamey, R. (1997): Do existence values for cost benefit analysis exist? Environmental and Resource Economics 9, S. 225-238.

Connor, J. D., Perry, G. M., Adams, R. M. (1995): Cost-effective abatement of multiple production externalities. Water resources research 31/7, S. 1789-1796.

Conrad, J. M. (1980): Quasi-Option Value and the Expected Value of Information. Quarterly Journal of Economics 94/2, S. 813-820.

Constanza, R., Patten, B. C. (1995): Defining and predicting sustainability. Ecological Economics 15, S. 193-196.

Cornes, R., Sandler, T. (1986): The theory of externalities, public goods and club goods. Cambridge, New York u. a.

Crutchfield, S. R., Feather, P. M., Hellerstein, D. R. (1995): The benefits of protecting rural water quality. An empirical analysis. United States Department of Agriculture, Agricultural Economic Report Number 701.

Cummings, R. G., Harrison, G. W. (1995): The measurement and decomposition of nonuse values: a critical review. Environmental and Resource Economics 5, S. 225-247.

Daly, H. E. (1992): Allocation, distribution, and scale: towards an economics that is efficient, just, and sustainable. Ecological Economics 6, S. 185-193.

Dasgupta, P. S., Heal, G. (1974): The optimal depletion of exhaustible resources. Review of Economic Studies, Symposium Supplement, S. 3-28.

Davis, R. (1963): The value of outdoor recreation: an economic study of the marine woods. PhD Thesis. Harvard University.

De Groot, R. S. (1992): Functions of Nature. Evaluation of Nature in Environmental Planning, Management and Decision Making. Wolters-Noordhoff, Groningen.

De Groot, R. S., Wilson, M. A., Boumans, R., M., J. (2002): A typology for the classification, description and valuation of ecosystem functions, goods, services. Ecological economics 41, S. 393-408.

Deutsche Hypo (2005): Geschäftsbericht 2004. Hannover.

DGFZ – Dresdner Grundwasserforschungszentrum e.V., PFP – Pell Frischmann Group (1994): Studie zur Verbesserung der Umweltsituation im Oberen Elbtal – Los II: Grundwasserbeschaffenheit Elbaue Torgau, Abschlussbericht zum EG-PHARE-Projekt Nr. 90/058/030/001 im Auftrag des SMU, Dresden.

DIN 4261 – Kleinkläranlagen: Teil 1 – Anlagen ohne Abwasserbelüftung; Anwendung, Bemessung und Ausführung vom Februar 1991; Teil 2 – Anlagen mit Abwasserbelüftung; Anwendung, Bemessung, Ausführung und Prüfung vom Juni 1984; Teil 3 – Anlagen ohne Abwasserbelüftung; Betrieb und Wartung, Ausgabe September 1990; Teil 4 – Anlagen mit Abwasserbelüftung; Betrieb und Wartung vom Juni 1984. Deutschen Institut für Normung e.V. - Normenausschuss Wasserwesen (NAW), Berlin.

Dixon, J., Scura, L. F., Carpenter, R. A., Sherman, P. B. (1996): Economic Analysis of environmental impacts. Nachdruck der 2. Auflage, Earthscan, London.

Dohmann, M. (Hrsg.) (1999): Wassergefährdung durch undichte Kanäle: Erfassung und Bewertung. Springer, Berlin, Heidelberg.

Drechsler, M. (2001): Verfahren der multikriteriellen Analyse bei Unsicherheit. In: Horsch et al. (2001a), S. 269-292.

DüngeMG – Düngemittelgesetz vom 15. November 1977: BGBl. I, S. 2134; zuletzt geändert am 29.10.2001, S. 2785 Art. 183.

DüngeVO – Düngeverordnung (1996): Verordnung über die Grundsätze der guten fachlichen Praxis beim Düngen, Düngeverordnung vom 26. Januar 1996, BGBl. I, S. 118.

DVGW – Deutscher Verein des Gas- und Wasserfaches e. V. (1995): Richtlinien für Trinkwasserschutzgebiete, 1. Teil: Schutzgebiete für Grundwasser, Technische Regel Arbeitsblatt W 101.

DVWK – Deutscher Verband für Wasserwirtschaft und Kulturbau e.V. (Hrsg.) (1996): Klassifikation überwiegend grundwasserbeeinflusster Vegetationstypen. DVWK-Schriften Heft 112, Bonn, Wirtschafts- und Verlagsgesellschaft Gas und Wasser.

DVWK – Deutscher Verband für Wasserwirtschaft und Kulturbau e.V. (Hrsg.) (1999): Integrierte Bewertung wasserwirtschaftlicher Maßnahmen. Materialen 1/1999, Wirtschafts- und Verlagsgesellschaft Gas und Wasser, Bonn.

DWI – Drinking Water Inspectorate (1985a): Reduction of nitrate in water supplies: An economic study of water treatment compared with the effects of lower fertiliser usage: Final report. Drinking Water Inspectorate Archive, London.

DWI – Drinking Water Inspectorate (1985b): Reduction of nitrate in water supplies: An economic study of water treatment compared with the effects of lower fertiliser usage: Annex IV – financial, United Kingdom economic and European Community economic analyses. Drinking Water Inspectorate Archive, London.

DWI – Drinking Water Inspectorate (1995): A study of the economics of restrictions on the use of pesticides. Final report to the department of the environment. Drinking Water Inspectorate Archive, London.

Edwards, S. F. (1986): Ethical preferences and the assessment of existence values: Does the neoclassical model fit? Northeastern Journal of Agricultural and Resource Economics 15, S. 145-150.

Edwards, S. F. (1988): Option Prices for Groundwater Protection. Journal of Environmental Economics and Management 15, S. 475-487.

Edwards, S. F. (1992): Rethinking Existence Values. Land Economics 68, S. 120-122.

EG-Tochterrichtlinie Grundwasser (2003): Vorschlag der EU-Kommission für eine Richtlinie des Europäischen Parlaments und des Rates zum Schutz des Grundwasser vor Verschmutzung vom 21.09.2003, KOM (2003), 550 endg.; Ratsdok. 12985/03; abgerufen am 16.09.2005 unter www.uba.de/wasser/themen/TochterRL.htm.

EigenkontrollVO – Verordnung über Art und Häufigkeit der Eigenkontrolle von Abwasseranlagen und Abwassereinleitungen (Eigenkontrollverordnung) vom 7. Oktober 1994: SächsGVBl., S. 1592; geändert durch die Verordnung zur Änderung der Eigenkontrollverordnung vom 15. Juni 1999: SächsGVBl., S. 417.

Ekins, P., Simon, S., Deutsch, L., Folke, C., De Groot, R. (2003): A framework for the practical application of the concept of critical natural capital and strong sustainability. Ecological Economics 44, S. 165-185.

Elsholz, G. (1967): Cost-Benefit Analysis. Hamburger Jahrbuch für Wirtschafts- und Gesellschaftspolitik 12, Mohr, Tübingen, S. 286-301.

Endres, A., Holm-Müller, K. (1998): Die Bewertung von Umweltschäden. Theorie und Praxis sozioökonomischer Verfahren. Kohlhammer, Stuttgart, Berlin, Köln.

Endres, A., Radke, V. (1998): Indikatoren einer nachhaltigen Entwicklung: Elemente ihrer wirtschaftstheoretischen Fundierung. Duncker & Humblot, Berlin.

EPA – Environmental Protection Agency (1995): A Framework for measuring the economic Benefits of Ground Water. Washington D. C.

Erhard, M. (1999): Wachstum von Kiefern-Ökosystemen in Abhängigkeit von Klima und Stoffeintrag: Eine regionale Fallstudie auf Landschaftsebene. Dissertation, Universität Potsdam, Potsdam.

Erler, K. (1999): Die Sparquote der privaten Haushalte in der Bundesrepublik Deutschland: Entwicklung von 1980 bis 1998 und ökonomische Zusammenhänge. Diplomarbeit, Wirtschaftswissenschaftliche Fakultät der Humboldt-Universität zu Berlin.

Europäische Kommission (1999): Agenda 2000: Stärkung und Erweiterung der Europäischen Union. Entwurf einer für die breite Öffentlichkeit bestimmten Informationsbroschüre der Kommission über die Agenda 2000, endgültige Fassung, Brüssel; http://ec.europa.eu/agenda2000/public_de.pdf, abgerufen am 2.2.2006.

EU-WRRL (2000): Richtlinie des Europäischen Parlaments und des Rates zur Schaffung eines Ordnungsrahmens für Maßnahmen der Gemeinschaft im Bereich Wasserpolitik, Richtlinie 2000/60/EG vom 23. Oktober 2000, Abl. L 327/1 vom 22.12.2000, Brüssel.

Faber, M., Proops, J. L. R. (1993): Evolution, Time, Production and the Environment. Springer, Berlin, Heidelberg u. a.

Farmer, M. C., Randall, A. (1998): The rationality of a Safe Minimum Standard. Land Economics 74/3, S. 287-302.

Faucheux, S., Noël, J. F. (2001): Ökonomie natürlicher Ressourcen und der Umwelt. Übersetzt aus dem Französischen von Sylvie Geisendorf und Ulrich Hampicke. Metropolis, Marburg.

Feinerman, E., Knapp, K. C. (1983): Benefits from Groundwater Management: Magnitude, Sensitivity, and Distribution. American Journal of Agricultural Economics 1983, S. 703-710.

Feldstein, M. S (1964a): Opportunity Cost Calculations in Cost-Benefit Analysis. Public Finance 19, S. 117ff.

Feldstein, M. S. (1964b): The Social Time Preference Discount Rate in Cost Benefit Analysis, The Economic Journal 74, S. 360-379.

FEO – Fernwasserversorgung Elbaue-Ostharz (2005): Unsere Standorte. www.fwv-torgau.de/home/html., abgerufen am 10.11.2005.

FEO – Fernwasserversorgung Elbaue-Ostharz GmbH (1993-2000): Trinkwasser – Beschaffenheit im Versorgungssystem der Fernwasserversorgung Elbaue-Ostharz GmbH, Jahresberichte 1992, ... , 1999, Blankenburg.

FGSV – Forschungsgesellschaft für Straßen- und Verkehrswesen – Arbeitsgruppe Erd- und Grundbau (1982): Richtlinien für bautechnische Maßnahmen an Straßen in Wassergewinnungsgebieten (RiStWag). FGSV, Köln.

FGSV – Forschungsgesellschaft für Straßen- und Verkehrswesen – Arbeitsgruppe Erd- und Grundbau (1993): Hinweise für Maßnahmen an bestehenden Straßen in Wasserschutzgebieten. FGSV, Köln.

FGSV – Forschungsgesellschaft für Straßen- und Verkehrswesen – Arbeitsgruppe Erd- und Grundbau (2002): Richtlinien für bautechnische Maßnahmen an Straßen in Wasserschutzgebieten (RiStWag), FSGV, Köln.

Fiedler, S. (2005): Ermittlung, Abschätzung und Bewertung des Nitratbelastungsrisikos für das Grundwasser im landwirtschaftlich genutzten Wassereinzugsgebiet der Trinkwasserfassung Jahna-Aue. Dissertation an der Universität Wismar, UFZ-Bericht 7/2005, Halle(Saale).

Fisher, A. C. (2000): Investment under uncertainty and option value in environmental economics. Resource and Energy Economics 22, S. 197-204.

Fisher, I. (1930): The Theory of interest. Macmillan, New York.

Foltan, W. (1996): 50 Jahre Fernwasserversorgung für den mitteldeutschen Raum, Wasserwirtschaft Wassertechnik, 6/1996, S. 18-24.

Foltan, W. (1999): Trinkwasser für den mitteldeutschen Raum durch Fernwasserversorgung aus der Elbaue und dem Ostharz, Handbuch Wasserversorgungs- und Abwassertechnik, Bd. 2, 6. Ausgabe, Essen, S. 167-226.

Franko, U. (1996): Simulation der Kohlenstoff-Stickstoff-Dynamik in Agrarlandschaften. Landbauforschung Völkenrode 3/1996, S. 114-120.

Franko, U., Oelschlägel, B., Schenk, S. (1995): Simulation of temperature-, water- and nitrogen-dynamics using the model CANDY. Ecological Modelling 81, S. 213-222.

Franko, U., Schmidt, T., Volk, M. (2001): Modellierung des Einflusses von Landnutzungsänderungen auf die Nitratkonzentration im Sickerwasser. In: Horsch et al. (Hrsg.) (2001a), S. 165-186.

Frederick, S., Loewenstein, G., O'Donoghue, T. (2002): Time discounting and time preference: a critical review. Journal of Economic Literature 40, S. 351-401.

Freeman, A. M. (1985): Supply Uncertainty, Option Price, and Option Value. Land Economics 61/2, S.176-181.

Freeman, A. M. (1993): The measurement of environmental resource values. 2. paperback printing (1994), Resources for the Future, Washington, D. C.

Fritsch, M. (1982): Ökonomische Ansätze zur Legitimation kollektiven Handelns. Duncker & Humblot, Berlin.

Fritsch, M., Wein, T., Ewers, H.-J. (2001): Marktversagen und Wirtschaftspolitik. 4. Auflage, Vahlen, München.

Fromm, O. (2000): Ecological structure and functions of biodiversity as elements of its total economic value. Environmental and Resource Economics 16, S. 303-328.

Fuest, S. (2000): Regionale Grundwassergefährdung durch Nitrat. Dissertation, Universität Osnabrück, Fachbereich Mathematik/Informatik.

Fürst, D., Kiemstedt, H., Gustedt, E., Ratzbor, G., Scholles, F., (1992): Umweltqualitätsziele für die ökologische Planung. 1. Abschlußbericht. 2. Dokumentation der Fachgespräche am 24.11. und 8.12. 89 in Berlin, 351 + 45 S. UBA-Texte, 34/92, Berlin.

Fürst, D., Scholles, F. (Hrsg.) (2004): Handbuch Theorien + Methoden der Raum – und Umweltplanung; HzU - Handbücher zum Umweltschutz Bd. 4. 2. Auflage (unveränderter Nachdruck), Dortmunder Vertrieb für Bau- und Planungsliteratur, Dortmund.

Gans, O., Marggraf, R. (1997): Kosten-Nutzen-Analyse und ökonomische Politikbewertung 1: Wohlfahrtsmessung und betriebswirtschaftliche Investitionskriterien. Springer, Berlin, Heidelberg, New York.

Gantner, K. (2002): Nachhaltigkeit urbaner Regenwasserbewirtschaftungsmethoden. Technische Universität Berlin, Berichte zur Siedlungswasserwirtschaft 20, Berlin.

Georgi, H. (1970): Cost-benefit-analysis als Lenkungsinstrument öffentlicher Investitionen im Verkehr. Vandenhoeck & Ruprecht, Göttingen.

Geyler, S. (2001): Befragung der Landwirte in Trinkwasserschutzgebieten des Torgauer Raumes. In: Horsch et al. (2001b), S. 95-103.

Geyler, S., Horsch, H. (2001): Monetäre Bewertung der trinkwasserschutzbezogenen Module 1 bis 5. In: Horsch et al. (2001b), S. 217-238.

Glugla, G., Fürtig, G. (1997): Dokumentation zur Anwendung des Rechenprogrammes ABIMO, Bundesanstalt für Gewässerkunde, Berlin.

Gonser, T. (2000): Das Grundwasser – ein obskurer Lebensraum. EAWAG-NEWS 49d, S. 6-8. www.eawag.ch/publications/eawagnews/www_en49/en49d_pdf/en49d.pdf, abgerufen am 7.10.2005

Graham, D. A. (1981): Cost-Benefit Analysis under Uncertainty. The American Economic Review 71, S. 715-725.

Gren, I.-M., Folke, C., Turner, K., Batemen, I. (1994): Primary and Secondary Values of Wetland Ecosystems. Environmental and Resource Economics 4, S. 55-74.

Griebler, C., Mösslacher, F. (Hrsg.) (2003): Grundwasser-Ökologie. Facultas, Wien.

Grohmann, A. (2001): Physik und Chemie des Wassers. In: Lecher et al. (2001), S. 1-46.

Grombach, P., Haberer, K., Merkl, G., Trüeb, E. U. (2000): Handbuch der Wasserversorgungstechnik. 3. Auflage, Oldenbourg, München, Wien.

GVFG – Gesetz über Finanzhilfen des Bundes zur Verbesserung der Verkehrsverhältnisse der Gemeinden (Gemeindeverkehrsfinanzierungsgesetz) vom 18. März 1971: BGBl I S. 239; neugefasst am28.1.1988, S. 101; zuletzt geändert am 29.12.2003, BGBl. I, S. 3076.

Haber, S., Salzwedel, J. (1992): Umweltprobleme der Landwirtschaft. Sachbuch Ökologie, herausgegeben vom Rat von Sachverständigen für Umweltfragen. Metzler-Poeschel, Stuttgart.

Haferkorn, U., Müller, K., Mellentin, U., Fahl, J. (2003): Möglichkeiten und Grenzen der Stofftransportmodellierung (Nitrat) am Beispiel des Parthegebietes. Abschlussbericht zum Teilthema: „Bestimmung des Nitratstromes im Grund- und Oberflächenwasser mit dem Modell Part auf Basis von PCGEOFIM. Leipzig, UFZ-Bericht 14/2003.

Hahn, M., Könnemann, T., Mangold, S., Ouerfelli, I., Preuß, V., Schöpke, R., Sonntag, B. (2000): Literaturstudie und Bewertung des Wissenstandes zum Schadstoffabbau und -transport in natürlichen Böden. Schriftenreihe Siedlungswasserwirtschaft und Umwelt Heft 4, Lehrstuhl Wassertechnik der Brandenburgischen Technischen Universität Cottbus, Cottbus.

Hampicke, U. (1992): Ökologische Ökonomie: Individuum und Natur in der Neoklassik; Natur in der ökonomischen Theorie - Teil 4. Westdeutscher Verlag, Opladen.

Hampicke, U. (1999): The limits to economic valuation of biodiversity. International Journal of Social Economics 26, No. 1/2/3, S. 158-173.

Hanemann, M. W. (1994): Valuing the environment through contingent valuation. Journal of Economic Perspectives 8, S. 19-43.

Hanley, N., Spash, C. L. (1993): Cost-Benefit Analysis and the Environment. Edward Elgar, Aldershot.

Hanusch, H. (1994): Nutzen-Kosten-Analyse. 2. Auflage, Vahlen, München.

Härig, F., Mull, R. (1992): Undichte Kanalisationssysteme – die Folgen für das Grundwasser. Gwf Wasser - Abwasser 133 (4), S. 196-200.

Härtel, D. (2000): Erstaufforstungsplanung im Torgauer Raum: Flächenauswahl und ökonomische Bewertung. Herausgegeben von Volk, M., Horsch, H., UFZ-Bericht, Nr. 21/2000, Leipzig.

Hartwick, J. M. (1977): Intergenerational equity and the investing of rents from exhaustible resources. American Economic Review 67, S. 972-974.

Hartwick, J. M. (1978): Investing returns from depleting renewable resource stocks and intergenerational equity. Economic letters 1, S. 85-88.

Hartwick, J. M. (1991): Degradation of environmental capital and national accounting procedures. European Economic Review 35, S. 642-649.

Hauff, V. (1987): Unsere gemeinsame Zukunft. Der Bericht der Weltkommission für Umwelt und Entwicklung. Eggenkamp, Greven.

HDSW – Handbuch der Sozialwissenschaften (1965). Gustav Fischer, Stuttgart u. a.

Hediger, W. (1999): Reconciling „weak" and „strong" sustainability. International Journal of Social Economics 26(7/8/9), S. 1120-1143.

Hellweg, S., Hofstetter, T. B., Hungerbühler, K. (2003): Discounting and the environment. Should current impacts be weighted differently than impacts harming future generations. The International Journal of Life Cycle Assessment 8/1, S. 8-18.

Herzog, F., Horsch, H., Schmidt, T. (2001): Intensitätsgrad der Landbewirtschaftung. In: Horsch et al. (2001b), S. 36-43.

Herzog, F., Kunze, J. (1999): Erfassung von Parametern des Landschaftswasserhaushaltes. In: Horsch, H., Ring, I. (Hrsg.): Naturressourcenschutz und wirtschaftliche Entwicklung, Nachhaltige Wasserbewirtschaftung und Landnutzung im Elbeeinzugsgebiet. UFZ-Bericht 16/1999, S. 89-108.

Heuser, E.-E. (1986): Gefährdungspotentiale und Schutzstrategien für Grundwasservorkommen in der Bundesrepublik Deutschland. Schriftenreihe WAR 27 des Instituts für Wasserversorgung, Abwasserbeseitigung und Raumplanung der Technischen Universität Darmstadt.

HGN – Hydrogeologie GmbH Nordhausen (1991): Neuberechnung der Trinkwasserschutzzonen Mockritz/Elsnig, Nordhausen.

Hirt, U. (2002): Regional differenzierte Abschätzung der Stickstoffeinträge aus punktuellen und diffusen Quellen in die Gewässer der mittleren Mulde. Dissertation, Johann Wolfgang Goethe-Universität in Frankfurt am Main, http://www.winterschule.ufz.de/data/ufzbericht3-03546.pdf, abgerufen am 28.2.2006.

Hofmann, J. (1981): Erweiterte Nutzen-Kosten-Analyse. Zur Bewertung und Auswahl öffentlicher Projekte. Vandenhoeck & Ruprecht, Göttingen.

Hölting, B. (1996): Hydrogeologie, Einführung in die Allgemeine und Angewandte Hydrogeologie. 5. Auflage, Enke, Stuttgart.

Hölting, B., Coldewey, W. G. (2005): Hydrogeologie. Einführung in die Allgemeine und Angewandte Hydrogeologie. 6. Auflage, Elsevier, Spektrum Akademischer Verlag, Heidelberg.

Horsch, H., Geyler, S. (1999): Der Einfluss von Restriktionen in Wasserschutzgebieten auf die Gewerbeansiedlung. In: Horsch et al. (1999), S. 61-80.

Horsch, H., Wätzold, F., Klauer, B., Geyler, S., Hain, J. (Hrsg.) (1999): Zukunftschancen im Torgauer Raum: Umweltqualität, Ressourcenschutz und wirtschaftliche Entwicklung, UFZ-Bericht, Nr. 28/1999, Leipzig.

Horsch, H. (2001): Verursachergerechte Ressourcenpreise: eine Voraussetzung zur Förderung eines nachhaltigen Grundwasserschutzes. In: Horsch et al. (2001a), S. 323-346.

Horsch, H., Geyler, S. (2001): Effekte sozioökonomischer Anpassungsreaktionen: Landwirtschaft. In: Horsch et al. (2001b), S. 72-83.

Horsch, H., Ring, I. (2001): Naturressourcenschutz und wirtschaftliche Entwicklung: Nutzungskonflikte und Lösungskonzepte. In: Horsch et al. (2001a), S. 13-30.

Horsch, H., Ring, I., Herzog, F. (Hrsg.) (2001a): Nachhaltige Wasserbewirtschaftung und Landnutzung – Methoden und Instrumente der Entscheidungsfindung und -umsetzung, Marburg, Metropolis.

Horsch, H., Messner, F., Volk, M. (Hrsg.) (2001b): Integriertes Bewertungsverfahren und seine beispielhafte Anwendung im Torgauer Raum, UFZ-Bericht 24/2001, Leipzig.

Howarth, R. B. (1997a): Defining Sustainability: An Overview. Land Economics 73/4, S. 445-447.

Howarth, R. B. (1997b): Sustainability as Opportunity. Land Economics 73/4, S. 569-579.

Hueting, R. (1970): Functions of nature: Should nature be quantified? Economisch-Statistische Berichten, 21 January.

Hueting, R., Reijnders, L., de Boer, B., Lambooy, J., Jansen., H. (1998): The concept of environmental function and its valuation. Ecological Economics 25, S. 31-35.

Huth, J., Jage, H., Kala, M., Köck, U.-V., Rösner, H., Sehrig, C., Tietze, F., Trefflich, A. (1995): Landschaftsrahmenplan des Landkreises Torgau-Oschatz für das Gebiet des ehemaligen Landkreises Torgau. Endbericht, im Auftrag des Landratsamtes Torgau, OEKOKART, Halle (Saale).

Hütter, U., Remmler, F. (1997): Möglichkeiten und Grenzen der Versickerung von Niederschlagsabflüssen in Wasserschutzgebieten. Veröffentlichungen des Instituts für Wasserforschung GmbH Dortmund und der Dortmunder Energie- und Wasserversorgung GmbH, Nr. 54a, Dortmund.

IKSE – Internationale Kommission zum Schutz der Elbe (2003): Zahlentafeln der physikalischen, chemischen und biologischen Parameter des Internationalen Messprogramms der IKSE 2003. Magdeburg.

Institut für Abwasserwirtschaft Halbach (2000): Abwasserkosten 2000 für ostdeutsche Kommunen und Verbände. Selbstverlag, Werdau.

Jakubowski, P., Tegner, H., Kotte, S. (1997): Strategien umweltpolitischer Zielfindung. Eine ökonomische Perspektive. Lit, Münster.

Jax, K. (2003): Die Funktion biologischer Vielfalt. In: BfN – Bundesamt für Naturschutz (Hrsg.): Naturschutzbegründungen. Landwirtschaftsverlag, Münster-Hiltrup, S. 149-174.

Jörissen, J., Kopfmüller, J., Brandl V., Paetau, M. (1999): Ein integratives Konzept nachhaltiger Entwicklung. Forschungszentrum Karlsruhe, Technik und Umwelt, Wissenschaftliche Berichte, FZKA 6393, Karlsruhe.

Jüdes, U. (1997): Nachhaltige Sprachverwirrung. Politische Ökologie, 52, Juli/August 1997, S. 26-27.

Kindler, A., Müller, E., Wätzold, F. (2001): Geographische und sozioökonomische Charakteristik des „Torgauer Raumes". In: Horsch et al. (2001a), S. 31-50.

Klauer, B. (1999): Defining and achieving sustainable development. Int. J. Sustain. Dev. World Ecol. 6, S. 114-121.

Klauer, B., Messner, F., Drechsler, M., Horsch, H. (2001a): Das Konzept des integrierten Bewertungsverfahrens. In: Horsch et al. (2001a), S. 75-98.

Klauer, B., Messner, F., Herzog, F., Geyler, S. (2001b): Die Ableitung von Bewertungskriterien. In: Horsch et al. (2001a), S. 131-146.

Klauer, B., Drechsler, M., Messner, F. (2002): Multicriteria analysis under uncertainty with IANUS - methods and empirical results. UFZ-Diskussionpapiere 2/2002, UFZ-Umweltforschungszentrum Leipzig-Halle GmbH, Leipzig.

Knopp, G.-M. (1996): Flächendeckender Gewässerschutz und Wasserschutzgebiete – ihr Beitrag zur Sicherung der Trinkwasserversorgung aus rechtlicher Sicht. gwf Wasser Special 137/14, S. 36-39.

Kobus, H., Keim, B. (2001): Grundwasser. In: Lecher et al. (2001), S. 275-314.

Kölling, C., Neustifter, H. (1997): Stickstoffeintrag in Wälder und Nitratkonzentrationen im Sickerwasser. AFZ/Der Wald 20, S. 1107-1110.

Krönert, R. (2002): Verdecktes Umweltproblem: Stickstoffverbindungen in der Landschaft. In: Bastian, O., Beierkuhnlein, C., Breuste, J., Dollinger, F., Potschin, M., Steinhardt, U., Syrbe, R.-U. (Hrsg.): Bewertung und Entwicklung der Landschaft. Tagungsband mit Kurzfassungen der Beiträge zur 3. Jahrestagung der IA-LE-Region Deutschland in Dresden vom 26. bis zum 28. September 2002, http://www.iale.de/Tagung2002.pdf, abgerufen am 28.2.2006, S. 42-43.

Krutilla, J. V. (1967): Conservation Reconsidered. American Economic Review 57, S. 777-786.

KrW-/AbfG – Gesetz zur Förderung der Kreislaufwirtschaft und Sicherung der umweltverträglichen Beseitigung von Abfällen (Kreislaufwirtschafts- und Abfallgesetz) vom 27. September 1994: BGBl. I, S. 2705; zuletzt geändert 01.09.2005, S. 2618.

KTBL – Kuratorium für Technik und Bau in der Landwirtschaft (1999): Daten für die Betriebsplanung in der Landwirtschaft. Darmstadt.

LA Torgau-Oschatz (2000a): Beprobung von Eigen- und Einzelwasserversorgungsanlagen im Landkreis Torgau-Oschatz. Gesundheitsamt, Torgau, unveröffentlicht.

LA Torgau-Oschatz (2000b): Verordnung des Landkreises Torgau-Oschatz zur Teilaufhebung des Trinkwasserschutzgebietes Mockritz-Elsnig vom 20.12.1999, ABl. 7/1, Torgau, S. 8.

LAWA – Länderarbeitsgemeinschaft Wasser (Hrsg.) (1997): UVP-Leitlinien. Arbeitsmaterialien für die Umweltverträglichkeitsprüfung in der Wasserwirtschaft. Kulturbuchverlag, Berlin.

LAWA – Länderarbeitsgemeinschaft Wasser (Hrsg.) (1998a): Beurteilung der Wasserbeschaffenheit von Fließgewässern in der Bundesrepublik Deutschland - Chemische Gewässergüteklassifikation. Kulturbuchverlag, Berlin.

LAWA – Länderarbeitsgemeinschaft Wasser (Hrsg.) (1998b): Leitlinien zur Durchführung von Kostenvergleichsrechnungen, Kulturbuchverlag, Berlin.

LAWA – Länderarbeitsgemeinschaft Wasser (Hrsg.) (2000): Gewässerschützende Landbewirtschaftung in Wassergewinnungsgebieten. Projekt des LAWA-Förderprogrammes 1997 – 1998 W 5.13. Kulturbuchverlag, Berlin.

Lecher, K., Kresser, W. (2001): Wasserhaushalt, Gewässer, Hydrometrie. In: Lecher et al. (2001), S. 47-96.

Lecher, K., Lühr, H.-P., Zanke, U. C. E. (Hrsg.) (2001): Taschenbuch der Wasserwirtschaft. 8. Auflage, Parey, Berlin, Wien.

Leist, H. J., Magoulas, G., Thiem, H. (1993): Folgekosten der landwirtschaftlichen Bodennutzung für die Wasserversorgung. Neue DELIWA-Zeitschrift, Heft 5/93, S. 204-213.

LfL – Sächsische Landesanstalt für Landwirtschaft (1999a): Datensammlung - Deckungsbeiträge Pflanzen- und Tierproduktion im Freistaat Sachsen. Leipzig.

LfL – Sächsische Landesanstalt für Landwirtschaft (1999b): Datensammlung für betriebswirtschaftliche Planungsunterlagen. Leipzig.

LfL – Sächsische Landesanstalt für Landwirtschaft (2005): Umweltgerechte Landwirtschaft 2004: Ergebnisse der wissenschaftlichen Begleitung des Programms „Umweltgerechte Landwirtschaft" in der Förderperiode 2000-2004. Schriftenreihe der Sächsischen Landesanstalt für Landwirtschaft Heft 13, Leipzig.

LfUG – Sächsisches Landesamt für Umwelt und Geologie (Hrsg.) (1996a): Grundwasserdargebotsprognose für den Regierungsbezirk Leipzig 1996: Prognosezeitschritte 1994 und 2010. Abschlußbericht. Bietergemeinschaft HGN Hydrogeologie NL Torgau, G.E.O.S. Ingenieurgesellschaft mgH Freiberg, IBGW Ingenieurbüro für Grundwasser GmbH Leipzig. Radebeul.

LfUG – Sächsisches Landesamt für Umwelt und Geologie (Hrsg.) (1996b): CIR-Biotop- und Landnutzungskartierung Sachsen, 1:10.000, Radebeul.

LfUG – Sächsisches Landesamt für Umwelt und Geologie (Hrsg.) (2002): Grundwassersituation in Sachsen 1996-2000. Dresden.

LfUG – Sächsisches Landesamt für Umwelt und Geologie (Hrsg.) (2003): Gewässergütebericht 2003: Biologische Befunder der Gewässergüte sächsischer Fließgewässer mit Gewässergütekarte. Dresden.

Lind, R. C. et al. (Hrsg.) (1982): Discounting for Time and Risk in Energy Policy, Washington D. C., Ressources for the Future.

Lind, R. C. (1995): Intergenerational equity, discounting, and the role of cost-benefit analysis in evaluating global climate policy. Energy Policy 23, S. 379-389.

Lindner, W. (1994): Einfluss von (Naß-)Abgrabungen auf die Wasserwirtschaft, Wasserwirtschaftliche und ökologische Belange bei Abgrabungen im Grundwasser, Manuskript zum DVWK-Seminar vom 22./23. November 1994 in Magdeburg.

Lipp, P., Baldauf, G., Kühn, W. (2005): Membranfiltrationsverfahren in der Trinkwasseraufbereitung – Leistung und Grenzen. GWF Wasser Abwasser 146/13 Spezial, S. 50-61.

Loomis, J. B., Gonzales-Caban, A., Gregory, R. (1994): Do remainders of substitutes and budget constraints influence contingent valuation estimates? Land Economics 70, S. 499-506.

Luckner, L., Tiemer, K. (1995): Rüstungsaltlasten in der Elbaue bei Torgau und Grundwasserbeschaffenheit. Wasserwirtschaft Wassertechnik 1, S. 26-34.

Lühr, H.-P., Bütow, E., Homann, H. (1992): Der Einfluß der Gewässerverschmutzung auf die Kosten der Trink- und Brauchwasserversorgung. ZAU 5/92 Sonderheft 3, S. 73-84.

Macke, E. (1999): Auswirkungen von Schäden an öffentlichen Schmutz- und Mischwasserkanälen auf Grundwasser und Boden. In: Dohmann (1999), S. 291-306.

Magoulas, G., Leist, H..-J., Grote, U. (1996): Ökologisch orientierter Grund- und Trinkwasserschutz unter besonderer Berücksichtigung der Folgekosten landwirtschaftlicher Aktivitäten. Oldenbourg, München, Wien.

Marggraf, R., Streb, S. (1997): Ökonomische Bewertung der natürlichen Umwelt: Theorie, politische Bedeutung, ethische Diskussion. Spektrum, Heidelberg, Berlin.

Marglin, S. A. (1963a): The Social Rate of Discount and the Optimal Rate of Investment. The Quarterly Journal of Economics 77, S. 95-111.

Marglin, S. A. (1963b): The Opportunity Costs of Public Investment. The Quarterly Journal of Economics 77, S. 274-289.

Marks, R., Müller, M. J., Leser, H., Klink, H-J. (Hrsg.) (1992): Anleitung zur Bewertung des Leistungsvermögens des Landschaftshaushaltes (BA LVL). Zentralausschuss für Landeskunde, Selbstverlag, Trier.

McClelland, G. H., Schulze, W. D., Lazo, J. K., Waldman, D. M., Doyle, J. K., Elliott, S. R., Irwin, J. R. (1992): Methods for measuring non-use values: a contingent valuation study of groundwater cleanup. Center for Economic Analysis, University of Colorado, draft.

McClelland, G. H., Schulze, W. D., Lazo, J. L. (1993): Memorandum to the science advisory board environmental economics advisory committee: Additional explication of methods for measuring non-use values: A contingent valuation study of groundwater cleanup. Center of Economics Analysis, University of Colorado.

McConnell, K.E. (1983): Existence Value and Bequest Value. In: Rowe, R. D., Chestnut, L. G. (Hrsg.): Managing Air Quality and scenic resources at National Parks and Wilderness Areas. Westview, Boulder.

Messner, F. (2001): Monetäre Bewertung der kiesabbaubezogenen Module 6 bis 12. In: Horsch et al. (2001b.), S. 239-272.

Messner, F., Geyler, S. (2001): Die Nutzen-Kosten-Analyse von Landnutzungsänderungen im Torgauer Raum. In: Horsch et al. (2001a), S. 235-268.

Messner, F., Drechsler, M., Horsch, H., Geyler, S., Klauer, B. (2001a): Die multikriterielle Entscheidungsanalyse in Anwendung auf den Torgauer Raum: Ergebnisse und Interpretation. In: Horsch et al. (2001a), S. 293-320.

Messner, F., Klauer, B., Horsch, H., Geyler, S., Volk, M., Herzog, F. (2001b): Ableitung von Szenarien für Entscheidungsanalysen: Methodik und beispielhafte Anwendung. In: Horsch et al. (2001a), S. 99-130.

Meyer, R., Jörissen, J., Socher, M. (1995): Technikfolgen-Abschätzung "Grundwasserschutz und Wasserversorgung". Band 1, Erich-Schmidt, Berlin.

Mishan, E. J. (1994): Cost-benefit analysis: an informal introduction. 4. Auflage, Routledge, London.

Mitchell, R., Carson, R. (1989): Using Surveys to Value Public Goods: The Contingent Valuation Method. Johns Hopkins University Press for Resources for the Future, Washington DC.

Morosini, M., Schneider, C., Kochte-Clemens, B., Losert, C., Waclawski, N., Ballschmiter, K. (2001): Umweltindikatoren: Gegenüberstellung, Bewertung und Auswahl, Band 2. Akademie für Technikfolgenabschätzung in Baden-Württemberg, Arbeitsbericht Nr. 185/August 2001.

Morosini, M., Schneider, C., Röhm, M., Grünert, A., Ballschmiter, K. (2002): Umweltindikatoren: Grundlagen, Methodik, Relevanz, Band 1, Akademie für Technikfolgenabschätzung in Baden-Württemberg, Arbeitsbericht Nr. 185/August 2002.

MRLU – Ministerium für Raumordnung, Landwirtschaft und Umwelt des Landes Sachsen-Anhalt (1996): Trinkwasserzielplanung des Landes Sachsen-Anhalt, Magdeburg.

Mühlenkamp, H. (1994): Kosten-Nutzen-Analyse. Oldenbourg, München, Wien.

Müller, T. (1999): Wörterbuch und Lexikon der Hydrogeologie. Springer, Berlin, Heidelberg u. a.

Musgrave, R. A., Musgrave, P. G., Kullmer, L. (1987): Die öffentlichen Finanzen in Theorie und Praxis. Bd. 1, 4. Auflage, Mohr, Tübingen.

Nestler, W., Walther, W., Jacobs, F., Trettin, R., Freyer, K. (Hrsg.) (1998): Wassergewinnung in Talgrundwasserleitern im Einzugsgebiet der Elbe, UFZ-Bericht, Nr. 7/1998, Leipzig.

Nestler, W., Grischek, T. (Hrsg.) (2003a): Handbuch Wasserversorgung und Sulfatbelastung des Grundwassers unter land- und forstwirtschaftlich genutzten Flächen. Forschungszentrum Karlsruhe GmbH, Karlsruhe.

Nestler, W., Grischek, T. (2003b): Einleitung zum Handbuch Wasserversorgung und Sulfatbelastung des Grundwassers. In: Nestler/Grischek (2003a), S. 1-4.

Nestler, W., Herlitzius, J., Macheleidt, W., Willms, M., Knöller, K., Trettin, R., Schmalz, V., Richter, G. (2003): Fallbeispiel Mockritz: In: Nestler/Grischek (2003a), S. 178-243.

Neumann, J. v., Morgenstern, O. (1944): Theory of Games and Economic Behavior, Princeton University Press, New York.

NOAA – National Oceanic and Atmospheric Administration (1993): Report of the NOAA Panel on contingent valuation. Federal Register 58, S 4602-4614.

Olfert, K. (1992): Investitionen. 5. Auflage, Kiehl, Ludwigshafen.

Olschewski, R. (1997): Nutzen-Kosten-Analyse des Wasserschutzes durch eine Aufforstung, Sauerländer's, Frankfurt am Main.

Page, T. (1977): Conservation and Economic Efficiency. John Hopkins University Press, Baltimore.

Page, T. (1997): On the Problem of Achieving Efficiency and Equity, Intergenerationally. Land Economics 73/4, S. 580-596.

Pearce, D. W. (1986): Cost-Benefit Analysis. 2. Auflage, Macmillan, London.

Pearce, D. W., Atkinson, G. D. (1993): Capital theory and the measurement of sustainable development: an indicator of "weak" sustainability. Ecological Economics 8, S. 103-108.

Pearce, D. W., Turner, R. K. (1990): Economics of natural Ressources and the Environment. Harvester Wheatsheaf, New York u. a.

Pearce, D. W., Barbier, E., Markandya, A. (1990): Sustainable Development: Economics and Environment in the Third World. Edward Elgar, Aldershot.

Pearce, D. W. , Atkinson, G., Mourato, S. (2006): Cost-benefit analysis and the environment. Recent developments. OECD, Paris, http://www.sourceoecd.org/environment/926401004, abgerufen am *2.2.2006.*

Peet, J. (2003): Sustainability – A Scientific Dilemma. Australia New Zealand Society for Ecological Economics (ANZSEE) Think Tank, University of Auckland, New Zealand. http://www.rsnz.org/sustainable/form_mar04/PeetPaper.pdf, abgerufen am 9.2.2006.

Petersen, H.-G. (1993): Finanzwissenschaft 1. Grundlagen – Haushalt – Aufgaben und Ausgaben - Allgemeine Steuerlehre. 3. Auflage, Kohlhammer, Stuttgart, Berlin, Köln.

Pezzey, J. C. V. (1992): Sustainable Development Concepts. An Economic Analysis. World Bank Environment Paper No. 2, The World Bank, Washington.

Pezzey, J. C. V. (1997): Sustainability Constraints versus „Optimality" versus Intertemporal Concern, and Axioms versus Data. Land Economics 73/4, S. 448-466.

Pflanzenschutz-Anwendungsverordnung - Verordnung über Anwendungsverbote für Pflanzenschutzmittel vom 10. November 1992: BGBl. I, S. 1887; zuletzt geändert am 23.7. 2003, S. 1533.

PflSchG – Gesetz zum Schutz der Kulturpflanzen (Pflanzenschutzgesetz) vom 14. Mai 1998: BGBl. I, S. 972; zuletzt geändert am 25.11. 2003, S. 2304.

Pflügner, W. (1988): Nutzen-Analysen im Umweltschutz. Vandenhoeck & Ruprecht, Göttingen.

Pflügner, W. (1989): Nutzwertanalytische Ansätze zur Planungsunterstützung und Projektbewertung: Beitrag des DVWK-Fachausschusses Projektplanungs- und Bewertungsverfahren. Mitteilungen des Deutschen Verbandes für Wasserwirtschaft und Kulturbau e.V., Heft 19, DVWK, Bonn.

Poe, G. L. (1998): Valuation of groundwater quality using a contingent valuation – damage function approach. Water resources research 34/12, S. 3627-3633.

Poe, G. L., Bishop, R. C. (1999): Valuing the incremental benefits of groundwater protection when exposure levels are known. Environmental and Resource Economics 13, S. 341-367.

Poe, G. L., Bishop, R. C. (2001): Information and the Valuation of Nitrates in Ground Water, Portage County, Wisconsin. In: Bergstrom, J. C., Boyle, K. J., Poe, G. L. (Hrsg.): The economic value of water quality. Edward Elgar, Cheltenham/UK, Northampton/USA, S. 38-65.

Poe, G. L., Boyle, K. J., Bergstrom, J. C. (2001): A Preliminary Meta Analysis of Contingent Values for Ground Water Quality Revisited. In: Bergstrom, J. C., Boyle, K. J., Poe, G. L. (Hrsg.): The economic value of water quality. Edward Elgar, Cheltenham/UK, Northampton/USA, S. 137-162.

Portney, R. P. (1994): The contingent valuation debate: why economists should care. Journal of Economic Perspective 8, S. 3-17.

Postma, D., Boesen, C., Kristiansen, H., Larsen, F. (1991): Nitrate Reduction in an Unconfined Sandy Aquifer: Water Chemistry, Reduction Processes, and Geochemical Modeling. Water Resources Research 27/8, S. 2027-2045.

Powell, J. R., Allee, D. J., McClintock, C. (1994): Groundwater protection benefits and local community planning: impact of contingent valuation information. American Journal of Agricultural Economics 76/Dezember, S. 1068-1075.

Price, C. (1993): Time, Discounting & Value. Blackwell, Oxford, Cambridge.

Price, C. (1996): Long time horizons, low disount rates and moderate investment criteria. Project Appraisal 11, S. 157-168.

Price, C. (2000): Discounting Compensation for Injuries. Risk Analysis 20/6, S. 839-849.

Rabin, M. (1998): Psychology and Economics. Journal of Economic Literatur 36, S. 11-46.

Rabl, A. (1996): Discounting of Long-Term Costs: What would future generations prefer us to do? Ecological Economics 17, S. 137-145.

Radermacher, W., Zieschank, R., Hoffmann-Kroll, R., van Nouhuys, J., Schäfer, D., Seibel, S. (1998): Entwicklung eine Indikatorsystems für den Zustand der Umwelt in der Bundesrepublik Deutschland mit Praxistest für ausgewählte Indikatoren und Bezugsräume. Band 5 der Schriftenreihe Beiträge zu den Umweltökonomischen Gesamtrechnungen. Metzler-Poeschel, Stuttgart.

Ramsey, F. P. (1928): A mathematical theory of saving. The Economic Journal 28, S. 543-559.

Ramsey, F. P. (1969): On the social Rate of Discount: Comment. The American Economic Review 59, S. 919-924.

Randall, A., DeZoysa, D., Yu, S. (2001): Ground Water, Surface Water, and Wetlands Valuation in Ohio. In: Bergstrom, J. C., Boyle, K. J., Poe, G. L. (Hrsg.): The economic value of water quality. Edward Elgar, Cheltenham/UK, Northampton/USA, S. 83-99.

Raucher, R. L. (1986): The benefits and costs of policies related to groundwater contamination. Land Economics 62/1, S. 33-45.

Recktenwald, H. C. (1971): Die Nutzen-Kosten-Analyse, Mohr (Siebeck), Tübingen.

Regionaler Planungsverband Westsachsen (1998): Regionalplan Westsachsen, Leipzig.

Rekola, M., Pouta, E., Kuuluvainen, J., Tahvonen, O., Li, C.-Z. (2000): Incommensurable preferences in contingent valuation: the case of Natura 2000 Network in Finland. Environmental Conservation 27/3, S. 260–268.

Reuter, B. (1979): Zu einigen Problemen der Landschaftsbewertung für die Landschaftsplanung und Landschaftspflege. Hallesches Jahrbuch für Geowissenschaften 4, S. 69-81.

Richtlinie 80/68/EWG des Rates vom 17. Dezember 1979 über den Schutz des Grundwassers gegen Verschmutzung durch bestimmte gefährliche Stoffe (ABl. Nr. L 20 vom 26.1. 1980 S. 47; 91/692/EWG - ABl. Nr. L 377 vom 31.12. 1991 S. 48) gültig bis 22.12. 2013 gemäß Art. 22 RL 2000/60/EG.

Richtlinie 91/676/EWG des Rates vom 12. Dezember 1991 zum Schutz der Gewässer vor Verunreinigung durch Nitrat aus landwirtschaftlichen Quellen (ABl. Nr. L 375 vom 31.12. 1991 S. 1 VO (EG) 1882/2003 - ABl. Nr. L 284 vom 31.10.2003 S. 1).

Rieder, J. (1983): Dauergrünland. DLG, München.

ROG – Raumordnungsgesetz vom 18. August 1997: BGBl. I, S. 2081; zuletzt geändert am 25.6.2005, S. 1746.

Rommel, K. (1998): Methodik umweltökonomischer Bewertungsverfahren. Kosten und Nutzen des Biosphärenreservates Schorfheide-Chorin. transfer, Regensburg.

RP – Regierungspräsidium Darmstadt (1998): Grundwasserbewirtschaftungsplan Hessisches Ried, Wiesbaden.

Rudolph, K.-U. (1980): Die mehrdimensionale Bilanzrechnung als Entscheidungsmodell der Wassergütewirtschaft. Schriftenreihe WAR, Band 5, Institut für Wasserversorgung, Abwasserbeseitigung und Raumplanung der TU Darmstadt, Darmstadt.

Rudolph, K.-U. (1984): Mehrdimensionale Bewertung am Beispiel einer Trinkwassertalsperre und anderer wasserwirtschaftlicher Projekte. In DVWK - Deutscher Verband für Wasserwirtschaft und Kulturbau e. V. (Hrsg.): Projektbewertung in der waserwirtschaftlichen Praxis – überarbeitete Beiträge zum Werkstattgespräch vom 21. April 1983 in Sommerhausen. DVWK-Schriften 66, Parey, Hamburg, Berlin, S. 181-224.

Rudolph, K.-U., Oberg, C., Niebuhr, J., Gärtner, D. (1994): Ökonomie und Ökologie in urbanen Wasserschutzgebieten. In: UBA – Umweltbundesamt, Landesamt für Umweltschutz des Saarlandes (Hrsg.) (1997): Wasserschutzgebiete in urbanen Regionen – Kurzfassung. Forschungsbericht 10202211, Landesamt für Umweltschutz des Saarlandes, Saarbrücken, Umweltbundesamt, Berlin.

SächsDuSVO – Verordnung des Sächsischen Staatsministeriums für Umwelt und Landwirtschaft über Anforderungen an Anlagen zum Lagern und Abfüllen von Dung und Silagesickersäften – Sächsische Dung- und Silagesickersaftanlagenverordnung vom 26. Februar 1999: SächsGVBl., S. 131.

SächsSchAVO (1994): Verordnung des Sächsischen Staatsministeriums für Umwelt und Landesentwicklung über Schutzbestimmungen und Ausgleichsleistungen für erhöhte Aufwendungen der Land- und Forstwirtschaft in Wasserschutzgebieten vom 30. Juni 1994: SächsGVBl. Nr. 39 vom 14. Juli 1994, S. 1178-1199.

SächsSchAVO (2001): Verordnung des Sächsischen Staatsministeriums für Umwelt und Landwirtschaft über Schutzbestimmungen und Ausgleichsleistungen für erhöhte Aufwendungen der Land- und Forstwirtschaft in Wasserschutzgebieten vom 23. Januar 2001: SächsGVBl. Nr. 3 vom 27. Febuar 2001, S. 98-104.

SächsSchAVO (2002): Verordnung des Sächsischen Staatsministeriums für Umwelt und Landwirtschaft über Schutzbestimmungen und Ausgleichsleistungen für erhöhte Aufwendungen der Land- und Forstwirtschaft in Wasserschutzgebieten vom 2. Januar 2002: SächsGVBl. Nr. 1 vom 4. Januar 2002, S. 21-41.

SächsVAwS – Verordnung des Sächsischen Staatsministeriums für Umwelt und Landwirtschaft über Anlagen zum Umgang mit wassergefährdenden Stoffen (Sächsische Anlagenverordnung) vom 18. April 2000: SächsGVBl 2000. S. 223, zuletzt geändert am 05.12.2001, S. 734.

SächsWG – Sächsisches Wassergesetz vom 21. Juli 1998: SächsGVBl., S. 393, zuletzt geändert am 01.09.2003, S. 418.

SächsWG – Sächsisches Wassergesetz vom 18. Oktober 2004: SächsGVBl., S. 482.

Sagoff, M. (1988): The Economy of the Earth, Cambridge University Press, Cambridge.

Samuelson, P. (1937): A note on measurement of utility. Review of Economic Studies 4, S. 155-161.

Samuelson, P. (1954): The pure theory of public expenditure. Review of Economic and Statistics 36, S. 387-389.

SBA – Straßenbauamt Döbeln-Torgau, LISt – Sächsisches Landesinstitut für Straßenbau, StUFA – Staatliches Umweltfachamt Leipzig (1999): Liste der Wasserschutzmaßnahmen an Straßen in TWSG – Stand 1999, Rochlitz, unveröffentlicht.

Schenk, D., Kaupe, M. (1998): Grundwassererfassungssysteme in Deutschland dargestellt auf der Basis hydrogeologischer Prozesse und geologischer Gegebenheiten; Materialien zur Umweltforschung, Bd. 29. Metzler-Poeschel, Stuttgart.

Scheringer, M. (2002): Persistence and Spatial Range of Environmental Chemicals: New Ethical and Scientific Concepts for Risk Assessment. Wiley-VCH, Weinheim.

Schmidt, T., Geyler, S. (2001): Abschätzung ökonomischer Standarddaten für die Landbewirtschaftung. In: Horsch et al. (2001b), S. 173-196.

Schmidt, T., Franko, U., Volk, M. (2001a): Einfluss der Landnutzung auf die Nitrat-Konzentration im Sickerwasser. 9. Gumpensteiner Lysimetertagung am 24. und 25. April 2001 der Bundesanstalt für alpenländische Landwirtschaft Gumpenstein, S. 227-228.

Schmidt, T., Volk, M., Neubert, M. (2001b): Nitrat-Konzentration im Sickerwasser. In: Horsch et al. (2001b), S. 130-142.

Scholles, F. (2004a): Zielsysteme in der Planung. In: Fürst/Scholles (2004), S. 139-143.

Scholles, F. (2004b): Qualitätsziele, Handlungsziele, Standards. In: Fürst/Scholles (2004), S. 147-151.

Scholles, F. (2004c): Planung unter Unsicherheit: Risiko, Risk Assessment. In: Fürst/Scholles (2004), S. 190-197.

Scholles, F. (2004d): Die ökologische Risikoanalyse und ihre Weiterentwicklung. In: Fürst/Scholles (2004), S. 252-267.

Scholles, F. (2004e): Die Nutzwertanalyse und ihre Weiterentwicklung. In: Fürst/Scholles (2004), S. 231-252.

Scholles, F., Putschky, M. (2004): Oberziele, Leitbilder, Leitlinien. In: Fürst/Scholles (2004), S. 143-147.

Schönbäck, W., Kosz, M., Madreiter, T. (1997): Nationalpark Donauauen: Kosten-Nutzen Analyse. Springer, Wien, New York.

Schulz-Terfloth, G. (1998): Grundwassergefährdung durch vorherrschende Nutzungen und unter Berücksichtigung der hydrogeologischen Verhältnisse in Norddeutschland. DVWK-Schriften 122, Wirtschafts- und Verlagsgesellschaft Gas und Wasser mbH, Bonn, S. 79-97.

Schumann, J., Meyer, U., Ströbele, W. (1999): Grundzüge der mikroökonomischen Theorie, 7. Auflage, Springer, Berlin u.a.

Schussmann, K. (1973): Die Paretianische Kosten-Nutzen-Analyse, Lassleben, Kallmünz.

Seidl, I., Tisdell, C. A. (2001): Neglected Features of the Safe Minimum Standard: Socio-economic and Institutional Dimensions. Review of social economy 59/4, S. 417-442.

Sharefkin, M., Shechter, M., Kneese, A. (1984): Impacts, Costs, and Techniques for Mitigation of Contaminated Groundwater: A Review. Water Resources Research 20/12, S. 1771-1783.

Shaw, D. W. (2005): Water Resource Economics and Policy: An Introduction. Edward Elgar, Cheltenham/UK, Northampton/USA.

Shultz, S. D., Lindsay, B. E. (1990): The willingness to pay for groundwater protection. Water Resources Research 26/9, S. 1869-1875.

Sinn, H.-W. (2005): Das demographische Defizit – Die Fakten, die Folgen, die Ursachen und die Politikimplikationen. In: Birg, H. (Hrsg.): Auswirkungen der Demographischen Alterung und der Bevölkerungsschrumpfung auf Wirtschaft, Staat und Gesellschaft. LIT, Münster, S. 53-90.

Skark, C., Zullei-Seibert, N. (1996): Erhebung über das Auftreten von Pflanzenschutzmitteln in Trink- und Grundwässern – Langfassung. Studie im Auftrag des Umweltbundesamtes Berlin. Dortmunder Beiträge zur Wasserforschung, Veröffentlichungen des Instituts für Wasserforschung GmbH Dortmund und der Dortmunder Energie- und Wasserversorgung GmbH Nr. 49a, Dortmund.

SLAF – Sächsisches Landesamt für Forsten (1999): Verfahrensbeschreibung für forstliche Fachplanungen zur Waldmehrung vom 22.01.1999, Graupa.

Smith, V. K. (1983): Option Value: A Conceptual Overview. The Southern Economic Journal 49/1, S. 654-668.

Smith, V. K. (1984): A Bound for Option Value. Land Economics 60, S. 292-296.

SML (1993): Richtlinie zu den Bestandeszieltypen im Staatswald, Dresden.

SMU – Sächsisches Staatsministerium für Umwelt und Landesentwicklung (1992): Vorläufige Verwaltungsvorschrift zur Festsetzung von Wasserschutzgebieten (vVwVWSG), Dresden.

SMU – Sächsisches Staatsministerium für Umwelt und Landesentwicklung (1994): Verordnung über Schutzbestimmungen und Ausgleichsleistungen für erhöhte Aufwendungen der Land- und Forstwirtschaft in Wasserschutzgebieten vom 30. Juni 1994 (SächsSchAVO). SächsGVBl., Nr. 39 vom 14. Juli 1994.

SMUL – Sächsisches Staatsministerium für Umwelt und Landwirtschaft (1999a): Richtlinie zur Förderung einer umweltgerechten Landwirtschaft im Freistaat Sachsen (UL) vom 1. Januar 1999. SächsABl. Sonderdruck Nr. 6/1999 vom 3. Mai 1999.

SMUL – Sächsisches Staatsministerium für Umwelt und Landwirtschaft (1999b): Infodienst 10/99. Dresden.

SMUL – Sächsisches Staatsministerium für Umwelt und Landwirtschaft (2000): Richtlinie zur Förderung einer umweltgerechten Landwirtschaft im Freistaat Sachsen vom 8. November 2000, Sächs. ABl. Nr. 7, 8. Dezember 2000, S. 261-280.

SMUL – Sächsisches Staatsministerium für Umwelt und Landwirtschaft (2002): Richtlinie zur Änderung der Richtlinie des Sächsichen Staatsministeriums für Umwelt und Landwirtschaft zur Förderung einer umweltgerechten Landwirtschaft im Freistaat Sachsen (UL) vom 8. November 2000 – vom 23. August 2002, SächsABl. S. 999 vom 19. September 2002.

SMUL – Sächsisches Staatsministerium für Umwelt und Landwirtschaft (2004): Sächsischer Agrarbericht 2003. Dresden.

SMUL (2005): Richtlinie 73/2005 des Sächsischen Staatsministeriums für Umwelt und Landwirtschaft zur Förderung einer umweltgerechten Landwirtschaft im Freistaat Sachsen (UL) vom 7. April 2005, SächsABl. S. 368, 6. 5. 2005.

SMUL o. J.: Empfehlungen für pauschalierte Ausgleichswerte (Richtwertkatalog) gemäß § 10 Abs. 1 Satz 4 SächsSchAVO. www.umwelt.sachsen.de/de/wu/umwelt/wasser/downloads/anhang1_richtwertkatalog.pdf, abgerufen am 10.4.2006.

SMU – Sächsisches Staatsministerium für Umwelt und Landesentwicklung, LfUG – Sächsisches Landesamt für Umwelt und Geologie (1997): Grundsatzplan öffentliche Wasserversorgung Freistaat Sachsen, Entwurf, Dresden.

SMUL – Sächsisches Staatsministerium für Umwelt und Landwirtschaft, LfUG – Sächsisches Landesamt für Umwelt und Geologie (1998): Grundsatzplan öffentliche Wasserversorgung Freistaat Sachsen. Dresden.

SMUL – Sächsisches Staatsministerium für Umwelt und Landwirtschaft, LfUG – Sächsisches Landesamt für Umwelt und Geologie (2002): Grundsatzplan öffentliche Wasserversorgung Freistaat Sachsen. Dresden.

Solow, R. M. (1974): The economics of resources or the resources of economics. American Economic Review 64, S. 1-14.

Spash, C. L., Hanley, N. D. (1995): Preferences Information and Biodiversity Preservation. Ecological Economics 12, S. 191-208.

SRU – Der Rat von Sachverständigen für Umweltfragen (1994): Umweltgutachten 1994: Für eine dauerhaft-umweltgerechte Entwicklung. Metzler-Poeschel, Stuttgart.

SRU – Der Rat von Sachverständigen für Umweltfragen (1998a): Flächendeckend wirksamer Grundwasserschutz. Sondergutachten. Metzler-Poeschel, Stuttgart.

SRU – Der Rat von Sachverständigen für Umweltfragen (1998b): Umweltgutachten 1998: Ereichtes sichern, neue Wege gehen. Metzler-Poeschel, Stuttgart.

StaLa Sachsen – Statistisches Landesamt des Freistaates Sachsen (1999): Statistische Berichte – Land- und Forstwirtschaft, Fischerei. Dresden.

StaLa Sachsen – Statistisches Landesamt des Freistaates Sachsen (2000): Regionalisierte Bevölkerungsprognose für den Freistaat Sachsen bis 2015. Teil 2, Kamenz, Sonderheft 2/2000.

StaLa Sachsen – Statistisches Landesamt des Freistaates Sachsen (2003): Statistisches Jahrbuch des Freistaates Sachsen. Kamenz.

StaLa Sachsen – Statistisches Landesamt des Freistaates Sachsen (2005): Kreisstatistik für Torgau-Oschatz. www.statistik.sachsen.de/Index/22kreis/unterseite22.htm, abgerufen am 02.09.2005.

Statistisches Landesamt Sachsen-Anhalt (2001): Öffentliche Wasserversorgung und Abwasserbeseitigung 1998. Statistische Berichte QI1. Halle (Saale).

Stiglitz, J. E. (1974): Growth with exhaustible natural resources: efficient and optimal growth paths. Review of Economic Studies 40, Symposium Supplement, S. 123-137.

Stolber, W. B. (1967): Nutzen-Kosten-Analyse in der Staatswirtschaft, Dissertation, Universität Erlangen-Nürnberg.

StUFA – Staatliches Umweltfachamt Leipzig (1995): Übersichtskarten Trinkwasserschutzzonen und Trinkwasservorbehaltsgebiete im Regierungsbezirk Leipzig, Leipzig.

Sun, H., Bergstrom, J. C., Dorfman, J. H. (1992): Estimating the Benefits of Groundwater Contamination Control. Southern Journal of Agricultural Economics 24/2, S. 63-71.

Tegethof, U. (1998): Straßenseitige Belastungen des Grundwassers. Berichte der Bundesanstalt für Straßenwesen – Verkehrstechnik, Heft V60, Wirtschaftsverlag NW, Bremerhaven.

TGL – Technische Gütevorschriften und Lieferbedingungen (1979): Trinkwasserschutzgebiete vom Dezember 1979, Nr. 24348/01-02.

TGU – Technologieberatung Grundwasser und Umwelt GmbH (1997): Aktualisierung der Geohydraulischen und Schadstoffmodellierung für den Rüstungsstandort Torgau, Heft 1 und 2, Abschlussbericht MOST-Projekt „Rüstungsaltlast WASAG Elsnig", Erfurt.

Thon, E. (1994): Abgrabungen und deren Folgenutzungen. In: Wasserwirtschaftliche und ökologische Belange bei Abgrabungen im Grundwasser, Manuskript zum DVWK-Seminar vom 22./23. November 1994 in Magdeburg.

Toman, M. A. (1994): Economics and "Sustainability": Balancing Trade-offs and Imperatives. Land Economics 70/4, S. 399-413.

Torell, L. A., Libbin, J. D., Miller, M. D. (1990): The Market Value of Water in the Ogallala Aquifer. Land Economics 66/2, S. 163-175.

Trettin, R., Geyler, S., Häfner, K. (2001): Die Trinkwasserressourcen in der Torgauer Elbaue – wichtige Grundlagen der Fernwasserversorgung im mitteldeutschen Raum. In: Horsch et al. (2001a), S. 51-74.

TrinkwV – Verordnung über Trinkwasser und über Wasser für Lebensmittelbetriebe (Trinkwasserverordnung) vom 5. Dezember 1990: BGBl. I, S. 2613.

TrinkwV – Verordnung über die Qualität von Wasser für den menschlichen Gebrauch (Trinkwasserverordnung vom 21. Mai 2001: BGBl. 1, S. 959-980.

Tsur, Y. (1990): The stabilization role of groundwater when surface water supplies are uncertain: The implications for groundwater development. Water Resources Research 26, S. 811-818.

Tsur, Y., Graham-Tomasi, T. (1991): The buffer value of groundwater with stochastic surface water supplies. Journal of Environmental Economics and Management 21, S. 201-224.

Turner, R. K. (2001): The place of economic values in environmental valuation. In: Bateman, I. J., Willis, K. G. (Hrsg.): Valuing environmental preferences. Oxford University Press, Oxford, S. 17-41.

Turner, R. K. (1993): Sustainability: Principles and Practice. In: Turner, R. K. (Hrsg.): Sustainable Environmental Economics and Management. Belhaven, London, New York, S. 3-36.

Turner, R. K., Paavola, J., Cooper, P., Farber, S., Jessamy, V., Georgiou, S. (2003): Valuing nature: lessons learned and future research directions. Ecological Economics 46, S. 493-510.

UBA – Umweltbundesamt (1994): Wirkungskomplex Stickstoff und Wald. IMA-Querschnittsseminar 21.-22. November 1994, Berlin.

UBA – Umweltbundesamt (1998): Vergleich der Trinkwasserpreise im europäischen Rahmen. Umweltbundesamt, Berlin.

UBA – Umweltbundesamt (2000): DUX Der deutsche Umweltindex – Wasser. http://www.umweltbundesamt.de/dux/index.htm abgerufen am 11.11.2005.

Varian, H. (1984): Microeconomic Analysis, 2d edition, Norton, New York.

Vartia, Y. O. (1983): Efficient Methods of Measuring Welfare Change and Compensated Income in Terms of Ordinary Demand Functions. Econometrica 5.1, S. 79-98.

Venkatachalam, L. (2004): The contingent valuation method: a review. Environmental Impact Assessment Review 24, S. 89-124.

Volk, M., Geyler, S. (2001): Grundwasserneubildung und -entnahme. In: Horsch et al. (2001b), S. 117-129.

Volk, M., Herzog, F., Härtel, D. (2001a): Waldumbau und Aufforstung. In: Horsch et al. (2001b), S. 51-62.

Volk, M., Herzog, F., Schmidt, T., Geyler, S. (2001b): Der Einfluss von Landnutzungsänderungen auf die Grundwasserneubildung. In: Horsch et al. (2001a), S. 147-164.

VwVwS - Allgemeine Verwaltungsvorschrift zum Wasserhaushaltsgesetz über die nähere Bestimmung wassergefährdender Stoffe und ihre Einstufung entsprechend ihrer Gefährlichkeit vom 18. April 1996: GMBl. S. 327.

VwVwS - Allgemeine Verwaltungsvorschrift zum Wasserhaushaltsgesetz über die Einstufung wassergefährdender Stoffe in Wassergefährdungsklassen (Verwaltungsvorschrift wassergefährdende Stoffe) vom 17. Mai 1999: Bundesanzeiger 98a.

Walz, R. et al. (1997): Grundlagen für ein nationales Umweltindikatorensystem: Weiterentwicklung von Indikatorsystemen für die Umweltberichterstattung. Umweltbundesamt, Forschungsbericht 10105016, Berlin.

WBGU – Wissenschaftlicher Beirat der Bundesregierung Globale Umweltveränderungen (1997): Welt im Wandel: Wege zu einem nachhaltigen Umgang mit Süßwasser. Jahresgutachten 1997, Kurzfassung, Bremerhaven.

Weisbrod, B. A. (1964): Collective-Consumption Services of Individual Consumption Goods. Quarterly Journal of Economics 78, S. 471-477.

Wendland, F. (1992): Die Nitratbelastung in den Grundwasserlandschaften der „alten" Bundesländer (BRD). Berichte aus der Ökologischen Forschung Bd. 8/1992. Forschungszentrum Jülich GmbH, Jülich.

Wendland, F., Albert, H., Bach, M., Schmidt, R. (Hrsg.) (1993): Atlas zum Nitratstrom in der Bundesrepublik Deutschland. Springer, Berlin u. a.

Wendland, F., Kunkel, R. (1999): Das Nitratabbauvermögen im Grundwasser des Elbeeinzugsgebietes. Schriftenreihe des Forschungszentrums Jülich, Reihe Umwelt/Environment, Band 13, Jülich.

WHG – Gesetz zur Ordnung des Wasserhaushalts (Wasserhaushaltsgesetz) vom 12. November 1996: BGBl. I, S. 1695.

WHG – Gesetz zur Ordnung des Wasserhaushalts (Wasserhaushaltsgesetz) vom 19. August 2002: BGBl. I, S. 3245.

Whitehead, J. C., Blomquist, G. C. (1991): Measuring contingent values for wetlands: effects of information about related environmental goods. Water Resources Research 27, S. 2523-2531.

Wichmann, K., Schäfer, W., Nuber, T., Kiekbusch, J. (2003): Simulation des Stofftransports in der gesättigten Zone. In: Nestler/Grischek (2003a), S. 117-129.

Willig, R. D. (1976): Consumer`s Surplus Without Apology. The American Economic Review 66/4, S. 589-597.

Winje, D., Homan, H., Lühr, H.-P., Bütow, E. (1991): Der Einfluß der Gewässerverschmutzung auf die Kosten der Waserversorgung in der Bundesrepublik Deutschland. Umweltbundesamt Berichte 2/1991. Erich-Schmidt, Berlin.

Wolf, L., Held, I., Eiswirth, M., Hoetzl, H. (2004): Impact of Leaky Sewers on Groundwater Quality [Qualitative Beeinflussung des Grundwassers durch defekte Abwasserkanaele]. Acta Hydrochimica et Hydrobiologica 32/4, S. 361-373.

Zangemeister, C., Nolting, H.-D. (1997): Kosten-Wirksamkeits-Analyse im Arbeits- und Gesundheitsschutz : Einführung und Leitfaden für die betriebliche Praxis. Wirtschaftsverl. NW, Verl. für Neue Wiss., Bremerhaven.

Zobrist, J. (2000): Die Qualität von Grundwasser – Resultat biogeochemischer Prozesse. EAWAG-NEWS 49d, S. 15-17. www.eawag.ch/publications/eawagnews/www_en49/en49d_pdf/en49d.pdf, abgerufen am 7.10.2005.

Zwintz, R. (1986): Zur monetären Bewertung volkswirtschaftlicher Kosten durch die Grundwasserverschmutzung. In: UBA-Umweltbundesamt (Hrsg.): Kosten der Umweltverschmutzung: Tagungsband zum Symposium im Bundesministerium des Inneren am 12. und 13. September 1985, Berlin.

**Schriften des Instituts für Finanzen**
**Universität Leipzig**

Herausgegeben von Prof. Dr. Udo Hielscher und Prof. Dr. Thomas Lenk

Band 1 Jörg Widmayer: Produktionsstrukturen und Effizienz im öffentlichen Theatersektor. Eine wirtschaftswissenschaftliche Analyse unter Verwendung eines dualen Frontieransatzes. 2000.

Band 2 Anja Birke: Der kommunale Finanzausgleich des Freistaates Sachsen. Vertikale und horizontale Verteilungswirkungen im Rahmen eines länderbezogenen Modellvergleichs mit Baden-Württemberg. 2000.

Band 3 Stefan Wilhelm: Kapitalmarktmodelle. Lineare und nichtlineare Modellkonzepte und Methoden in der Kapitalmarkttheorie. 2001.

Band 4 Thomas Lenk: Aspekte des Länderfinanzausgleichs. Tarifgestaltung, Gemeindefinanzkraft, Fonds "Deutsche Einheit". 2001.

Band 5 Volkmar Teichmann: Die Finanzbeziehungen zwischen den öffentlich-rechtlichen Rundfunkanstalten der Bundesrepublik Deutschland. Bestandsaufnahme und Reformvorschläge. 2001.

Band 6 Friedrich Vogelbusch: Steuerarbitrage bei Umsatz- und Verbrauchsteuern im Europäischen Binnenmarkt. Eine empirische Untersuchung. 2003.

Band 7 Frank Wolfert: Performanceanalyse als Steuerungsinstrument im Wertpapier-Managementprozess. 2003.

Band 8 Thomas Lenk: Gemeindefinanzbericht Sachsen 2002/2003. 2004.

Band 9 Uwe A. Giegold: Bewertung unbedingter börsengehandelter Zins-Derivate und Analyse von Arbitrage-Gewinnmöglichkeiten mit Hilfe von Arbitrage-Signalen. 2004.

Band 10 Matthias Klumpp: Modern Public Budgeting. Analyse und Bewertung von Informations- und Risikomanagementsystemen in Öffentlichen Einrichtungen am Beispiel einer Risk-Return-Steuerung für Hochschulen. 2008.

Band 11 Stefan Geyler: Ökonomisch-ökologische Bewertung von regionalen Trinkwasserschutzoptionen. 2008.

www.peterlang.de

FSC
www.fsc.org
MIX
Papier | Fördert gute Waldnutzung
FSC® C083411

Kolibri 360 GmbH
Ferdinand-Jühlke-Straße 7
99095 Erfurt, Deutschland
produktsicherheit@kolibri360.de

Druck:
CPI Druckdienstleistungen GmbH
im Auftrag der
Kolibri 360 GmbH
Ferdinand-Jühlke-Str. 7
99095 Erfurt